W0253740

HÜTTE Mathematik

HÜTTE Taschenbücher der Technik

Herausgegeben vom
Wissenschaftlichen Ausschuß des Akademischen Vereins Hütte e.V.

Mathematik

2. Auflage

von I. Szabó K. Wellnitz W. Zander

Springer-Verlag Berlin Heidelberg New York 1974

Dr.-Ing. István Szabó
o. Professor der Mechanik
an der Technischen Universität Berlin

Dipl.-Ing. Wolfgang Zander
Professor der Mechanik
an der Technischen Universität Berlin

Dr. rer. nat. Karl Wellnitz
o. Professor für Didaktik der Naturwissenschaften
an der Pädagogischen Hochschule Berlin

2., neubearbeitete und ergänzte Auflage des früher unter dem Titel „Mathematische Formeln und Tafeln" erschienenen Bandes.

Mit 153 Abbildungen

ISBN-13: 978-3-642-87435-2 e-ISBN-13: 978-3-642-87434-5
DOI: 10.1007/978-3-642-87434-5

Softcover reprint of the hardcover 2nd edition 1974

Library of Congress Catalog Card Number 73-78076

Vorwort

„Es gibt kaum ein Gebiet der Naturwissenschaften und der Technik, das sich ohne die mathematische Behandlung der Probleme weiterentwickeln ließe. Selbst für technische Verfahren, deren wesentliches Kennzeichen heute noch die praktische Erfahrung ist, wird die Mathematik in zunehmendem Maße zum unentbehrlichen Hilfsmittel. Auch in außertechnischen Bereichen wie in der Wirtschaft ist die Mathematik zur Lösung vieler Fragen unentbehrlich geworden. — Um dieser Entwicklung Rechnung zu tragen, hat sich der Akademische Verein Hütte entschlossen, einen Sonderband „Mathematische Formeln und Tafeln" herauszugeben" (Zitat aus dem Vorwort der 1. Auflage).

Es gab noch andere Gründe, aus dem Abschnitt „Mathematik" der HÜTTE I einen besonderen Band zu machen. Einer dieser Gründe war, daß die in der 28. Auflage von HÜTTE I vereinigten Gebiete heute nicht mehr in einem Band unterzubringen sind. An der in HÜTTE I verwirklichten Idee, dem Ingenieur die für sein Gebiet relevanten „Theoretischen Grundlagen" nahezubringen, hält der Herausgeber auch weiterhin fest. In neuer Form verwirklicht — zumindest in den Anfängen — findet der Leser diese Idee in der nunmehr vorliegenden 2. Auflage der „Mathematik" sowie in der zweibändigen „Physikhütte"[1]), die 1971 noch im Verlag Wilhelm Ernst & Sohn erschienen ist.

Gegenüber der 1959 unter dem Titel „Mathematische Formeln und Tafeln" erschienenen 1. Auflage wurde die 2. Auflage erweitert und verbessert, was in einer Vermehrung des Umfangs von 279 auf 365 Seiten Text zum Ausdruck kommt. Äußeres Kennzeichen der Modernisierung ist die Übernahme der Schreibweise der Formelzeichen nach den neuen DIN-Normen. Neu aufgenommen wurden Tabellen für Tschebyscheffsche Polynome, Gammafunktion und Fehlerfunktion. Das Kapitel „Arithmetik" wurde um einen Abschnitt über ganzzahlige Lösungen von Gleichungen ergänzt. Auch bei der Darstellung der Differential- und Integralrechnung wurden Erweiterungen vorgenommen. Beispielsweise werden in der neuen Auflage die Konvergenz und die Deltafunktion von Dirac ausführlich behandelt, ebenso die Differentialgleichungen der Tschebyscheffschen, Hermiteschen und Laguerreschen Polynome. Die Operatorenrechnung, die Laplace-Transformation sowie die Integralgleichungen sind eingehender als in der 1. Auflage dargestellt. — Das Kapitel „Praktische Mathematik" enthält jetzt auch die Integrationsmethoden nach Tschebyscheff und Romberg und eine ausführlichere Behandlung der Differenzenrechnung.

Herr Prof. Dr. rer. nat. K. Wellnitz schrieb die „Wahrscheinlichkeitsrechnung und Statistik" völlig neu. Dieses Kapitel ist jetzt wesentlich umfangreicher. — Den Abschluß bildet ein neuer Abschnitt „Rechnen auf digitalen Rechenautomaten", verfaßt von Herrn Prof. Dipl.-Ing. W. Zander. Dieser hat auch maßgeblichen Anteil an den oben geschilderten Erweiterungen, insbesondere an denen im Abschnitt „Praktische Mathematik".

Die 1. Auflage hat bei vielen Lesern und Benutzern eine gute Aufnahme gefunden; wir hoffen, daß auch die neue Auflage einem weiten Kreis von Interessenten von Nutzen sein wird.

Allen, die an der Gestaltung des Bandes mitgewirkt haben, vor allem den Herren Prof. Dr.-Ing. I. Szabó, Prof. Dr. rer. nat. K. Wellnitz und Prof. Dipl.-Ing. W. Zander als Auto-

[1]) Bd. I: Mechanik — Bd. II: Atomphysik, Elektrodynamik, Optik, Akustik, Thermodynamik.

ren, sei herzlichst gedankt; ebenso den Herren Dipl.-Ing. R. Jesorsky und besonders Dipl.-Ing. R. Mehlhose für ihre wertvolle Hilfe bei der redaktionellen Vorbereitung des Druckes und bei der Korrektur. Dem Springer-Verlag danken wir für die vorzügliche Ausstattung des Bandes.

Berlin, im Juli 1974

Wissenschaftlicher Ausschuß des
Akademischen Vereins Hütte e.V.
Dr.-Ing. **W. Sommerfeld**
(stellv. Vorsitzender)

Redaktion der HÜTTE-Taschenbücher
Dipl.-Ing. **W. Stenger**
(Hauptschriftleiter)

Inhaltsverzeichnis

1. Tabellen

2. Arithmetik

3. Kreis- und Hyperbelfunktionen

4. Differential- und Integralrechnung

5. Lineare Vektoralgebra

6. Vektoranalysis

7. Analytische Geometrie

8. Funktionen einer komplexen Veränderlichen

9. Differentialgleichungen

10. Praktische Mathematik

11. Inhalte von Flächen und Körpern

12. Wahrscheinlichkeitsrechnung und Statistik

Mathematische Zeichen

(nach DIN 1302)

Zeichen	Bedeutung
$+$	plus, mehr, und
$-$	minus, weniger
$\cdot\ \times$	mal, multipliziert mit
$:\ /\ -$	durch, geteilt durch, zu
%	Prozent, vom Hundert
‰	Promille, vom Tausend
$\ldots$	und so weiter bis
$=$	gleich
$\triangleq$	entspricht
$\neq$	nicht gleich, ungleich
$\equiv$	identisch gleich
$<$	kleiner als
$>$	größer als
$\leqq$	kleiner oder gleich, höchstens gleich
$\geqq$	größer oder gleich, mindestens gleich
$\gg$	groß gegen
$\ll$	klein gegen
∞	unendlich
$\parallel$	parallel
$\uparrow\uparrow$	gleichsinnig parallel
$\uparrow\downarrow$	gegensinnig parallel
$\perp$	rechtwinklig zu, senkrecht auf
$\rightarrow$	nähert sich
$\sim$	proportional, ähnlich
$\approx$	angenähert, nahezu gleich (rund, etwa)
$\simeq$	asymptotisch gleich
lim	Limes (Grenzwert)
$\cong$	kongruent
sgn	signum (Vorzeichen)
$\lvert a \rvert$	Betrag von a
$\bar{a}$	Mittelwert von a
$\hat{a}$	Größtwert von a
$\check{a}$	Kleinstwert von a
$\sphericalangle$	Winkel
$\overline{AB}$	Strecke AB
$\overset{\frown}{AB}$	Bogen AB
$\triangle$	Dreieck
$n!$	n Fakultät
$\binom{n}{p}$	n über p
Σ	Summe
Π	Produkt
i, j	$= \sqrt{-1}$
Re z	Realteil von z
Im z	Imaginärteil von z
z^*	Konjugierte von z
( )	Matrix
$\lvert\ \rvert$ oder det	Determinante
Δf	Differenz zweier Funktionswerte
d	Differentialzeichen
∂f	partielle Differentiation
$\int$	Integral
$\oint$	Randintegral, Hüllenintegral
$\log_a x$	Logarithmus von x zur Basis a
$\ln x$	natürlicher Logarithmus von x
$\lg x$	Zehnerlogarithmus von x
lb x	Zweierlogarithmus von x
$\exp x = e^x$	(Exponentialfunktion von x)

Alphabete

Antiqua		Fraktur		Griechisch		
A	a	𝔄	𝔞	Alpha	A	α
B	b	𝔅	𝔟	Beta	B	β
C	c	ℭ	𝔠	Gamma	Γ	γ
D	d	𝔇	𝔡	Delta	Δ	δ
E	e	𝔈	𝔢	Epsilon	E	ε
F	f	𝔉	𝔣	Zeta	Z	ζ
G	g	𝔊	𝔤	Eta	H	η
H	h	ℌ	𝔥	Theta	Θ	ϑ (θ)
I	i	ℑ	𝔦	Jota	I	ι
J	j	𝔍	𝔧	Kappa	K	$\varkappa$
K	k	𝔎	𝔨	Lambda	Λ	λ
L	l	𝔏	𝔩	My	M	μ
M	m	𝔐	𝔪	Ny	N	ν
N	n	𝔑	𝔫	Xi	Ξ	ξ
O	o	𝔒	𝔬	Omikron	O	o
P	p	𝔓	𝔭	Pi	Π	π
Q	q	𝔔	𝔮	Rho	P	ϱ
R	r	ℜ	𝔯	Sigma	Σ	σ, ς
S	s	𝔖	ſ, 𝔰	Tau	T	τ
T	t	𝔗	𝔱	Ypsilon	Y	υ
U	u	𝔘	𝔲	Phi	Φ	φ
V	v	𝔙	𝔳	Chi	X	χ
W	w	𝔚	𝔴	Psi	Ψ	ψ
X	x	𝔛	𝔵	Omega	Ω	ω
Y	y	𝔜	𝔶			
Z	z	ℨ	𝔷			

1. Tabellen

[1, 5, 6, 7, 9, 11, 12, 13, 15, 16, 65]

Tabelle 1-1. Näherungsformeln

Die folgenden Näherungsformeln für kleine x sind fast alle aus den Potenzreihen (vgl. 4.2.5) entstanden, indem man nur ihre ersten Glieder beibehält. Genauere Formeln erhält man durch Beibehalten weiterer Glieder. Die nächstfolgenden Glieder, die zur Fehlerabschätzung dienen können, sind in der zweiten Spalte angegeben. Die dritte Spalte gibt an, unter welcher Schranke $|x|$ bleiben muß, wenn der Fehler der Näherungsformel dem absoluten Werte nach unter 0,001 sein soll.

Rechengröße		Nächstes Glied	Schranke für $\|x\|$, wenn der Fehler der Näherungsformel dem absoluten Werte nach $<0{,}001$ sein soll
$(1 \pm x)^n$	$\approx 1 \pm nx$	$+ (1/2)\, n(n-1)\, x^2$	—
$(1 \pm x)^2$	$\approx 1 \pm 2x$	$+ x^2$	$\|x\| < 0{,}032$
$(1 \pm x)^3$	$\approx 1 \pm 3x$	$+ 3x^2$	$\|x\| < 0{,}018$
$\sqrt{1 \pm x}$	$\approx 1 \pm (1/2)\, x$	$- (1/8)\, x^2$	$\|x\| < 0{,}089$
$1/(1 + x)$	$\approx 1 - x$	$+ x^2$	$\|x\| < 0{,}032$
$1/\sqrt{1 + x}$	$\approx 1 - (1/2)\, x$	$+ (3/8)\, x^2$	$\|x\| < 0{,}052$
$\sqrt[q]{(1 + x)^p}$	$\approx 1 + (p/q)\, x$	$+ (1/2)\, p(p-q)/q^2 \cdot x^2$	—
$1/\sqrt[q]{(1 + x)^p}$	$\approx 1 - (p/q)\, x$	$+ (1/2)\, p(p+q)/q^2 \cdot x^2$	—
e^x	$\approx 1 + x$	$+ (1/2)\, x^2$	$\|x\| < 0{,}045$
a^x	$\approx 1 + x \ln a =$ $= 1 + 2{,}3026\, (\lg a)\, x$	$+ (1/2)\, (\ln a)^2\, x^2$	—
$\ln(1 + x)$	$\approx x$	$- (1/2)\, x^2$	$\|x\| < 0{,}045$
$\lg(1 + x)$	$\approx 0{,}43429x$	$- 0{,}21715x^2$	$\|x\| < 0{,}068$
$\ln[(1 + x)/(1 - x)]$	$\approx 2x$	$+ (2/3)\, x^3$	$\|x\| < 0{,}114$
$\ln(x + \sqrt{x^2 + 1})$	$\approx x$	$- (1/6)\, x^3$	$\|x\| < 0{,}182$
$\cos x$	$\approx 1 - (1/2)\, x^2$	$+ (1/24)\, x^4$	$\|x\| < 0{,}394$ (= 22,6°)
$\sin x$	$\approx x$	$- (1/6)\, x^3$	$\|x\| < 0{,}182$ (= 10,4°)
$\tan x$	$\approx x$	$+ (1/3)\, x^3$	$\|x\| < 0{,}144$ (= 8,25°)
$\cot x$	$\approx 1/x$	$- (1/3)\, x$	$\|x\| < 0{,}003$ (= 0,172° = 10,3′)
$\arcsin x$	$\approx x$	$+ (1/6)\, x^3$	$\|x\| < 0{,}182$ (= 10,4°)
$\arctan x$	$\approx x$	$- (1/3)\, x^3$	$\|x\| < 0{,}144$ (= 8,25°)
Man beachte, daß in den letzten sechs Formeln x das Bogenmaß bedeutet!			
$\cosh x$	$\approx 1 + (1/2)\, x^2$	$+ (1/24)\, x^4$	$\|x\| < 0{,}394$
$\sinh x$	$\approx x$	$+ (1/6)\, x^3$	$\|x\| < 0{,}182$
$\tanh x$	$\approx x$	$- (1/3)\, x^3$	$\|x\| < 0{,}144$
$\coth x$	$\approx 1/x$	$+ (1/3)\, x$	$\|x\| < 0{,}003$
$\operatorname{arsinh} x$	$\approx x$	$- (1/6)\, x^3$	$\|x\| < 0{,}182$
$\operatorname{artanh} x$	$\approx x$	$+ (1/3)\, x^3$	$\|x\| < 0{,}144$

Allgemein $f(x) \approx f(0) + f'(0)\, x$. Der begangene Fehler liegt zwischen $(1/2)\, x^2 f''(0)$ und $(1/2)\, x^2 f''(x)$.

Lineare Interpolation: $f(\xi) \approx f(0) + \xi[f(x) - f(0)]/x$, $0 \leqq \xi \leqq x$. Fehler in der Regel von der Größenordnung $(1/8)\, \Delta^2 f(0) \approx (1/8)\, x^2 f''(0)$.

Für kleine x und kleine y ist $(1 + x)^p\, (1 + y)^q \approx 1 + px + qy$; insbesondere

$$(1 + x)(1 + y) \approx 1 + x + y, \quad (1 + x)/(1 + y) \approx 1 + x - y.$$

Allgemein
$$f(x, y) \approx f(0, 0) + \left(\frac{\partial f}{\partial x}\right)_{00} x + \left(\frac{\partial f}{\partial y}\right)_{00} y.$$

Angenäherte Darstellung von Funktionen in einem Bereiche derart, daß das mittlere Fehlerquadrat möglichst klein wird.

Für $0 \leqq x \leqq 1$ ist $\sqrt{x} \approx 4/15 + (4/5)\, x$, $\sqrt{1 + x^2} \approx 0{,}93432 + 0{,}42695x$.

Für $0 \leqq y < x \leqq 1$ ist $x^2 + y^2 \approx -2/5 + (6/5)\, x + (4/5)\, y$, $\sqrt{1 + x^2 + y^2} \approx 0{,}86069 + 0{,}48702x + 0{,}28626y$.

Tabelle 1-2. Potenzen, Wurzeln, natürliche Logarithmen, reziproke Werte, Kreisumfänge und Kreisflächen

n	n^2	n^3	$\sqrt{n}$	$\sqrt[3]{n}$	$\ln n$	$\frac{1}{n}\,10^3$	πn	$\frac{\pi n^2}{4}$	n
1	1	1	1,0000	1,0000	0,00000	1000,000	3,142	0,7854	1
2	4	8	1,4142	1,2599	0,69315	500,000	6,283	3,1416	2
3	9	27	1,7321	1,4422	1,09861	333,333	9,425	7,0686	3
4	16	64	2,0000	1,5874	1,38629	250,000	12,566	12,5664	4
5	25	125	2,2361	1,7100	1,60944	200,000	15,708	19,6350	5
6	36	216	2,4495	1,8171	1,79176	166,667	18,850	28,2743	6
7	49	343	2,6458	1,9129	1,94591	142,857	21,991	38,4845	7
8	64	512	2,8284	2,0000	2,07944	125,000	25,133	50,2655	8
9	81	729	3,0000	2,0801	2,19722	111,111	28,274	63,6173	9
10	100	1000	3,1623	2,1544	2,30259	100,000	31,416	78,5398	10
11	121	1331	3,3166	2,2240	2,39790	90,9091	34,558	95,0332	11
12	144	1728	3,4641	2,2894	2,48491	83,3333	37,699	113,097	12
13	169	2197	3,6056	2,3513	2,56495	76,9231	40,841	132,732	13
14	196	2744	3,7417	2,4101	2,63906	71,4286	43,982	153,938	14
15	225	3375	3,8730	2,4662	2,70805	66,6667	47,124	176,715	15
16	256	4096	4,0000	2,5198	2,77259	62,5000	50,265	201,062	16
17	289	4913	4,1231	2,5713	2,83321	58,8235	53,407	226,980	17
18	324	5832	4,2426	2,6207	2,89037	55,5556	56,549	254,469	18
19	361	6859	4,3589	2,6684	2,94444	52,6316	59,690	283,529	19
20	400	8000	4,4721	2,7144	2,99573	50,0000	62,832	314,159	20
21	441	9261	4,5826	2,7589	3,04452	47,6190	65,973	346,361	21
22	484	10648	4,6904	2,8020	3,09104	45,4545	69,115	380,133	22
23	529	12167	4,7958	2,8439	3,13549	43,4783	72,257	415,476	23
24	576	13824	4,8990	2,8845	3,17805	41,6667	75,398	452,389	24
25	625	15625	5,0000	2,9240	3,21888	40,0000	78,540	490,874	25
26	676	17576	5,0990	2,9625	3,25810	38,4615	81,681	530,929	26
27	729	19683	5,1962	3,0000	3,29584	37,0370	84,823	572,555	27
28	784	21952	5,2915	3,0366	3,33220	35,7143	87,965	615,752	28
29	841	24389	5,3852	3,0723	3,36730	34,4828	91,106	660,520	29
30	900	27000	5,4772	3,1072	3,40120	33,3333	94,248	706,858	30
31	961	29791	5,5678	3,1414	3,43399	32,2581	97,389	754,768	31
32	1024	32768	5,6569	3,1748	3,46574	31,2500	100,531	804,248	32
33	1089	35937	5,7446	3,2075	3,49651	30,3030	103,673	855,299	33
34	1156	39304	5,8310	3,2396	3,52636	29,4118	106,814	907,920	34
35	1225	42875	5,9161	3,2711	3,55535	28,5714	109,956	962,113	35
36	1296	46656	6,0000	3,3019	3,58352	27,7778	113,097	1017,88	36
37	1369	50653	6,0828	3,3322	3,61092	27,0270	116,239	1075,21	37
38	1444	54872	6,1644	3,3620	3,63759	26,3158	119,381	1134,11	38
39	1521	59319	6,2450	3,3912	3,66356	25,6410	122,522	1194,59	39
40	1600	64000	6,3246	3,4200	3,68888	25,0000	125,66	1256,64	40
41	1681	68921	6,4031	3,4482	3,71357	24,3902	128,81	1320,25	41
42	1764	74088	6,4807	3,4760	3,73767	23,8095	131,95	1385,44	42
43	1849	79507	6,5574	3,5034	3,76120	23,2558	135,09	1452,20	43
44	1936	85184	6,6332	3,5303	3,78419	22,7273	138,23	1520,53	44
45	2025	91125	6,7082	3,5569	3,80666	22,2222	141,37	1590,43	45
46	2116	97336	6,7823	3,5830	3,82864	21,7391	144,51	1661,90	46
47	2209	103823	6,8557	3,6088	3,85015	21,2766	147,65	1734,94	47
48	2304	110592	6,9282	3,6342	3,87120	20,8333	150,80	1809,56	48
49	2401	117649	7,0000	3,6593	3,89182	20,4082	153,94	1885,74	49
50	2500	125000	7,0711	3,6840	3,91202	20,0000	157,08	1963,50	50

Tabelle 1–2. (Fortsetzung)

n	n^2	n^3	$\sqrt{n}$	$\sqrt[3]{n}$	$\ln n$	$\frac{1}{n}\,10^3$	πn	$\frac{\pi n^2}{4}$	n
50	2500	125000	7,0711	3,6840	3,91202	20,0000	157,08	1963,50	**50**
51	2601	132651	7,1414	3,7084	3,93183	19,6078	160,22	2042,82	51
52	2704	140608	7,2111	3,7325	3,95124	19,2308	163,36	2123,72	52
53	2809	148877	7,2801	3,7563	3,97029	18,8679	166,50	2206,18	53
54	2916	157464	7,3485	3,7798	3,98898	18,5185	169,65	2290,22	54
55	3025	166375	7,4162	3,8030	4,00733	18,1818	172,79	2375,83	55
56	3136	175616	7,4833	3,8259	4,02535	17,8571	175,93	2463,01	56
57	3249	185193	7,5498	3,8485	4,04305	17,5439	179,07	2551,76	57
58	3364	195112	7,6158	3,8709	4,06044	17,2414	182,21	2642,08	58
59	3481	205379	7,6811	3,8930	4,07754	16,9492	185,35	2733,97	59
60	3600	216000	7,7460	3,9149	4,09434	16,6667	188,50	2827,43	**60**
61	3721	226981	7,8102	3,9365	4,11087	16,3934	191,64	2922,47	61
62	3844	238328	7,8740	3,9579	4,12713	16,1290	194,78	3019,07	62
63	3969	250047	7,9373	3,9791	4,14313	15,8730	197,92	3117,25	63
64	4096	262144	8,0000	4,0000	4,15888	15,6250	201,06	3216,99	64
65	4225	274625	8,0623	4,0207	4,17439	15,3846	204,20	3318,31	65
66	4356	287496	8,1240	4,0412	4,18965	15,1515	207,35	3421,19	66
67	4489	300763	8,1854	4,0615	4,20469	14,9254	210,49	3525,65	67
68	4624	314432	8,2462	4,0817	4,21951	14,7059	213,63	3631,68	68
69	4761	328509	8,3066	4,1016	4,23411	14,4928	216,77	3739,28	69
70	4900	343000	8,3666	4,1213	4,24850	14,2857	219,91	3848,45	**70**
71	5041	357911	8,4261	4,1408	4,26268	14,0845	223,05	3959,19	71
72	5184	373248	8,4853	4,1602	4,27667	13,8889	226,19	4071,50	72
73	5329	389017	8,5440	4,1793	4,29046	13,6986	229,34	4185,39	73
74	5476	405224	8,6023	4,1983	4,30407	13,5135	232,48	4300,84	74
75	5625	421875	8,6603	4,2172	4,31749	13,3333	235,62	4417,86	75
76	5776	438976	8,7178	4,2358	4,33073	13,1579	238,76	4536,46	76
77	5929	456533	8,7750	4,2543	4,34381	12,9870	241,90	4656,63	77
78	6084	474552	8,8318	4,2727	4,35671	12,8205	245,04	4778,36	78
79	6241	493039	8,8882	4,2908	4,36945	12,6582	248,19	4901,67	79
80	6400	512000	8,9443	4,3089	4,38203	12,5000	251,33	5026,55	**80**
81	6561	531441	9,0000	4,3267	4,39445	12,3457	254,47	5153,00	81
82	6724	551368	9,0554	4,3445	4,40672	12,1951	257,61	5281,02	82
83	6889	571787	9,1104	4,3621	4,41884	12,0482	260,75	5410,61	83
84	7056	592704	9,1652	4,3795	4,43082	11,9048	263,89	5541,77	84
85	7225	614125	9,2195	4,3968	4,44265	11,7647	267,04	5674,50	85
86	7396	636056	9,2736	4,4140	4,45435	11,6279	270,18	5808,80	86
87	7569	658503	9,3274	4,4310	4,46591	11,4943	273,32	5944,68	87
88	7744	681472	9,3808	4,4480	4,47734	11,3636	276,46	6082,12	88
89	7921	704969	9,4340	4,4647	4,48864	11,2360	279,60	6221,14	89
90	8100	729000	9,4868	4,4814	4,49981	11,1111	282,74	6361,73	**90**
91	8281	753571	9,5394	4,4979	4,51086	10,9890	285,88	6503,88	91
92	8464	778688	9,5917	4,5144	4,52179	10,8696	289,03	6647,61	92
93	8649	804357	9,6437	4,5307	4,53260	10,7527	292,17	6792,91	93
94	8836	830584	9,6954	4,5468	4,54329	10,6383	295,31	6939,78	94
95	9025	857375	9,7468	4,5629	4,55388	10,5263	298,45	7088,22	95
96	9216	884736	9,7980	4,5789	4,56435	10,4167	301,59	7238,23	96
97	9409	912673	9,8489	4,5947	4,57471	10,3093	304,73	7389,81	97
98	9604	941192	9,8995	4,6104	4,58497	10,2041	307,88	7542,96	98
99	9801	970299	9,9499	4,6261	4,59512	10,1010	311,02	7697,69	99
100	10000	1000000	10,0000	4,6416	4,60517	10,0000	314,16	7853,98	**100**

Tabelle 1–2. (Fortsetzung)

n	n^2	n^3	$\sqrt{n}$	$\sqrt[3]{n}$	$\ln n$	$\frac{1}{n}\,10^3$	πn	$\frac{\pi n^2}{4}$	n
100	10000	1000000	10,0000	4,6416	4,60517	10,0000	314,16	7853,98	**100**
101	10201	1030301	10,0499	4,6570	4,61512	9,90099	317,30	8011,85	101
102	10404	1061208	10,0995	4,6723	4,62497	9,80392	320,44	8171,28	102
103	10609	1092727	10,1489	4,6875	4,63473	9,70874	323,58	8332,29	103
104	10816	1124864	10,1980	4,7027	4,64439	9,61538	326,73	8494,87	104
105	11025	1157625	10,2470	4,7177	4,65396	9,52381	329,87	8659,01	105
106	11236	1191016	10,2956	4,7326	4,66344	9,43396	333,01	8824,73	106
107	11449	1225043	10,3441	4,7475	4,67283	9,34579	336,15	8992,02	107
108	11664	1259712	10,3923	4,7622	4,68213	9,25926	339,29	9160,88	108
109	11881	1295029	10,4403	4,7769	4,69135	9,17431	342,43	9331,32	109
110	12100	1331000	10,4881	4,7914	4,70048	9,09091	345,58	9503,32	**110**
111	12321	1367631	10,5357	4,8059	4,70953	9,00901	348,72	9676,89	111
112	12544	1404928	10,5830	4,8203	4,71850	8,92857	351,86	9852,03	112
113	12769	1442897	10,6301	4,8346	4,72739	8,84956	355,00	10028,7	113
114	12996	1481544	10,6771	4,8488	4,73620	8,77193	358,14	10207,0	114
115	13225	1520875	10,7238	4,8629	4,74493	8,69565	361,28	10386,9	115
116	13456	1560896	10,7703	4,8770	4,75359	8,62069	364,42	10568,3	116
117	13689	1601613	10,8167	4,8910	4,76217	8,54701	367,57	10751,3	117
118	13924	1643032	10,8628	4,9049	4,77068	8,47458	370,71	10935,9	118
119	14161	1685159	10,9087	4,9187	4,77912	8,40336	373,85	11122,0	119
120	14400	1728000	10,9545	4,9324	4,78749	8,33333	376,99	11309,7	**120**
121	14641	1771561	11,0000	4,9461	4,79579	8,26446	380,13	11499,0	121
122	14884	1815848	11,0454	4,9597	4,80402	8,19672	383,27	11689,9	122
123	15129	1860867	11,0905	4,9732	4,81218	8,13008	386,42	11882,3	123
124	15376	1906624	11,1355	4,9866	4,82028	8,06452	389,56	12076,3	124
125	15625	1953125	11,1803	5,0000	4,82831	8,00000	392,70	12271,8	125
126	15876	2000376	11,2250	5,0133	4,83628	7,93651	395,84	12469,0	126
127	16129	2048383	11,2694	5,0265	4,84419	7,87402	398,98	12667,7	127
128	16384	2097152	11,3137	5,0397	4,85203	7,81250	402,12	12868,0	128
129	16641	2146689	11,3578	5,0528	4,85981	7,75194	405,27	13069,8	129
130	16900	2197000	11,4018	5,0658	4,86753	7,69231	408,41	13273,2	**130**
131	17161	2248091	11,4455	5,0788	4,87520	7,63359	411,55	13478,2	131
132	17424	2299968	11,4891	5,0916	4,88280	7,57576	414,69	13684,8	132
133	17689	2352637	11,5326	5,1045	4,89035	7,51880	417,83	13892,9	133
134	17956	2406104	11,5758	5,1172	4,89784	7,46269	420,97	14102,6	134
135	18225	2460375	11,6190	5,1299	4,90527	7,40741	424,12	14313,9	135
136	18496	2515456	11,6619	5,1426	4,91265	7,35294	427,26	14526,7	136
137	18769	2571353	11,7047	5,1551	4,91998	7,29927	430,40	14741,1	137
138	19044	2628072	11,7473	5,1676	4,92725	7,24638	433,54	14957,1	138
139	19321	2685619	11,7898	5,1801	4,93447	7,19424	436,68	15174,7	139
140	19600	2744000	11,8322	5,1925	4,94164	7,14286	439,82	15393,8	**140**
141	19881	2803221	11,8743	5,2048	4,94876	7,09220	442,96	15614,5	141
142	20164	2863288	11,9164	5,2171	4,95583	7,04225	446,11	15836,8	142
143	20449	2924207	11,9583	5,2293	4,96284	6,99301	449,25	16060,6	143
144	20736	2985984	12,0000	5,2415	4,96981	6,94444	452,39	16286,0	144
145	21025	3048625	12,0416	5,2536	4,97673	6,89655	455,53	16513,0	145
146	21316	3112136	12,0830	5,2656	4,98361	6,84932	458,67	16741,5	146
147	21609	3176523	12,1244	5,2776	4,99043	6,80272	461,81	16971,7	147
148	21904	3241792	12,1655	5,2896	4,99721	6,75676	464,96	17203,4	148
149	22201	3307949	12,2066	5,3015	5,00395	6,71141	468,10	17436,6	149
150	22500	3375000	12,2474	5,3133	5,01064	6,66667	471,24	17671,5	**150**

Tabelle 1–2. (Fortsetzung)

n	n^2	n^3	$\sqrt{n}$	$\sqrt[3]{n}$	$\ln n$	$\frac{1}{n}10^3$	πn	$\frac{\pi n^2}{4}$	n
150	22500	3375000	12,2474	5,3133	5,01064	6,66667	471,24	17671,5	**150**
151	22801	3442951	12,2882	5,3251	5,01728	6,62252	474,38	17907,9	151
152	23104	3511808	12,3288	5,3368	5,02388	6,57895	477,52	18145,8	152
153	23409	3581577	12,3693	5,3485	5,03044	6,53595	480,66	18385,4	153
154	23716	3652264	12,4097	5,3601	5,03695	6,49351	483,81	18626,5	154
155	24025	3723875	12,4499	5,3717	5,04343	6,45161	486,95	18869,2	155
156	24336	3796416	12,4900	5,3832	5,04986	6,41026	490,09	19113,4	156
157	24649	3869893	12,5300	5,3947	5,05625	6,36943	493,23	19359,3	157
158	24964	3944312	12,5698	5,4061	5,06260	6,32911	496,37	19606,7	158
159	25281	4019679	12,6095	5,4175	5,06890	6,28931	499,51	19855,7	159
160	25600	4096000	12,6491	5,4288	5,07517	6,25000	502,65	20106,2	**160**
161	25921	4173281	12,6886	5,4401	5,08140	6,21118	505,80	20358,3	161
162	26244	4251528	12,7279	5,4514	5,08760	6,17284	508,94	20612,0	162
163	26569	4330747	12,7671	5,4626	5,09375	6,13497	512,08	20867,2	163
164	26896	4410944	12,8062	5,4737	5,09987	6,09756	515,22	21124,1	164
165	27225	4492125	12,8452	5,4848	5,10595	6,06061	518,36	21382,5	165
166	27556	4574296	12,8841	5,4959	5,11199	6,02410	521,50	21642,4	166
167	27889	4657463	12,9228	5,5069	5,11799	5,98802	524,65	21904,0	167
168	28224	4741632	12,9615	5,5178	5,12396	5,95238	527,79	22167,1	168
169	28561	4826809	13,0000	5,5288	5,12990	5,91716	530,93	22431,8	169
170	28900	4913000	13,0384	5,5397	5,13580	5,88235	534,07	22698,0	**170**
171	29241	5000211	13,0767	5,5505	5,14166	5,84795	537,21	22965,8	171
172	29584	5088448	13,1149	5,5613	5,14749	5,81395	540,35	23235,2	172
173	29929	5177717	13,1529	5,5721	5,15329	5,78035	543,50	23506,2	173
174	30276	5268024	13,1909	5,5828	5,15906	5,74713	546,64	23778,7	174
175	30625	5359375	13,2288	5,5934	5,16479	5,71429	549,78	24052,8	175
176	30976	5451776	13,2665	5,6041	5,17048	5,68182	552,92	24328,5	176
177	31329	5545233	13,3041	5,6147	5,17615	5,64972	556,06	24605,7	177
178	31684	5639752	13,3417	5,6252	5,18178	5,61798	559,20	24884,6	178
179	32041	5735339	13,3791	5,6357	5,18739	5,58659	562,35	25164,9	179
180	32400	5832000	13,4164	5,6462	5,19296	5,55556	565,49	25446,9	**180**
181	32761	5929741	13,4536	5,6567	5,19850	5,52486	568,63	25730,4	181
182	33124	6028568	13,4907	5,6671	5,20401	5,49451	571,77	26015,5	182
183	33489	6128487	13,5277	5,6774	5,20949	5,46448	574,91	26302,2	183
184	33856	6229504	13,5647	5,6877	5,21494	5,43478	578,05	26590,4	184
185	34225	6331625	13,6015	5,6980	5,22036	5,40541	581,19	26880,3	185
186	34596	6434856	13,6382	5,7083	5,22575	5,37634	584,34	27171,6	186
187	34969	6539203	13,6748	5,7185	5,23111	5,34759	587,48	27464,6	187
188	35344	6644672	13,7113	5,7287	5,23644	5,31915	590,62	27759,1	188
189	35721	6751269	13,7477	5,7388	5,24175	5,29101	593,76	28055,2	189
190	36100	6859000	13,7840	5,7489	5,24702	5,26316	596,90	28352,9	**190**
191	36481	6967871	13,8203	5,7590	5,25227	5,23560	600,04	28652,1	191
192	36864	7077888	13,8564	5,7690	5,25750	5,20833	603,19	28952,9	192
193	37249	7189057	13,8924	5,7790	5,26269	5,18135	606,33	29255,3	193
194	37636	7301384	13,9284	5,7890	5,26786	5,15464	609,47	29559,2	194
195	38025	7414875	13,9642	5,7989	5,27300	5,12821	612,61	29864,8	195
196	38416	7529536	14,0000	5,8088	5,27811	4,10204	615,75	30171,9	196
197	38809	7645373	14,0357	5,8186	5,28320	5,07614	618,89	30480,5	197
198	39204	7762392	14,0712	5,8285	5,28827	5,05051	622,04	30790,7	198
199	39601	7880599	14,1067	5,8383	5,29330	5,02513	625,18	31102,6	199
200	40000	8000000	14,1421	5,8480	5,29832	5,00000	628,32	31415,9	**200**

Tabelle 1–2. (Fortsetzung)

n	n^2	n^3	$\sqrt{n}$	$\sqrt[3]{n}$	$\ln n$	$\frac{1}{n}10^3$	πn	$\frac{\pi n^2}{4}$	n
200	40000	8000000	14,1421	5,8480	5,29832	5,00000	628,32	31415,9	**200**
201	40401	8120601	14,1774	5,8578	5,30330	4,97512	631,46	31730,9	201
202	40804	8242408	14,2127	5,8675	5,30827	4,95050	634,60	32047,4	202
203	41209	8365427	14,2478	5,8771	5,31321	4,92611	637,74	32365,5	203
204	41616	8489664	14,2829	5,8868	5,31812	4,90196	640,88	32685,1	204
205	42025	8615125	14,3178	5,8964	5,32301	4,87805	644,03	33006,4	205
206	42436	8741816	14,3527	5,9059	5,32788	4,85437	647,17	33329,2	206
207	42849	8869743	14,3875	5,9155	5,33272	4,83092	650,31	33653,5	207
208	43264	8998912	14,4222	5,9250	5,33754	3,80769	653,45	33979,5	208
209	43681	9129329	14,4568	5,9345	5,34233	4,78469	656,59	34307,0	209
210	44100	9261000	14,4914	5,9439	5,34711	4,76190	659,73	34636,1	**210**
211	44521	9393931	14,5258	5,9533	5,35186	4,73934	662,88	34966,7	211
212	44944	9528128	14,5602	5,9627	5,35659	4,71698	666,02	35298,9	212
213	45369	9663597	14,5945	5,9721	5,36129	4,69484	669,16	35632,7	213
214	45796	9800344	14,6287	5,9814	5,36598	4,67290	672,30	35968,1	214
215	46225	9938375	14,6629	5,9907	5,37064	4,65116	675,44	36305,0	215
216	46656	10077696	14,6969	6,0000	5,37528	4,62963	678,58	36643,5	216
217	47089	10218313	14,7309	6,0092	5,37990	4,60829	681,73	36983,6	217
218	47524	10360232	14,7648	6,0185	5,38450	4,58716	684,87	37325,3	218
219	47961	10503459	14,7986	6,0277	5,38907	4,56621	688,01	37668,5	219
220	48400	10648000	14,8324	6,0368	5,39363	4,54545	691,15	38013,3	**220**
221	48841	10793861	14,8661	6,0459	5,39816	4,52489	694,29	38359,6	221
222	49284	10941048	14,8997	6,0550	5,40268	4,50450	697,43	38707,6	222
223	49729	11089567	14,9332	6,0641	5,40717	4,48430	700,58	39057,1	223
224	50176	11239424	14,9666	6,0732	5,41165	4,46429	703,72	39408,1	224
225	50625	11390625	15,0000	6,0822	5,41610	4,44444	706,86	39760,8	225
226	51076	11543176	15,0333	6,0912	5,42053	4,42478	710,00	40115,0	226
227	51529	11697083	15,0665	6,1002	5,42495	4,40529	713,14	40470,8	227
228	51984	11852352	15,0997	6,1091	5,42935	4,38596	716,28	40828,1	228
229	52441	12008989	15,1327	6,1180	5,43372	4,36681	719,42	41187,1	229
230	52900	12167000	15,1658	6,1269	5,43808	4,34783	722,57	41547,6	**230**
231	53361	12326391	15,1987	6,1358	5,44242	4,32900	725,71	41909,6	231
232	53824	12487168	15,2315	6,1446	5,44674	4,31034	728,85	42273,3	232
233	54289	12649337	15,2643	6,1534	5,45104	4,29185	731,99	42638,5	233
234	54756	12812904	15,2971	6,1622	5,45532	4,27350	735,13	43005,3	234
235	55225	12977875	15,3297	6,1710	5,45959	4,25532	738,27	43373,6	235
236	55696	13144256	15,3623	6,1797	5,46383	4,23729	741,42	43743,5	236
237	56169	13312053	15,3948	6,1885	5,46806	4,21941	744,56	44115,0	237
238	56644	13481272	15,4272	6,1972	5,47227	4,20168	747,70	44488,1	238
239	57121	13651919	15,4596	6,2058	5,47646	4,18410	750,84	44862,7	239
240	57600	13824000	15,4919	6,2145	5,48064	4,16667	753,98	45238,9	**240**
241	58081	13997521	15,5242	6,2231	5,48480	4,14938	757,12	45616,7	241
242	58564	14172488	15,5563	6,2317	5,48894	4,13223	760,27	45996,1	242
243	59049	14348907	15,5885	6,2403	5,49306	4,11523	763,41	46377,0	243
244	59536	14526784	15,6205	6,2488	5,49717	4,09836	766,55	46759,5	244
245	60025	14706125	15,6525	6,2573	5,50126	4,08163	769,69	47143,5	245
246	60516	14886936	15,6844	6,2658	5,50533	4,06504	772,83	47529,2	246
247	61009	15069223	15,7162	6,2743	5,50939	4,04858	775,97	47916,4	247
248	61504	15252992	15,7480	6,2828	5,51343	4,03226	779,11	48305,1	248
249	62001	15438249	15,7797	6,2912	5,51745	4,01606	782,26	48695,5	249
250	62500	15625000	15,8114	6,2996	5,52146	4,00000	785,40	49087,4	**250**

Tabelle 1-2. (Fortsetzung)

n	n^2	n^3	$\sqrt{n}$	$\sqrt[3]{n}$	$\ln n$	$\frac{1}{n} 10^3$	πn	$\frac{\pi n^2}{4}$	n
250	62500	15625000	15,8114	6,2996	5,52146	4,00000	785,40	49087,4	**250**
251	63001	15813251	15,8430	6,3080	5,52545	3,98406	788,54	49480,9	251
252	63504	16003008	15,8745	6,3164	5,52943	3,96825	791,68	49875,9	252
253	64009	16194277	15,9060	6,3247	5,53339	3,95257	794,82	50272,6	253
254	64516	16387064	15,9374	6,3330	5,53733	3,93701	797,96	50670,7	254
255	65025	16581375	15,9687	6,3413	5,54126	3,92157	801,11	51070,5	255
256	65536	16777216	16,0000	6,3496	5,54518	3,90625	804,25	51471,9	256
257	66049	16974593	16,0312	6,3579	5,54908	3,89105	807,39	51874,8	257
258	66564	17173512	16,0624	6,3661	5,55296	3,87597	810,53	52279,2	258
259	67081	17373979	16,0935	6,3743	5,55683	3,86100	813,67	52685,3	259
260	67600	17576000	16,1245	6,3825	5,56068	3,84615	816,81	53092,9	**260**
261	68121	17779581	16,1555	6,3907	5,56452	3,83142	819,96	53502,1	261
262	68644	17984728	16,1864	6,3988	5,56834	3,81679	823,10	53912,9	262
263	69169	18191447	16,2173	6,4070	5,57215	3,80228	826,24	54325,2	263
264	69696	18399744	16,2481	6,4151	5,57595	3,78788	829,38	54739,1	264
265	70225	18609625	16,2788	6,4232	5,57973	3,77358	832,52	55154,6	265
266	70756	18821096	16,3095	6,4312	5,58350	3,75940	835,66	55571,6	266
267	71289	19034163	16,3401	6,4393	5,58725	3,74532	838,81	55990,2	267
268	71824	19248832	16,3707	6,4473	5,59099	3,73134	841,95	56410,4	268
269	72361	19465109	16,4012	6,4553	5,59471	3,71747	845,09	56832,2	269
270	72900	19683000	16,4317	6,4633	5,59842	3,70370	848,23	57255,5	**270**
271	73441	19902511	16,4621	6,4713	5,60212	3,69004	851,37	57680,4	271
272	73984	20123648	16,4924	6,4792	5,60580	3,67647	854,51	58106,9	272
273	74529	20346417	16,5227	6,4872	5,60947	3,66300	857,65	58534,9	273
274	75076	20570824	16,5529	6,4951	5,61313	3,64964	860,80	58964,6	274
275	75625	20796875	16,5831	6,5030	5,61677	3,63636	863,94	59395,7	275
276	76176	21024576	16,6132	6,5108	5,62040	3,62319	867,08	59828,5	276
277	76729	21253933	16,6433	6,5187	5,62402	3,61011	870,22	60262,8	277
278	77284	21484952	16,6733	6,5265	5,62762	3,59712	873,36	60698,7	278
279	77841	21717639	16,7033	6,5343	5,63121	3,58423	876,50	61136,2	279
280	78400	21952000	16,7332	6,5421	5,63479	3,57143	879,65	61575,2	**280**
281	78961	22188041	16,7631	6,5499	5,63835	3,55872	882,79	62015,8	281
282	79524	22425768	16,7929	6,5577	5,64191	3,54610	885,93	62458,0	282
283	80089	22665187	16,8226	6,5654	5,64545	3,53357	889,07	62901,8	283
284	80656	22906304	16,8523	6,5731	5,64897	3,52113	892,21	63347,1	284
285	81225	23149125	16,8819	6,5808	5,65249	3,50877	895,35	63794,0	285
286	81796	23393656	16,9115	6,5885	5,65599	3,49650	898,50	64242,4	286
287	82369	23639903	16,9411	6,5962	5,65948	3,48432	901,64	64692,5	287
288	82944	23887872	16,9706	6,6039	5,66296	3,47222	904,78	65144,1	288
289	83521	24137569	17,0000	6,6115	5,66643	3,46021	907,92	65597,2	289
290	84100	24389000	17,0294	6,6191	5,66988	3,44828	911,06	66052,0	**290**
291	84681	24642171	17,0587	6,6267	5,67332	3,43643	914,20	66508,3	291
292	85264	24897088	17,0880	6,6343	5,67675	3,42466	917,35	66966,2	292
293	85849	25153757	17,1172	6,6419	5,68017	3,41297	920,49	67425,6	293
294	86436	25412184	17,1464	6,6494	5,68358	3,40136	923,63	67886,7	294
295	87025	25672375	17,1756	6,6569	5,68698	3,38983	926,77	68349,3	295
296	87616	25934336	17,2047	6,6644	5,69036	3,37838	929,91	68813,4	296
297	88209	26198073	17,2337	6,6719	5,69373	3,36700	933,05	69279,2	297
298	88804	26463592	17,2627	6,6794	5,69709	3,35570	936,19	69746,5	298
299	89401	26730899	17,2916	6,6869	5,70044	3,34448	939,34	70215,4	299
300	90000	27000000	17,3205	6,6943	5,70378	3,33333	942,48	70685,8	**300**

Tabelle 1–2. (Fortsetzung)

n	n^2	n^3	$\sqrt{n}$	$\sqrt[3]{n}$	$\ln n$	$\frac{1}{n}\,10^3$	πn	$\frac{\pi n^2}{4}$	n
300	90000	27000000	17,3205	6,6943	5,70378	3,33333	942,48	70685,8	**300**
301	90601	27270901	17,3494	6,7018	5,70711	3,32226	945,62	71157,9	301
302	91204	27543608	17,3781	6,7092	5,71043	3,31126	948,76	71631,5	302
303	91809	27818127	17,4069	6,7166	5,71373	3,30033	951,90	72106,6	303
304	92416	28094464	17,4356	6,7240	5,71703	3,28947	955,04	72583,4	304
305	93025	28372625	17,4642	6,7313	5,72031	3,27869	958,19	73061,7	305
306	93636	28652616	17,4929	6,7387	5,72359	3,26797	961,33	73541,5	306
307	94249	28934443	17,5214	6,7460	5,72685	3,25733	964,47	74023,0	307
308	94864	29218112	17,5499	6,7533	5,73010	3,24675	967,61	74506,0	308
309	95481	29503629	17,5784	6,7606	5,73334	3,23625	970,75	74990,6	309
310	96100	29791000	17,6068	6,7679	5,73657	3,22581	973,89	75476,8	**310**
311	96721	30080231	17,6352	6,7752	5,73979	3,21543	977,04	75964,5	311
312	97344	30371328	17,6635	6,7824	5,74300	3,20513	980,18	76453,8	312
313	97969	30664297	17,6918	6,7897	5,74620	3,19489	983,32	76944,7	313
314	98596	30959144	17,7200	6,7969	5,74939	3,18471	986,46	77437,1	314
315	99225	31255875	17,7482	6,8041	5,75257	3,17460	989,60	77931,1	315
316	99856	31554496	17,7764	6,8113	5,75574	3,16456	992,74	78426,7	316
317	100489	31855013	17,8045	6,8185	5,75890	3,15457	995,88	78923,9	317
318	101124	32157432	17,8326	6,8256	5,76205	3,14465	999,03	79422,6	318
319	101761	32461759	17,8606	6,8328	5,76519	3,13480	1002,2	79922,9	319
320	102400	32768000	17,8885	6,8399	5,76832	3,12500	1005,3	80424,8	**320**
321	103041	33076161	17,9165	6,8470	5,77144	3,11526	1008,5	80928,2	321
322	103684	33386248	17,9444	6,8541	5,77455	3,10559	1011,6	81433,2	322
323	104329	33698267	17,9722	6,8612	5,77765	3,09598	1014,7	81939,8	323
324	104976	34012224	18,0000	6,8683	5,78074	3,08642	1017,9	82448,0	324
325	105625	34328125	18,0278	6,8753	5,78383	3,07692	1021,0	82957,7	325
326	106276	34645976	18,0555	6,8824	5,78690	3,06748	1024,2	83469,0	326
327	106929	34965783	18,0831	6,8894	5,78996	3,05810	1027,3	83981,8	327
328	107584	35287552	18,1108	6,8964	5,79301	3,04878	1030,4	84496,3	328
329	108241	35611289	18,1384	6,9034	5,79606	3,03951	1033,6	85012,3	329
330	108900	35937000	18,1659	6,9104	5,79909	3,03030	1036,7	85529,9	**330**
331	109561	36264691	18,1934	6,9174	5,80212	3,02115	1039,9	86049,0	331
332	110224	36594368	18,2209	6,9244	5,80513	3,01205	1043,0	86569,7	332
333	110889	36926037	18,2483	6,9313	5,80814	3,00300	1046,2	87092,0	333
334	111556	37259704	18,2757	6,9382	5,81114	2,99401	1049,3	87615,9	334
335	112225	37595375	18,3030	6,9451	5,81413	2,98507	1052,4	88141,3	335
336	112896	37933056	18,3303	6,9521	5,81711	2,97619	1055,6	88668,3	336
337	113569	38272753	18,3576	6,9589	5,82008	2,96736	1058,7	89196,9	337
338	114244	38614472	18,3848	6,9658	5,82305	2,95858	1061,9	89727,0	338
339	114921	38958219	18,4120	6,9727	5,82600	2,94985	1065,0	90258,7	339
340	115600	39304000	18,4391	6,9795	5,82895	2,94118	1068,1	90792,0	**340**
341	116281	39651821	18,4662	6,9864	5,83188	2,93255	1071,3	91326,9	341
342	116964	40001688	18,4932	6,9932	5,83481	2,92398	1074,4	91863,3	342
343	117649	40353607	18,5203	7,0000	5,83773	2,91545	1077,6	92401,3	343
344	118336	40707584	18,5472	7,0068	5,84064	2,90698	1080,7	92940,9	344
345	119025	41063625	18,5742	7,0136	5,84354	2,89855	1083,8	93482,0	345
346	119716	41421736	18,6011	7,0203	5,84644	2,89017	1087,0	94024,7	346
347	120409	41781923	18,6279	7,0271	5,84932	2,88184	1090,1	94569,0	347
348	121104	42144192	18,6548	7,0338	5,85220	2,87356	1093,3	95114,9	348
349	121801	42508549	18,6815	7,0406	5,85507	2,86533	1096,4	95662,3	349
350	122500	42875000	18,7083	7,0473	5,85793	2,85714	1099,6	96211,3	**350**

Tabelle 1–2. (Fortsetzung)

n	n^2	n^3	$\sqrt{n}$	$\sqrt[3]{n}$	$\ln n$	$\frac{1}{n}\,10^3$	πn	$\frac{\pi n^2}{4}$	n
350	122500	42875000	18,7083	7,0473	5,85793	2,85714	1099,6	96211,3	**350**
351	123201	43243551	18,7350	7,0540	5,86079	2,84900	1102,7	96761,8	351
352	123904	43614208	18,7617	7,0607	5,86363	2,84091	1105,8	97314,0	352
353	124609	43986977	18,7883	7,0674	5,86647	2,83286	1109,0	97867,7	353
354	125316	44361864	18,8149	7,0740	5,86930	2,82486	1112,1	98423,0	354
355	126025	44738875	18,8414	7,0807	5,87212	2,81690	1115,3	98979,8	355
356	126736	45118016	18,8680	7,0873	5,87493	2,80899	1118,4	99538,2	356
357	127449	45499293	18,8944	7,0940	5,87774	2,80112	1121,5	100098	357
358	128164	45882712	18,9209	7,1006	5,88053	2,79330	1124,7	100660	358
359	128881	46268279	18,9473	7,1072	5,88332	2,78552	1127,8	101223	359
360	129600	46656000	18,9737	7,1138	5,88610	2,77778	1131,0	101788	**360**
361	130321	47045881	19,0000	7,1204	5,88888	2,77008	1134,1	102354	361
362	131044	47437928	19,0263	7,1269	5,89164	2,76243	1137,3	102922	362
363	131769	47832147	19,0526	7,1335	5,89440	2,75482	1140,4	103491	363
364	132496	48228544	19,0788	7,1400	5,89715	2,74725	1143,5	104062	364
365	133225	48627125	19,1050	7,1466	5,89990	2,73973	1146,7	104635	365
366	133956	49027896	19,1311	7,1531	5,90263	2,73224	1149,8	105209	366
367	134689	49430863	19,1572	7,1596	5,90536	2,72480	1153,0	105784	367
368	135424	49836032	19,1833	7,1661	5,90808	2,71739	1156,1	106362	368
369	136161	50243409	19,2094	7,1726	5,91080	2,71003	1159,2	106941	369
370	136900	50653000	19,2354	7,1791	5,91350	2,70270	1162,4	107521	**370**
371	137641	51064811	19,2614	7,1855	5,91620	2,69542	1165,5	108103	371
372	138384	51478848	19,2873	7,1920	5,91889	2,68817	1168,7	108687	372
373	139129	51895117	19,3132	7,1984	5,92158	2,68097	1171,8	109272	373
374	139876	52313624	19,3391	7,2048	5,92426	2,67380	1175,0	109858	374
375	140625	52734375	19,3649	7,2112	5,92693	2,66667	1178,1	110447	375
376	141376	53157376	19,3907	7,2177	5,92959	2,65957	1181,2	111036	376
377	142129	53582633	19,4165	7,2240	5,93225	2,65252	1184,4	111628	377
378	142884	54010152	19,4422	7,2304	5,93489	2,64550	1187,5	112221	378
379	143641	54439939	19,4679	7,2368	5,93754	2,63852	1190,7	112815	379
380	144400	54872000	19,4936	7,2432	5,94017	2,63158	1193,8	113411	**380**
381	145161	55306341	19,5192	7,2495	5,94280	2,62467	1196,9	114009	381
382	145924	55742968	19,5448	7,2558	5,94542	2,61780	1200,1	114608	382
383	146689	56181887	19,5704	7,2622	5,94803	2,61097	1203,2	115209	383
384	147456	56623104	19,5959	7,2685	5,95064	2,60417	1206,4	115812	384
385	148225	57066625	19,6214	7,2748	5,95324	2,59740	1209,5	116416	385
386	148996	57512456	19,6469	7,2811	5,95584	2,59067	1212,7	117021	386
387	149769	57960603	19,6723	7,2874	5,95842	2,58398	1215,8	117628	387
388	150544	58411072	19,6977	7,2936	5,96101	2,57732	1218,9	118237	388
389	151321	58863869	19,7231	7,2999	5,96358	2,57069	1222,1	118847	389
390	152100	59319000	19,7484	7,3061	5,96615	2,56410	1225,2	119459	**390**
391	152881	59776471	19,7737	7,3124	5,96871	2,55754	1228,4	120072	391
392	153664	60236288	19,7990	7,3186	5,97126	2,55102	1231,5	120687	392
393	154449	60698457	19,8242	7,3248	5,97381	2,54453	1234,6	121304	393
394	155236	61162984	19,8494	7,3310	5,97635	2,53807	1237,8	121922	394
395	156025	61629875	19,8746	7,3372	5,97889	2,53165	1240,9	122542	395
396	156816	62099136	19,8997	7,3434	5,98141	2,52525	1244,1	123163	396
397	157609	62570773	19,9249	7,3496	5,98394	2,51889	1247,2	123786	397
398	158404	63044792	19,9499	7,3558	5,98645	2,51256	1250,4	124410	398
399	159201	63521199	19,9750	7,3619	5,98896	2,50627	1253,5	125036	399
400	160000	64000000	20,0000	7,3681	5,99146	2,50000	1256,6	125664	**400**

Tabelle 1-2. (Fortsetzung)

n	n^2	n^3	$\sqrt{n}$	$\sqrt[3]{n}$	$\ln n$	$\frac{1}{n} 10^3$	πn	$\frac{\pi n^2}{4}$	n
400	160000	64000000	20,0000	7,3681	5,99146	2,50000	1256,6	125664	**400**
401	160801	64481201	20,0250	7,3742	5,99396	2,49377	1259,8	126293	401
402	161604	64964808	20,0499	7,3803	5,99645	2,48756	1262,9	126923	402
403	162409	65450827	20,0749	7,3864	5,99894	2,48139	1266,1	127556	403
404	163216	65939264	20,0998	7,3925	6,00141	2,47525	1269,2	128190	404
405	164025	66430125	20,1246	7,3986	6,00389	2,46914	1272,3	128825	405
406	164836	66923416	20,1494	7,4047	6,00635	2,46305	1275,5	129462	406
407	165649	67419143	20,1742	7,4108	6,00881	2,45700	1278,6	130100	407
408	166464	67917312	20,1990	7,4169	6,01127	2,45098	1281,8	130741	408
409	167281	68417929	20,2237	7,4229	6,01372	2,44499	1284,9	131382	409
410	168100	68921000	20,2485	7,4290	6,01616	2,43902	1288,1	132025	**410**
411	168921	69426531	20,2731	7,4350	6,01859	2,43309	1291,2	132670	411
412	169744	69934528	20,2978	7,4410	6,02102	2,42718	1294,3	133317	412
413	170569	70444997	20,3224	7,4470	6,02345	2,42131	1297,5	133965	413
414	171396	70957944	20,3470	7,4530	6,02587	2,41546	1300,6	134614	414
415	172225	71473375	20,3715	7,4590	6,02828	2,40964	1303,8	135265	415
416	173056	71991296	20,3961	7,4650	6,03069	2,40385	1306,9	135918	416
417	173889	72511713	20,4206	7,4710	6,03309	2,39808	1310,0	136572	417
418	174724	73034632	20,4450	7,4770	6,03548	2,39234	1313,2	137228	418
419	175561	73560059	20,4695	7,4829	6,03787	2,38663	1316,3	137885	419
420	176400	74088000	20,4939	7,4889	6,04025	2,38095	1319,5	138544	**420**
421	177241	74618461	20,5183	7,4948	6,04263	2,37530	1322,6	139205	421
422	178084	75151448	20,5426	7,5007	6,04501	2,36967	1325,8	139867	422
423	178929	75686967	20,5670	7,5067	6,04737	2,36407	1328,9	140531	423
424	179776	76225024	20,5913	7,5126	6,04973	2,35849	1332,0	141196	424
425	180625	76765625	20,6155	7,5185	6,05209	2,35294	1335,2	141863	425
426	181476	77308776	20,6398	7,5244	6,05444	2,34742	1338,3	142531	426
427	182329	77854483	20,6640	7,5302	6,05678	2,34192	1341,5	143201	427
428	183184	78402752	20,6882	7,5361	6,05912	2,33645	1344,6	143872	428
429	184041	78953589	20,7123	7,5420	6,06146	2,33100	1347,7	144545	429
430	184900	79507000	20,7364	7,5478	6,06379	2,32558	1350,9	145220	**430**
431	185761	80062991	20,7605	7,5537	6,06611	2,32019	1354,0	145896	431
432	186624	80621568	20,7846	7,5595	6,06843	2,31481	1357,2	146574	432
433	187489	81182737	20,8087	7,5654	6,07074	2,30947	1360,3	147254	433
434	188356	81746504	20,8327	7,5712	6,07304	2,30415	1363,5	147934	434
435	189225	82312875	20,8567	7,5770	6,07535	2,29885	1366,6	148617	435
436	190096	82881856	20,8806	7,5828	6,07764	2,29358	1369,7	149301	436
437	190969	83453453	20,9045	7,5886	6,07993	2,28833	1372,9	149987	437
438	191844	84027672	20,9284	7,5944	6,08222	2,28311	1376,0	150674	438
439	192721	84604519	20,9523	7,6001	6,08450	2,27790	1379,2	151363	439
440	193600	85184000	20,9762	7,6059	6,08677	2,27273	1382,3	152053	**440**
441	194481	85766121	21,0000	7,6117	6,08904	2,26757	1385,4	152745	441
442	195364	86350888	21,0238	7,6174	6,09131	2,26244	1388,6	153439	442
443	196249	86938307	21,0476	7,6232	6,09357	2,25734	1391,7	154134	443
444	197136	87528384	21,0713	7,6289	6,09582	2,25225	1394,9	154830	444
445	198025	88121125	21,0950	7,6346	6,09807	2,24719	1398,0	155528	445
446	198916	88716536	21,1187	7,6403	6,10032	2,24215	1401,2	156228	446
447	199809	89314623	21,1424	7,6460	6,10256	2,23714	1404,3	156930	447
448	200704	89915392	21,1660	7,6517	6,10479	2,23214	1407,4	157633	448
449	201601	90518849	21,1896	7,6574	6,10702	2,22717	1410,6	158337	449
450	202500	91125000	21,2132	7,6631	6,10925	2,22222	1413,7	159043	**450**

Tabelle 1-2. (Fortsetzung)

n	n^2	n^3	$\sqrt{n}$	$\sqrt[3]{n}$	$\ln n$	$\frac{1}{n}\,10^3$	πn	$\frac{\pi n^2}{4}$	n
450	202500	91125000	21,2132	7,6631	6,10925	2,22222	1413,7	159043	**450**
451	203401	91733851	21,2368	7,6688	6,11147	2,21729	1416,9	159751	451
452	204304	92345408	21,2603	7,6744	6,11368	2,21239	1420,0	160460	452
453	205209	92959677	21,2838	7,6801	6,11589	2,20751	1423,1	161171	453
454	206116	93576664	21,3073	7,6857	6,11810	2,20264	1426,3	161883	454
455	207025	94196375	21,3307	7,6914	6,12030	2,19780	1429,4	162597	455
456	207936	94818816	21,3542	7,6970	6,12249	2,19298	1432,6	163313	456
457	208849	95443993	21,3776	7,7026	6,12468	2,18818	1435,7	164030	457
458	209764	96071912	21,4009	7,7082	6,12687	2,18341	1438,8	164748	458
459	210681	96702579	21,4243	7,7138	6,12905	2,17865	1442,0	165468	459
460	211600	97336000	21,4476	7,7194	6,13123	2,17391	1445,1	166190	**460**
461	212521	97972181	21,4709	7,7250	6,13340	2,16920	1448,3	166914	461
462	213444	98611128	21,4942	7,7306	6,13556	2,16450	1451,4	167639	462
463	214369	99252847	21,5174	7,7362	6,13773	2,15983	1454,6	168365	463
464	215296	99897344	21,5407	7,7418	6,13988	2,15517	1457,7	169093	464
465	216225	100544625	21,5639	7,7473	6,14204	2,15054	1460,8	169823	465
466	217156	101194696	21,5870	7,7529	6,14419	2,14592	1464,0	170554	466
467	218089	101847563	21,6102	7,7584	6,14633	2,14133	1467,1	171287	467
468	219024	102503232	21,6333	7,7639	6,14847	2,13675	1470,3	172021	468
469	219961	103161709	21,6564	7,7695	6,15060	2,13220	1473,4	172757	469
470	220900	103823000	21,6795	7,7750	6,15273	2,12766	1476,5	173494	**470**
471	221841	104487111	21,7025	7,7805	6,15486	2,12314	1479,7	174234	471
472	222784	105154048	21,7256	7,7860	6,15698	2,11864	1482,8	174974	472
473	223729	105823817	21,7486	7,7915	6,15910	2,11416	1486,0	175716	473
474	224676	106496424	21,7715	7,7970	6,16121	2,10970	1489,1	176460	474
475	225625	107171875	21,7945	7,8025	6,16331	2,10526	1492,3	177205	475
476	226576	107850176	21,8174	7,8079	6,16542	2,10084	1495,4	177952	476
477	227529	108531333	21,8403	7,8134	6,16752	2,09644	1498,5	178701	477
478	228484	109215352	21,8632	7,8188	6,16961	2,09205	1501,7	179451	478
479	229441	109902239	21,8861	7,8243	6,17170	2,08768	1504,8	180203	479
480	230400	110592000	21,9089	7,8297	6,17379	2,08333	1508,0	180956	**480**
481	231361	111284641	21,9317	7,8352	6,17587	2,07900	1511,1	181711	481
482	232324	111980168	21,9545	7,8406	6,17794	2,07469	1514,2	182467	482
483	233289	112678587	21,9773	7,8460	6,18002	2,07039	1517,4	183225	483
484	234256	113379904	22,0000	7,8514	6,18208	2,06612	1520,5	183984	484
485	235225	114084125	22,0227	7,8568	6,18415	2,06186	1523,7	184745	485
486	236196	114791256	22,0454	7,8622	6,18621	2,05761	1526,8	185508	486
487	237169	115501303	22,0681	7,8676	6,18826	2,05339	1530,0	186272	487
488	238144	116214272	22,0907	7,8730	6,19032	2,04918	1533,1	187038	488
489	239121	116930169	22,1133	7,8784	6,19236	2,04499	1536,2	187805	489
490	240100	117649000	22,1359	7,8837	6,19441	2,04082	1539,4	188574	**490**
491	241081	118370771	22,1585	7,8891	6,19644	2,03666	1542,5	189345	491
492	242064	119095488	22,1811	7,8944	6,19848	2,03252	1545,7	190117	492
493	243049	119823157	22,2036	7,8998	6,20051	2,02840	1548,8	190890	493
494	244036	120553784	22,2261	7,9051	6,20254	2,02429	1551,9	191665	494
495	245025	121287375	22,2486	7,9105	6,20456	2,02020	1555,1	192442	495
496	246016	122023936	22,2711	7,9158	6,20658	2,01613	1558,2	193221	496
497	247009	122763473	22,2935	7,9211	6,20859	2,01207	1561,4	194000	497
498	248004	123505992	22,3159	7,9264	6,21060	2,00803	1564,5	194782	498
499	249001	124251499	22,3383	7,9317	6,21261	2,00401	1567,7	195565	499
500	250000	125000000	22,3607	7,9370	6,21461	2,00000	1570,8	196350	**500**

Tabelle 1-2. (Fortsetzung)

n	n^2	n^3	$\sqrt{n}$	$\sqrt[3]{n}$	$\ln n$	$\frac{1}{n}\,10^3$	πn	$\frac{\pi n^2}{4}$	n
500	250000	125000000	22,3607	7,9370	6,21461	2,00000	1570,8	196350	**500**
501	251001	125751501	22,3830	7,9423	6,21661	1,99601	1573,9	197136	501
502	252004	126506008	22,4054	7,9476	6,21860	1,99203	1577,1	197923	502
503	253009	127263527	22,4277	7,9528	6,22059	1,98807	1580,2	198713	503
504	254016	128024064	22,4499	7,9581	6,22258	1,98413	1583,4	199504	504
505	255025	128787625	22,4722	7,9634	6,22456	1,98020	1586,5	200296	505
506	256036	129554216	22,4944	7,9686	6,22654	1,97628	1589,6	201090	506
507	257049	130323843	22,5167	7,9739	6,22851	1,97239	1592,8	201886	507
508	258064	131096512	22,5389	7,9791	6,23048	1,96850	1595,9	202683	508
509	259081	131872229	22,5610	7,9843	6,23245	1,96464	1599,1	203482	509
510	260100	132651000	22,5832	7,9896	6,23441	1,96078	1602,2	204282	**510**
511	261121	133432831	22,6053	7,9948	6,23637	1,95695	1605,4	205084	511
512	262144	134217728	22,6274	8,0000	6,23832	1,95312	1608,5	205887	512
513	263169	135005697	22,6495	8,0052	6,24028	1,94932	1611,6	206692	513
514	264196	135796744	22,6716	8,0104	6,24222	1,94553	1614,8	207499	514
515	265225	136590875	22,6936	8,0156	6,24417	1,94175	1617,9	208307	515
516	266256	137388096	22,7156	8,0208	6,24611	1,93798	1621,1	209117	516
517	267289	138188413	22,7376	8,0260	6,24804	1,93424	1624,2	209928	517
518	268324	138991832	22,7596	8,0311	6,24998	1,93050	1627,3	210741	518
519	269361	139798359	22,7816	8,0363	6,25190	1,92678	1630,5	211556	519
520	270400	140608000	22,8035	8,0415	6,25383	1,92308	1633,6	212372	**520**
521	271441	141420761	22,8254	8,0466	6,25575	1,91939	1636,8	213189	521
522	272484	142236648	22,8473	8,0517	6,25767	1,91571	1639,9	214008	522
523	273529	143055667	22,8692	8,0569	6,25958	1,91205	1643,1	214829	523
524	274576	143877824	22,8910	8,0620	6,26149	1,90840	1646,2	215651	524
525	275625	144703125	22,9129	8,0671	6,26340	1,90476	1649,3	216475	525
526	276676	145531576	22,9347	8,0723	6,26530	1,90114	1652,5	217301	526
527	277729	146363183	22,9565	8,0774	6,26720	1,89753	1655,6	218128	527
528	278784	147197952	22,9783	8,0825	6,26910	1,89394	1658,8	218956	528
529	279841	148035889	23,0000	8,0876	6,27099	1,89036	1661,9	219787	529
530	280900	148877000	23,0217	8,0927	6,27288	1,88679	1665,0	220618	**530**
531	281961	149721291	23,0434	8,0978	6,27476	1,88324	1668,2	221452	531
532	283024	150568768	23,0651	8,1028	6,27664	1,87970	1671,3	222287	532
533	284089	151419437	23,0868	8,1079	6,27852	1,87617	1674,5	223123	533
534	285156	152273304	23,1084	8,1130	6,28040	1,87266	1677,6	223961	534
535	286225	153130375	23,1301	8,1180	6,28227	1,86916	1680,8	224801	535
536	287296	153990656	23,1517	8,1231	6,28413	1,86567	1683,9	225642	536
537	288369	154854153	23,1733	8,1281	6,28600	1,86220	1687,0	226484	537
538	289444	155720872	23,1948	8,1332	6,28786	1,85874	1690,2	227329	538
539	290521	156590819	23,2164	8,1382	6,28972	1,85529	1693,3	228175	539
540	291600	157464000	23,2379	8,1433	6,29157	1,85185	1696,5	229022	**540**
541	292681	158340421	23,2594	8,1483	6,29342	1,84843	1699,6	229871	541
542	293764	159220088	23,2809	8,1533	6,29527	1,84502	1702,7	230722	542
543	294849	160103007	23,3024	8,1583	6,29711	1,84162	1705,9	231574	543
544	295936	160989184	23,3238	8,1633	6,29895	1,83824	1709,0	232428	544
545	297025	161878625	23,3452	8,1683	6,30079	1,83486	1712,2	233283	545
546	298116	162771336	23,3666	8,1733	6,30262	1,83150	1715,3	234140	546
547	299209	163667323	23,3880	8,1783	6,30445	1,82815	1718,5	234998	547
548	300304	164566592	23,4094	8,1833	6,30628	1,82482	1721,6	235858	548
549	301401	165469149	23,4307	8,1882	6,30810	1,82149	1724,7	236720	549
550	302500	166375000	23,4521	8,1932	6,30992	1,81818	1727,9	237583	**550**

Tabelle 1–2. (Fortsetzung)

n	n^2	n^3	$\sqrt{n}$	$\sqrt[3]{n}$	$\ln n$	$\frac{1}{n}\,10^3$	πn	$\frac{\pi n^2}{4}$	n
550	302500	166375000	23,4521	8,1932	6,30992	1,81818	1727,9	237583	**550**
551	303601	167284151	23,4734	8,1982	6,31173	1,81488	1731,0	238448	551
552	304704	168196608	23,4947	8,2031	6,31355	1,81159	1734,2	239314	552
553	305809	169112377	23,5160	8,2081	6,31536	1,80832	1737,3	240182	553
554	306916	170031464	23,5372	8,2130	6,31716	1,80505	1740,4	241051	554
555	308025	170953875	23,5584	8,2180	6,31897	1,80180	1743,6	241922	555
556	309136	171879616	23,5797	8,2229	6,32077	1,79856	1746,7	242795	556
557	310249	172808693	23,6008	8,2278	6,32257	1,79533	1749,9	243669	557
558	311364	173741112	23,6220	8,2327	6,32436	1,79211	1753,0	244545	558
559	312481	174676879	23,6432	8,2377	6,32615	1,78891	1756,2	245422	559
560	313600	175616000	23,6643	8,2426	6,32794	1,78571	1759,3	246301	**560**
561	314721	176558481	23,6854	8,2475	6,32972	1,78253	1762,4	247181	561
562	315844	177504328	23,7065	8,2524	6,33150	1,77936	1765,6	248063	562
563	316969	178453547	23,7276	8,2573	6,33328	1,77620	1768,7	248947	563
564	318096	179406144	23,7487	8,2621	6,33505	1,77305	1771,9	249832	564
565	319225	180362125	23,7697	8,2670	6,33683	1,76991	1775,0	250719	565
566	320356	181321496	23,7908	8,2719	6,33859	1,76678	1778,1	251607	566
567	321489	182284263	23,8118	8,2768	6,34036	1,76367	1781,3	252497	567
568	322624	183250432	23,8328	8,2816	6,34212	1,76056	1784,4	253388	568
569	323761	184220009	23,8537	8,2865	6,34388	1,75747	1787,6	254281	569
570	324900	185193000	23,8747	8,2913	6,34564	1,75439	1790,7	255176	**570**
571	326041	186169411	23,8956	8,2962	6,34739	1,75131	1793,8	256072	571
572	327184	187149248	23,9165	8,3010	6,34914	1,74825	1797,0	256970	572
573	328329	188132517	23,9374	8,3059	6,35089	1,74520	1800,1	257869	573
574	329476	189119224	23,9583	8,3107	6,35263	1,74216	1803,3	258770	574
575	330625	190109375	23,9792	8,3155	6,35437	1,73913	1806,4	259672	575
576	331776	191102976	24,0000	8,3203	6,35611	1,73611	1809,6	260576	576
577	332929	192100033	24,0208	8,3251	6,35784	1,73310	1812,7	261482	577
578	334084	193100552	24,0416	8,3300	6,35957	1,73010	1815,8	262389	578
579	335241	194104539	24,0624	8,3348	6,36130	1,72712	1819,0	263298	579
580	336400	195112000	24,0832	8,3396	6,36303	1,72414	1822,1	264208	**580**
581	337561	196122941	24,1039	8,3443	6,36475	1,72117	1825,3	265120	581
582	338724	197137368	24,1247	8,3491	6,36647	1,71821	1828,4	266033	582
583	339889	198155287	24,1454	8,3539	6,36819	1,71527	1831,5	266948	583
584	341056	199176704	24,1661	8,3587	6,36990	1,71233	1834,7	267865	584
585	342225	200201625	24,1868	8,3634	6,37161	1,70940	1837,8	268783	585
586	343396	201230056	24,2074	8,3682	6,37332	1,70648	1841,0	269703	586
587	344569	202262003	24,2281	8,3730	6,37502	1,70358	1844,1	270624	587
588	345744	203297472	24,2487	8,3777	6,37673	1,70068	1847,3	271547	588
589	346921	204336469	24,2693	8,3825	6,37843	1,69779	1850,4	272471	589
590	348100	205379000	24,2899	8,3872	6,38012	1,69492	1853,5	273397	**590**
591	349281	206425071	24,3105	8,3919	6,38182	1,69205	1856,7	274325	591
592	350464	207474688	24,3311	8,3967	6,38351	1,68919	1859,8	275254	592
593	351649	208527857	24,3516	8,4014	6,38519	1,68634	1863,0	276184	593
594	352836	209584584	24,3721	8,4061	6,38688	1,68350	1866,1	277117	594
595	354025	210644875	24,3926	8,4108	6,38856	1,68067	1869,2	278051	595
596	355216	211708736	24,4131	8,4155	6,39024	1,67785	1872,4	278986	596
597	356409	212776173	24,4336	8,4202	6,39192	1,67504	1875,5	279923	597
598	357604	213847192	24,4540	8,4249	6,39359	1,67224	1878,7	280862	598
599	358801	214921799	24,4745	8,4296	6,39526	1,66945	1881,8	281802	599
600	360000	216000000	24,4949	8,4343	6,39693	1,66667	1885,0	282743	**600**

Tabelle 1-2. (Fortsetzung)

n	n^2	n^3	$\sqrt{n}$	$\sqrt[3]{n}$	$\ln n$	$\frac{1}{n}\,10^3$	πn	$\frac{\pi n^2}{4}$	n
600	360000	216000000	24,4949	8,4343	6,39693	1,66667	1885,0	282743	**600**
601	361201	217081801	24,5153	8,4390	6,39859	1,66389	1888,1	283687	601
602	362404	218167208	24,5357	8,4437	6,40026	1,66113	1891,2	284631	602
603	363609	219256227	24,5561	8,4484	6,40192	1,65837	1894,4	285578	603
604	364816	220348864	24,5764	8,4530	6,40357	1,65563	1897,5	286526	604
605	366025	221445125	24,5967	8,4577	6,40523	1,65289	1900,7	287475	605
606	367236	222545016	24,6171	8,4623	6,40688	1,65017	1903,8	288426	606
607	368449	223648543	24,6374	8,4670	6,40853	1,64745	1906,9	289379	607
608	369664	224755712	24,6577	8,4716	6,41017	1,64474	1910,1	290333	608
609	370881	225866529	24,6779	8,4763	6,41182	1,64204	1913,2	291289	609
610	372100	226981000	24,6982	8,4809	6,41346	1,63934	1916,4	292247	**610**
611	373321	228099131	24,7184	8,4856	6,41510	1,63666	1919,5	293206	611
612	374544	229220928	24,7386	8,4902	6,41673	1,63399	1922,7	294166	612
613	375769	230346397	24,7588	8,4948	6,41836	1,63132	1925,8	295128	613
614	376996	231475544	24,7790	8,4994	6,41999	1,62866	1928,9	296092	614
615	378225	232608375	24,7992	8,5040	6,42162	1,62602	1932,1	297057	615
616	379456	233744896	24,8193	8,5086	6,42325	1,62338	1935,2	298024	616
617	380689	234885113	24,8395	8,5132	6,42487	1,62075	1938,4	298992	617
618	381924	236029032	24,8596	8,5178	6,42649	1,61812	1941,5	299962	618
619	383161	237176659	24,8797	8,5224	6,42811	1,61551	1944,6	300934	619
620	384400	238328000	24,8998	8,5270	6,42972	1,61290	1947,8	301907	**620**
621	385641	239483061	24,9199	8,5316	6,43133	1,61031	1950,9	302882	621
622	386884	240641848	24,9399	8,5362	6,43294	1,60772	1954,1	303858	622
623	388129	241804367	24,9600	8,5408	6,43455	1,60514	1957,2	304836	623
624	389376	242970624	24,9800	8,5453	6,43615	1,60256	1960,4	305815	624
625	390625	244140625	25,0000	8,5499	6,43775	1,60000	1963,5	306796	625
626	391876	245314376	25,0200	8,5544	6,43935	1,59744	1966,6	307779	626
627	393129	246491883	25,0400	8,5590	6,44095	1,59490	1969,8	308763	627
628	394384	247673152	25,0599	8,5635	6,44254	1,59236	1972,9	309748	628
629	395641	248858189	25,0799	8,5681	6,44413	1,58983	1976,1	310736	629
630	396900	250047000	25,0998	8,5726	6,44572	1,58730	1979,2	311725	**630**
631	398161	251239591	25,1197	8,5772	6,44731	1,58479	1982,3	312715	631
632	399424	252435968	25,1396	8,5817	6,44889	1,58228	1985,5	313707	632
633	400689	253636137	25,1595	8,5862	6,45047	1,57978	1988,6	314700	633
634	401956	254840104	25,1794	8,5907	6,45205	1,57729	1991,8	315696	634
635	403225	256047875	25,1992	8,5952	6,45362	1,57480	1994,9	316692	635
636	404496	257259456	25,2190	8,5997	6,45520	1,57233	1998,1	317690	636
637	405769	258474853	25,2389	8,6043	6,45677	1,56986	2001,2	318690	637
638	407044	259694072	25,2587	8,6088	6,45834	1,56740	2004,3	319692	638
639	408321	260917119	25,2784	8,6132	6,45990	1,56495	2007,5	320695	639
640	409600	262144000	25,2982	8,6177	6,46147	1,56250	2010,6	321699	**640**
641	410881	263374721	25,3180	8,6222	6,46303	1,56006	2013,8	322705	641
642	412164	264609288	25,3377	8,6267	6,46459	1,55763	2016,0	323713	642
643	413449	265847707	25,3574	8,6312	6,46614	1,55521	2020,0	324722	643
644	414736	267089984	25,3772	8,6357	6,46770	1,55280	2023,2	325733	644
645	416025	268336125	25,3969	8,6401	6,46925	1,55039	2026,3	326745	645
646	417316	269586136	25,4165	8,6446	6,47080	1,54799	2029,5	327759	646
647	418609	270840023	25,4362	8,6490	6,47235	1,54560	2032,6	328775	647
648	419904	272097792	25,4558	8,6535	6,47389	1,54321	2035,8	329792	648
649	421201	273359449	25,4755	8,6579	6,47543	1,54083	2038,9	330810	649
650	422500	274625000	25,4951	8,6624	6,47697	1,53846	2042,0	331831	**650**

Tabelle 1–2. (Fortsetzung)

n	n^2	n^3	$\sqrt{n}$	$\sqrt[3]{n}$	$\ln n$	$\frac{1}{n}\,10^3$	πn	$\frac{\pi n^2}{4}$	n
650	422500	274625000	25,4951	8,6624	6,47697	1,53846	2042,0	331831	**650**
651	423801	275894451	25,5147	8,6668	6,47851	1,53610	2045,2	332853	651
652	425104	277167808	25,5343	8,6713	6,48004	1,53374	2048,3	333876	652
653	426409	278445077	25,5539	8,6757	6,48158	1,53139	2051,5	334901	653
654	427716	279726264	25,5734	8,6801	6,48311	1,52905	2054,6	335927	654
655	429025	281011375	25,5930	8,6845	6,48464	1,52672	2057,7	336955	655
656	430336	282300416	25,6125	8,6890	6,48616	1,52439	2060,9	337985	656
657	431649	283593393	25,6320	8,6934	6,48768	1,52207	2064,0	339016	657
658	432964	284890312	25,6515	8,6978	6,48920	1,51976	2067,2	340049	658
659	434281	286191179	25,6710	8,7022	6,49072	1,51745	2070,3	341083	659
660	435600	287496000	25,6905	7,7066	6,49224	1,51515	2073,5	342119	**660**
661	436921	288804781	25,7099	8,7110	6,49375	1,51286	2076,6	343157	661
662	438244	290117528	25,7294	8,7154	6,49527	1,51057	2079,7	344196	662
663	439569	291434247	25,7488	8,7198	6,49677	1,50830	2082,9	345237	663
664	440896	292754944	25,7682	8,7241	6,49828	1,50602	2086,0	346279	664
665	442225	294079625	25,7876	8,7285	6,49979	1,50376	2089,2	347323	665
666	443556	295408296	25,8070	8,7329	6,50129	1,50150	2092,3	348368	666
667	444889	296740963	25,8263	8,7373	6,50279	1,49925	2095,4	349415	667
668	446224	298077632	25,8457	8,7416	6,50429	1,49701	2098,6	350464	668
669	447561	299418309	25,8650	8,7460	6,50578	1,49477	2101,7	351514	669
670	448900	300763000	25,8844	8,7503	6,50728	1,49254	2104,9	352565	**670**
671	450241	302111711	25,9037	8,7547	6,50877	1,49031	2108,0	353618	671
672	451584	303464448	25,9230	8,7590	6,51026	1,48810	2111,2	354673	672
673	452929	304821217	25,9422	8,7634	6,51175	1,48588	2114,3	355730	673
674	454276	306182024	25,9615	8,7677	6,51323	1,48368	2117,4	356788	674
675	455625	307546875	25,9808	8,7721	6,51471	1,48148	2120,6	357847	675
676	456976	308915776	26,0000	8,7764	6,51619	1,47929	2123,7	358908	676
677	458329	310288733	26,0192	8,7807	6,51767	1,47710	2126,9	359971	677
678	459684	311665752	26,0384	8,7850	6,51915	1,47493	2130,0	361035	678
679	461041	313046839	26,0576	8,7893	6,52062	1,47275	2133,1	362101	679
680	462400	314432000	26,0768	8,7937	6,52209	1,47059	2136,3	363168	**680**
681	463761	315821241	26,0960	8,7980	6,52356	1,46843	2139,4	364237	681
682	465124	317214568	26,1151	8,8023	6,52503	1,46628	2142,6	365308	682
683	466489	318611987	26,1343	8,8066	6,52649	1,46413	2145,7	366380	683
684	467856	320013504	26,1534	8,8109	6,52796	1,46199	2148,8	367453	684
685	469225	321419125	26,1725	8,8152	6,52942	1,45985	2152,0	368528	685
686	470596	322828856	26,1916	8,8194	6,53088	1,45773	2155,1	369605	686
687	471969	324242703	26,2107	8,8237	6,53233	1,45560	2158,3	370684	687
688	473344	325660672	26,2298	8,8280	6,53379	1,45349	2161,4	371764	688
689	474721	327082769	26,2488	8,8323	6,53524	1,45138	2164,6	372845	689
690	476100	328509000	26,2679	8,8366	6,53669	1,44928	2167,7	373928	**690**
691	477481	329939371	26,2869	8,8408	6,53814	1,44718	2170,8	375013	691
692	478864	331373888	26,3059	8,8451	6,53959	1,44509	2174,0	376099	692
693	480249	332812557	26,3249	8,8493	6,54103	1,44300	2177,1	377187	693
694	481636	334255384	26,3439	8,8536	6,54247	1,44092	2180,3	378276	694
695	483025	335702375	26,3629	8,8578	6,54391	1,43885	2183,4	379367	695
696	484416	337153536	26,3818	8,8621	6,54535	1,43678	2186,5	380459	696
697	485809	338608873	26,4008	8,8663	6,54679	1,43472	2189,7	381553	697
698	487204	340068392	26,4197	8,8706	6,54822	1,43266	2192,8	382649	698
699	488601	341532099	26,4386	8,8748	6,54965	1,43062	2196,0	383746	699
700	490000	343000000	26,4575	8,8790	6,55108	1,42857	2199,1	384845	**700**

Tabelle 1–2. (Fortsetzung)

n	n^2	n^3	$\sqrt{n}$	$\sqrt[3]{n}$	$\ln n$	$\frac{1}{n}\,10^3$	πn	$\frac{\pi n^2}{4}$	n
700	490000	343000000	26,4575	8,8790	6,55108	1,42857	2199,1	384845	**700**
701	491401	344472101	26,4764	8,8833	6,55251	1,42653	2202,3	385945	701
702	492804	345948408	26,4953	8,8875	6,55393	1,42450	2205,4	387047	702
703	494209	347428927	26,5141	8,8917	6,55536	1,42248	2208,5	388151	703
704	495616	348913664	26,5330	8,8959	6,55678	1,42045	2211,7	389256	704
705	497025	350402625	26,5518	8,9001	6,55820	1,41844	2214,8	390363	705
706	498436	351895816	26,5707	8,9043	6,55962	1,41643	2218,0	391471	706
707	499849	353393243	26,5895	8,9085	6,56103	1,41443	2221,1	392580	707
708	501264	354894912	26,6083	8,9127	6,56244	1,41243	2224,2	393692	708
709	502681	356400829	26,6271	8,9169	6,56386	1,41044	2227,4	394805	709
710	504100	357911000	26,6458	8,9211	6,56526	1,40845	2230,5	395919	**710**
711	505521	359425431	26,6646	8,9253	6,56667	1,40647	2233,7	397035	711
712	506944	360944128	26,6833	8,9295	6,56808	1,40449	2236,8	398153	712
713	508369	362467097	26,7021	8,9337	6,56948	1,40252	2240,0	399272	713
714	509796	363994344	26,7208	8,9378	6,57088	1,40056	2243,1	400393	714
715	511225	365525875	26,7395	8,9420	6,57228	1,39860	2246,2	401515	715
716	512656	367061696	26,7582	8,9462	6,57368	1,39665	2249,4	402639	716
717	514089	368601813	26,7769	8,9503	6,57508	1,39470	2252,5	403765	717
718	515524	370146232	26,7955	8,9545	6,57647	1,39276	2255,7	404892	718
719	516961	371694959	26,8142	8,9587	6,57786	1,39082	2258,8	406020	719
720	518400	373248000	26,8328	8,9628	6,57925	1,38889	2261,9	407150	**720**
721	519841	374805361	26,8514	8,9670	6,58064	1,38696	2265,1	408282	721
722	521284	376367048	26,8701	8,9711	6,58203	1,38504	2268,2	409415	722
723	522729	377933067	26,8887	8,9752	6,58341	1,38313	2271,4	410550	723
724	524176	379503424	26,9072	8,9794	6,58479	1,38122	2274,5	411687	724
725	525625	381078125	26,9258	8,9835	6,58617	1,37931	2277,7	412825	725
726	527076	382657176	26,9444	8,9876	6,58755	1,37741	2280,8	413965	726
727	528529	384240583	26,9629	8,9918	6,58893	1,37552	2283,9	415106	727
728	529984	385828352	26,9815	8,9959	6,59030	1,37363	2287,1	416248	728
729	531441	387420489	27,0000	9,0000	6,59167	1,37174	2290,2	417393	729
730	532900	389017000	27,0185	9,0041	6,59304	1,36986	2293,4	418539	**730**
731	534361	390617891	27,0370	9,0082	6,59441	1,36799	2296,5	419686	731
732	535824	392223168	27,0555	9,0123	6,59578	1,36612	2299,6	420835	732
733	537289	393832837	27,0740	9,0164	6,59715	1,36426	2302,8	421986	733
734	538756	395446904	27,0924	9,0205	6,59851	1,36240	2305,9	423138	734
735	540225	397065375	27,1109	9,0246	6,59987	1,36054	2309,1	424292	735
736	541696	398688256	27,1293	9,0287	6,60123	1,35870	2312,2	425447	736
737	543169	400315553	27,1477	9,0328	6,60259	1,35685	2315,4	426604	737
738	544644	401947272	27,1662	9,0369	6,60394	1,35501	2318,5	427762	738
739	546121	403583419	27,1846	9,0410	6,60530	1,35318	2321,6	428922	739
740	547600	405224000	27,2029	9,0450	6,60665	1,35135	2324,8	430084	**740**
741	549081	406869021	27,2213	9,0491	6,60800	1,34953	2327,9	431247	741
742	550564	408518488	27,2397	9,0532	6,60935	1,34771	2331,1	432412	742
743	552049	410172407	27,2580	9,0572	6,61070	1,34590	2334,2	433578	743
744	553536	411830784	27,2764	9,0613	6,61204	1,34409	2337,3	434746	744
745	555025	413493625	27,2947	9,0654	6,61338	1,34228	2340,5	435916	745
746	556516	415160936	27,3130	9,0694	6,61473	1,34048	2343,6	437087	746
747	558009	416832723	27,3313	9,0735	6,61607	1,33869	2346,8	438259	747
748	559504	418508992	27,3496	9,0775	6,61740	1,33690	2349,9	439433	748
749	561001	420189749	27,3679	9,0816	6,61874	1,33511	2353,1	440609	749
750	562500	421875000	27,3861	9,0856	6,62007	1,33333	2356,2	441786	**750**

Tabelle 1-2. (Fortsetzung)

n	n^2	n^3	$\sqrt{n}$	$\sqrt[3]{n}$	$\ln n$	$\frac{1}{n} 10^3$	πn	$\frac{\pi n^2}{4}$	n
750	562500	421875000	27,3861	9,0856	6,62007	1,33333	2356,2	441786	**750**
751	564001	423564751	27,4044	9,0896	6,62141	1,33156	2359,3	442965	751
752	565504	425259008	27,4226	9,0937	6,62274	1,32979	2362,5	444146	752
753	567009	426957777	27,4408	9,0977	6,62407	1,32802	2365,6	445328	753
754	568516	428661064	27,4591	9,1017	6,62539	1,32626	2368,8	446511	754
755	570025	430368875	27,4773	9,1057	6,62672	1,32450	2371,9	447697	755
756	571536	432081216	27,4955	9,1098	6,62804	1,32275	2375,0	448883	756
757	573049	433798093	27,5136	9,1138	6,62936	1,32100	2378,2	450072	757
758	574564	435519512	27,5318	9,1178	6,63068	1,31926	2381,3	451262	758
759	576081	437245479	27,5500	9,1218	6,63200	1,31752	2384,5	452453	759
760	577600	438976000	27,5681	9,1258	6,63332	1,31579	2387,6	453646	**760**
761	579121	440711081	27,5862	9,1298	6,63463	1,31406	2390,8	454841	761
762	580644	442450728	27,6043	9,1338	6,63595	1,31234	2393,9	456037	762
763	582169	444194947	27,6225	9,1378	6,63726	1,31062	2397,0	457234	763
764	583696	445943744	27,6405	9,1418	6,63857	1,30890	2400,2	458434	764
765	585225	447697125	27,6586	9,1458	6,63988	1,30719	2403,3	459635	765
766	586756	449455096	27,6767	9,1498	6,64118	1,30548	2406,5	460837	766
767	588289	451217663	27,6948	9,1537	6,64249	1,30378	2409,6	462041	767
768	589824	452984832	27,7128	9,1577	6,64379	1,30208	2412,7	463247	768
769	591361	454756609	27,7308	9,1617	6,64509	1,30039	2415,8	464454	769
770	592900	456533000	27,7489	9,1657	6,64639	1,29870	2419,0	465663	**770**
771	594441	458314011	27,7669	9,1696	6,64769	1,29702	2422,2	466873	771
772	595984	460099648	27,7849	9,1736	6,64898	1,29534	2425,3	468085	772
773	597529	461889917	27,8029	9,1775	6,65028	1,29366	2428,5	469298	773
774	599076	463684824	26,8209	9,1815	6,65157	1,29199	2431,6	470513	774
775	600625	465484375	27,8388	9,1855	6,65286	1,29032	2434,7	471730	775
776	602176	467288576	27,8568	9,1894	6,65415	1,28866	2437,9	472948	776
777	603729	469097433	27,8747	9,1933	6,65544	1,28700	2441,0	474168	777
778	605284	470910952	27,8927	9,1973	6,65673	1,28535	2444,2	475389	778
779	606841	472729139	27,9106	9,2012	6,65801	1,28370	2447,3	476612	779
780	608400	474552000	27,9285	9,2052	6,65929	1,28205	2450,4	477836	**780**
781	609961	476379541	27,9464	9,2091	6,66058	1,28041	2453,6	479062	781
782	611524	478211768	27,9643	9,2130	6,66185	1,27877	2456,7	480290	782
783	613089	480048687	27,9821	9,2170	6,66313	1,27714	2459,9	481519	783
784	614656	481890304	28,0000	9,2209	6,66441	1,27551	2463,0	482750	784
785	616225	483736625	28,0179	9,2248	6,66568	1,27389	2466,2	483982	785
786	617796	485587656	28,0357	9,2287	6,66696	1,27226	2469,3	485216	786
787	619369	487443403	28,0535	9,2326	6,66823	1,27065	2472,4	486451	787
788	620944	489303872	28,0713	9,2365	6,66950	1,26904	2475,6	487688	788
789	622521	491169069	28,0891	9,2404	6,67077	1,26743	2478,7	488927	789
790	624100	493039000	28,1069	9,2443	6,67203	1,26582	2481,9	490167	**790**
791	625681	494913671	28,1247	9,2482	6,67330	1,26422	2485,0	491409	791
792	627264	496793088	28,1425	9,2521	6,67456	1,26263	2488,1	492652	792
793	628849	498677257	28,1603	9,2560	6,67582	1,26103	2491,3	493897	793
794	630436	500566184	28,1780	9,2599	6,67708	1,25945	2494,4	495143	794
795	632025	502459875	28,1957	9,2638	6,67834	1,25786	2497,6	496391	795
796	633616	504358336	28,2135	9,2677	6,67960	1,25628	2500,7	497641	796
797	635209	506261573	28,2312	9,2716	6,68085	1,25471	2503,8	498892	797
798	636804	508169592	28,2489	9,2754	6,68211	1,25313	2507,0	500145	798
799	638401	510082399	28,2666	9,2793	6,68336	1,25156	2510,1	501399	799
800	640000	512000000	28,2843	9,2832	6,68461	1,25000	2513,3	502655	**800**

Tabelle 1–2. (Fortsetzung)

n	n^2	n^3	$\sqrt{n}$	$\sqrt[3]{n}$	$\ln n$	$\frac{1}{n}\,10^3$	πn	$\frac{\pi n^2}{4}$	n
800	640000	512000000	28,2843	9,2832	6,68461	1,25000	2513,3	502655	**800**
801	641601	513922401	28,3019	9,2870	6,68586	1,24844	2516,4	503912	801
802	643204	515849608	28,3196	9,2909	6,68711	1,24688	2519,6	505171	802
803	644809	517781627	28,3373	9,2948	6,68835	1,24533	2522,7	506432	803
804	646416	519718464	28,3549	9,2986	6,68960	1,24378	2525,8	507694	804
805	648025	521660125	28,3725	9,3025	6,69084	1,24224	2529,0	508958	805
806	649636	523606616	28,3901	9,3063	6,69208	1,24069	2532,1	510223	806
807	651249	525557943	28,4077	9,3102	6,69332	1,23916	2535,3	511490	807
808	652864	527514112	28,4253	9,3140	6,69456	1,23762	2538,4	512758	808
809	654481	529475129	28,4429	9,3179	6,69580	1,23609	2541,5	514028	809
810	656100	531441000	28,4605	9,3217	6,69703	1,23457	2544,7	515300	**810**
811	657721	533411731	28,4781	9,3255	6,69827	1,23305	2547,8	516573	811
812	659344	535387328	28,4956	9,3294	6,69950	1,23153	2551,0	517848	812
813	660969	537367797	28,5132	9,3332	6,70073	1,23001	2554,1	519124	813
814	662596	539353144	28,5307	9,3370	6,70196	1,22850	2557,3	520402	814
815	664225	541343375	28,5482	9,3408	6,70319	1,22699	2560,4	521681	815
816	665856	543338496	28,5657	9,3447	6,70441	1,22549	2563,5	522962	816
817	667489	545338513	28,5832	9,3485	6,70564	1,22399	2566,7	524245	817
818	669124	547343432	28,6007	9,3523	6,70686	1,22249	2569,8	525529	818
819	670761	549353259	28,6182	9,3561	6,70808	1,22100	2573,0	526814	819
820	672400	551368000	28,6356	9,3599	6,70930	1,21951	2576,1	528102	**820**
821	674041	553387661	28,6531	9,3637	6,71052	1,21803	2579,2	529391	821
822	675684	555412248	28,6705	9,3675	6,71174	1,21655	2582,4	530681	822
823	677329	557441767	28,6880	9,3713	6,71296	1,21507	2585,5	531973	823
824	678976	559476224	28,7054	9,3751	6,71417	1,21359	2588,7	533267	824
825	680625	561515625	28,7228	9,3789	6,71538	1,21212	2591,8	534562	825
826	682276	563559976	28,7402	9,3827	6,71659	1,21065	2595,0	535858	826
827	683929	565609283	28,7576	9,3865	6,71780	1,20919	2598,1	537157	827
828	685584	567663552	28,7750	9,3902	6,71901	1,20773	2601,2	538456	828
829	687241	569722789	28,7924	9,3940	6,72022	1,20627	2604,4	539758	829
830	688900	571787000	28,8097	9,3978	6,72143	1,20482	2607,5	541061	**830**
831	690561	573856191	28,8271	9,4016	6,72263	1,20337	2610,7	542365	831
832	692224	575930368	28,8444	8,4053	6,72383	1,20192	2613,8	543671	832
833	693889	578009537	28,8617	9,4091	6,72503	1,20048	2616,9	544979	833
834	695556	580093704	28,8791	9,4129	6,72623	1,19904	2620,1	546288	834
835	697225	582182875	28,8964	9,4166	6,72743	1,19760	2623,2	547599	835
836	698896	584277056	28,9137	9,4204	6,72863	1,19617	2626,4	548912	836
837	700569	586376253	28,9310	9,4241	6,72982	1,19474	2629,5	550226	837
838	702244	588480472	28,9482	9,4279	6,73102	1,19332	2632,7	551541	838
839	703921	590589719	28,9655	9,4316	6,73221	1,19190	2635,8	552858	839
840	705600	592704000	28,9828	9,4354	6,73340	1,19048	2638,9	554177	**840**
841	707281	594823321	29,0000	9,4391	6,73459	1,18906	2642,1	555497	841
842	708964	596947688	29,0172	9,4429	6,73578	1,18765	2645,2	556819	842
843	710649	599077107	29,0345	9,4466	6,73697	1,18624	2648,4	558142	843
844	712336	601211584	29,0517	9,4503	6,73815	1,18483	2651,5	559467	844
845	714025	603351125	29,0689	9,4541	6,73934	1,18343	2654,6	560794	845
846	715716	605495736	29,0861	9,4578	6,74052	1,18203	2657,8	562122	846
847	717409	607645423	29,1033	9,4615	6,74170	1,18064	2660,9	563452	847
848	719104	609800192	29,1204	9,4652	6,74288	1,17925	2664,1	564783	848
849	720801	611960049	29,1376	9,4690	6,74406	1,17786	2667,2	566116	849
850	722500	614125000	29,1548	9,4727	6,74524	1,17647	2670,4	567450	**850**

Tabelle 1-2. (Fortsetzung)

n	n^2	n^3	$\sqrt{n}$	$\sqrt[3]{n}$	$\ln n$	$\frac{1}{n}10^3$	πn	$\frac{\pi n^2}{4}$	n
850	722500	614125000	29,1548	9,4727	6,74524	1,17647	2670,4	567450	**850**
851	724201	616295051	29,1719	9,4764	6,74641	1,17509	2673,5	568786	851
852	725904	618470208	29,1890	9,4801	6,74759	1,17371	2676,6	570124	852
853	727609	620650477	29,2062	9,4838	6,74876	1,17233	2679,8	571463	853
854	729316	622835864	29,2233	9,4875	6,74993	1,17096	2682,9	572803	854
855	731025	625026375	29,2404	9,4912	6,75110	1,16959	2686,1	574146	855
856	732736	627222016	29,2575	9,4949	6,75227	1,16822	2689,2	575490	856
857	734449	629422793	29,2746	9,4986	6,75344	1,16686	2692,3	576835	857
858	736164	631628712	29,2916	9,5023	6,75460	1,16550	2695,5	578182	858
859	737881	633839779	29,3087	9,5060	6,75577	1,16414	2698,6	579530	859
860	739600	636056000	29,3258	9,5097	6,75693	1,16279	2701,8	580880	**860**
861	741321	638277381	29,3428	9,5134	6,75809	1,16144	2704,9	582232	861
862	743044	640503928	29,3598	9,5171	6,75926	1,16009	2708,1	583585	862
863	744769	642735647	29,3769	9,5207	6,76041	1,15875	2711,2	584940	863
864	746496	644972544	29,3939	9,5244	6,76157	1,15741	2714,3	586297	864
865	748225	647214625	29,4109	9,5281	6,76273	1,15607	2717,5	587655	865
866	749956	649461896	29,4279	9,5317	6,76388	1,15473	2720,6	589014	866
867	751689	651714363	29,4449	9,5354	6,76504	1,15340	2723,8	590375	867
868	753424	653972032	29,4618	9,5391	6,76619	1,15207	2726,9	591738	868
869	755161	656234909	29,4788	8,5427	6,76734	1,15075	2730,0	593102	869
870	756900	658503000	29,4958	9,5464	6,76849	1,14943	2733,2	594468	**870**
871	758641	660776311	29,5127	9,5501	6,76964	1,14811	2736,3	595835	871
872	760384	663054848	29,5296	9,5537	6,77079	1,14679	2739,5	597204	872
873	762129	665338617	29,5466	9,5574	6,77194	1,14548	2742,6	598575	873
874	763876	667627624	29,5635	9,5610	6,77308	1,14416	2745,8	599947	874
875	765625	669921875	29,5804	9,5647	6,77422	1,14286	2748,9	601320	875
876	767376	672221376	29,5973	9,5683	6,77537	1,14155	2752,0	602696	876
877	769129	674526133	29,6142	9,5719	6,77651	1,14025	2755,2	604073	877
878	770884	676836152	29,6311	9,5756	6,77765	1,13895	2758,3	605451	878
879	772641	679151439	29,6479	9,5792	6,77878	1,13766	2761,5	606831	879
880	774400	681472000	29,6648	9,5828	6,77992	1,13636	2764,6	608212	**880**
881	776161	683797841	29,6816	9,5865	6,78106	1,13507	2767,7	609595	881
882	777924	686128968	29,6985	9,5901	6,78219	1,13379	2770,9	610980	882
883	779689	688465387	29,7153	9,5937	6,78333	1,13250	2774,0	612366	883
884	781456	690807104	29,7321	9,5973	6,78446	1,13122	2777,2	613754	884
885	783225	693154125	29,7489	9,6010	6,78559	1,12994	2780,3	615143	885
886	784996	695506456	29,7658	9,6046	6,78672	1,12867	2783,5	616534	886
887	786769	697864103	29,7825	9,6082	6,78784	1,12740	2786,6	617927	887
888	788544	700227072	29,7993	9,6118	6,78897	1,12613	2789,7	619321	888
889	790321	702595369	29,8161	9,6154	6,79010	1,12486	2792,9	620717	889
890	792100	704969000	29,8329	9,6190	6,79122	1,12360	2796,0	622114	**890**
891	793881	707347971	29,8496	9,6226	6,79234	1,12233	2799,2	623513	891
892	795664	709732288	29,8664	9,6262	6,79347	1,12108	2802,3	624913	892
893	797449	712121957	29,8831	9,6298	6,79459	1,11982	2805,4	626315	893
894	799236	714516984	29,8998	9,6334	6,79571	1,11857	2808,6	627718	894
895	801025	716917375	29,9166	9,6370	6,79682	1,11732	2811,7	629124	895
896	802816	719323136	29,9333	9,6406	6,79794	1,11607	2814,9	630530	896
897	804609	721734273	29,9500	9,6442	6,79906	1,11483	2818,0	631938	897
898	806404	724150792	29,9666	9,6477	6,80017	1,11359	2821,2	633348	898
899	808201	726572699	29,9833	9,6513	6,80128	1,11235	2824,3	634760	899
900	810000	729000000	30,0000	9,6549	6,80239	1,11111	2827,4	636173	**900**

Tabelle 1-2. (Fortsetzung)

n	n^2	n^3	$\sqrt{n}$	$\sqrt[3]{n}$	$\ln n$	$\frac{1}{n} 10^3$	πn	$\frac{\pi n^2}{4}$	n
900	810000	729000000	30,0000	9,6549	6,80239	1,11111	2827,4	636173	**900**
901	811801	731432701	30,0167	9,6585	6,80351	1,10988	2830,6	637587	901
902	813604	733870808	30,0333	9,6620	6,80461	1,10865	2833,7	639003	902
903	815409	736314327	30,0500	9,6656	6,80572	1,10742	2836,9	640421	903
904	817216	738763264	30,0666	9,6692	6,80683	1,10619	2840,0	641840	904
905	819025	741217625	30,0832	9,6727	6,80793	1,10497	2843,1	643261	905
906	820836	743677416	30,0998	9,6763	6,80904	1,10375	2846,3	644683	906
907	822649	746142643	30,1164	9,6799	6,81014	1,10254	2849,4	646107	907
908	824464	748613312	30,1330	9,6834	6,81124	1,10132	2852,6	647533	908
909	826281	751089429	30,1496	9,6870	6,81235	1,10011	2855,7	648960	909
910	828100	753571000	30,1662	9,6905	6,81344	1,09890	2858,8	650388	**910**
911	829921	756058031	30,1828	9,6941	6,81454	1,09769	2862,0	651818	911
912	831744	758550528	30,1993	9,6976	6,81564	1,09649	2865,1	653250	912
913	833569	761048497	30,2159	9,7012	6,81674	1,09529	2868,3	654684	913
914	835396	763551944	30,2324	9,7047	6,81783	1,09409	2871,4	656118	914
915	837225	766060875	30,2490	9,7082	6,81892	1,09290	2874,6	657555	915
916	839056	768575296	30,2655	9,7118	6,82002	1,09170	2877,7	658993	916
917	840889	771095213	30,2820	9,7153	6,82111	1,09051	2880,8	660433	917
918	842724	773620632	30,2985	9,7188	6,82220	1,08932	2884,0	661874	918
919	844561	776151559	30,3150	9,7224	6,82329	1,08814	2887,1	663317	919
920	846400	778688000	30,3315	9,7259	6,82437	1,08696	2890,3	664761	**920**
921	848241	781229961	30,3480	9,7294	6,82546	1,08578	2893,4	666207	921
922	850084	783777448	30,3645	9,7329	6,82655	1,08460	2896,5	667654	922
923	851929	786330467	30,3809	9,7364	6,82763	1,08342	2899,7	669103	923
924	853776	788889024	30,3974	9,7400	6,82871	1,08225	2902,8	670554	924
925	855625	791453125	30,4138	9,7435	6,82979	1,08108	2906,0	672006	925
926	857476	794022776	30,4302	9,7470	6,83087	1,07991	2909,1	673460	926
927	859329	796597983	30,4467	9,7505	6,83195	1,07875	2912,3	674915	927
928	861184	799178752	30,4631	9,7540	6,83303	1,07759	2915,4	676372	928
929	863041	801765089	30,4795	9,7575	6,83411	1,07643	2918,5	677831	929
930	864900	804357000	30,4959	9,7610	6,83518	1,07527	2921,7	679291	**930**
931	866761	806954491	30,5123	9,7645	6,83626	1,07411	2924,8	680752	931
932	868624	809557568	30,5287	9,7680	6,83733	1,07296	2928,0	682216	932
933	870489	812166237	30,5450	9,7715	6,83841	1,07181	2931,1	683680	933
934	872356	814780504	30,5614	9,7750	6,83948	1,07066	2934,2	685147	934
935	874225	817400375	30,5778	9,7785	6,84055	1,06952	2937,4	686615	935
936	876096	820025856	30,5941	9,7819	6,84162	1,06838	2940,5	688084	936
937	877969	822656953	30,6105	9,7854	6,84268	1,06724	2943,7	689555	937
938	879844	825293672	30,6268	8,7889	6,84375	1,06610	2946,8	691028	938
939	881721	827936019	30,6431	9,7924	6,84482	1,06496	2950,0	692502	939
940	883600	830584000	30,6594	9,7959	6,84588	1,06383	2953,1	693978	**940**
941	885481	833237621	30,6757	9,7993	6,84694	1,06270	2956,2	695455	941
942	887364	835896888	30,6920	9,8028	6,84801	1,06157	2959,4	696934	942
943	889249	838561807	30,7083	9,8063	6,84907	1,06045	2962,5	698415	943
944	891136	841232384	30,7246	9,8097	6,85013	1,05932	2965,7	699897	944
945	893025	843908625	30,7409	9,8132	6,85118	1,05820	2968,8	701380	945
946	894916	846590536	30,7571	9,8167	6,85224	1,05708	2971,9	702865	946
947	896809	849278123	30,7734	9,8201	6,85330	1,05597	2975,1	704352	947
948	898704	851971392	30,7896	9,8236	6,85435	1,05485	2978,2	705840	948
949	900601	854670349	30,8058	9,8270	6,85541	1,05374	2981,4	707330	949
950	902500	857375000	30,8221	9,8305	6,85646	1,05263	2984,5	708822	**950**

Tabelle 1–2. (Fortsetzung)

n	n^2	n^3	$\sqrt{n}$	$\sqrt[3]{n}$	$\ln n$	$\frac{1}{n}\,10^3$	πn	$\frac{\pi n^2}{4}$	n
950	902500	857375000	30,8221	9,8305	6,85646	1,05263	2984,5	708822	**950**
951	904401	860085351	30,8383	9,8339	6,85751	1,05152	2987,7	710315	951
952	906304	862801408	30,8545	9,8374	6,85857	1,05042	2990,8	711809	952
953	908209	865523177	30,8707	9,8408	6,85961	1,04932	2993,9	713306	953
954	910116	868250664	30,8869	9,8443	6,86066	1,04822	2997,1	714803	954
955	912025	870983875	30,9031	9,8477	6,86171	1,04712	3000,2	716303	955
956	913936	873722816	30,9192	9,8511	6,86276	1,04603	3003,4	717804	956
957	915849	876467493	30,9354	9,8546	6,86380	1,04493	3006,5	719306	957
958	917764	879217912	30,9516	9,8580	6,86485	1,04384	3009,6	720810	958
959	919681	881974079	30,9677	9,8614	6,86589	1,04275	3012,8	722316	959
960	921600	884736000	30,9839	9,8648	6,66693	1,04167	3015,9	723823	**960**
961	923521	887503681	31,0000	9,8683	6,86797	1,04058	3019,1	725332	961
962	925444	890277128	31,0161	9,8717	6,86901	1,03950	3022,2	726842	962
963	927369	893056347	31,0322	9,8751	6,87005	1,03842	3025,4	728354	963
964	929296	895841344	31,0483	9,8785	6,87109	1,03734	3028,5	729867	964
965	931225	898632125	31,0644	9,8819	6,87213	1,03627	3031,6	731382	965
966	933156	901428696	31,0805	9,8854	6,87316	1,03520	3034,8	732899	966
967	935089	904231063	31,0966	9,8888	6,87420	1,03413	3037,9	734417	967
968	937024	907039232	31,1127	9,8922	6,87523	1,03306	3041,1	735937	968
969	938961	909853209	31,1288	9,8956	6,87626	1,03199	3044,2	737458	969
970	940900	912673000	31,1448	9,8990	6,87730	1,03093	3047,3	738981	**970**
971	942841	915498611	31,1609	9,9024	6,87833	1,02987	3050,5	740506	971
972	944784	918330048	31,1769	9,9058	6,87936	1,02881	3053,6	742032	972
973	946729	921167317	31,1929	9,9092	6,88038	1,02775	3056,8	743559	973
974	948676	924010424	31,2090	9,9126	6,88141	1,02669	3059,9	745088	974
975	950625	926859375	31,2250	9,9160	6,88244	1,02564	3063,1	746619	975
976	952576	929714176	31,2410	9,9194	6,88346	1,02459	3066,2	748151	976
977	954529	932574833	31,2570	9,9227	6,88449	1,02354	3069,3	749685	977
978	956484	935441352	31,2730	9,9261	6,88551	1,02249	3072,5	751221	978
979	958441	938313739	31,2890	9,9295	6,88653	1,02145	3075,6	752758	979
980	960400	941192000	31,3050	9,9329	6,88755	1,02041	3078,8	754296	**980**
981	962361	944076141	31,3209	9,9363	6,88857	1,01937	3081,9	755837	981
982	964324	946966168	31,3369	9,9396	6,88959	1,01833	3085,0	757378	982
983	966289	949862087	31,3528	9,9430	6,89061	1,01729	3088,2	758922	983
984	968256	952763904	31,3688	9,9464	6,89163	1,01626	3091,3	760466	984
985	970225	955671625	31,3847	9,9497	6,89264	1,01523	3094,5	762013	985
986	972196	958585256	31,4006	9,9531	6,89366	1,01420	3097,6	763561	986
987	974169	961504803	31,4166	9,9565	6,89467	1,01317	3100,8	765111	987
988	976144	964430272	31,4325	9,9598	6,89568	1,01215	3103,9	766662	988
989	978121	967361669	31,4484	9,9632	6,89669	1,01112	3107,0	768214	989
990	980100	970299000	31,4643	9,9666	6,89770	1,01010	3110,2	769769	**990**
991	982081	973242271	31,4802	9,9699	6,89871	1,00908	3113,3	771325	991
992	984064	976191488	31,4960	9,9733	6,89972	1,00806	3116,5	772882	992
993	986049	979146657	31,5119	9,9766	6,90073	1,00705	3119,6	774441	993
994	988036	982107784	31,5278	9,9800	6,90174	1,00604	3122,7	776002	994
995	990025	985074875	31,5436	9,9833	6,90274	1,00503	3125,9	777564	995
996	992016	988047936	31,5595	9,9866	6,90375	1,00402	3129,0	779128	996
997	994009	991026973	31,5753	9,9900	6,90475	1,00301	3132,2	780693	997
998	996004	994011992	31,5911	9,9933	6,90575	1,00200	3135,3	782260	998
999	998001	997002999	31,6070	9,9967	6,90675	1,00100	3138,5	783828	999
1000	1000000	1000000000	31,6228	10,0000	6,90776	1,00000	3141,6	785398	**1000**

Tabelle 1–2. (Fortsetzung)

n	n^2	n^3	$\sqrt{n}$	$\sqrt[3]{n}$	$\ln n$	$\frac{1}{n}\,10^3$	πn	$\frac{\pi n^2}{4}$	n
1000	1 000 000	1 000 000 000	31,6228	10,0000	6,90776	1,00000	3141,6	785 398	**1000**
1001	1 002 001	1 003 003 001	31,6386	10,0033	6,90875	0,99900	3144,7	786 970	1001
1002	1 004 004	1 006 012 008	31,6544	10,0067	6,90975	0,99800	3147,9	788 543	1002
1003	1 006 009	1 009 027 027	31,6702	10,0100	6,91075	0,99701	3151,0	790 118	1003
1004	1 008 016	1 012 048 064	31,6860	10,0133	6,91175	0,99602	3154,2	791 694	1004
1005	1 010 025	1 015 075 125	31,7017	10,0166	6,91274	0,99502	3157,3	793 272	1005
1006	1 012 036	1 018 108 216	31,7175	10,0200	6,91374	0,99404	3160,4	794 851	1006
1007	1 014 049	1 021 147 343	31,7333	10,0233	6,91473	0,99305	3163,6	796 432	1007
1008	1 016 064	1 024 192 512	31,7490	10,0266	6,91572	0,99206	3166,7	798 015	1008
1009	1 018 081	1 027 243 729	31,7648	10,0299	6,91672	0,99108	3169,9	799 599	1009
1010	1 020 100	1 030 301 000	31,7805	10,0332	6,91771	0,99010	3173,0	801 185	**1010**
1011	1 022 121	1 033 364 331	31,7962	10,0365	6,91870	0,98912	3176,2	802 772	1011
1012	1 024 144	1 036 433 728	31,8119	10,0398	6,91968	0,98814	3179,3	804 361	1012
1013	1 026 169	1 039 509 197	31,8277	10,0431	6,92067	0,98717	3182,4	805 951	1013
1014	1 028 196	1 042 590 744	31,8434	10,0465	6,92166	0,98619	3185,6	807 543	1014
1015	1 030 225	1 045 678 375	31,8591	10,0498	6,92264	0,98522	3188,7	809 137	1015
1016	1 032 256	1 048 772 096	31,8748	10,0531	6,92363	0,98425	3191,9	810 732	1016
1017	1 034 289	1 051 871 913	31,8904	10,0563	6,92461	0,98328	3195,0	812 329	1017
1018	1 036 324	1 054 977 832	31,9061	10,0596	6,92560	0,98232	3198,1	813 927	1018
1019	1 038 361	1 058 089 859	31,9218	10,0629	6,92658	0,98135	3201,3	815 527	1019
1020	1 040 400	1 061 208 000	31,9374	10,0662	6,92756	0,98039	3204,4	817 128	**1020**
1021	1 042 441	1 064 332 261	31,9531	10,0695	6,92854	0,97943	3207,6	818 731	1021
1022	1 044 484	1 067 462 648	31,9687	10,0728	6,92952	0,97847	3210,7	820 336	1022
1023	1 046 529	1 070 599 167	31,9844	10,0761	6,93049	0,97752	3213,8	821 942	1023
1024	1 048 576	1 073 741 824	32,0000	10,0794	6,93147	0,97656	3217,0	823 550	1924
1025	1 050 625	1 076 890 625	32,0156	10,0826	6,93245	0,97561	3220,1	825 159	1025
1026	1 052 676	1 080 045 576	32,0312	10,0859	6,93342	0,97466	3223,3	826 770	1026
1027	1 054 729	1 083 206 683	32,0468	10,0892	6,93440	0,97371	3226,4	828 382	1027
1028	1 056 784	1 086 373 952	32,0624	10,0925	6,93537	0,97276	3229,6	829 996	1028
1029	1 058 841	1 089 547 389	32,0780	10,0957	6,93634	0,97182	3232,7	831 612	1029
1030	1 060 900	1 092 727 000	32,0936	10,0990	6,93731	0,97087	3235,8	833 229	**1030**
1031	1 062 961	1 095 912 791	32,1092	10,1023	6,93828	0,96993	3239,0	834 848	1031
1032	1 065 024	1 099 104 768	32,1248	10,1055	6,93925	0,96899	3242,1	836 468	1032
1033	1 067 089	1 102 302 937	32,1403	10,1088	6,94022	0,96805	3245,3	838 090	1033
1034	1 069 156	1 105 507 304	32,1559	10,1121	6,94119	0,96712	3248,4	839 713	1034
1035	1 071 225	1 108 717 875	32,1714	10,1153	6,94216	0,96618	3251,5	841 338	1035
1036	1 073 296	1 111 934 656	32,1870	10,1186	6,94312	0,96525	3254,7	842 965	1036
1037	1 075 369	1 115 157 653	32,2025	10,1218	6,94409	0,96432	3257,8	844 593	1037
1038	1 077 444	1 118 386 872	32,2180	10,1251	6,94505	0,96339	3261,0	846 223	1038
1039	1 079 521	1 121 622 319	32,2335	10,1283	6,94601	0,96246	3264,1	847 854	1039
1040	1 081 600	1 124 864 000	32,2490	10,1316	6,94698	0,96154	3267,3	849 487	**1040**
1041	1 083 681	1 128 111 921	32,2645	10,1348	6,94794	0,96061	3270,4	851 121	1041
1042	1 085 764	1 131 366 088	32,2800	10,1381	6,94890	0,95969	3273,5	852 757	1042
1043	1 087 849	1 134 626 507	32,2955	10,1413	6,94986	0,95877	3276,7	854 395	1043
1044	1 089 936	1 137 893 184	32,3110	10,1446	6,95081	0,95785	3279,8	856 034	1044
1045	1 092 025	1 141 166 125	32,3265	10,1478	6,95177	0,95694	3283,0	857 674	1045
1046	1 094 116	1 144 445 336	32,3419	10,1510	6,95273	0,95602	3286,1	859 317	1046
1047	1 096 209	1 147 730 823	32,3574	10,1543	6,95368	0,95511	3289,2	860 961	1047
1048	1 098 304	1 151 022 592	32,3728	10,1575	6,95464	0,95420	3292,4	862 606	1048
1049	1 100 401	1 154 320 649	32,3883	10,1607	6,95559	0,95329	3295,5	864 253	1049
1050	1 102 500	1 157 625 000	32,4037	10,1640	6,95655	0,95238	3298,7	865 901	**1050**

Tabelle 1-2. (Fortsetzung)

n	n^2	n^3	$\sqrt{n}$	$\sqrt[3]{n}$	$\ln n$	$\frac{1}{n}10^3$	πn	$\frac{\pi n^2}{4}$	n
1050	1102500	1157625000	32,4037	10,1640	6,95655	0,95238	3298,7	865901	**1050**
1051	1104601	1160935651	32,4191	10,1672	6,95750	0,95147	3301,8	867552	1051
1052	1106704	1164252608	32,4345	10,1704	6,95845	0,95057	3305,0	869203	1052
1053	1108809	1167575877	32,4500	10,1736	6,95940	0,94967	3308,1	870857	1053
1054	1110916	1170905464	32,4654	10,1769	6,96035	0,94877	3311,2	872511	1054
1055	1113025	1174241375	32,4808	10,1801	6,96130	0,94787	3314,4	874168	1055
1056	1115136	1177583616	32,4962	10,1833	6,96224	0,94697	3317,5	875826	1056
1057	1117249	1180932193	32,5115	10,1865	6,96319	0,94607	3320,7	877485	1057
1058	1119364	1184287112	32,5269	10,1897	6,96414	0,94518	3323,8	879146	1058
1059	1121481	1187648379	32,5423	10,1929	6,96508	0,94429	3326,9	880809	1059
1060	1123600	1191016000	32,5576	10,1961	6,96602	0,94340	3330,1	882473	**1060**
1061	1125721	1194389981	32,5730	10,1993	6,96697	0,94251	3333,2	884139	1061
1062	1127844	1197770328	32,5883	10,2025	6,96791	0,94162	3336,4	885807	1062
1063	1129969	1201157047	32,6037	10,2057	6,96885	0,94073	3339,5	887476	1063
1064	1132096	1204550144	32,6190	10,2089	6,96979	0,93985	3342,7	889146	1064
1065	1134225	1207949625	32,6343	10,2121	6,97073	0,93897	3345,8	890818	1065
1066	1136356	1211355496	32,6497	10,2153	6,97167	0,93809	3348,9	892492	1066
1067	1138489	1214767763	32,6650	10,2185	6,97261	0,93721	3352,1	894167	1067
1068	1140624	1218186432	32,6803	10,2217	6,97354	0,93633	3355,2	895844	1068
1069	1142761	1221611509	32,6956	10,2249	6,97448	0,93545	3358,4	897522	1069
1070	1144900	1225043000	32,7109	10,2281	6,97541	0,93458	3361,5	899202	**1070**
1071	1147041	1228480911	32,7261	10,2313	6,97635	0,93371	3364,6	900884	1071
1072	1149184	1231925248	32,7414	10,2345	6,97728	0,93284	3367,8	902567	1072
1073	1151329	1235376017	32,7567	10,2376	6,97821	0,93197	3370,9	904252	1073
1074	1153476	1238833224	32,7719	10,2408	6,97915	0,93110	3374,1	905938	1074
1075	1155625	1242296875	32,7872	10,2440	6,98008	0,93023	3377,2	907626	1075
1076	1157776	1245766976	32,8024	10,2472	6,98101	0,92937	3380,4	909315	1076
1077	1159929	1249243533	32,8177	10,2503	6,98193	0,92851	3383,5	911006	1077
1078	1162084	1252726552	32,8329	10,2535	6,98286	0,92764	3386,6	912699	1078
1079	1164241	1256216039	32,8481	10,2567	6,98379	0,92678	3389,8	914393	1079
1080	1166400	1259712000	32,8634	10,2599	6,98472	0,92593	3392,9	916088	**1080**
1081	1168561	1263214441	32,8786	10,2630	6,98564	0,92507	3396,1	917786	1081
1082	1170724	1266723368	32,8938	10,2662	6,98657	0,92421	3399,2	919484	1082
1083	1172889	1270238787	32,9090	10,2693	6,98749	0,92336	3402,3	921185	1083
1084	1175056	1273760704	32,9242	10,2725	6,98841	0,92251	3405,5	922887	1084
1085	1177225	1277289125	32,9393	10,2757	6,98934	0,92166	3408,6	924590	1085
1086	1179396	1280824056	32,9545	10,2788	6,99026	0,92081	3411,8	926295	1086
1087	1181569	1284365503	32,9697	10,2820	6,99118	0,91996	3414,9	928002	1087
1088	1183744	1287913472	32,9848	10,2851	6,99210	0,91912	3418,1	929710	1088
1089	1185921	1291467969	33,0000	10,2883	6,99302	0,91827	3421,2	931420	1089
1090	1188100	1295029000	33,0151	10,2914	6,99393	0,91743	3424,3	933132	**1090**
1091	1190281	1298596571	33,0303	10,2946	6,99485	0,91659	3427,5	934845	1091
1092	1192464	1302170688	33,0454	10,2977	6,99577	0,91575	3430,6	936559	1092
1093	1194649	1305751357	33,0606	10,3009	6,99668	0,91491	3433,8	938275	1093
1094	1196836	1309338584	33,0757	10,3040	6,99760	0,91408	3436,9	939993	1094
1095	1199025	1312932375	33,0908	10,3071	6,99851	0,91324	3440,0	941712	1095
1096	1201216	1316532736	33,1059	10,3103	6,99942	0,91240	3443,2	943433	1096
1097	1203409	1320139673	33,1210	10,3134	7,00033	0,91158	3446,3	945155	1097
1098	1205604	1323753192	33,1361	10,3165	7,00125	0,91075	3449,5	946879	1098
1099	1207801	1327373299	33,1512	10,3197	7,00216	0,90992	3452,6	948605	1099
1100	1210000	1331000000	33,1662	10,3228	7,00307	0,90909	3455,8	950332	**1100**

Tabelle 1-2. (Fortsetzung)

n	n^2	n^3	$\sqrt{n}$	$\sqrt[3]{n}$	$\ln n$	$\frac{1}{n}\,10^3$	πn	$\frac{\pi n^2}{4}$	n
1100	1210000	1331000000	33,1662	10,3228	7,00307	0,90909	3455,8	950332	**1100**
1101	1212201	1334633301	33,1813	10,3259	7,00397	0,90827	3458,9	952060	1101
1102	1214404	1338273208	33,1964	10,3291	7,00488	0,90744	3462,0	953791	1102
1103	1216609	1341919727	33,2114	10,3322	7,00579	0,90662	3465,2	955522	1103
1104	1218816	1345572864	33,2265	10,3353	7,00670	0,90580	3468,3	957256	1104
1105	1221025	1349232625	33,2415	10,3384	7,00760	0,90498	3471,5	958991	1105
1106	1223236	1352899016	33,2566	10,3415	7,00851	0,90416	3474,6	960727	1106
1107	1225449	1356572043	33,2716	10,3447	7,00941	0,90334	3477,7	962465	1107
1108	1227664	1360251712	33,2866	10,3478	7,01031	0,90253	3480,9	964205	1108
1109	1229881	1363938029	33,3017	10,3509	7,01121	0,90171	3484,0	965946	1109
1110	1232100	1367631000	33,3167	10,3540	7,01212	0,90090	3487,2	967689	**1110**
1111	1234321	1371330631	33,3317	10,3571	7,01302	0,90009	3490,3	969433	1111
1112	1236544	1375036928	33,3467	10,3602	7,01392	0,89928	3493,5	971179	1112
1113	1238769	1378749897	33,3617	10,3633	7,01481	0,89847	3496,6	972927	1113
1114	1240996	1382469544	33,3766	10,3664	7,01571	0,89767	3499,7	974676	1114
1115	1243225	1386195875	33,3916	10,3695	7,01661	0,89686	3502,9	976427	1115
1116	1245456	1389928896	33,4066	10,3726	7,01751	0,89606	3506,0	978179	1116
1117	1247689	1393668613	33,4216	10,3757	7,01840	0,89526	3509,2	979933	1117
1118	1249924	1397415032	33,4365	10,3788	7,01930	0,89445	3512,3	981688	1118
1119	1252161	1401168159	33,4515	10,3819	7,02019	0,89366	3515,4	983445	1119
1120	1254400	1404928000	33,4664	10,3850	7,02108	0,89286	3518,6	985203	**1120**
1121	1256641	1408694561	33,4813	10,3881	7,02198	0,89206	3521,7	986964	1121
1122	1258884	1412467848	33,4963	10,3912	7,02287	0,89127	3524,9	988725	1122
1123	1261129	1416247867	33,5112	10,3942	7,02376	0,89047	3528,0	990488	1123
1124	1263376	1420034624	33,5261	10,3973	7,02465	0,88968	3531,2	992253	1124
1125	1265625	1423828125	33,5410	10,4004	7,02554	0,88889	3534,3	994020	1125
1126	1267876	1427628376	33,5559	10,4034	7,02643	0,88810	3537,4	995787	1126
1127	1270129	1431435383	33,5708	10,4066	7,02731	0,88731	3540,6	997557	1127
1128	1272384	1435249152	33,5857	10,4096	7,02820	0,88652	3543,7	999328	1128
1129	1274641	1439069689	33,6006	10,4127	7,02909	0,88574	3546,9	1001101	1129
1130	1276900	1442897000	33,6155	10,4158	7,02997	0,88496	3550,0	1002875	**1130**
1131	1279161	1446731091	33,6303	10,4189	7,03086	0,88417	3553,1	1004651	1131
1132	1281424	1450571968	33,6452	10,4219	7,03174	0,88339	3556,3	1006428	1132
1133	1283689	1454419637	33,6601	10,4250	7,03262	0,88261	3559,4	1008207	1133
1134	1285956	1458274104	33,6749	10,4281	7,03351	0,88183	3562,6	1009987	1134
1135	1288225	1462135375	33,6898	10,4311	7,03439	0,88106	3565,7	1011770	1135
1136	1290496	1466003456	33,7046	10,4342	7,03527	0,88028	3568,8	1013553	1136
1137	1292769	1469878353	33,7194	10,4373	7,03615	0,87951	3572,0	1015338	1137
1138	1295044	1473760072	33,7343	10,4403	7,03703	0,87874	3575,1	1017125	1138
1139	1297321	1477648619	33,7491	10,4434	7,03791	0,87796	3578,3	1018914	1139
1140	1299600	1481544000	33,7639	10,4464	7,03878	0,87719	3581,4	1020703	**1140**
1141	1301881	1485446221	33,7787	10,4495	7,03966	0,87642	3584,6	1022495	1141
1142	1304164	1489355288	33,7935	10,4525	7,04054	0,87566	3587,7	1024288	1142
1143	1306449	1493271207	33,8083	10,4556	7,04141	0,87489	3590,8	1026083	1143
1144	1308736	1497193984	33,8231	10,4586	7,04229	0,87413	3594,0	1027879	1144
1145	1311025	1501123625	33,8378	10,4617	7,04316	0,87336	3597,1	1029677	1145
1146	1313316	1505060136	33,8526	10,4647	7,04403	0,87260	3600,3	1031476	1146
1147	1315609	1509003523	33,8674	10,4678	7,04491	0,87184	3603,4	1033277	1147
1148	1317904	1512953792	33,8821	10,4708	7,04578	0,87108	3606,5	1035079	1148
1149	1320201	1516910949	33,8969	10,4739	7,04665	0,87032	3609,7	1036883	1149
1150	1322500	1520875000	33,9117	10,4769	7,04752	0,86956	3612,8	1038689	**1150**

Tabelle 1-2. (Fortsetzung)

n	n^2	n^3	$\sqrt{n}$	$\sqrt[3]{n}$	$\ln n$	$\frac{1}{n}10^3$	πn	$\frac{\pi n^2}{4}$	n
1150	1322500	1520875000	33,9117	10,4769	7,04752	0,86956	3612,8	1038689	**1150**
1151	1324801	1524845951	33,9264	10,4799	7,04839	0,86881	3616,0	1040496	1151
1152	1327104	1528823808	33,9411	10,4830	7,04925	0,86806	3619,1	1042305	1152
1153	1329409	1532808577	33,9559	10,4860	7,05012	0,86730	3622,3	1044115	1153
1154	1331716	1536800264	33,9706	10,4890	7,05099	0,86655	3625,4	1045927	1154
1155	1334025	1540798875	33,9853	10,4921	7,05186	0,86580	3628,5	1047741	1155
1156	1336336	1544804416	34,0000	10,4951	7,05272	0,86505	3631,7	1049556	1156
1157	1338649	1548816893	34,0147	10,4981	7,05359	0,86430	3634,8	1051372	1157
1158	1340964	1552836312	34,0294	10,5011	7,05445	0,86356	3638,0	1053191	1158
1159	1343281	1556862679	34,0441	10,5042	7,05531	0,86281	3641,1	1055010	1159
1160	1345600	1560896000	34,0588	10,5072	7,05618	0,86207	3644,2	1056832	**1160**
1161	1347921	1564936281	34,0735	10,5102	7,05704	0,86133	3647,4	1058655	1161
1162	1350244	1568983528	34,0881	10,5132	7,05790	0,86059	3650,5	1060479	1162
1163	1352569	1573037747	34,1028	10,5162	7,05876	0,85984	3653,7	1062305	1163
1164	1354896	1577098944	34,1174	10,5192	7,05962	0,85911	3656,8	1064133	1164
1165	1357225	1581167125	34,1321	10,5223	7,06048	0,85837	3660,0	1065962	1165
1166	1359556	1585242296	34,1467	10,5253	7,06133	0,85763	3663,1	1067793	1166
1167	1361889	1589324463	34,1614	10,5283	7,06219	0,85690	3666,2	1069625	1167
1168	1364224	1593413632	34,1760	10,5313	7,06305	0,85616	3669,4	1071459	1168
1169	1366561	1597509809	34,1906	10,5343	7,06390	0,85543	3672,5	1073294	1169
1170	1368900	1601613000	34,2053	10,5373	7,06476	0,85470	3675,7	1075132	**1170**
1171	1371241	1605723211	34,2199	10,5403	7,06561	0,85397	3678,8	1076970	1171
1172	1373584	1609840448	34,2345	10,5433	7,06647	0,85324	3681,9	1078810	1172
1173	1375929	1613964717	34,2491	10,5463	7,06732	0,85252	3685,1	1080652	1173
1174	1378276	1618096024	34,2637	10,5493	7,06817	0,85179	3688,2	1082495	1174
1175	1380625	1622234375	34,2783	10,5523	7,06902	0,85106	3691,4	1084340	1175
1176	1382976	1626379776	34,2929	10,5553	7,06987	0,85034	3694,5	1086187	1176
1177	1385329	1630532233	34,3074	10,5583	7,07072	0,84962	3697,7	1088035	1177
1178	1387684	1634691752	34,3220	10,5612	7,07157	0,84890	3700,8	1089884	1178
1179	1390041	1638858339	34,3366	10,5642	7,07242	0,84818	3703,9	1091736	1179
1180	1392400	1643032000	34,3511	10,5672	7,07327	0,84746	3707,1	1093588	**1180**
1181	1394761	1647212741	34,3657	10,5702	7,07412	0,84674	3710,2	1095443	1181
1182	1397124	1651400568	34,3802	10,5732	7,07496	0,84602	3713,4	1097299	1182
1183	1399489	1655595487	34,3948	10,5762	7,07581	0,84531	3716,5	1099156	1183
1184	1401856	1659797504	34,4093	10,5791	7,07665	0,84459	3719,6	1101015	1184
1185	1404225	1664006625	34,4238	10,5821	7,07750	0,84388	3722,8	1102876	1185
1186	1406596	1668222856	34,4384	10,5851	7,07834	0,84317	3725,9	1104738	1186
1187	1408969	1672446203	34,4529	10,5881	7,07918	0,84246	3729,1	1106602	1187
1188	1411344	1676676672	34,4674	10,5910	7,08003	0,84175	3732,2	1108467	1188
1189	1413721	1680914269	34,4819	10,5940	7,08087	0,84104	3735,4	1110334	1189
1190	1416100	1685159000	34,4964	10,5970	7,08171	0,84034	3738,5	1112202	**1190**
1191	1418481	1689410871	34,5109	10,6000	7,08255	0,83963	3741,6	1114072	1191
1192	1420864	1693669888	34,5254	10,6029	7,08339	0,83893	3744,8	1115944	1192
1193	1423249	1697936057	34,5398	10,6059	7,08423	0,83822	3747,9	1117817	1193
1194	1425636	1702209384	34,5543	10,6088	7,08506	0,83752	3751,1	1119692	1194
1195	1428025	1706489875	34,5688	10,6118	7,08590	0,83682	3754,2	1121568	1195
1196	1430416	1710777536	34,5832	10,6148	7,08674	0,83612	3757,3	1123446	1196
1197	1432809	1715072373	34,5977	10,6177	7,08757	0,83542	3760,5	1125326	1197
1198	1435204	1719374392	34,6121	10,6207	7,08841	0,83472	3763,6	1127207	1198
1199	1437601	1723683599	34,6266	10,6236	7,08924	0,83403	3766,8	1129089	1199
1200	1440000	1728000000	34,6410	10,6266	7,09008	0,83333	3769,9	1130973	**1200**

Tabelle 1–2. (Fortsetzung)

n	n^2	n^3	$\sqrt{n}$	$\sqrt[3]{n}$	$\ln n$	$\frac{1}{n}10^3$	πn	$\frac{\pi n^2}{4}$	n
1200	1440000	1728000000	34,6410	10,6266	7,09008	0,83333	3769,9	1130973	**1200**
1201	1442401	1732323601	34,6555	10,6295	7,09091	0,83264	3773,1	1132859	1201
1202	1444804	1736654408	34,6698	10,6325	7,09174	0,83195	3776,2	1134746	1202
1203	1447209	1740992427	34,6843	10,6354	7,09257	0,83125	3779,3	1136635	1203
1204	1449616	1745337664	34,6987	10,6384	7,09340	0,83056	3782,5	1138526	1204
1205	1452025	1749690125	34,7131	10,6413	7,09423	0,82988	3785,6	1140418	1205
1206	1454436	1754049816	34,7275	10,6443	7,09506	0,82919	3788,8	1142311	1206
1207	1456849	1758416743	34,7419	10,6472	7,09589	0,82850	3791,9	1144207	1207
1208	1459264	1762790912	34,7563	10,6501	7,09672	0,82781	3795,0	1146103	1208
1209	1461681	1767172329	34,7707	10,6531	7,09755	0,82713	3798,2	1148002	1209
1210	1464100	1771561000	34,7851	10,6560	7,09838	0,82645	3801,3	1149901	**1210**
1211	1466521	1775956931	34,7994	10,6590	7,09920	0,82576	3804,5	1151803	1211
1212	1468944	1780360128	34,8138	10,6619	7,10003	0,82508	3807,6	1153706	1212
1213	1471369	1784770597	34,8282	10,6648	7,10085	0,82440	3810,8	1155611	1213
1214	1473796	1789188344	34,8425	10,6678	7,10168	0,82372	3813,9	1157517	1214
1215	1476225	1793613375	34,8569	10,6707	7,10250	0,82305	3817,0	1159424	1215
1216	1478656	1798045696	34,8712	10,6736	7,10332	0,82237	3820,2	1161334	1216
1217	1481089	1802485313	34,8855	10,6765	7,10414	0,82169	3823,3	1163245	1217
1218	1483524	1806932232	34,8999	10,6795	7,10497	0,82102	3826,5	1165157	1218
1219	1485961	1811386459	34,9142	10,6824	7,10579	0,82034	3829,6	1167071	1219
1220	1488400	1815848000	34,9285	10,6853	7,10661	0,81967	3832,7	1168987	**1220**
1221	1490841	1820316861	34,9428	10,6882	7,10743	0,81900	3835,9	1170904	1221
1222	1493284	1824793048	34,9571	10,6911	7,10824	0,81833	3839,0	1172823	1222
1223	1495729	1829276567	34,9714	10,6940	7,10906	0,81766	3842,2	1174743	1223
1224	1498176	1833767424	34,9857	10,6970	7,10988	0,81699	3845,3	1176665	1224
1225	1500625	1838265625	35,0000	10,6999	7,11070	0,81633	3848,5	1178588	1225
1226	1503076	1842771176	35,0142	10,7028	7,11151	0,81566	3851,6	1180513	1226
1227	1505529	1847284083	35,0286	10,7057	7,11233	0,81500	3854,7	1182440	1227
1228	1507984	1851804352	35,0428	10,7086	7,11314	0,81433	3857,9	1184368	1228
1229	1510441	1856331989	35,0571	10,7115	7,11396	0,81367	3861,0	1186298	1229
1230	1512900	1860867000	35,0713	10,7144	7,11477	0,81301	3864,2	1188229	**1230**
1231	1515361	1865409391	35,0856	10,7173	7,11558	0,81235	3867,3	1190162	1231
1232	1517824	1869959168	35,0999	10,7202	7,11639	0,81169	3870,4	1192096	1232
1233	1520289	1874516337	35,1141	10,7231	7,11721	0,81103	3873,6	1194032	1233
1234	1522756	1879080904	35,1283	10,7260	7,11802	0,81037	3876,7	1195970	1234
1235	1525225	1883652875	35,1426	10,7289	7,11883	0,80972	3879,9	1197909	1235
1236	1527696	1888232256	35,1568	10,7318	7,11964	0,80906	3883,0	1199850	1236
1237	1530169	1892819053	35,1710	10,7347	7,12044	0,80841	3886,2	1201792	1237
1238	1532644	1897413272	35,1852	10,7376	7,12125	0,80775	3889,3	1203736	1238
1239	1535121	1902014919	35,1994	10,7405	7,12206	0,80710	3892,4	1205681	1239
1240	1537600	1906624000	35,2136	10,7434	7,12287	0,80645	3895,6	1207628	**1240**
1241	1540081	1911240521	35,2278	10,7463	7,12367	0,80580	3898,7	1209577	1241
1242	1542564	1915864488	35,2420	10,7491	7,12448	0,80515	3901,9	1211527	1242
1243	1545049	1920495907	35,2562	10,7520	7,12528	0,80451	3905,0	1213479	1243
1244	1547536	1925134784	35,2704	10,7549	7,12609	0,80386	3908,1	1215432	1244
1245	1550025	1929781125	35,2846	10,7578	7,12689	0,80321	3911,3	1217387	1245
1246	1552516	1934434936	35,2987	10,7607	7,12769	0,80257	3914,4	1219343	1246
1247	1555009	1939096223	35,3129	10,7635	7,12850	0,80192	3917,6	1221301	1247
1248	1557504	1943764992	35,3270	10,7664	7,12930	0,80128	3920,7	1223261	1248
1249	1560001	1948441249	35,3412	10,7693	7,13010	0,80064	3923,8	1225222	1249
1250	1562500	1953125000	35,3553	10,7722	7,13090	0,80000	3927,0	1227185	**1250**

Tabelle 1-2. (Fortsetzung)

n	n^2	n^3	$\sqrt{n}$	$\sqrt[3]{n}$	$\ln n$	$\frac{1}{n} 10^3$	πn	$\frac{\pi n^2}{4}$	n
1250	1 562 500	1 953 125 000	35,3553	10,7722	7,13090	0,80000	3927,0	1 227 185	**1250**
1251	1 565 001	1 957 816 251	35,3695	10,7750	7,13170	0,79936	3930,1	1 229 149	1251
1252	1 567 504	1 962 515 008	35,3836	10,7779	7,13250	0,79872	3933,3	1 231 115	1252
1253	1 570 009	1 967 221 277	35,3977	10,7808	7,13330	0,79808	3936,4	1 233 082	1253
1254	1 572 516	1 971 935 064	35,4119	10,7837	7,13409	0,79745	3939,6	1 235 051	1254
1255	1 575 025	1 976 656 375	35,4260	10,7865	7,13489	0,79681	3942,7	1 237 022	1255
1256	1 577 536	1 981 385 216	35,4401	10,7894	7,13569	0,79618	3945,8	1 238 994	1256
1257	1 580 049	1 986 121 593	35,4542	10,7922	7,13648	0,79555	3949,0	1 240 968	1257
1258	1 582 564	1 990 865 512	35,4683	10,7951	7,13728	0,79491	3952,1	1 242 943	1258
1259	1 585 081	1 995 616 979	35,4824	10,7980	7,13807	0,79428	3955,3	1 244 920	1259
1260	1 587 600	2 000 376 000	35,4965	10,8008	7,13887	0,79365	3958,4	1 246 898	**1260**
1261	1 590 121	2 005 142 581	35,5106	10,8037	7,13966	0,79302	3961,5	1 248 878	1261
1262	1 592 644	2 009 916 728	35,5246	10,8065	7,14045	0,79239	3964,7	1 250 860	1262
1263	1 595 169	2 014 698 447	35,5387	10,8094	7,14125	0,79177	3967,8	1 252 843	1263
1264	1 597 696	2 019 487 744	35,5528	10,8122	7,14204	0,79114	3971,0	1 254 828	1264
1265	1 600 225	2 024 284 625	35,5668	10,8151	7,14283	0,79051	3974,1	1 256 814	1265
1266	1 602 756	2 029 089 096	35,5809	10,8179	7,14362	0,78989	3977,3	1 258 802	1266
1267	1 605 289	2 033 901 163	35,5949	10,8208	7,14441	0,78927	3980,4	1 260 791	1267
1268	1 607 824	2 038 720 832	35,6090	10,8236	7,14520	0,78864	3983,5	1 262 782	1268
1269	1 610 361	2 043 548 109	35,6231	10,8265	7,14598	0,78802	3986,7	1 264 775	1269
1270	1 612 900	2 048 383 000	35,6371	10,8293	7,14677	0,78740	3989,8	1 266 769	**1270**
1271	1 615 441	2 053 225 511	35,6511	10,8322	7,14756	0,78678	3993,0	1 268 764	1271
1272	1 617 984	2 058 075 648	35,6651	10,8350	7,14835	0,78616	3996,1	1 270 762	1272
1273	1 620 529	2 062 933 417	35,6791	10,8378	7,14913	0,78555	3999,2	1 272 761	1273
1274	1 623 076	2 067 798 824	35,6931	10,8407	7,14992	0,78493	4002,4	1 274 761	1274
1275	1 625 625	2 072 671 875	35,7071	10,8435	7,15070	0,78431	4005,5	1 276 763	1275
1276	1 628 176	2 077 552 576	35,7211	10,8463	7,15149	0,78370	4008,7	1 278 766	1276
1277	1 630 729	2 082 440 933	35,7351	10,8492	7,15227	0,78309	4011,8	1 280 772	1277
1278	1 633 284	2 087 336 952	35,7491	10,8520	7,15305	0,78247	4015,0	1 282 778	1278
1279	1 635 841	2 092 240 639	35,7631	10,8548	7,15383	0,78186	4018,1	1 284 787	1279
1280	1 638 400	2 097 152 000	35,7771	10,8577	7,15462	0,78125	4021,2	1 286 796	**1280**
1281	1 640 961	2 102 071 041	35,7911	10,8605	7,15540	0 78064	4024,4	1 288 808	1281
1282	1 643 524	2 106 997 768	35,8050	10,8633	7,15618	0,78003	4027,5	1 290 821	1282
1283	1 646 089	2 111 932 187	35,8190	10,8661	7,15696	0,77942	4030,7	1 292 835	1283
1284	1 648 656	2 116 874 304	35,8329	10,8690	7,15774	0,77882	4033,8	1 294 851	1284
1285	1 651 225	2 121 824 125	35,8469	10,8718	7,15851	0,77821	4036,9	1 296 869	1285
1286	1 653 796	2 126 781 656	35,8608	10,8746	7,15929	0,77760	4040,1	1 298 888	1286
1287	1 656 369	2 131 746 903	35,8748	10,8774	7,16007	0,77700	4043,2	1 300 909	1287
1288	1 658 944	2 136 719 872	35,8887	10,8802	7,16085	0,77640	4046,4	1 302 932	1288
1289	1 661 521	2 141 700 569	35,9026	10,8831	7,16162	0,77580	4049,5	1 304 956	1289
1290	1 664 100	2 146 689 000	35,9166	10,8859	7,16240	0,77519	4052,7	1 306 981	**1290**
1291	1 666 681	2 151 685 171	35,9305	10,8887	7,16317	0,77459	4055,8	1 309 008	1291
1292	1 669 264	2 156 689 088	35,9444	10,8915	7,16395	0,77399	4058,9	1 311 037	1292
1293	1 671 849	2 161 700 757	35,9583	10,8943	7,16472	0,77340	4062,1	1 313 067	1293
1294	1 674 436	2 166 720 184	35,9722	10,8971	7,16549	0,77280	4065,2	1 315 099	1294
1295	1 677 025	2 171 747 375	35,9861	10,8999	7,16627	0,77220	4068,4	1 317 132	1295
1296	1 679 616	2 176 782 336	36,0000	10,9027	7,16704	0,77160	4071,5	1 319 167	1296
1297	1 682 209	2 181 825 073	36,0139	10,9055	7,16781	0,77101	4074,6	1 321 204	1297
1298	1 684 804	2 186 875 592	36,0278	10,9083	7,16858	0,77042	4077,8	1 323 242	1298
1299	1 687 401	2 191 933 899	36,0416	10,9111	7,16935	0,76982	4080,9	1 325 282	1299
1300	1 690 000	2 197 000 000	36,0555	10,9139	7,17012	0,76923	4084,1	1 327 323	**1300**

Tabelle 1-2. (Fortsetzung)

n	n^2	n^3	$\sqrt{n}$	$\sqrt[3]{n}$	$\ln n$	$\frac{1}{n} 10^3$	πn	$\frac{\pi n^2}{4}$	n
1300	1690000	2197000000	36,0555	10,9139	7,17012	0,76923	4084,1	1327323	**1300**
1301	1692601	2202073901	36,0694	10,9167	7,17089	0,76864	4087,2	1329366	1301
1302	1695204	2207155608	36,0832	10,9195	7,17166	0,76805	4090,4	1331410	1302
1303	1697809	2212245127	36,0971	10,9223	7,17242	0,76746	4093,5	1333456	1303
1304	1700416	2217342464	36,1109	10,9251	7,17319	0,76687	4096,6	1335504	1304
1305	1703025	2222447625	36,1248	10,9279	7,17396	0,76628	4099,8	1337553	1305
1306	1705636	2227560616	36,1386	10,9307	7,17472	0,76570	4102,9	1339603	1306
1307	1708249	2232681443	36,1525	10,9335	7,17549	0,76511	4106,1	1341656	1307
1308	1710864	2237810112	36,1663	10,9363	7,17625	0,76453	4109,2	1343709	1308
1309	1713481	2242946629	36,1801	10,9391	7,17702	0,76394	4112,3	1345765	1309
1310	1716100	2248091000	36,1939	10,9418	7,17778	0,76336	4115,5	1347822	**1310**
1311	1718721	2253243231	36,2077	10,9446	7,17855	0,76278	4118,6	1349880	1311
1312	1721344	2258403328	36,2215	10,9474	7,17931	0,76220	4121,8	1351940	1312
1313	1723969	2263571297	36,2353	10,9502	7,18007	0,76161	4124,9	1354002	1313
1314	1726596	2268747144	36,2491	10,9530	7,10883	0,76104	4128,1	1356065	1314
1315	1729225	2273930875	36,2629	10,9557	7,18159	0,76046	4131,2	1358130	1315
1316	1731856	2279122496	36,2767	10,9585	7,18235	0,75988	4134,3	1360197	1316
1317	1734489	2284322013	36,2905	10,9613	7,18311	0,75930	4137,5	1362264	1317
1318	1737124	2289529432	36,3043	10,9641	7,18387	0,75873	4140,6	1364334	1318
1319	1739761	2294744759	36,3180	10,9668	7,18463	0,75815	4143,8	1366405	1319
1320	1742400	2299968000	36,3318	10,9696	7,18539	0,75758	4146,9	1368478	**1320**
1321	1745041	2305199161	36,3456	10,9724	7,18614	0,75700	4150,0	1370552	1321
1322	1747684	2310438248	36,3593	10,9751	7,18690	0,75643	4153,2	1372628	1322
1323	1750329	2315685267	36,3731	10,9779	7,18766	0,75586	4156,3	1374705	1323
1324	1752976	2320940224	36,3868	10,9807	7,18841	0,75529	4159,5	1376784	1324
1325	1755625	2326203125	36,4005	10,9834	7,18917	0,75472	4162,6	1378865	1325
1326	1758276	2331473976	36,4143	10,9862	7,18992	0,75415	4165,8	1380947	1326
1327	1760929	2336752783	36,4280	10,9890	7,19068	0,75358	4168,9	1383030	1327
1328	1763584	2342039552	36,4417	10,9917	7,19143	0,75301	4172,0	1385116	1328
1329	1766241	2347334289	36,4555	10,9945	7,19218	0,75245	4175,2	1387202	1329
1330	1768900	2352637000	36,4692	10,9972	7,19293	0,75188	4178,3	1389291	**1330**
1331	1771561	2357947691	36,4829	11,0000	7,19369	0,75131	4181,5	1391381	1331
1332	1774224	2363266368	36,4966	11,0028	7,19444	0,75075	4184,6	1393472	1332
1333	1776889	2368593037	36,5103	11,0055	7,19519	0,75019	4187,7	1395565	1333
1334	1779556	2373927704	36,5240	11,0083	7,19594	0,74963	4190,9	1397660	1334
1335	1782225	2379270375	36,5377	11,0110	7,19669	0,74906	4194,0	1399756	1335
1336	1784896	2384621056	36,5513	11,0138	7,19744	0,74850	4197,2	1401854	1336
1337	1787569	2389979753	36,5650	11,0165	7,19818	0,74794	4200,3	1403953	1337
1338	1790244	2395346472	36,5787	11,0193	7,19893	0,74738	4203,5	1406054	1338
1339	1792921	2400721219	36,5923	11,0220	7,19968	0,74683	4206,6	1408157	1339
1340	1795600	2406104000	36,6060	11,0247	7,20042	0,74627	4209,7	1410261	**1340**
1341	1798281	2411494821	36,6197	11,0275	7,20117	0,74571	4212,9	1412367	1341
1342	1800964	2416893688	36,6333	11,0302	7,20192	0,74516	4216,0	1414474	1342
1343	1803649	2422300607	36,6470	11,0330	7,20266	0,74460	4219,2	1416583	1343
1344	1806336	2427715584	36,6606	11,0357	7,20341	0,74405	4222,3	1418693	1344
1345	1809025	2433138625	36,6742	11,0384	7,20415	0,74349	4225,4	1420805	1345
1346	1811716	2438569736	36,6879	11,0412	7,20489	0,74294	4228,6	1422918	1346
1347	1814409	2444008923	36,7015	11,0439	7,20564	0,74239	4231,7	1425033	1347
1348	1817104	2449456192	36,7151	11,0466	7,20638	0,74184	4234,9	1427150	1348
1349	1819801	2454911549	36,7287	11,0494	7,20712	0,74129	4238,0	1429268	1349
1350	1822500	2460375000	36,7423	11,0521	7,20786	0,74074	4241,2	1431388	**1350**

Tabelle 1-2. (Fortsetzung)

n	n^2	n^3	$\sqrt{n}$	$\sqrt[3]{n}$	$\ln n$	$\frac{1}{n}10^3$	πn	$\frac{\pi n^2}{4}$	n
1350	1822500	2460375000	36,7423	11,0521	7,20786	0,74074	4241,2	1431388	**1350**
1351	1825201	2465846551	36,7560	11,0548	7,20860	0,74019	4244,3	1433510	1351
1352	1827904	2471326208	36,7695	11,0576	7,20934	0,73965	4247,4	1435632	1352
1353	1830609	2476813977	36,7832	11,0603	7,21008	0,73910	4250,6	1437757	1353
1354	1833316	2482309864	36,7968	11,0630	7,21082	0,73855	4253,7	1439883	1354
1355	1836025	2487813875	36,8103	11,0657	7,21156	0,73801	4256,9	1442011	1355
1356	1838736	2493326016	36,8239	11,0684	7,21229	0,73747	4260,0	1444140	1356
1357	1841449	2498846293	36,8375	11,0712	7,21303	0,73692	4263,1	1446271	1357
1358	1844164	2504374712	36,8511	11,0739	7,21377	0,73638	4266,3	1448403	1358
1359	1846881	2509911279	36,8646	11,0766	7,21450	0,73584	4269,4	1450537	1359
1360	1849600	2515456000	36,8782	11,0793	7,21524	0,73529	4272,6	1452672	**1360**
1361	1852321	2521008881	36,8917	11,0820	7,21598	0,73475	4275,7	1454810	1361
1362	1855044	2526569928	36,9053	11,0847	7,21671	0,73421	4278,8	1456948	1362
1363	1857769	2532139147	36,9188	11,0875	7,21744	0,73368	4282,0	1459088	1363
1364	1860496	2537716544	36,9324	11,0902	7,21818	0,73314	4285,1	1461230	1364
1365	1863225	2543302125	36,9459	11,0929	7,21891	0,73260	4288,3	1463373	1365
1366	1865956	2548895896	36,9594	11,0956	7,21964	0,73206	4291,4	1465518	1366
1367	1868689	2554497863	36,9730	11,0983	7,22037	0,73153	4294,6	1467665	1367
1368	1871424	2560108032	36,9865	11,1010	7,22111	0,73099	4297,7	1469813	1368
1369	1874161	2565726409	37,0000	11,1037	7,22184	0,73046	4300,8	1471963	1369
1370	1876900	2571353000	37,0135	11,1064	7,22257	0,72993	4304,0	1474114	**1370**
1371	1879641	2576987811	37,0270	11,1091	7,22330	0,72939	4307,1	1476267	1371
1372	1882384	2582630848	37,0405	11,1118	7,22402	0,72886	4310,3	1478421	1372
1373	1885129	2588282117	37,0540	11,1145	7,22475	0,72833	4313,4	1480577	1373
1374	1887876	2593941624	37,0675	11,1172	7,22548	0,72780	4316,5	1482734	1374
1375	1890625	2599609375	37,0810	11,1199	7,22621	0,72727	4319,7	1484893	1375
1376	1893376	2605285376	37,0945	11,1226	7,22694	0,72674	4322,8	1487054	1376
1377	1896129	2610969633	37,1080	11,1253	7,22766	0,72622	4326,0	1489216	1377
1378	1898884	2616662152	37,1214	11,1280	7,22839	0,72569	4329,1	1491380	1378
1379	1901641	2622362939	37,1349	11,1307	7,22911	0,72516	4332,3	1493545	1379
1380	1904400	2628072000	37,1484	11,1334	7,22984	0,72464	4335,4	1495712	**1380**
1381	1907161	2633789341	37,1618	11,1361	7,23056	0,72411	4338,5	1497881	1381
1382	1909924	2639514968	37,1753	11,1387	7,23129	0,72359	4341,7	1500051	1382
1383	1912689	2645248887	37,1887	11,1414	7,23201	0,72307	4344,8	1502222	1383
1384	1915456	2650991104	37,2022	11,1441	7,23273	0,72254	4348,0	1504396	1384
1385	1918225	2656741625	37,2156	11,1468	7,23346	0,72202	4351,1	1506570	1385
1386	1920996	2662500456	37,2290	11,1495	7,23418	0,72150	4354,2	1508747	1386
1387	1923769	2668267603	37,2424	11,1522	7,23490	0,72098	4357,4	1510925	1387
1388	1926544	2674043072	37,2559	11,1548	7,23562	0,72046	4360,5	1513104	1388
1389	1929321	2679826869	37,2693	11,1575	7,23634	0,71994	4363,7	1515285	1389
1390	1932100	2685619000	37,2827	11,1602	7,23706	0,71942	4366,8	1517468	**1390**
1391	1934881	2691419471	37,2961	11,1629	7,23778	0,71891	4370,0	1519652	1391
1392	1937664	2697228288	37,3095	11,1655	7,23850	0,71839	4373,1	1521838	1392
1393	1940449	2703045457	37,3229	11,1682	7,23921	0,71787	4376,2	1524025	1393
1394	1943236	2708870984	37,3363	11,1709	7,23993	0,71736	4379,4	1526214	1394
1395	1946025	2714704875	37,3497	11,1736	7,24065	0,71685	4382,5	1528404	1395
1396	1948816	2720547136	37,3631	11,1762	7,24137	0,71633	4385,7	1530597	1396
1397	1951609	2726397773	37,3765	11,1789	7,24208	0,71582	4388,8	1532790	1397
1398	1954404	2732256792	37,3898	11,1816	7,24280	0,71531	4391,9	1534985	1398
1399	1957201	2738124199	37,4032	11,1842	7,24351	0,71480	4395,1	1537182	1399
1400	1960000	2744000000	37,4166	11,1869	7,24423	0,71429	4398,2	1539380	**1400**

Tabelle 1-2. (Fortsetzung)

n	n^2	n^3	$\sqrt{n}$	$\sqrt[3]{n}$	$\ln n$	$\frac{1}{n} 10^3$	πn	$\frac{\pi n^2}{4}$	n
1400	1960000	2744000000	37,4166	11,1869	7,24423	0,71429	4398,2	1539380	**1400**
1401	1962801	2749884201	37,4299	11,1896	7,24494	0,71378	4401,4	1541580	1401
1402	1965604	2755776808	37,4433	11,1922	7,24566	0,71327	4404,5	1543782	1402
1403	1968409	2761677827	37,4566	11,1949	7,24637	0,71276	4407,7	1545985	1403
1404	1971216	2767587264	37,4700	11,1975	7,24708	0,71225	4410,8	1548189	1404
1405	1974025	2773505125	37,4833	11,2002	7,24779	0,71174	4413,9	1550396	1405
1406	1976836	2779431416	37,4966	11,2028	7,24850	0,71124	4417,1	1552603	1406
1407	1979649	2785366143	37,5100	11,2055	7,24922	0,71073	4420,2	1554813	1407
1408	1982464	2791309312	37,5233	11,2082	7,24993	0,71023	4423,4	1557024	1408
1409	1985281	2797260929	37,5366	11,2108	7,25064	0,70972	4426,5	1559236	1409
1410	1988100	2803221000	37,5500	11,2135	7,25134	0,70922	4429,6	1561450	**1410**
1411	1990921	2809189531	37,5633	11,2161	7,25205	0,70872	4432,8	1563666	1411
1412	1993744	2815166528	37,5766	11,2188	7,25276	0,70822	4435,9	1565883	1412
1413	1996569	2821151997	37,5899	11,2214	7,25347	0,70771	4439,1	1568102	1413
1414	1999396	2827145944	37,6032	11,2240	7,25418	0,70721	4442,2	1570322	1414
1415	2002225	2833148375	37,6165	11,2267	7,25488	0,70671	4445,4	1572544	1415
1416	2005056	2839159296	37,6298	11,2293	7,25559	0,70621	4448,5	1574767	1416
1417	2007889	2845178713	37,6431	11,2320	7,25630	0,70572	4451,6	1576992	1417
1418	2010724	2851206632	37,6563	11,2346	7,25700	0,70522	4454,8	1579219	1418
1419	2013561	2857243059	37,6696	11,2373	7,25771	0,70472	4457,9	1581447	1419
1420	2016400	2863288000	37,6829	11,2399	7,25841	0,70423	4461,1	1583677	**1420**
1421	2019241	2869341461	37,6962	11,2425	7,25912	0,70373	4464,2	1585908	1421
1422	2022084	2875403448	37,7094	11,2452	7,25982	0,70323	4467,3	1588141	1422
1423	2024929	2881473967	37,7227	11,2478	7,26052	0,70274	4470,5	1590376	1423
1424	2027776	2887553024	37,7359	11,2505	7,26123	0,70225	4473,6	1592612	1424
1425	2030625	2893640625	37,7492	11,2531	7,26193	0,70175	4476,8	1594849	1425
1426	2033476	2899736776	37,7625	11,2557	7,26263	0,70126	4479,9	1597088	1426
1427	2036329	2905841483	37,7757	11,2583	7,26333	0,70077	4483,1	1599329	1427
1428	2039184	2911954752	37,7889	11,2610	7,26403	0,70028	4486,2	1601571	1428
1429	2042041	2918076589	37,8021	11,2636	7,26473	0,69979	4489,3	1603815	1429
1430	2044900	2924207000	37,8153	11,2662	7,26543	0,69930	4492,5	1606061	**1430**
1431	2047761	2930345991	37,8286	11,2689	7,26613	0,69881	4495,6	1608308	1431
1432	2050624	2936493568	37,8418	11,2715	7,26683	0,69832	4498,8	1610556	1432
1433	2053489	2942649737	37,8550	11,2741	7,26753	0,69784	4501,9	1612806	1433
1434	2056356	2948814504	37,8682	11,2767	7,26822	0,69735	4505,0	1615058	1434
1435	2059225	2954987875	37,8814	11,2793	7,26892	0,69686	4508,2	1617312	1435
1436	2062096	2961169856	37,8946	11,2820	7,26962	0,69638	4511,3	1619566	1436
1437	2064969	2967360453	37,9078	11,2846	7,27031	0,69589	4514,5	1621823	1437
1438	2067844	2973559672	37,9210	11,2872	7,27101	0,69541	4517,6	1624081	1438
1439	2070721	2979767519	37,9342	11,2898	7,27170	0,69493	4520,8	1626340	1439
1440	2073600	2985984000	37,9473	11,2924	7,27240	0,69444	4523,9	1628602	**1440**
1441	2076481	2992209121	37,9605	11,2950	7,27309	0,69396	4527,0	1630864	1441
1442	2079364	2998442888	37,9737	11,2977	7,27379	0,69348	4530,2	1633129	1442
1443	2082249	3004685307	37,9868	11,3003	7,27448	0,69300	4533,3	1635395	1443
1444	2085136	3010936384	38,0000	11,3029	7,27517	0,69252	4536,5	1637662	1444
1445	2088025	3017196125	38,0132	11,3055	7,27586	0,69204	4539,6	1639931	1445
1446	2090916	3023464536	38,0263	11,3081	7,27656	0,69156	4542,7	1642202	1446
1447	2093809	3029741623	38,0395	11,3107	7,27725	0,69109	4545,9	1644474	1447
1448	2096704	3036027392	38,0526	11,3133	7,27794	0,69061	4549,0	1646747	1448
1449	2099601	3042321849	38,0657	11,3159	7,27863	0,69013	4552,2	1649023	1449
1450	2102500	3048625000	38,0789	11,3185	7,27932	0,68966	4555,3	1651300	**1450**

Tabelle 1-2. (Fortsetzung)

n	n^2	n^3	$\sqrt{n}$	$\sqrt[3]{n}$	$\ln n$	$\frac{1}{n} 10^3$	πn	$\frac{\pi n^2}{4}$	n
1450	2102500	3048625000	38,0788	11,3185	7,27932	0,68966	4555,3	1651300	**1450**
1451	2105401	3054936851	38,0920	11,3211	7,28001	0,68918	4558,5	1653578	1451
1452	2108304	3061257408	38,1051	11,3237	7,28070	0,68871	4561,6	1655858	1452
1453	2111209	3067586677	38,1183	11,3263	7,28139	0,68823	4564,7	1658140	1453
1454	2114116	3073924664	38,1314	11,3289	7,28207	0,68776	4567,9	1660423	1454
1455	2117025	3080271375	38,1445	11,3315	7,28276	0,68729	4571,0	1662708	1455
1456	2119936	3086626816	38,1575	11,3341	7,28345	0,68681	4574,2	1664994	1456
1457	2122849	3092990993	38,1707	11,3367	7,28413	0,68634	4577,3	1667282	1457
1458	2125764	3099363912	38,1838	11,3393	7,28482	0,68587	4580,4	1669571	1458
1459	2128681	3105745579	38,1969	11,3419	7,28551	0,68540	4583,6	1671862	1459
1460	2131600	3112136000	38,2100	11,3445	7,28619	0,68493	4586,7	1674155	**1460**
1461	2134521	3118535181	38,2230	11,3471	7,28688	0,68446	4589,9	1676449	1461
1462	2137444	3124943128	38,2361	11,3496	7,28756	0,68399	4593,0	1678745	1462
1463	2140369	3131359847	38,2492	11,3522	7,28824	0,68353	4596,2	1681042	1463
1464	2143296	3137785344	38,2623	11,3548	7,28893	0,68306	4599,3	1683341	1464
1465	2146225	3144219625	38,2753	11,3574	7,28961	0,68259	4602,4	1685641	1465
1466	2149156	3150662696	38,2884	11,3600	7,29029	0,68213	4605,6	1687943	1466
1467	2152089	3157114563	38,3014	11,3626	7,29097	0,68166	4608,7	1690247	1467
1468	2155024	3163575232	38,3145	11,3652	7,29166	0,68120	4611,9	1692552	1468
1469	2157961	3170044709	38,3275	11,3677	7,29234	0,68074	4615,0	1694859	1469
1470	2160900	3176523000	38,3406	11,3703	7,29302	0,68027	4618,1	1697167	**1470**
1471	2163841	3183010111	38,3536	11,3729	7,29370	0,67981	4621,3	1699477	1471
1472	2166784	3189506048	38,3667	11,3755	7,29438	0,67935	4624,4	1701788	1472
1473	2169729	3196010817	38,3797	11,3780	7,29506	0,67889	4627,6	1704101	1473
1474	2172676	3202524424	38,3927	11,3806	7,29574	0,67843	4630,7	1706416	1474
1475	2175625	3209046875	38,4057	11,3832	7,29641	0,67797	4633,8	1708732	1475
1476	2178576	3215578176	38,4187	11,3858	7,29709	0,67751	4637,0	1711050	1476
1477	2181529	3222118333	38,4318	11,3883	7,29777	0,67705	4640,1	1713369	1477
1478	2184484	3228667352	38,4448	11,3909	7,29845	0,67659	4643,3	1715690	1478
1479	2187441	3235225239	38,4578	11,3935	7,29912	0,67613	4646,4	1718012	1479
1480	2190400	3241792000	38,4708	11,3960	7,29980	0,67568	4649,6	1720336	**1480**
1481	2193361	3248367641	38,4838	11,3986	7,30047	0,67522	4652,7	1722662	1481
1482	2196324	3254952168	38,4968	11,4012	7,30115	0,67476	4655,8	1724989	1482
1483	2199289	3261545587	38,5097	11,4037	7,30182	0,67431	4659,0	1727318	1483
1484	2202256	3268147904	38,5227	11,4063	7,30250	0,67385	4662,1	1729648	1484
1485	2205225	3274759125	38,5357	11,4089	7,30317	0,67340	4665,3	1731980	1485
1486	2208196	3281379256	38,5487	11,4114	7,30384	0,67295	4668,4	1734313	1486
1487	2211169	3288008303	38,5616	11,4140	7,30452	0,67250	4671,5	1736648	1487
1488	2214144	3294646272	38,5746	11,4165	7,30519	0,67204	4674,7	1738985	1488
1489	2217121	3301293169	38,5876	11,4191	7,30586	0,67159	4677,8	1741323	1489
1490	2220100	3307949000	38,6005	11,4216	7,30653	0,67114	4681,0	1743662	**1490**
1491	2223081	3314613771	38,6135	11,4242	7,30720	0,67069	4684,1	1746004	1491
1492	2226064	3321287488	38,6264	11,4268	7,30787	0,67024	4687,3	1748347	1492
1493	2229049	3327970157	38,6394	11,4293	7,30854	0,66979	4690,4	1750691	1493
1494	2232036	3334661784	38,6523	11,4319	7,30921	0,66934	4693,5	1753037	1494
1495	2235025	3341362375	38,6652	11,4344	7,30988	0,66890	4696,7	1755385	1495
1496	2238016	3348071936	38,6782	11,4370	7,31055	0,66845	4699,8	1757734	1496
1497	2241009	3354790473	38,6911	11,4395	7,31122	0,66800	4703,0	1760084	1497
1498	2244004	3361517992	38,7040	11,4421	7,31189	0,66756	4706,1	1762437	1498
1499	2247001	3368254499	38,7169	11,4446	7,31255	0,66711	4709,2	1764790	1499
1500	2250000	3375000000	38,7298	11,4471	7,31322	0,66667	4712,4	1767146	**1500**

Tabelle 1-3. Mantissen der gewöhnlichen (Briggsschen) Logarithmen

N	0	1	2	3	4	5	6	7	8	9
100	0000	0004	0009	0013	0017	0022	0026	0030	0035	0039
101	0043	0048	0052	0056	0060	0065	0069	0073	0077	0082
102	0086	0090	0095	0099	0103	0107	0111	0116	0120	0124
103	0128	0133	0137	0141	0145	0149	0154	0158	0162	0166
104	0170	0175	0179	0183	0187	0191	0195	0199	0204	0208
105	0212	0216	0220	0224	0228	0233	0237	0241	0245	0249
106	0253	0257	0261	0265	0269	0273	0278	0282	0286	0290
107	0294	0298	0302	0306	0310	0314	0318	0322	0326	0330
108	0334	0338	0342	0346	0350	0354	0358	0362	0366	0370
109	0374	0378	0382	0386	0390	0394	0398	0402	0406	0410
110	0414	0418	0422	0426	0430	0434	0438	0441	0445	0449
11	0414	0453	0492	0531	0569	0607	0645	0682	0719	0755
12	0792	0828	0864	0899	0934	0969	1004	1038	1072	1106
13	1139	1173	1206	1239	1271	1303	1335	1367	1399	1430
14	1461	1492	1523	1553	1584	1614	1644	1673	1703	1732
15	1761	1790	1818	1847	1875	1903	1931	1959	1987	2014
16	2041	2068	2095	2122	2148	2175	2201	2227	2253	2279
17	2304	2330	2355	2380	2405	2430	2455	2480	2504	2529
18	2553	2577	2601	2625	2648	2672	2695	2718	2742	2765
19	2788	2810	2833	2856	2878	2900	2923	2945	2967	2989
20	3010	3032	3054	3075	3096	3118	3139	3160	3181	3201
21	3222	3243	3263	3284	3304	3324	3345	3365	3385	3404
22	3424	3444	3464	3483	3502	3522	3541	3560	3579	3598
23	3617	3636	3655	3674	3692	3711	3729	3747	3766	3784
24	3802	3820	3838	3856	3874	3892	3909	3927	3945	3962
25	3979	3997	4014	4031	4048	4065	4082	4099	4116	4133
26	4150	4166	4183	4200	4216	4232	4249	4265	4281	4298
27	4314	4330	4346	4362	4378	4393	4409	4425	4440	4456
28	4472	4487	4502	4518	4533	4548	4564	4579	4594	4609
29	4624	4639	4654	4669	4683	4698	4713	4728	4742	4757
30	4771	4786	4800	4814	4829	4843	4857	4871	4886	4900
31	4914	4928	4942	4955	4969	4983	4997	5011	5024	5038
32	5051	5065	5079	5092	5105	5119	5132	5145	5159	5172
33	5185	5198	5211	5224	5237	5250	5263	5276	5289	5302
34	5315	5328	5340	5353	5366	5378	5391	5403	5416	5428
35	5441	5453	5465	5478	5490	5502	5514	5527	5539	5551
36	5563	5575	5587	5599	5611	5623	5635	5647	5658	5670
37	5682	5694	5705	5717	5729	5740	5752	5763	5775	5786
38	5798	5809	5821	5832	5843	5855	5866	5877	5888	5899
39	5911	5922	5933	5944	5955	5966	5977	5988	5999	6010
40	6021	6031	6042	6053	6064	6075	6085	6096	6107	6117
41	6128	6138	6149	6160	6170	6180	6191	6201	6212	6222
42	6232	6243	6253	6263	6274	6284	6294	6304	6314	6325
43	6335	6345	6355	6365	6375	6385	6395	6405	6415	6425
44	6435	6444	6454	6464	6474	6484	6493	6503	6513	6522
45	6532	6542	6551	6561	6571	6580	6590	6599	6609	6618
46	6628	6637	6646	6656	6665	6675	6684	6693	6702	6712
47	6721	6730	6739	6749	6758	6767	6776	6785	6794	6803
48	6812	6821	6830	6839	6848	6857	6866	6875	6884	6893
49	6902	6911	6920	6928	6937	6946	6955	6964	6972	6981

Tabelle 1-3. (Fortsetzung)

N	0	1	2	3	4	5	6	7	8	9
50	6990	6998	7007	7016	7024	7033	7042	7050	7059	7067
51	7076	7084	7093	7101	7110	7118	7126	7135	7143	7152
52	7160	7168	7177	7185	7193	7202	7210	7218	7226	7235
53	7243	7251	7259	7267	7275	7284	7292	7300	7308	7316
54	7324	7332	7340	7348	7356	7364	7372	7380	7388	7396
55	7404	7412	7419	7427	7435	7443	7451	7459	7466	7474
56	7482	7490	7497	7505	7513	7520	7528	7536	7543	7551
57	7559	7566	7574	7582	7589	7597	7604	7612	7619	7627
58	7634	7642	7649	7657	7664	7672	7679	7686	7694	7701
59	7709	7716	7723	7731	7738	7745	7752	7760	7767	7774
60	7782	7789	7796	7803	7810	7818	7825	7832	7839	7846
61	7853	7860	7868	7875	7882	7889	7896	7903	7910	7917
62	7924	7931	7938	7945	7952	7959	7966	7973	7980	7987
63	7993	8000	8007	8014	8021	8028	8035	8041	8048	8055
64	8062	8069	8075	8082	8089	8096	8102	8109	8116	8122
65	8129	8136	8142	8149	8156	8162	8169	8176	8182	8189
66	8195	8202	8209	8215	8222	8228	8235	8241	8248	8254
67	8261	8267	8274	8280	8287	8293	8299	8306	8312	8319
68	8325	8331	8338	8344	8351	8357	8363	8370	8376	8382
69	8388	8395	8401	8407	8414	8420	8426	8432	8439	8445
70	8451	8457	8463	8470	8476	8482	8488	8494	8500	8506
71	8513	8519	8525	8531	8537	8543	8549	8555	8561	8567
72	8573	8579	8585	8591	8597	8603	8609	8615	8621	8627
73	8633	8639	8645	8651	8657	8663	8669	8675	8681	8686
74	8692	8698	8704	8710	8716	8722	8727	8733	8739	8745
75	8751	8756	8762	8768	8774	8779	8785	8791	8797	8802
76	8808	8814	8820	8825	8831	8837	8842	8848	8854	8859
77	8865	8871	8876	8882	8887	8893	8899	8904	8910	8915
78	8921	8927	8932	8938	8943	8949	8954	8960	8965	8971
79	8976	8982	8987	8993	8998	9004	9009	9015	9020	9025
80	9031	9036	9042	9047	9053	9058	9063	9069	9074	9079
81	9085	9090	9096	9101	9106	9112	9117	9122	9128	9133
82	9138	9143	9149	9154	9159	9165	9170	9175	9180	9186
83	9191	9196	9201	9206	9212	9217	9222	9227	9232	9238
84	9243	9248	9253	9258	9263	9269	9274	9279	9284	9289
85	9294	9299	9304	9309	9315	9320	9325	9330	9335	9340
86	9345	9350	9355	9360	9365	9370	9375	9380	9385	9390
87	9395	9400	9405	9410	9415	9420	9425	9430	9435	9440
88	9445	9450	9455	9460	9465	9469	9474	9479	9484	9489
89	9494	9499	9504	9509	9513	9518	9523	9528	9533	9538
90	9542	9547	9552	9557	9562	9566	9571	9576	9581	9586
91	9590	9595	9600	9605	9609	9614	9619	9624	9628	9633
92	9638	9643	9647	9652	9657	9661	9666	9671	9675	9680
93	9685	9689	9694	9699	9703	9708	9713	9717	9722	9727
94	9731	9736	9741	9745	9750	9754	9759	9763	9768	9773
95	9777	9782	9786	9791	9795	9800	9805	9809	9814	9818
96	9823	9827	9832	9836	9841	9845	9850	9854	9859	9863
97	9868	9872	9877	9881	9886	9890	9894	9899	9903	9908
98	9912	9917	9921	9926	9930	9934	9939	9943	9948	9952
99	9956	9961	9965	9969	9974	9978	9983	9987	9991	9996

Tabelle 1-4. Kreisfunktionen

Grad	Sinus							
	0′	10′	20′	30′	40′	50′	60′	
0°	0,00000	0,00291	0,00582	0,00873	0,01164	0,01454	0,01745	89°
1	0,01745	0,02036	0,02327	0,02618	0,02908	0,03199	0,03490	88
2	0,03490	0,03781	0,04071	0,04362	0,04653	0,04943	0,05234	87
3	0,05234	0,05524	0,05814	0,06105	0,06395	0,06685	0,06976	86
4	0,06976	0,07266	0,07556	0,07846	0,08136	0,08426	0,08716	85
5	0,08716	0,09005	0,09295	0,09585	0,09874	0,10164	0,10453	84
6	0,10453	0,10742	0,11031	0,11320	0,11609	0,11898	0,12187	83
7	0,12187	0,12476	0,12764	0,13053	0,13341	0,13629	0,13917	82
8	0,13917	0,14205	0,14493	0,14781	0,15069	0,15356	0,15643	81
9	0,15643	0,15931	0,16218	0,16505	0,16792	0,17078	0,17365	**80**
10	0,17365	0,17651	0,17937	0,18224	0,18509	0,18795	0,19081	79
11	0,19081	0,19366	0,19652	0,19937	0,20222	0,20507	0,20791	78
12	0,20791	0,21076	0,21360	0,21644	0,21928	0,22212	0,22495	77
13	0,22495	0,22778	0,23062	0,23345	0,23627	0,23910	0,24192	76
14	0,24192	0,24474	0,24756	0,25038	0,25320	0,25601	0,25882	75
15	0,25882	0,26163	0,26443	0,26724	0,27004	0,27284	0,27564	74
16	0,27564	0,27843	0,28123	0,28402	0,28680	0,28959	0,29237	73
17	0,29237	0,29515	0,29793	0,30071	0,30348	0,30625	0,30902	72
18	0,30902	0,31178	0,31454	0,31730	0,32006	0,32282	0,32557	71
19	0,32557	0,32832	0,33106	0,33381	0,33655	0,33929	0,34202	**70**
20	0,34202	0,34475	0,34748	0,35021	0,35293	0,35565	0,35837	69
21	0,35837	0,36108	0,36379	0,36650	0,36921	0,37191	0,37461	68
22	0,37461	0,37730	0,37999	0,38268	0,38537	0,38805	0,39073	67
23	0,39073	0,39341	0,39608	0,39875	0,40141	0,40408	0,40674	66
24	0,40674	0,40939	0,41204	0,41469	0,41734	0,41998	0,42262	65
25	0,42262	0,42525	0,42788	0,43051	0,43313	0,43575	0,43837	64
26	0,43837	0,44098	0,44359	0,44620	0,44880	0,45140	0,45399	63
27	0,45399	0,45658	0,45917	0,46175	0,46433	0,46690	0,46947	62
28	0,46947	0,47204	0,47460	0,47716	0,47971	0,48226	0,48481	61
29	0,48481	0,48735	0,48989	0,49242	0,49495	0,49748	0,50000	**60**
30	0,50000	0,50252	0,50503	0,50754	0,51004	0,51254	0,51504	59
31	0,51504	0,51753	0,52002	0,52250	0,52498	0,52745	0,52992	58
32	0,52992	0,53238	0,53484	0,53730	0,53975	0,54220	0,54464	57
33	0,54464	0,54708	0,54951	0,55194	0,55436	0,55678	0,55919	56
34	0,55919	0,56160	0,56401	0,56641	0,56880	0,57119	0,57358	55
35	0,57358	0,57596	0,57833	0,58070	0,58307	0,58543	0,58779	54
36	0,58779	0,59014	0,59248	0,59482	0,59716	0,59949	0,60182	53
37	0,60182	0,60414	0,60645	0,60876	0,61107	0,61337	0,61566	52
38	0,61566	0,61795	0,62024	0,62251	0,62479	0,62706	0,62932	51
39	0,62932	0,63158	0,63383	0,63608	0,63832	0,64056	0,64279	**50**
40	0,64279	0,64501	0,64723	0,64945	0,65166	0,65386	0,65606	49
41	0,65606	0,65825	0,66044	0,66262	0,66480	0,66697	0,66913	48
42	0,66913	0,67129	0,67344	0,67559	0,67773	0,67987	0,68200	47
43	0,68200	0,68412	0,68624	0,68835	0,69046	0,69256	0,69466	46
44°	0,69466	0,69675	0,69883	0,70091	0,70298	0,70505	0,70711	45°
	60′	50′	40′	30′	20′	10′	0′	Grad
	Cosinus							

Tabelle 1–4. (Fortsetzung)

Grad	Cosinus 0′	10′	20′	30′	40′	50′	60′	
0°	1,00000	1,00000	0,99998	0,99996	0,99993	0,99989	0,99985	89°
1	0,99985	0,99979	0,99973	0,99966	0,99958	0,99949	0,99939	88
2	0,99939	0,99929	0,99917	0,99905	0,99892	0,99878	0,99863	87
3	0,99863	0,99847	0,99831	0,99813	0,99795	0,99776	0,99756	86
4	0,99756	0,99736	0,99714	0,99692	0,99668	0,99644	0,99619	85
5	0,99619	0,99594	0,99567	0,99540	0,99511	0,99482	0,99452	84
6	0,99452	0,99421	0,99390	0,99357	0,99324	0,99290	0,99255	83
7	0,99255	0,99219	0,99182	0,99144	0,99106	0,99067	0,99027	82
8	0,99027	0,98986	0,98944	0,98902	0,98858	0,98814	0,98769	81
9	0,98769	0,98723	0,98676	0,98629	0,98580	0,98531	0,98481	**80**
10	0,98481	0,98430	0,98378	0,98325	0,98272	0,98218	0,98163	79
11	0,98163	0,98107	0,98050	0,97992	0,97934	0,97875	0,97815	78
12	0,97815	0,97754	0,97692	0,97630	0,97566	0,97502	0,97437	77
13	0,97437	0,97371	0,97304	0,97237	0,97169	0,97100	0,97030	76
14	0,97030	0,96959	0,96887	0,96815	0,96742	0,96667	0,96593	75
15	0,96593	0,96517	0,96440	0,96363	0,96285	0,96206	0,96126	74
16	0,96126	0,96046	0,95964	0,95882	0,95799	0,95715	0,95630	73
17	0,95630	0,95545	0,95459	0,95372	0,95284	0,95195	0,95106	72
18	0,95106	0,95015	0,94924	0,94832	0,94740	0,94646	0,94552	71
19	0,94552	0,94457	0,94361	0,94264	0,94167	0,94068	0,93969	**70**
20	0,93969	0,93869	0,93769	0,93667	0,93565	0,93462	0,93358	69
21	0,93358	0,93253	0,93148	0,93042	0,92935	0,92827	0,92718	68
22	0,92718	0,92609	0,92499	0,92388	0,92276	0,92164	0,92050	67
23	0,92050	0,91936	0,91822	0,91706	0,91590	0,91472	0,91355	66
24	0,91355	0,91236	0,91116	0,90996	0,90875	0,90753	0,90631	65
25	0,90631	0,90507	0,90383	0,90259	0,90133	0,90007	0,89879	64
26	0,89879	0,89752	0,89623	0,89493	0,89363	0,89232	0,89101	63
27	0,89101	0,88968	0,88835	0,88701	0,88566	0,88431	0,88295	62
28	0,88295	0,88158	0,88020	0,87882	0,87743	0,87603	0,87462	61
29	0,87462	0,87321	0,87178	0,87036	0,86892	0,86748	0,86603	**60**
30	0,86603	0,86457	0,86310	0,86163	0,86015	0,85866	0,85717	59
31	0,85717	0,85567	0,85416	0,85264	0,85112	0,84959	0,84805	58
32	0,84805	0,84650	0,84495	0,84339	0,84182	0,84025	0,83867	57
33	0,83867	0,83708	0,83549	0,83389	0,83228	0,83066	0,82904	56
34	0,82904	0,82741	0,82577	0,82413	0,82248	0,82082	0,81915	55
35	0,81915	0,81748	0,81580	0,81412	0,81242	0,81072	0,80902	54
36	0,80902	0,80730	0,80558	0,80386	0,80212	0,80038	0,79864	53
37	0,79864	0,79688	0,79512	0,79335	0,79158	0,78980	0,78801	52
38	0,78801	0,78622	0,78442	0,78261	0,78079	0,77897	0,77715	51
39	0,77715	0,77531	0,77347	0,77162	0,76977	0,76791	0,76604	**50**
40	0,76604	0,76417	0,76229	0,76041	0,75851	0,75661	0,75471	49
41	0,75471	0,75280	0,75088	0,74896	0,74703	0,74509	0,74314	48
42	0,74314	0,74120	0,73924	0,73728	0,73531	0,73333	0,73135	47
43	0,73135	0,72937	0,72737	0,72537	0,72337	0,72136	0,71934	46
44°	0,71934	0,71732	0,71529	0,71325	0,71121	0,70916	0,70711	45°
	60′	50′	40′	30′	20′	10′	0′ Sinus	Grad

Tabelle 1–4. (Fortsetzung)

Grad	Tangens							
	0′	10′	20′	30′	40′	50′	60′	
0°	0,00000	0,00291	0,00582	0,00873	0,01164	0,01455	0,01746	89°
1	0,01746	0,02036	0,02328	0,02619	0,02910	0,03201	0,03492	88
2	0,03492	0,03783	0,04075	0,04366	0,04658	0,04949	0,05241	87
3	0,05241	0,05533	0,05824	0,06116	0,06408	0,06700	0,06993	86
4	0,06993	0,07285	0,07578	0,07870	0,08163	0,08456	0,08749	85
5	0,08749	0,09042	0,09335	0,09629	0,09923	0,10216	0,10510	84
6	0,10510	0,10805	0,11099	0,11394	0,11688	0,11983	0,12278	83
7	0,12278	0,12574	0,12869	0,13165	0,13461	0,13758	0,14054	82
8	0,14054	0,14351	0,14648	0,14945	0,15243	0,15540	0,15838	81
9	0,15838	0,16137	0,16435	0,16734	0,17033	0,17333	0,17633	**80**
10	0,17633	0,17933	0,18233	0,18534	0,18835	0,19136	0,19438	79
11	0,19438	0,19740	0,20042	0,20345	0,20648	0,20952	0,21256	78
12	0,21256	0,21560	0,21864	0,22169	0,22475	0,22781	0,23087	77
13	0,23087	0,23393	0,23700	0,24008	0,24316	0,24624	0,24933	76
14	0,24933	0,25242	0,25552	0,25862	0,26172	0,26483	0,26795	75
15	0,26795	0,27107	0,27419	0,27732	0,28046	0,28360	0,28675	74
16	0,28675	0,28990	0,29305	0,29621	0,29938	0,30255	0,30573	73
17	0,30573	0,30891	0,31210	0,31530	0,31850	0,32171	0,32492	72
18	0,32492	0,32814	0,33136	0,33460	0,33783	0,34108	0,34433	71
19	0,34433	0,34758	0,35085	0,35412	0,35740	0,36068	0,36397	**70**
20	0,36397	0,36727	0,37057	0,37388	0,37720	0,38053	0,38386	69
21	0,38386	0,38721	0,39055	0,39391	0,39727	0,40065	0,40403	68
22	0,40403	0,40741	0,41081	0,41421	0,41763	0,42105	0,42447	67
23	0,42447	0,42791	0,43136	0,43481	0,43828	0,44175	0,44523	66
24	0,44523	0,44872	0,45222	0,45573	0,45924	0,46277	0,46631	65
25	0,46631	0,46985	0,47341	0,47698	0,48055	0,48414	0,48773	64
26	0,48773	0,49134	0,49495	0,49858	0,50222	0,50587	0,50953	63
27	0,50953	0,51319	0,51688	0,52057	0,52427	0,52798	0,53171	62
28	0,53171	0,53545	0,53920	0,54296	0,54673	0,55051	0,55431	61
29	0,55431	0,55812	0,56194	0,56577	0,56962	0,57348	0,57735	**60**
30	0,57735	0,58124	0,58513	0,58905	0,59297	0,59691	0,60086	59
31	0,60086	0,60483	0,60881	0,61280	0,61681	0,62083	0,62487	58
32	0,62487	0,62892	0,63299	0,63707	0,64117	0,64528	0,64941	57
33	0,64941	0,65355	0,65771	0,66189	0,66608	0,67028	0,67451	56
34	0,67451	0,67875	0,68301	0,68728	0,69157	0,69588	0,70021	55
35	0,70021	0,70455	0,70891	0,71329	0,71769	0,72211	0,72654	54
36	0,72654	0,73100	0,73547	0,73996	0,74447	0,74900	0,75355	53
37	0,75355	0,75812	0,76272	0,76733	0,77196	0,77661	0,78129	52
38	0,78129	0,78598	0,79070	0,79544	0,80020	0,80498	0,80978	51
39	0,80978	0,81461	0,81946	0,82434	0,82923	0,83415	0,83910	**50**
40	0,83910	0,84407	0,84906	0,85408	0,85912	0,86419	0,86929	49
41	0,86929	0,87441	0,87955	0,88473	0,88992	0,89515	0,90040	48
42	0,90040	0,90569	0,91099	0,91633	0,92170	0,92709	0,93252	47
43	0,93252	0,93797	0,94345	0,94896	0,95451	0,96008	0,96569	46
44°	0,96569	0,97133	0,97700	0,98270	0,98843	0,99420	1,00000	45°
	60′	50′	40′	30′	20′	10′	0′	Grad
	Cotangens							

Tabelle 1–4. (Fortsetzung)

Grad	Cotangens							
	0′	10′	20′	30′	40′	50′	60′	
0°	∞	343,77371	171,88540	114,58865	85,93979	68,75009	57,28996	89°
1	57,28996	49,10388	42,96408	38,18846	34,36777	31,24158	28,63625	88
2	28,63625	26,43160	24,54176	22,90377	21,47040	20,20555	19,08114	87
3	19,08114	18,07498	17,16934	16,34986	15,60478	14,92442	14,30067	86
4	14,30067	13,72674	13,19688	12,70621	12,25051	11,82617	11,43005	85
5	11,43005	11,05943	10,71191	10,38540	10,07803	9,78817	9,51436	84
6	9,51436	9,25530	9,00983	8,77689	8,55555	8,34496	8,14435	83
7	8,14435	7 95302	7,77035	7,59575	7,42871	7,26873	7,11537	82
8	7,11537	[illegible],96823	6,82694	6,69116	6,56055	6,43484	6,31375	81
9	6,31375	6,19703	6,08444	5,97576	5,87080	5,76937	5,67128	**80**
10	5,67128	5,57638	5,48451	5,39552	5,30928	5,22566	5,14455	79
11	5,14455	5,06584	4,98940	4,91516	4,84300	4,77286	4,70463	78
12	4,70463	4,63825	4,57363	4,51071	4,44942	4,38969	4,33148	77
13	4,33148	4,27471	4,21933	4,16530	4,11256	4,06107	4,01078	76
14	4,01078	3,96165	3,91364	3,86671	3,82083	3,77595	3,73205	75
15	3,73205	3,68909	3,64705	3,60588	3,56557	3,52609	3,48741	74
16	3,48741	3,44951	3,41236	3,37594	3,34023	3,30521	3,27085	73
17	3,27085	3,23714	3,20406	3,17159	3,13972	3,10842	3,07768	72
18	3,07768	3,04749	3,01783	2,98869	2,96004	2,93189	2,90421	71
19	2,90421	2,87700	2,85023	2,82391	2,79802	2,77254	2,74748	**70**
20	2,74748	2,72281	2,69853	2,67462	2,65109	2,62791	2,60509	69
21	2,60509	2,58261	2,56046	2,53865	2,51715	2,49597	2,47509	68
22	2,47509	2,45451	2,43422	2,41421	2,39449	2,37504	2,35585	67
23	2,35585	2,33693	2,31826	2,29984	2,28167	2,26374	2,24604	66
24	2,24604	2,22857	2,21132	2,19430	2,17749	2,16090	2,14451	65
25	2,14451	2,12832	2,11233	2,09654	2,08094	2,06553	2,05030	64
26	2,05030	2,03526	2,02039	2.00569	1,99116	1,97680	1,96261	63
27	1,96261	1,94858	1,93470	1,92098	1,90741	1,89400	1,88073	62
28	1,88073	1,86760	1,85462	1,84177	1,82906	1,81649	1,80405	61
29	1,80405	1,79174	1,77955	1,76749	1,75556	1,74375	1,73205	**60**
30	1,73205	1,72047	1,70901	1,69766	1,68643	1,67530	1,66428	59
31	1,66428	1,65337	1,64256	1,63185	1,62125	1,61074	1,60033	58
32	1,60033	1,59002	1,57981	1,56969	1,55966	1,54972	1,53987	57
33	1,53987	1,53010	1,52043	1,51084	1,50133	1,49190	1,48256	56
34	1,48256	1,47330	1,46411	1,45501	1,44598	1,43703	1,42815	55
35	1,42815	1,41934	1,41061	1,40195	1,39336	1,38484	1,37638	54
36	1,37638	1,36800	1,35968	1,35142	1,34323	1,33511	1,32704	53
37	1,32704	1,31904	1,31110	1,30323	1,29541	1,28764	1,27994	52
38	1,27994	1,27230	1,26471	1,25717	1,24969	1,24227	1,23490	51
39	1,23490	1,22758	1,22031	1,21310	1,20593	1,19882	1,19175	**50**
40	1,19175	1,18474	1,17777	1,17085	1,16398	1,15715	1,15037	49
41	1,15037	1,14363	1,13694	1,13029	1,12369	1,11713	1,11061	48
42	1,11061	1,10414	1,09770	1,09131	1,08496	1,07864	1,07237	47
43	1,07237	1,06613	1,05994	1,05378	1,04766	1,04158	1,03553	46
44°	1,03553	1,02952	1,02355	1,01761	1,01170	1,00583	1,00000	45°
	60′	50′	40′	30′	20′	10′	0′	Grad
	Tangens							

Tabelle 1-5. Kreis-, Exponential- und Hyperbelfunktionen (Argument in Bogenmaß und Gradmaß)[1]

x	$\sin x$	$\cos x$	$\tan x$	e^x	e^{-x}	$\sinh x$	$\cosh x$	$\tanh x$	x in Graden
0,00	0,00000	1,00000	0,00000	1,00000	1,00000	0,00000	1,00000	0,00000	0,00
01	0,01000	0,99995	0,01000	1,01005	0,99005	0,01000	1,00005	0,01000	0,57
02	0,02000	0,99980	0,02000	1,02020	0,98020	0,02000	1,00020	0,02000	1,15
03	0,03000	0,99955	0,03001	1,03045	0,97045	0,03000	1,00045	0,02999	1,72
04	0,03999	0,99920	0,04002	1,04081	0,96079	0,04001	1,00080	0,03998	2,29
05	0,04998	0,99875	0,05004	1,05127	0,95123	0,05002	1,00125	0,04996	2,86
06	0,05996	0,99820	0,06007	1,06184	0,94176	0,06004	1,00180	0,05993	3,44
07	0,06994	0,99755	0,07011	1,07251	0,93239	0,07006	1,00245	0,06989	4,01
08	0,07991	0,99680	0,08017	1,08329	0,92312	0,08009	1,00320	0,07983	4,58
09	0,08988	0,99595	0,09024	1,09417	0,91393	0,09012	1,00405	0,08976	5,16
0,10	0,09983	0,99500	0,10033	1,10517	0,90484	0,10017	1,00500	0,09967	5,73
11	0,10978	0,99396	0,11045	1,11628	0,89583	0,11022	1,00606	0,10956	6,30
12	0,11971	0,99281	0,12058	1,12750	0,88692	0,12029	1,00721	0,11943	6,88
13	0,12963	0,99156	0,13074	1,13883	0,87810	0,13037	1,00846	0,12927	7,45
14	0,13954	0,99022	0,14092	1,15027	0,86936	0,14046	1,00982	0,13909	8,02
15	0,14944	0,98877	0,15114	1,16183	0,86071	0,15056	1,01127	0,14889	8,59
16	0,15932	0,98723	0,16138	1,17351	0,85214	0,16068	1,01283	0,15865	9,17
17	0,16918	0,98558	0,17166	1,18530	0,84366	0,17082	1,01448	0,16838	9,74
18	0,17903	0,98384	0,18197	1,19722	0,83527	0,18097	1,01624	0,17808	10,31
19	0,18886	0,98200	0,19232	1,20925	0,82696	0,19115	1,01810	0,18775	10,89
0,20	0,19867	0,98007	0,20271	1,22140	0,81873	0,20134	1,02007	0,19738	11,46
21	0,20846	0,97803	0,21314	1,23368	0,81058	0,21155	1,02213	0,20697	12,03
22	0,21823	0,97590	0,22362	1,24608	0,80252	0,22178	1,02430	0,21652	12,61
23	0,22798	0,97367	0,23414	1,25860	0,79453	0,23203	1,02657	0,22603	13,18
24	0,23770	0,97134	0,24472	1,27125	0,78663	0,24231	1,02894	0,23550	13,75
25	0,24740	0,96891	0,25534	1,28403	0,77880	0,25261	1,03141	0,24492	14,32
26	0,25708	0,96639	0,26602	1,29693	0,77105	0,26294	1,03399	0,25430	14,90
27	0,26673	0,96377	0,27676	1,30996	0,76338	0,27329	1,03667	0,26362	15,47
28	0,27636	0,96106	0,28755	1,32313	0,75578	0,28367	1,03946	0,27291	16,04
29	0,28595	0,95824	0,29841	1,33643	0,74826	0,29408	1,04235	0,28213	16,62
0,30	0,29552	0,95534	0,30934	1,34986	0,74082	0,30452	1,04534	0,29131	17,19
31	0,30506	0,95233	0,32033	1,36343	0,73345	0,31499	1,04844	0,30044	17,76
32	0,31457	0,94924	0,33139	1,37713	0,72615	0,32549	1,05164	0,30951	18,33
33	0,32404	0,94604	0,34252	1,39097	0,71892	0,33602	1,05495	0,31852	18,91
34	0,33349	0,94275	0,35374	1,40495	0,71177	0,34659	1,05836	0,32748	19,48
35	0,34290	0,93937	0,36503	1,41907	0,70469	0,35719	1,06188	0,33638	20,05
36	0,35227	0,93590	0,37640	1,43333	0,69768	0,36783	1,06550	0,34521	20,63
37	0,36162	0,93233	0,38786	1,44773	0,69073	0,37850	1,06923	0,35399	21,20
38	0,37092	0,92866	0,39941	1,46228	0,68386	0,38921	1,07307	0,36271	21,77
39	0,38019	0,92491	0,41105	1,47698	0,67706	0,39996	1,07702	0,37136	22,35
0,40	0,38942	0,92106	0,42279	1,49182	0,67032	0,41075	1,08107	0,37995	22,92
41	0,39861	0,91712	0,43463	1,50682	0,66365	0,42158	1,08523	0,38847	23,49
42	0,40776	0,91309	0,44657	1,52196	0,65705	0,43246	1,08950	0,39693	24,06
43	0,41687	0,90897	0,45862	1,53726	0,65051	0,44337	1,09388	0,40532	24,64
44	0,42594	0,90475	0,47078	1,55271	0,64404	0,45434	1,09837	0,41364	25,21
45	0,43497	0,90045	0,48306	1,56831	0,63763	0,46534	1,10297	0,42190	25,78
46	0,44395	0,89605	0,49545	1,58407	0,63128	0,47640	1,10768	0,43008	26,36
47	0,45289	0,89157	0,50797	1,59999	0,62500	0,48750	1,11250	0,43820	26,93
48	0,46178	0,88699	0,52061	1,61607	0 61878	0,49865	1,11743	0,44624	27,50
49	0,47063	0,88233	0,53339	1,63232	0,61263	0,50984	1,12247	0,45422	28,07
0,50	0,47943	0,87758	0,54630	1,64872	0,60653	0,52110	1,12763	0,46212	28,65

[1]) Zusatztabelle für die Argumentwerte $\pi/4$, $\pi/2$, $3\pi/4$, π, $\pi/4$, $3\pi/2$, $7\pi/4$, 2π in Tabelle 1-6.

Tabelle 1–5. (Fortsetzung)

x	$\sin x$	$\cos x$	$\tan x$	e^x	e^{-x}	$\sinh x$	$\cosh x$	$\tanh x$	x in Graden
0,50	0,47943	0,87758	0,54630	1,64872	0,60653	0,52110	1,12763	0,46212	28,65
51	0,48818	0,87274	0,55936	1,66529	0,60050	0,53240	1,13289	0,46995	29,22
52	0,49688	0,86782	0,57256	1,68203	0,59452	0,54375	1,13827	0,47770	29,79
53	0,50553	0,86281	0,58592	1,69893	0,58860	0,55516	1,14377	0,48538	30,37
54	0,51414	0,85771	0,59943	1,71601	0,58275	0,56663	1,14938	0,49299	30,94
55	0,52269	0,85252	0,61311	1,73325	0,57695	0,57815	1,15510	0,50052	31,51
56	0,53119	0,84726	0,62695	1,75067	0,57121	0,58973	1,16094	0,50798	32,09
57	0,53963	0,84190	0,64097	1,76827	0,56553	0,60137	1,16690	0,51536	32,66
58	0,54802	0,83646	0,65517	1,78604	0,55990	0,61307	1,17297	0,52267	33,23
59	0,55636	0,83094	0,66956	1,80399	0,55433	0,62483	1,17916	0,52990	33,80
0,60	0,56464	0,82534	0,68414	1,82212	0,54881	0,63665	1,18547	0,53705	34,38
61	0,57287	0,81965	0,69892	1,84043	0,54335	0,64854	1,19189	0,54413	34,95
62	0,58104	0,81388	0,71391	1,85893	0,53794	0,66049	1,19844	0,55113	35,52
63	0,58914	0,80803	0,72911	1,87761	0,53259	0,67251	1,20510	0,55805	36,10
64	0,59720	0,80210	0,74454	1,89648	0,52729	0,68459	1,21189	0,56490	36,67
65	0,60519	0,79608	0,76020	1,91554	0,52205	0,69675	1,21879	0,57167	37,24
66	0,61312	0,78999	0,77610	1,93479	0,51685	0,70897	1,22582	0,57836	37,82
67	0,62099	0,78382	0,79225	1,95424	0,51171	0,72126	1,23297	0,58498	38,39
68	0,62879	0,77757	0,80866	1,97388	0,50662	0,73363	1,24025	0,59152	38,96
69	0,63654	0,77125	0,82534	1,99372	0,50158	0,74607	1,24765	0,59798	39,53
0,70	0,64422	0,76484	0,84229	2,01375	0,49659	0,75858	1,25517	0,60437	40,11
71	0,65183	0,75836	0,85953	2,03399	0,49164	0,77117	1,26282	0,61068	40,68
72	0,65938	0,75181	0,87707	2,05443	0,48675	0,78384	1,27059	0,61691	41,25
73	0,66687	0,74517	0,89492	2,07508	0,48191	0,79659	1,27849	0,62307	41,83
74	0,67429	0,73847	0,91309	2,09594	0,47711	0,80941	1,28652	0,62915	42,40
75	0,68164	0,73169	0,93160	2,11700	0,47237	0,82232	1,29468	0,63515	42,97
76	0,68892	0,72484	0,95045	2,13828	0,46767	0,83530	1,30297	0,64108	43,54
77	0,69614	0,71791	0,96967	2,15977	0,46301	0,84838	1,31139	0,64693	44,12
78	0,70328	0,71091	0,98926	2,18147	0,45841	0,86153	1,31994	0,65271	44,69
79	0,71035	0,70385	1,00925	2,20340	0,45384	0,87478	1,32862	0,65841	45,26
0,80	0,71736	0,69671	1,02964	2,22554	0,44933	0,88811	1,33743	0,66404	45,84
81	0,72429	0,68950	1,05046	2,24791	0,44486	0,90152	1,34638	0,66959	46,41
82	0,73115	0,68222	1,07171	2,27050	0,44043	0,91503	1,35547	0,67507	46,98
83	0,73793	0,67488	1,09343	2,29332	0,43605	0,92863	1,36468	0,68048	47,56
84	0,74464	0,66746	1,11763	2,31637	0,43171	0,94233	1,37404	0,68581	48,13
85	0,75128	0,65998	1,13833	2,33965	0,42741	0,95612	1,38353	0,69107	48,70
86	0,75784	0,65244	1,16156	2,36316	0,42316	0,97000	1,39316	0,69626	49,27
87	0,76433	0,64483	1,18532	2,38691	0,41895	0,98398	1,40293	0,70137	49,85
88	0,77074	0,63715	1,20966	2,41090	0,41478	0,99806	1,41284	0,70642	50,42
89	0,77707	0,62941	1,23460	2,43513	0,41066	1,01224	1,42289	0,71139	50,99
0,09	0,78333	0,62161	1,26016	2,45960	0,40657	1,02652	1,43309	0,71630	51,57
91	0,78950	0,61375	1,28637	2,48432	0,40252	1,04090	1,44342	0,72113	52,14
92	0,79560	0,60582	1,31326	2,50929	0,39852	1,05539	1,45390	0,72590	52,71
93	0,80162	0,59783	1,34087	2,53451	0,39455	1,06998	1,46453	0,73059	53,29
94	0,80756	0,58979	1,36923	2,55998	0,39063	1,08468	1,47530	0,73522	53,86
95	0,81342	0,58168	1,39838	2,58571	0,38674	1,09948	1,48623	0,73978	54,43
96	0,81919	0,57352	1,42836	2,61170	0,38289	1,11440	1,49729	0,74428	55,00
97	0,82489	0,56530	1,45920	2,63794	0,37908	1,12943	1,50851	0,74870	55,58
98	0,83050	0,55702	1,49096	2,66446	0,37531	1,14457	1,51988	0,75307	56,15
99	0,83603	0,54869	1,52368	2,69123	0,37158	1,15983	1,53141	0,75736	56,72
1,00	0,84147	0,54030	1,55741	2,71828	0,36788	1,17520	1,54308	0,76159	57,30

Tabelle 1-5. (Fortsetzung)

x	$\sin x$	$\cos x$	$\tan x$	e^x	e^{-x}	$\sinh x$	$\cosh x$	$\tanh x$	x in Graden
1,00	0,84147	0,54030	1,55741	2,71828	0,36788	1,17520	1,54308	0,76159	57,30
01	0,84683	0,53186	1,59221	2,74560	0,36422	1,19069	1,55491	0,76576	57,87
02	0,85211	0,52337	1,62813	2,77319	0,36059	1,20630	1,56689	0,76987	58,44
03	0,85730	0,51482	1,66524	2,80107	0,35701	1,22203	1,57904	0,77391	59,01
04	0,86240	0,50622	1,70361	2,82922	0,35345	1,23788	1,59134	0,77789	59,59
05	0,86742	0,49757	1,74332	2,85765	0,34994	1,25386	1,60379	0,78181	60,16
06	0,87236	0,48887	1,78442	2,88637	0,34646	1,26996	1,61641	0,78566	60,73
07	0,87720	0,48012	1,82703	2,91538	0,34301	1,28619	1,62919	0,78946	61,31
08	0,88196	0,47133	1,87122	2,94468	0,33960	1,30254	1,64214	0,79320	61,88
09	0,88663	0,46249	1,91709	2,97427	0,33622	1,31903	1,65525	0,79688	62,45
1,10	0,89121	0,45360	1,96476	3,00417	0,33287	1,33565	1,66852	0,80050	63,03
11	0,89570	0,44466	2,01434	3,03436	0,32956	1,35240	1,68196	0,80406	63,60
12	0,90010	0,43568	2,06596	3,06485	0,32628	1,36929	1,69557	0,80757	64,17
13	0,90441	0,42666	2,11975	3,09566	0,32303	1,38631	1,70934	0,81102	64,74
14	0,90863	0,41759	2,17588	3,12677	0,31982	1,40347	1,72329	0,81441	65,32
15	0,91276	0,40849	2,23450	3,15819	0,31664	1,42078	1,73741	0,81775	65,89
16	0,91680	0,39934	2,29580	3,18993	0,31349	1,43822	1,75171	0,82104	66,46
17	0,92075	0,39015	2,35998	3,22199	0,31037	1,45581	1,76618	0,82427	67,04
18	0,92461	0,38092	2,42727	3,25437	0,30728	1,47355	1,78083	0,82745	67,61
19	0,92837	0,37166	2,49790	3,28708	0,30422	1,49143	1,79565	0,83058	68,18
1,20	0,93204	0,36236	2,57215	3,32012	0,30119	1,50946	1,81066	0,83365	68,75
21	0,93562	0,35302	2,65032	3,35348	0,29820	1,52764	1,82584	0,83668	69,33
22	0,93910	0,34365	2,73275	3,38718	0,29523	1,54598	1,84121	0,83965	69,90
23	0,94249	0,33424	2,81982	3,42123	0,29229	1,56447	1,85676	0,84258	70,47
24	0,94578	0,32480	2,91193	3,45561	0,28938	1,58311	1,87250	0,84546	71,05
25	0,94898	0,31532	3,00957	3,49034	0,28650	1,60192	1,88842	0,84828	71,62
26	0,95209	0,30582	3,11327	3,52542	0,28365	1,62088	1,90454	0,85106	72,19
27	0,95510	0,29628	3,22363	3,56085	0,28083	1,64001	1,92084	0,85380	72,77
28	0,95802	0,28672	3,34135	3,59664	0,27804	1,65930	1,93734	0,85648	73,34
29	0,96084	0,27712	3,46721	3,63279	0,27527	1,67876	1,95403	0,85913	73,91
1,30	0,96356	0,26750	3,60210	3,66930	0,27253	1,69838	1,97091	0,86172	74,48
31	0,96618	0,25785	3,74708	3,70617	0,26982	1,71818	1,98800	0,86428	75,06
32	0,96872	0,24818	3,90335	3,74342	0,26714	1,73814	2,00528	0,86678	75,63
33	0,97115	0,23848	4,07231	3,78104	0,26448	1,75828	2,02276	0,86925	76,20
34	0,97348	0,22875	4,25562	3,81904	0,26185	1,77860	2,04044	0,87167	76,78
35	0,97572	0,21901	4,45522	3,85743	0,25924	1,79909	2,05833	0,87405	77,35
36	0,97786	0,20924	4,67344	3,89619	0,25666	1,81977	2,07643	0,87639	77,92
37	0,97991	0,19945	4,91306	3,93535	0,25411	1,84062	2,09473	0,87869	78,50
38	0,98185	0,18964	5,17744	3,97490	0,25158	1,86166	2,11324	0,88095	79,07
39	0,98370	0,17981	5,47069	4,01485	0,24908	1,88289	2,13196	0,88317	79,64
1,40	0,98545	0,16997	5,79788	4,05520	0,24660	1,90430	2,15090	0,88535	80,21
41	0,98710	0,16010	6,16536	4,09596	0,24414	1,92591	2,17005	0,88749	80,79
42	0,98865	0,15023	6,58112	4,13712	0,24171	1,94770	2,18942	0,88960	81,36
43	0,99010	0,14033	7,05546	4,17870	0,23931	1,96970	2,20900	0,89167	81,93
44	0,99146	0,13042	7,60183	4,22070	0,23693	1,99188	2,22881	0,89370	82,51
45	0,99271	0,12050	8,23809	4,26311	0,23457	2,01427	2,24884	0,89569	83,08
46	0,99387	0,11057	8,98861	4,30596	0,23224	2,03686	2,26910	0,89765	83,65
47	0,99492	0,10063	9,88737	4,34924	0,22993	2,05965	2,28958	0,89958	84,22
48	0,99588	0,09067	10,98338	4,39295	0,22764	2,08265	2,31029	0,90147	84,80
49	0,99674	0,08071	12,34986	4,43710	0,22537	2,10586	2,33123	0,90332	85,37
1,50	0,99749	0,07074	14,10142	4,48169	0,22313	2,12928	2,35241	0,90515	85,94

Tabelle 1–5. (Fortsetzung)

x	$\sin x$	$\cos x$	$\tan x$	e^x	e^{-x}	$\sinh x$	$\cosh x$	$\tanh x$	x in Graden
1,50	0,99749	0,07074	14,10142	4,48169	0,22313	2,12928	2,35241	0,90515	85,94
51	0,99815	0,06076	16,42809	4,52673	0,22091	2,15291	2,37382	0,90694	86,52
52	0,99871	0,05077	19,66966	4,57223	0,21871	2,17676	2,39547	0,90870	87,09
53	0,99917	0,04079	24,49841	4,61818	0,21654	2,20082	2,41736	0,91042	87,66
54	0,99953	0,03079	32,46114	4,66459	0,21438	2,22510	2,43949	0,91212	88,24
55	0,99978	0,02079	48,07849	4,71147	0,21225	2,24961	2,46186	0,91379	88,81
56	0,99994	0,01080	92,62050	4,75882	0,21014	2,27434	2,48448	0,91542	89,38
57	1,00000	+0,00080	+1255,766	4,80665	0,20805	2,29930	2,50735	0,91703	89,95
58	0,99996	−0,00920	−108,6492	4,85496	0,20598	2,32449	2,53047	0,91860	90,53
59	0,99982	−0,01920	−52,06698	4,90375	0,20393	2,34991	2,55384	0,92015	91,10
1,60	0,99957	−0,02920	−34,23254	4,95303	0,20190	2,37557	2,57746	0,92167	91,67
61	0,99923	−0,03919	−25,49474	5,00281	0,19989	2,40146	2,60135	0,92316	92,25
62	0,99879	−0,04918	−20,30728	5,05309	0,19790	2,42760	2,62549	0,92462	92,82
63	0,99825	−0,05917	−16,87110	5,10387	0,19593	2,45397	2,64990	0,92606	93,39
64	0,99761	−0,06915	−14,42702	5,15517	0,19398	2,48059	2,67457	0,92747	93,97
65	0,99687	−0,07912	−12,59926	5,20698	0,19205	2,50746	2,69951	0,92886	94,54
66	0,99602	−0,08909	−11,18055	5,25931	0,19014	2,53459	2,72472	0,93022	95,11
67	0,99508	−0,09904	−10,04718	5,31217	0,18825	2,56196	2,75021	0,93155	95,68
68	0,99404	−0,10899	−9,10277	5,36556	0,18637	2,58959	2,77596	0,93286	96,26
69	0,99290	−0,11892	−8,34923	5,41948	0,18452	2,61748	2,80200	0,93415	96,83
1,70	0,99166	−0,12884	−7,69660	5,47395	0,18268	2,64563	2,82832	0,93541	97,40
71	0,99033	−0,13875	−7,13726	5,52896	0,18087	2,67405	2,85491	0,93665	97,98
72	0,98889	−0,14865	−6,65244	5,58453	0,17907	2,70273	2,88180	0,93786	98,55
73	0,98735	−0,15853	−6,22810	5,64065	0,17728	2,73168	2,90897	0,93906	99,12
74	0,98572	−0,16840	−5,85353	5,69734	0,17552	2,76091	2,93643	0,94023	99,69
75	0,98399	−0,17825	−5,52083	5,75460	0,17377	2,79041	2,96419	0,94138	100,27
76	0,98215	−0,18808	−5,22209	5,81244	0,17204	2,82020	2,99224	0,94250	100,84
77	0,98022	−0,19789	−4,95341	5,87085	0,17033	2,85026	3,02059	0,94361	101,41
78	0,97820	−0,20768	−4,71009	5,92986	0,16864	2,88061	3,04925	0,94470	101,99
79	0,97607	−0,21745	−4,48866	5,98945	0,16696	2,91125	3,07821	0,94576	102,56
1,80	0,97385	−0,22720	−4,28626	6,04965	0,16530	2,94217	3,10747	0,94681	103,13
81	0,97153	−0,23693	−4,10050	6,11045	0,16365	2,97340	3,13705	0,94783	103,71
82	0,96911	−0,24663	−3,92937	6,17186	0,16203	3,00492	3,16694	0,94884	104,28
83	0,96659	−0,25631	−3,77118	6,23389	0,16041	3,03674	3,19715	0,94983	104,85
84	0,96398	−0,26596	−3,62449	6,29654	0,15882	3,06886	3,22768	0,95080	105,42
85	0,96128	−0,27559	−3,48806	6,35982	0,15724	3,10129	3,25853	0,95175	106,00
86	0,95847	−0,28519	−3,36083	6,42374	0,15567	3,13403	3,28970	0,95268	106,57
87	0,95557	−0,29476	−3,24187	6,48830	0,15412	3,16709	3,32121	0,95359	107,14
88	0,95258	−0,30430	−3,13038	6,55350	0,15259	3,20046	3,35305	0,95449	107,72
89	0,94949	−0,31381	−3,02566	6,61937	0,15107	3,23415	3,38522	0,95537	108,29
1,90	0,94630	−0,32329	−2,92710	6,68589	0,14957	3,26816	3,41773	0,95624	108,86
91	0,94302	−0,33274	−2,83414	6,75309	0,14808	3,30250	3,45058	0,95709	109,44
92	0,93965	−0,34215	−2,74630	6,82096	0,14661	3,33718	3,48378	0,95792	110,01
93	0,93618	−0,35153	−2,66316	6,88951	0,14515	3,37218	3,51733	0,95873	110,58
94	0,93261	−0,36087	−2,58433	6,95875	0,14370	3,40752	3,55123	0,95953	111,15
95	0,92896	−0,37018	−2,50948	7,02869	0,14227	3,44321	3,58548	0,96032	111,73
96	0,92521	−0,37945	−2,43828	7,09933	0,14086	3,47923	3,62009	0,96109	112,30
97	0,92137	−0,38868	−2,37048	7,17068	0,13946	3,51561	3,65507	0,96185	112,87
98	0,91744	−0,39788	−2,30582	7,24274	0,13807	3,55234	3,69041	0,96259	113,45
99	0,91341	−0,40703	−2,24408	7,31553	0,13670	3,58942	3,72611	0,96331	114,02
2,00	0,90930	−0,41615	−2,18504	7,38906	0,13534	3,62686	3,76220	0,96403	114,59

Tabelle 1-5. (Fortsetzung)

x	$\sin x$	$\cos x$	$\tan x$	e^x	e^{-x}	$\sinh x$	$\cosh x$	$\tanh x$	x in Graden
2,00	0,90930	−0,41615	−2,18504	7,38906	0,13534	3,62686	3,76220	0,96403	114,59
01	0,90509	−0,42522	−2,12853	7,46332	0,13399	3,66466	3,79865	0,96473	115,16
02	0,90079	−0,43425	−2,07437	7,53833	0,13266	3,70283	3,83549	0,96541	115,74
03	0,89641	−0,44323	−2,02242	7,61409	0,13134	3,74138	3,87271	0,96609	116,31
04	0,89193	−0,45218	−1,97252	7,69061	0,13003	3,78029	3,91032	0,96675	116,88
05	0,88736	−0,46107	−1,92456	7,76790	0,12873	3,81958	3,94832	0,96740	117,46
06	0,88271	−0,46992	−1,87841	7,84597	0,12745	3,85926	3,98671	0,96803	118,03
07	0,87796	−0,47873	−1,83396	7,92482	0,12619	3,89932	4,02550	0,96865	118,60
08	0,87313	−0,48748	−1,79111	8,00447	0,12493	3,93977	4,06470	0,96926	119,18
09	0,86821	−0,49619	−1,74977	8,08491	0,12369	3,98061	4,10430	0,96986	119,75
2,10	0,86321	−0,50485	−1,70985	8,16617	0,12246	4,02186	4,14431	0,97045	120,32
11	0,85812	−0,51345	−1,67127	8,24824	0,12124	4,06350	4,18474	0,97103	120,89
12	0,85294	−0,52201	−1,63396	8,33114	0,12003	4,10555	4,22558	0,97159	121,47
13	0,84768	−0,53051	−1,59785	8,41487	0,11884	4,14801	4,26685	0,97215	122,04
14	0,84233	−0,53896	−1,56288	8,49944	0,11765	4,19089	4,30855	0,97269	122,61
15	0,83690	−0,54736	−1,52898	8,58486	0,11648	4,23419	4,35067	0,97323	123,19
16	0,83138	−0,55570	−1,49610	8,67114	0,11533	4,27791	4,39323	0,97375	123,76
17	0,82579	−0,56399	−1,46420	8,75828	0,11418	4,32205	4,43623	0,97426	124,33
18	0,82010	−0,57221	−1,43321	8,84631	0,11304	4,36663	4,47967	0,97477	124,90
19	0,81434	−0,58039	−1,40310	8,93521	0,11192	4,41165	4,52356	0,97526	125,48
2,20	0,80850	−0,58850	−1,37382	9,02501	0,11080	4,45711	4,56791	0,97574	126,05
21	0,80257	−0,59656	−1,34534	9,11572	0,10970	4,50301	4,61271	0,97622	126,62
22	0,79651	−0,60455	−1,31761	9,20733	0,10861	4,54936	4,65797	0,97668	127,20
23	0,79048	−0,61249	−1,29061	9,29987	0,10753	4,59617	4,70370	0,97714	127,77
24	0,78432	−0,62036	−1,26429	9,39333	0,10646	4,64344	4,74989	0,97759	128,34
25	0,77807	−0,62817	−1,23863	9,48774	0,10540	4,69117	4,79657	0,97803	128,92
26	0,77175	−0,63592	−1,21359	9,58309	0,10435	4,73937	4,84372	0,97846	129,49
27	0,76535	−0,64361	−1,18916	9,67940	0,10331	4,78804	4,89136	0,97888	130,06
28	0,75888	−0,65123	−1,16530	9,77668	0,10228	4,83720	4,93948	0,97929	130,63
29	0,75233	−0,65879	−1,14200	9,87494	0,10127	4,88683	4,98810	0,97970	131,21
2,30	0,74571	−0,66628	−1,11921	9,97418	0,10026	4,93696	5,03722	0,98010	131,78
31	0,73901	−0,67370	−1,09694	10,07442	0,09926	4,98758	5,08684	0,98049	132,35
32	0,73223	−0,68106	−1,07514	10,17567	0,09827	5,03870	5,13697	0,98087	132,93
33	0,72538	−0,68834	−1,05381	10,27794	0,09730	5,09032	5,18762	0,98124	133,50
34	0,71846	−0,69556	−1,03293	10,38124	0,09633	5,14245	5,23879	0,98161	134,07
35	0,71147	−0,70271	−1,01247	10,48557	0,09537	5,19510	5,29047	0,98197	134,65
36	0,70441	−0,70979	−0,99242	10,59095	0,09442	5,24827	5,34269	0,98233	135,22
37	0,69728	−0,71680	−0,97276	10,69739	0,09348	5,30196	5,39544	0,98267	135,79
38	0,69007	−0,72374	−0,95349	10,80490	0,09255	5,35618	5,44873	0,98301	136,36
39	0,68280	−0,73060	−0,93458	10,91349	0,09163	5,41093	5,50256	0,98335	136,94
2,40	0,67546	−0,73739	−0,91601	11,02318	0,09072	5,46623	5,55695	0,98367	137,51
41	0,66806	−0,74411	−0,89779	11,13396	0,08982	5,52207	5,61189	0,98400	138,08
42	0,66058	−0,75075	−0,87989	11,24586	0,08892	5,57847	5,66739	0,98430	138,66
43	0,65304	−0,75732	−0,86230	11,35888	0,08804	5,63542	5,72346	0,98462	139,23
44	0,64544	−0,76382	−0,84501	11,47304	0,08716	5,69294	5,78010	0,98492	139,80
45	0,63776	−0,77023	−0,82802	11,58835	0,08629	5,75103	5,83732	0,98522	140,37
46	0,63003	−0,77657	−0,81130	11,70481	0,08543	5,80969	5,89512	0,98551	140,95
47	0,62223	−0,78283	−0,79485	11,82245	0,08458	5,86893	5,95352	0,98579	141,52
48	0,61437	−0,78901	−0,77866	11,94126	0,08374	5,92876	6,01250	0,98607	142,09
49	0,60645	−0,79512	−0,76272	12,06128	0,08291	5,98918	6,07209	0,98635	142,67
2,50	0,59847	−0,80114	−0,74702	12,18249	0,08208	6,05020	6,13229	0,98661	143,24

Tabelle 1–5. (Fortsetzung)

x	$\sin x$	$\cos x$	$\tan x$	e^x	e^{-x}	$\sinh x$	$\cosh x$	$\tanh x$	x in Graden
2,50	0,59847	−0,80114	−0,74702	12,18249	0,08208	6,05020	6,13229	0,98661	143,24
55	0,55768	−0,83005	−0,67186	12,80710	0,07808	6,36451	6,44259	0,98788	146,10
60	0,51550	−0,85689	−0,60160	13,46374	0,07427	6,69473	6,76901	0,98903	148,97
65	0,47203	−0,88158	−0,53544	14,15404	0,07065	7,04169	7,11234	0,99007	151,83
70	0,42738	−0,90407	−0,47273	14,87973	0,06721	7,40626	7,47347	0,99101	154,70
75	0,38166	−0,92430	−0,41292	15,64263	0,06393	7,78935	7,85328	0,99186	157,56
80	0,33499	−0,94222	−0,35553	16,44465	0,06081	8,19192	8,25273	0,99263	160,43
85	0,28748	−0,95779	−0,30015	17,28778	0,05784	8,61497	8,67281	0,99333	163,29
90	0,23925	−0,97096	−0,24641	18,17415	0,05502	9,05956	9,11458	0,99396	166,16
95	0,19042	−0,98170	−0,19397	19,10595	0,05233	9,52681	9,57915	0,99454	169,02
3,00	0,14112	−0,98999	−0,14255	20,08554	0,04979	10,01787	10,06766	0,99505	171,89
05	0,09146	−0,99581	−0,09185	21,11534	0,04736	10,53399	10,58135	0,99552	174,75
10	+0,04158	−0,99914	−0,04162	22,19795	0,04505	11,07645	11,12150	0,99595	177,62
15	−0,00841	−0,99996	+0,00841	23,33606	0,04285	11,64661	11,69946	0,99633	180,48
20	−0,05837	−0,99829	0,05847	24,53253	0,04076	12,24588	12,28665	0,99668	183,35
25	−0,10820	−0,99413	0,10883	25,79034	0,03877	12,87578	12,91456	0,99700	186,21
30	−0,15775	−0,98748	0,15975	27,11264	0,03688	13,53788	13,57476	0,99728	189,08
35	−0,20690	−0,97836	0,21148	28,50273	0,03508	14,23382	14,26891	0,99754	191,94
40	−0,25554	−0,96680	0,26432	29,96410	0,03337	14,96536	14,99874	0,99777	194,81
45	−0,30354	−0,95282	0,31857	31,50039	0,03175	15,73432	15,76607	0,99799	197,67
3,50	−0,35078	−0,93646	0,37459	33,11545	0,03020	16,54263	16,57282	0,99818	200,54
55	−0,39715	−0,91775	0,43274	34,81332	0,02872	17,39230	17,42102	0,99835	203,40
60	−0,44252	−0,89676	0,49347	36,59823	0,02732	18,28546	18,31278	0,99851	206,26
65	−0,48679	−0,87352	0,55727	38,47467	0,02599	19,22434	19,25033	0,99865	209,13
70	−0,52984	−0,84810	0,62473	40,44730	0,02472	20,21129	20,23601	0,99878	211,99
75	−0,57156	−0,82056	0,69655	42,52108	0,02351	21,24878	21,27230	0,99889	214,86
80	−0,61186	−0,79097	0,77356	44,70118	0,02237	22,33941	22,36178	0,99900	217,72
85	−0,65063	−0,75940	0,85676	46,99306	0,02128	23,48589	23,50717	0,99909	220,59
90	−0,68777	−0,72593	0,94742	49,40245	0,02024	24,69110	24,71135	0,99918	223,45
95	−0,72319	−0,69065	1,04711	51,93537	0,01925	25,95806	25,97731	0,99926	226,32
4,00	−0,75680	−0,65364	1,15782	54,59815	0,01832	27,28992	27,30823	0,99933	229,18
05	−0,78853	−0,61500	1,28215	57,39746	0,01742	28,69002	28,70744	0,99939	232,05
10	−0,81828	−0,57482	1,42353	60,34029	0,01657	30,16186	30,17843	0,99945	234,91
15	−0,84598	−0,53321	1,58659	63,43400	0,01576	31,70912	31,72438	0,99951	237,78
20	−0,87158	−0,49026	1,77778	66,68633	0,01500	33,33567	33,35066	0,99955	240,64
25	−0,89499	−0,44609	2,00631	70,10541	0,01426	35,04557	35,05984	0,99959	243,51
30	−0,91617	−0,40080	2,28585	73,69979	0,01357	36,84311	36,85668	0,99963	246,37
35	−0,93505	−0,35451	2,63760	77,47846	0,01291	38,73278	38,74568	0,99967	249,24
40	−0,95160	−0,30733	3,09632	81,45087	0,01228	40,71930	40,73157	0,99970	252,10
45	−0,96577	−0,25939	3,72327	85,62694	0,01168	42,80763	42,81931	0,99973	254,97
4,50	−0,97753	−0,21080	4,63773	90,01713	0,01111	45,00301	45,01412	0,99975	257,83
55	−0,98684	−0,16168	6,10383	94,63241	0,01057	47,31092	47,32149	0,99978	260,69
60	−0,99369	−0,11215	8,86017	99,48432	0,01005	49,73713	49,74718	0,99980	263,56
65	−0,99805	−0,06235	16,00767	104,5850	0,00956	52,28771	52,29727	0,99982	266,43
70	−0,99992	−0,01239	+80,71277	109,9472	0,00910	54,96904	54,97813	0,99983	269,29
75	−0,99929	+0,03760	−26,57541	115,5843	0,00865	57,78782	57,79647	0,99985	272,16
80	−0,99616	0,08750	−11,38487	121,5104	0,00823	60,75109	60,75932	0,99986	275,02
85	−0,99055	0,13718	−7,22093	127,7404	0,00783	63,86628	63,87411	0,99988	277,88
90	−0,98245	0,18651	−5,26749	134,2898	0,00745	67,14117	67,14861	0,99989	280,75
95	−0,97190	0,23538	−4,12906	141,1750	0,00708	70,58394	70,59102	0,99990	283,61
5,00	−0,95892	0,28366	−3,38052	148,4132	0,00674	74,20321	74,20995	0,99991	286,48

Tabelle 1–5. (Fortsetzung)

x	$\sin x$	$\cos x$	$\tan x$	e^x	e^{-x}	$\sinh x$	$\cosh x$	$\tanh x$	x in Graden
5,00	−0,95892	0,28366	−3,38052	148,4132	0,00674	74,20321	74,20995	0,99991	286,48
10	−0,92581	0,37798	−2,44939	164,0219	0,00610	82,00791	82,01400	0,99993	292,21
20	−0,88345	0,46852	−1,88564	181,2722	0,00552	90,63336	90,63888	0,99994	297,94
30	−0,83227	0,55437	−1,50127	200,3368	0,00499	100,1659	100,1709	0,99995	303,67
40	−0,77276	0,63469	−1,21754	221,4064	0,00452	110,7010	110,7055	0,99996	309,40
50	−0,70554	0,70867	−0,99558	244,6919	0,00409	122,3439	122,3480	0,99997	315,13
60	−0,63127	0,77557	−0,81394	270,4264	0,00370	135,2114	135,2151	0,99997	320,87
70	−0,55069	0,83471	−0,65973	298,8674	0,00335	149,4320	149,4354	0,99998	326,60
80	−0,46460	0,88552	−0,52467	330,2996	0,00303	165,1483	165,1513	0,99998	332,32
90	−0,37388	0,92748	−0,40311	365,0375	0,00274	182,5174	182,5201	0,99998	338,05
6,00	−0,27942	0,96017	−0,29101	403,4288	0,00248	201,7132	201,7156	0,99999	343,77
10	−0,18216	0,98327	−0,18526	445,8578	0,00224	222,9278	222,9300	0,99999	349,50
20	−0,08309	0,99654	−0,08338	492,7490	0,00203	246,3735	246,3755	0,99999	355,23
30	+0,01681	0,99986	+0,01682	544,5719	0,00184	272,2850	272,2869	0,99999	360,96
40	0,11655	0,99318	0,11735	601,8450	0,00166	300,9217	300,9233	0,99999	366,69
50	0,21512	0,97659	0,22028	665,1416	0,00150	332,5701	332,5716	1,00000	372,42
60	0,31154	0,95023	0,32786	735,0952	0,00136	367,5469	367,5483	[1]	378,15
70	0,40485	0,91438	0,44276	812,4058	0,00123	406,2023	406,2035		383,88
80	0,49411	0,86940	0,56834	897,8473	0,00111	448,9231	448,9242		389,61
90	0,57844	0,81573	0,70911	992,2747	0,00101	496,1369	496,1379		395,34
7,00	0,65698	0,75390	0,87145	1096,633	0,00091	548,3161	548,3170		401,07
10	0,72896	0,68454	1,06489	1211,967	0,00083	605,9831	605,9839		406,80
20	0,79366	0,60835	1,30462	1339,431	0,00075	669,7150	669,7158		412,53
30	0,85044	0,52608	1,61656	1480,300	0,00068	740,1496	740,1503		418,26
40	0,89871	0,43855	2,04928	1635,984	0,00061	817,9919	817,9925		423,99
50	0,93800	0,34664	2,70601	1808,042	0,00055	904,0209	904,0215		429,72
60	0,96792	0,25126	3,85327	1998,196	0,00050	999,0977	999,0982		435,45
70	0,98817	0,15337	6,44287	2208,348	0,00045	1104,174	1104,174		441,18
80	0,99854	+0,05206	+18,50682	2440,602	0,00041	1220,301	[2]		446,91
90	0,99894	−0,04600	−21,71511	2697,282	0,00037	1348,641			452,64
8,00	0,98936	−0,14550	−6,79971	2980,958	0,00034	1490,479			458,37
10	0,96989	−0,24354	−3,98240	3294,468	0,00030	1647,234			464,10
20	0,94073	−0,33915	−2,77375	3640,950	0,00027	1820,475			469,83
30	0,90217	−0,43138	−2,09138	4023,872	0,00025	2011,936			475,56
40	0,85460	−0,51929	−1,64571	4447,067	0,00022	2223,533			481,28
50	0,79849	−0,60201	−1,32636	4914,769	0,00020	2457,384			487,01
60	0,73440	−0,67872	−1,08203	5431,660	0,00018	2715,830			492,74
70	0,66297	−0,74865	−0,88556	6002,912	0,00017	3001,456			498,47
80	0,58492	−0,81109	−0,72115	6634,244	0,00015	3317,122			504,20
90	0,50102	−0,86544	−0,57892	7331,974	0,00014	3665,987			509,93
9,00	0,41212	−0,91113	−0,45232	8103,084	0,00012	4051,542			515,66
10	0,31910	−0,94772	−0,33670	8955,293	0,00011	4477,646			521,39
20	0,22289	−0,97484	−0,22864	9897,129	0,00010	4948,564			527,12
30	0,12445	−0,99223	−0,12543	10938,02	0,00009	5469,010			532,85
40	+0,02478	−0,99969	−0,02478	12088,38	0,00008	6044,190			538,58
50	−0,07515	−0,99717	+0,07536	13359,73	0,00007	6679,863			544,31
60	−0,17433	−0,98469	0,17704	14764,78	0,00007	7382,391			550,04
70	−0,27176	−0,96236	0,28239	16317,61	0,00006	8158,804			555,77
80	−0,36648	−0,93043	0,39388	18033,74	0,00006	9016,872			561,40
90	−0,45754	−0,88919	0,51455	19930,37	0,00005	9965,185			567,23
10,00	−0,54402	−0,83907	0,64836	22026,47	0,00005	11013,23			572,96

[1] Im Rahmen der Tabellengenauigkeit ist $\tanh x = 1{,}00000$ für $x \gtrsim 6{,}50$.

[2] Im Rahmen der Tabellengenauigkeit ist $\cosh x = \sinh x$ für $x \gtrsim 7{,}70$.

Tabelle 1-6. Kreis-, Exponential- und Hyperbelfunktionen (Zusatztabelle) für die Argumentwerte $\pi/4$, $\pi/2$, $3\pi/4$, π, $5\pi/4$, $3\pi/2$, $7\pi/4$, 2π (Argument in Bogenmaß und Gradmaß)

x	$\sin x$	$\cos x$	$\tan x$	e^x	e^{-x}	$\sinh x$	$\cosh x$	$\tanh x$	x in Graden
$(1/4)\ \pi = 0{,}7854$	0,70711	0,70711	1	2,19328	0,45594	0,86867	1,32461	0,65579	45,00
$(1/2)\ \pi = 1{,}5708$	1,00000	0,00000	$\pm\infty$	4,81049	0,20788	2,30130	2,50918	0,91715	90,00
$(3/4)\ \pi = 2{,}3562$	0,70711	−0,70711	−1	10,55072	0,09478	5,22797	5,32275	0,98219	135,00
$\pi = 3{,}1416$	0,00000	−1,00000	0	23,14069	0,04321	11,54874	11,59195	0,99627	180,00
$(5/4)\ \pi = 3{,}9270$	−0,70711	−0,70711	1	50,75402	0,01970	25,36716	25,38686	0,99922	225,00
$(3/2)\ \pi = 4{,}7124$	−1,00000	0,00000	$\pm\infty$	111,3178	0,00898	55,65440	55,66338	0,99984	270,00
$(7/4)\ \pi = 5{,}4978$	−0,70711	0,70711	−1	244,1511	0,00410	122,0735	122,0776	0,99997	315,00
$2\pi = 6{,}2832$	0,00000	1,00000	0	535,4917	0,00187	267,7449	267,7468	0,99999	360,00

Tabelle 1-7. Kugelinhalte für die Durchmesser d = 1 bis 200

d	$\frac{\pi}{6} d^3$	d	$\frac{\pi}{6} d^3$	d	$\frac{\pi}{6} d^3$	d	$\frac{\pi}{6} d^3$	d	$\frac{\pi}{6} d^3$
1	0,523599	41	36086,95	81	278261,8	121	927587,2	161	2185125
2	4,188790	42	38792,39	82	288695,6	122	950775,8	162	2226094
3	14,13717	43	41629,77	83	299387,0	123	974347,7	163	2267574
4	33,51032	44	44602,24	84	310339,1	124	998305,9	164	2309565
5	65,44985	45	47712,94	85	321555,1	125	1022654	165	2352071
6	113,0973	46	50965,01	86	333038,2	126	1047394	166	2395096
7	179,5944	47	54361,60	87	344791,4	127	1072531	167	2438642
8	268,0826	48	57905,84	88	356817,9	128	1098066	168	2482713
9	381,7035	49	61600,87	89	369120,9	129	1124004	169	2527311
10	523,5988	**50**	65449,85	**90**	381703,5	**130**	1150347	**170**	2572441
11	696,9100	51	69455,91	91	394568,9	131	1177098	171	2618104
12	904,7787	52	73622,18	92	407720,1	132	1204260	172	2664305
13	1150,347	53	77951,81	93	421160,3	133	1231838	173	2711046
14	1436,755	54	82447,92	94	434892,8	134	1259833	174	2758331
15	1767,146	55	87113,75	95	448920,5	135	1288249	175	2806162
16	2144,660	56	91952,32	96	463246,7	136	1317090	176	2854543
17	2572,441	57	96966,83	97	477874,5	137	1346357	177	2903477
18	3053,628	58	102160,4	98	492807,0	138	1376055	178	2952967
19	3591,364	59	107536,2	99	508047,4	139	1406187	179	3003006
20	4188,790	**60**	113097,3	**100**	523598,8	**140**	1436755	**180**	3053628
21	4849,048	61	118847,0	101	539464,3	141	1467763	181	3104805
22	5575,280	62	124788,2	102	555647,2	142	1499214	182	3156551
23	6370,626	63	130924,3	103	572150,5	143	1531112	183	3208869
24	7238,229	64	137258,2	104	588977,4	144	1563457	184	3261761
25	8181,231	65	143793,3	105	606131,0	145	1596256	185	3315231
26	9202,772	66	150532,6	106	623614,5	146	1629511	186	3369282
27	10305,99	67	157479,1	107	641431,0	147	1663224	187	3423919
28	11494,04	68	164636,2	108	659583,7	148	1697398	188	3479142
29	12770,05	69	172006,9	109	678075,6	149	1732038	189	3534956
30	14137,17	**70**	179594,4	**110**	696910,0	**150**	1767146	**190**	3591364
31	15598,53	71	187401,8	111	716090,0	151	1802725	191	3648369
32	17157,28	72	195432,2	112	735618,6	152	1838778	192	3705973
33	18816,57	73	203688,8	113	755499,1	153	1875309	193	3764181
34	20579,53	74	212174,8	114	775734,6	154	1912321	194	3822996
35	22449,30	75	220893,2	115	796328,3	155	1949816	195	3882419
36	24429,02	76	229847,3	116	817283,2	156	1987799	196	3942456
37	26521,85	77	239040,1	117	838602,7	157	2026271	197	4003108
38	28730,91	78	248474,9	118	860289,5	158	2065237	198	4064379
39	31059,36	79	258154,6	119	882347,3	159	2104699	199	4126272
40	33510,32	**80**	268082,6	**120**	904778,7	**160**	2144660	**200**	4188790

Tabelle 1-8. Bogenlängen, Bogenhöhen, Sehnenlängen und Kreisabschnitte für den Radius 1

Zentri-winkel in Grad	Bogen-länge b	Bogen-höhe h	$\frac{b}{h}$	Sehnen-länge s	Inhalt des Kreis-abschn.	Zentri-winkel in Grad	Bogen-länge b	Bogen-höhe h	$\frac{b}{h}$	Sehnen-länge s	Inhalt des Kreis-abschn.
1	0,0175	0,0000	458,37	0,0175	0,00000	46	0,8029	0,0795	10,10	0,7815	0,04176
2	0,0349	0,0002	229,19	0,0349	0,00000	47	0,8203	0,0829	9,89	0,7975	0,04448
3	0,0524	0,0003	152,80	0,0524	0,00001	48	0,8378	0,0865	9,69	0,8135	0,04731
4	0,0698	0,0006	114,60	0,0698	0,00003	49	0,8552	0,0900	9,50	0,8294	0,05025
5	0,0873	0,0010	91,69	0,0872	0,00006	**50**	0,8727	0,0937	9,31	0,8452	0,05331
6	0,1047	0,0014	76,41	0,1047	0,00010	51	0,8901	0,0974	9,14	0,8610	0,05649
7	0,1222	0,0019	65,50	0,1221	0,00015	52	0,9076	0,1012	8,97	0,8767	0,05978
8	0,1396	0,0024	57,32	0,1395	0,00023	53	0,9250	0,1051	8,80	0,8924	0,06319
9	0,1571	0,0031	50,96	0,1569	0,00032	54	0,9425	0,1090	8,65	0,9080	0,06673
10	0,1745	0,0038	45,87	0,1743	0,00044	55	0,9599	0,1130	8,49	0,9235	0,07039
11	0,1920	0,0046	41,70	0,1917	0,00059	56	0,9774	0,1171	8,35	0,9389	0,07417
12	0,2094	0,0055	38,23	0,2091	0,00076	57	0,9948	0,1212	8,21	0,9543	0,07808
13	0,2269	0,0064	35,30	0,2264	0,00097	58	1,0123	0,1254	8,07	0,9696	0,08212
14	0,2443	0,0075	32,78	0,2437	0,00121	59	1,0297	0,1296	7,94	0,9848	0,08629
15	0,2618	0,0086	30,60	0,2611	0,00149	**60**	1,0472	0,1340	7,81	1,0000	0,09059
16	0,2793	0,0097	28,69	0,2783	0,00181	61	1,0647	0,1384	7,69	1,0151	0,09502
17	0,2967	0,0110	27,01	0,2956	0,00217	62	1,0821	0,1428	7,56	1,0301	0,09958
18	0,3142	0,0123	25,52	0,3129	0,00257	63	1,0996	0,1474	7,46	1,0450	0,10428
19	0,3316	0,0137	24,18	0,3301	0,00302	64	1,1170	0,1520	7,35	1,0598	0,10911
20	0,3491	0,0152	22,98	0,3473	0,00352	65	1,1345	0,1566	7,24	1,0746	0,11408
21	0,3665	0,0167	21,89	0,3645	0,00408	66	1,1519	0,1613	7,14	1,0893	0,11919
22	0,3840	0,0184	20,90	0,3816	0,00468	67	1,1694	0,1661	7,04	1,1039	0,12443
23	0,4014	0,0201	20,00	0,3987	0,00535	68	1,1868	0,1710	6,94	1,1184	0,12982
24	0,4189	0,0219	19,17	0,4158	0,00607	69	1,2043	0,1759	6,85	1,1328	0,13535
25	0,4363	0,0237	18,41	0,4329	0,00686	**70**	1,2217	0,1808	6,76	1,1472	0,14102
26	0,4538	0,0256	17,71	0,4499	0,00771	71	1,2392	0,1859	6,67	1,1614	0,14683
27	0,4712	0,0276	17,06	0,4669	0,00862	72	1,2566	0,1910	6,58	1,1756	0,15279
28	0,4887	0,0297	16,45	0,4838	0,00961	73	1,2741	0,1961	6,50	1,1896	0,15889
29	0,5061	0,0319	15,89	0,5008	0,01067	74	1,2915	0,2014	6,41	1,2036	0,16514
30	0,5236	0,0341	15,37	0,5176	0,01180	75	1,3090	0,2066	6,34	1,2175	0,17154
31	0,5411	0,0364	14,88	0,5345	0,01301	76	1,3265	0,2120	6,26	1,2313	0,17808
32	0,5585	0,0387	14,42	0,5513	0,01429	77	1,3439	0,2174	6,18	1,2450	0,18477
33	0,5760	0,0412	13,99	0,5680	0,01566	78	1,3614	0,2229	6,11	1,2586	0,19160
34	0,5934	0,0437	13,58	0,5847	0,01711	79	1,3788	0,2284	6,04	1,2722	0,19859
35	0,6109	0,0463	13,20	0,6014	0,01864	**80**	1,3963	0,2340	5,97	1,2856	0,20573
36	0,6283	0,0489	12,84	0,6180	0,02027	81	1,4137	0,2396	5,90	1,2989	0,21301
37	0,6458	0,0517	12,50	0,6346	0,02198	82	1,4312	0,2453	5,83	1,3121	0,22045
38	0,6632	0,0545	12,17	0,6511	0,02378	83	1,4486	0,2510	5,77	1,3252	0,22804
39	0,6807	0,0574	11,87	0,6676	0,02568	84	1,4661	0,2569	5,71	1,3383	0,23578
40	0,6981	0,0603	11,58	0,6840	0,02767	85	1,4835	0,2627	5,65	1,3512	0,24367
41	0,7156	0,0633	11,30	0,7004	0,02976	86	1,5010	0,2686	5,59	1,3640	0,25171
42	0,7330	0,0664	11,04	0,7167	0,03195	87	1,5184	0,2746	5,53	1,3767	0,25990
43	0,7505	0,0696	10,78	0,7330	0,03425	88	1,5359	0,2807	5,47	1,3893	0,26825
44	0,7679	0,0728	10,55	0,7492	0,03664	89	1,5533	0,2867	5,42	1,4018	0,27675
45	0,7854	0,0761	10,32	0,7654	0,03915	**90**	1,5708	0,2929	5,36	1,4142	0,28540

Bemerkung zu Tabelle 1–8. Zu einer gegebenen Bogenlänge b und Bogenhöhe h findet man den Radius r aus $r = b/b_0$, wo b_0 die Bogenlänge ist, die für den Radius 1 zu dem gegebenen b/h der Tabelle (Spalte 1) zu entnehmen ist. Ist r der Kreisradius und φ der Zentriwinkel in Grad, so ergibt sich die

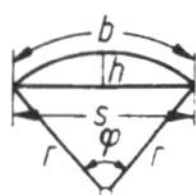

1. *Sehnenlänge* $s = 2\,r \sin \frac{\varphi}{2}$,

2. *Bogenhöhe* $h = r\left(1 - \cos\frac{\varphi}{2}\right) = \frac{s}{2}\tan\frac{\varphi}{4} = 2r\sin^2\frac{\varphi}{4}$,

3. *Bogenlänge* $b = \pi\,r\,\frac{\varphi^\circ}{180^\circ} = 0{,}017453\; r\varphi \approx \sqrt{s^2 + \frac{16}{3}h^2}$.

Tabelle 1–8. (Fortsetzung)

Zentriwinkel in Grad	Bogenlänge b	Bogenhöhe h	$\frac{b}{h}$	Sehnenlänge s	Inhalt des Kreisabschn.	Zentriwinkel in Grad	Bogenlänge b	Bogenhöhe h	$\frac{b}{h}$	Sehnenlänge s	Inhalt des Kreisabschn.
91	1,5882	0,2991	5,31	1,4265	0,29420	136	2,3736	0,6254	3,80	1,8544	0,83949
92	1,6057	0,3053	5,26	1,4387	0,30316	137	2,3911	0,6335	3,77	1,8608	0,85455
93	1,6232	0,3116	5,21	1,4507	0,31226	138	2,4086	0,6416	3,75	1,8672	0,86971
94	1,6406	0,3180	5,16	1,4627	0,32152	139	2,4260	0,6498	3,73	1,8733	0,88497
95	1,6581	0,3244	5,11	1,4746	0,33093	**140**	2,4435	0,6580	3,71	1,8794	0,90034
96	1,6755	0,3309	5,06	1,4863	0,34050	141	2,4609	0,6662	3,69	1,8853	0,91580
97	1,6930	0,3374	5,02	1,4979	0,35021	142	2,4784	0,6744	3,67	1,8910	0,93135
98	1,7104	0,3439	4,97	1,5094	0,36008	143	2,4958	0,6827	3,66	1,8966	0,94700
99	1,7279	0,3506	4,93	1,5208	0,37009	144	2,5133	0,6910	3,64	1,9021	0,96274
100	1,7453	0,3572	4,89	1,5321	0,38026	145	2,5307	0,6993	3,62	1,9074	0,97858
101	1,7628	0,3639	4,84	1,5432	0,39058	146	2,5482	0,7076	3,60	1,9126	0,99449
102	1,7802	0,3707	4,80	1,5543	0,40104	147	2,5656	0,7160	3,58	1,9176	1,01050
103	1,7977	0,3775	4,76	1,5652	0,41166	148	2,5831	0,7244	3,57	1,9225	1,02658
104	1,8151	0,3843	4,72	1,5760	0,42242	149	2,6005	0,7328	3,55	1,9273	1,04275
105	1,8326	0,3912	4,68	1,5867	0,43333	**150**	2,6180	0,7412	3,53	1,9319	1,05900
106	1,8500	0,3982	4,65	1,5973	0,44439	151	2,6354	0,7496	3,52	1,9363	1,07532
107	1,8675	0,4052	4,61	1,6077	0,45560	152	2,6529	0,7581	3,50	1,9406	1,09171
108	1,8850	0,4122	4,57	1,6180	0,46695	153	2,6704	0,7666	3,48	1,9447	1,10818
109	1,9024	0,4193	4,54	1,6282	0,47845	154	2,6878	0,7750	3,47	1,9487	1,12472
110	1,9199	0,4264	4,50	1,6383	0,49008	155	2,7053	0,7836	3,45	1,9526	1,14132
111	1,9373	0,4336	4,47	1,6483	0,50187	156	2,7227	0,7921	3,44	1,9563	1,15799
112	1,9548	0,4408	4,43	1,6581	0,51379	157	2,7402	0,8006	3,42	1,9598	1,17472
113	1,9722	0,4481	4,40	1,6678	0,52586	158	2,7576	0,8092	3,41	1,9633	1,19151
114	1,9897	0,4554	4,37	1,6773	0,53806	159	2,7751	0,8178	3,39	1,9665	1,20835
115	2,0071	0,4627	4,34	1,6868	0,55041	**160**	2,7925	0,8264	3,38	1,9696	1,22525
116	2,0246	0,4701	4,31	1,6961	0,56289	161	2,8100	0,8350	3,37	1,9726	1,24221
117	2,0420	0,4775	4,28	1,7053	0,57551	162	2,8274	0,8436	3,35	1,9754	1,25921
118	2,0595	0,4850	4,25	1,7143	0,58827	163	2,8449	0,8522	3,34	1,9780	1,27626
119	2,0769	0,4925	4,22	1,7233	0,60116	164	2,8623	0,8608	3,33	1,9805	1,29335
120	2,0944	0,5000	4,19	1,7321	0,61418	165	2,8798	0,8695	3,31	1,9829	1,31049
121	2,1118	0,5076	4,16	1,7407	0,62734	166	2,8972	0,8781	3,30	1,9851	1,32766
122	2,1293	0,5152	4,13	1,7492	0,64063	167	2,9147	0,8868	3,28	1,9871	1,34487
123	2,1468	0,5228	4,11	1,7576	0,65404	168	2,9322	0,8955	3,27	1,9890	1,36212
124	2,1642	0,5305	4,08	1,7659	0,66759	169	2,9496	0,9042	3,26	1,9908	1,37940
125	2,1817	0,5383	4,05	1,7740	0,68125	**170**	2,9671	0,9128	3,25	1,9924	1,39671
126	2,1991	0,5460	4,03	1,7820	0,69505	171	2,9845	0,9215	3,24	1,9938	1,41404
127	2,2166	0,5538	4,00	1,7899	0,70897	172	3,0020	0,9302	3,23	1,9951	1,43140
128	2,2340	0,5616	3,98	1,7976	0,72301	173	3,0194	0,9390	3,22	1,9963	1,44878
129	2,2515	0,5695	3,95	1,8052	0,73716	174	3,0369	0,9477	3,20	1,9973	1,46617
130	2,2689	0,5774	3,93	1,8126	0,75144	175	3,0543	0,9564	3,19	1,9981	1,48359
131	2,2864	0,5853	3,91	1,8199	0,76584	176	3,0718	0,9651	3,18	1,9988	1,50101
132	2,3038	0,5933	3,88	1,8271	0,78034	177	3,0892	0,9738	3,17	1,9993	1,51845
133	2,3213	0,6013	3,86	1,8341	0,79497	178	3,1067	0,9825	3,16	1,9997	1,53589
134	2,3387	0,6093	3,84	1,8410	0,80970	179	3,1241	0,9913	3,15	1,9999	1,55334
135	2,3562	0,6173	3,82	1,8478	0,82454	**180**	3,1416	1,0000	3,14	2,0000	1,57080

4. der Inhalt des Kreisabschnittes $= \frac{r^2}{2}\left(\frac{\pi}{180^\circ}\varphi^\circ - \sin\varphi\right)$,

5. der Inhalt des Kreisausschnittes $= \frac{\varphi^\circ}{360^\circ}\pi r^2 = 0{,}00872665\,\varphi r^2$,

6. $b = r$ entspricht $\varphi = 57^\circ\,17'\,44{,}806'' = 57{,}2957795^\circ = 206264{,}806''$,

7. $\operatorname{arc} 1^\circ = \pi/180 = 0{,}01745329252$, $\qquad \lg \operatorname{arc} 1^\circ = 0{,}2418773676 - 2$,

8. $\operatorname{arc} 1' = \pi/10800 = 0{,}00029088821$, $\qquad \lg \operatorname{arc} 1' = 0{,}4637261172 - 4$,

9. $\operatorname{arc} 1'' = \pi/648000 = 0{,}00000484814$, $\qquad \lg \operatorname{arc} 1'' = 0{,}6855748668 - 6$.

Tabelle 1-9. Länge der Kreisbogen für den Radius 1
1 Radiant [rad] = 57,29578 Grad [°]

Grad	0′	10′	20′	30′	40′	50′
0	0,000000	0,002909	0,005818	0,008727	0,011636	0,014544
1	0,017453	0,020362	0,023271	0,026180	0,029089	0,031998
2	0,034907	0,037815	0,040724	0,043633	0,046542	0,049451
3	0,052360	0,055269	0,058178	0,061087	0,063995	0,066904
4	0,069813	0,072722	0,075631	0,078540	0,081449	0,084358
5	0,087266	0,090175	0,093084	0,095993	0,098902	0,101811
6	0,104720	0,107629	0,110538	0,113446	0,116355	0,119264
7	0,122173	0,125082	0,127991	0,130900	0,133809	0,136717
8	0,139626	0,142535	0,145444	0,148353	0,151262	0,154171
9	0,157080	0,159989	0,162897	0,165806	0,168715	0,171624
10	0,174533	0,177442	0,180351	0,183260	0,186168	0,189077
11	0,191986	0,194895	0,197804	0,200713	0,203622	0,206531
12	0,209440	0,212348	0,215257	0,218166	0,221075	0,223984
13	0,226893	0,229802	0,232711	0,235619	0,238528	0,241437
14	0,244346	0,247255	0,250164	0,253073	0,255982	0,258891
15	0,261799	0,264708	0,267617	0,270526	0,273435	0,276344
16	0,279253	0,282162	0,285070	0,287979	0,290888	0,293797
17	0,296706	0,299615	0,302524	0,305433	0,308342	0,311250
18	0,314159	0,317068	0,319977	0,322886	0,325795	0,328704
19	0,331613	0,334521	0,337430	0,340339	0,343248	0,346157
20	0,349066	0,351975	0,354884	0,357792	0,360701	0,363610
21	0,366519	0,369428	0,372337	0,375246	0,378155	0,381064
22	0,383972	0,386881	0,389790	0,392699	0,395608	0,398517
23	0,401426	0,404335	0,407243	0,410152	0,413061	0,415970
24	0,418879	0,421788	0,424697	0,427606	0,430515	0,433423
25	0,436332	0,439241	0,442150	0,445059	0,447968	0,450877
26	0,453786	0,456694	0,459603	0,462512	0,465421	0,468330
27	0,471239	0,474148	0,477057	0,479966	0,482874	0,485783
28	0,488692	0,491601	0,494510	0,497419	0,500328	0,503237
29	0,506145	0,509054	0,511963	0,514872	0,517781	0,520690
30	0,523599	0,526508	0,529417	0,532325	0,535234	0,538143
31	0,541052	0,543961	0,546870	0,549779	0,552688	0,555596
32	0,558505	0,561414	0,564323	0,567232	0,570141	0,573050
33	0,575959	0,578868	0,581776	0,584685	0,587594	0,590503
34	0,593412	0,596321	0,599230	0,602139	0,605047	0,607956
35	0,610865	0,613774	0,616683	0,619592	0,622501	0,625410
36	0,628319	0,631227	0,634136	0,637045	0,639954	0,642863
37	0,645772	0,648681	0,651590	0,654498	0,657407	0,660316
38	0,663225	0,666134	0,669043	0,671952	0,674861	0,677770
39	0,680678	0,683587	0,686496	0,689405	0,692314	0,695223
40	0,698132	0,701041	0,703949	0,706858	0,709767	0,712676
41	0,715585	0,718494	0,721403	0,724312	0,727221	0,730129
42	0,733038	0,735947	0,738856	0,741765	0,744674	0,747583
43	0,750492	0,753400	0,756309	0,759218	0,762127	0,765036
44	0,767945	0,770854	0,773763	0,776672	0,779580	0,782489
	0′	10′	20′	30′	40′	50′

′	10^6 arc
1	291
2	582
3	873
4	1164
5	1454
6	1745
7	2036
8	2327
9	2618

″	10^6 arc
1	5
2	10
3	15
4	19
5	24
6	29
7	34
8	39
9	44
10	48
11	53
12	58
13	63
14	68
15	73
16	78
17	82
18	87
19	92
20	97
21	102
22	107
23	112
24	116
25	121
26	126
27	131
28	136
29	141
30	145

Tabelle 1–9. (Fortsetzung)

Grad	0′	10′	20′	30′	40′	50′
45	0,785398	0,788307	0,791216	0,794125	0,797034	0,799943
46	0,802851	0,805760	0,808669	0,811578	0,814487	0,817396
47	0,820305	0,823214	0,826123	0,829031	0,831940	0,834849
48	0,837758	0,840667	0,843576	0,846485	0,849394	0,852302
49	0,855211	0,858120	0,861029	0,863938	0,866847	0,869756
50	0,872665	0,875574	0,878482	0,881391	0,884300	0,887209
51	0,890118	0,893027	0,895936	0,898845	0,901753	0,904662
52	0,907571	0,910480	0,913389	0,916298	0,919207	0,922116
53	0,925025	0,927933	0,930842	0,933751	0,936660	0,939569
54	0,942478	0,945387	0,948296	0,951204	0,954113	0,957022
55	0,959931	0,962840	0,965749	0,968658	0,971567	0,974475
56	0,977384	0,980293	0,983202	0,986111	0,989020	0,991929
57	0,994838	0,997747	1,000655	1,003564	1,006473	1,009382
58	1,012291	1,015200	1,018109	1,021018	1,023926	1,026835
59	1,029744	1,032653	1,035562	1,038471	1,041380	1,044289
60	1,047198	1,050106	1,053015	1,055924	1,058833	1,061742
61	1,064651	1,067560	1,070469	1,073377	1,076286	1,079195
62	1,082104	1,085013	1,087922	1,090831	1,093740	1,096649
63	1,099557	1,102466	1,105375	1,108284	1,111193	1,114102
64	1,117011	1,119920	1,122828	1,125737	1,128646	1,131555
65	1,134464	1,137373	1,140282	1,143191	1,146100	1,149008
66	1,151917	1,154826	1,157735	1,160644	1,163553	1,166462
67	1,169371	1,172279	1,175188	1,178097	1,181006	1,183915
68	1,186824	1,189733	1,192642	1,195551	1,198459	1,201368
69	1,204277	1,207186	1,210095	1,213004	1,215913	1,218822
70	1,221730	1,224639	1,227548	1,230457	1,233366	1,236275
71	1,239184	1,242093	1,245002	1,247910	1,250819	1,253728
72	1,256637	1,259546	1,262455	1,265364	1,268273	1,271181
73	1,274090	1,276999	1,279908	1,282817	1,285726	1,288635
74	1,291544	1,294453	1,297361	1,300270	1,303179	1,306088
75	1,308997	1,311906	1,314815	1,317724	1,320632	1,323541
76	1,326450	1,329359	1,332268	1,335177	1,338086	1,340995
77	1,343904	1,346812	1,349721	1,352630	1,355539	1,358448
78	1,361357	1,364266	1,367175	1,370083	1,372992	1,375901
79	1,378810	1,381719	1,384628	1,387537	1,390446	1,393355
80	1,396263	1,399172	1,402081	1,404990	1,407899	1,410808
81	1,413717	1,416626	1,419534	1,422443	1,425352	1,428261
82	1,431170	1,434079	1,436988	1,439897	1,442806	1,445714
83	1,448623	1,451532	1,454441	1,457350	1,460259	1,463168
84	1,466077	1,468985	1,471894	1,474803	1,477712	1,480621
85	1,483530	1,486439	1,489348	1,492257	1,495165	1,498074
86	1,500983	1,503892	1,506801	1,509710	1,512619	1,515528
87	1,518436	1,521345	1,524254	1,527163	1,530072	1,532981
88	1,535890	1,538799	1,541708	1,544616	1,547525	1,550434
89	1,553343	1,556252	1,559161	1,562070	1,564979	1,567887
	0′	10′	20′	30′	40′	50′

′	10^6 arc
1	291
2	582
3	873
4	1164
5	1454
6	1745
7	2036
8	2327
9	2618

″	10^8 arc
30	145
31	150
32	155
33	160
34	165
35	170
36	175
37	179
38	184
39	189
40	194
41	199
42	204
43	208
44	213
45	218
46	223
47	228
48	233
49	238
50	242
51	247
52	252
53	257
54	262
55	267
56	271
57	276
58	281
59	286

Tabelle 1–9. (Fortsetzung)

Grad	0′	10′	20′	30′	40′	50′
90	1,570796	1,573705	1,576614	1,579523	1,582432	1,585341
91	1,588250	1,591159	1,594057	1,596976	1,599885	1,602794
92	1,605703	1,608612	1,611521	1,614430	1,617338	1,620247
93	1,623156	1,626065	1,628974	1,631883	1,634792	1,637701
94	1,640609	1,643518	1,646427	1,649336	1,652245	1,655154
95	1,658063	1,660972	1,663881	1,666789	1,669698	1,672607
96	1,675516	1,678425	1,681334	1,684243	1,687152	1,690060
97	1,692969	1,695878	1,698787	1,701696	1,704605	1,707514
98	1,710423	1,713332	1,716240	1,719149	1,722058	1,724967
99	1,727876	1,730785	1,733694	1,736603	1,739511	1,742420
100	1,745329	1,748238	1,751147	1,754056	1,756965	1,759874
101	1,762783	1,765691	1,768600	1,771509	1,774418	1,777327
102	1,780236	1,783145	1,786054	1,788962	1,791871	1,794780
103	1,797689	1,800598	1,803507	1,806416	1,809325	1,812234
104	1,815142	1,818051	1,820960	1,823869	1,826778	1,829687
105	1,832596	1,835505	1,838413	1,841322	1,844231	1,847140
106	1,850049	1,852958	1,855867	1,858776	1,861685	1,864593
107	1,867502	1,870411	1,873320	1,876229	1,879138	1,882047
108	1,884956	1,887864	1,890773	1,893682	1,896591	1,899500
109	1,902409	1,905318	1,908227	1,911136	1,914044	1,916953
110	1,919862	1,922771	1,925680	1,928589	1,931498	1,934407
111	1,937315	1,940224	1,943133	1,946042	1,948951	1,951860
112	1,954769	1,957678	1,960587	1,963495	1,966404	1,969313
113	1,972222	1,975131	1,978040	1,980949	1,983858	1,986766
114	1,989675	1,992584	1,995493	1,998402	2,001311	2,004220
115	2,007129	2,010038	2,012946	2,015855	2,018764	2,021673
116	2,024582	2,027491	2,030400	2,033309	2,036217	2,039126
117	2,042035	2,044944	2,047853	2,050762	2,053671	2,056580
118	2,059489	2,062397	2,065306	2,068215	2,071124	2,074033
119	2,076942	2,079851	2,082760	2,085668	2,088577	2,091486
120	2,094395	2,097304	2,100213	2,103122	2,106031	2,108940
121	2,111848	2,114757	2,117666	2,120575	2,123484	2,126393
122	2,129302	2,132211	2,135119	2,138028	2,140937	2,143846
123	2,146755	2,149664	2,152573	2,155482	2,158391	2,161299
124	2,164208	2,167117	2,170026	2,172935	2,175844	2,178753
125	2,181662	2,184570	2,187479	2,190388	2,193297	2,196206
126	2,199115	2,202024	2,204933	2,207842	2,210750	2,213659
127	2,216568	2,219477	2,222386	2,225295	2,228204	2,231113
128	2,234021	2,236930	2,239839	2,242748	2,245657	2,248566
129	2,251475	2,254384	2,257292	2,260201	2,263110	2,266019
130	2,268928	2,271837	2,274746	2,277655	2,280564	2,283472
131	2,286381	2,289290	2,292199	2,295108	2,298017	2,300926
132	2,303835	2,306743	2,309652	2,312561	2,315470	2,318379
133	2,321288	2,324197	1,327106	2,330015	2,332923	2,335832
134	2,338741	2,341650	1,344559	2,347468	2,350377	2,353286
	0′	10′	20′	30′	40′	50′

′	10^6 arc
1	291
2	582
3	873
4	1164
5	1454
6	1745
7	2036
8	2327
9	2618

″	10^6 arc
1	5
2	10
3	15
4	19
5	24
6	29
7	34
8	39
9	44
10	48
11	53
12	58
13	63
14	68
15	73
16	78
17	82
18	87
19	92
20	97
21	102
22	107
23	112
24	116
25	121
26	126
27	131
28	136
29	141
30	145

Tabelle 1–9. (Fortsetzung)

Grad	0′	10′	20′	30′	40′	50′
135	2,356194	2,359103	2,362012	2,364921	2,367830	2,370739
136	2,373648	2,376557	2,379466	2,382374	2,385283	2,388192
137	2,391101	2,394010	2,396919	2,399828	2,402737	2,405645
138	2,408554	2,411463	2,414372	2,417281	2,420190	2,423099
139	2,426008	2,428917	2,431825	2,434734	2,437643	2,440552
140	2,443461	2,446370	2,449279	2,452188	2,455096	2,458005
141	2,460914	2,463823	2,466732	2,469641	2,472550	2,475459
142	2,478368	2,481276	2,484185	2,487094	2,490003	2,492912
143	2,495821	2,498730	2,501639	2,504547	2,507456	2,510365
144	2,513274	2,516183	2,519092	2,522001	2,524910	2,527819
145	2,530727	2,533636	2,536545	2,539454	2,542363	2,545272
146	2,548181	2,551090	2,553998	2,556907	2,559816	2,562725
147	2,565634	2,568543	2,571452	2,574361	2,577270	2,580178
148	2,583087	2,585996	2,588905	2,591814	2,594723	2,597632
149	2,600541	2,603449	2,606358	2,609267	2,612176	2,615085
150	2,617994	2,620903	2,623812	2,626721	2,629629	2,632538
151	2,635447	2,638356	2,641265	2,644174	2,647083	2,649992
152	2,652900	2,655809	2,658718	2,661627	2,664536	2,667445
153	2,670354	2,673263	2,676172	2,679080	2,681989	2,684898
154	2,687807	2,690716	2,693625	2,696534	2,699443	2,702351
155	2,705260	2,708169	2,711078	2,713987	2,716896	2,719805
156	2,722714	2,725623	2,728531	2,731440	2,734349	2,737258
157	2,740167	2,743076	2,745985	2,748894	2,751802	2,754711
158	2,757620	2,760529	2,763438	2,766347	2,769256	2,772165
159	2,775074	2,777982	2,780891	2,783800	2,786709	2,789618
160	2,792527	2,795436	2,798345	2,801253	2,804162	2,807071
161	2,809980	2,812889	2,815798	2,818707	2,821616	2,824525
162	2,827433	2,830342	2,833251	2,836160	2,839069	2,841978
163	2,844887	2,847796	2,850704	2,853613	2,856522	2,859431
164	2,862340	2,865249	2,868158	2,871067	2,873976	2,876884
165	2,879793	2,882702	2,885611	2,888520	2,891429	2,894338
166	2,897247	2,900155	2,903064	2,905973	2,908882	2,911791
167	2,914700	2,917609	2,920518	2,923426	2,926335	2,929244
168	2,932153	2,935062	2,937971	2,940880	2,943789	2,946698
169	2,949606	2,952515	2,955424	2,958333	2,961242	2,964151
170	2,967060	2,969969	2,972877	2,975786	2,978695	2,981604
171	2,984513	2,987422	2,990331	2,993240	2,996149	2,999057
172	3,001966	3,004875	3,007784	3,010693	3,013602	3,016511
173	3,019420	3,022328	3,025237	3,028146	3,031055	3,033964
174	3,036873	3,039782	3,042691	3,045600	3,048508	3,051417
175	3,054326	3,057235	3,060144	3,063053	3,065962	3,068871
176	3,071779	3,074688	3,077597	3,080506	3,083415	3,086324
177	3,089233	3,092142	3,095051	3.097959	3,100868	3,103777
178	3,106686	3,109595	3,112504	3,115413	3,118322	3,121230
179	3,124139	3,127048	3,129957	3,132866	3,135775	3,138684
180	3,141593	—	—	—	—	—
	0′	10′	20′	30′	40′	50′

′	10^6 arc
1	291
2	582
3	873
4	1164
5	1454
6	1745
7	2036
8	2327
9	2618

″	10^6 arc
30	145
31	150
32	155
33	160
34	165
35	170
36	175
37	179
38	184
39	189
40	194
41	199
42	204
43	208
44	213
45	218
46	223
47	228
48	233
49	238
50	242
51	247
52	252
53	257
54	262
55	267
56	271
57	276
58	281
59	286

Tabelle 1-10. Elliptisches Integral I. Gattung $F(\varphi, k)$, $k = \sin\alpha$

$$F(\varphi, k) = \int_0^{\varphi} d\psi / \sqrt{1 - k^2 \sin^2 \psi}, \quad \text{(vgl. 4.4.7.10)}$$

φ \ α	0	5	10	15	20	25	30	35	40	45
k	0	0,0872	0,1737	0,2588	0,3420	0,4226	0,5000	0,5736	0,6428	0,7071
0	0	0	0	0	0	0	0	0	0	0
5	0,0873	0,0873	0,0873	0,0873	0,0873	0,0873	0,0873	0,0873	0,0873	0,0873
10	0,1745	0,1745	0,1746	0,1746	0,1746	0,1747	0,1748	0,1748	0,1749	0,1750
15	0,2618	0,2618	0,2619	0,2620	0,2622	0,2623	0,2625	0,2628	0,2630	0,2633
20	0,3491	0,3491	0,3493	0,3495	0,3499	0,3503	0,3508	0,3514	0,3520	0,3526
25	0,4363	0,4364	0,4367	0,4372	0,4379	0,4388	0,4397	0,4408	0,4420	0,4433
30	0,5236	0,5238	0,5243	0,5251	0,5263	0,5277	0,5294	0,5313	0,5334	0,5356
35	0,6109	0,6111	0,6119	0,6133	0,6151	0,6173	0,6200	0,6231	0,6264	0,6300
40	0,6981	0,6985	0,6997	0,7016	0,7043	0,7077	0,7117	0,7162	0 7213	0,7267
45	0,7854	0,7859	0,7876	0,7903	0,7940	0,7987	0,8044	0,8109	0,8182	0,8260
50	0,8727	0,8734	0,8756	0,8792	0,8842	0,8905	0,8983	0,9072	0,9173	0,9283
55	0,9599	0,9609	0,9637	0,9683	0,9748	0,9832	0,9933	1,0052	1,0187	1,0337
60	1,0472	1,0484	1,0519	1,0577	1,0660	1,0766	1,0896	1,1049	1,1226	1,1424
65	1,1345	1,1359	1,1402	1,1474	1,1576	1,1707	1,1869	1,2063	1,2288	1,2545
70	1,2217	1,2235	1,2286	1,2373	1,2495	1,2655	1,2853	1,3092	1,3372	1,3697
75	1,3090	1,3110	1,3171	1,3273	1,3418	1,3608	1,3846	1,4134	1,4477	1,4879
80	1,3963	1,3986	1,4057	1,4175	1,4344	1,4566	1,4846	1,5187	1,5597	1,6085
85	1,4835	1,4862	1,4942	1,5078	1,5272	1,5527	1,5850	1,6248	1,6730	1,7308
90	1,5708	1,5738	1,5828	1,5981	1,6200	1,6490	1,6858	1,7313	1,7868	1,8541

φ \ α	50	55	60	65	70	75	80	85	90
k	0,7660	0,8192	0,8660	0,9063	0,9397	0,9659	0,9848	0,9962	1,0000
0	0	0	0	0	0	0	0	0	0
5	0,0873	0,0873	0,0874	0,0874	0,0874	0,0874	0,0874	0,0874	0,0874
10	0,1751	0,1751	0,1752	0,1753	0,1753	0,1754	0,1754	0,1754	0,1754
15	0,2636	0,2638	0,2641	0,2643	0,2645	0,2646	0,2648	0,2648	0,2648
20	0,3533	0,3539	0,3545	0,3550	0,3555	0,3559	0,3562	0,3563	0,3564
25	0,4446	0,4458	0,4470	0,4481	0,4490	0,4498	0,4504	0,4508	0,4509
30	0,5379	0,5401	0,5422	0,5442	0,5459	0,5474	0,5484	0,5491	0,5493
35	0,6336	0,6373	0,6409	0,6442	0,6471	0,6495	0,6513	0,6525	0,6528
40	0,7323	0,7380	0,7436	0,7488	0,7535	0,7575	0,7604	0,7623	0,7629
45	0,8343	0,8428	0,8512	0,8593	0,8665	0,8727	0,8774	0,8804	0,8814
50	0,9401	0,9523	0,9647	0,9766	0,9876	0,9971	1,0044	1,0091	1,0107
55	1,0500	1,0672	1,0848	1,1022	1,1187	1,1331	1,1444	1,1517	1,1542
60	1,1643	1,1879	1,2125	1,2376	1,2619	1,2837	1,3014	1,3129	1,3170
65	1,2833	1,3149	1,3489	1,3844	1,4199	1,4532	1,4810	1,4998	1,5065
70	1,4068	1,4484	1,4944	1,5441	1,5959	1,6468	1,6918	1,7237	1,7354
75	1,5346	1,5882	1,6492	1,7176	1,7927	1,8715	1,9468	2,0050	2,0276
80	1,6660	1,7335	1,8125	1,9048	2,0119	2,1339	2,2653	2,3837	2,4362
85	1,8001	1,8830	1,9826	2,1035	2,2518	2,4366	2,6694	2,9487	3,1313
90	1,9356	2,0347	2,1565	2,3088	2,5046	2,7681	3,1534	3,8317	∞

Tabelle 1-11. Elliptisches Integral II. Gattung $E(\varphi, k)$, $k = \sin\alpha$

$$E(\varphi, k) = \int_0^{\varphi} \sqrt{1 - k^2 \sin^2\psi}\, d\psi, \quad \text{(vgl. 4.4.7.10)}$$

α	0	5	10	15	20	25	30	35	40	45
φ \ k	0	0,0872	0,1737	0,2588	0,3420	0,4226	0,5000	0,5736	0,6428	0,7071
0	0	0	0	0	0	0	0	0	0	0
5	0,0873	0,0873	0,0873	0,0873	0,0873	0,0873	0,0872	0,0872	0,0872	0,0872
10	0,1745	0,1745	0,1745	0,1745	0,1744	0,1744	0,1743	0,1743	0,1742	0,1741
15	0,2618	0,2618	0,2617	0,2616	0,2615	0,2613	0,2611	0,2608	0,2606	0,2603
20	0,3491	0,3490	0,3489	0,3486	0,3483	0,3478	0,3473	0,3468	0,3462	0,3456
25	0,4363	0,4362	0,4359	0,4354	0,4348	0,4339	0,4330	0,4319	0,4308	0,4296
30	0,5236	0,5234	0,5229	0,5221	0,5209	0,5195	0,5179	0,5161	0,5141	0,5121
35	0,6109	0,6106	0,6098	0,6085	0,6067	0,6045	0,6019	0,5991	0,5960	0,5928
40	0,6981	0,6977	0,6966	0,6947	0,6921	0,6888	0,6851	0,6808	0,6763	0,6715
45	0,7854	0,7849	0,7832	0,7806	0,7770	0,7725	0,7672	0,7613	0,7549	0,7482
50	0,8727	0,8719	0,8698	0,8663	0,8614	0,8554	0,8483	0,8404	0,8317	0,8227
55	0,9599	0,9590	0,9562	0,9517	0,9454	0,9376	0,9284	0,9181	0,9068	0,8949
60	1,0472	1,0460	1,0426	1,0368	1,0290	1,0192	1,0076	0,9945	0,9801	0,9650
65	1,1345	1,1330	1,1288	1,1218	1,1121	1,1001	1,0858	1,0696	1,0518	1,0329
70	1,2217	1,2200	1,2149	1,2065	1,1949	1,1804	1,1632	1,1436	1,1221	1,0990
75	1,3090	1,3070	1,3010	1,2911	1,2774	1,2603	1,2399	1,2167	1,1910	1,1635
80	1,3963	1,3939	1,3870	1,3755	1,3597	1,3398	1,3161	1,2890	1,2590	1,2266
85	1,4835	1,4809	1,4729	1,4599	1,4418	1,4190	1,3919	1,3608	1,3262	1,2889
90	1,5708	1,5678	1,5589	1,5442	1,5238	1,4981	1,4675	1,4323	1,3931	1,3506

α	50	55	60	65	70	75	80	85	90
φ \ k	0,7660	0,8192	0,8660	0,9063	0,9397	0,9659	0,9848	0,9962	1,000
0	0	0	0	0	0	0	0	0	0
5	0,0872	0,0872	0,0872	0,0872	0,0872	0,0872	0,0872	0,0872	0,0872
10	0,1740	0,1739	0,1739	0,1738	0,1738	0,1737	0,1737	0,1737	0,1737
15	0,2601	0,2598	0,2596	0,2594	0,2592	0,2590	0,2589	0,2588	0,2588
20	0,3450	0,3444	0,3438	0,3433	0,3429	0,3425	0,3422	0,3421	0,3420
25	0,4284	0,4272	0,4261	0,4251	0,4243	0,4236	0,4230	0,4227	0,4226
30	0,5100	0,5080	0,5061	0,5044	0,5029	0,5017	0,5007	0,5002	0,5000
35	0,5895	0,5863	0,5833	0,5806	0,5782	0,5762	0,5748	0,5739	0,5736
40	0,6667	0,6620	0,6575	0,6533	0,6497	0,6468	0,6446	0,6432	0,6428
45	0,7414	0,7347	0,7282	0,7223	0,7172	0,7129	0,7097	0,7078	0,7071
50	0,8134	0,8042	0,7954	0,7872	0,7801	0,7741	0,7697	0,7670	0,7660
55	0,8827	0,8705	0,8588	0,8479	0,8382	0,8302	0,8242	0,8204	0,8192
60	0,9493	0,9336	0,9184	0,9042	0,8914	0,8808	0,8728	0,8677	0,8660
65	1,0133	0,9936	0,9743	0,9561	0,9397	0,9258	0,9152	0,9086	0,9063
70	1,0750	1,0506	1,0266	1,0038	0,9830	0,9652	0,9514	0,9427	0,9397
75	1,1346	1,1051	1,0759	1,0477	1,0217	0,9992	0,9814	0,9699	0,9659
80	1,1926	1,1576	1,1225	1,0884	1,0565	1,0282	1,0054	0,9902	0,9848
85	1,2493	1,2085	1,1673	1,1267	1,0883	1,0534	1,0244	1,0039	0,9962
90	1,3055	1,2587	1,2111	1,1638	1,1184	1,0764	1,0401	1,0127	1,0000

Tabelle 1-12. Vollständige elliptische Integrale

$$\mathsf{K}(k) = \int_0^{\pi/2} \mathrm{d}\psi/\sqrt{1 - k^2 \sin^2\psi}, \qquad \mathsf{E}(k) = \int_0^{\pi/2} \sqrt{1 - k^2 \sin^2\psi}\, \mathrm{d}\psi,$$

$$k' = \sqrt{1 - k^2}, \quad k^2 + k'^2 = 1, \quad \mathsf{K}' = \mathsf{K}(k'), \quad \mathsf{E}' = \mathsf{E}(k'), \quad \text{(vgl. 4.4.7.10)}$$

k^2	K	E	E′	K′	k'^2
0,00	1,5708	1,5708	1,0000	∞	1,00
0,01	1,5747	1,5669	1,0160	3,6956	0,99
0,02	1,5787	1,5629	1,0286	3,3541	0,98
0,03	1,5828	1,5589	1,0399	3,1559	0,97
0,04	1,5869	1,5550	1,0505	3,0161	0,96
0,05	1,5910	1,5510	1,0605	2,9083	0,95
0,06	1,5952	1,5470	1,0700	2,8208	0,94
0,07	1,5994	1,5429	1,0791	2,7471	0,93
0,08	1,6037	1,5389	1,0879	2,6836	0,92
0,09	1,6080	1,5348	1,0965	2,6278	0,91
0,10	1,6124	1,5308	1,1048	2,5781	0,90
0,11	1,6169	1,5267	1,1129	2,5333	0,89
0,12	1,6214	1,5226	1,1207	2,4926	0,88
0,13	1,6260	1,5184	1,1285	2,4553	0,87
0,14	1,6306	1,5143	1,1360	2,4209	0,86
0,15	1,6353	1,5101	1,1434	2,3890	0,85
0,16	1,6400	1,5059	1,1507	2,3593	0,84
0,17	1,6448	1,5017	1,1578	2,3314	0,83
0,18	1,6497	1,4975	1,1648	2,3052	0,82
0,19	1,6546	1,4933	1,1717	2,2805	0,81
0,20	1,6596	1,4890	1,1785	2,2572	0,80
0,21	1,6647	1,4848	1,1852	2,2351	0,79
0,22	1,6699	1,4805	1,1918	2,2140	0,78
0,23	1,6751	1,4762	1,1983	2,1940	0,77
0,24	1,6804	1,4718	1,2047	2,1748	0,76
0,25	1,6858	1,4675	1,2111	2,1565	0,75
0,26	1,6912	1,4631	1,2173	2,1390	0,74
0,27	1,6967	1,4587	1,2235	2,1221	0,73
0,28	1,7024	1,4543	1,2296	2,1059	0,72
0,29	1,7081	1,4498	1,2357	2,0904	0,71
0,30	1,7139	1,4454	1,2417	2,0754	0,70
0,31	1,7198	1,4409	1,2476	2,0609	0,69
0,32	1,7258	1,4364	1,2535	2,0469	0,68
0,33	1,7319	1,4318	1,2593	2,0334	0,67
0,34	1,7381	1,4273	1,2650	2,0203	0,66
0,35	1,7444	1,4227	1,2707	2,0076	0,65
0,36	1,7508	1,4181	1,2763	1,9953	0,64
0,37	1,7573	1,4135	1,2819	1,9834	0,63
0,38	1,7639	1,4088	1,2875	1,9718	0,62
0,39	1,7706	1,4041	1,2930	1,9605	0,61
0,40	1,7775	1,3994	1,2984	1,9496	0,60
0,41	1,7845	1,3947	1,3038	1,9389	0,59
0,42	1,7917	1,3899	1,3092	1,9285	0,58
0,43	1,7989	1,3851	1,3145	1,9184	0,57
0,44	1,8063	1,3803	1,3198	1,9085	0,56
0,45	1,8139	1,3754	1,3250	1,8989	0,55
0,46	1,8216	1,3705	1,3302	1,8895	0,54
0,47	1,8295	1,3656	1,3354	1,8804	0,53
0,48	1,8375	1,3606	1,3405	1,8714	0,52
0,49	1,8457	1,3557	1,3456	1,8626	0,51
0,50	1,8541	1,3506	1,3506	1,8541	0,50

Tabelle 1-13. Binomialkoeffizienten $\binom{n}{1}$ bis $\binom{n}{15}$

n	$\binom{n}{0}$	$\binom{n}{1}$	$\binom{n}{2}$	$\binom{n}{3}$	$\binom{n}{4}$	$\binom{n}{5}$	$\binom{n}{6}$	$\binom{n}{7}$	$\binom{n}{8}$	$\binom{n}{9}$	$\binom{n}{10}$	$\binom{n}{11}$	$\binom{n}{12}$	$\binom{n}{13}$	$\binom{n}{14}$	$\binom{n}{15}$
1	1	1														
2	1	2	1													
3	1	3	3	1												
4	1	4	6	4	1											
5	1	5	10	10	5	1										
6	1	6	15	20	15	6	1									
7	1	7	21	35	35	21	7	1								
8	1	8	28	56	70	56	28	8	1							
9	1	9	36	84	126	126	84	36	9	1						
10	1	10	45	120	210	252	210	120	45	10	1					
11	1	11	55	165	330	462	462	330	165	55	11	1				
12	1	12	66	220	495	792	924	792	495	220	66	12	1			
13	1	13	78	286	715	1287	1716	1716	1287	715	286	78	13	1		
14	1	14	91	364	1001	2002	3003	3432	3003	2002	1001	364	91	14	1	
15	1	15	105	455	1365	3003	5005	6435	6435	5005	3003	1365	455	105	15	1

Tabelle 1-14. Quadrat- und Kubikwurzeln einiger Brüche

x	$\sqrt{x}$	$\sqrt[3]{x}$	x	$\sqrt{x}$	$\sqrt[3]{x}$	x	$\sqrt{x}$	$\sqrt[3]{x}$	x	$\sqrt{x}$	$\sqrt[3]{x}$
$1/3$	0,57735	0,69336	$1/7$	0,37796	0,52276	$1/8$	0,35355	0,50000	$4/9$	0,66667	0,76314
$2/3$	0,81650	0,87358	$2/7$	0,53452	0,65863	$3/8$	0,61237	0,72112	$5/9$	0,74536	0,82207
$1/4$	0,50000	0,62996	$3/7$	0,65465	0,75395	$5/8$	0,79057	0,85499	$7/9$	0,88192	0,91964
$3/4$	0,86603	0,90856	$4/7$	0,75593	0,82983	$7/8$	0,93541	0,95647	$1/12$	0,28868	0,43679
$1/6$	0,40825	0,55032	$5/7$	0,84515	0,89320	$1/9$	0,33333	0,48075	$5/12$	0,64550	0,74690
$5/6$	0,91287	0,94104	$6/7$	0,92582	0,94991	$2/9$	0,47140	0,60571	$7/12$	0,76376	0,83555

Tabelle 1-15. Wichtige Zahlenwerte[1])

e = 2,718 281 828 5; π = 3,141 592 653 6

x		lg x	x		lg x	x		lg x
π	3,1415927	0,49715	$4\pi^2$	39,478418	1,59636	$1/M$	2,302585	0,36222
$\pi/2$	1,5707963	0,19612	$\pi^2/4$	2,4674011	0,39224	g	9,81	0,99167
$\pi/3$	1,0471976	0,02003	$\pi\sqrt{2}$	4,4428829	0,64766	g^2	96,2361	1,98334
$\pi/4$	0,7853982	0,89509 − 1	$\pi/\sqrt{2}$	2,221442	0,34663	$\sqrt{g}$	3,1320919	0,49583
π^2	9,8696044	0,99430	$\sqrt{2\pi}$	2,506628	0,39909	$1/2g$	0,050968	0,70730 − 2
π^3	31,006277	1,49145	$\sqrt{\pi/2}$	1,253314	0,09806	$\sqrt{2g}$	4,429447	0,64635
π^4	97,409091	1,98860	$\sqrt{2/\pi}$	0,797885	0,90194 − 1	$\pi\sqrt{g}$	9,839757	0,99298
π^5	306,01968	2,48575	$\sqrt{3/\pi}$	0,977205	0,98998 − 1	$\pi\sqrt{2g}$	13,91536	1,14350
$1/\pi$	0,3183099	0,50285 − 1	$\sqrt[3]{2\pi}$	1,845261	0,26606	$\pi/\sqrt{g}$	1,003033	0,00132
$1/\pi^2$	0,1013212	0,00570 − 1	$\sqrt[3]{\pi/2}$	1,162447	0,06537	$\pi/\sqrt{2g}$	0,709252	0,85080 − 1
$1/\pi^3$	0,0322515	0,50855 − 2	$\sqrt[3]{\pi/4}$	0,922635	0,96503 − 1	e	2,718282	0,43429
$1/\pi^4$	0,010266	0,01140 − 2	$\sqrt[3]{2/\pi}$	0,860254	0,93463 − 1	e^2	7,389056	0,86859
$1/\pi^5$	0,003268	0,051425 − 3	$\sqrt[3]{3/\pi}$	0,984745	0,99332 − 1	$1/e$	0,367879	0,56571 − 1
$\sqrt{\pi}$	1,7724539	0,24857	M	0,434294	0,63778 − 1	$1/e^2$	0,135335	0,13141 − 1
$\sqrt[3]{\pi}$	1,4645919	0,16572				$\sqrt{e}$	1,648721	0,21715
$\pi\sqrt{\pi}$	5,5683280	0,74572				$\sqrt[3]{e}$	1,395612	0,14476
$\pi\sqrt[3]{\pi}$	4,6011511	0,66287						
$1/\sqrt{\pi}$	0,5641896	0,751425 − 1						

[1]) Vgl. Vielfache von π und $1/\pi$ Tabelle 1-2 und Tabelle 1-19; Definition von $M = \lg e = 1/\ln 10$.

Tabelle 1-16. Verwandlung von altem Gradmaß in neue Winkelteilung (gon)

alt	neu [gon]	alt	neu [gon]
00°	0,000000	50°	55,555556
01	1,111111	51	56,666667
02	2,222222	52	57,777778
03	3,333333	53	58,888889
04	4,444444	54	60,000000
05	5,555556	55	61,111111
06	6,666667	56	62,222222
07	7,777778	57	63,333333
08	8,888889	58	64,444444
09	10,000000	59	65,555556
10	11,111111	60	66,666667
11	12,222222	61	67,777778
12	13,333333	62	68,888889
13	14,444444	63	70,000000
14	15,555556	64	71,111111
15	16,666667	65	72,222222
16	17,777778	66	73,333333
17	18,888889	67	74,444444
18	20,000000	68	75,555556
19	21,111111	69	76,666667
20	22,222222	70	77,777778
21	23,333333	71	78,888889
22	24,444444	72	80,000000
23	25,555556	73	81,111111
24	26,666667	74	82,222222
25	27,777778	75	83,333333
26	28,888889	76	84,444444
27	30,000000	77	85,555556
28	31,111111	78	86,666667
29	32,222222	79	87,777778
30	33,333333	80	88,888889
31	34,444444	81	90,000000
32	35,555556	82	91,111111
33	36,666667	83	92,222222
34	37,777778	84	93,333333
35	38,888889	85	94,444444
36	40,000000	86	95,555556
37	41,111111	87	96,666667
38	42,222222	88	97,777778
39	43,333333	89	98,888889
40	44,444444	90	100,000000
41	45,555556	91	101,111111
42	46,666667	92	102,222222
43	47,777778	93	103,333333
44	48,888889	94	104,444444
45	50,000000	95	105,555556
46	51,111111	96	106,666667
47	52,222222	97	107,777778
48	53,333333	98	108,888889
49	54,444444	99	110,000000
50	55,555556	100	111,111111

alt	neu [gon]
00′	0,000000
01	0,018519
02	0,037037
03	0,055556
04	0,074074
05	0,092593
06	0,111111
07	0,129630
08	0,148148
09	0,166667
10	0,185185
11	0,203704
12	0,222222
13	0,240741
14	0,259259
15	0,277778
16	0,296296
17	0,314815
18	0,333333
19	0,351852
20	0,370370
21	0,388889
22	0,407407
23	0,425926
24	0,444444
25	0,462963
26	0,481481
27	0,500000
28	0,518519
29	0,537037
30	0,555556
31	0,574074
32	0,592593
33	0,611111
34	0,629630
35	0,648148
36	0,666667
37	0,685185
38	0,703704
39	0,722222
40	0,740741
41	0,759259
42	0,777778
43	0,796296
44	0,814815
45	0,833333
46	0,851852
47	0,870370
48	0,888889
49	0,907407
50	0,925926
51	0,944444
52	0,962963
53	0,981481
54	1,000000
55	1,018519
56	1,037037
57	1,055556
58	1,074074
59	1,092593
60	1,111111

alt	neu [gon]	alt	neu [gon]
00″	0,000000	50″	0,015432
01	00309	51	15741
02	00617	52	16049
03	00926	53	16358
04	01235	54	16667
05	0,001543	55	0,016975
06	01852	56	17284
07	02160	57	17593
08	02469	58	17901
09	02778	59	18210
10	0,003086	60	0,018519
11	03395	61	18827
12	03704	62	19136
13	04012	63	19444
14	04321	64	19753
15	0,004630	65	0,020062
16	04938	66	20370
17	05247	67	20679
18	05556	68	20988
19	05864	69	21296
20	0,006173	70	0,021605
21	06481	71	21914
22	06790	72	22222
23	07099	73	22531
24	07407	74	22840
25	0,007716	75	0,023148
26	08025	76	23457
27	08333	77	23765
28	08642	78	24074
29	08951	79	24383
30	0,009259	80	0,024691
31	09568	81	25000
32	09877	82	25309
33	10185	83	25617
34	10494	84	25926
35	0,010802	85	0,026235
36	11111	86	26543
37	11420	87	26852
38	11728	88	27160
39	12037	89	27469
40	0,012346	90	0,027778
41	12654	91	28086
42	12963	92	28395
43	13272	93	28704
44	13580	94	29012
45	0,013889	95	0,029321
46	14198	96	29630
47	14506	97	29938
48	14815	98	30247
49	15123	99	30556
50	0,015432	100	0,030864

Tabelle 1-17. Verwandlung von neuer Winkelteilung (gon) in altes Gradmaß

neu [gon]	alt		neu [gon]	alt		neu [cgon]	alt	neu [cgon]	alt	neu [mgon]	alt	neu [mgon]	alt
00	0,0	0° 0′	50	45,0	45° 0′	00	0′ 0,0	50	27′ 0,0	0,0	0,000	5,0	16,200
01	0,9	0 54	51	45,9	45 54	01	0 32,4	51	27 32,4	0,1	0,324	5,1	16,524
02	1,8	1 48	52	46,8	46 48	02	1 4,8	52	28 4,8	0,2	0,648	5,2	16,848
03	2,7	2 42	53	47,7	47 42	03	1 37,2	53	28 37,2	0,3	0,972	5,3	17,172
04	3,6	3 36	54	48,6	48 36	04	2 9,6	54	29 9,6	0,4	1,296	5,4	17,496
05	4,5	4 30	55	49,5	49 30	05	2 42,0	55	29 42,0	0,5	1,620	5,5	17,820
06	5,4	5 24	56	50,4	50 24	06	3 14,4	56	30 14,4	0,6	1,944	5,6	18,144
07	6,3	6 18	57	51,3	51 18	07	3 46,8	57	30 46,8	0,7	2,268	5,7	18,468
08	7,2	7 12	58	52,2	52 12	08	4 19,2	58	31 19,2	0,8	2,592	5,8	18,792
09	8,1	8 6	59	53,1	53 6	09	4 51,6	59	31 51,6	0,9	2,916	5,9	19,116
10	9,0	9 0	60	54,0	54 0	10	5 24,0	60	32 24,0	1,0	3,240	6,0	19,440
11	9,9	9 54	61	54,9	54 54	11	5 56,4	61	32 56,4	1,1	3,564	6,1	19,764
12	10,8	10 48	62	55,8	55 48	12	6 28,8	62	33 28,8	1,2	3,888	6,2	20,088
13	11,7	11 42	63	56,7	56 42	13	7 1,2	63	34 1,2	1,3	4,212	6,3	20,412
14	12,6	12 36	64	57,6	57 36	14	7 33,6	64	34 33,6	1,4	4,536	6,4	20,736
15	13,5	13 30	65	58,5	58 30	15	8 6,0	65	35 6,0	1,5	4,860	6,5	21,060
16	14,4	14 24	66	59,4	59 24	16	8 38,4	66	35 38,4	1,6	5,184	6,6	21,384
17	15,3	15 18	67	60,3	60 18	17	9 10,8	67	36 10,8	1,7	5,508	6,7	21,708
18	16,2	16 12	68	61,2	61 12	18	9 43,2	68	36 43,2	1,8	5,832	6,8	22,032
19	17,1	17 6	69	62,1	62 6	19	10 15,6	69	37 15,6	1,9	6,156	6,9	22,356
20	18,0	18 0	70	63,0	63 0	20	10 48,0	70	37 48,0	2,0	6,480	7,0	22,680
21	18,9	18 54	71	63,9	63 54	21	11 20,4	71	38 20,4	2,1	6,804	7,1	23,004
22	19,8	19 48	72	64,8	64 48	22	11 52,8	72	38 52,8	2,2	7,128	7,2	23,328
23	20,7	20 42	73	65,7	65 42	23	12 25,2	73	39 25,2	2,3	7,452	7,3	23,652
24	21,6	21 36	74	66,6	66 36	24	12 57,6	74	39 57,6	2,4	7,776	7,4	23,976
25	22,5	22 30	75	67,5	67 30	25	13 30,0	75	40 30,0	2,5	8,100	7,5	24,300
26	23,4	23 24	76	68,4	68 24	26	14 2,4	76	41 2,4	2,6	8,424	7,6	24,624
27	24,3	24 18	77	69,3	69 18	27	14 34,8	77	41 34,8	2,7	8,748	7,7	24,948
28	25,2	25 12	78	70,2	70 12	28	15 7,2	78	42 7,2	2,8	9,072	7,8	25,272
29	26,1	26 6	79	71,1	71 6	29	15 39,6	79	42 39,6	2,9	9,396	7,9	25,596
30	27,0	27 0	80	72,0	72 0	30	16 12,0	80	43 12,0	3,0	9,720	8,0	25,920
31	27,9	27 54	81	72,9	72 54	31	16 44,4	81	43 44,4	3,1	10,044	8,1	26,244
32	28,8	28 48	82	73,8	73 48	32	17 16,8	82	44 16,8	3,2	10,368	8,2	26,568
33	29,7	29 42	83	74,7	74 42	33	17 49,2	83	44 49,2	3,3	10,692	8,3	26,892
34	30,6	30 36	84	75,6	75 36	34	18 21,6	84	45 21,6	3,4	11,016	8,4	27,216
35	31,5	31 30	85	76,5	76 30	35	18 54,0	85	45 54,0	3,5	11,340	8,5	27,540
36	32,4	32 24	86	77,4	77 24	36	19 26,4	86	46 26,4	3,6	11,664	8,6	27,864
37	33,3	33 18	87	78,3	78 18	37	19 58,8	87	46 58,8	3,7	11,988	8,7	28,188
38	34,2	34 12	88	79,2	79 12	38	20 31,2	88	47 31,2	3,8	12,312	8,8	28,512
39	35,1	35 6	89	80,1	80 6	39	21 3,6	89	48 3,6	3,9	12,636	8,9	28,836
40	36,0	36 0	90	81,0	81 0	40	21 36,0	90	48 36,0	4,0	12,960	9,0	29,160
41	36,9	36 54	91	81,9	81 54	41	22 8,4	91	49 8,4	4,1	13,284	9,1	29,484
42	37,8	37 48	92	82,8	82 48	42	22 40,8	92	49 40,8	4,2	13,608	9,2	29,808
43	38,7	38 42	93	83,7	83 42	43	23 13,2	93	50 13,2	4,3	13,932	9,3	30,132
44	39,6	39 36	94	84,6	84 36	44	23 45,6	94	50 45,6	4,4	14,256	9,4	30,456
45	40,5	40 30	95	85,5	85 30	45	24 18,0	95	51 18,0	4,5	14,580	9,5	30,780
46	41,4	41 24	96	86,4	86 24	46	24 50,4	96	51 50,4	4,6	14,904	9,6	31,104
47	42,3	42 18	97	87,3	87 18	47	25 22,8	97	52 22,8	4,7	15,228	9,7	31,428
48	43,2	43 12	98	88,2	88 12	48	25 55,2	98	52 55,2	4,8	15,552	9,8	31,752
49	44,1	44 6	99	89,1	89 6	49	26 27,6	99	53 27,6	4,9	15,876	9,9	32,076
50	45,0	45 0	100	90,0	90 0	50	27 0,0	100	54 0,0	5,0	16,200	10,0	32,400

Verhältnis zu früher üblichem neuen Gradmaß: 1 gon = 1^{g} (Neugrad), 1 cgon = 1^{c} (Neuminute), 1 mgon = 10^{cc} (Neusekunde), 0,1 mgon = 1^{cc} (Neusekunde).

Der *Gebrauch der Tabellen 1-16 und 1-17* erfolgt akkumulativ.

Beispiele:

74° 52′ 48″ = ?	
74°	= 82,222222 gon
52′	= 0,962963
48″	= 0,014815
	= 83,200000 gon

168,40 gon = ?	
100 gon	= 90°
68 gon	= 61° 12′
40 cgon	= 21′ 36,0″
	= 151° 33′ 36,0″

295° 59′ 08″ = ?	
270°	= 300 gon
25°	= 27,777778
59′	= 1,092593
8″	= 0,002469
	= 328,872840 gon

223,8733 gon = ?	
200 gon	= 180°
23 gon	= 20° 42′
87 cgon	= 46′ 58,8″
3,3 mgon	= 10,692″
	= 201° 29′ 9,492″

Tabelle 1-18. Primzahlen[1]) und die nicht durch 2, 3 oder 5 teilbaren zusammengesetzten Zahlen mit ihren kleinsten Faktoren unter 1000

1		103		203	7	307		407	11	509		611	13	709		811		913	11
7		107		209	11	311		409		511	7	613		713	23	817	19	917	7
11		109		211		313		413	7	517	11	617		719		821		919	
13		113		217	7	317		419		521		619		721	7	823		923	13
17		119	7	221	13	319	11	421		523		623	7	727		827		929	
19		121	11	223		323	17	427	7	527	17	629	17	731	17	829		931	7
23		127		227		329	7	431		529	23	631		733		833	7	937	
29		131		229		331		433		533	13	637	7	737	11	839		941	
31		133	7	233		337		437	19	539	7	641		739		841	29	943	23
37		137		239		341	11	439		541		643		743		847	7	947	
41		139		241		343	7	443		547		647		749	7	851	23	949	13
43		143	11	247	13	347		449		551	19	649	11	751		853		953	
47		149		251		349		451	11	553	7	653		757		857		959	7
49	7	151		253	11	353		457		557		659		761		859		961	31
53		157		257		359		461		559	13	661		763	7	863		967	
59		161	7	259	7	361	19	463		563		667	23	767	13	869	11	971	
61		163		263		367		467		569		671	11	769		871	13	973	7
67		167		269		371	7	469	7	571		673		773		877		977	
71		169	13	271		373		473	11	577		677		779	19	881		979	11
73		173		277		377	13	479		581	7	679	7	781	11	883		983	
77	7	179		281		379		481	13	583	11	683		787		887		989	23
79		181		283		383		487		587		689	13	791	7	889	7	991	
83		187	11	287	7	389		491		589	19	691		793	13	893	19	997	
89		191		289	17	391	17	493	17	593		697	17	797		899	29		
91	7	193		293		397		497	7	599		701		799	17	901	17		
97		197		299	13	401		499		601		703	19	803	11	907			
101		199		301	7	403	13	503		607		707	7	809		911			

Beispiel: 587 ist eine Primzahl. 589 ist durch 19 teilbar; die Division ergibt 31, und da 31 eine Primzahl ist, stellt 589 = 19 · 31 die Zerlegung von 589 in Primzahlfaktoren dar.

[1]) Ausführliche Angaben über die Zerlegung der Zahlen bis 20026 in Primfaktoren in [H 12].

Tabelle 1-19. Vielfache von π, $1/\pi$ u. ä.

$1\pi = 3,14159$	$1/\pi = 0,31831$	$4\pi = 12,56637$	$4/\pi = 1,27324$	$7\pi = 21,99115$	$7/\pi = 2,22817$
$2\pi = 6,28319$	$2/\pi = 0,63662$	$5\pi = 15,70796$	$5/\pi = 1,59155$	$8\pi = 25,13274$	$8/\pi = 2,54648$
$3\pi = 9,42478$	$3/\pi = 0,95493$	$6\pi = 18,84956$	$6/\pi = 1,90986$	$9\pi = 28,27433$	$9/\pi = 2,86479$

n	n-fache von			
	$200/\pi$	$180/\pi$	$\pi/2$	$\pi/180$
1	63,661977	57,295780	1,57079633	0,0174532925
2	127,323954	114,591559	3,14159265	0,0349065850
3	190,985932	171,887339	4,71238898	0,0523598776
4	254,647909	229,183118	6,28318531	0,0698131701
5	318,309886	286,478898	7,85398163	0,0872664626
6	381,971863	343,774677	9,42477796	0,1047197551
7	445,633841	401,070457	10,99557429	0,1221730476
8	509,295818	458,366236	12,56637061	0,1396263402
9	572,957795	515,662016	14,13716694	0,1570796327

Tabelle 1-20. Einige Potenzen, Fakultäten und reziproke Fakultäten[1])

n	2^n	3^n	$1/2^n$	$1/3^n$	$n!$	$1/(n!)$
1	2	3	0,50000	0,33333	1	1,000000
2	4	9	0,25000	0,11111	2	0,500000
3	8	27	0,12500	0,03704	6	0,166667
4	16	81	0,06250	0,01235	24	$0,416667 \cdot 10^{-1}$
5	32	243	0,03125	0,00412	120	$0,833333 \cdot 10^{-2}$
6	64	729	0,01562	0,00137	720	$0,138889 \cdot 10^{-2}$
7	128	2187	0,00781	0,00046	5040	$0,198413 \cdot 10^{-3}$
8	256	6561	0,00391	0,00015	40320	$0,248016 \cdot 10^{-4}$
9	512	19683	0,00195	0,00005	362880	$0,275573 \cdot 10^{-5}$
10	1024	59049	0,00098	0,00002	$36288 \cdot 10^{2}$	$0,275573 \cdot 10^{-6}$
11	2048	177147	0,00049	0,00001	$399168 \cdot 10^{2}$	$0,250521 \cdot 10^{-7}$
12	4096	531441	0,00024	—	$479002 \cdot 10^{3}$	$0,208768 \cdot 10^{-8}$
13	8192	1594323	0,00012	—	$622702 \cdot 10^{4}$	$0,160590 \cdot 10^{-9}$
14	16384	4782969	0,00006	—	$871783 \cdot 10^{5}$	$0,114707 \cdot 10^{-10}$
15	32768	14348907	0,00003	—	$130767 \cdot 10^{7}$	$0,764716 \cdot 10^{-12}$
16	65536	43046721	0,00002	—	$209228 \cdot 10^{8}$	$0,477948 \cdot 10^{-13}$
17	131072	129140163	0,00001	—	$355687 \cdot 10^{9}$	$0,281146 \cdot 10^{-14}$
18	262144	387420489	—	—	$640237 \cdot 10^{10}$	$0,156192 \cdot 10^{-15}$
19	524288	1162261467	—	—	$121645 \cdot 10^{12}$	$0,822064 \cdot 10^{-17}$
20	1048576	3486784401	—	—	$243290 \cdot 10^{13}$	$0,411032 \cdot 10^{-18}$

[1]) Für große Werte von n gilt die *Stirlingsche Formel* (vgl. 4.1.4); von $n = 12$ an sind die Tabellenwerte nach dieser Formel angenähert!

Tabelle 1-21. Pythagoreische Zahlen

Pythagoreische Zahlen sind ganze Zahlen x, y, z, zwischen denen die Gleichung

$$x^2 + y^2 = z^2$$

gilt. Setzt man $x = 2pq$, $y = p^2 - q^2$, $z = p^2 + q^2$, worin p, q beliebige ganze Zahlen sind, so erhält man pythagoreische Zahlen. Man erhält alle pythagoreischen Zahlen, wenn man mit $\lambda = 1, 2, 3, \ldots, x, y$ und z in den vorangehenden Beziehungen durch λx, λy und λz ersetzt. Folgende Tabelle gibt einige pythagoreische Zahlen:

p	q	x	y	z	p	q	x	y	z
2	1	4	3	5	4	2	16	12	20
3	1	6	8	10	5	2	20	21	29
4	1	8	15	17	4	3	24	7	25
5	1	10	24	26	5	3	30	16	34
3	2	12	5	13	5	4	40	9	41

Die aus den Seiten x, y, z in beliebiger Längeneinheit gebildeten Dreiecke sind rechtwinklig.

Tabelle 1-22. Lösungen einiger wichtiger transzendenter Gleichungen

Gleichungen	x_1	x_2	x_3	x_4	x_5
$\cosh x \cos x + 1 = 0$	1,8751	4,6941	7,8548	10,9955	$\boxed{\frac{1}{2}(2n-1)\pi}$
$\cosh x \cos x - 1 = 0$	4,7300	7,8532	10,9956	14,1372	$\boxed{\frac{1}{2}(2n+1)\pi}$
$\tanh x + \tan x = 0$	2,365	5,497	8,639	11,781	$\boxed{\frac{1}{4}(4n-1)\pi}$
$\tanh x - \tan x = 0$	3,927	7,069	10,210	13,352	$\boxed{\frac{1}{4}(4n+1)\pi}$
$\tan x - x = 0$	4,4934	7,7253	10,9041	14,0662	17,2208
$J_0(ix)\,J_0'(x) - iJ_0(x)\,J_0'(ix) = 0$	3,190	6,306	9,425	12,560	15,710
$\frac{d\Gamma(x)}{dx} = 0$	1,4616	−0,504	−1,573	−2,611	−3,635
dazugehörige Werte von $\Gamma(x)$	0,8856	−3,5446	2,3024	−0,8881	0,2451

Eingerahmte Formeln sind Näherungsausdrücke; sie gelten für $n \geqq 5$ exakt im Rahmen der in der Tabelle gewählten Genauigkeit. Lösungen von $\tan x - x = 0$ verhalten sich für große n wie $\frac{1}{2}(2n + 1)\pi$; jedoch ist hier die Übereinstimmung mit den exakten Werten nicht so gut.

Tabelle 1-23. Nullstellen der Besselfunktionen $J_n(x_k) = 0$

n \ k	1	2	3	4	5
0	2,405	5,520	8,654	11,792	14,931
1	3,832	7,016	10,173	13,323	16,470
2	5,135	8,417	11,620	14,796	17,960
3	6,379	9,760	13,015	16,224	19,410
4	7,588	11,064	14,373	17,616	20,827
5	8,771	12,339	15,700	18,980	22,218

Tabelle 1-24. Besselsche Funktionen[1])

x	$J_0(x)$	$J_1(x)$	$N_0(x)$	$N_1(x)$	$I_0(x)$	$I_1(x)$	$K_0(x)$	$K_1(x)$
0,0	1,0000	0,0000	$-\infty$	$-\infty$	1,000	0,0000	$+\infty$	$+\infty$
0,1	0,9975	0,0499	−1,534	−6,459	1,003	0,0501	2,427	9,854
0,2	0,9900	0,0995	−1,081	−3,324	1,010	0,1005	1,753	4,776
0,3	0,9776	0,1483	−0,8073	−2,293	1,023	0,1517	1,372	3,056
0,4	0,9604	0,1960	−0,6060	−1,781	1,040	0,2040	1,115	2,184
0,5	0,9385	0,2423	−0,4445	−1,471	1,063	0,2579	0,9244	1,656
0,6	0,9120	0,2867	−0,3085	−1,260	1,092	0,3137	0,7775	1,303
0,7	0,8812	0,3290	−0,1907	−1,103	1,126	0,3719	0,6605	1,050
0,8	0,8463	0,3688	−0,0868	−0,9781	1,167	0,4329	0,5653	0,8618
0,9	0,8075	0,4059	+0,0056	−0,8731	1,213	0,4971	0,4867	0,7165
1,0	0,7652	0,4401	0,0883	−0,7812	1,266	0,5652	0,4210	0,6019
1,1	0,7196	0,4709	0,1622	−0,6981	1,326	0,6375	0,3656	0,5098
1,2	0,6711	0,4983	0,2281	−0,6211	1,394	0,7147	0,3185	0,4346
1,3	0,6201	0,5220	0,2865	−0,5485	1,469	0,7973	0,2782	0,3725
1,4	0,5669	0,5419	0,3379	−0,4791	1,553	0,8861	0,2437	0,3208
1,5	0,5118	0,5579	0,3824	−0,4123	1,647	0,9817	0,2138	0,2774
1,6	0,4554	0,5699	0,4204	−0,3476	1,750	1,085	0,1880	0,2406
1,7	0,3980	0,5778	0,4520	−0,2847	1,864	1,196	0,1655	0,2094
1,8	0,3400	0,5815	0,4774	−0,2237	1,990	1,317	0,1459	0,1826
1,9	0,2818	0,5812	0,4968	−0,1644	2,128	1,448	0,1288	0,1597
2,0	0,2239	0,5767	0,5104	−0,1070	2,280	1,591	0,1139	0,1399
2,1	0,1666	0,5683	0,5183	−0,0517	2,446	1,745	0,10078	0,1227
2,2	0,1104	0,5560	0,5208	+0,0015	2,629	1,914	0,08927	0,1079
2,3	0,0555	0,5399	0,5181	0,0523	2,830	2,098	0,07914	0,09498
2,4	0,0025	0,5202	0,5104	0,1005	3,049	2,298	0,07022	0,08372
2,5	−0,0484	0,4971	0,4981	0,1459	3,290	2,517	0,06235	0,07389
2,6	−0,0968	0,4708	0,4813	0,1884	3,553	2,755	0,05540	0,06528
2,7	−0,1424	0,4416	0,4605	0,2276	3,842	3,016	0,04926	0,05774
2,8	−0,1850	0,4097	0,4359	0,2635	4,157	3,301	0,04382	0,05111
2,9	−0,2243	0,3754	0,4079	0,2959	4,503	3,613	0,03901	0,04529
3,0	−0,2601	0,3391	0,3769	0,3247	4,881	3,953	0,03474	0,04016
3,1	−0,2921	0,3009	0,3431	0,3496	5,294	4,326	0,03095	0,03563
3,2	−0,3202	0,2613	0,3071	0,3707	5,747	4,734	0,02759	0,03164
3,3	−0,3443	0,2207	0,2691	0,3879	6,243	5,181	0,02461	0,02812
3,4	−0,3643	0,1792	0,2296	0,4010	6,785	5,670	0,02196	0,02500
3,5	−0,3801	0,1374	0,1890	0,4102	7,378	6,206	0,01960	0,02224
3,6	−0,3918	0,0955	0,1477	0,4154	8,028	6,793	0,01750	0,01979
3,7	−0,3992	0,0538	0,1061	0,4167	8,739	7,436	0,01563	0,01763
3,8	−0,4026	0,0128	0,0645	0,4141	9,517	8,140	0,01397	0,01571
3,9	−0,4018	−0,0272	0,0234	0,4078	10,37	8,913	0,01248	0,01400
4,0	−0,3971	−0,0660	−0,0169	0,3979	11,30	9,759	0,01116	0,01248
4,1	−0,3887	−0,1033	−0,0561	0,3846	12,32	10,69	0,009980	0,01114
4,2	−0,3766	−0,1386	−0,0938	0,3680	13,44	11,71	0,008927	0,009938
4,3	−0,3610	−0,1719	−0,1296	0,3484	14,67	12,82	0,007988	0,008872
4,4	−0,3423	−0,2028	−0,1633	0,3260	16,01	14,05	0,007149	0,007923
4,5	−0,3205	−0,2311	−0,1947	0,3010	17,48	15,39	0,006400	0,007078
4,6	−0,2961	−0,2566	−0,2235	0,2737	19,09	16,86	0,005730	0,006325
4,7	−0,2693	−0,2791	−0,2494	0,2445	20,86	18,48	0,005132	0,005654
4,8	−0,2404	−0,2985	−0,2723	0,2136	22,79	20,25	0,004597	0,005055
4,9	−0,2097	−0,3147	−0,2921	0,1812	24,91	22,20	0,004119	0,004521
5,0	−0,1776	−0,3276	−0,3085	0,1479	27,24	24,34	0,003691	0,004045

[1]) Definitionen, Reihen und asymptotische Entwicklungen für kleine und große x in 9.1.5.9.

Tabelle 1–24. (Fortsetzung)

x	$J_0(x)$	$J_1(x)$	$N_0(x)$	$N_1(x)$	$I_0(x)$	$I_1(x)$	$K_0(x)$	$K_1(x)$
5,1	−0,1443	−0,3371	−0,3216	0,1137	29,79	26,68	0,003308	0,003619
5,2	−0,1103	−0,3432	−0,3313	0,0792	32,58	29,25	0,002966	0,003239
5,3	−0,0758	−0,3460	−0,3374	0,0445	35,65	32,08	0,002659	0,002900
5,4	−0,0412	−0,3453	−0,3402	0,0101	39,01	35,18	0,002385	0,002597
5,5	−0,0068	−0,3414	−0,3395	−0,0238	42,69	38,59	0,002139	0,002326
5,6	+0,0270	−0,3343	−0,3354	−0,0568	46,74	42,33	0,001918	0,002083
5,7	0,0599	−0,3241	−0,3282	−0,0887	51,17	46,44	0,001721	0,001866
5,8	0,0917	−0,3110	−0,3177	−0,1192	56,04	50,95	0,001544	0,001673
5,9	0,1220	−0,2951	−0,3044	−0,1481	61,38	55,90	0,001386	0,001499
6,0	0,1506	−0,2767	−0,2882	−0,1750	67,23	61,34	0,001244	0,001344
6,1	0,1773	−0,2559	−0,2694	−0,1998	73,66	67,32	0,001117	0,001205
6,2	0,2017	−0,2329	−0,2483	−0,2223	80,72	73,89	0,0010025	0,001081
6,3	0,2238	−0,2081	−0,2251	−0,2422	88,46	81,10	0,0009001	0,0009691
6,4	0,2433	−0,1816	−0,1999	−0,2596	96,96	89,03	0,0008083	0,0008693
6,5	0,2601	−0,1538	−0,1732	−0,2741	106,3	97,74	0,0007259	0,0007799
6,6	0,2740	−0,1250	−0,1452	−0,2857	116,5	107,3	0,0006520	0,0006998
6,7	0,2851	−0,0953	−0,1162	−0,2945	127,8	117,8	0,0005857	0,0006280
6,8	0,2931	−0,0652	−0,0864	−0,3002	140,1	129,4	0,0005262	0,0005636
6,9	0,2981	−0,0349	−0,0563	−0,3029	153,7	142,1	0,0004728	0,0005059
7,0	0,3001	−0,0047	−0,0259	−0,3027	168,6	156,0	0,0004248	0,0004542
7,1	0,2991	+0,0252	+0,0042	−0,2995	185,0	171,4	0,0003817	0,0004078
7,2	0,2951	0,0543	0,0339	−0,2934	202,9	188,3	0,0003431	0,0003662
7,3	0,2882	0,0826	0,0628	−0,2846	222,7	206,8	0,0003084	0,0003288
7,4	0,2786	0,1096	0,0907	−0,2731	244,3	227,2	0,0002772	0,0002954
7,5	0,2663	0,1352	0,1173	−0,2591	268,2	249,6	0,0002492	0,0002653
7,6	0,2516	0,1592	0,1424	−0,2428	294,3	274,2	0,0002240	0,0002383
7,7	0,2346	0,1813	0,1658	−0,2243	323,1	301,3	0,0002014	0,0002141
7,8	0,2154	0,2014	0,1872	−0,2039	354,7	331,1	0,0001811	0,0001924
7,9	0,1944	0,2192	0,2065	−0,1817	389,4	363,9	0,0001629	0,0001729
8,0	0,1717	0,2346	0,2235	−0,1581	427,6	399,9	0,0001465	0,0001554
8,1	0,1475	0,2476	0,2381	−0,1331	469,5	439,5	0,0001317	0,0001396
8,2	0,1222	0,2580	0,2501	−0,1072	515,6	483,0	0,0001185	0,0001255
8,3	0,0960	0,2657	0,2595	−0,0806	566,3	531,0	0,0001066	0,0001128
8,4	0,0692	0,2708	0,2662	−0,0535	621,9	583,7	0,00009588	0,0001014
8,5	0,0419	0,2731	0,2702	−0,0262	683,2	641,6	0,00008626	0,00009120
8,6	0,0146	0,2728	0,2715	+0,0011	750,5	705,4	0,00007761	0,00008200
8,7	−0,0125	0,2697	0,2700	0,0280	824,4	775,5	0,00006983	0,00007374
8,8	−0,0392	0,2641	0,2659	0,0544	905,8	852,7	0,00006283	0,00006631
8,9	−0,0653	0,2559	0,2592	0,0799	995,2	937,5	0,00005654	0,00005964
9,0	−0,0903	0,2453	0,2499	0,1043	1094	1031	0,00005088	0,00005364
9,1	−0,1142	0,2324	0,2383	0,1275	1202	1134	0,00004579	0,00004825
9,2	−0,1367	0,2174	0,2245	0,1491	1321	1247	0,00004121	0,00004340
9,3	−0,1577	0,2004	0,2086	0,1691	1451	1371	0,00003710	0,00003904
9,4	−0,1768	0,1816	0,1907	0,1871	1595	1508	0,00003339	0,00003512
9,5	−0,1939	0,1613	0,1712	0,2032	1753	1658	0,00003006	0,00003160
9,6	−0,2090	0,1395	0,1502	0,2171	1927	1824	0,00002706	0,00002843
9,7	−0,2218	0,1166	0,1279	0,2287	2190	2006	0,00002436	0,00002559
9,8	−0,2323	0,0928	0,1045	0,2379	2329	2207	0,00002193	0,00002302
9,9	−0,2403	0,0684	0,0804	0,2447	2561	2428	0,00001975	0,00002072
10,0	−0,2459	0,0435	0,0557	0,2490	2816	2671	0,00001778	0,00001865

Tabelle 1–24. (Fortsetzung)

x	ber(x)	bei(x)	ker(x)	kei(x)	ber'(x)	bei'(x)	ker'(x)	kei'(x)
0,0	1,0000	0,0000	$+\infty$	−0,7854	0,0000	0,0000	$-\infty$	0,0000
0,1	1,0000	0,0025	2,420	−0,7769	−0,0001	0,0500	−9,961	0,1460
0,2	1,0000	0,0100	1,733	−0,7581	−0,0005	0,1000	−4,923	0,2229
0,3	0,9999	0,0225	1,337	−0,7331	−0,0017	0,1500	−3,220	0,2743
0,4	0,9996	0,0400	1,063	−0,7038	−0,0040	0,2000	−2,352	0,3095
0,5	0,9990	0,0625	0,8559	−0,6716	−0,0078	0,2499	−1,820	0,3332
0,6	0,9980	0,0900	0,6931	−0,6374	−0,0135	0,2998	−1,457	0,3482
0,7	0,9962	0,1224	0,5614	−0,6022	−0,0214	0,3496	−1,191	0,3563
0,8	0,9936	0,1599	0,4529	−0,5664	−0,0320	0,3991	−0,9873	0,3590
0,9	0,9898	0,2023	0,3625	−0,5305	−0,0455	0,4485	−0,8259	0,3574
1,0	0,9844	0,2496	0,2867	−0,4950	−0,0624	0,4974	−0,6946	0,3524
1,1	0,9771	0,3017	0,2228	−0,4601	−0,0831	0,5458	−0,5859	0,3445
1,2	0,9676	0,3587	0,1689	−0,4262	−0,1078	0,5935	−0,4946	0,3345
1,3	0,9554	0,4204	0,1235	−0,3933	−0,1370	0,6403	−0,4172	0,3227
1,4	0,9401	0,4867	0,0851	−0,3617	−0,1709	0,6860	−0,3511	0,3096
1,5	0,9211	0,5576	0,0529	−0,3314	−0,2100	0,7303	−0,2942	0,2956
1,6	0,8979	0,6327	0,0260	−0,3026	−0,2545	0,7727	−0,2451	0,2809
1,7	0,8700	0,7120	0,0037	−0,2752	−0,3048	0,8131	−0,2027	0,2658
1,8	0,8367	0,7953	−0,0147	−0,2494	−0,3612	0,8509	−0,1659	0,2504
1,9	0,7975	0,8821	−0,0297	−0,2251	−0,4238	0,8857	−0,1341	0,2351
2,0	0,7517	0,9723	−0,0417	−0,2024	−0,4931	0,9170	−0,1066	0,2198
2,1	0,6987	1,065	−0,0511	−0,1812	−0,5691	0,9442	−0,08282	0,2048
2,2	0,6377	1,161	−0,0583	−0,1614	−0,6520	0,9666	−0,06234	0,1901
2,3	0,5680	1,259	−0,0637	−0,1431	−0,7420	0,9836	−0,04475	0,1759
2,4	0,4890	1,357	−0,0674	−0,1262	−0,8392	0,9944	−0,02971	0,1621
2,5	0,4000	1,457	−0,0697	−0,1107	−0,9436	0,9983	−0,01693	0,1489
2,6	0,3001	1,557	−0,0708	−0,0964	−1,055	0,9943	−0,006136	0,1363
2,7	0,1887	1,656	−0,0710	−0,0834	−1,174	0,9815	+0,002904	0,1243
2,8	0,0651	1,753	−0,0703	−0,0716	−1,299	0,9590	0,01040	0,1129
2,9	−0,0714	1,847	−0,0689	−0,0608	−1,431	0,9257	0,01653	0,1021
3,0	−0,2214	1,938	−0,0670	−0,05112	−1,570	0,8805	0,02148	0,09204
3,1	−0,3855	2,023	−0,0647	−0,04240	−1,714	0,8223	0,02537	0,08259
3,2	−0,5644	2,102	−0,0620	−0,03458	−1,864	0,7499	0,02836	0,07378
3,3	−0,7584	2,172	−0,0590	−0,02762	−2,018	0,6621	0,03056	0,06558
3,4	−0,9680	2,233	−0,0559	−0,02145	−2,175	0,5577	0,03207	0,05799
3,5	−1,194	2,283	−0,0526	−0,01600	−2,336	0,4353	0,03299	0,05098
3,6	−1,435	2,320	−0,0493	−0,01123	−2,498	0,2937	0,03341	0,04454
3,7	−1,693	2,341	−0,0460	−0,007077	−2,661	0,1315	0,03340	0,03864
3,8	−1,967	2,345	−0,0426	−0,003487	−2,822	−0,0525	0,03304	0,03325
3,9	−2,258	2,330	−0,0394	−0,0004108	−2,981	−0,2597	0,03238	0,02835
4,0	−2,563	2,293	−0,03618	+0,002198	−3,135	−0,4911	0,03148	0,02391
4,1	−2,884	2,231	−0,03308	0,004386	−3,282	−0,7481	0,03038	0,01991
4,2	−3,219	2,142	−0,03011	0,006194	−3,420	−1,032	0,02913	0,01631
4,3	−3,568	2,024	−0,02726	0,007661	−3,547	−1,343	0,02777	0,01310
4,4	−3,928	1,873	−0,02456	0,008826	−3,659	−1,683	0,02632	0,01024
4,5	−4,299	1,686	−0,02200	0,009721	−3,754	−2,053	0,02481	0,007715
4,6	−4,678	1,461	−0,01960	0,01038	−3,828	−2,452	0,02328	0,005492
4,7	−5,064	1,195	−0,01734	0,01083	−3,878	−2,882	0,02173	0,003550
4,8	−5,453	0,8837	−0,01525	0,01110	−3,901	−3,342	0,02019	0,001865
4,9	−5,843	0,5251	−0,01330	0,01121	−3,891	−3,833	0,01868	0,0004152
5,0	−6,230	0,1160	−0,01151	0,01119	−3,845	−4,354	0,01719	−0,0008200

Tabelle 1–24. (Fortsetzung)

x	ber(x)	bei(x)	ker(x)	kei(x)	ber'(x)	bei'(x)	ker'(x)	kei'(x)
5,1	−6,611	−0,3467	−0,009865	0,01105	−3,759	−4,905	0,01575	−0,001861
5,2	−6,980	−0,8658	−0,008359	0,01082	−3,627	−5,484	0,01437	−0,002726
5,3	−7,334	−1,444	−0,006989	0,01051	−3,445	−6,089	0,01304	−0,003433
5,4	−7,667	−2,085	−0,005749	0,01014	−3,206	−6,720	0,01177	−0,004000
5,5	−7,974	−2,789	−0,004632	0,009716	−2,907	−7,373	0,01058	−0,004440
5,6	−8,247	−3,560	−0,003632	0,009255	−2,541	−8,045	0,009447	−0,004769
5,7	−8,479	−4,399	−0,002740	0,008766	−2,102	−8,734	0,008388	−0,005000
5,8	−8,664	−5,307	−0,001952	0,008258	−1,586	−9,433	0,007400	−0,005146
5,9	−8,794	−6,285	−0,001258	0,007739	−0,9844	−10,14	0,006481	−0,005217
6,0	−8,858	−7,335	−0,000653	0,007216	−0,2931	−10,85	0,005632	−0,005224
6,1	−8,849	−8,454	−0,0001295	0,006696	+0,4943	−11,55	0,004850	−0,005176
6,2	−8,756	−9,644	+0,0003191	0,006183	1,384	−12,23	0,004133	−0,005083
6,3	−8,569	−10,90	0,0006991	0,005681	2,380	−12,90	0,003479	−0,004951
6,4	−8,276	−12,22	0,001017	0,005194	3,490	−13,54	0,002885	−0,004788
6,5	−7,867	−13,61	0,001278	0,004724	4,717	−14,13	0,002349	−0,004600
6,6	−7,329	−15,05	0,001488	0,004274	6,067	−14,67	0,001867	−0,004393
6,7	−6,649	−16,54	0,001653	0,003846	7,544	−15,15	0,001436	−0,004170
6,8	−5,816	−18,07	0,001777	0,003440	9,151	−15,54	0,001054	−0,003939
6,9	−4,815	−19,64	0,001866	0,003058	10,89	−15,85	0,0007164	−0,003701
7,0	−3,633	−21,24	0,001922	0,002700	12,76	−16,04	0,0004205	−0,003460
7,1	−2,257	−22,85	0,001951	0,002366	14,77	−16,11	0,0001633	−0,003218
7,2	−0,6737	−24,46	0,001956	0,002057	16,92	−16,03	−0,00005839	−0,002979
7,3	+1,131	−26,05	0,001940	0,001770	19,19	−15,79	−0,0002474	−0,002745
7,4	3,169	−27,61	0,001907	0,001507	21,60	−15,37	−0,0004066	−0,002517
7,5	5,455	−29,12	0,001860	0,001267	24,13	−14,74	−0,0005388	−0,002296
7,6	7,999	−30,55	0,001800	0,001048	26,78	−13,88	−0,0006465	−0,002084
7,7	10,81	−31,88	0,001731	0,0008498	29,53	−12,76	−0,0007322	−0,001881
7,8	13,91	−33,09	0,001655	0,0006714	32,38	−11,37	−0,0007982	−0,001689
7,9	17,29	−34,15	0,001572	0,0005117	35,31	−9,681	−0,0008467	−0,001507
8,0	20,97	−35,02	0,001486	0,0003696	38,31	−7,660	−0,0008797	−0,001336
8,1	24,96	−35,67	0,001397	0,0002440	41,35	−5,285	−0,0008992	−0,001177
8,2	29,25	−36,06	0,001306	0,0001339	44,42	−2,530	−0,0009069	−0,001028
8,3	33,84	−36,16	0,001216	+0,00003809	47,47	+0,6341	−0,0009044	−0,0008902
8,4	38,74	−35,92	0,001126	−0,00004449	50,49	4,232	−0,0008932	−0,0007632
8,5	43,94	−35,30	0,001037	−0,0001149	53,44	8,290	−0,0008747	−0,0006467
8,6	49,42	−34,25	0,0009511	−0,0001742	56,28	12,83	−0,0008500	−0,0005404
8,7	55,19	−32,71	0,0008675	−0,0002233	58,97	17,88	−0,0008204	−0,0004438
8,8	61,21	−30,65	0,0007871	−0,0002632	61,45	23,47	−0,0007868	−0,0003565
8,9	67,47	−28,00	0,0007102	−0,0002949	63,68	29,60	−0,0007502	−0,0002781
9,0	73,94	−24,71	0,0006372	−0,0003192	65,60	36,30	−0,0007112	−0,0002081
9,1	80,58	−20,72	0,0005681	−0,0003368	67,14	43,58	−0,0006707	−0,0001459
9,2	87,35	−15,98	0,0005030	−0,0003486	68,25	51,46	−0,0006293	−0,00009109
9,3	94,21	−10,41	0,0004422	−0,0003552	68,83	59,94	−0,0005875	−0,00004314
9,4	101,1	−3,969	0,0003855	−0,0003574	68,82	69,01	−0,0005458	−0,000001559
9,5	108,0	+3,411	0,0003330	−0,0003557	68,13	78,68	−0,0005045	+0,00003416
9,6	114,7	11,79	0,0002846	−0,0003508	66,67	88,94	−0,0004641	0,00006449
9,7	121,3	21,22	0,0002402	−0,0003430	64,35	99,76	−0,0004248	0,00008989
9,8	127,5	31,76	0,0001996	−0,0003329	61,07	111,1	−0,0003868	0,0001108
9,9	133,4	43,46	0,0001628	−0,0003210	56,72	123,0	−0,0003504	0,0001277
10,0	138,8	56,37	0,0001295	−0,0003075	51,20	135,3	−0,0003156	0,0001409

Tabelle 1-25. Kugelfunktionen[1])

x	$P_1(x)$	$P_2(x)$	$P_3(x)$	$P_4(x)$	$P_5(x)$	$P_6(x)$	$P_7(x)$
0,00	0,0000	−0,5000	0,0000	0,3750	0,0000	−0,3125	0,0000
0,01	0,0100	−0,4998	−0,0150	0,3746	0,0187	−0,3118	−0,0219
0,02	0,0200	−0,4994	−0,0300	0,3735	0,0374	−0,3099	−0,0436
0,03	0,0300	−0,4986	−0,0449	0,3716	0,0560	−0,3066	−0,0651
0,04	0,0400	−0,4976	−0,0598	0,3690	0,0744	−0,3021	−0,0862
0,05	0,0500	−0,4962	−0,0747	0,3657	0,0927	−0,2962	−0,1069
0,06	0,0600	−0,4946	−0,0895	0,3616	0,1106	−0,2891	−0,1270
0,07	0,0700	−0,4926	−0,1041	0,3567	0,1283	−0,2808	−0,1464
0,08	0,0800	−0,4904	−0,1187	0,3512	0,1455	−0,2713	−0,1651
0,09	0,0900	−0,4878	−0,1332	0,3449	0,1624	−0,2606	−0,1828
0,10	0,1000	−0,4850	−0,1475	0,3379	0,1788	−0,2488	−0,1995
0,11	0,1100	−0,4818	−0,1617	0,3303	0,1947	−0,2360	−0,2151
0,12	0,1200	−0,4784	−0,1757	0,3219	0,2101	−0,2220	−0,2295
0,13	0,1300	−0,4746	−0,1895	0,3129	0,2248	−0,2071	−0,2427
0,14	0,1400	−0,4706	−0,2031	0,3032	0,2389	−0,1913	−0,2545
0,15	0,1500	−0,4662	−0,2166	0,2928	0,2523	−0,1746	−0,2649
0,16	0,1600	−0,4616	−0,2298	0,2819	0,2650	−0,1572	−0,2738
0,17	0,1700	−0,4566	−0,2427	0,2703	0,2769	−0,1389	−0,2812
0,18	0,1800	−0,4514	−0,2554	0,2581	0,2880	−0,1201	−0,2870
0,19	0,1900	−0,4458	−0,2679	0,2453	0,2982	−0,1006	−0,2911
0,20	0,2000	−0,4400	−0,2800	0,2320	0,3075	−0,0806	−0,2935
0,21	0,2100	−0,4338	−0,2918	0,2181	0,3159	−0,0601	−0,2943
0,22	0,2200	−0,4274	−0,3034	0,2037	0,3234	−0,0394	−0,2933
0,23	0,2300	−0,4206	−0,3146	0,1889	0,3299	−0,0183	−0,2906
0,24	0,2400	−0,4136	−0,3254	0,1735	0,3353	0,0029	−0,2861
0,25	0,2500	−0,4062	−0,3359	0,1577	0,3397	0,0243	−0,2799
0,26	0,2600	−0,3986	−0,3461	0,1415	0,3431	0,0456	−0,2720
0,27	0,2700	−0,3906	−0,3558	0,1249	0,3453	0,0669	−0,2625
0,28	0,2800	−0,3824	−0,3651	0,1079	0,3465	0,0879	−0,2512
0,29	0,2900	−0,3738	−0,3740	0,0906	0,3465	0,1087	−0,2384
0,30	0,3000	−0,3650	−0,3825	0,0729	0,3454	0,1292	−0,2241
0,31	0,3100	−0,3558	−0,3905	0,0550	0,3431	0,1492	−0,2082
0,32	0,3200	−0,3464	−0,3981	0,0369	0,3397	0,1686	−0,1910
0,33	0,3300	−0,3366	−0,4052	0,0185	0,3351	0,1873	−0,1724
0,34	0,3400	−0,3266	−0,4117	−0,0000	0,3294	0,2053	−0,1527
0,35	0,3500	−0,3162	−0,4178	−0,0187	0,3225	0,2225	−0,1318
0,36	0,3600	−0,3056	−0,4234	−0,0375	0,3144	0,2388	−0,1098
0,37	0,3700	−0,2946	−0,4284	−0,0564	0,3051	0,2540	−0,0870
0,38	0,3800	−0,2834	−0,4328	−0,0753	0,2948	0,2681	−0,0635
0,39	0,3900	−0,2718	−0,4367	−0,0942	0,2833	0,2810	−0,0393
0,40	0,4000	−0,2600	−0,4400	−0,1130	0,2706	0,2926	−0,0146
0,41	0,4100	−0,2478	−0,4427	−0,1317	0,2569	0,3029	+0,0104
0,42	0,4200	−0,2354	−0,4448	−0,1504	0,2421	0,3118	0,0356
0,43	0,4300	−0,2226	−0,4462	−0,1688	0,2263	0,3191	0,0608
0,44	0,4400	−0,2096	−0,4470	−0,1870	0,2095	0,3249	0,0859
0,45	0,4500	−0,1962	−0,4472	−0,2050	0,1917	0,3290	0,1106
0,46	0,4600	−0,1826	−0,4467	−0,2226	0,1730	0,3314	0,1348
0,47	0,4700	−0,1686	−0,4454	−0,2399	0,1534	0,3321	0,1584
0,48	0,4800	−0,1544	−0,4435	−0,2568	0,1330	0,3310	0,1811
0,49	0,4900	−0,1398	−0,4409	−0,2732	0,1118	0,3280	0,2027
0,50	0,5000	−0,1250	−0,4375	−0,2891	0,0898	0,3232	0,2231

[1]) Definitionen und Formeln in 9.1.5.4.

Tabelle 1–25. (Fortsetzung)

x	$P_1(x)$	$P_2(x)$	$P_3(x)$	$P_4(x)$	$P_5(x)$	$P_6(x)$	$P_7(x)$
0,50	0,5000	−0,1250	−0,4375	−0,2891	0,0898	0,3232	0,2231
0,51	0,5100	−0,1098	−0,4334	−0,3044	0,0673	0,3166	0,2422
0,52	0,5200	−0,0944	−0,4285	−0,3191	0,0441	0,3080	0,2596
0,53	0,5300	−0,0786	−0,4228	−0,3332	0,0204	0,2975	0,2753
0,54	0,5400	−0,0626	−0,4163	−0,3465	−0,0037	0,2851	0,2891
0,55	0,5500	−0,0462	−0,4091	−0,3590	−0,0282	0,2708	0,3007
0,56	0,5600	−0,0296	−0,4010	−0,3707	−0,0529	0,2546	0,3102
0,57	0,5700	−0,0126	−0,3920	−0,3815	−0,0779	0,2366	0,3172
0,58	0,5800	0,0046	−0,3822	−0,3914	−0,1028	0,2168	0,3217
0,59	0,5900	0,0222	−0,3716	−0,4002	−0,1278	0,1953	0,3235
0,60	0,6000	0,0400	−0,3600	−0,4080	−0,1526	0,1721	0,3226
0,61	0,6100	0,0582	−0,3475	−0,4146	−0,1772	0,1473	0,3188
0,62	0,6200	0,0766	−0,3342	−0,4200	−0,2014	0,1211	0,3121
0,63	0,6300	0,0954	−0,3199	−0,4242	−0,2251	0,0935	0,3023
0,64	0,6400	0,1144	−0,3046	−0,4270	−0,2482	0,0646	0,2895
0,65	0,6500	0,1338	−0,2884	−0,4284	−0,2705	0,0347	0,2737
0,66	0,6600	0,1534	−0,2713	−0,4284	−0,2919	0,0038	0,2548
0,67	0,6700	0,1734	−0,2531	−0,4268	−0,3122	−0,0278	0,2329
0,68	0,6800	0,1936	−0,2339	−0,4236	−0,3313	−0,0601	0,2081
0,69	0,6900	0,2142	−0,2137	−0,4187	−0,3490	−0,0926	0,1805
0,70	0,7000	0,2350	0,1925	−0,4121	−0,3652	−0,1253	0,1502
0,71	0,7100	0,2562	−0,1702	−0,4036	−0,3796	−0,1578	0,1173
0,72	0,7200	0,2776	−0,1469	−0,3933	−0,3922	−0,1899	0,0822
0,73	0,7300	0,2994	−0,1225	−0,3810	−0,4026	−0,2214	0,0450
0,74	0,7400	0,3214	−0,0969	−0,3666	−0,4107	−0,2518	0,0061
0,75	0,7500	0,3438	−0,0703	−0,3501	−0,4164	−0,2808	−0,0342
0,76	0,7600	0,3664	−0,0426	−0,3314	−0,4193	−0,3081	−0,0754
0,77	0,7700	0,3894	−0,0137	−0,3104	−0,4193	−0,3333	−0,1171
0,78	0,7800	0,4126	0,0164	−0,2871	−0,4162	−0,3559	−0,1588
0,79	0,7900	0,4362	0,0476	−0,2613	−0,4097	−0,3756	−0,1999
0,80	0,8000	0,4600	0,0800	−0,2330	−0,3995	−0,3918	−0,2397
0,81	0,8100	0,4842	0,1136	−0,2021	−0,3855	−0,4041	−0,2774
0,82	0,8200	0,5086	0,1484	−0,1685	−0,3674	−0,4119	−0,3124
0,83	0,8300	0,5334	0,1845	−0,1321	−0,3449	−0,4147	−0,3437
0,84	0,8400	0,5584	0,2218	−0,0928	−0,3177	−0,4120	−0,3703
0,85	0,8500	0,5838	0,2603	−0,0506	−0,2857	−0,4030	−0,3913
0,86	0,8600	0,6094	0,3001	−0,0053	−0,2484	−0,3872	−0,4055
0,87	0,8700	0,6354	0,3413	0,0431	−0,2056	−0,3638	−0,4116
0,88	0,8800	0,6616	0,3837	0,0947	−0,1570	−0,3322	−0,4083
0,89	0,8900	0,6882	0,4274	0,1496	−0,1023	−0,2916	−0,3942
0,90	0,9000	0,7150	0,4725	0,2079	−0,0411	−0,2412	−0,3678
0,91	0,9100	0,7422	0,5189	0,2698	0,0268	−0,1802	−0,3274
0,92	0,9200	0,7696	0,5667	0,3352	0,1017	−0,1077	−0,2713
0,93	0,9300	0,7974	0,6159	0,4044	0,1842	−0,0229	−0,1975
0,94	0,9400	0,8254	0,6665	0,4773	0,2744	0,0751	−0,1040
0,95	0,9500	0,8538	0,7184	0,5541	0,3727	0,1875	0,0112
0,96	0,9600	0,8824	0,7718	0,6349	0,4796	0,3151	0,1506
0,97	0,9700	0,9114	0,8267	0,7198	0,5954	0,4590	0,3165
0,98	0,9800	0,9406	0,8830	0,8089	0,7204	0,6204	0,5115
0,99	0,9900	0,9702	0,9407	0,9022	0,8552	0,8003	0,7384
1,00	1,0000	1,0000	1,0000	1,0000	1,0000	1,0000	1,0000

Tabelle 1-26. Tschebyscheffsche Polynome (vgl. 9.1.5.5)

x	$T_2(x)$	$T_3(x)$	$T_4(x)$	$T_5(x)$	$T_6(x)$	$T_7(x)$	$T_8(x)$
0,00	−1,0000	−0,0000	+1,0000	+0,0000	−1,0000	−0,0000	+1,0000
0,01	−0,9998	−0,0300	+0,9992	+0,0500	−0,9982	−0,0699	+0,9968
0,02	−0,9992	−0,0600	+0,9968	+0,0998	−0,9928	−0,1396	+0,9872
0,03	−0,9982	−0,0899	+0,9928	+0,1495	−0,9838	−0,2085	+0,9713
0,04	−0,9968	−0,1197	+0,9872	+0,1987	−0,9713	−0,2764	+0,9492
0,05	−0,9950	−0,1495	+0,9800	+0,2475	−0,9553	−0,3430	+0,9210
0,06	−0,9928	−0,1791	+0,9713	+0,2957	−0,9358	−0,4080	+0,8869
0,07	−0,9902	−0,2086	+0,9610	+0,3432	−0,9130	−0,4710	+0,8470
0,08	−0,9872	−0,2380	+0,9491	+0,3898	−0,8868	−0,5317	+0,8017
0,09	−0,9838	−0,2671	+0,9357	+0,4355	−0,8573	−0,5898	+0,7512
0,10	−0,9800	−0,2960	+0,9208	+0,4802	−0,8248	−0,6451	+0,6957
0,11	−0,9758	−0,3248	+0,9044	+0,5236	−0,7892	−0,6973	+0,6358
0,12	−0,9712	−0,3531	+0,8865	+0,5658	−0,7507	−0,7460	+0,5716
0,13	−0,9662	−0,3812	+0,8671	+0,6067	−0,7094	−0,7911	+0,5037
0,14	−0,9608	−0,4090	+0,8463	+0,6460	−0,6654	−0,8323	+0,4324
0,15	−0,9550	−0,4365	+0,8240	+0,6837	−0,6189	−0,8694	+0,3581
0,16	−0,9488	−0,4636	+0,8004	+0,7198	−0,5701	−0,9022	+0,2814
0,17	−0,9422	−0,4904	+0,7755	+0,7540	−0,5191	−0,9305	+0,2027
0,18	−0,9352	−0,5167	+0,7492	+0,7844	−0,4661	−0,9542	+0,1226
0,19	−0,9278	−0,5426	+0,7216	+0,8168	−0,4112	−0,9731	+0,0415
0,20	−0,9200	−0,5680	+0,6928	+0,8451	−0,3548	−0,9870	−0,0401
0,21	−0,9118	−0,5930	+0,6628	+0,8713	−0,2968	−0,9960	−0,1215
0,22	−0,9032	−0,6174	+0,6315	+0,8953	−0,2376	−0,9998	−0,2023
0,23	−0,8942	−0,6413	+0,5992	+0,9170	−0,1774	−0,9986	−0,2820
0,24	−0,8848	−0,6647	+0,5657	+0,9363	−0,1163	−0,9921	−0,3599
0,25	−0,8750	−0,6875	+0,5312	+0,9531	−0,0547	−0,9805	−0,4355
0,26	−0,8648	−0,7097	+0,4958	+0,9675	+0,0073	−0,9637	−0,5084
0,27	−0,8542	−0,7313	+0,4593	+0,9793	+0,0695	−0,9418	−0,5781
0,28	−0,8432	−0,7522	+0,4220	+0,9885	+0,1316	−0,9148	−0,6439
0,29	−0,8318	−0,7724	+0,3838	+0,9950	+0,1933	−0,8829	−0,7054
0,30	−0,8200	−0,7920	+0,3448	+0,9989	+0,2545	−0,8462	−0,7622
0,31	−0,8078	−0,8108	+0,3051	+1,0000	+0,3149	−0,8047	−0,8138
0,32	−0,7952	−0,8289	+0,2647	+0,9983	+0,3742	−0,7588	−0,8599
0,33	−0,7822	−0,8462	+0,2237	+0,9939	+0,4323	−0,7086	−0,8999
0,34	−0,7688	−0,8628	+0,1821	+0,9866	+0,4888	−0,6542	−0,9337
0,35	−0,7550	−0,8785	+0,1400	+0,9765	+0,5435	−0,5961	−0,9608
0,36	−0,7408	−0,8934	+0,0976	+0,9636	+0,5962	−0,5343	−0,9810
0,37	−0,7262	−0,9074	+0,0547	+0,9479	+0,6467	−0,4693	−0,9940
0,38	−0,7112	−0,9205	+0,0116	+0,9293	+0,6947	−0,4014	−0,9997
0,39	−0,6958	−0,9327	−0,0317	+0,9080	+0,7400	−0,3308	−0,9980
0,40	−0,6800	−0,9440	−0,0752	+0,8838	+0,7823	−0,2580	−0,9887
0,41	−0,6638	−0,9543	−0,1187	+0,8570	+0,8214	−0,1834	−0,9718
0,42	−0,6472	−0,9636	−0,1623	+0,8273	+0,8572	−0,1073	−0,9473
0,43	−0,6302	−0,9720	−0,2057	+0,7951	+0,8895	−0,0301	−0,9154
0,44	−0,6128	−0,9793	−0,2490	+0,7602	+0,9179	+0,0476	−0,8760
0,45	−0,5950	−0,9855	−0,2920	+0,7227	+0,9424	+0,1254	−0,8295
0,46	−0,5768	−0,9906	−0,3346	+0,6828	+0,9428	+0,2030	−0,7761
0,47	−0,5582	−0,9947	−0,3768	+0,6405	+0,9789	+0,2797	−0,7160
0,48	−0,5392	−0,9976	−0,4185	+0,5958	+0,9905	+0,3551	−0,6497
0,49	−0,5198	−0,9994	−0,4596	+0,5490	+0,9976	+0,4287	−0,5775
0,50	−0,5000	−1,0000	−0,5000	+0,5000	+1,0000	+0,5000	−0,5000

Tabelle 1-26. (Fortsetzung)

x	$T_2(x)$	$T_3(x)$	$T_4(x)$	$T_5(x)$	$T_6(x)$	$T_7(x)$	$T_8(x)$
0,50	−0,5000	−1,0000	−0,5000	+0,5000	+1,0000	+0,5000	−0,5000
0,51	−0,4798	−0,9994	−0,5396	+0,4490	+0,9976	+0,5685	−0,4177
0,52	−0,4592	−0,9976	−0,5783	+0,3962	+0,9903	+0,6337	−0,3312
0,53	−0,4382	−0,9945	−0,6160	+0,3416	+0,9780	+0,6951	−0,2412
0,54	−0,4168	−0,9901	−0,6526	+0,2854	+0,9608	+0,7522	−0,1483
0,55	−0,3950	−0,9845	−0,6880	+0,2278	+0,9385	+0,8046	−0,0534
0,56	−0,3728	−0,9775	−0,7220	+0,1688	+0,9112	+0,8516	+0,0427
0,57	−0,3502	−0,9692	−0,7547	+0,1088	+0,8788	+0,8930	+0,1392
0,58	−0,3272	−0,9596	−0,7859	+0,0479	+0,8415	+0,9282	+0,2352
0,59	−0,3038	−0,9485	−0,8154	−0,0137	+0,7992	+0,9568	+0,3298
0,60	−0,2800	−0,9360	−0,8432	−0,0758	+0,7522	+0,9785	+0,4220
0,61	−0,2558	−0,9221	−0,8691	−0,1383	+0,7004	+0,9928	+0,5108
0,62	−0,2312	−0,9067	−0,8931	−0,2007	+0,6442	+0,9995	+0,5952
0,63	−0,2062	−0,8898	−0,9150	−0,2630	+0,5835	+0,9983	+0,6743
0,64	−0,1808	−0,8714	−0,9346	−0,3249	+0,5188	+0,9889	+0,7470
0,65	−0,1550	−0,8515	−0,9520	−0,3860	+0,4501	+0,9712	+0,8124
0,66	−0,1288	−0,8300	−0,9668	−0,4462	+0,3779	+0,9450	+0,8695
0,67	−0,1022	−0,8070	−0,9791	−0,5051	+0,3023	+0,9102	+0,9173
0,68	−0,0752	−0,7823	−0,9987	−0,5623	+0,2239	+0,8668	+0,9550
0,69	−0,0478	−0,7560	−0,9954	−0,6177	+0,1430	+0,8150	+0,9818
0,70	−0,0200	−0,7280	−0,9992	−0,6709	+0,0600	+0,7548	+0,9968
0,71	+0,0082	−0,6984	−0,9999	−0,7214	−0,0246	+0,6865	+0,9995
0,72	+0,0368	−0,6670	−0,9973	−0,7699	−0,1102	+0,6104	+0,9892
0,73	+0,0658	−0,6339	−0,9913	−0,8134	−0,1963	+0,5269	+0,9655
0,74	+0,0952	−0,5991	−0,9819	−0,8544	−0,2822	+0,4365	+0,9282
0,75	+0,1250	−0,5625	−0,9688	−0,8906	−0,3672	+0,3398	+0,8770
0,76	+0,1552	−0,5241	−0,9518	−0,9227	−0,4506	+0,2377	+0,8119
0,77	+0,1858	−0,4839	−0,9310	−0,9498	−0,5317	+0,1309	+0,7334
0,78	+0,2168	−0,4418	−0,9060	−0,9716	−0,6096	+0,0205	+0,6416
0,79	+0,2482	−0,3978	−0,8768	−0,9875	−0,6834	−0,0923	+0,5375
0,80	+0,2800	−0,3520	−0,8432	−0,9971	−0,7522	−0,2064	+0,4220
0,81	+0,3122	−0,3042	−0,8051	−1,0000	−0,8149	−0,3201	+0,2962
0,82	+0,3448	−0,2545	−0,7622	−0,9955	−0,8704	−0,4320	+0,1620
0,83	+0,3778	−0,2028	−0,7145	−0,9833	−0,9177	−0,5401	+0,0211
0,84	+0,4112	−0,1492	−0,6618	−0,9627	−0,9555	−0,6425	−0,1240
0,85	+0,4450	−0,0935	−0,6040	−0,9332	−0,9825	−0,7371	−0,2705
0,86	+0,4792	−0,0358	−0,5407	−0,8943	−0,9974	−0,8213	−0,4152
0,87	+0,5138	+0,0240	−0,4720	−0,8453	−0,9988	−0,8927	−0,5544
0,88	+0,5488	+0,0859	−0,3976	−0,7857	−0,9852	−0,9483	−0,6838
0,89	+0,5842	+0,1499	−0,3174	−0,7149	−0,9551	−0,9851	−0,7985
0,90	+0,6200	+0,2160	−0,2312	−0,6322	−0,9067	−0,9999	−0,8931
0,91	+0,6562	+0,2843	−0,1388	−0,5369	−0,8384	−0,9889	−0,9615
0,92	+0,6928	+0,3548	−0,0400	−0,4284	−0,7483	−0,9484	−0,9968
0,93	+0,7298	+0,4274	+0,0652	−0,3061	−0,6346	−0,8742	−0,9915
0,94	+0,7672	+0,5023	+0,1772	−0,1692	−0,4953	−0,7620	−0,9372
0,95	+0,8050	+0,5795	+0,2960	−0,0170	−0,3284	−0,6069	−0,8247
0,96	+0,8432	+0,6589	+0,4220	+0,1512	−0,1316	−0,4039	−0,6439
0,97	+0,8818	+0,7407	+0,5551	+0,3363	+0,0972	−0,1476	−0,3836
0,98	+0,9208	+0,8248	+0,6957	+0,5389	+0,3605	+0,1676	−0,0319
0,99	+0,9602	+0,9112	+0,8440	+0,7599	+0,6606	+0,5480	+0,4246
1,00	+1,0000	+1,0000	+1,0000	+1,0000	+1,0000	+1,0000	+1,0000

Tabelle 1-27. Gammafunktion[1]) (vgl. 4.4.7.6)

$$\Gamma(x + n) = (x + n - 1) \times \cdots \times (x + 1)\, x\Gamma(x),\ n = \text{ganze Zahl};$$
$$\Gamma(\nu) = \pm\infty,\ \nu = 0, -1, \ldots;\quad \Gamma(\nu) = (\nu - 1)!,\ \nu = 1, 2, \ldots$$

x	$\Gamma(x+1)$	x	$\Gamma(x+1)$	x	$\Gamma(x+1)$	x	$\Gamma(x+1)$
0,00	1,0000	0,30	0,8975	0,60	0,8935	0,90	0,9618
0,02	0,9888	0,32	0,8946	0,62	0,8959	0,92	0,9688
0,04	0,9784	0,34	0,8922	0,64	0,8986	0,94	0,9761
0,06	0,9687	0,36	0,8902	0,66	0,9017	0,96	0,9837
0,08	0,9597	0,38	0,8885	0,68	0,9050	0,98	0,9917
0,10	0,9514	0,40	0,8873	0,70	0,9086	1,00	1,0000
0,12	0,9436	0,42	0,8864	0,72	0,9126		
0,14	0,9364	0,44	0,8858	0,74	0,9168		
0,16	0,9298	0,46	0,8856	0,76	0,9214		
0,18	0,9237	0,48	0,8857	0,78	0,9262		
0,20	0,9182	0,50	0,8862	0,80	0,9314		
0,22	0,9131	0,52	0,8870	0,82	0,9368		
0,24	0,9085	0,54	0,8882	0,84	0,9426		
0,26	0,9044	0,56	0,8896	0,86	0,9487		
0,28	0,9007	0,58	0,8914	0,88	0,9551		

Tabelle 1-28. Fehlerfunktion (vgl. 4.4.7.4)

$$\Phi(x) = \frac{2}{\sqrt{\pi}} \int_0^x e^{-t^2}\, dt$$

x	$\Phi(x)$	x	$\Phi(x)$	x	$\Phi(x)$	x	$\Phi(x)$
0,00	0,0000	0,50	0,5205	1,00	0,8427	1,50	0,9661
0,02	0,0226	0,52	0,5379	1,02	0,8508	1,52	0,9684
0,04	0,0451	0,54	0,5549	1,04	0,8586	1,54	0,9706
0,06	0,0676	0,56	0,5716	1,06	0,8661	1,56	0,9726
0,08	0,0901	0,58	0,5879	1,08	0,8733	1,58	0,9746
0,10	0,1125	0,60	0,6039	1,10	0,8802	1,60	0,9764
0,12	0,1348	0,62	0,6194	1,12	0,8868	1,62	0,9780
0,14	0,1570	0,64	0,6346	1,14	0,8931	1,64	0,9796
0,16	0,1790	0,66	0,6494	1,16	0,8991	1,66	0,9811
0,18	0,2009	0,68	0,6638	1,18	0,9048	1,68	0,9825
0,20	0,2227	0,70	0,6778	1,20	0,9103	1,70	0,9838
0,22	0,2443	0,72	0,6914	1,22	0,9155	1,72	0,9850
0,24	0,2657	0,74	0,7047	1,24	0,9205	1,74	0,9861
0,26	0,2869	0,76	0,7175	1,26	0,9252	1,76	0,9872
0,28	0,3079	0,78	0,7300	1,28	0,9297	1,78	0,9882
0,30	0,3286	0,80	0,7421	1,30	0,9340	1,80	0,9891
0,32	0,3491	0,82	0,7538	1,32	0,9381	1,82	0,9899
0,34	0,3694	0,84	0,7651	1,34	0,9419	1,84	0,9907
0,36	0,3893	0,86	0,7761	1,36	0,9456	1,86	0,9915
0,38	0,4090	0,88	0,7867	1,38	0,9490	1,88	0,9922
0,40	0,4284	0,90	0,7969	1,40	0,9523	1,90	0,9928
0,42	0,4475	0,92	0,8068	1,42	0,9554	1,92	0,9934
0,44	0,4662	0,94	0,8163	1,44	0,9583	1,94	0,9939
0,46	0,4847	0,96	0,8254	1,46	0,9610	1,96	0,9944
0,48	0,5028	0,98	0,8342	1,48	0,9636	1,98	0,9949
						2,00	0,9953

[1]) Nullstellen von $\Gamma'(x)$ s. Tabelle 1-22.

2. Arithmetik

2.1 Potenzen, Wurzeln, Logarithmen

2.1.1 Potenzen

Definition: $a^n = aa \cdots a$ (n Faktoren), $a^1 = a$, $a^0 = 1$ für $a \neq 0$ (0^0 nicht definiert), $a^{-n} = 1/a^n$. a heißt Basis, n Exponent, a^n n-te Potenz von a.

Regeln:

1. $a^n a^m = a^{n+m}$ 2. $a^n b^n = (ab)^n$ 3. $(a^n)^m = a^{nm} = (a^m)^n$

4. $a^n/a^m = a^{n-m}$ 5. $a^n/b^n = (a/b)^n$

6. $(-1)^n = +1$ oder -1, je nachdem n gerade oder ungerade

7. $a^2 - b^2 = (a+b)(a-b)$ 8. $a^3 \pm b^3 = (a \pm b)(a^2 \mp ab + b^2)$

9. $\dfrac{a^n - b^n}{a - b} = a^{n-1} + a^{n-2}b + a^{n-3}b^2 + \cdots + ab^{n-2} + b^{n-1}$

10. $\dfrac{a^{2n+1} + b^{2n+1}}{a + b} = a^{2n} - a^{2n-1}b + a^{2n-2}b^2 - \cdots + b^{2n}$

11. $\dfrac{a^{2n} - b^{2n}}{a + b} = a^{2n-1} - a^{2n-2}b + a^{2n-3}b^2 - \cdots - b^{2n-1}$

2.1.2 Binomischer Satz

1. $(a \pm b)^2 = a^2 \pm 2ab + b^2$ 2. $(a \pm b)^3 = a^3 \pm 3a^2b + 3ab^2 \pm b^3$

3. $(a \pm b)^4 = a^4 \pm 4a^3b + 6a^2b^2 \pm 4ab^3 + b^4$, allgemein:

4. $(a+b)^n = a^n + na^{n-1}b + \binom{n}{2}a^{n-2}b^2 + \cdots + nab^{n-1} + b^n = \sum\limits_{p=0}^{n}\binom{n}{p}a^{n-p}b^p$,

dabei ist $\binom{n}{p} = \dfrac{n(n-1)\cdots[n-(p-1)]}{1 \cdot 2 \cdots p}$ (*Binomialkoeffizient*)[1])

2.1.3 Regeln über Binomialkoeffizienten

Definition: $1 \cdot 2 \cdots p = p!$ (p Fakultät), $0! = 1$.

Dann ist $\binom{n}{p} = \dfrac{n!}{p!\,(n-p)!} = \dfrac{n(n-1)(n-2)\cdots(n-p+1)}{1 \cdot 2 \cdot 3 \cdots p}$, $(0 \leq p \leq n)$.

---

[1]) Auch C_n^p (Frankreich), Werte s. Tabelle 1–13.

Regeln:

1. $\binom{n}{p} = \binom{n}{n-p}$ 2. $\binom{n}{n} = \binom{n}{0} = 1.$ 3. $\binom{n}{1} = \binom{n}{n-1} = n$

4. $\binom{n+1}{p} = \binom{n}{p}\frac{n+1}{n-p+1}$ 5. $\binom{n+1}{p+1} = \binom{n}{p+1} + \binom{n}{p}$

6. $\binom{n+1}{p+1} = \binom{n}{p} + \binom{n-1}{p} + \binom{n-2}{p} + \cdots + \binom{p}{p}$

7. $\binom{n}{0} + \binom{n}{1} + \binom{n}{2} + \cdots + \binom{n}{n} = 2^n$

8. $\binom{n}{0} - \binom{n}{1} + \binom{n}{2} - + \cdots + (-1)^n \binom{n}{n} = 0$

2.1.4 Wurzeln

Definitionen: $\sqrt[m]{a} = a^{1/m} = b$, wenn $b^m = a$ ist ($m > 0$, ganz, $a > 0$). a heißt Radikand, m Wurzelexponent, $\sqrt[m]{a}$ m-te Wurzel aus a.

$a^{n/m} = \left(\sqrt[m]{a}\right)^n = (a^{1/m})^n$ (Potenz mit rationalem Exponenten n/m).

Potenzen mit irrationalen Exponenten sind durch Grenzwertbildung definiert.

Regeln: Die Regeln 1. bis 5. in 2.1.1 gelten auch für beliebige Exponenten.

1. $\sqrt[m]{ab} = \sqrt[m]{a}\,\sqrt[m]{b}$ 2. $\sqrt[m]{a/b} = \sqrt[m]{a}\,/\,\sqrt[m]{b}$

3. $\sqrt[m]{a}\,\sqrt[n]{a} = \sqrt[mn]{a^{m+n}}$ 4. $\sqrt[m]{1/a} = 1/\sqrt[m]{a} = a^{-1/m}$

5. $\sqrt[m]{a^n} = \left(\sqrt[m]{a}\right)^n = a^{n/m}$ 6. $\sqrt[m]{\sqrt[n]{a}} = \sqrt[mn]{a} = \sqrt[n]{\sqrt[m]{a}}$

7. $\sqrt{a} \pm \sqrt{b} = \sqrt{a + b \pm 2\sqrt{ab}}$ 8. $\sqrt{a} = \pm\left|\sqrt{a}\right|$, $\sqrt[2n]{a} = \pm\left|\sqrt[2n]{a}\right|$

9. $\sqrt[2n+1]{-a} = -\left|\sqrt[2n+1]{a}\right|$

Näherungsformeln:

10. $\sqrt{a^2 \pm b} \approx a \pm (b/2a)$ 11. $\sqrt[3]{a^3 \pm b} \approx a \pm (b/3a^2)$ 12. $\sqrt[n]{a^n \pm b} \approx a \pm b/(n\,a^{n-1})$

Formeln 10, 11, 12 gelten, wenn b gegen a klein ist. Vgl. Tabelle 1–1.

13. $\sqrt{a^2 + b^2} \approx 0{,}960\,a + 0{,}398\,b$, wenn $a > b$. Fehler kleiner als 4% des wirklichen Wertes. Genauer (nach *Schlömilch*):

$\sqrt{a^2 + b^2} \approx 0{,}9938a + 0{,}0703b + 0{,}3567b^2/a$

sowie (nach *R. Müller*)

$$\sqrt{a^2 + b^2} \approx \frac{a^2 + 0{,}8516\,ab + b^2}{a + b},$$

$$\sqrt{a^2 + b^2} \approx a + b - \frac{ab}{a+b}\left[1 + \frac{1}{2}\,\frac{ab}{a^2 + ab + b^2}\right]$$

(Fehler kleiner als 0,819% oder 0,173% des wirklichen Wertes für alle a und b).

14. $\sqrt{a^2 + b^2 + c^2} \approx 0{,}939a + 0{,}389b + 0{,}297c$, wenn $a > b > c$. Fehler kleiner als 6% des wirklichen Wertes.

2.1.5 Logarithmen

Definition: ${}^b\log a = c$, wenn $b^c = a$ $(a > 0,\ b > 1)$. b heißt Basis, a Numerus, ${}^b\log a$ Logarithmus von a zur Basis b.

Regeln:

1. ${}^b\log 1 = 0,\ {}^b\log b = 1$
2. ${}^b\log (ac) = {}^b\log a + {}^b\log c$
3. ${}^b\log (a/c) = {}^b\log a - {}^b\log c$
4. ${}^b\log (a^n) = n\,{}^b\log a$
5. ${}^b\log \sqrt[n]{a} = (1/n)\,{}^b\log a$
6. ${}^b\log x = {}^a\log x\,{}^b\log a = {}^a\log x / {}^a\log b$
7. ${}^a\log b\,{}^b\log a = 1$

Natürliche und Briggssche Logarithmen: Logarithmen mit der Basis $e = 2{,}718281828459\ldots$ heißen natürliche, mit der Basis 10 gewöhnliche oder Briggssche Logarithmen. Man schreibt:

$$\ln a = {}^e\log a \quad \text{und} \quad \lg a = {}^{10}\log a\,.$$

Für $10^{n+1} > a \geqq 10^n$ (n ganz, positiv oder negativ) ist

$$n + 1 > \lg a \geqq n, \quad \text{also} \quad \lg a = n, \ldots$$

n heißt *Kennziffer*, der nach dem Komma folgende echte Dezimalbruch *Mantisse* des Logarithmus.

Regeln:

8. $\lg (a\, 10^n) = n + \lg a, \qquad \lg (a/10^n) = -n + \lg a$
9. $\ln x = \ln 10 \lg x = 2{,}3025850930 \lg x$
   $\lg x = \lg e \ln x = 0{,}4342944819 \ln x$
   $\ln 10 \lg e = 1$
10. $M_b = {}^b\log e = 1/\ln b$ heißt *Modul des Systems* mit Basis b
    $M_{10} = 0{,}4342944819 = \lg e = 1/\ln 10 = 1/2{,}3025850930 = M$
11. ${}^b\log a = M_b \ln a$

2.2 Komplexe Zahlen[1])

Reelle Zahlen haben nie negatives Quadrat. Um auch aus negativen Zahlen Quadratwurzeln ziehen zu können, muß man die komplexen Zahlen einführen.

Definitionen: Eine komplexe Zahl ist ein geordnetes Paar $\{x, y\}$ von reellen Zahlen. Durch

$$\{x, y\} + \{x', y'\} = \{x + x', y + y'\} \quad \text{und} \quad \{x, y\}\{x', y'\} = \{xx' - yy', xy' + yx'\}$$

wird Addition und Multiplikation von komplexen Zahlen definiert. Man identifiziert $\{x, 0\} = x$ und setzt $\{0, 1\} = \mathrm{i}$. Dann ist

$$\mathrm{i}^2 = -1 \quad (\text{d.h. } \mathrm{i} = \sqrt{-1}), \quad \{x, y\} = x + \mathrm{i}y\,.$$

Zahlen der Form $\mathrm{i}y$ heißen *imaginär* (oder rein imaginär). Es soll $x + \mathrm{i}y = x' + \mathrm{i}y'$ genau dann sein, wenn $x = x'$ und $y = y'$. $x + \mathrm{i}y$ und $x - \mathrm{i}y$ heißen zueinander *konjugiert komplex*, und wenn man die eine Größe mit z bezeichnet, z. B. $z = x + \mathrm{i}y$, so deutet man im allgemeinen mit einem Querstrich die konjugiert komplexe Größe an: $\bar{z} = x - \mathrm{i}y$. Es gilt $\bar{\bar{z}} = z$. Eine Gleichung zwischen komplexen Zahlen bleibt richtig, wenn man dort jede Zahl durch ihre konjugiert komplexe ersetzt.

[1]) Geometrische Deutung der komplexen Zahlen (vgl. 8.1.4) und komplexe Funktionen (vgl. 8.2).

Regeln:

$$\sqrt{-a} = \mathrm{i}\sqrt{a}, \quad \mathrm{i}^2 = -1, \quad \mathrm{i}^3 = -\mathrm{i}, \quad \mathrm{i}^4 = 1, \quad 1/\mathrm{i} = -\mathrm{i},$$

$$\mathrm{i}^{4n} = +1, \quad \mathrm{i}^{4n+1} = +\mathrm{i}, \quad \mathrm{i}^{4n+2} = -1, \quad \mathrm{i}^{4n+3} = -\mathrm{i} \quad (n \text{ ganz}),$$

$$(a + b\mathrm{i})(a - b\mathrm{i}) = a^2 + b^2, \quad \frac{a + b\mathrm{i}}{\alpha + \beta\mathrm{i}} = \frac{a\alpha + b\beta}{\alpha^2 + \beta^2} + \frac{b\alpha - a\beta}{\alpha^2 + \beta^2}\mathrm{i},$$

$$\sqrt{a \pm b\mathrm{i}} = \sqrt{\frac{1}{2}\left(\sqrt{a^2 + b^2} + a\right)} \pm \mathrm{i}\sqrt{\frac{1}{2}\left(\sqrt{a^2 + b^2} - a\right)}.$$

Normalform. Mit $r = +\sqrt{x^2 + y^2}$, $\varphi = \arctan y/x$ wird

$z = x + \mathrm{i}y = r(\cos\varphi + \mathrm{i}\sin\varphi)$ (Normalform).

$r = |z|$ heißt *Betrag*, φ (im Bogenmaß) *Argument* der komplexen Zahl z.

Definitionen: $e^{\mathrm{i}\varphi} = \cos\varphi + \mathrm{i}\sin\varphi$ (φ reell).

$$(x + \mathrm{i}y)^{\alpha + \mathrm{i}\beta} = r^\alpha e^{-\varphi\beta} e^{\mathrm{i}(\varphi\alpha + \beta \ln r)},$$

wenn $x + \mathrm{i}y = re^{\mathrm{i}\varphi}$ (Potenz mit beliebiger komplexer Basis und beliebigem komplexen Exponenten).

Logarithmus einer komplexen Zahl: $\log z = \ln|z| + \mathrm{i}(\varphi + 2k\pi)$, $k = 0$ (*Hauptwert*), 1, 2, 3, ...

Regeln:

$1/(\cos\varphi + \mathrm{i}\sin\varphi) = \cos\varphi - \mathrm{i}\sin\varphi$

$(\cos x \pm \mathrm{i}\sin x)(\cos y \pm \mathrm{i}\sin y) = \cos(x + y) \pm \mathrm{i}\sin(x + y)$

$(\cos x \pm \mathrm{i}\sin x)/(\cos y \pm \mathrm{i}\sin y) = \cos(x - y) \pm \mathrm{i}\sin(x - y)$

Moivrescher Satz (n beliebig): $(\cos\varphi \pm \mathrm{i}\sin\varphi)^n = \cos n\varphi \pm \mathrm{i}\sin n\varphi$,

$$\sqrt[n]{x + \mathrm{i}y} = \sqrt[n]{re^{\mathrm{i}\varphi}} = \left|\sqrt[n]{r}\right|\left(\cos\frac{\varphi + 2k\pi}{n} + \mathrm{i}\sin\frac{\varphi + 2k\pi}{n}\right);$$

φ ist im Bogenmaß zu messen (vgl. 3.1.1.2); k ist beliebige ganze Zahl, für $k = 0, 1, 2, \ldots, n - 1$ erhält man alle verschiedenen Werte der Wurzel.

Wurzeln der Einheit: $\sqrt[n]{1} = \cos\frac{2k\pi}{n} + \mathrm{i}\sin\frac{2k\pi}{n} = e^{2k\pi\mathrm{i}/n}$,

$$\sqrt[n]{-1} = \cos\frac{(2k + 1)\pi}{n} + \mathrm{i}\sin\frac{(2k + 1)\pi}{n} = e^{(2k+1)\pi\mathrm{i}/n} \quad (k = 0, 1, 2, \ldots, n - 1).$$

2.3 Kombinatorik

2.3.1 Permutationen

Umordnung der natürlichen Zahlen $1, 2, \ldots, n$ in eine andere Reihenfolge $i_1, i_2, \ldots, i_n$ heißt *Permutation* dieser Zahlen. Es gibt $P(n) = n! = 1 \cdot 2 \cdots n$ solcher Permutationen[1]). Dies ist auch die Anzahl der verschiedenen Anordnungen von n verschiedenen Elementen.

Wenn in der Permutation $i_1, i_2, \ldots, i_n$ eine größere Zahl vor einer kleineren steht, d.h. wenn $k < l$ und $i_k > i_l$ ist, so sagt man, es liege eine *Inversion* in der Permutation vor. Anzahl der Inversionen in einer Permutation (d.h. Anzahl der Paare k, l, für die $k < l$ und $i_k > i_l$ ist) wird mit $I(i_1, i_2, \ldots, i_n)$ bezeichnet. Die Permutation heißt *gerade* oder *ungerade*, je nachdem diese Anzahl gerade oder ungerade ist.

[1]) Das Krampsche Sympol $n!$ wird „n Fakultät" gelesen; zusätzlich ist $0! = 1$ definiert.

Unter den $P(n) = n!$ Permutationen gibt es $\frac{n!}{2}$, die eine gerade Anzahl von Inversionen besitzen, und $\frac{n!}{2}$ mit ungerader Inversionszahl.

Die Gesamtheit aller Permutationen pflegt man in eine lexikographische Reihenfolge zu bringen. Dabei nennt man die erste die „natürliche Anordnung" der Elemente. Aus einer Permutation erhält man die in lexikographischer Reihenfolge auf sie folgende, indem man das späteste Element, auf das ein noch höheres folgt, so wenig wie möglich erhöht (d.h. durch das nächsthöhere unter den später stehenden Elementen ersetzt) und die noch fehlenden Elemente in ihrer natürlichen Reihenfolge folgen läßt.

Die natürliche Anordnung enthält demnach keine Inversion, die letzte Permutation besitzt die größtmögliche Zahl von Inversionen, nämlich $\frac{n^2}{2} - \frac{n}{2}$. Die Gesamtzahl aller Inversionen in sämtlichen Permutationen ist $I_n = \frac{1}{4} \cdot n \cdot (n-1) \cdot n!$.

Beispiele:

1. Elemente 1 2 3 $n = 3$ $P(n) = 6$
   Permutationen in lexikographischer Reihenfolge:

   1 2 3 1 3 2 2 1 3 2 3 1 3 1 2 3 2 1

   Inversionen: $I(1\,2\,3) = 0$ $I(1\,3\,2) = 1$ $I(2\,1\,3) = 1$ $I(2\,3\,1) = 2$

   $I(3\,1\,2) = 2$ $I(3\,2\,1) = 3$

   $I_n = 9$

2. Elemente $a\,b\,c\,d$ $n = 4$ $P(n) = 24$
   Permutationen in lexikographischer Reihenfolge, in Klammern dahinter die Anzahl der Inversionen:

a	*b*	*c*	*d*	(0)	*b*	*a*	*c*	*d*	(1)	*c*	*a*	*b*	*d*	(2)	*d*	*a*	*b*	*c*	(3)
a	*b*	*d*	*c*	(1)	*b*	*a*	*d*	*c*	(2)	*c*	*a*	*d*	*b*	(3)	*d*	*a*	*c*	*b*	(4)
a	*c*	*b*	*d*	(1)	*b*	*c*	*a*	*d*	(2)	*c*	*b*	*a*	*d*	(3)	*d*	*b*	*a*	*c*	(4)
a	*c*	*d*	*b*	(2)	*b*	*c*	*d*	*a*	(3)	*c*	*b*	*d*	*a*	(4)	*d*	*b*	*c*	*a*	(5)
a	*d*	*b*	*c*	(2)	*b*	*d*	*a*	*c*	(3)	*c*	*d*	*a*	*b*	(4)	*d*	*c*	*a*	*b*	(5)
a	*d*	*c*	*b*	(3)	*b*	*d*	*c*	*a*	(4)	*c*	*d*	*b*	*a*	(5)	*d*	*c*	*b*	*a*	(6)

$I_n = 72$

Unter „absoluten Permutationen" verstehen wir nur diejenigen Permutationen, in denen kein einziges Element an der Stelle steht, die es in der natürlichen Anordnung besetzt. Für ihre Gesamtzahl $P^*(n)$ gilt:

$$P^*(1) = 0 \quad P^*(2) = 1$$

und für $n \geq 2$:

$$P^*(n) = (n-1) \cdot (P^*(n-1) + P^*(n-2))$$

oder

$$P^*(n) = n! \cdot \left(\frac{1}{2!} - \frac{1}{3!} + \frac{1}{4!} - \cdots + (-1)^n \cdot \frac{1}{n!}\right).$$

In den obigen beiden Beispielen bleiben als absolute Permutationen

zu 1.:

2 3 1 und 3 1 2 $P^*(3) = 2$

zu 2.:

b a d c *b c d a* *b d a c* *c a d b* *c d a b* *c d b a* *d a b c* *d c a b* *d c b a* $P^*(4) = 9$

Befinden sich unter n Elementen p_1 gleiche einer Art, p_2 gleiche einer zweiten Art usw., p_k gleiche einer k-ten Art, so ist die Zahl aller möglichen Anordnungen:

$$\frac{n!}{p_1!\,p_2!\cdots p_k!} \quad (p_1 + p_2 + \cdots + p_k = n),$$

z.B.

$n = 3,\quad p_1 = 1,\quad p_2 = 2:\quad \frac{3!}{1!\,2!} = 3$ 1 2 2, 2 1 2, 2 2 1.

2.3.2 Kombinationen

Kombinationen von n Elementen zur r-ten Klasse sind ungeordnete Gruppen von je r Elementen, wobei jedes der n Elemente höchstens einmal vorkommen darf.

Für ihre Gesamtzahl $K_r(n)$ gilt

$$K_r(n) = \frac{n!}{(n-r)! \cdot r!} = \binom{n}{r} \text{ [1]}$$

z. B.:

$$n = 3; \quad r = 2: \quad 1\,2 \quad 1\,3 \quad 2\,3 \quad K_2(3) = 3.$$

Zeichnen wir unter den n Elementen p Elemente aus, so ist unter der Gesamtheit der Kombinationen $K_r(n)$ die Anzahl derjenigen, die alle p Elemente enthalten:

$$\binom{n-p}{r-p} \text{ mit } (1 \leqq p \leqq r),$$

die Anzahl derjenigen, die keines der p Elemente enthalten:

$$\binom{n-p}{r} \text{ mit } (1 \leqq p \leqq n),$$

die Anzahl derjenigen, die mindestens eines der p Elemente enthalten:

$$\binom{n}{r} - \binom{n-p}{r} \text{ mit } (1 \leqq p \leqq n).$$

Beispiel: Im Zahlenlotto werden x Zahlen unter n Zahlen gezogen. Dann gibt es

$$Z_y = \binom{x}{y} \cdot \binom{n-x}{x-y}$$

mögliche „Tips", die in genau y Zahlen mit der Ziehung übereinstimmen.

Handelt es sich um das Lotto „6 aus 49", so wird

$$\begin{aligned}
Z_6 &= \binom{6}{6} \cdot \binom{43}{0} = 1 \\
Z_5 &= \binom{6}{5} \cdot \binom{43}{1} = 258 \\
Z_4 &= \binom{6}{4} \cdot \binom{43}{2} = 13\,545 \\
Z_3 &= \binom{6}{3} \cdot \binom{43}{3} = 246\,820 \\
Z_2 &= \binom{6}{2} \cdot \binom{43}{4} = 1\,851\,150 \\
Z_1 &= \binom{6}{1} \cdot \binom{43}{5} = 5\,775\,588 \\
Z_0 &= \binom{6}{0} \cdot \binom{43}{6} = 6\,096\,454 \\
\hline
Z_y &= \binom{49}{6} = 13\,983\,816
\end{aligned}$$

Übereinstimmung mit 6 Zahlen führt zur Gewinnklasse 1 (6 „Richtige"). Übereinstimmung mit 5 Zahlen führt zur Gewinnklasse 2, wenn eine weitere Zahl, die sog. Zusatzzahl, richtig war ($Z_5' = 6$; 5 „Richtige" mit Zusatzzahl), im anderen Fall zur Gewinnklasse 3 ($Z_5'' = 252$). Übereinstimmung mit 4 bzw. 3 Zahlen führt zu den Gewinnklassen 4 bzw 5. Die dazugehörigen Gewinnwahrscheinlichkeiten sind im Abschnitt „Wahrscheinlichkeitsrechnung und Statistik" (vgl. 12.3.1) angegeben.

Läßt man in jeder Kombination beliebige Wiederholungen der Elemente zu, so spricht man von Kombinationen mit Wiederholung. Für ihre Gesamtzahl $K_r'(n)$ gilt:

$$K_r'(n) = \binom{n+r-1}{r}$$

---

[1] Das Eulersche Symbol $\binom{n}{r}$ wird „n über r" gelesen; zusätzlich ist $\binom{n}{0} = 1$ definiert, um die Symmetrie $\binom{n}{r} = \binom{n}{n-r}$ zu erhalten.

z.B.:

$$n = 3; \quad r = 2: \quad 11 \quad 12 \quad 13 \quad 22 \quad 23 \quad 33 \qquad K'_2(3) = 6.$$

Anzahl aller möglichen Kombinationen von n ungleichen Elementen ohne Wiederholung ist $K(n) = \binom{n}{1} + \binom{n}{2} + \cdots + \binom{n}{n} = 2^n - 1$, z.B.

mit $n = 3$: $K(3) = 7$: 1, 2, 3; 12, 13, 23; 123.

2.3.3 Variationen

Anzahl der möglichen Variationen von n Elementen zur r-ten Klasse (geordneten Gruppen zu je r Elementen, permutierten Kombinationen):

$$V_r(n) = \binom{n}{r} r! = \frac{n!}{(n-r)!}$$ ohne Wiederholung, z.B.

mit $n = 3$ und $r = 2$: $V_2(3) = 6$: 12, 13, 21, 23, 31, 32.

$V'_r(n) = n^r$ mit Wiederholung, z.B.

mit $n = 3$ und $r = 2$: $V'_2(3) = 9$: 11, 12, 13, 21, 22, 23, 31, 32, 33.

Anzahl der Variationen ohne Wiederholung, die p vorgeschriebene Elemente enthalten:

$$r! \cdot \binom{n-p}{i-p} \quad \text{mit} \quad (0 \leq p \leq r).$$

Anzahl der Variationen, die keines von p vorgeschriebenen Elementen enthalten:

$$\left.\begin{array}{ll} \text{ohne Wiederholung} & \dfrac{(n-p)!}{(n-p-r)!} \\ \text{mit Wiederholung} & (n-p)^r \end{array}\right\} \text{mit } (0 \leq p \leq n).$$

Anzahl der Variationen, die mindestens eines von p Elementen enthalten:

$$\left.\begin{array}{ll} \text{ohne Wiederholung} & \dfrac{n!}{(n-r)!} - \dfrac{(n-p)!}{(n-p-r)!} \\ \text{mit Wiederholung} & n^r - (n-p)^r \end{array}\right\} \text{mit } (0 \leq p \leq n).$$

2.4 Algebraische Gleichungen

Systeme von linearen Gleichungen mit mehreren Unbekannten vgl. 5.4 und 10.4.2.7 (Eliminationsverfahren). Numerische Lösungsverfahren vgl. 10.4.2.

2.4.1 Quadratische Gleichungen

Algebraische Auflösung

$$x^2 + px + q = 0, \qquad x = -p/2 \pm \sqrt{p^2/4 - q},$$

$$ax^2 + bx + c = 0, \qquad x = \frac{-b \pm \sqrt{b^2 - 4ac}}{2a} = x_1, x_2.$$

Es ist $x_1 + x_2 = -p$, $x_1 x_2 = q$. Setzt man umgekehrt $p = -(x_1 + x_2)$, $q = +x_1 x_2$, so sind x_1 und x_2 Wurzeln der Gleichung

$$(x - x_1)(x - x_2) \equiv x^2 + px + q = 0.$$

Goniometrische Auflösung (gestattet Anwendung ununterbrochener logarithmischer Rechnung).

1. Fall. $x^2 \pm px - q = 0$, p und q positiv. Winkel φ zwischen 0° und 90° so bestimmen, daß $\tan\varphi = \sqrt{q}/(p/2)$; dann ist

$$x_1 = \pm\tan(\varphi/2)\sqrt{q}, \quad x_2 = \mp\sqrt{q}/\tan(\varphi/2).$$

2. Fall. $x^2 \pm px + q = 0$, p und q positiv.
Nach Berechnung des im ersten Quadranten liegenden Winkels φ aus $\sin\varphi = \sqrt{q}/(p/2)$ bestimmt man

$$x_1 = \mp\sqrt{q}\tan(\varphi/2), \quad x_2 = \mp\sqrt{q}/\tan(\varphi/2).$$

Findet sich $\sin\varphi > 1$, so sind die Wurzeln imaginär, nämlich

$$x = \sqrt{q}(\cos\psi \pm \mathrm{i}\sin\psi) = \sqrt{q}\,\mathrm{e}^{\pm \mathrm{i}\psi},$$

worin

$$\cos\psi = \mp(1/2)\,p/\sqrt{q} \quad (\psi \text{ zwischen } 0° \text{ und } 180°).$$

2.4.2 Gleichungen dritten Grades

$$z^3 + az^2 + bz + c = 0.$$

Setzt man $z = x - a/3$, so entsteht die reduzierte kubische Gleichung von der Form $x^3 + p'x + q' = 0$ oder $x^3 + 3px + 2q = 0$.

$$p' = b - a^2/3, \quad q' = \left(\frac{2}{27}\right)a^3 - ab/3 + c,$$

$$p = b/3 - a^2/9, \quad q = a^3/27 - ab/6 + c/2.$$

Algebraische Auflösung. Wurzeln der Gleichung $x^3 + 3px + 2q = 0$ (nach der *Cardanischen Formel*):

$$x_1 = u + v, \quad x_2 = w_1u + w_2v, \quad x_3 = w_2u + w_1v.$$

Hierin sind w_1 und w_2 die beiden konjugiert komplexen Werte von $\sqrt[3]{1}$:

$$w_1 = (-1 + \mathrm{i}\sqrt{3})/2, \quad w_2 = (-1 - \mathrm{i}\sqrt{3})/2,$$

und u und v die Ausdrücke

$$u = \sqrt[3]{-q + \sqrt{q^2 + p^3}}, \qquad v = -\frac{p}{u} = \sqrt[3]{-q - \sqrt{q^2 + p^3}}.$$

Ist $q^2 + p^3 < 0$ (casus irreducibilis), so erscheinen die Wurzeln in komplexer Form, obgleich sie alle drei reell sind. Zweckmäßig dann die goniometrische Auflösung anwenden (s. 3. Fall).

Auflösung mit Hyperbel- und Kreisfunktionen.

1. Fall. $x^3 + 3px \pm 2q = 0$, $p > 0$, $q > 0$. Hilfsgröße φ aus $\sinh\varphi = q/(p\sqrt{p})$ berechnen; die Wurzeln sind dann

$$x_1 = \mp 2\sqrt{p}\sinh(\varphi/3), \quad x_2 = \pm\sqrt{p}\sinh(\varphi/3) + \mathrm{i}\sqrt{3p}\cosh(\varphi/3),$$

$$x_3 = \pm\sqrt{p}\sinh(\varphi/3) - \mathrm{i}\sqrt{3p}\cosh(\varphi/3).$$

2. Fall. $x^3 - 3px \pm 2q = 0$, $p > 0$, $q > 0$, $p^3 < q^2$. Hilfsgröße φ aus $\cosh\varphi = q/(p\sqrt{p})$ berechnen; die Wurzeln sind dann

$$x_1 = \mp 2\sqrt{p}\cosh(\varphi/3), \quad x_2 = \pm\sqrt{p}\cosh(\varphi/3) + \mathrm{i}\sqrt{3p}\sinh(\varphi/3),$$

$$x_3 = \pm\sqrt{p}\cosh(\varphi/3) - \mathrm{i}\sqrt{3p}\sinh(\varphi/3).$$

3. Fall. $x^3 - 3px \pm 2q = 0$, $p > 0$, $q > 0$, $p^3 > q^2$. Hilfsgröße φ aus $\cos\varphi = q/(p\sqrt{p})$ berechnen; dann ist

$$x_1 = \mp 2\sqrt{p}\cos(\varphi/3), \quad x_2 = \pm 2\sqrt{p}\cos(60° - \varphi/3),$$

$$x_3 = \pm 2\sqrt{p}\cos(60° + \varphi/3).$$

4. Fall. (Grenzfall zu 2. und 3.) $x^3 - 3px \pm 2q = 0$, $q > 0$, $p > 0$, $p^3 = q_2$.

$$x_1 = \mp 2\sqrt{p}, \quad x_2 = x_3 = \pm\sqrt{p}.$$

2.4.3 Gleichungen vierten Grades

$$z^4 + az^3 + bz^2 + cz + d = 0.$$

Setzt man $z = x - a/4$, so entsteht die reduzierte biquadratische Gleichung von der Form

$$x^4 + px^2 + qx + r = 0.$$

Um die vier Wurzeln dieser Gleichung zu finden, hat man zuerst die folgende Gleichung dritten Grades (*kubische Resolvente*) aufzulösen:

$$y^3 + 2py^2 + (p^2 - 4r)\,y - q^2 = 0.$$

Sind y_1, y_2, y_3 ihre Wurzeln, so sind die Wurzeln der obigen reduzierten biquadratischen Gleichung:

$$x_1 = \left(\frac{1}{2}\right)\left(\sqrt{y_1} + \sqrt{y_2} + \sqrt{y_3}\right), \quad x_3 = \left(\frac{1}{2}\right)\left(-\sqrt{y_1} + \sqrt{y_2} - \sqrt{y_3}\right),$$

$$x_2 = \left(\frac{1}{2}\right)\left(\sqrt{y_1} - \sqrt{y_2} - \sqrt{y_3}\right), \quad x_4 = \left(\frac{1}{2}\right)\left(-\sqrt{y_1} - \sqrt{y_2} + \sqrt{y_3}\right);$$

den hier auftretenden Quadratwurzeln ein solches Vorzeichen geben, daß

$$\sqrt{y_1}\,\sqrt{y_2}\,\sqrt{y_3} = -q$$

wird.

2.4.4 Gleichungen höheren Grades

$$x^n + a_{n-1}\,x^{n-1} + a_{n-2}\,x^{n-2} + \cdots + a_1x + a_0 = 0$$

hat n komplexe Wurzeln $x_1, x_2, \ldots, x_n$, von denen jedoch mehrere zusammenfallen können. Es ist

$$x_1 + x_2 + x_3 + \cdots + x_n = -a_{n-1}, \quad x_1x_2x_3 \cdots x_n = (-1)^n\,a_0.$$

Berechnung der Wurzeln für $n > 2$ am einfachsten nach einem numerischen Verfahren (vgl. Auflösung von Gleichungen 10.4.2). (Bei $n > 4$: Lösungen im allgemeinen nicht durch Wurzelausdrücke darstellbar.)

2.4.5 Hurwitzsche Kriterien

Die Gleichung

$$a_0z^n + a_1z^{n-1} + \cdots + a_n = 0, \quad a_0 > 0$$

besitzt nur Wurzeln mit negativem Realteil, wenn die Determinanten

$$D_1 = a_1, \quad D_2 = \begin{vmatrix} a_1 & a_0 \\ a_3 & a_2 \end{vmatrix}, \quad D_3 = \begin{vmatrix} a_1 & a_0 & 0 \\ a_3 & a_2 & a_1 \\ a_5 & a_4 & a_3 \end{vmatrix}, \ldots,$$

$$D_n = \begin{vmatrix} a_1 & a_0 & 0 & 0 \cdots 0 \\ a_3 & a_2 & a_1 & a_0 \cdots 0 \\ \multicolumn{4}{c}{\dots\dots\dots\dots\dots\dots} \\ a_{2n-1} & a_{2n-2} & \cdots & a_n \end{vmatrix}$$

($a_\nu = 0$ für $\nu > n$) sämtlich positiv sind. Diese Kriterien für Schwingungslehre wichtig.

2.4.6 Ganzzahlige Lösungen von Gleichungen (Diophantische Gleichungen)

Ein ganzzahliges Lösungspaar x_0, y_0 der linearen Gleichung mit zwei Unbekannten

$$ax + by + c = 0,$$

wobei a, b und c ganze Zahlen, a und b teilerfremd sind, sei bekannt. Alle übrigen ganzzahligen Lösungen x_k, y_k ergeben sich dann zu

$$x_k = x_0 - bk,$$
$$y_k = y_0 + ak,$$

worin $k = \pm 1, \pm 2, \pm 3, \ldots$ die reellen ganzen Zahlen sind. Die Lösung x_0, y_0 gewinnt man durch Entwicklung von $\frac{a}{b}$ in einen Kettenbruch: (d_j ganze Zahlen)

$$\frac{a}{b} = d_1 + \cfrac{1}{d_2 + \cfrac{1}{d_3 + \cfrac{1}{\begin{matrix}\cdots\cdots\cdots\cdots\\ \cdots\cdots\cdots\cdots\\ + \cfrac{1}{d_{n-1} + \cfrac{1}{d_n}}\end{matrix}}}}$$

Mit $\frac{1}{d_n}$ bricht der Kettenbruch ab. Streicht man $\frac{1}{d_n}$ und verwandelt rückwärts wieder in einen neuen Bruch $\frac{a^*}{b^*}$, dann ist

$$x_0 = (-1)^{n-1}\, cb^*, \quad y_0 = (-1)^n\, ca^*$$

ein ganzzahliges Lösungspaar der Gleichung. Näheres siehe [47, 51, 62].

Beispiel:

$$53x + 67y - 25 = 0$$

$$\frac{a}{b} = \frac{53}{67} = \cfrac{1}{1 + \cfrac{14}{53}} = \cfrac{1}{1 + \cfrac{1}{3 + \cfrac{1}{1 + \cfrac{3}{11}}}} = \cfrac{1}{1 + \cfrac{1}{3 + \cfrac{1}{1 + \cfrac{1}{3 + \cfrac{1}{1 + \cfrac{1}{2}}}}}}$$

$$\frac{a^*}{b^*} = \cfrac{1}{1 + \cfrac{1}{3 + \cfrac{1}{1 + \cfrac{1}{3 + \cfrac{1}{1}}}}} = \frac{19}{24}$$

$$x_0 = cb^* = -25 \cdot 24 = -600,$$
$$y_0 = -ca^* = +25 \cdot 19 = +475,$$
$$\left.\begin{aligned} x_k &= -600 - 67k,\\ y_k &= +475 + 53k. \end{aligned}\right\} \quad k = \pm 1, \pm 2, \pm 3, \ldots$$

2.5 Summenformeln

2.5.1 Arithmetische Reihen

Für die arithmetische Reihe $a, a + d, a + 2d, \ldots, a + (n - 1)\,d$ ist das n-te Glied

$$u = a + (n - 1)\,d$$

und die Summe der n ersten Glieder

$$S = (1/2)\,(a + u)\,n = (n/2)\,[2a + (n - 1)\,d].$$

Eine arithmetische Reihe k-ter Ordnung ist durch folgende Eigenschaft erklärt: Man bilde aus ihren Gliedern $a_0, a_1, a_2, \ldots$ das Differenzenschema

$$\begin{array}{ccccc} a_0 & & & & \\ & \Delta a_0 & & & \\ a_1 & & \Delta^2 a_0 & & \\ & \Delta a_1 & & \Delta^3 a_0 & \ldots, \\ a_2 & & \Delta^2 a_1 & \vdots & \\ & \Delta a_2 & \vdots & & \\ a_3 & \vdots & & & \\ \vdots & & & & \end{array}$$

wo $\Delta a_0 = a_1 - a_0$, $\Delta a_1 = a_2 - a_1, \ldots, \Delta^2 a_0 = \Delta a_1 - \Delta a_0$, $\Delta^2 a_1 = \Delta a_2 - \Delta a_1, \ldots$ usw. ist und $\Delta^k a_0 = \Delta^k a_1 = \Delta^k a_2 = \ldots$ einen festen Wert haben soll. Dann ist für $n = 0, 1, 2, \ldots$

$$a_n = a_0 + \binom{n}{1} \Delta a_0 + \binom{n}{2} \Delta^2 a_0 + \cdots + \binom{n}{k} \Delta^k a_0,$$

wonach man jedes Glied der Reihe aus den Anfängen der Differenzenspalten berechnen kann; ferner für $\lambda = 1, 2, \ldots, k$:

$$\Delta^\lambda a_0 = a_\lambda - \binom{\lambda}{1} a_{\lambda-1} + \binom{\lambda}{2} a_{\lambda-2} - + \cdots + (-1)^\lambda a_0,$$

wonach man die Anfangsglieder der Differenzenspalten aus den Gliedern der Reihe berechnen kann. Aber diese Formel gilt für jedes Differenzenglied, da man ja die entsprechende Spalte bei ihm beginnen kann.

Für die Summe $S = a_0 + a_1 + a_2 + \cdots + a_{n-1}$ gilt

$$S = \binom{n}{1} a_0 + \binom{n}{2} \Delta a_0 + \binom{n}{3} \Delta^2 a_0 + \cdots + \binom{n}{k+1} \Delta^k a_0.$$

2.5.2 Geometrische Reihen

Für die (endliche) geometrische Reihe $a, aq, aq^2, \ldots, aq^{n-1}$ ist das n-te Glied $u = aq^{n-1}$ und die Summe der n ersten Glieder

$$S = a(q^n - 1)/(q - 1) = (qu - a)/(q - 1).$$

Auf den einfachsten Fall

$$1 + x + x^2 + x^3 + \cdots + x^{n-1} = (1 - x^n)/(1 - x)$$

sind alle übrigen zurückzuführen.

2.5.3 Einige besondere Summen

1. $1 + 2 + 3 + 4 + 5 + 6 + 7 + \cdots + (n - 1) + n = n(n + 1)/2$
2. $p + (p + 1) + (p + 2) + \cdots + (q - 1) + q = \dfrac{(q + p)\,(q - p + 1)}{2}$
3. $1^2 + 2^2 + 3^2 + 4^2 + 5^2 + 6^2 + \cdots + (n - 1)^2 + n^2 = \dfrac{n(n + 1)\,(2n + 1)}{1 \cdot 2 \cdot 3}$
4. $1^3 + 2^3 + 3^3 + 4^3 + 5^3 + 6^3 + \cdots + (n - 1)^3 + n^3 = [n(n + 1)/2]^2$
5. $1^4 + 2^4 + 3^4 + \cdots + (n - 1)^4 + n^4 = \dfrac{n}{30}(n + 1)\,(2n + 1)\,(3n^2 + 3n - 1)$

6. $1+3+5+7+9+11+13+\cdots+(2n-3)+(2n-1)=n^2$

7. $2+4+6+\cdots+2n=n(n+1)$

8. $1^2+3^2+5^2+7^2+\cdots+(2n-1)^2=\frac{1}{3}n(2n-1)(2n+1)$

9. $2^2+4^2+6^2+\cdots+(2n)^2=\frac{2}{3}n(n+1)(2n+1)$

10. $1^3+3^3+5^3+7^3+\cdots+(2n-1)^3=n^2(2n^2-1)$

11. $2^3+4^3+6^3+\cdots+(2n)^3=2n^2(n+1)^2$

12. $1+2x+3x^2+\cdots+nx^{n-1}=\frac{1-(n+1)x^n+nx^{n+1}}{(1-x)^2}, \quad (x \neq 1)$

13. $\frac{1}{2}+\frac{2}{2^2}+\frac{3}{2^3}+\frac{4}{2^4}+\cdots+\frac{n}{2^n}=2-\frac{n+2}{2^n}$

14. Genäherte Berechnung von Summen der Form

$$1+\frac{1}{2}+\frac{1}{3}+\cdots+\frac{1}{n}$$

für große n vgl. 4.1.4 (harmonische Reihe).

2.6 Zinseszins- und Rentenrechnung

Folgende Formeln beschreiben die Beziehungen zwischen Beträgen, die am Anfang, während oder am Ende eines Zeitraums von n Jahren fällig sind. Benutzte Bezeichnungen sind in *Finanzmathematik* üblich und zum größten Teil international vereinbart.

Bezeichnungen:

i Zinsfuß bei jährlicher nachschüssiger Verzinsung (z.B. für 3,5% ist $i = 0{,}035$),
$1+i$ *Aufzinsungsfaktor,*
$v = 1/(1+i)$ *Abzinsungsfaktor,*
$\ddot{a}_{\overline{n}|}$ Barwert einer n-mal vorschüssig fälligen Rente vom Jahresbetrag 1,
$a_{\overline{n}|}$ Barwert einer n-mal nachschüssig fälligen Rente vom Jahresbetrag 1,
$s_{\overline{n}|}$ Endwert (Gesamtwert) einer n-mal nachschüssig fälligen Rente vom Jahresbetrag 1,
n Anzahl der Jahre.

2.6.1 Zinseszins. Ein Kapital vom Betrage 1 wächst in n Jahren auf folgende Beträge an:

bei *jährlichem* Zinszuschlag auf $(1+i)^n$ (Tabelle 2–1),

bei *halbjährlichem* Zinszuschlag und einem nominellen jährlichen Zinsfuß i auf $(1+i/2)^{2n}$; wirkliche Verzinsung ist in diesem Falle $i+(i/2)^2$,

bei *stetiger Verzinsung* mit einem nominellen jährlichen Zinsfuß i auf e^{in} (e^x in Tabelle 1–5); wirkliche Verzinsung ist in diesem Falle e^i-1.

2.6.2 Wiederholte Zahlungen, die n-mal im Betrage von je 1

am Ende | *am Anfang*

jedes Jahres geleistet werden, haben
am Ende des n-jährigen Zeitraumes den Gesamtwert

$$s_{\overline{n}|}=\frac{(1+i)^n-1}{i} \qquad\qquad \frac{(1+i)^n-1}{i}(1+i),$$

Tabelle 2-1. $(1 + i)^n$

i% \ n	5	10	15	20	25	30	35	40	45	50	60	70	75	80	90	100
3,00	1,159	1,344	1,558	1,806	2,094	2,427	2,814	3,262	3,782	4,384	5,892	7,918	9,179	10,64	14,30	19,22
3,25	1,173	1,377	1,616	1,896	2,225	2,610	3,063	3,594	4,217	4,949	6,814	9,382	11,01	12,92	17,79	24,49
3,50	1,188	1,411	1,675	1,990	2,363	2,807	3,334	3,959	4,702	5,585	7,878	11,11	13,20	15,68	22,11	31,19
3,75	1,202	1,445	1,737	2,088	2,510	3,017	3,627	4,360	5,242	6,301	9,105	13,16	15,82	19,01	27,47	39,70
4,00	1,217	1,480	1,801	2,191	2,666	3,243	3,946	4,801	5,841	7,107	10,52	15,57	18,95	23,05	34,12	50,50
4,25	1,231	1,516	1,867	2,299	2,831	3,486	4,292	5.285	6.508	8,013	12,15	18,42	22,68	27,93	42,35	64,21
4,50	1,246	1,553	1,935	2,412	3,005	3,745	4,667	5.816	7,248	9,033	14,03	21,78	27,15	33,83	52,54	81,59
5,00	1,276	1,629	2,079	2,653	3,386	4,322	5,516	7,040	8,985	11,47	18,68	30,43	38,83	49,56	80,73	131,5
5,50	1,307	1,708	2,232	2,918	3,813	4,984	6,514	8,513	11,13	14,54	24,84	42,43	55,45	72,48	123,8	211,5
6,00	1,338	1,791	2,397	3,207	4,292	5,743	7,686	10,29	13,76	18,42	32,99	59,08	79,06	105,8	189,5	339,3
7,00	1,403	1,967	2,759	3,870	5,427	7,612	10,68	14,97	21,00	29,46	57,95	114,0	159,9	224,2	441,1	867,7
8,00	1,469	2,159	3,172	4,661	6,848	10,06	14,79	21,72	31,92	46,90	101,3	218,6	321,2	472,0	1019	2200
9,00	1,539	2,367	3,642	5,604	8,623	13,27	20,41	31,41	48,33	74,36	176,0	416,7	641,2	986,6	2336	5529
10,00	1,611	2,594	4,177	6,727	10,83	17,45	28,10	45,26	72,89	117,4	304,5	789,7	1272	2048	5313	13781

Tabelle 2-2. Tilgungsbeträge in % des ursprünglichen Wertes

i%	Tilgung ist beendet in Jahren:							
	5	10	15	20	25	30	35	40
3,00	21,835	11,723	8,377	6,722	5,743	5,102	4,654	4,326
3,25	21,992	11,873	8,529	6,878	5,904	5,268	4,825	4,503
3,50	22,148	12,024	8,683	7,036	6,067	5,437	5,000	4,683
3,75	22,305	12,176	8,838	7,196	6,233	5,609	5,177	4,866
4,00	22,463	12,329	8,994	7,358	6,401	5,783	5,358	5,052
4,25	22,621	12,483	9,152	7,522	6,571	5,960	5,541	5,242
4,50	22,779	12,638	9,311	7,688	6,744	6,139	5,727	5,434
4,75	22,938	12,794	9,472	7,855	6,919	6,321	5,916	5,630
5,00	23,097	12,950	9,634	8,024	7,095	6,505	6,107	5,828
5,50	23,418	13,267	9,963	8,368	7,455	6,881	6,497	6,232
6,00	23,740	13,587	10,296	8,718	7,823	7,265	6,897	6,646
7,00	24,389	14,238	10,979	9,439	8,581	8,059	7,723	7,501
8,00	25,046	14,903	11,683	10,185	9,368	8,883	8,580	8,386
9,00	25,709	15,582	12,406	10,955	10,181	9,734	9,464	9,296
10,00	26,380	16,275	13,147	11,746	11,017	10,608	10,369	10,226

i%	45	50	60	70	75	80	90	100
3,00	4,079	3,887	3,613	3,434	3,367	3,311	3,226	3,165
3,25	4,260	4,073	3,809	3,638	3,575	3,523	3,444	3,388
3,50	4,445	4,263	4,009	3,846	3,787	3,738	3,666	3,616
3,75	4,634	4,457	4,213	4,058	4,003	3,958	3,892	3,847
4,00	4,826	4,655	4,420	4,275	4,223	4,181	4,121	4,081
4,25	5,022	4,856	4,631	4,494	4,446	4,408	4,353	4,317
4,50	5,220	5,060	4,845	4,717	4,672	4,637	4,587	4,556
4,75	5,422	5,267	5,063	4,942	4,901	4,869	4,824	4,796
5,00	5,626	5,478	5,283	5,170	5,132	5,103	5,063	5,038
5,50	6,043	5,906	5,731	5,633	5,601	5,577	5,545	5,526
6,00	6,470	6,344	6,188	6,103	6,077	6,057	6,032	6,018
7,00	7,350	7,246	7,123	7,062	7,044	7,031	7,016	7,008
8,00	8,259	8,174	8,080	8,037	8,025	8,017	8,008	8,004
9,00	9,190	9,123	9,051	9,022	9,014	9,009	9,004	9,002
10,00	10,139	10,086	10,033	10,013	10,008	10,005	10,002	10,001

am Anfang des n-jährigen Zeitraumes den Gesamtwert

$$a_{\overline{n}|} = \frac{(1+i)^n - 1}{i} \, \frac{1}{(1+i)^n} \qquad \mathrm{a}_{\overline{n}|} = \frac{(1+i)^n - 1}{i} \, \frac{1}{(1+i)^{n-1}}$$

$$= (1 - v^n)/i, \qquad = (1 - v^n)/(1 - v).$$

2.6.3 Tilgung einer Schuld (*Abschreibung eines Anlagewertes*). Ist der jährlich nachschüssig für Verzinsung und Tilgung einer Schuld S insgesamt zu zahlende Betrag, die *Annuität* A, und ist der Restbetrag R, auf den die Schuld nach t Jahren abgeschrieben sein soll, so gelten

$$A = (S - Rv^t)/a_{\overline{t}|} \quad \text{und} \quad t = [\lg(A - Ri) - \lg(A - Si)]/\lg(1 + i).$$

Bei völliger Tilgung (Abschreibung auf Null) in n Jahren gilt (Tabelle 2–2.)

$$A = S/a_{\overline{n}|} \quad \text{und} \quad n = [\lg A - \lg(A - Si)]/\lg(1 + i).$$

3. Kreis- und Hyperbelfunktionen

Kreisfunktionen s. Tabellen 1–4 bzw. 1–5

3.1 Kreisfunktionen (trigonometrische Funktionen)

3.1.1 Winkeleinheiten, Definitionen

3.1.1.1 *Gradmaß.* Einer vollen Umdrehung im positiven Sinne (entgegengesetzter Uhrzeigersinn) entspricht im Gradmaß ein Winkel von 360°. Den Drehungen im negativen Sinn entsprechen negative Winkel. Ein rechter Winkel hat 90°. Oft wird auch die neue Winkelteilung in Gon (früher auch Neugrad genannt) benutzt (s. Tabellen 1–16 und 1–17). Einer vollen Umdrehung entsprechen dann 400 gon, einem rechten Winkel 100 gon. Weitere Unterteilung:

$$1° = 60' \text{ (Minuten)}, \qquad 1 \text{ gon} = 100 \text{ cgon},$$

$$1' = 60'' \text{ (Sekunden)}, \qquad 1 \text{ gon} = 1000 \text{ mgon}.$$

3.1.1.2 *Bogenmaß.* Mißt man einen Winkel durch den Bogen des Einheitskreises (Bild 3–1), den seine Schenkel ausschneiden, so spricht man vom Bogenmaß des Winkels.

Ist α das Bogenmaß eines Winkels, so wird sein Gradmaß mit $\beta°$ bezeichnet. Man schreibt: $\alpha = \text{arc}\,\beta°$ oder $\beta° = \alpha$ rad.

Zuweilen werden Winkel auch in Vielfachen des rechten Winkels gemessen, so daß 90° das Maß 1 haben; man. schreibt $90° = 1^{\llcorner}$. Bei mathematischen Betrachtungen Winkel immer im Bogenmaß messen.

3.1.1.3 *Umrechnung* nach folgenden Formeln:

$$\alpha = \text{arc}\,\beta° = (\pi/180)\,\beta°, \quad \text{arc}\,1° = \pi/180 = 0{,}017453\ldots$$

$$1 = \text{arc}\,57{,}29578\ldots°, \qquad 57{,}29578\ldots° = 1 \text{ rad}.$$

(Siehe Tabelle 1–16 und 1–17).

3.1.1.4 *Definitionen der Kreisfunktionen* Sinus, Cosinus, Tangens und Cotangens nach Bild 3–1. Ausgezeichnete Werte und Vorzeichen in Tabelle 3–1; ferner ist

$$\sin(45° \pm \alpha) = \cos(45° \mp \alpha), \quad \sin(30° + \alpha) = \cos\alpha - \sin(30° - \alpha),$$

$$\tan(45° \pm \alpha) = \cot(45° \mp \alpha), \quad \cos(30° + \alpha) = \cos(30° - \alpha) - \sin\alpha.$$

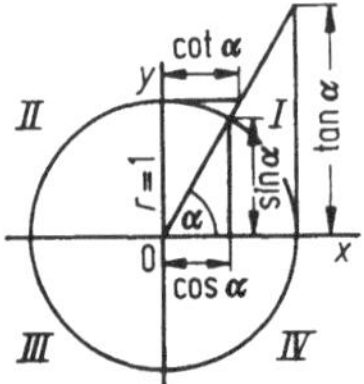

Bild 3–1. Kreisfunktionen am Einheitskreis.

Tabelle 3-1. Trigonometrische Funktionswerte einiger besonderer Winkel

$\alpha =$	0°	90°	180°	270°	360°	30°	45°	60°
$\sin\alpha =$	0	+1	0	−1	0	$1/2 = 0{,}500$	$(1/2)\sqrt{2} = 0{,}707$	$(1/2)\sqrt{3} = 0{,}866$
$\cos\alpha =$	+1	0	−1	0	+1	$(1/2)\sqrt{3} = 0{,}866$	$(1/2)\sqrt{2} = 0{,}707$	$1/2 = 0{,}500$
$\tan\alpha =$	0	$\pm\infty$	0	$\pm\infty$	0	$(1/3)\sqrt{3} = 0{,}577$	1	$\sqrt{3} = 1{,}732$
$\cot\alpha =$	$\pm\infty$	0	$\pm\infty$	0	$\pm\infty$	$\sqrt{3} = 1{,}732$	1	$(1/3)\sqrt{3} = 0{,}577$
$\text{arc}\,\alpha =$	0	$\pi/2$	π	$3\pi/2$	2π	$\pi/6 = 0{,}524$	$\pi/4 = 0{,}785$	$\pi/3 = 1{,}047$

Vorzeichen der trigonometrischen Funktionen in den vier Quadranten (Bild 3-1)

	Winkel φ liegt zwischen				Winkel $\varphi =$			
	0° u. 90°	90° u. 180°	180° u. 270°	270° u. 360°	$\pm\alpha$	$90° \pm \alpha$	$180° \pm \alpha$	$270° \pm \alpha$
$\sin\varphi$	+	+	−	−	$\pm\sin\alpha$	$+\cos\alpha$	$\mp\sin\alpha$	$-\cos\alpha$
$\cos\varphi$	+	−	−	+	$+\cos\alpha$	$\mp\sin\alpha$	$-\cos\alpha$	$\pm\sin\alpha$
$\tan\varphi$	+	−	+	−	$\pm\tan\alpha$	$\mp\cot\alpha$	$\pm\tan\alpha$	$\mp\cot\alpha$
$\cot\varphi$	+	−	+	−	$\pm\cot\alpha$	$\mp\tan\alpha$	$\pm\cot\alpha$	$\pm\tan\alpha$

Die linke Hälfte der Tabelle gibt die Vorzeichen der Kreisfunktionen an, die rechte Hälfte dient zum Zurückführen der Kreisfunktionen auf den ersten Quadranten.

3.1.1.5 *Darstellungen der Kreisfunktionen* in einer x, y-Ebene ($y = f(x)$) in Bild 3–2 und 3–3. Periodizität:

$$\sin(x + 2k\pi) = \sin x, \quad \tan(x + k\pi) = \tan x,$$

$$\cos(x + 2k\pi) = \cos x, \quad \cot(x + k\pi) = \cot x.$$

$$(k = 0, \pm 1, \pm 2, \ldots)$$

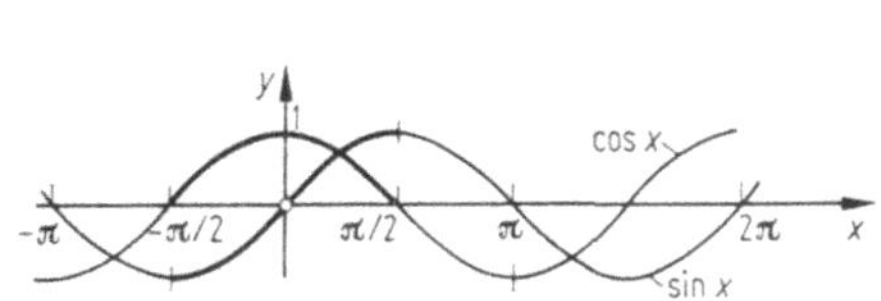

Bild 3–2. Darstellung von sin und cos.

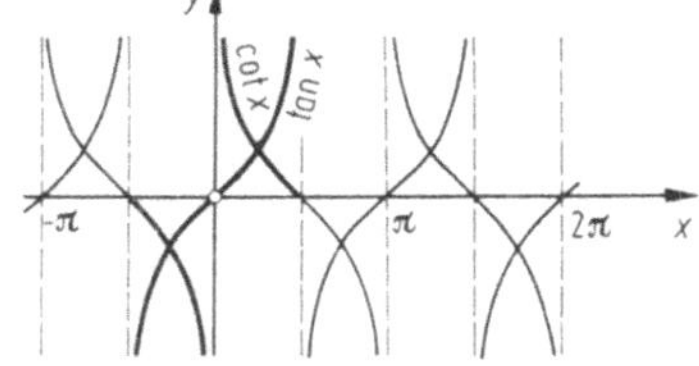

Bild 3–3. Darstellung von tan und cot.

3.1.2 Beziehungen zwischen den Funktionen desselben Winkels

1. $\cos^2\alpha + \sin^2\alpha = 1$ 2. $\tan\alpha = \sin\alpha/\cos\alpha$ 3. $\cot\alpha = \cos\alpha/\sin\alpha = 1/\tan\alpha$
4. $\sec\alpha = 1/\cos\alpha$ 5. $\operatorname{cosec}\alpha = 1/\sin\alpha$ 6. $1 + \tan^2\alpha = 1/\cos^2\alpha = \sec^2\alpha$
7. $1 + \cot^2\alpha = 1/\sin^2\alpha = \operatorname{cosec}^2\alpha$
8. $\sin\alpha = \sqrt{1 - \cos^2\alpha} = \tan\alpha/\sqrt{1 + \tan^2\alpha} = 1/\sqrt{1 + \cot^2\alpha}$
9. $\cos\alpha = \sqrt{1 - \sin^2\alpha} = 1/\sqrt{1 + \tan^2\alpha} = \cot\alpha/\sqrt{1 + \cot^2\alpha}$

Funktionen $\sec\alpha = 1/\cos\alpha$ und $\operatorname{cosec}\alpha = 1/\sin\alpha$ nur noch selten gebraucht.

3.1.3 Beziehungen zwischen den Funktionen zweier Winkel

Additionstheoreme

1. $\sin(\alpha \pm \beta) = \sin\alpha\cos\beta \pm \cos\alpha\sin\beta$
2. $\cos(\alpha \pm \beta) = \cos\alpha\cos\beta \mp \sin\alpha\sin\beta$
3. $\tan(\alpha \pm \beta) = (\tan\alpha \pm \tan\beta)/(1 \mp \tan\alpha\tan\beta)$
4. $\cot(\alpha \pm \beta) = (\cot\alpha\cot\beta \mp 1)/(\cot\beta \pm \cot\alpha)$
5. $\sin\alpha + \sin\beta = 2\sin[(\alpha + \beta)/2]\cos[(\alpha - \beta)/2]$
6. $\sin\alpha - \sin\beta = 2\cos[(\alpha + \beta)/2]\sin[(\alpha - \beta)/2]$
7. $\cos\alpha + \cos\beta = 2\cos[(\alpha + \beta)/2]\cos[(\alpha - \beta)/2]$

8. $\cos\alpha - \cos\beta = -2\sin[(\alpha+\beta)/2]\sin[(\alpha-\beta)/2]$

9. $\tan\alpha \pm \tan\beta = \dfrac{\sin(\alpha\pm\beta)}{\cos\alpha\cos\beta}$ 10. $\cot\alpha \pm \cot\beta = \dfrac{\sin(\beta\pm\alpha)}{\sin\alpha\sin\beta}$

11. $\sin^2\alpha - \sin^2\beta = \cos^2\beta - \cos^2\alpha = \sin(\alpha+\beta)\sin(\alpha-\beta)$

12. $\cos^2\alpha - \sin^2\beta = \cos^2\beta - \sin^2\alpha = \cos(\alpha+\beta)\cos(\alpha-\beta)$

13. $\sin\alpha\sin\beta = (1/2)\cos(\alpha-\beta) - (1/2)\cos(\alpha+\beta)$

14. $\cos\alpha\cos\beta = (1/2)\cos(\alpha-\beta) + (1/2)\cos(\alpha+\beta)$

15. $\sin\alpha\cos\beta = (1/2)\sin(\alpha+\beta) + (1/2)\sin(\alpha-\beta)$

16. $\tan\alpha\tan\beta = (\tan\alpha+\tan\beta)/(\cot\alpha+\cot\beta) = -(\tan\alpha-\tan\beta)/(\cot\alpha-\cot\beta)$

17. $\cot\alpha\cot\beta = (\cot\alpha+\cot\beta)/(\tan\alpha+\tan\beta) = -(\cot\alpha-\cot\beta)/(\tan\alpha-\tan\beta)$

18. $\cot\alpha\tan\beta = (\cot\alpha+\tan\beta)/(\tan\alpha+\cot\beta) = -(\cot\alpha-\tan\beta)/(\tan\alpha-\cot\beta)$

3.1.4 Funktionen von Vielfachen und Teilen eines Winkels

1. $\sin 2\alpha = 2\sin\alpha\cos\alpha;$ $\sin\alpha = 2\sin(\alpha/2)\cos(\alpha/2)$

2. $\sin 3\alpha = 3\sin\alpha - 4\sin^3\alpha$

3. $\sin n\alpha = n\sin\alpha\cos^{n-1}\alpha - \binom{n}{3}\sin^3\alpha\cos^{n-3}\alpha + \binom{n}{5}\sin^5\alpha\cos^{n-5}\alpha - \cdots$

4. $\cos 2\alpha = \cos^2\alpha - \sin^2\alpha = 1 - 2\sin^2\alpha = 2\cos^2\alpha - 1$

5. $\cos 3\alpha = 4\cos^3\alpha - 3\cos\alpha$

6. $\cos n\alpha = \cos^n\alpha - \binom{n}{2}\sin^2\alpha\cos^{n-2}\alpha + \binom{n}{4}\sin^4\alpha\cos^{n-4}\alpha - \cdots$

7. $\sin(\alpha/2) = \sqrt{(1-\cos\alpha)/2} = \frac{1}{2}\sqrt{1+\sin\alpha} - \frac{1}{2}\sqrt{1-\sin\alpha}$ $(0 \leq \alpha \leq \pi/2)$

8. $\cos(\alpha/2) = \sqrt{(1+\cos\alpha)/2} = \frac{1}{2}\sqrt{1+\sin\alpha} + \frac{1}{2}\sqrt{1-\sin\alpha}$ $(0 \leq \alpha \leq \pi/2)$

9. $\tan(\alpha/2) = \dfrac{\sin\alpha}{1+\cos\alpha} = \dfrac{1-\cos\alpha}{\sin\alpha} = \sqrt{\dfrac{1-\cos\alpha}{1+\cos\alpha}}$

10. $\cot(\alpha/2) = \dfrac{\sin\alpha}{1-\cos\alpha} = \dfrac{1+\cos\alpha}{\sin\alpha} = \sqrt{\dfrac{1+\cos\alpha}{1-\cos\alpha}}$

11. $\tan 2\alpha = \dfrac{2\tan\alpha}{1-\tan^2\alpha} = \dfrac{2}{\cot\alpha - \tan\alpha};$ $\tan\alpha = \dfrac{2\tan(\alpha/2)}{1-\tan^2(\alpha/2)}$

12. $\cot 2\alpha = \dfrac{\cot^2\alpha - 1}{2\cot\alpha} = (1/2)\cot\alpha - (1/2)\tan\alpha;$ $\cot\alpha = \dfrac{\cot^2(\alpha/2) - 1}{2\cot(\alpha/2)}$

13. $\tan 3\alpha = \dfrac{3\tan\alpha - \tan^3\alpha}{1 - 3\tan^2\alpha}$ 14. $\cot 3\alpha = \dfrac{\cot^3\alpha - 3\cot\alpha}{3\cot^2\alpha - 1}$

15. $\sin\alpha = \dfrac{2\tan(\alpha/2)}{1+\tan^2(\alpha/2)}$ 16. $\cos\alpha = \dfrac{1-\tan^2(\alpha/2)}{1+\tan^2(\alpha/2)}$

17. $\cos\alpha \pm \sin\alpha = \sqrt{1 \pm \sin 2\alpha} = \sqrt{2}\sin(\pi/4 \pm \alpha) = \sqrt{2}\cos(\pi/4 \mp \alpha)$

18. $\cos x + \cos 2x + \cos 3x + \cdots + \cos nx = \dfrac{\cos [(n+1)\, x/2] \sin (nx/2)}{\sin (x/2)}$

19. $\sin x + \sin 2x + \sin 3x + \cdots + \sin nx = \dfrac{\sin [(n+1)\, x/2] \sin (nx/2)}{\sin (x/2)}$

3.1.5 Potenzen von Sinus und Cosinus

1. $2 \sin^2 \alpha = 1 - \cos 2\alpha$
2. $2 \cos^2 \alpha = 1 + \cos 2\alpha$
3. $4 \sin^3 \alpha = -\sin 3\alpha + 3 \sin \alpha$
4. $4 \cos^3 \alpha = \cos 3\alpha + 3 \cos \alpha$
5. Wenn n eine *ungerade* Zahl:

$$\sin^n \alpha = \frac{(-1)^{(1/2)(n-1)}}{2^{n-1}} \left[\sin n\alpha - \binom{n}{1} \sin \{(n-2)\,\alpha\} + \binom{n}{2} \sin \{(n-4)\,\alpha\} - \binom{n}{3} \sin \{(n-6)\,\alpha\} + \cdots + (-1)^{\frac{n-3}{2}} \binom{n}{\frac{n-3}{2}} \sin 3\alpha + (-1)^{\frac{n-1}{2}} \binom{n}{\frac{n-1}{2}} \sin \alpha \right]$$

6. Wenn n eine *gerade* Zahl:

$$\sin^n \alpha = \frac{(-1)^{(1/2)n}}{2^{n-1}} \left[\cos n\alpha - \binom{n}{1} \cos \{(n-2)\,\alpha\} + \binom{n}{2} \cos \{(n-4)\,\alpha\} - \cdots + (-1)^{\frac{n-4}{2}} \binom{n}{\frac{n-4}{2}} \cos 4\alpha + (-1)^{\frac{n-2}{2}} \binom{n}{\frac{n-2}{2}} \cos 2\alpha \right] + \binom{n}{\frac{n}{2}} \frac{1}{2^n}$$

7. Wenn n eine *ungerade* Zahl:

$$\cos^n \alpha = \frac{1}{2^{n-1}} \left[\cos n\alpha + \binom{n}{1} \cos \{(n-2)\,\alpha\} + \binom{n}{2} \cos \{(n-4)\,\alpha\} + \binom{n}{3} \cos \{(n-6)\,\alpha\} + \cdots + \binom{n}{\frac{n-3}{2}} \cos 3\alpha + \binom{n}{\frac{n-1}{2}} \cos \alpha \right]$$

8. Wenn n eine *gerade* Zahl:

$$\cos^n \alpha = \frac{1}{2^{n-1}} \left[\cos n\alpha + \binom{n}{1} \cos \{(n-2)\,\alpha\} + \binom{n}{2} \cos \{(n-4)\,\alpha\} + \cdots + \binom{n}{\frac{n-4}{2}} \cos 4\alpha + \binom{n}{\frac{n-2}{2}} \cos 2\alpha \right] + \binom{n}{\frac{n}{2}} \frac{1}{2^n}$$

(Binomialkoeffizienten vgl. 2.1.2 und 2.1.3 sowie Tabelle 1–13).

3.1.6 Arcusfunktionen

Die Umkehrfunktionen der Kreisfunktionen heißen Kreisbogen- oder Arcusfunktionen. Wegen der Periodizität der trigonometrischen Funktionen sind sie unendlich vieldeutig. Ihre *Hauptwerte* werden folgendermaßen erklärt: Es bedeutet

$$y = \arcsin x \text{ dasselbe wie } x = \sin y, \text{ wobei } -\pi/2 \leq y \leq +\pi/2,$$

$$y = \arccos x \text{ dasselbe wie } x = \cos y, \text{ wobei } 0 \leq y \leq \pi,$$

$$y = \arctan x \text{ dasselbe wie } x = \tan y, \text{ wobei } -\pi/2 < y < +\pi/2,$$

$$y = \operatorname{arccot} x \text{ dasselbe wie } x = \cot y, \text{ wobei } 0 < y < \pi.$$

Winkel y im Bogenmaß messen.

Geometrische Bilder aus Bild 3-2 und 3-3, wenn man diese an der Symmetriegeraden des ersten Quadranten spiegelt; Hauptwerte entsprechen dann den dicker gezeichneten Bögen.

1. $$\arcsin u = \arccos \sqrt{1 - u^2} = \arctan \frac{u}{\sqrt{1 - u^2}} = \frac{\pi}{2} - \arccos u$$

2. $$\arccos u = \arcsin \sqrt{1 - u^2} = \arctan \frac{\sqrt{1 - u^2}}{u} = \frac{\pi}{2} - \arcsin u$$

3. $$\arctan u = \arcsin \frac{u}{\sqrt{1 + u^2}} = \frac{\pi}{2} - \operatorname{arccot} u$$

$$= (1/2) \arctan \frac{2u}{1 - u^2} = (1/2) \arcsin \frac{2u}{1 + u^2}$$

$$\arctan u = \operatorname{arccot} (1/u), \quad \text{falls } u > 0,$$

$$= \operatorname{arccot} (1/u) - \pi, \quad \text{falls } u < 0,$$

$$= \arccos \frac{1}{\sqrt{1 + u^2}} = (1/2) \arccos \frac{1 - u^2}{1 + u^2}, \quad \text{falls } u > 0,$$

$$= -\arccos \frac{1}{\sqrt{1 + u^2}} = -(1/2) \arccos \frac{1 - u^2}{1 + u^2}, \quad \text{falls } u < 0.$$

Additionstheoreme:

4. $$\arcsin u \pm \arcsin v = \arcsin\left(u \sqrt{1 - v^2} \pm v \sqrt{1 - u^2}\right)$$

$$= \arccos\left(\sqrt{1 - u^2} \sqrt{1 - v^2} \mp uv\right)$$

5. $$\arccos u \pm \arccos v = \arcsin\left(v \sqrt{1 - u^2} \pm u \sqrt{1 - v^2}\right)$$

$$= \arccos\left(uv \mp \sqrt{1 - u^2} \sqrt{1 - v^2}\right)$$

6. $$\arctan u \pm \arctan v = \arctan \frac{u \pm v}{1 \mp uv}$$

7. $$\arctan \frac{1}{x} = \arctan \frac{1}{x + u} + \arctan \frac{1}{x + v}, \quad \text{wo } uv = x^2 + 1$$

8. $$\arctan \frac{1}{x} = 2 \arctan \frac{1}{2x} - \arctan \frac{1}{4x^3 + 3x}$$

$$\pi = 8 \arctan \frac{1}{3} + 4 \arctan \frac{1}{7} = 16 \arctan \frac{1}{5} - 4 \arctan \frac{1}{239}.$$

9. $\arcsin(-u) = -\arcsin u$ 10. $\arccos(-u) = \pi - \arccos u$

11. $\arctan(-u) = -\arctan u$ 12. $\operatorname{arccot}(-u) = \pi - \operatorname{arccot} u$

3.1.7 Beziehungen zwischen den Funktionen dreier Winkel α, β, γ, für die $\alpha + \beta + \gamma = 180°$ ist

1. $\sin\alpha + \sin\beta + \sin\gamma = 4\cos(\alpha/2)\cos(\beta/2)\cos(\gamma/2)$
2. $\cos\alpha + \cos\beta + \cos\gamma = 4\sin(\alpha/2)\sin(\beta/2)\sin(\gamma/2) + 1$
3. $\sin\alpha + \sin\beta - \sin\gamma = 4\sin(\alpha/2)\sin(\beta/2)\cos(\gamma/2)$
4. $\cos\alpha + \cos\beta - \cos\gamma = 4\cos(\alpha/2)\cos(\beta/2)\sin(\gamma/2) - 1$
5. $\sin^2\alpha + \sin^2\beta + \sin^2\gamma = 2\cos\alpha\cos\beta\cos\gamma + 2$
6. $\sin^2\alpha + \sin^2\beta - \sin^2\gamma = 2\sin\alpha\sin\beta\cos\gamma$
7. $\tan\alpha + \tan\beta + \tan\gamma = \tan\alpha\tan\beta\tan\gamma$
8. $\cot(\alpha/2) + \cot(\beta/2) + \cot(\gamma/2) = \cot(\alpha/2)\cot(\beta/2)\cot(\gamma/2)$
9. $\cot\alpha\cot\beta + \cot\alpha\cot\gamma + \cot\beta\cot\gamma = 1$
10. $\sin 2\alpha + \sin 2\beta + \sin 2\gamma = 4\sin\alpha\sin\beta\sin\gamma$
11. $\sin 2\alpha + \sin 2\beta - \sin 2\gamma = 4\cos\alpha\cos\beta\sin\gamma$

3.2 Ebene Dreiecke

Formeln für den Flächeninhalt des Dreiecks vgl. 11. Inhalte von Flächen und Körpern.

Es seien: a, b, c die Seiten des Dreiecks,
α, β, γ die Gegenwinkel zu diesen Seiten,
ϱ der Radius des eingeschriebenen Kreises,
r der Radius des umgeschriebenen Kreises,
$s = (1/2)(a + b + c)$ die halbe Summe der Seiten,
h_a, h_b, h_c die drei Höhen,
m_a, m_b, m_c die drei seitenhalbierenden Mittellinien (Transversalen),
$w_\alpha, w_\beta, w_\gamma$ die drei Winkelhalbierenden,
$\varrho_a, \varrho_b, \varrho_c$ die Radien der drei Ankreise.

Das Zeichen ; ... hinter einer Formel deutet an, daß aus ihr noch zwei weitere durch zyklische Vertauschung von a, b, c und α, β, γ hervorgehen.

(Da $\alpha + \beta + \gamma = 180°$, gelten auch die in 3.1.7 unter 1. bis 11. genannten Formeln.)

3.2.1 Allgemeine Formeln

1. $a/\sin\alpha = b/\sin\beta = c/\sin\gamma = 2r$ (Sinussatz)
2. $a = b\cos\gamma + c\cos\beta$; ... (Projektionssatz)
3. $a^2 = b^2 + c^2 - 2bc\cos\alpha$; ... (Cosinussatz)

$a^2 = (b + c)^2 - 4bc\cos^2(\alpha/2)$; ... $a^2 = (b - c)^2 + 4bc\sin^2(\alpha/2)$; ...

4. $\tan\alpha = \dfrac{a\sin\gamma}{b - a\cos\gamma}$; ... 5. $\tan\dfrac{\alpha}{2} = \sqrt{\dfrac{(s-b)(s-c)}{s(s-a)}} = \dfrac{\varrho}{s-a}$; ...

6. $\sin\dfrac{\alpha}{2} = \sqrt{\dfrac{(s-b)(s-c)}{bc}}$; ... 7. $\cos\dfrac{\alpha}{2} = \sqrt{\dfrac{s(s-a)}{bc}}$; ...

8. $(a+b)/c = \cos[(\alpha-\beta)/2]/\cos[(\alpha+\beta)/2]$
$= \cos[(\alpha-\beta)/2]/\sin(\gamma/2); \ldots$ (*Mollweidesche Formeln*)

9. $(a-b)/c = \sin[(\alpha-\beta)/2]/\sin[(\alpha+\beta)/2]$
$= \sin[(\alpha-\beta)/2]/\cos(\gamma/2); \ldots$

10. $(a+b)/(a-b) = \tan[(\alpha+\beta)/2]/\tan[(\alpha-\beta)/2]; \ldots$ (Tangentensatz)

11. $\varrho = 4r\sin\frac{\alpha}{2}\sin\frac{\beta}{2}\sin\frac{\gamma}{2} = \frac{abc}{4rs} = \sqrt{\frac{(s-a)(s-b)(s-c)}{s}}$
$= s\tan\frac{\alpha}{2}\tan\frac{\beta}{2}\tan\frac{\gamma}{2}$

12. $\varrho_a = \frac{s}{s-a}\varrho = s\tan\frac{\alpha}{2} = \sqrt{s(s-b)(s-c)/(s-a)}; \ldots$

13. $h_a = b\sin\gamma = c\sin\beta = \frac{bc}{a}\sin\alpha; \ldots$

14. $ah_a = bh_b = ch_c = 2\sqrt{s(s-a)(s-b)(s-c)} = 2\sqrt{\varrho\varrho_a\varrho_b\varrho_c} = 2\varrho s$

15. $m_a = (1/2)\sqrt{2(b^2+c^2)-a^2}; \ldots$

16. $m_a^2 + m_b^2 + m_c^2 = (3/4)(a^2+b^2+c^2)$

17. $1/\varrho = 1/\varrho_a + 1/\varrho_b + 1/\varrho_c = 1/h_a + 1/h_b + 1/h_c$

18. $1/\varrho_a = -1/h_a + 1/h_b + 1/h_c; \ldots$

19. $w_\alpha = \frac{2}{b+c}\sqrt{bcs(s-a)} = \frac{1}{b+c}\sqrt{bc[(b+c)^2-a^2]}; \ldots$

3.2.2 Rechtwinklige Dreiecke

a und b Katheten, c Hypotenuse, α Gegenwinkel von a; m, n Höhenabschnitte auf c (Bild 3–4).

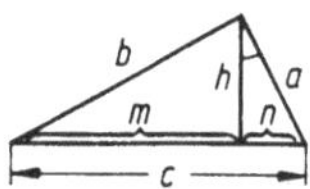

Bild 3–4. Rechtwinkliges Dreieck.

1. $\sin\alpha = a/c$ 2. $\cos\alpha = b/c$ 3. $\tan\alpha = a/b$

4. $\cot\alpha = b/a$ 5. $a^2 + b^2 = c^2$, $c = \sqrt{a^2+b^2}$

6. $h/n = m/h$, $h^2 = mn$ 7. $h/a = b/c$,
$h = ab/c$, $h^2 = a^2b^2/(a^2+b^2)$, $1/h^2 = 1/a^2 + 1/b^2$

8. $m/b = b/c$, $b^2 = mc$; $n/a = a/c$, $a^2 = nc$; $b^2/a^2 = m/n$, $1/h^2 = (1/c)(1/m + 1/n)$

3.2.3 Näherungsformeln für ebene Dreiecke

Für kleine Änderungen der Seiten und Winkel gelten die folgenden Näherungsformeln um so genauer, je kleiner diese Änderungen sind. $\Delta\alpha$, $\Delta\beta$, $\Delta\gamma$ bedeuten Winkeländerungen im Bogenmaß. Es ist $\Delta\alpha = 0{,}017453\,\Delta\alpha^\circ$.

Rechtwinkliges Dreieck:

1. $a\,\Delta a + b\,\Delta b \approx c\,\Delta c$ 2. $\Delta a/a \approx \Delta c/c + \cot\alpha \cdot \Delta\alpha$

3. $\Delta a \approx \tan\alpha \cdot \Delta b - 2a\,\Delta\beta/\sin 2\alpha$

Schiefwinkliges Dreieck:

4. $\Delta\alpha + \Delta\beta + \Delta\gamma \approx 0$
5. $\Delta a/a - \cot\alpha \cdot \Delta\alpha \approx \Delta b/b - \cot\beta \cdot \Delta\beta \approx \Delta c/c - \cot\gamma \cdot \Delta\gamma$
6. $a \cdot \Delta a \approx (b - c\cos\alpha)\,\Delta b + (c - b\cos\alpha)\,\Delta c + bc\sin\alpha \cdot \Delta\alpha$
7. $c\cos\beta \cdot \Delta\alpha + a \cdot \Delta\gamma = -\sin\gamma \cdot \Delta b + \sin\beta \cdot \Delta c$

3.2.4 Schiefwinklige Dreiecke

Gegeben	Gesucht	*Formeln*
a, b, c	α	$\cos\alpha = (b^2 + c^2 - a^2)/2bc$
a, b, α	β, γ	$\sin\beta = b\sin\alpha/a, \quad \gamma = 180° - (\alpha + \beta)$,
	c	$c = a\sin\gamma/\sin\alpha = b\cos\alpha \pm \sqrt{a^2 - b^2\sin^2\alpha}$
		Für $a > b$ gibt es nur ein Dreieck. Es ist $\alpha > \beta < 90°$. Für $b > a > b\sin\alpha$ gibt es zwei Dreiecke; für das eine ist β spitz, für das andere Dreieck ist β stumpf. Für $b\sin\alpha > a$ gibt es kein Dreieck.
a, α, β	b, c	$b = a\sin\beta/\sin\alpha, \quad c = a\sin\gamma/\sin\alpha = a\sin(\alpha + \beta)/\sin\alpha$
a, b, γ	α, β	$\tan\alpha = a\sin\gamma/(b - a\cos\gamma), \qquad \beta = 180° - (\alpha + \gamma)$
		oder $(\alpha + \beta)/2 = 90° - \gamma/2$ und
		$\tan[(\alpha - \beta)/2] = \dfrac{a - b}{a + b}\cot(\gamma/2) = \dfrac{a - b}{a + b}\tan[(\alpha + \beta)/2]$
		$\alpha = (\alpha + \beta)/2 + (\alpha - \beta)/2, \quad \beta = (\alpha + \beta)/2 - (\alpha - \beta)/2$
	c	$c = \sqrt{a^2 + b^2 - 2ab\cos\gamma} = a\sin\gamma/\sin\alpha = (a - b)/\cos\varphi$,
		wobei $\tan\varphi = 2\sqrt{ab}\,\sin(\gamma/2)/(a - b)$

3.3 Kugeldreiecke

Formeln für den Flächeninhalt des Kugeldreiecks vgl. 11.2.7.
Es bedeuten (Bild 3-5):

a, b, c die Seiten des Dreiecks,

α, β, γ die den Seiten gegenüberliegenden Winkel,

$s = (a + b + c)/2$,

$\sigma = (\alpha + \beta + \gamma)/2$,

$\varepsilon = \alpha + \beta + \gamma - 180°$ der sphärische Exzeß.

Die folgenden Formeln gelten im allgemeinen nur für solche Dreiecke, deren Seiten und Winkel sämtlich zwischen 0° und 180° liegen. Zu jedem solchen Dreieck gibt es ein *Polardreieck*, dessen Seiten $180° - \alpha$, $180° - \beta$, $180° - \gamma$ und dessen Winkel $180° - a$, $180° - b$, $180° - c$ sind. Aus jeder Formel der sphärischen Trigonometrie ergibt sich daher eine andere, nicht immer von der ursprünglichen verschiedene, indem man jene auf das Polardreieck anwendet, d.h. die Seiten durch die Supplemente der entsprechenden Winkel und die Winkel durch die Supplemente der entsprechenden Seiten ersetzt.

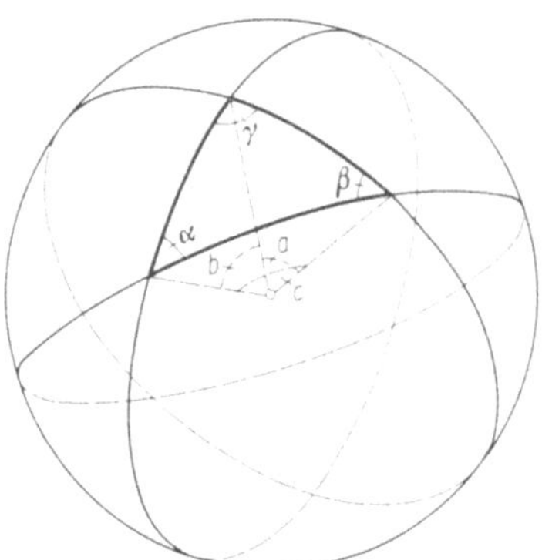

Bild 3–5. Kugeldreieck.

3.3.1 Allgemeine Formeln

1. $\sin a/\sin\alpha = \sin b/\sin\beta = \sin c/\sin\gamma$ (Sinussatz)

2. $\cos a = \cos b\cos c + \sin b\sin c\cos\alpha;\ \dots$ (Cosinussatz)

3. $\cos\alpha = -\cos\beta\cos\gamma + \sin\beta\sin\gamma\cos a;\ \dots$

4. $\cos a\sin b = \sin a\cos b\cos\gamma + \sin c\cos\alpha;\ \dots$

   $\cot a\sin b = \sin\gamma\cot\alpha + \cos\gamma\cos b;\ \dots$

5. $\cos\alpha\sin\beta = \sin\gamma\cos a - \sin\alpha\cos\beta\cos c;\ \dots$

   $\cot\alpha\sin\beta = \sin c\cot a - \cos c\cos\beta;\ \dots$

6. $\sin\dfrac{a}{2} = \sqrt{\dfrac{-\cos\sigma\cos(\sigma-\alpha)}{\sin\beta\sin\gamma}};\ \dots \qquad \cos\dfrac{a}{2} = \sqrt{\dfrac{\cos(\sigma-\beta)\cos(\sigma-\gamma)}{\sin\beta\sin\gamma}};\ \dots$

7. $\sin\dfrac{\alpha}{2} = \sqrt{\dfrac{\sin(s-b)\sin(s-c)}{\sin b\sin c}};\ \dots \qquad \cos\dfrac{\alpha}{2} = \sqrt{\dfrac{\sin s\sin(s-a)}{\sin b\sin c}};\ \dots$

8. $\cot\dfrac{\varepsilon}{2} = \dfrac{\cot(a/2)\cot(b/2) + \cos\gamma}{\sin\gamma};\ \dots$

9. $\tan\dfrac{\varepsilon}{4} = \sqrt{\tan(s/2)\tan[(s-a)/2]\tan[(s-b)/2]\tan[(s-c)/2]}$ (Formel von *L'Huilier*)

10. $\tan[(a+b)/2] = \dfrac{\cos[(\alpha-\beta)/2]}{\cos[(\alpha+\beta)/2]}\tan\dfrac{c}{2};\ \dots$

    $\tan[(a-b)/2] = \dfrac{\sin[(\alpha-\beta)/2]}{\sin[(\alpha+\beta)/2]}\tan\dfrac{c}{2};\ \dots$

11. $\tan[(\alpha+\beta)/2] = \dfrac{\cos[(a-b)/2]}{\cos[(a+b)/2]}\cot\dfrac{\gamma}{2};\ \dots$

    $\tan[(\alpha-\beta)/2] = \dfrac{\sin[(a-b)/2]}{\sin[(a+b)/2]}\cot\dfrac{\gamma}{2};\ \dots$

(10.–11.: *Napiersche Formeln*)

12. $\cos[(\alpha+\beta)/2]\cos(c/2) = \cos[(a+b)/2]\sin(\gamma/2); \ldots$
13. $\sin[(\alpha+\beta)/2]\cos(c/2) = \cos[(a-b)/2]\cos(\gamma/2); \ldots$
14. $\cos[(\alpha-\beta)/2]\sin(c/2) = \sin[(a+b)/2]\sin(\gamma/2); \ldots$
15. $\sin[(\alpha-\beta)/2]\sin(c/2) = \sin[(a-b)/2]\cos(\gamma/2); \ldots$

(*Gaußsche Formeln*)

3.3.2 Rechtwinklige Dreiecke

Wenn c die Hypotenuse, also $\gamma = 90°$ ist, gelten folgende Formeln:

1. $\cos c = \cos a \cos b = \cot\alpha \cot\beta$
2. $\cos a = \cos\alpha/\sin\beta$
3. $\cos b = \cos\beta/\sin\alpha$
4. $\sin\alpha = \sin a/\sin c$
5. $\cos\alpha = \tan b/\tan c$
6. $\tan\alpha = \tan a/\sin b$

3.3.3 Näherungsformeln für Kugeldreiecke

Für kleine Änderungen der Seiten und Winkel gelten die folgenden Näherungsformeln um so genauer, je kleiner diese Änderungen sind. Sie können hier im Bogenmaß oder im Gradmaß ausgedrückt sein.

1. $\Delta a \approx \cos\beta\cdot\Delta c + \cos\gamma\cdot\Delta b + \sin b\sin\gamma\cdot\Delta\alpha$
2. $\Delta\alpha \approx -\cos b\cdot\Delta\gamma - \cos c\cdot\Delta\beta + \sin\beta\sin c\cdot\Delta a$
3. $\cot b\cdot\Delta b - \cot c\cdot\Delta c \approx \cot\beta\cdot\Delta\beta - \cot\gamma\cdot\Delta\gamma$
4. $\sin\gamma\cdot\Delta b - \sin a\cdot\Delta\beta \approx \sin\beta\cos a\cdot\Delta c + \sin b\cos\gamma\cdot\Delta\alpha$.

3.3.4 Kürzeste Entfernung zweier Erdpunkte

Die Entfernung der Punkte A und B mit den geographischen Längen λ_1 und λ_2 und den Breiten φ_1 und φ_2 ergibt sich aus (Bild 3–6)

$$\cos e = \pm\sin\varphi_1\sin\varphi_2 + \cos\varphi_1\cos\varphi_2\cos(\lambda_2-\lambda_1).$$

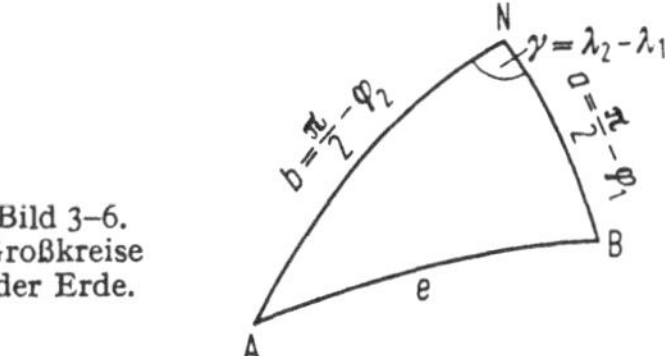

Bild 3–6. Großkreise der Erde.

Das +-Zeichen gilt, wenn die Punkte beide nördlich oder beide südlich des Äquators liegen; andernfalls gilt das −-Zeichen.

Für $\varphi_1 = \varphi_2$ kann man e berechnen aus

$$\sin\frac{e}{2} = \cos\varphi\cdot\sin\frac{\lambda_2-\lambda_1}{2}.$$

Ist e im Bogenmaß gemessen, so ergibt sich die Entfernung E aus

$$E = 6370\ \text{km}\cdot e.$$

3.4 Hyperbelfunktionen

(Hyperbelfunktionen in Tabelle 1–5)

Erklärungen und Grundformeln

1. $\cosh\varphi = \frac{1}{2}(e^{\varphi} + e^{-\varphi})$
2. $\sinh\varphi = \frac{1}{2}(e^{\varphi} - e^{-\varphi})$
3. $\tanh\varphi = \frac{\sinh\varphi}{\cosh\varphi} = \frac{e^{\varphi} - e^{-\varphi}}{e^{\varphi} + e^{-\varphi}}$
4. $\coth\varphi = \frac{\cosh\varphi}{\sinh\varphi} = \frac{e^{\varphi} + e^{-\varphi}}{e^{\varphi} - e^{-\varphi}}$

Ältere Schreibweisen:

$\sinh\varphi = \mathrm{sh}\,\varphi = \mathfrak{Sin}\,\varphi$; $\cosh\varphi = \mathrm{ch}\,\varphi = \mathfrak{Cof}\,\varphi$;

$\tanh\varphi = \mathrm{th}\,\varphi = \mathfrak{Tg}\,\varphi$; $\coth\varphi = \mathrm{cth}\,\varphi = \mathfrak{Ctg}\,\varphi$.

5. $\cosh\varphi + \sinh\varphi = e^{\varphi}$ 7. $\cosh^2\varphi - \sinh^2\varphi = 1$

6. $\cosh\varphi - \sinh\varphi = e^{-\varphi}$ 8. $\tanh\varphi\coth\varphi = 1$

Für reelle Werte der Veränderlichen φ ist

$$\cosh\varphi \geq 1 \qquad \tanh^2\varphi < 1 \qquad \coth^2\varphi > 1,$$

während $\sinh\varphi$ jeden (positiven oder negativen) Zahlenwert annehmen kann.

9. $\sinh(-\varphi) = -\sinh\varphi$ $\cosh(-\varphi) = +\cosh\varphi$

$\tanh(-\varphi) = -\tanh\varphi$ $\coth(-\varphi) = -\coth\varphi$

10. Additionstheoreme:

$\sinh(\alpha \pm \beta) = \sinh\alpha\cosh\beta \pm \cosh\alpha\sinh\beta$

$\cosh(\alpha \pm \beta) = \cosh\alpha\cosh\beta \pm \sinh\alpha\sinh\beta$

$\tanh(\alpha \pm \beta) = (\tanh\alpha \pm \tanh\beta)/(1 \pm \tanh\alpha\tanh\beta)$

$\coth(\alpha \pm \beta) = (1 \pm \coth\alpha\coth\beta)/(\coth\alpha \pm \coth\beta)$

11. $\sinh 2\varphi = 2\sinh\varphi\cosh\varphi = 2\tanh\varphi/(1 - \tanh^2\varphi)$

12. $\cosh 2\varphi = \cosh^2\varphi + \sinh^2\varphi = 2\sinh^2\varphi + 1 = 2\cosh^2\varphi - 1$

$= (1 + \tanh^2\varphi)/(1 - \tanh^2\varphi)$

13. $\tanh 2\varphi = 2\tanh\varphi/(1 - \tanh^2\varphi)$

14. $\coth 2\varphi = (1 + \coth^2\varphi)/2\coth\varphi$

15. $\sinh\alpha \pm \sinh\beta = 2\sinh[(\alpha \pm \beta)/2]\cosh[(\alpha \mp \beta)/2]$

16. $\cosh\alpha + \cosh\beta = 2\cosh[(\alpha + \beta)/2]\cosh[(\alpha - \beta)/2]$

17. $\cosh\alpha - \cosh\beta = 2\sinh[(\alpha + \beta)/2]\sinh[(\alpha - \beta)/2]$

18. $\tanh\alpha \pm \tanh\beta = \sinh(\alpha \pm \beta)/\cosh\alpha\cosh\beta$

19. $(\cosh\varphi \pm \sinh\varphi)^n = \cosh n\varphi \pm \sinh n\varphi$

Geometrische Darstellung in Bild 3–7 und 3–8. Weitere Formeln in [16].

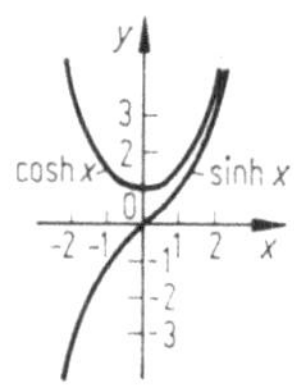

Bild 3–7. Darstellung von sinh und cosh.

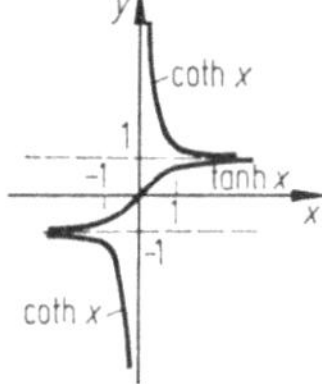

Bild 3–8. Darstellung von tanh und coth.

Umkehrungen der Hyperbelfunktionen bezeichnet man als *Areafunktionen* nach area = Fläche, Flächeninhalt und dem Zusammenhange mit dem Flächeninhalt eines Hyperbelsektors (vgl. 7.3.2.2).

Ist $\sinh\varphi = u$, so schreibt man $\varphi = \operatorname{arsinh} u$, entsprechend $\operatorname{arcosh} u$, $\operatorname{artanh} u$, $\operatorname{arcoth} u$. Man hat

$$\operatorname{arsinh} u = \ln\left(u + \sqrt{u^2+1}\right), \quad \operatorname{artanh} u = (1/2)\ln\frac{1+u}{1-u},$$

$$\operatorname{arcosh} u = \ln\left(u \pm \sqrt{u^2-1}\right), \quad \operatorname{arcoth} u = (1/2)\ln\frac{u+1}{u-1}.$$

Ältere Schreibweisen:

$$\operatorname{arsinh} u = \operatorname{arsh} u = \mathfrak{ArSin}\, u, \quad \operatorname{artanh} u = \operatorname{arth} u = \mathfrak{ArTg}\, u,$$

$$\operatorname{arcosh} u = \operatorname{arch} u = \mathfrak{ArCof}\, u, \quad \operatorname{arcoth} u = \operatorname{arcth} u = \mathfrak{ArCtg}\, u.$$

3.5 Zusammenhänge zwischen Kreis-, Hyperbel-, Exponentialfunktionen und ihren Umkehrungen im Komplexen

1. $e^{i\varphi} = \cos\varphi + i\sin\varphi$; $\quad e^{-i\varphi} = \cos\varphi - i\sin\varphi$ (*Eulersche Formeln*)

2. $\cos\varphi = (1/2)\,(e^{i\varphi} + e^{-i\varphi})$; $\quad \sin\varphi = (1/2i)\,(e^{i\varphi} - e^{-i\varphi})$

3. $\tan\varphi = -i(e^{i\varphi} - e^{-i\varphi})/(e^{i\varphi} + e^{-i\varphi})$; $\quad \cot\varphi = i(e^{i\varphi} + e^{-i\varphi})/(e^{i\varphi} - e^{-i\varphi})$

4. $\cos ix = \cosh x$; $\quad \tan ix = i\tanh x$; $\quad \sin ix = i\sinh x$; $\quad \cot ix = -i\coth x$

5. $\cosh ix = \cos x$; $\quad \tanh ix = i\tan x$; $\quad \sinh ix = i\sin x$; $\quad \coth ix = -i\cot x$

6. $\cos(x+iy) = \cos x\cosh y - i\sin x\sinh y$

7. $\sin(x+iy) = \sin x\cosh y + i\cos x\sinh y$

8. $\tan(x+iy) = \dfrac{1}{2}\,\dfrac{\sin 2x + i\sinh 2y}{\cos^2 x + \sinh^2 y} = \dfrac{\sin 2x + i\sinh 2y}{\cos 2x + \cosh 2y}$

9. $\cot(x+iy) = \dfrac{1}{2}\,\dfrac{\sin 2x - i\sinh 2y}{\sin^2 x + \sinh^2 y} = -\dfrac{\sin 2x - i\sinh 2y}{\cos 2x - \cosh 2y}$

10. $e^{z+2k\pi i} = e^z$; $(k = 0, \pm 1, \pm 2, \ldots)$, d.h. e^z hat die imaginäre Periode $2\pi i$. Daraus folgt nach 4. für die Periodizität der Hyperbelfunktionen:

11. $\cosh(z + 2k\pi i) = \cosh z$, $\quad \tanh(z + k\pi i) = \tanh z$,
    $\sinh(z + 2k\pi i) = \sinh z$, $\quad \coth(z + k\pi i) = \coth z$

12. *Komplexer Logarithmus*

    $$w = \log z \quad \text{bedeutet} \quad e^w = z.$$

    Ist $z = re^{i\varphi}$ (s. 2.2), so wird

    $$\log z = \ln r + i\varphi + 2k\pi i \qquad (k = 0, \pm 1, \pm 2, \ldots).$$

    Der Logarithmus ist also unendlich vieldeutig. Unter dem *Hauptwert des Logarithmus* versteht man

    $$\log z = \ln|z| + i\varphi \qquad (0 \leq \varphi < 2\pi).$$

    Für reelle $z > 0$ ist Hauptwert von $\log z = \ln z$.

13. $\log 1 = 0$, $\quad \log(-1) = i\pi$, $\quad \log i = i\pi/2$, $\quad \log(-i) = 3i\pi/2$

14. $z^w = e^{w\log z} = e^{w\log z + 2k\pi i w}$

15. $i^i = e^{-\pi/2 + 2k\pi} = 0{,}20788\, e^{2k\pi}$

16. $\arcsin z = -\mathrm{i}\,\operatorname{arsinh} \mathrm{i}z = -\mathrm{i} \log\left(\mathrm{i}z + \sqrt{1 - z^2}\right)$

17. $\arccos z = -\mathrm{i}\,\operatorname{arcosh} z = \pm\mathrm{i} \log\left(z + \mathrm{i}\sqrt{1 - z^2}\right)$

18. $\arctan z = -\mathrm{i}\,\operatorname{artanh} \mathrm{i}z = \frac{1}{2\mathrm{i}} \log \frac{1 + \mathrm{i}z}{1 - \mathrm{i}z}$

19. $\operatorname{arccot} z = \mathrm{i}\,\operatorname{arcoth} \mathrm{i}z = \frac{1}{2\mathrm{i}} \log \frac{\mathrm{i}z - 1}{\mathrm{i}z + 1}$

20. $\arcsin \mathrm{i}x = \mathrm{i}\,\operatorname{arsinh} x = \mathrm{i} \log\left(x + \sqrt{1 + x^2}\right)$

21. $\arccos \mathrm{i}x = -\mathrm{i}\,\operatorname{arcosh} \mathrm{i}x = \pi/2 \pm \mathrm{i} \log\left(x + \sqrt{1 + x^2}\right)$

22. $\arctan \mathrm{i}x = \mathrm{i}\,\operatorname{artanh} x = \frac{\mathrm{i}}{2} \log \frac{1 + x}{1 - x}$

23. $\operatorname{arccot} \mathrm{i}x = -\mathrm{i}\,\operatorname{arcoth} x = -\frac{\mathrm{i}}{2} \log \frac{x + 1}{x - 1}$

4. Differential- und Integralrechnung

[18, 19, 22, 32, 38]

4.1 Grenzwerte

4.1.1 Eine Folge von Zahlen a_n ($n = 1, 2, 3, \ldots$) heißt *konvergent* und a der *Limes* oder *Grenzwert* der Folge, in Zeichen $\lim\limits_{n\to\infty} a_n = a$, wenn a_n für genügend große n beliebig nahe an a herankommt. Genauer ausgedrückt:

Wie klein man auch $\varepsilon > 0$ wählt, es läßt sich immer ein genügend großes N finden derart, daß $|a - a_n| < \varepsilon$ für $n > N$.

4.1.2 Limes einer Funktion. $f(x)$ sei eine reellwertige Funktion eines reellen Argumentes x. Dann bedeutet $\lim\limits_{x\to a} f(x) = b$, daß $f(x)$ beliebig nahe an b herankommt, falls nur x genügend nahe bei a liegt. Genauer ausgedrückt:

Wie klein man auch $\varepsilon > 0$ wählt, es läßt sich immer ein genügend kleines Intervall $|x - a| < \delta$ um a herum finden derart, daß $|f(x) - b| < \varepsilon$ für $0 < |x - a| < \delta$.

Man hat eine analoge Definition, wenn in $\lim\limits_{x\to a} f(x) = b$ an Stelle von a oder b eines der Zeichen $\pm\infty$ steht. Zum Beispiel bedeutet $\lim\limits_{x\to a} f(x) = \infty$: Wie groß man auch K wählt, es läßt sich immer ein genügend kleines Intervall $|x - a| < \delta$ finden derart, daß $f(x) > K$ für $0 < |x - a| < \delta$.

4.1.3 Besondere Grenzwerte

$$\lim_{n\to\infty} a^n = \begin{cases} \infty & \text{für} \quad a > 1 \\ 1 & \text{für} \quad a = 1 \\ 0 & \text{für} \quad -1 < a < 1 \\ \text{nicht konvergent} & \text{für} \quad a \leq -1, \end{cases}$$

$$\lim_{x\to 0} a^x = 1 \quad (a > 0), \qquad \lim_{n\to\infty} \frac{a^n}{n!} = 0, \qquad \lim_{n\to\infty} \sqrt[n]{n} = 1,$$

$$\lim_{n\to\infty} \frac{\log n}{n} = 0, \qquad \lim_{x\to a} \frac{x^n - a^n}{x - a} = n a^{n-1},$$

$$\lim_{x\to 0} \frac{e^x - 1}{x} = 1, \qquad \lim_{x\to 0} \frac{a^x - 1}{x} = \ln a \qquad (a > 0),$$

$$\lim_{x\to\infty} \left(1 + \frac{1}{x}\right)^x = e, \qquad \lim_{x\to\infty} \left(1 + \frac{z}{x}\right)^x = e^z,$$

$$\lim_{n\to\infty} \left[\frac{2\cdot 4\cdot 6\cdots(2n)}{1\cdot 3\cdot 5\cdots(2n-1)}\right]^2 \frac{1}{2n} = \frac{\pi}{2} \qquad (\textit{Wallissches Produkt}),$$

$$\lim_{x\to 0} \frac{\sin x}{x} = 1, \qquad \lim_{x\to 0} \frac{\tan x}{x} = 1,$$

$$\lim_{n\to\infty} \frac{n!}{(n-p)!\, n^p} = 1 \qquad (p > 0, \text{ ganz}).$$

4.1.4 Asymptotische Näherungen. a_n sei eine Folge von Zahlen. Zur angenäherten Berechnung von a_n für große n benutzt man oft sogenannte asymptotische Näherungen: Im folgenden bedeutet δ_n eine Zahlenfolge, die beschränkt bleibt, d.h. $|\delta_n| < K$ für alle n. Infolgedessen wird δ_n/n^k $(k \geqq 1)$ für große n sehr klein und kann bei der Berechnung weggelassen werden. Bei asymptotischen Reihen erhält man im allgemeinen das beste Ergebnis, wenn man abbricht, sobald die Glieder zu wachsen beginnen.

Stirlingsche Formel:

$$n! = \left(\frac{n}{e}\right)^n \sqrt{2\pi n} \left(1 + \frac{1}{12n} + \frac{\delta_n}{n^2}\right).$$

Harmonische Reihe:

$$1 + \frac{1}{2} + \frac{1}{3} + \cdots + \frac{1}{n} = \ln n + C + \frac{1}{2n} - \frac{B_2}{2n^2} - \frac{B_4}{4n^4} - \cdots - \frac{B_{2k}}{(2k)\, n^{2k}} + \frac{\delta_n}{n^{2(k+1)}}.$$

Dabei sind B_2, B_4 usw. die *Bernoullischen Zahlen* (vgl. 4.2.6) und

$$C = \lim_{n\to\infty}\left(1 + \frac{1}{2} + \frac{1}{3} + \cdots + \frac{1}{n} - \ln n\right) = 0{,}577215665\ldots \qquad (\textit{Eulersche Konstante}).$$

Danach ist z.B.:

$$1 + \frac{1}{2} + \frac{1}{3} + \cdots + 10^{-3} = 7{,}485470$$

$$1 + \frac{1}{2} + \frac{1}{3} + \cdots + 10^{-6} = 14{,}392726.$$

4.2 Unendliche Reihen

[63]

4.2.1 Konvergenz

Eine unendliche Reihe $u_1 + u_2 + u_3 + \cdots = \sum_{n=1}^{\infty} u_n$ heißt *konvergent*, wenn die Folge der Teilsummen $s_n = u_1 + u_2 + \cdots + u_n$ konvergiert, wenn also $\lim_{n\to\infty} (s_{n+p} - s_n) = 0$ gleichmäßig für alle $p > 0$. $\lim_{n\to\infty} s_n = \sum_{n=1}^{\infty} u_n$ heißt dann die Summe der Reihe. Ähnlich ist der Wert eines *unendlichen Produktes* erklärt.

Notwendige Bedingung für die Konvergenz $\lim_{n\to\infty} u_n = 0$; sie ist aber nicht hinreichend; so ist z.B. (die harmonische Reihe) $1 + \frac{1}{2} + \frac{1}{3} + \cdots$ divergent. Wenn $|u_1| + |u_2| + \cdots$ konvergiert (*absolute Konvergenz*), konvergiert auch $u_1 + u_2 + \cdots$ mit beliebigen Vorzeichen. Absolut konvergente Reihen sind unbedingt konvergent, also auch bei Umstellung der Glieder. *Alternierende Reihen* $u_1 - u_2 + u_3 - \cdot + \cdots$ konvergieren, wenn die Glieder (von einem bestimmten Glied ab) monoton nach Null abnehmen (z.B. $1 - \frac{1}{2} + \frac{1}{3} - - \frac{1}{4} + \cdot - \cdots$). Wenn $|u_1| + |u_2| + \cdots$ konvergiert, so konvergiert auch $|v_1| + |v_2| + \cdots$, falls $|v_n| \leq |u_n|$ (Majorantenprinzip).

Konvergenzkriterien: Wenn von einem bestimmten n an stets

1. (*Cauchy*) $\sqrt[n]{|u_n|} \leq q < 1$ bzw. $\lim_{n\to\infty} \sqrt[n]{|u_n|} < 1$

oder

2. (*D'Alembert*) $\left|\frac{u_{n+1}}{u_n}\right| \leq q < 1$ bzw. $\lim\limits_{n\to\infty}\left|\frac{u_{n+1}}{u_n}\right| < 1$

ist, konvergieren die Reihen absolut; für $\sqrt[n]{|u_n|} \geq 1$ oder $\left|\frac{u_{n+1}}{u_n}\right| \geq 1$ ist die Reihe $|u_1| + |u_2| + \cdots$ divergent.

3. *Raabesches Konvergenzkriterium:* Wenn von einem bestimmten n an stets

$$n\left(\frac{u_{n+1}}{u_n} - 1\right) \leq -q < -1$$

bzw.

$$\lim_{n\to\infty}\left[n\left(\frac{u_{n+1}}{u_n} - 1\right)\right] < -1$$

ist, so ist die Reihe $u_1 + u_2 + u_3 + \cdots$ konvergent.

Besondere Wichtigkeit haben die *Potenzreihen* $a_0 + a_1x + a_2x^2 + \cdots$ mit festen Koeffizienten a_n. Der *Konvergenzbereich* einer Potenzreihe wird durch den *Konvergenzradius* r bestimmt: Für $|x| < r \neq 0$ konvergiert die Potenzreihe *gleichmäßig*, d.h. mit $s_n(x) = a_0 + a_1x + \cdots + a_nx^n$ und $\lim\limits_{n\to\infty} s_n(x) = s(x)$ ist $|r_n(x)| = |s(x) - s_n(x)| \leq \varepsilon$ für alle $n \geq N(\varepsilon)$. Potenzreihen dürfen innerhalb des durch den Konvergenzradius

$$r = \lim_{n\to\infty}\left|\frac{a_n}{a_{n+1}}\right|$$

oder

$$r = \frac{1}{\lim\limits_{n\to\infty}\sqrt[n]{|a_n|}}$$

festgelegten Bereiches (Kreises) gliedweise differenziert und integriert werden: Man erhält wieder gleichmäßig konvergente Potenzreihen.

Im folgenden ist immer der Bereich angegeben, für den die Reihe konvergiert. $|x| < \infty$ ($r = \infty$) bedeutet, daß die Reihe für beliebige x konvergiert. Für die *Fehlerabschätzung* beim Abbrechen nach einem bestimmten Glied dient das Restglied der Taylorschen Formel (vgl. 4.3.7.2).

4.2.2 Binomische Reihe und Sonderfälle

1. $(1 \pm x)^\alpha = 1 \pm \binom{\alpha}{1}x + \binom{\alpha}{2}x^2 \pm \binom{\alpha}{3}x^3 + \cdots$, $|x| < 1$, α beliebig. Dabei ist auch für nicht ganze positive α:

$$\binom{\alpha}{p} = \frac{\alpha(\alpha-1)\cdots[\alpha-(p-1)]}{1\cdot 2\cdots p}.$$

Für ganzzahliges positives α s. Tabelle 1-13.

Um $(a+b)^\alpha$ für beliebige α zu entwickeln, bezeichne man mit a die absolut größere der beiden Zahlen a und b, setze $x = b/a$,

$$(a+b)^\alpha = a^\alpha(1 + b/a)^\alpha = a^\alpha(1+x)^\alpha$$

und entwickle wie oben.

Fehlerabschätzung bei der binomischen Reihe: Bricht man die Reihe mit dem n-ten Glied $\binom{\alpha}{n}x^n$ ab, so ist die Fehlerschranke $\binom{\alpha}{n+1}x^{n+1}\cdot \operatorname{Max}\left[(1+x)^{\alpha-n-1}\right]$.

2. $\frac{1}{1 \pm x} = 1 \mp x + x^2 \mp x^3 + \cdot \mp \cdots$ (geometrische Reihe)

3. $$\sqrt{1+x} = 1 + \frac{1}{2}x - \frac{1 \cdot 1}{2 \cdot 4}x^2 + \frac{1 \cdot 1 \cdot 3}{2 \cdot 4 \cdot 6}x^3 - \frac{1 \cdot 1 \cdot 3 \cdot 5}{2 \cdot 4 \cdot 6 \cdot 8}x^4 + \cdot - \cdots$$
$$= 1 + \frac{1}{2}x - \frac{1}{8}x^2 + \frac{1}{16}x^3 - \frac{5}{128}x^4 + \frac{7}{256}x^5 - \frac{21}{1024}x^6 + \cdot - \cdots$$

4. $$\frac{1}{\sqrt{1+x}} = 1 - \frac{1}{2}x + \frac{1 \cdot 3}{2 \cdot 4}x^2 - \frac{1 \cdot 3 \cdot 5}{2 \cdot 4 \cdot 6}x^3 + \frac{1 \cdot 3 \cdot 5 \cdot 7}{2 \cdot 4 \cdot 6 \cdot 8}x^4 - \cdot + \cdots$$
$$= 1 - \frac{1}{2}x + \frac{3}{8}x^2 - \frac{5}{16}x^3 + \frac{35}{128}x^4 - \frac{63}{256}x^5 + \frac{231}{1024}x^6 - \cdot + \cdots$$

5. $$\sqrt[3]{1+x} = 1 + \frac{1}{3}x - \frac{1 \cdot 2}{3 \cdot 6}x^2 + \frac{1 \cdot 2 \cdot 5}{3 \cdot 6 \cdot 9}x^3 - \frac{1 \cdot 2 \cdot 5 \cdot 8}{3 \cdot 6 \cdot 9 \cdot 12}x^4 + \cdot - \cdots$$
$$= 1 + \frac{1}{3}x - \frac{1}{9}x^2 + \frac{5}{81}x^3 - \frac{10}{243}x^4 + \frac{22}{729}x^5 - \frac{154}{6561}x^6 + \cdot - \cdots$$

6. $$\frac{1}{\sqrt[3]{1+x}} = 1 - \frac{1}{3}x + \frac{1 \cdot 4}{3 \cdot 6}x^2 - \frac{1 \cdot 4 \cdot 7}{3 \cdot 6 \cdot 9}x^3 + \frac{1 \cdot 4 \cdot 7 \cdot 10}{3 \cdot 6 \cdot 9 \cdot 12}x^4 - \cdot + \cdots$$
$$= 1 - \frac{1}{3}x + \frac{2}{9}x^2 - \frac{14}{81}x^3 + \frac{35}{243}x^4 - \frac{91}{729}x^5 + \frac{728}{6561}x^6 - \cdot + \cdots$$

7. $$\sqrt[q]{(1+x)^p} = 1 + \frac{p}{q}x + \frac{p(p-q)}{q \cdot 2q}x^2 + \frac{p(p-q)(p-2q)}{q \cdot 2q \cdot 3q}x^3 + \cdots$$

8. $$\frac{1}{\sqrt[q]{(1+x)^p}} = 1 - \frac{p}{q}x + \frac{p(p+q)}{q \cdot 2q}x^2 - \frac{p(p+q)(p+2q)}{q \cdot 2q \cdot 3q}x^3 + \cdot - \cdots$$

Alle binomischen Reihen konvergieren mindestens für $|x| < 1$ und divergieren, soweit sie unendliche Reihen sind, für $|x| > 1$.

4.2.3 Exponential- und logarithmische Reihen

1. $$e^x = 1 + \frac{x}{1!} + \frac{x^2}{2!} + \frac{x^3}{3!} + \frac{x^4}{4!} + \frac{x^5}{5!} + \cdots; \quad |x| < \infty$$
$$e = 1 + \frac{1}{1!} + \frac{1}{2!} + \frac{1}{3!} + \cdots = 2{,}7182818284\ldots;$$
$$1/e = 1 - \frac{1}{1!} + \frac{1}{2!} - \frac{1}{3!} + \cdot - \cdots = 0{,}3678794412\ldots;$$

2. $$a^x = 1 + \frac{\ln a}{1!}x + \frac{(\ln a)^2}{2!}x^2 + \frac{(\ln a)^3}{3!}x^3 + \cdots; \quad |x| < \infty, \quad a > 0$$

3. $$\ln(1+x) = x - \frac{x^2}{2} + \frac{x^3}{3} - \frac{x^4}{4} + \frac{x^5}{5} - \cdot + \cdots; \quad -1 < x \leq +1$$

4. $$\ln(1-x) = -x - \frac{x^2}{2} - \frac{x^3}{3} - \frac{x^4}{4} - \frac{x^5}{5} - \cdots; \quad -1 \leq x < +1$$

5. $$\ln 2 = \frac{1}{2} + \frac{1}{2 \cdot 2^2} + \frac{1}{3 \cdot 2^3} + \frac{1}{4 \cdot 2^4} + \cdots = 0{,}6931471806\ldots$$

6. $\ln \frac{1+x}{1-x} = 2\left(x + \frac{x^3}{3} + \frac{x^5}{5} + \frac{x^7}{7} + \frac{x^9}{9} + \cdots\right); \quad |x| < 1$

7. $\ln \frac{x+1}{x-1} = 2\left(\frac{1}{x} + \frac{1}{3x^3} + \frac{1}{5x^5} + \cdots\right); \quad |x| > 1$

8. $\ln x = 2\left[\frac{x-1}{x+1} + \frac{1}{3}\left(\frac{x-1}{x+1}\right)^3 + \frac{1}{5}\left(\frac{x-1}{x+1}\right)^5 + \frac{1}{7}\left(\frac{x-1}{x+1}\right)^7 + \cdots\right]$, wobei $x > 0$

9. $\ln(a+x) = \ln a + 2\left[\frac{x}{2a+x} + \frac{1}{3}\left(\frac{x}{2a+x}\right)^3 + \frac{1}{5}\left(\frac{x}{2a+x}\right)^5 + \cdots\right]$,
wobei $a > 0$ und $x > -a$

10. $\ln\left(x + \sqrt{x^2+1}\right) = x - \frac{1}{2}\frac{x^3}{3} + \frac{1\cdot 3}{2\cdot 4}\frac{x^5}{5} - \frac{1\cdot 3\cdot 5}{2\cdot 4\cdot 6}\frac{x^7}{7} + \cdot - \cdots; \quad |x| \leq 1$

4.2.4 Reihen für Kreisfunktionen, Arcusfunktionen und Hyperbelfunktionen

In den Formeln 1 bis 6 Winkel x in Bogenmaß messen, nämlich $x = \pi\varphi°/180°$, wenn $\varphi°$ die Größe des Winkels in Graden bedeutet.

1. $\cos x = 1 - \frac{x^2}{2!} + \frac{x^4}{4!} - \frac{x^6}{6!} + \frac{x^8}{8!} - \frac{x^{10}}{10!} + \cdot - \cdots; \quad |x| < \infty$

2. $\sin x = \frac{x}{1!} - \frac{x^3}{3!} + \frac{x^5}{5!} - \frac{x^7}{7!} + \frac{x^9}{9!} - \frac{x^{11}}{11!} + \cdot - \cdots; \quad |x| < \infty$

3. $\tan x = x + \frac{x^3}{3} + \frac{2x^5}{3\cdot 5} + \frac{17x^7}{3^2\cdot 5\cdot 7} + \frac{62x^9}{3^2\cdot 5\cdot 7\cdot 9} + \cdots$[1]; $\quad |x| < \frac{\pi}{2}$

4. $\cot x = \frac{1}{x} - \frac{x}{3} - \frac{x^3}{3^2\cdot 5} - \frac{2x^5}{3^3\cdot 5\cdot 7} - \frac{x^7}{3^3\cdot 5^2\cdot 7} - \cdots$[1]; $\quad 0 < |x| < \pi$

5. $\arcsin x = x + \frac{1x^3}{2\cdot 3} + \frac{1\cdot 3x^5}{2\cdot 4\cdot 5} + \frac{1\cdot 3\cdot 5x^7}{2\cdot 4\cdot 6\cdot 7} + \cdots; \quad |x| \leqq 1$

6. $\arctan x = x - \frac{x^3}{3} + \frac{x^5}{5} - \frac{x^7}{7} + \frac{x^9}{9} - \cdot + \cdots; \quad |x| \leq 1$ und reell

7. $\arctan x = \pi/2 - \frac{1}{x} + \frac{1}{3x^3} - \frac{1}{5x^5} + \frac{1}{7x^7} - \cdot + \cdots; \quad |x| \geq 1$

8. $\arctan x = \pi/4 + \frac{x-1}{x+1} - \frac{1}{3}\left(\frac{x-1}{x+1}\right)^3 + \frac{1}{5}\left(\frac{x-1}{x+1}\right)^5 - \cdot + \cdots; \quad x \geq 0$

9. $\cosh x = 1 + \frac{x^2}{2!} + \frac{x^4}{4!} + \frac{x^6}{6!} + \cdots; \quad |x| < \infty$

10. $\sinh x = x + \frac{x^3}{3!} + \frac{x^5}{5!} + \frac{x^7}{7!} + \cdots; \quad |x| < \infty$

---

[1]) Bildungsgesetz der Koeffizienten vgl. 4.3.7.2.

4.2.5 Rechnen mit Potenzreihen

Konvergente Potenzreihen darf man innerhalb ihres gemeinschaftlichen Konvergenzbereiches gliedweise zueinander addieren, mit einem beliebigen Zahlenfaktor multiplizieren, miteinander multiplizieren und, sofern der Nenner nicht gleich Null wird, durcheinander dividieren. Die folgenden Formeln erleichtern dieses Rechnen.

4.2.5.1 Produkt zweier Potenzreihen

$$(a_0 + a_1x + a_2x^2 + a_3x^3 + \cdots)(b_0 + b_1x + b_2x^2 + b_3x^3 + \cdots)$$
$$= a_0b_0 + (a_0b_1 + a_1b_0)x + (a_0b_2 + a_1b_1 + a_2b_0)x^2$$
$$+ (a_0b_3 + a_1b_2 + a_2b_1 + a_3b_0)x^3 + \cdots$$

4.2.5.2 Quotient zweier Potenzreihen

$$\frac{a_0 + a_1x + a_2x^2 + \cdots}{b_0 + b_1x + b_2x^2 + \cdots} = \frac{a_0}{b_0}\,\frac{1 + \alpha_1x + \alpha_2x^2 + \cdots}{1 + \beta_1x + \beta_2x^2 + \cdots}$$
$$= (a_0/b_0)\,[1 + (\alpha_1 - \beta_1)x + (\alpha_2 - \alpha_1\beta_1 + \beta_1^2 - \beta_2)x^2 + (\alpha_3 - \alpha_2\beta_1 - \alpha_1\beta_2$$
$$- \beta_3 - \beta_1^3 + \alpha_1\beta_1^2 + 2\beta_1\beta_2)x^3 + (\alpha_4 - \alpha_3\beta_1 - \alpha_2\beta_2 - \alpha_1\beta_3 - \beta_4$$
$$+ \beta_1^4 - \alpha_1\beta_1^3 + \alpha_2\beta_1^2 + \beta_2^2 + 2\beta_1\beta_3 + 2\alpha_1\beta_1\beta_2 - 3\beta_1^2\beta_2)x^4 + \cdots].$$

4.2.5.3 Potenzen einer Potenzreihe. Die Potenzen einer Potenzreihe

$$y = 1 + ax + bx^2 + cx^3 + dx^4 + \cdots$$

sind in der Form

$$y^n = 1 + nax + X_n$$

darstellbar, wobei X_n folgenden Ausdruck bedeutet:

$$X_n = n\left(\frac{n-1}{2}a^2 + b\right)x^2 + n\left[\frac{(n-1)(n-2)}{6}a^3 + (n-1)ab + c\right]x^3$$
$$+ n\left[\frac{(n-1)(n-2)(n-3)}{24}a^4 + \frac{(n-1)(n-2)}{2}a^2b + \frac{n-1}{2}b^2\right.$$
$$\left. + (n-1)ac + d\right]x^4 + \cdots$$

$$X_2 = (a^2 + 2b)x^2 + 2(ab + c)x^3 + (b^2 + 2ac + 2d)x^4 + \cdots$$

$$X_3 = 3(a^2 + b)x^2 + (a^3 + 6ab + 3c)x^3 + 3(a^2b + b^2 + 2ac + d)x^4 + \cdots$$

$$X_{-1} = (a^2 - b)x^2 - (a^3 - 2ab + c)x^3 + (a^4 - 3a^2b + b^2 + 2ac - d)x^4 - \cdot + \cdots$$

$$X_{-2} = (3a^2 - 2b)x^2 - 2(2a^3 - 3ab + c)x^3$$
$$+ (5a^4 - 12a^2b + 3b^2 + 6ac - 2d)x^4 - \cdot + \cdots$$

$$X_{-3} = 3(2a^2 - b)x^2 - (10a^3 - 12ab + 3c)x^3$$
$$+ 3(5a^4 - 10a^2b + 2b^2 + 4ac - d)x^4 - \cdot + \cdots$$

$$X_{(1/2)} = -(1/2)(a^2/4 - b)x^2 + (1/2)(a^3/8 - ab/2 + c)x^3$$
$$- (1/2)(5a^4/64 - 3a^2b/8 + b^2/4 + ac/2 - d)x^4 + \cdot - \cdots$$

$$X_{(1/3)} = -(1/3)\,(a^2/3 - b)\,x^2 + (1/3)\,(5a^3/27 - 2ab/3 + c)\,x^3$$
$$- (1/3)\,(10a^4/81 - 5a^2b/9 + b^2/3 + 2ac/3 - d)\,x^4 + \cdot - \cdots$$
$$X_{(-1/2)} = (1/2)\,(3a^2/4 - b)\,x^2 - (1/2)\,(5a^3/8 - 3ab/2 + c)\,x^3$$
$$+ (1/2)\,(35a^4/64 - 15a^2b/8 + 3b^2/4 + 3ac/2 - d)\,x^4 - \cdot + \cdots$$
$$X_{(-1/3)} = (1/3)\,(2a^2/3 - b)\,x^2 - (1/3)\,(14a^3/27 - 4ab/3 + c)\,x^3$$
$$+ (1/3)\,(35a^4/81 - 14a^2b/9 + 2b^2/3 + 4ac/3 - d)\,x^4 - \cdot + \cdots$$
$$X_{(3/2)} = (3/2)\,(a^2/4 + b)\,x^2 + (3/2)\,(-a^3/24 + ab/2 + c)\,x^3$$
$$+ (3/2)\,(a^4/64 - a^2b/8 + b^2/4 + ac/2 + d)\,x^4 + \cdots$$
$$X_{(2/3)} = (2/3)\,(-a^2/6 + b)\,x^2 + (2/3)\,(2a^3/27 - ab/3 + c)\,x^3$$
$$+ (2/3)\,(-7a^4/162 + 2a^2b/9 - b^2/6 - ac/3 + d)\,x^4 + \cdots$$
$$X_{(-3/2)} = (3/2)\,(5a^2/4 - b)\,x^2 - (3/2)\,(35a^3/24 - 5ab/2 + c)\,x^3$$
$$+ (3/2)\,(105a^4/64 - 35a^2b/8 + 5b^2/4 + 5ac/2 - d)\,x^4 - \cdot + \cdots$$
$$X_{(-2/3)} = (2/3)\,(5a^2/6 - b)\,x^2 - (2/3)\,(20a^3/27 - 5ab/3 + c)\,x^3$$
$$+ (2/3)\,(55a^4/81 - 20a^2b/9 + 5b^2/6 + 5ac/3 - d)\,x^4 - \cdot + \cdots$$

4.2.5.4 Umkehrung einer Potenzreihe

$$y = x + bx^2 + cx^3 + dx^4 + ex^5 + fx^6 + \cdots$$

$$x = y - by^2 + (2b^2 - c)\,y^3 - (5b^3 - 5bc + d)\,y^4 + (14b^4 - 21b^2c + 6bd$$
$$+ 3c^2 - e)\,y^5 - 7\left(6b^5 - 12b^3c + 4b^2d + 4bc^2 - be - cd + \frac{1}{7}f\right)y^6 + \cdot - \cdots$$

Die vorstehenden Formeln liefern nur das Ergebnis der formalen Rechnung; die Konvergenz der entstehenden Potenzreihe und damit die Gültigkeit des Ergebnisses muß besonders geprüft werden.

4.2.6 Einige andere unendliche Reihen und Produkte Bernoullische und Eulersche Zahlen

1. $$\frac{x}{e^x - 1} = 1 + B_1\frac{x}{1!} + B_2\frac{x^2}{2!} + B_4\frac{x^4}{4!} + B_6\frac{x^6}{6!} + \cdots; \quad |x| < 2\pi$$

Hierin sind die B_λ

$$B_1 = -1/2, \quad B_2 = 1/6, \quad B_4 = -1/30, \quad B_6 = 1/42, \quad B_8 = -1/30,$$
$$B_{10} = 5/66, \quad B_{12} = -691/2730, \quad B_{14} = 7/6, \quad B_{16} = -3617/510\cdots$$

die *Bernoullischen Zahlen*. Die Bezeichnung ist nicht überall einheitlich. Sie werden nach folgender *Rekursionsformel* berechnet:

2. $$B_n = [B + 1]^n \quad (n = 2, 3, \ldots),$$

wo auf der rechten Seite statt der Potenzen B^λ die Zahlen B_λ zu setzen sind. Es ist $B_3 = B_5 = B_7 = \cdots = 0$. Spezielle Werte:

3. $1 + \frac{1}{2^{2n}} + \frac{1}{3^{2n}} + \frac{1}{4^{2n}} + \cdots = \frac{1}{2}(2\pi)^{2n}\frac{|B_{2n}|}{(2n)!}, \quad n = 1, 2, 3, \ldots$

(für $n = 1, 2$ vgl. 24).

Die für $\alpha > 1$ konvergente Reihe

$$1 + \frac{1}{2^\alpha} + \frac{1}{3^\alpha} + \frac{1}{4^\alpha} + \cdots = \zeta(\alpha)$$

definiert die *Riemannsche ζ-Funktion*. (Einige Werte für ganze α s. 24.)

4. $1 - \frac{1}{2^{2n}} + \frac{1}{3^{2n}} - \frac{1}{4^{2n}} + - \cdots = \frac{(2^{2n-1} - 1)\,\pi^{2n}}{(2n)!}|B_{2n}|$ (für $n = 1, 2$ vgl. 24)

5. $1 + \frac{1}{3^{2n}} + \frac{1}{5^{2n}} + \cdots = \frac{(2^{2n} - 1)\,\pi^{2n}}{2(2n)!}|B_{2n}|$ (für $n = 2$ vgl. 24)

6. $x \cot x = 1 - B_2\frac{(2x)^2}{2!} + B_4\frac{(2x)^4}{4!} - B_6\frac{(2x)^6}{6!} + \cdot - \cdots; \quad |x| < \pi$

(vgl. 4. in 4.2.3)

7. $x \tan x = (2^2 - 1)\,B_2\frac{(2x)^2}{2!} - (2^4 - 1)\,B_4\frac{(2x)^4}{4!} + (2^6 - 1)\,B_6\frac{(2x)^6}{6!} - \cdot + \cdots;$

(vgl. 3. in 4.2.3) $|x| < \pi/2$

8. $1/\cos x = \sec x = 1 + E_1\frac{x^2}{2!} + E_2\frac{x^4}{4!} + E_3\frac{x^6}{6!} + \cdots; \quad |x| < \pi/2,$

worin $E_1 = 1, \quad E_2 = 5, \quad E_3 = 61, \quad E_4 = 1385, \quad E_5 = 50521,$

$E_6 = 2702765, \quad E_7 = 199360981, \quad E_8 = 19391512145$

die Eulerschen Zahlen sind.

9. Die *Eulerschen Zahlen* E_n genügen der Rekursionsformel:

$$\binom{2n}{2}E_1 - \binom{2n}{4}E_2 + \binom{2n}{6}E_3 - \cdot + \cdots - (-1)^n E_n = 1, \quad n = 1, 2, 3, \ldots$$

$$1 - \frac{1}{3^{2n+1}} + \frac{1}{5^{2n+1}} - \frac{1}{7^{2n+1}} + - \cdots = \frac{1}{2}\left(\frac{\pi}{2}\right)^{2n+1}\frac{E_n}{(2n)!}, \quad n = 1, 2, 3, \ldots$$

10. $\sin x = x\left(1 - \frac{x^2}{\pi^2}\right)\left(1 - \frac{x^2}{4\pi^2}\right)\left(1 - \frac{x^2}{9\pi^2}\right)\left(1 - \frac{x^2}{16\pi^2}\right)\cdots$

11. $\cos x = \left(1 - \frac{4x^2}{\pi^2}\right)\left(1 - \frac{4x^2}{9\pi^2}\right)\left(1 - \frac{4x^2}{25\pi^2}\right)\cdots$

12. $\sinh x = x\left(1 + \frac{x^2}{\pi^2}\right)\left(1 + \frac{x^2}{4\pi^2}\right)\left(1 + \frac{x^2}{9\pi^2}\right)\left(1 + \frac{x^2}{16\pi^2}\right)\cdots$

13. $\cosh x = \left(1 + \frac{4x^2}{\pi^2}\right)\left(1 + \frac{4x^2}{9\pi^2}\right)\left(1 + \frac{4x^2}{25\pi^2}\right)\cdots$

14. $\cot x = \frac{1}{x} + \frac{1}{x - \pi} + \frac{1}{x + \pi} + \frac{1}{x - 2\pi} + \frac{1}{x + 2\pi} + \frac{1}{x - 3\pi} + \frac{1}{x + 3\pi} + \cdots$

15. $\frac{\sin x}{x} = \cos\frac{x}{2}\cos\frac{x}{4}\cos\frac{x}{8}\cdots$

16. $\ln\sin x = \ln x - B_2\frac{(2x)^2}{2!\,2} + B_4\frac{(2x)^4}{4!\,4} - B_6\frac{(2x)^6}{6!\,6} + \cdot - \cdots;\quad |x| < \pi$

17. $\ln\cos x = -(2^2-1)\,B_2\frac{(2x)^2}{2!\,2} + (2^4-1)\,B_4\frac{(2x)^4}{4!\,4}$

$- (2^6-1)\,B_6\frac{(2x)^6}{6!\,6} + \cdot - \cdots;\quad |x| < \pi/2$

18. $\ln\tan x = \ln x + (2^2-2)\,B_2\frac{(2x)^2}{2!\,2} - (2^4-2)\,B_4\frac{(2x)^4}{4!\,4}$

$+ (2^6-2)\,B_6\frac{(2x)^6}{6!\,6} - \cdot + \cdots;\quad |x| < \pi/2$

(über B_n in Formel 1 und 2)

19. $\ln\tan\left(\frac{\pi}{4} + \frac{x}{2}\right) = x + E_1\frac{x^3}{3!} + E_2\frac{x^5}{5!} + E_3\frac{x^7}{7!} + \cdots;\quad |x| < \frac{\pi}{2}$

(über E_n vgl. Formel 8)

20. $\sin x\sinh x = \frac{2}{2!}x^2 - \frac{2^3}{6!}x^6 + \frac{2^5}{10!}x^{10} - \cdot + \cdots;\quad |x| < \infty$

21. $\sin x\cosh x = x + \frac{2}{3!}x^3 - \frac{2^2}{5!}x^5 - \frac{2^3}{7!}x^7 + + - - \cdots;\quad |x| < \infty$

22. $\cos x\sinh x = x - \frac{2}{3!}x^3 - \frac{2^2}{5!}x^5 + \frac{2^3}{7!}x^7 + - - + \cdots;\quad |x| < \infty$

23. $\cos x\cosh x = 1 - \frac{2^2}{4!}x^4 + \frac{2^4}{8!}x^8 - \frac{2^6}{12!}x^{12} + - \cdots;\quad |x| < \infty$

24.
$$1 - \frac{1}{3} + \frac{1}{5} - \frac{1}{7} + \cdot - \cdots = \frac{\pi}{4},$$
$$1 + \frac{1}{2^2} + \frac{1}{3^2} + \frac{1}{4^2} + \cdots = \frac{\pi^2}{6},$$
$$1 - \frac{1}{2^2} + \frac{1}{3^2} - \frac{1}{4^2} + \cdot - \cdots = \frac{\pi^2}{12},$$
$$1 - \frac{1}{3^3} + \frac{1}{5^3} - \frac{1}{7^3} + \cdot - \cdots = \frac{\pi^3}{32},$$
$$1 + \frac{1}{2^4} + \frac{1}{3^4} + \frac{1}{4^4} + \cdots = \frac{\pi^4}{90},$$
$$1 - \frac{1}{2^4} + \frac{1}{3^4} - \frac{1}{4^4} + \cdot - \cdots = \frac{7\pi^4}{720},$$
$$1 + \frac{1}{3^4} + \frac{1}{5^4} + \frac{1}{7^4} + \cdots = \frac{\pi^4}{96}.$$

4.3 Differentialrechnung

4.3.1 Stetigkeit, Differenzierbarkeit

Eine reellwertige Funktion $f(x)$ des reellen Argumentes x heißt *stetig* an der Stelle x, wenn

$$\lim_{\xi \to x} f(\xi) = f(x).$$

Sie heißt stetig in einem Intervall, wenn sie für alle x aus diesem Intervall stetig ist.

$y = f(x)$ heißt *differenzierbar* an der Stelle x, wenn der Grenzwert

$$\lim_{\Delta x \to 0} \frac{f(x + \Delta x) - f(x)}{\Delta x} = \lim_{\Delta x \to 0} \frac{\Delta y}{\Delta x} = \frac{\mathrm{d}y}{\mathrm{d}x} = f'(x)$$

existiert. $\mathrm{d}y/\mathrm{d}x = f'(x)$ heißt *Differentialquotient* oder Ableitung von $f(x)$.

Ist $y = f(x)$ durch eine Kurve der x, y-Ebene dargestellt, so gibt $\mathrm{d}y/\mathrm{d}x$ den Anstieg $\tan \vartheta$ der Tangente an diese Kurve (Bild 4–1 und 7.5.1.3).

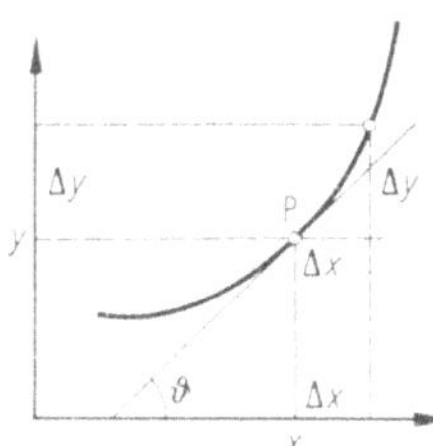

Bild 4–1. Tangente an eine Kurve.

Jede differenzierbare Funktion ist stetig; Umkehrung gilt nicht. Die Kurve einer stetigen Funktion hat keine Sprünge und keine Lücken, die einer differenzierbaren Funktion außerdem keine Ecken und Spitzen.

4.3.2 Differentiationsregeln

u, v, w bedeuten differenzierbare Funktionen von x; a soll konstant sein.

1. $(a)' = 0$
2. $(au)' = au'$
3. $(u + v + w + \cdots)' = u' + v' + w' + \cdots$[1])
4. $(uv)' = u'v + uv'$
5. $\left(\frac{u}{v}\right)' = \frac{u'v - uv'}{v^2}$
6. $(uvw \cdots)' = (uvw \cdots)\left(\frac{u'}{u} + \frac{v'}{v} + \frac{w'}{w} + \cdots\right)$[1])
7. *Kettenregel:* $\frac{\mathrm{d}f}{\mathrm{d}x} = \frac{\mathrm{d}f}{\mathrm{d}u}\frac{\mathrm{d}u}{\mathrm{d}x}$, wenn f eine zusammengesetzte Funktion ist: $f = f(u)$, $u = u(x)$
8. *Logarithmische Differentiation:* Für $f(x) = u(x)^{v(x)}$ folgt $\ln f(x) = v(x) \ln u(x)$ und daraus nach Differentiation (Kettenregel):
$$(u(x)^{v(x)})' = u(x)^{v(x)} \left[v'(x) \ln u(x) + v(x) \frac{u'(x)}{u(x)}\right].$$
9. Ist $x = g(y)$ die Umkehrfunktion von $y = f(x)$, so gilt $g'(y) = 1/f'(x)$

4.3.3 Ableitungen der elementaren Funktionen

1. $(x^\alpha)' = \alpha x^{\alpha - 1}$
2. $(\mathrm{e}^x)' = \mathrm{e}^x$
3. $(a^x)' = a^x \ln a$
4. $(\ln x)' = 1/x$

[1]) Endliche Anzahl von Summanden oder Faktoren.

5. $({}^a\log x)' = 1/(x \ln a)$ 6. $(x^x)' = x^x(1 + \ln x)$

7. $(\sin x)' = \cos x$ 8. $(\cos x)' = -\sin x$

9. $(\tan x)' = 1/\cos^2 x = 1 + \tan^2 x$ 10. $(\cot x)' = -1/\sin^2 x = -(1 + \cot^2 x)$

11. $(\arcsin x)' = 1/\sqrt{1 - x^2}$ 12. $(\arccos x)' = -1/\sqrt{1 - x^2}$

13. $(\arctan x)' = 1/(1 + x^2)$ 14. $(\operatorname{arccot} x)' = -1/(1 + x^2)$

15. $(\ln \sin x)' = \cot x$ 16. $(\ln \cos x)' = -\tan x$

17. $(\ln \tan x)' = 2/\sin 2x$ 18. $(\ln \cot x)' = -2/\sin 2x$

19. $(\sinh x)' = \cosh x$ 20. $(\cosh x)' = \sinh x$

21. $(\tanh x)' = 1/\cosh^2 x = 1 - \tanh^2 x$

22. $(\coth x)' = -1/\sinh^2 x = 1 - \coth^2 x$

23. $(\operatorname{arsinh} x)' = 1/\sqrt{x^2 + 1}$ 24. $(\operatorname{arcosh} x)' = 1/\sqrt{x^2 - 1}$

25. $(\operatorname{artanh} x)' = 1/(1 - x^2)$ 26. $(\operatorname{arcoth} x)' = 1/(1 - x^2)$

4.3.4 Ableitungen höherer Ordnung

1. Die Ableitungen oder Differentialquotienten höherer Ordnung einer Funktion $y = f(x)$ sind durch mehrmalige Differentiation definiert:

$$f''(x) = (f'(x))' = \frac{d^2y}{dx^2} = \frac{d}{dx}\left(\frac{dy}{dx}\right)$$

$$f^{(n)}(x) = (f^{(n-1)}(x))' = \frac{d^ny}{dx^n} = \frac{d}{dx}\left(\frac{d^{n-1}y}{dx^{n-1}}\right)$$

2. $(x^m)^{(n)} = \binom{m}{n} n!\, x^{m-n} = m(m-1)(m-2)\cdots(m-n+1)\, x^{m-n}$

3. $(e^x)^{(n)} = e^x$ 4. $(a^x)^{(n)} = a^x(\ln a)^n$

5. $(\ln x)^{(n)} = (-1)^{n-1}(n-1)!/x^n$

6. $(\sin x)^{(n)} = \sin(x + n\pi/2)$ 7. $(\cos x)^{(n)} = \cos(x + n\pi/2)$

8. $$(uv)^{(n)} = u^{(n)}v + \binom{n}{1} u^{(n-1)}v' + \binom{n}{2} u^{(n-2)}v'' + \cdots + \binom{n}{n-1} u'v^{(n-1)} + uv^{(n)} = [u + v]^{(n)},$$

wo die rechte Seite das Ergebnis bedeutet, das entsteht, wenn die n-te Potenz nach dem binomischen Lehrsatz gebildet, aber darin statt der Potenzen die Ableitungen gesetzt werden, insbesondere statt u^0 nicht 1, sondern $u^{(0)} = u$; statt v^0 nicht 1, sondern $v^{(0)} = v$.

4.3.5 Partielle Ableitungen, totale Differentiale

4.3.5.1 Es sei $f(x, y, \ldots)$ eine Funktion von zwei oder mehreren unabhängigen Veränderlichen, $\frac{\partial f}{\partial x} = f_x$, $\frac{\partial f}{\partial y} = f_y, \ldots$ die *partiellen Ableitungen*, d.h. diejenigen, bei deren Bildung allein x oder y oder ... als veränderlich betrachtet wird. Dann ist unter bestimmten Stetigkeitsvoraussetzungen $\frac{\partial^2 f}{\partial x\, \partial y} = \frac{\partial^2 f}{\partial y\, \partial x}$ oder $f_{xy} = f_{yx}$ usw.; d.h. bei der Bildung der Ableitungen höherer Ordnung kommt es dann auf die Reihenfolge der Differentiationen nach den verschiedenen Veränderlichen nicht an.

4.3.5.2 Sind $x = x(t)$, $y = y(t)$, $z = z(t)$ usw. Funktionen einer neuen Variablen t, so gilt in Verallgemeinerung der Kettenregel [7. in 4.3.2]:

$$\frac{\mathrm{d}f}{\mathrm{d}t} = \frac{\partial f}{\partial x}\frac{\mathrm{d}x}{\mathrm{d}t} + \frac{\partial f}{\partial y}\frac{\mathrm{d}y}{\mathrm{d}t} + \frac{\partial f}{\partial z}\frac{\mathrm{d}z}{\mathrm{d}t} + \cdots$$

Man drückt dies kurz durch

$$\mathrm{d}f = f_x\,\mathrm{d}x + f_y\,\mathrm{d}y + f_z\,\mathrm{d}z + \cdots$$

aus und bezeichnet $\mathrm{d}f$ als das *totale Differential* von f.

4.3.5.3 Damit der Ausdruck $P(x, y)\,\mathrm{d}x + Q(x, y)\,\mathrm{d}y$ das totale Differential einer Funktion $f(x, y)$ sei, ist notwendig und hinreichend, daß gilt:

$$\frac{\partial Q}{\partial x} = \frac{\partial P}{\partial y} \quad (\textit{Integrabilitätsbedingung}).$$

Damit bei drei Veränderlichen $P\,\mathrm{d}x + Q\,\mathrm{d}y + R\,\mathrm{d}z$ ein totales Differential sei, muß entsprechend gelten:

$$\frac{\partial Q}{\partial z} = \frac{\partial R}{\partial y}, \quad \frac{\partial R}{\partial x} = \frac{\partial P}{\partial z}, \quad \frac{\partial P}{\partial y} = \frac{\partial Q}{\partial x}.$$

Bemerkung. Dies ist nichts anderes als die Tatsache, daß das Vektorfeld $\boldsymbol{v} = \{P, Q, R\}$ sich nur dann als Gradient eines skalaren Feldes $f(x, y, z)$ darstellen läßt, wenn es wirbelfrei ist, d.h. wenn rot $\boldsymbol{v} = 0$ (vgl. 6.2.5).

4.3.5.4 *Geometrische Bedeutung* des totalen Differentials bei zwei Veränderlichen (Bild 4–2): $z = f(x, y)$ stellt eine Fläche dar, wenn man x, y, z als kartesische Koordinaten des Raumes auffaßt (vgl. 5.2.3 und 7.7.1.1).

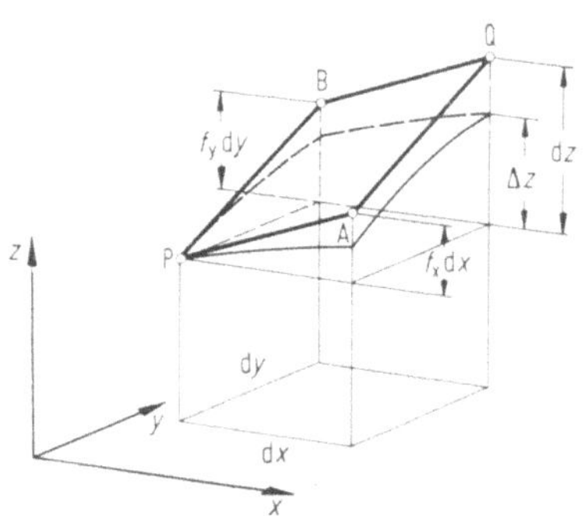

Bild 4–2. Totales Differential bei zwei Veränderlichen.

$P = (x, y, z)$ sei ein Punkt der Fläche. Das gerade Prisma mit dem Querschnitt $\mathrm{d}x\,\mathrm{d}y$ schneidet dann aus der Tangentialebene der Fläche in P ein Parallelogramm $PAQB$ aus. f_x ist Anstieg von PA, f_y Anstieg von PB. $\mathrm{d}z = f_x\,\mathrm{d}x + f_y\,\mathrm{d}y$ ist Höhendifferenz zwischen P und Q. Ist $\Delta z = f(x + \Delta x, y + \Delta y) - f(x, y)$ $(\mathrm{d}x = \Delta x,\ \mathrm{d}y = \Delta y)$, so wird für kleine $\mathrm{d}x, \mathrm{d}y$: $\Delta z \approx \mathrm{d}z$.

4.3.6 Unentwickelte (implizite) Funktionen

Für $F(x, y) = 0$ wird, falls $\partial F/\partial y \neq 0$,

$$\frac{\mathrm{d}y}{\mathrm{d}x} = -\frac{\partial F}{\partial x}\bigg/\frac{\partial F}{\partial y};$$

$$\frac{\mathrm{d}^2y}{\mathrm{d}x^2} = -\left[\frac{\partial^2 F}{\partial x^2}\left(\frac{\partial F}{\partial y}\right)^2 - 2\,\frac{\partial^2 F}{\partial x\,\partial y}\,\frac{\partial F}{\partial x}\,\frac{\partial F}{\partial y} + \frac{\partial^2 F}{\partial y^2}\left(\frac{\partial F}{\partial x}\right)^2\right]\bigg/\left(\frac{\partial F}{\partial y}\right)^3.$$

4.3.7 Mittelwertsatz und Taylorsche Formel

4.3.7.1 Mittelwertsatz. Ist $f(x)$ eindeutig, für $x = a$ und $x = b$ stetig und für alle x zwischen a und b differenzierbar, so gilt

$$f(b) - f(a) = (b - a)\, f'(\xi),$$

wo ξ ein passender Wert zwischen a und b ist: $\xi = a + \vartheta(b - a)$, $0 < \vartheta < 1$: ϑ hängt ab von a und b. Andere Form:

$$f(x + h) = f(x) + hf'(\xi), \quad \xi = x + \vartheta h, \quad 0 < \vartheta < 1.$$

4.3.7.2 Taylorsche Formel. Es sei $f(x)$ zwischen a (einschl.) und x (einschl.) n-mal differenzierbar, so ist

$$f(x) = f(a) + \frac{f'(a)}{1!}(x - a) + \frac{f''(a)}{2!}(x - a)^2 + \cdots + \frac{f^{(n-1)}(a)}{(n-1)!}(x - a)^{n-1} + R_n,$$

wo $$R_n = \frac{f^{(n)}(\xi)}{n!}(x - a)^n, \quad \xi = a + \vartheta(x - a), \quad 0 < \vartheta < 1.$$

Andere Form:

$$f(x + h) = f(x) + \frac{h}{1!}f'(x) + \frac{h^2}{2!}f''(x) + \cdots + \frac{h^{n-1}}{(n-1)!}f^{(n-1)}(x) + R_n,$$

wo das sog. *Restglied*

$$R_n = \frac{h^n}{n!}f^{(n)}(\xi), \quad \xi = x + \vartheta h, \quad 0 < \vartheta < 1$$

zur *Fehlerabschätzung* dienen kann, wenn man die Funktion durch die ersten $n - 1$ Glieder annähern will.

Die sog. *Maclaurin*sche Form der *Taylor*schen Formel (für $a = 0$):

$$f(x) = f(0) + \frac{f'(0)}{1!}x + \frac{f''(0)}{2!}x^2 + \cdots + \frac{f^{(n-1)}(0)}{(n-1)!}x^{n-1} + R_n,$$

wo $$R_n = \frac{f^{(n)}(\xi)}{n!}x^n, \quad \xi = \vartheta x, \quad 0 < \vartheta < 1.$$

4.3.7.3 Taylorsche Reihe. Die Taylorsche Formel geht in die Taylorsche Reihe über, wenn $f(x)$ beliebig oft differenzierbar und $\lim\limits_{n\to\infty} R_n = 0$ ist. Die Maclaurinsche Form der Taylorschen Reihe stellt die Entwicklung von $f(x)$ nach Potenzen von x dar. Daß sich nicht jede Funktion nach Potenzen von x entwickeln läßt, zeigen beispielsweise $f(x) = 1/x$, $1/x^2$, $1/x^n$ ($n > 0$, ganzzahlig), $\sqrt{x}$, $1/\sqrt{x}$, $\ln x$, $\cot x$ usw.

4.3.7.4 Taylorsche Formel für zwei Veränderliche:

$$f(x + h, y + k) = f(x, y) + \frac{1}{1!}\left[\frac{\partial}{\partial x}h + \frac{\partial}{\partial y}k\right]^{(1)} f(x, y) +$$
$$+ \frac{1}{2!}\left[\frac{\partial}{\partial x}h + \frac{\partial}{\partial y}k\right]^{(2)} f(x, y) + \cdots + \frac{1}{(n-1)!}\left[\frac{\partial}{\partial x}h + \frac{\partial}{\partial y}k\right]^{(n-1)} f(x, y) + R_n,$$

wo $$R_n = \frac{1}{n!}\left[\frac{\partial}{\partial x}h + \frac{\partial}{\partial y}k\right]^{(n)} f(x + \vartheta_1 h, y + \vartheta_2 k), \quad 0 < \vartheta_1 < 1, \quad 0 < \vartheta_2 < 1.$$

Dabei wird $\left[\frac{\partial}{\partial x}h + \frac{\partial}{\partial y}k\right]^{(n)}$ formal wie eine Potenz nach dem binomischen Satz ausgerechnet und für $\left(\frac{\partial}{\partial x}\right)^m f$ die partielle Ableitung $\frac{\partial^m f}{\partial x^m}$ gesetzt.

4.3.8 Unbestimmte Formen

Wenn eine Funktion $f(x)$ für $x = a$ (wo a auch ∞ sein kann) keinen bestimmten Wert hat, sondern in einer sinnlosen Form

$$\frac{0}{0}, \quad \frac{\infty}{\infty}, \quad 0\cdot\infty, \quad \infty - \infty, \quad 0^0, \quad \infty^0, \quad 1^\infty$$

erscheint, so kann es doch sein, daß der Grenzwert $\lim\limits_{x\to a} f(x)$ vorhanden ist. Zur Bestimmung dieses Grenzwertes können folgende Regeln dienen:

1. $\frac{0}{0}$. Ist $f(x) = \frac{\varphi(x)}{\psi(x)}$, $\varphi(a) = 0$, $\psi(a) = 0$, so wird

$$\lim_{x\to a} f(x) = \lim_{x\to a} \frac{\varphi'(x)}{\psi'(x)}$$

(*Bernoulli-L'Hospitalsche Regel*). Man kann das Verfahren nötigenfalls wiederholen.

Beispiel: $f(x) = \frac{x^x - x}{1 - x + \ln x}$ hat für $x \to 1$ die Form $\frac{0}{0}$. Zweimalige Differentiation (von Zähler und Nenner) liefert $\lim\limits_{x\to 1} f(x) = -2$.

2. $\frac{\infty}{\infty}$. Man verfahre wie im Falle $\frac{0}{0}$.

Beispiel: $f(x) = \frac{\ln\tan x}{\ln\tan 2x}$ wird $\frac{\infty}{\infty}$ für $x = 0$. Differentiation liefert $\lim\limits_{x\to 0} f(x) = 1$.

3. $0\cdot\infty$. Wenn $f(x) = \varphi(x)\,\psi(x)$, $\varphi(a) = 0$ und $\psi(a) = \infty$ wird, so setzt man $\frac{1}{\psi(x)} = \chi(x)$ und erhält dann den Fall $\frac{0}{0}$.

4. $\infty - \infty$. $f(x) = \varphi(x) - \psi(x)$, $\varphi(a) = \infty$, $\psi(a) = \infty$. Man kommt auf den Fall $\frac{0}{0}$, indem man $\varphi(x) = 1/u(x)$, $\psi(x) = 1/v(x)$ setzt, wodurch $f(x) = \frac{v(x) - u(x)}{u(x)\,v(x)}$ die Form $\frac{0}{0}$ annimmt.

Beispiel: $\lim\limits_{x\to 0}\left(\frac{1}{\sin^2 x} - \frac{1}{x^2}\right) = \frac{1}{3}$.

5. 0^0, 1^∞, ∞^0. Nimmt der Ausdruck $f(x) = \varphi(x)\,\psi(x)$ für $x = a$ eine dieser Formen an, so ist erst der Grenzwert von $\ln f(x)$ wie vorher bestimmen.

Beispiele: a) $\lim\limits_{x\to 0} x^{\ln(1+x)} = 1$; b) $\lim\limits_{x\to 1} x^{\frac{1}{1-x}} = \frac{1}{e}$; c) $\lim\limits_{x\to 0}\left(\frac{1}{x}\right)^{\sin x} = 1$.

4.3.9 Maxima und Minima

4.3.9.1 Funktion einer Veränderlichen. Um die Maxima und Minima einer Funktion $f(x)$, deren Kurve keine Ecken (Spitzen) hat, zu finden, zuerst die Gleichung

$$f'(x) = 0$$

auflösen. Es sei $x = a$ eine Lösung dieser Gleichung. Die höheren Ableitungen von $f(x)$ bilden, bis sich eine findet, die für $x = a$ nicht verschwindet: $f^{(n)}(a) \neq 0$. Ist ihre Ordnung n gerade, so liegt Maximum oder Minimum vor, je nachdem sie selbst <0 oder >0 ist; ist n ungerade, so liegt weder Maximum noch Minimum vor (Bild 4–3).

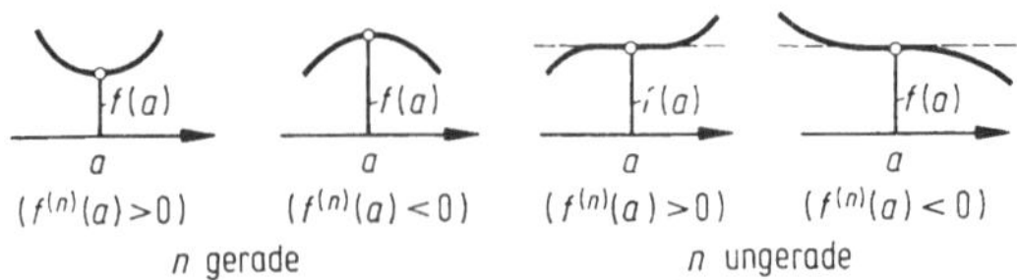

Bild 4–3. Besondere Werte einer Funktion mit einer Veränderlichen.

Beispiel: $f(x) = (x-a)^4 (x-b)^5$ wird für $x = a$ Maximum oder Minimum, je nachdem ob $a \lessgtr b$ ist; für $x = b$ gibt es weder Maximum noch Minimum; für $x = \frac{1}{9}(5a + 4b)$ wird $f(x)$ ein Minimum oder Maximum, je nachdem $a \lessgtr b$ ist.

4.3.9.2 Funktion zweier oder mehrerer Veränderlicher. Die Werte von x und y, die ein Maximum oder Minimum der Funktion $f(x, y)$ ergeben, genügen den Gleichungen $\frac{\partial f}{\partial x} = 0$ und $\frac{\partial f}{\partial y} = 0$. Falls noch $\frac{\partial^2 f}{\partial x^2} \frac{\partial^2 f}{\partial y^2} - \left(\frac{\partial^2 f}{\partial x\, \partial y}\right)^2 > 0$ ist, so hat man ein Maximum, wenn $\frac{\partial^2 f}{\partial x^2}$ und $\frac{\partial^2 f}{\partial y^2}$ beide < 0, ein Minimum, wenn $\frac{\partial^2 f}{\partial x^2}$ und $\frac{\partial^2 f}{\partial y^2}$ beide > 0 sind.

Beispiel: $f = x^2 + xy + y^2 - ax - by$ wird für

$$x = \frac{1}{3}(2a - b), \quad y = \frac{1}{3}(2b - a)$$

$$f = -\frac{1}{3}(a^2 - ab + b^2) = \text{Minimum}.$$

Soll $f(x_1, x_2, \ldots, x_n)$ ein Maximum oder Minimum werden *unter den Nebenbedingungen* $\varphi_1(x_1, x_2, \ldots, x_n) = 0$, $\varphi_2 = 0, \ldots, \varphi_m = 0$ $(m < n)$, so müssen die betreffenden Werte für $x_1, x_2, \ldots, x_n$ außer diesen Nebenbedingungen noch den n Gleichungen

$$\frac{\partial \Phi}{\partial x_1} = 0, \quad \frac{\partial \Phi}{\partial x_2} = 0, \quad \ldots, \quad \frac{\partial \Phi}{\partial x_n} = 0$$

genügen, wo $\Phi = f + \lambda_1 \varphi_1 + \lambda_2 \varphi_2 + \cdots + \lambda_m \varphi_m$ gesetzt ist, mit zunächst unbestimmten Konstanten $\lambda_1, \lambda_2, \ldots, \lambda_m$ (*Langrangesche Multiplikatoren*).

Beispiel: Für $f = x_1^2 + 4x_2^2 + 3x_3^2$ und $\varphi_1 = x_1^2 + x_2^2 + x_3^2 - 49 = 0$, $\varphi_2 = x_1 + \frac{1}{2}x_2 + \frac{1}{3}x_3 = 0$ erhält man:

	λ_1	λ_2	x_1	x_2	x_3	f
1.	−25/7	−72/7	−2	6	−3	175 } Maximum
2.	−25/7	72/7	2	−6	3	175 } Maximum
3.	−19/7	−72/7	−3	2	6	133 } Minimum
4.	−19/7	72/7	3	−2	−6	133 } Minimum

4.4 Integralrechnung

[18, 19, 22, 32]

4.4.1 Allgemeine Integrationsregeln

Erklärung: $\int f(x)\,dx = J(x) + C$ bedeutet dasselbe wie $f(x) = J'(x)$,

$$[\int f(x)\,dx]' = f(x).$$

In den Formeln 1 bis 3 sind u und v Funktionen von x, a ist eine Konstante.

1. $\int a\,du = a \int du = au + C$
2. $\int (u + v)\,dx = \int u\,dx + \int v\,dx$ (Zerlegungsverfahren).
3. $\int u\,dv = uv - \int v\,du$
4. $\int uv'\,dx = uv - \int vu'\,dx$ (Unvollständige Integration, Teilintegration)

5. $\int f(x)\,\mathrm{d}x = \int f(\varphi(y))\,\varphi'(y)\,\mathrm{d}y, \quad x = \varphi(y)$ (Einführung einer neuen Veränderlichen).

6. $\dfrac{\partial}{\partial\alpha}\displaystyle\int f(x, \alpha)\,\mathrm{d}x = \int \frac{\partial f(x, \alpha)}{\partial\alpha}\,\mathrm{d}x$ (Differentiation unter dem Integralzeichen).

Bemerkung. Für das Folgende beachte man, daß bei unbestimmter Integration das Ergebnis manchmal zunächst in einer anderen Form erhalten wird, als in den folgenden Formeln angegeben ist. Aber es kann sich von dem hier angegebenen nur um eine additive Konstante unterscheiden.

Diese ist nicht immer sogleich zu erkennen. Man denke daran, daß sie auch komplexe Werte haben kann, daß z.B. $\ln(-x)$ sich von $\ln x$ um die rein-imaginäre Konstante $\ln(-1) = (2k+1)\pi\mathrm{i}$ ($k = 0, \pm 1, \pm 2, \ldots$) unterscheidet, und beachte die Zusammenhänge zwischen Kreis-, Hyperbel-, Exponentialfunktionen und ihren Umkehrungen im Komplexen (vgl. 3.5).

4.4.2 Unbestimmte Grundintegrale

[4, 8]

1. $\int x^n\,\mathrm{d}x = \dfrac{x^{n+1}}{n+1} + C$; n beliebig, ausgenommen $n = -1$ (s. 2.)

2. $\int \mathrm{d}x/x = \ln|x| + C = \ln|cx|$

3. $\int \mathrm{e}^x\,\mathrm{d}x = \mathrm{e}^x + C$

4. $\int a^x\,\mathrm{d}x = a^x/\ln a + C$

5. $\int \sin x\,\mathrm{d}x = -\cos x + C$

6. $\int \cos x\,\mathrm{d}x = \sin x + C$

7. $\int \mathrm{d}x/\sin^2 x = -\cot x + C$

8. $\int \mathrm{d}x/\cos^2 x = \tan x + C$

9. $\displaystyle\int \frac{\mathrm{d}x}{\sqrt{1-x^2}} = \arcsin x + C = -\arccos x + c$

10. $\int \mathrm{d}x/(1+x^2) = \arctan x + C = -\operatorname{arccot} x + c$

11. $\int \sinh x\,\mathrm{d}x = \cosh x + C$

12. $\int \cosh x\,\mathrm{d}x = \sinh x + C$

13. $\int \mathrm{d}x/\cosh^2 x = \tanh x + C$

14. $\int \mathrm{d}x/\sinh^2 x = -\coth x + C$

15. $\displaystyle\int \frac{\mathrm{d}x}{\sqrt{1+x^2}} = \operatorname{arsinh} x + C = \ln\left(x + \sqrt{1+x^2}\right) + C$

16. $\displaystyle\int \frac{\mathrm{d}x}{\sqrt{x^2-1}} = \operatorname{arcosh} x + C = \ln\left(x + \sqrt{x^2-1}\right) + C$

17. $\displaystyle\int \frac{\mathrm{d}x}{1-x^2} = \operatorname{artanh} x + C = \frac{1}{2}\ln\frac{1+x}{1-x} + C$

$$= \operatorname{arcoth} x + c = \frac{1}{2}\ln\frac{x+1}{x-1} + c$$

18. $\displaystyle\int \frac{f'(x)}{f(x)}\,\mathrm{d}x = \ln f(x) + C$

19. $\displaystyle\int f(x)\,f'(x)\,\mathrm{d}x = \frac{1}{2}[f(x)]^2 + C$

4.4.3 Integration rationaler Funktionen

4.4.3.1 Ist $R(x) = \varphi(x)/f(x)$ die zu integrierende rationale Funktion, wo also $\varphi(x)$ und $f(x)$ ganze Funktionen (Polynome) sind, so hat man, wenn der Grad des Zählers $\varphi(x)$ nicht kleiner als der des Nenners $f(x)$ ist, zunächst durch Ausführen der Division $R(x)$ zu zerlegen in eine ganze Funktion und einen Rest $\psi(x)/f(x)$, der eine *echt* gebrochene Funktion darstellt (Grad des Zählers kleiner als der des Nenners). Integration der ganzen Funktion ist mühelos, die der echt gebrochenen rationalen Funktion beruht auf ihrer *Zerlegung in Teilbrüche.* Ist

$$f(x) = (x-a)^\alpha (x-b)^\beta \cdots (x-m)^\mu,$$

d.h. sind $a, b, \ldots, m$ die verschiedenen Wurzeln der Gleichung $f(x) = 0$, wobei a eine α-fache, b eine β-fache, ..., m eine μ-fache Wurzel sei, so gilt die *Teilbruchzerlegung* der echt gebrochenen rationalen Funktionen

$$\begin{aligned}\frac{\psi(x)}{f(x)} &= \frac{A_\alpha}{(x-a)^\alpha} + \frac{A_{\alpha-1}}{(x-a)^{\alpha-1}} + \cdots + \frac{A_1}{x-a}\\ &+ \frac{B_\beta}{(x-b)^\beta} + \frac{B_{\beta-1}}{(x-b)^{\beta-1}} + \cdots + \frac{B_1}{x-b} + \cdots\\ &+ \frac{M_\mu}{(x-m)^\mu} + \frac{M_{\mu-1}}{(x-m)^{\mu-1}} + \cdots + \frac{M_1}{x-m}.\end{aligned}$$

Zum Bestimmen der Konstanten $A_\alpha, A_{\alpha-1}, \ldots, M_1$ rechte Seite auf den Hauptnenner $f(x)$ bringen und Vorzahlen gleich hoher Potenzen von x in Zählern beiderseits einander gleichsetzen. Das ergibt eine genügende Anzahl von linearen Gleichungen, aus denen $A_\alpha, A_{\alpha-1}, \ldots, M_1$ berechnet werden können.

Im Falle einfacher Wurzeln ($\alpha = \beta = \cdots = \mu = 1$) bestimmt man $A_1, B_1, \ldots, M_1$ aus den Gleichungen

$$A_1 = \frac{\psi(a)}{f'(a)}, \quad B_1 = \frac{\psi(b)}{f'(b)}, \quad \ldots, \quad M_1 = \frac{\psi(m)}{f'(m)}.$$

Die Wurzeln $a, b, \ldots, m$ können reell oder komplex sein. Hat der Nenner $f(x)$ nur reelle Vorzahlen, so treten die komplexen Wurzeln paarweise konjugiert komplex auf. Man kann dann das Zerlegen durch Teilbrüche von der reellen Form

$$\frac{Mx + N}{(A + 2Bx + Cx^2)^p}$$

darstellen. Integration rationaler echt gebrochener Funktionen wird dadurch zurückgeführt auf Integrale der Form

$$\int \frac{dx}{(x-a)^\alpha} \quad \text{oder (im Reellen)} \quad \int \frac{Mx+N}{(A+2Bx+Cx^2)^p}\,dx.$$

Die ersten ergeben für $\alpha > 1$ wieder rationale Funktionen, für $\alpha = 1$ Logarithmen, die zweiten rationale Funktionen und Logarithmen oder Ausdrücke in Arcustangens (s. z.B. Formeln 9, 11 und 12 in 4.4.3.2).

4.4.3.2 Besondere Integrale rationaler Funktionen [4, 8, 16]:

1. $\displaystyle\int (a+bx)^n\,dx = \frac{(a+bx)^{n+1}}{(n+1)\,b} + C,$ wenn $n \neq -1$ (s. 2.)

2. $\displaystyle\int \frac{dx}{a+bx} = \frac{1}{b}\ln(a+bx) + C = \frac{1}{b}\ln c(a+bx)$

3. $\displaystyle\int \frac{1}{x^2}\,dx = -\frac{1}{x} + C$

4. $\displaystyle\int \frac{dx}{(a+bx)^2} = -\frac{1}{b(a+bx)} + C$

5. $\displaystyle\int \frac{dx}{1-x^2} = \frac{1}{2}\ln\frac{1+x}{1-x} + C = \operatorname{artanh} x + C,$ wenn $x < 1$

6. $$\int \frac{dx}{x^2 - 1} = \frac{1}{2} \ln \frac{x-1}{x+1} + C = -\operatorname{arcoth} x + C, \qquad \text{wenn } x > 1$$

7. $$\int \frac{dx}{a + bx^2} = \frac{1}{\sqrt{ab}} \arctan\left(x\sqrt{b/a}\right) + C, \qquad \text{wenn } a\,b > 0$$

8. $$\int \frac{dx}{a - bx^2} = \frac{1}{2\sqrt{ab}} \ln \frac{\sqrt{ab} + bx}{\sqrt{ab} - bx} + C = \frac{1}{\sqrt{ab}} \operatorname{artanh}\left(x\sqrt{b/a}\right) + C$$

$$= \frac{1}{2\sqrt{ab}} \ln \frac{bx + \sqrt{ab}}{bx - \sqrt{ab}} + C = \frac{1}{\sqrt{ab}} \operatorname{arcoth}\left(x\sqrt{b/a}\right) + C, \qquad \text{wenn } ab > 0$$

Im Folgenden: $\Delta = ac - b^2$.

9. $$\int \frac{dx}{a + 2bx + cx^2} = \frac{1}{\sqrt{\Delta}} \arctan \frac{b + cx}{\sqrt{\Delta}} + C, \qquad \text{wenn } \Delta > 0$$

$$\left.\begin{aligned} &= \frac{1}{2\sqrt{-\Delta}} \ln\left(\pm \frac{\sqrt{-\Delta} - b - cx}{\sqrt{-\Delta} + b + cx}\right) + C \\ &= -\frac{1}{\sqrt{-\Delta}} \operatorname{ar}\begin{matrix}\tanh\\ \coth\end{matrix} \frac{b + cx}{\sqrt{-\Delta}} + C, \end{aligned}\right\} \text{wenn } \Delta < 0$$

$$\int \frac{dx}{a + 2bx + cx^2} = -\frac{1}{b + cx} + C, \qquad \text{wenn } \Delta = 0$$

10. $$\int \frac{(\alpha + \beta x)\,dx}{a + 2bx + cx^2} = \frac{\beta}{2c} \ln(a + 2bx + cx^2) + \frac{\alpha c - \beta b}{c} \int \frac{dx}{a + 2bx + cx^2}$$

11. $$\int \frac{dx}{(a + 2bx + cx^2)^p} = \frac{1}{2(ac - b^2)(p-1)} \frac{b + cx}{(a + 2bx + cx^2)^{p-1}}$$

$$+ \frac{(2p-3)\,c}{2(ac - b^2)(p-1)} \int \frac{dx}{(a + 2bx + cx^2)^{p-1}}$$

12. $$\int \frac{(\alpha + \beta x)\,dx}{(a + 2bx + cx^2)^p} = -\frac{\beta}{2c(p-1)} \frac{1}{(a + 2bx + cx^2)^{p-1}}$$

$$+ \frac{\alpha c - \beta b}{c} \int \frac{dx}{(a + 2bx + cx^2)^p} \qquad p \neq 1$$

13. $$\int x^{m-1}(a + bx)^n\,dx = \frac{x^{m-1}(a + bx)^{n+1}}{(m+n)\,b} - \frac{(m-1)\,a}{(m+n)\,b} \int x^{m-2}(a + bx)^n\,dx$$

$$= \frac{x^m(a + bx)^n}{m + n} + \frac{na}{m + n} \int x^{m-1}(a + bx)^{n-1}\,dx$$

14. $$\int x^m(a + bx^n)^p\,dx = \frac{x^{m+1}}{m+1}(a + bx^n)^p -$$

$$- \frac{bnp}{m+1} \int x^{m+n}(a + bx^n)^{p-1}\,dx, \qquad m \neq -1$$

15. $$\int x^m(a + bx^n)^p\,dx = \frac{x^{m+1}}{m + np + 1}(a + bx^n)^p +$$

$$+ \frac{npa}{m + np + 1} \int x^m(a + bx^n)^{p-1}\,dx, \qquad m + np + 1 \neq 0$$

4.4.4 Integrale einiger irrationaler Funktionen

[4, 8, 16]

1. $\int \sqrt{a+bx}\,\mathrm{d}x = \frac{2}{3b}(\sqrt{a+bx})^3 + C$; 2. $\int \frac{\mathrm{d}x}{\sqrt{a+bx}} = \frac{2}{b}\sqrt{a+bx} + C$

3. $\int \frac{(\alpha+\beta x)\,\mathrm{d}x}{\sqrt{a+bx}} = \frac{2}{3b^2}(3\alpha b - 2a\beta + \beta b x)\sqrt{a+bx} + C$

4. $\int \frac{\mathrm{d}x}{(\alpha+\beta x)\sqrt{a+bx}}$ wird durch die Substitution $y = \sqrt{a+bx}$ auf die Form 7. oder 8. in 4.4.3.2 gebracht.

5. $\int \frac{f(x, \sqrt[n]{a+bx})}{\varphi(x, \sqrt[n]{a+bx})}\,\mathrm{d}x$, wo f und φ ganze rationale Funktionen bedeuten:

man setze $\sqrt[n]{a+bx} = y$ und werte das Integral über y aus.

6. $\int \frac{\mathrm{d}x}{\sqrt{a^2-x^2}} = \arcsin\frac{x}{a} + C = -\arccos\frac{x}{a} + C' = 2\arctan\sqrt{\frac{a+x}{a-x}} + c$

7. $\int \frac{\mathrm{d}x}{\sqrt{x^2 \pm a^2}} = \ln\left(x + \sqrt{x^2 \pm a^2}\right) + C = \frac{1}{2}\ln\frac{x+\sqrt{x^2\pm a^2}}{-x+\sqrt{x^2\pm a^2}} + C'$

$= \mathrm{ar}\,\begin{matrix}\sinh\\ \cosh\end{matrix}\,\frac{x}{a} + C''$,

wo $\begin{matrix}\sinh\\ \cosh\end{matrix}$ beim $\begin{matrix}\text{oberen } (+)\\ \text{unteren } (-)\end{matrix}$ Vorzeichen zu nehmen ist.

In den folgenden Formeln ist $\sqrt{a + 2bx + cx^2} = X$ gesetzt.

8. $\int \frac{\mathrm{d}x}{X} = \frac{1}{\sqrt{c}}\ln(b + cx + \sqrt{c}\,X) + C,$ wenn $c > 0$

$= \frac{1}{\sqrt{c}}\,\mathrm{arsinh}\,\frac{b+cx}{\sqrt{ac-b^2}} + C,$ wenn $ac - b^2 > 0$

$= \frac{1}{\sqrt{c}}\,\mathrm{arcosh}\,\frac{b+cx}{\sqrt{b^2-ac}} + C,$ wenn $b^2 - ac > 0$

$= \frac{-1}{\sqrt{-c}}\arcsin\frac{b+cx}{\sqrt{b^2-ac}} + C,$ wenn $c < 0$

9. $\int \frac{(\alpha+\beta x)\,\mathrm{d}x}{X} = \frac{\beta}{c}X + \frac{\alpha c - \beta b}{c}\int\frac{\mathrm{d}x}{X} + C$

10. $\int \frac{x^m\,\mathrm{d}x}{X} = \frac{x^{m-1}X}{mc} - \frac{(m-1)\,a}{mc}\int\frac{x^{m-2}\,\mathrm{d}x}{X} - \frac{(2m-1)\,b}{mc}\int\frac{x^{m-1}\,\mathrm{d}x}{X}$

11. $\int \frac{a_0 + a_1x + a_2x^2 + \cdots + a_nx^n}{X}\,\mathrm{d}x$

$= (A_0 + A_1x + A_2x^2 + \cdots + A_{n-1}x^{n-1})\,X + A\int\frac{\mathrm{d}x}{X},$

worin die Konstanten $A_0, A_1, A_2, \ldots, A_{n-1}$ und A durch Differentiation und Vergleichen der Vorzahlen bestimmt werden.

12. $$\int \sqrt{a^2+x^2}\,\mathrm{d}x = \frac{x}{2}\sqrt{a^2+x^2} + \frac{a^2}{2}\ln\left(x+\sqrt{a^2+x^2}\right) + C$$
$$= \frac{x}{2}\sqrt{a^2+x^2} + \frac{a^2}{2}\operatorname{arsinh}\frac{x}{a} + C'$$

13. $$\int \sqrt{a^2-x^2}\,\mathrm{d}x = \frac{x}{2}\sqrt{a^2-x^2} + \frac{a^2}{2}\arcsin\frac{x}{a} + C$$

14. $$\int \sqrt{x^2-a^2}\,\mathrm{d}x = \frac{x}{2}\sqrt{x^2-a^2} - \frac{a^2}{2}\ln\left(x+\sqrt{x^2-a^2}\right) + C$$
$$= \frac{x}{2}\sqrt{x^2-a^2} - \frac{a^2}{2}\operatorname{arcosh}\frac{x}{a} + C'$$

15. $$\int X\,\mathrm{d}x = \frac{b+cx}{2c}X + \frac{ac-b^2}{2c}\int\frac{\mathrm{d}x}{X} + C$$

16. $\int \frac{\mathrm{d}x}{(x-a)^p X}$ wird durch Substitution $\frac{1}{x-a} = y$ auf Form 10 gebracht.

17. $\int \frac{A+Bx}{\alpha+2\beta x+\gamma x^2}\frac{\mathrm{d}x}{X}$ wird durch die Substitution $x = \frac{py+q}{y+1}$, wenn man p und q aus den Gleichungen $\gamma pq + \beta(p+q) + \alpha = 0$ und $cpq + b(p+q) + a = 0$ bestimmt und alsdann $y^2 = z$ setzt, auf zwei Integrale von der Form

$$\int \frac{\mathrm{d}z}{(\alpha_1+\gamma_1 z)\sqrt{a_1+c_1 z}} \quad \text{und} \quad \int \frac{\mathrm{d}z}{(\alpha_2+\gamma_2 z)\sqrt{a_1 z+c_1 z^2}}$$

gebracht, die nach 4. und nach 16. zu behandeln sind.

18. Um $\int \frac{f(x)}{F(x)}\frac{\mathrm{d}x}{X}$ zu bestimmen, zerlege man $\frac{f(x)}{F(x)}$, erforderlichenfalls nach Absondern einer ganzen Funktion, in Teilbrüche; man erhält alsdann Integrale von der Form 16 und, wenn man zugeordnete imaginäre Teilbrüche zusammenfaßt, im einfachsten Falle von der Form 17.

19. $$\int \frac{(\alpha+\beta x)\,\mathrm{d}x}{X^3} = \frac{(a\beta-b\alpha)+(b\beta-c\alpha)\,x}{(b^2-ac)\,X} + C$$

20. $$\int x^n X\,\mathrm{d}x = \frac{x^{n-1}}{(n+2)\,c}X^3 - \frac{(2n+1)\,b}{(n+2)\,c}\int x^{n-1}X\,\mathrm{d}x -$$
$$- \frac{(n-1)\,a}{(n+2)\,c}\int x^{n-2}X\,\mathrm{d}x + C$$

21. $\int R(x, X)\,\mathrm{d}x$, wobei $R(x, X)$ eine rationale Funktion von x und X bedeutet, läßt sich durch die Substitution

$$x = \frac{-(\alpha c+2b)\,t^2+2\beta t-\alpha}{ct^2-1}$$

in

$$\int R\left[\frac{-(\alpha c+2b)\,t^2+2\beta t-\alpha}{ct^2-1}, \frac{\beta ct^2-2(\alpha c+b)\,t+\beta}{ct^2-1}\right]\frac{-2\beta ct^2+4(\alpha c+b)\,t-2\beta}{(ct^2-1)^2}\,\mathrm{d}t$$

überführen, wobei die willkürliche Konstante α zweckmäßig so gewählt wird, daß $\beta = \sqrt{a + 2b\alpha + c\alpha^2}$ reell wird. So wähle man $\alpha = 0$ für $X = \sqrt{a^2 \pm x^2}$ und $\alpha = a$ für $X = \sqrt{x^2 - a^2}$.

22. $$\int \frac{x^m}{(ax^2+b)^{n+1/2}}\,\mathrm{d}x = \frac{x^{m+1}}{(2n-1)\,b(ax^2+b)} + \frac{2n-m-2}{(2n-1)\,b}\int \frac{x^m}{(ax^2+b)^{n-1/2}}\,\mathrm{d}x$$

Wiederholte Anwendung liefert ein Integral der Form 10.

4.4.5 Integrale transzendenter Funktionen

[4, 8, 16]

Weitere Integrale s. a. 9.1.

1. $\int x^n e^x\,\mathrm{d}x = e^x(x^n - nx^{n-1} + n(n-1)\,x^{n-2} - + \cdots + (-1)^n\,n!)$ $\quad n \geq 0$

2. $\int \ln x\,\mathrm{d}x = x\ln x - x + C$ $\quad$ 3. $\int (\ln x)^n\,\mathrm{d}x = \int y^n e^y\,\mathrm{d}y$ $\quad$ für $y = \ln x$

4. $\int x^n \ln x\,\mathrm{d}x = \frac{x^{n+1}}{n+1}\ln x - \frac{x^{n+1}}{(n+1)^2} + C$ $\quad n \neq -1$ (s. 4a.)

4a. $\int \frac{1}{x}\ln x\,\mathrm{d}x = \frac{1}{2}(\ln x)^2 + C$

5. $\int \frac{(\ln x)^n}{x}\,\mathrm{d}x = \frac{1}{n+1}(\ln x)^{n+1} + C$ $\quad n \neq -1$

5a. $\int \frac{\mathrm{d}x}{x\ln x} = \ln(\ln x) + C$

6. $\int \sin^2 x\,\mathrm{d}x = -\frac{1}{4}\sin 2x + x/2 + C$

7. $\int \cos^2 x\,\mathrm{d}x = \frac{1}{4}\sin 2x + x/2 + C$

8. $\int \sin mx\,\mathrm{d}x = -\frac{\cos mx}{m} + C$ $\quad$ 9. $\int \cos mx\,\mathrm{d}x = \frac{\sin mx}{m} + C$

10. $\int \sin mx\cos nx\,\mathrm{d}x = -\frac{\cos(m+n)\,x}{2(m+n)} - \frac{\cos(m-n)\,x}{2(m-n)} + C$ $\quad m \neq n$

$= [-1/(m^2-n^2)]\,(m\cos mx\cos nx + n\sin mx\sin nx) + C$

11. $\int \sin mx\sin nx\,\mathrm{d}x = \frac{\sin(m-n)\,x}{2(m-n)} - \frac{\sin(m+n)\,x}{2(m+n)} + C$ $\quad m \neq n$

$= [-1/(m^2-n^2)]\,(m\cos mx\sin nx - n\sin mx\cos nx) + C$

12. $\int \cos mx\cos nx\,\mathrm{d}x = \frac{\sin(m-n)\,x}{2(m-n)} + \frac{\sin(m+n)\,x}{2(m+n)} + C$ $\quad m \neq n$

$= [1/(m^2-n^2)]\,(m\sin mx\cos nx - n\cos mx\sin nx) + C$

13. $\int \tan x\,\mathrm{d}x = -\ln\cos x + C$ $\quad$ 14. $\int \cot x\,\mathrm{d}x = \ln\sin x + C$

15. $\int \frac{\mathrm{d}x}{\sin x} = \ln\tan\frac{x}{2} + C$ $\quad$ 15a. $\int \frac{\mathrm{d}x}{\sinh x} = -2\,\mathrm{artanh}\,(e^x) + C = \ln\tanh\frac{x}{2}$

16. $\int \frac{dx}{\cos x} = \ln \tan\left(\frac{\pi}{4} + \frac{x}{2}\right) + C = \frac{1}{2} \ln \frac{1 + \sin x}{1 - \sin x} + C$

16a. $\int \frac{dx}{\cosh x} = 2 \arctan (e^x) + C = \arcsin \tanh x$

17. $\int \frac{dx}{1 + \cos x} = \tan \frac{x}{2} + C$ 18. $\int \frac{dx}{1 - \cos x} = -\cot \frac{x}{2} + C$

19. $\int \sin x \cos x \, dx = \frac{1}{2} \sin^2 x + C$ 20. $\int \frac{dx}{\sin x \cos x} = \ln \tan x + C$

21. $\int \sin^n x \, dx = -\frac{\cos x \sin^{n-1} x}{n} + \frac{n-1}{n} \int \sin^{n-2} x \, dx$ [1] [2]

22. $\int \cos^n x \, dx = \frac{\sin x \cos^{n-1} x}{n} + \frac{n-1}{n} \int \cos^{n-2} x \, dx$ [1] [3]

23. $\int \tan^n x \, dx = \frac{\tan^{n-1} x}{n-1} - \int \tan^{n-2} x \, dx$

24. $\int \cot^n x \, dx = -\frac{\cot^{n-1} x}{n-1} - \int \cot^{n-2} x \, dx$

25. $\int \frac{dx}{\sin^n x} = -\frac{\cos x}{(n-1) \sin^{n-1} x} + \frac{n-2}{n-1} \int \frac{dx}{\sin^{n-2} x}$ [4]

26. $\int \frac{dx}{\cos^n x} = \frac{\sin x}{(n-1) \cos^{n-1} x} + \frac{n-2}{n-1} \int \frac{dx}{\cos^{n-2} x}$ [3]

27. $\int \sin^p x \cos^q x \, dx = \frac{\sin^{p+1} x \cos^{q-1} x}{p+q} + \frac{q-1}{p+q} \int \sin^p x \cos^{q-2} x \, dx$ [5]

$$= -\frac{\sin^{p-1} x \cos^{q+1} x}{p+q} + \frac{p-1}{p+q} \int \sin^{p-2} x \cos^q x \, dx$$

28. $\int \sin^{-p} x \cos^q x \, dx = -\frac{\sin^{-p+1} x \cos^{q+1} x}{p-1} + \frac{p-q-2}{p-1} \int \sin^{-p+2} x \cos^q x \, dx$ [5]

29. $\int \sin^p x \cos^{-q} x \, dx = \frac{\sin^{p+1} x \cos^{-q+1} x}{q-1} + \frac{q-p-2}{q-1} \int \sin^p x \cos^{-q+2} x \, dx$ [5]

30. $\int x^m \sin x \, dx = -x^m \cos x + m \int x^{m-1} \cos x \, dx$

31. $\int x^m \cos x \, dx = x^m \sin x - m \int x^{m-1} \sin x \, dx$

32. $\int x^p \sin^m x \, dx = \frac{-1}{m} x^p \sin^{m-1} x \cos x + \frac{p}{m^2} x^{p-1} \sin^m x -$

$$-\frac{p(p-1)}{m^2} \int x^{p-2} \sin^m x \, dx + \frac{m-1}{m} \int x^p \sin^{m-2} x \, dx$$

[1] Ist n *ungerade*, so empfiehlt sich, $\cos x = z$ oder $\sin x = z$ einzuführen.
[2] Auch für zugehörige Hyperbelfunktionen richtig, wenn linke Seite mit negativem Vorzeichen versehen wird.
[3] Auch für zugehörige Hyperbelfunktionen richtig.
[4] Auch für zugehörige Hyperbelfunktionen richtig, wenn vor dem Integral rechts an Stelle des positiven das negative Vorzeichen tritt.
[5] Ist p oder q *ungerade* positiv, so empfiehlt sich, $\cos x = z$ oder $\sin x = z$ einzuführen.

33. $\int x^p \cos^n x \, dx = \frac{1}{n} x^p \sin x \cos^{n-1} x + \frac{p}{n^2} x^{p-1} \cos^n x -$

$$- \frac{p(p-1)}{n^2} \int x^{p-2} \cos^n x \, dx + \frac{n-1}{n} \int x^p \cos^{n-2} x \, dx$$

34. $\int x^p \sin^m x \cos^n x \, dx = \frac{1}{(m+n)^2} [(m+n) x^p \sin^{m+1} x \cos^{n-1} x +$

$$+ p x^{p-1} \sin^m x \cos^n x - p(p-1) \int x^{p-2} \sin^m x \cos^n x \, dx -$$

$$- pm \int x^{p-1} \sin^{m-1} x \cos^{n-1} x \, dx +$$

$$+ (n-1)(m+n) \int x^p \sin^m x \cos^{n-2} x \, dx]$$

35. $\int \frac{dx}{a + b\cos x} = \frac{2}{\sqrt{a^2 - b^2}} \arctan\left(\sqrt{\frac{a-b}{a+b}} \tan x/2\right) + C,$ wenn $a^2 > b^2$

$$= \frac{1}{\sqrt{b^2 - a^2}} \ln \frac{b + a\cos x + \sqrt{b^2 - a^2} \sin x}{a + b\cos x} + C$$

$$= \frac{2}{\sqrt{b^2 - a^2}} \operatorname{artanh}\left(\sqrt{\frac{b-a}{b+a}} \tan x/2\right) + C,$$

(beide) wenn $a^2 < b^2$

36. $\int \frac{\cos x \, dx}{a + b\cos x} = \frac{x}{b} - \frac{a}{b} \int \frac{dx}{a + b\cos x} + C$

37. $\int \frac{\sin x \, dx}{a + b\cos x} = -\frac{1}{b} \ln(a + b\cos x) + C$

38. $\int \frac{A + B\cos x + C\sin x}{a + b\cos x + c\sin x} dx = A \int \frac{d\varphi}{a + p\cos\varphi} +$

$$+ (B\cos\alpha + C\sin\alpha) \int \frac{\cos\varphi \, d\varphi}{a + p\cos\varphi} - (B\sin\alpha - C\cos\alpha) \int \frac{\sin\varphi \, d\varphi}{a + p\cos\varphi},$$

wenn man $b = p\cos\alpha$, $c = p\sin\alpha$ und $x - \alpha = \varphi$ setzt.

39. $\int e^{ax} \sin bx \, dx = \frac{a\sin bx - b\cos bx}{a^2 + b^2} e^{ax} + C$

40. $\int e^{ax} \cos bx \, dx = \frac{a\cos bx + b\sin bx}{a^2 + b^2} e^{ax} + C$

41. $\int e^{ax} \sin^2 bx \, dx = \frac{e^{ax}}{2a} - \frac{e^{ax}}{a^2 + 4b^2} \left(\frac{a}{2} \cos 2bx + b\sin 2bx\right) + C$

42. $\int e^{ax} \cos^2 bx \, dx = \frac{e^{ax}}{2a} + \frac{e^{ax}}{a^2 + 4b^2} \left(\frac{a}{2} \cos 2bx + b\sin 2bx\right) + C$

43. $\int e^{ax} \sin^m bx \, dx = \frac{1}{a^2 + m^2 b^2} \{a e^{ax} \sin^m bx - mb e^{ax} \sin^{m-1} bx \cos bx +$

$$+ m(m-1) b^2 \int e^{ax} \sin^{m-2} bx \, dx\}$$

44. $\int e^{ax} \cos^n bx \, dx = \frac{1}{a^2 + n^2 b^2} \{a e^{ax} \cos^n bx + nb\, e^{ax} \cos^{n-1} bx \sin bx +$

$$+ n(n-1) b^2 \int e^{ax} \cos^{n-2} bx \, dx\}$$

45. $\int x^p e^{ax} \sin bx \, dx = \frac{1}{a^2 + b^2} x^p e^{ax} (a \sin bx - b \cos bx) -$

$- \frac{p}{a^2 + b^2} \int x^{p-1} e^{ax} (a \sin bx - b \cos bx) \, dx$

46. $\int x^p e^{ax} \cos bx \, dx = \frac{1}{a^2 + b^2} x^p e^{ax} (a \cos bx + b \sin bx) -$

$- \frac{p}{a^2 + b^2} \int x^{p-1} e^{ax} (a \cos bx + b \sin bx) \, dx$

47. $\int \arcsin x \, dx = x \arcsin x + \sqrt{1 - x^2} + C$

48. $\int \arccos x \, dx = x \arccos x - \sqrt{1 - x^2} + C$

49. $\int \arctan x \, dx = x \arctan x - \frac{1}{2} \ln (1 + x^2) + C$

50. $\int \operatorname{arccot} x \, dx = x \operatorname{arccot} x + \frac{1}{2} \ln (1 + x^2) + C$

51. $\int \operatorname{arsinh} x \, dx = x \operatorname{arsinh} x - \sqrt{1 + x^2} + C$

52. $\int \operatorname{arcosh} x \, dx = x \operatorname{arcosh} x - \sqrt{x^2 - 1} + C$

53. $\int \operatorname{artanh} x \, dx = x \operatorname{artanh} x + \frac{1}{2} \ln (1 - x^2) + C$

54. $\int \operatorname{arcoth} x \, dx = x \operatorname{arcoth} x + \frac{1}{2} \ln (1 - x^2) + C$

In den folgenden Integralen bedeutet R eine rationale Funktion.

55. $\int R(\sin x, \cos x, \tan x, \cot x) \, dx$. Man setze $\tan (x/2) = t$, $dx = 2\, dt/(1 + t^2)$, $\sin x = 2t/(1 + t^2)$, $\cos x = (1 - t^2)/(1 + t^2)$, $\tan x = 2t/(1 - t^2)$, $\cot x = (1 - t^2)/2t$, dann geht das Integral in ein solches einer rationalen Funktion von t über (vgl. 4.4.3.1).

56. $\int R(e^x) \, dx$. Man setze $e^x = t$, $dx = dt/t$.

57. $\int R (\sinh x, \cosh x, \tanh x, \coth x) \, dx$ ist in 56. enthalten.

58. $$\int \frac{dx}{a + b \sinh x} = \frac{1}{\sqrt{a^2 + b^2}} \ln \left(C_1 \frac{a \tanh \frac{x}{2} - b + \sqrt{a^2 + b^2}}{a \tanh \frac{x}{2} - b - \sqrt{a^2 + b^2}} \right)$$

59. $$\int \frac{dx}{a + b \cosh x} = \frac{\pm 1}{\sqrt{b^2 - a^2}} \arcsin \frac{b + a \cosh x}{a + b \cosh x} + C_1, \qquad \text{für } b^2 > a^2 > 0,$$

wobei das obere bzw. das untere Vorzeichen gilt, je nachdem ob im Bereich $x < 0$ bzw. $x > 0$ integriert wird;

$$= \frac{1}{\sqrt{a^2 - b^2}} \ln \left(C_2 \frac{a + b + \sqrt{a^2 - b^2} \tanh \frac{x}{2}}{a + b - \sqrt{a^2 - b^2} \tanh \frac{x}{2}} \right) \qquad \text{für } a^2 > b^2 > 0.$$

60. $$\int \frac{A + B\sinh x}{a + b\sinh x}\,dx = \frac{B}{b}x - \frac{aB - bA}{b}\int \frac{dx}{a + b\sinh x}; \qquad b \neq 0$$

61. $$\int \frac{A + B\cosh x}{a + b\cosh x}\,dx = \frac{B}{b}x - \frac{aB - bA}{b}\int \frac{dx}{a + b\cosh x}; \qquad b \neq 0$$

62. $$\int \frac{\alpha + \beta\cosh x + \gamma\sinh x}{a + b\cosh x + c\sinh x}\,dx = \frac{\gamma b - \beta c}{b^2 - c^2}\ln(a + b\cosh x + c\sinh x) + \frac{\beta b - \gamma c}{b^2 - c^2}x + \left(\alpha - a\frac{\beta b - \gamma c}{b^2 - c^2}\right)\int \frac{dx}{a + b\cosh x + c\sinh x}; \qquad b^2 \neq c^2$$

63. $$\int \frac{\cosh x}{a\cosh x + b\sinh x}\,dx = \frac{1}{a^2 - b^2}\{ax - b\ln[C(a\cosh x + b\sinh x)]\}; \qquad a^2 \neq b^2$$

64. $$\int \frac{\sinh x}{a\cosh x + b\sinh x}\,dx = \frac{-1}{a^2 - b^2}\{bx - a\ln[C(a\cosh x + b\sinh x)]\}; \qquad a^2 \neq b^2$$

65. $$\int \sinh^m x\cosh^n x\,dx = \frac{1}{m+n}\sinh^{m+1} x\cosh^{n-1} x + \frac{n-1}{m+n}\int \sinh^m x\cosh^{n-2} x\,dx$$

66. $$\int \sinh^n x\,dx = \frac{1}{n}\sinh^{n-1} x\cosh x - \frac{n-1}{n}\int \sinh^{n-2} x\,dx$$

67. $$\int \cosh^n x\,dx = \frac{1}{n}\sinh x\cosh^{n-1} x + \frac{n-1}{n}\int \cosh^{n-2} x\,dx$$

68. $$\int \frac{dx}{\sinh^n x} = \frac{-1}{n-1}\,\frac{\cosh x}{\sinh^{n-1} x} - \frac{n-2}{n-1}\int \frac{dx}{\sinh^{n-2} x}; \qquad n \neq 1$$

69. $$\int \frac{dx}{\cosh^n x} = \frac{1}{n-1}\,\frac{\sinh x}{\cosh^{n-1} x} + \frac{n-2}{n-1}\int \frac{dx}{\cosh^{n-2} x}; \qquad n \neq 1$$

70. $$\int \tanh^n x\,dx = \frac{-1}{n-1}\tanh^{n-1} x + \int \tanh^{n-2} x\,dx; \qquad n \neq 1$$

71. $$\int \coth^n x\,dx = \frac{-1}{n-1}\coth^{n-1} x + \int \coth^{n-2} x\,dx; \qquad n \neq 1$$

72. $$\int \sinh^m x\sinh nx\,dx = \frac{1}{m+n}\sinh^m x\cosh nx - \frac{m}{m+n}\int \sinh^{m-1} x\cosh(n-1)x\,dx$$

73. $$\int \cosh^m x\cosh nx\,dx = \frac{1}{m+n}\cosh^m x\sinh nx + \frac{m}{m+n}\int \cosh^{m-1} x\cosh(n-1)x\,dx$$

74. $\int x^p \sinh^m x \, dx = \frac{1}{m} x^p \sinh^{m-1} x \cosh x - \frac{p}{m^2} x^{p-1} \sinh^m x +$

$$+ \frac{p(p-1)}{m^2} \int x^{p-2} \sinh^m x \, dx -$$

$$- \frac{m-1}{m} \int x^p \sinh^{m-2} x \, dx$$

75. $\int x^p \cosh^n x \, dx = \frac{1}{n} x^p \sinh x \cosh^{n-1} x - \frac{p}{n^2} x^{p-1} \cosh^n x +$

$$+ \frac{p(p-1)}{n^2} \int x^{p-2} \cosh^n x \, dx +$$

$$+ \frac{n-1}{n} \int x^p \cosh^{n-2} x \, dx$$

76. $\int x^p \sinh^m x \cosh^n x \, dx = \frac{1}{(m+n)^2} [(m+n) \, x^p \sinh^{m+1} x \cosh^{n-1} x -$

$$- p x^{p-1} \sinh^m x \cosh^n x +$$

$$+ p(p-1) \int x^{p-2} \sinh^m x \cosh^n x +$$

$$+ pm \int x^{p-1} \sinh^{m-1} x \cosh^{n-1} x \, dx +$$

$$+ (n-1)(m+n) \int x^p \sinh^m x \cosh^{n-2} x dx]$$

Man kann auch die Hyperbelfunktionen als Kreisfunktionen mit imaginärem Argument betrachten (vgl. 3.5) und wie in 55. verfahren.

Weitere Integrale s.a. 9.1.

4.4.6 Bestimmte Integrale

4.4.6.1 Definition:

$$\int_a^b f(x) \, dx = \lim \sum_{\nu=1}^{n} f(\xi_\nu) \, \Delta x_\nu .$$

Hierbei ist das Integrationsintervall $a \leq x \leq b$ in n Teilintervalle der Länge $\Delta x_1, \Delta x_2, \ldots, \Delta x_n$ eingeteilt, so daß $\Delta x_1 + \Delta x_2 + \cdots + \Delta x_n = b - a$ ist. ξ_ν ist ein beliebiger Wert innerhalb des ν-ten Teilintervalls (Bild 4–4). Der Limes ist für eine beliebige Folge solcher Einteilungen derart zu nehmen, daß $n \to \infty$ und alle $\Delta x_\nu \to 0$ gehen.

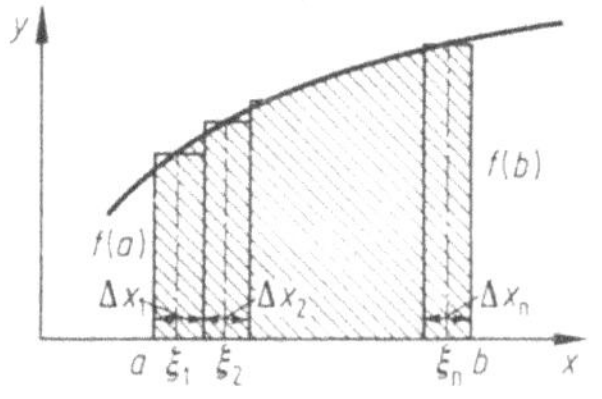

Bild 4–4.
Integrationsintervalle.

Geometrische Bedeutung: Falls $f(x) \geqq 0$ zwischen a und b, so ist $\int_a^b f(x) \, dx$ das Maß des Flächeninhaltes der Fläche unter der Kurve $y = f(x)$ zwischen der x-Achse und den Ordinaten $f(a)$ und $f(b)$.

Graphische Berechnungsverfahren s. 10.4.1.3 ff.

4.4.6.2 Regeln:

$$\frac{\mathrm{d}}{\mathrm{d}x}\int_a^x f(\xi)\,\mathrm{d}\xi = f(x),$$

$$\int_a^b = -\int_b^a, \quad \int_a^c = \int_a^b + \int_b^c, \quad \int_a^c - \int_a^b = \int_b^c,$$

wobei überall $f(x)\,\mathrm{d}x$ zu ergänzen ist.

Transformation eines bestimmten Integrals

$$\int_a^b f(x)\,\mathrm{d}x = \int_{\varphi(a)}^{\varphi(b)} f[\psi(t)]\,\psi'(t)\,\mathrm{d}t,$$

wenn $x = \psi(t)$ substitutiert wird, und $t = \varphi(x)$ die dazugehörige (eindeutige) Umkehrfunktion ist.

4.4.6.3 Mittelwertsatz der Integralrechnung. ξ bedeutet einen passenden Wert zwischen a und b, $\xi = a + \vartheta(b - a)$, $0 < \vartheta < 1$; ϑ hängt ab von a und b.

$$\int_a^b f(x)\,\varphi(x)\,\mathrm{d}x = f(\xi)\int_a^b \varphi(x)\,\mathrm{d}x,$$

falls $\varphi(x)$ stetig ist und zwischen a und b das Vorzeichen nicht wechselt.

Mittel einer Funktion $f(x)$ im Intervall (a, b):

a) *arithmetisches Mittel* $= \frac{1}{b-a}\int_a^b f(x)\,\mathrm{d}x$ (bisweilen mit $\bar{f}$ bezeichnet),

b) *quadratisches Mittel* $= \sqrt{\frac{1}{b-a}\int_a^b [f(x)]^2\,\mathrm{d}x}$ (z. B. bei Bestimmung von Effektivwerten).

4.4.6.4 Uneigentliche Integrale. Falls Grenzwert $\lim\limits_{b\to\infty}\int_a^b f(x)\,\mathrm{d}x$ vorhanden ist, bezeichnet man ihn mit $\int_a^\infty f(x)\,\mathrm{d}x$ und spricht von einem *uneigentlichen Integral*. Entsprechend ist die Definition von $\int_a^b f(x)\,\mathrm{d}x$, wenn an Stelle von a oder b eines der Zeichen $\pm\infty$ steht oder wenn der Integrand $f(x)$ an einigen Stellen zwischen a und b unendlich wird.

4.4.6.5 Die Deltafunktion von Dirac ist eine charakteristische Funktion für eine in einem sehr schmalen Bereich der Breite β wirksame Größe (z. B. Wärmequelle, elektrischer Impuls). Ihre „Amplitude" (d. h. Wert) wächst für $\beta \to 0$ über alle Grenzen. Solche Funktionen lassen sich natürlich beliebig viele angeben, z. B. gehört zu $y(x, \beta) = \frac{1}{\beta\sqrt{2\pi}}\,\mathrm{e}^{-\frac{x^2}{2\beta^2}}$ die *Diracfunktion*

$$\delta(x) = \lim_{\beta\to 0} y(x, \beta).$$

Wegen (vgl. 4.4.6.7, Formel 36)

$$\int_{-\infty}^{+\infty} y(x, \beta)\,\mathrm{d}x = 1$$

erhält man

1. $$\int_{-\infty}^{+\infty} \delta(x)\,\mathrm{d}x = 1$$

und für

2. $$s(x) = \int_{-\infty}^{x} \delta(\xi)\, d\xi = \begin{cases} 0 & \text{für } x < 0 \\ \frac{1}{2} & \text{für } x = 0 \\ 1 & \text{für } x > 0. \end{cases}$$

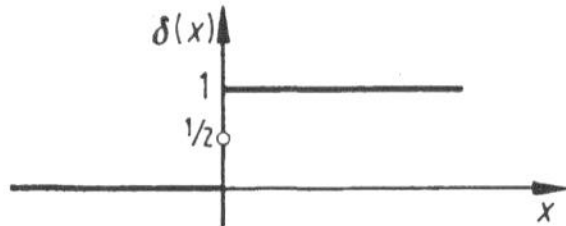

Bild 4–5. Einheitssprung.

Das ist die Funktion für den sog. „*Einheitssprung*" (Bild 4–5). Weitere Eigenschaften:

3. $\delta(ax) = \frac{1}{a}\,\delta(x)$,

4. $\delta[f(x)] = \sum_j \frac{\delta(x - x_j)}{|f'(x_j)|}$,

wobei x_j die (einfachen) Nullstellen von $f(x)$ sind.

5. $\int_{-\infty}^{+\infty} f(\xi)\,\delta(x-\xi)\,d\xi = f(x)$

6. $\int_{-\infty}^{+\infty} \delta(x-\xi)\,\delta(s-\xi)\,d\xi = \delta(x-s)$

7. $\int_{-\infty}^{+\infty} f(\xi)\,\delta'(x-\xi)\,d\xi = f'(x)$, wenn $f'(x)$ für $\xi = x$ stetig ist.

8. $\frac{d^n}{dx^n}[\delta(x)] = (-1)^n \frac{n!}{x^n}\,\delta(x)$

4.4.6.6 Ungleichungen. *Schwarzsche Ungleichung:*

$$\left[\int_a^b f(x)\,g(x)\,dx\right]^2 \leqq \int_a^b [f(x)]^2\,dx \int_a^b [g(x)]^2\,dx.$$

Dreieckungleichung:

$$\sqrt{\int_a^b [f(x)+g(x)]^2\,dx} \leqq \sqrt{\int_a^b [f(x)]^2\,dx} + \sqrt{\int_a^b [g(x)]^2\,dx}.$$

4.4.6.7 Spezielle bestimmte Integrale [4, 8, 10]

Weitere Integrale s. a. 9.1.

1. $\int_a^b (x-a)^m (b-x)^n\,dx = (b-a)^{m+n+1} \frac{m!\,n!}{(m+n+1)!}$, $\quad m, n = 0, 1, 2, \ldots$

2. $\int_0^a x^{p-1}(a^m - x^m)^n\,dx = \frac{n!\,m^n a^{mn+p}}{p(p+m)(p+2m)\cdots(p+nm)}$,

$a > 0,\ p, m = 1, 2, \ldots,\quad n = 0, 1, 2, \ldots$

3. $\displaystyle\int_0^\infty \frac{x^m}{(\alpha x+\beta)^{m+n+2}}\,dx = \frac{m!\,n!}{(m+n+1)!\,\alpha^{m+1}\,\beta^{n+1}}, \quad \alpha\beta > 0, \quad m, n = 0, 1, 2, \ldots$

4. $\displaystyle\int_0^\infty \frac{dx}{(ax^2+2bx+c)^2} = \frac{1}{2c(ac-b^2)}\left[-b + \frac{ac}{\sqrt{ac-b^2}}\,\mathrm{arcoth}\,\frac{b}{\sqrt{ac-b^2}}\right],$

$a > 0, \quad ac > b^2$

5. $\displaystyle\int_0^\infty \frac{Ax+B}{(ax^2+2bx+c)^2}\,dx = \frac{A}{6ac} + \frac{B}{3bc}, \quad ac = b^2, \quad ab > 0$

6. $\displaystyle\int_0^{\sqrt{b/a}} \frac{dx}{ax^2+b} = \int_{\sqrt{b/a}}^\infty \frac{dx}{ax^2+b} = \frac{1}{2}\int_0^\infty \frac{dx}{ax^2+b} = \frac{1}{4}\int_{-\infty}^{+\infty} \frac{dx}{ax^2+b} = \frac{\pi}{4\sqrt{ab}},$

$a > 0, \quad b > 0$

7. $\displaystyle\int_0^\infty \frac{x^{p-1}}{(ax^n+b)^m}\,dx = \binom{m-\frac{p}{n}-1}{m-1}\left(\frac{b}{a}\right)^{\frac{p}{n}} \frac{\pi}{nb^m \sin\frac{p\pi}{n}}, \qquad m, n, p = 1, 2, \ldots;$

$m > \frac{p}{n}, \quad \frac{p}{n}$ nicht ganz, $\quad ab > 0$

8. $\displaystyle\int_0^\infty \frac{x^{p-1}}{ax^n+b}\,dx = \frac{\pi}{nb\sin\frac{p\pi}{n}}\left(\frac{b}{a}\right)^{\frac{p}{n}}, \quad n > p = 1, 2, \ldots; \quad ab > 0$

9. $\displaystyle\int_0^\infty \frac{x^{p-1}}{1+x}\,dx = \frac{\pi}{\sin \pi p}, \quad 0 < p < 1$

10. $\displaystyle\int_0^1 \frac{x^{m-1}}{(x^2+1)^m}\,dx = \int_1^\infty \div = \frac{1}{2}\int_0^\infty \div = (-1)^{\frac{m-1}{2}}\binom{\frac{m}{2}-1}{m-1}\frac{\pi}{4}, \quad m = 1, 3, 5, \ldots$

11. $\displaystyle\int_0^1 \frac{dx}{\sqrt[n]{1-x^n}} = \frac{\pi}{n\sin(\pi/n)}, \qquad n = 2, 3, 4, \ldots$

12. $\displaystyle\int_a^b \frac{dx}{\sqrt{(b-x)(x-a)}} = \pi$

13. $\displaystyle\int_a^b \frac{dx}{(b-x)^\nu (x-a)^{1-\nu}} = \frac{\pi}{\sin \nu\pi}$

14. $\displaystyle\int_a^b \frac{x\,dx}{\sqrt{(b^2-x^2)(x^2-a^2)}} = \frac{\pi}{2}$

15. $\int\limits_0^{\pi/2} \sin^{2n} x \, dx = \int\limits_0^{\pi/2} \cos^{2n} x \, dx = \frac{1 \cdot 3 \cdot 5 \cdots (2n-1)}{2 \cdot 4 \cdot 6 \cdots (2n)} \frac{\pi}{2}, \qquad n = 1, 2, 3, \ldots$

16. $\int\limits_0^{\pi/2} \sin^{2n+1} x \, dx = \int\limits_0^{\pi/2} \cos^{2n+1} x \, dx = \frac{2 \cdot 4 \cdot 6 \cdots (2n)}{3 \cdot 5 \cdot 7 \cdots (2n+1)}, \qquad n = 1, 2, 3, \ldots$

17. $\int\limits_0^{\pi} \cos mx \cos nx \, dx = \int\limits_0^{\pi} \sin mx \sin nx \, dx = \begin{Bmatrix} 0 & \text{für } m \neq n \\ \pi/2 & \text{für } m = n \end{Bmatrix} \qquad m, n = 1, 2, 3, \ldots$

18. $\int\limits_{-a}^{a} \sin \frac{m\pi x}{a} \sin \frac{n\pi x}{a} \, dx = \int\limits_{-a}^{a} \cos \frac{m\pi x}{a} \cos \frac{n\pi x}{a} \, dx = \begin{cases} 0 & \text{für } m \neq n \\ a & \text{für } m = n \end{cases}$

$m, n = 1, 2, 3, \ldots$

19. $\int\limits_{-a}^{a} \sin \frac{m\pi x}{a} \cos \frac{n\pi x}{a} \, dx = 0 \qquad m, n = 1, 2, 3, \ldots$

20. $\int\limits_0^{\infty} \frac{\sin \mu x \sin \nu x}{x} \, dx = \frac{1}{2} \ln \frac{\mu + \nu}{\mu - \nu}, \qquad \mu > \nu \geq 0$

21. $\int\limits_0^{\infty} \frac{\sin \mu x \sin \nu x}{x^2} \, dx = \nu\pi/2, \qquad \mu \geq \nu \geq 0$

22. $\int\limits_0^{\infty} \frac{\sin \mu x \cos \nu x}{x} \, dx = \begin{cases} \pi/2 & \text{für } \mu > \nu \geq 0 \\ \pi/4 & \text{für } \mu = \nu > 0 \\ 0 & \text{für } \nu > \mu \geq 0 \end{cases}$

23. $2 \int\limits_0^{\pi/2} \ln (\cos x) \, dx = \int\limits_0^{\pi} \ln (\sin x) \, dx = 2 \int\limits_0^{\pi/2} \ln (\sin x) \, dx = -\pi \ln 2$

24. $\int\limits_0^{\pi} x \ln (\sin x) \, dx = -(\pi^2/2) \ln 2$

25. $\int\limits_0^{\pi} \ln (1 \pm 2a \cos x + a^2) \, dx = \begin{cases} 0 & \text{für } |a| \leq 1 \\ 2\pi \ln |a| & \text{für } |a| \geq 1 \end{cases}$

26. $\int\limits_0^{\pi} \ln (1 + 2a \cos x + a^2) \cos nx \, dx = \begin{cases} \frac{(-1)^{n-1} a^n \pi}{n} & \text{für } |a| \leq 1 \\ \frac{(-1)^{n-1} \pi}{a^n n} & \text{für } |a| \geq 1 \end{cases} \qquad n = 1, 2, \ldots$

27. $\int\limits_0^{\infty} \frac{\sin x}{x(1 - 2a \cos x + a^2)} \, dx = \begin{cases} \frac{\pi}{2(1-a)} & \text{für } |a| < 1 \\ \frac{\pi}{2a(a-1)} & \text{für } |a| > 1 \end{cases}$

28. $\int\limits_0^{\pi} \frac{\cos nx}{1 - 2a \cos x + a^2} \, dx = \begin{cases} \frac{a^n \pi}{1 - a^2} & \text{für } |a| < 1 \\ \frac{\pi}{a^n (a^2 - 1)} & \text{für } |a| > 1 \end{cases} \qquad n = 0, 1, 2, \ldots$

29. $\int\limits_0^\infty \frac{\sin(a-x)+\cos(a-x)}{\sqrt{x}}\,\mathrm{d}x = \sqrt{2\pi}\sin a$

30. $\int\limits_0^\infty \frac{\sin \mu x^\alpha}{x}\,\mathrm{d}x = \frac{\pi}{2\alpha}, \quad \mu > 0, \quad \alpha > 0$

31. $\int\limits_0^\infty \frac{\tan \mu x}{x}\,\mathrm{d}x = \frac{\pi}{2}, \quad \mu > 0$

32. $\int\limits_0^\infty x^{k-1}\sin(\mu x^\alpha)\,\mathrm{d}x = \frac{1}{\alpha}\mu^{-\frac{k}{\alpha}}\Gamma\left(\frac{k}{\alpha}\right)\sin\frac{k\pi}{2\alpha}, \quad \mu > 0, \quad 0 < |k| < \alpha$

33. $\int\limits_0^\infty x^{k-1}\cos(\mu x^\alpha)\,\mathrm{d}x = \frac{1}{\alpha}\mu^{-\frac{k}{\alpha}}\Gamma\left(\frac{k}{\alpha}\right)\cos\frac{k\pi}{2\alpha}, \quad \mu > 0, \quad 0 < |k| < \alpha$

34. $\int\limits_0^\infty \frac{x\sin\mu x}{a^2+x^2}\,\mathrm{d}x = \frac{\pi}{2}\,\mathrm{e}^{-\mu a}, \quad \mu > 0, \quad a \geqq 0$

35. $\int\limits_0^\infty \frac{\sin\mu x}{x(a^2+x^2)}\,\mathrm{d}x = \frac{\pi}{2a^2}(1-\mathrm{e}^{-\mu a}), \quad a > 0, \quad \mu \geqq 0$

36. $\int\limits_0^\infty \mathrm{e}^{-\lambda x^2}\,\mathrm{d}x = \frac{1}{2}\sqrt{\pi/\lambda}, \quad \lambda > 0$

37. $\int\limits_0^\infty \mathrm{e}^{-a^2x^2-b^2/x^2}\,\mathrm{d}x = (\sqrt{\pi}/2a)\,\mathrm{e}^{-2ab}, \quad a > 0, \quad b \geqq 0$

38. $\int\limits_0^\infty x^{2n}\,\mathrm{e}^{-\lambda x^2}\,\mathrm{d}x = \frac{1\cdot 3\cdot 5\cdots(2n-1)}{2^{n+1}\lambda^n}\sqrt{\pi/\lambda}, \quad \lambda > 0, \quad n = 0, 1, 2, \ldots$

39. $\int\limits_0^\infty x^{2n+1}\,\mathrm{e}^{-\lambda x^2}\,\mathrm{d}x = \frac{n!}{2\lambda^{n+1}}, \qquad \lambda > 0, \quad n = 0, 1, 2, \ldots$

40. $\int\limits_{-\infty}^{+\infty} \mathrm{e}^{-(ax^2+2bx+c)}\,\mathrm{d}x = \sqrt{\pi/a}\,\mathrm{e}^{(b^2-ac)/a}, \quad a > 0$

41. $\int\limits_{-\infty}^\infty \frac{\mathrm{e}^{kx}}{(a\mathrm{e}^{\lambda x}+b\mathrm{e}^{\mu x})^\nu}\,\mathrm{d}x = \frac{\Gamma\left(\frac{k-\nu\lambda}{\mu-\lambda}\right)\Gamma\left(\frac{\nu\mu-k}{\mu-\lambda}\right)}{(\mu-\lambda)\,a^{\frac{\nu\mu-k}{\mu-\lambda}}\,b^{\frac{k-\nu\lambda}{\mu-\lambda}}\,\Gamma(\nu)}, \quad ab > 0, \quad \nu > 0, \quad \mu > \frac{k}{\nu} > \lambda$

42. $\int\limits_0^\infty \mathrm{e}^{-sx}\,\mathrm{e}^{-\alpha x^2}\,\mathrm{d}x = \frac{1}{2}\sqrt{\frac{\pi}{\alpha}}\,\mathrm{e}^{\frac{s^2}{4\alpha}}\left[1-\Phi\left(\frac{s}{2\sqrt{\alpha}}\right)\right], \qquad \alpha > 0$

43. $\int\limits_0^\infty e^{-sx} e^{\alpha\sqrt{x}}\,dx = \frac{1}{s} + \frac{\alpha}{2s}\sqrt{\frac{\pi}{s}}\,e^{\frac{\alpha^2}{4s}}\left[1 + \Phi\left(\frac{\alpha}{2\sqrt{s}}\right)\right], \quad s > 0$

*Gauß*sches Fehlerintegral (vgl. 4.4.7.4)

44. $\int\limits_{-\infty}^{+\infty} e^{-\lambda x^2} \cos\mu x\,dx = 2\int\limits_0^\infty e^{-\lambda x^2}\cos\mu x\,dx = \sqrt{\pi/\lambda}\,e^{-\mu^2/4\lambda}, \qquad \lambda > 0$

45. $\int\limits_{-\infty}^{+\infty} e^{-\lambda x^2} x\sin\mu x\,dx = 2\int\limits_0^\infty e^{-\lambda x^2} x\sin\mu x\,dx = (\mu/2\lambda)\sqrt{\pi/\lambda}\,e^{-\mu^2/4\lambda}, \quad \lambda > 0$

46. $\int\limits_0^\infty e^{-sx}\sin\lambda\sqrt{x}\,dx = \frac{\lambda}{2s}\sqrt{\frac{\pi}{s}}\,e^{-\frac{\lambda^2}{4s}}, \quad s > 0$

47. $\int\limits_0^\infty e^{-sx}\frac{\cos\lambda\sqrt{x}}{\sqrt{x}}\,dx = \sqrt{\frac{\pi}{s}}\,e^{-\frac{\lambda^2}{4s}}, \qquad s > 0$

48. $\int\limits_0^\infty \frac{e^{-\alpha x} - e^{-\beta x}}{x}\,dx = \ln(\beta/\alpha), \quad \alpha > 0,\ \beta > 0$

49. $\int\limits_0^\infty \frac{x}{e^x + 1}\,dx = \frac{\pi^2}{12}$

50. $\int\limits_0^\infty x^n e^{-ax}\,dx = \frac{n!}{a^{n+1}}, \quad a > 0, \quad n = 0, 1, 2, \ldots$

51. $\int\limits_0^\infty e^{-sx} e^{-\frac{\alpha^2}{4x}}\frac{dx}{\sqrt{x^3}} = \frac{2\sqrt{\pi}}{\alpha}\,e^{-\alpha\sqrt{s}}, \quad s \geqq 0, \quad \alpha > 0$

52. $\int\limits_0^\infty \frac{\sin x}{\sqrt{x}}\,dx = \int\limits_0^\infty \frac{\cos x}{\sqrt{x}}\,dx = \sqrt{2\pi}\int\limits_0^\infty \sin(\pi x^2/2)\,dx = \sqrt{2\pi}\int\limits_0^\infty \cos(\pi x^2/2)\,dx = \sqrt{\frac{\pi}{2}}$

(*Fresnelsche Integrale*, vgl. 4.4.7.5)

53a. $\int\limits_0^\infty \sin(ax^2 + 2bx + c)\,dx = \frac{1}{2}\int\limits_{-\infty}^{\infty} \ldots = \frac{1}{2}\sqrt{\frac{\pi}{a}}\sin\left(\frac{\pi}{4} + \frac{ac - b^2}{a}\right), \qquad a > 0$

53b. $\int\limits_0^\infty \cos(ax^2 + 2bx + c)\,dx = \frac{1}{2}\int\limits_{-\infty}^{\infty} \ldots = \frac{1}{2}\sqrt{\frac{\pi}{a}}\cos\left(\frac{\pi}{4} + \frac{ac - b^2}{a}\right), \qquad a > 0$

54. $\int\limits_0^\infty e^{-(ax^2+2bx+c)} f(x)\,dx = \frac{1}{\sqrt{a}}\,e^{\frac{b^2-ac}{a}}\int\limits_{(b/\sqrt{a})}^{\infty} e^{-y^2} f\left(\frac{y}{\sqrt{a}} - \frac{b}{a}\right)dy, \qquad a > 0$

55. $\int\limits_{-\infty}^{+\infty} e^{-(ax^2+2bx+c)} f(x)\,dx = \frac{1}{\sqrt{a}}\,e^{\frac{b^2-ac}{a}}\int\limits_{-\infty}^{+\infty} e^{-y^2} f\left(\frac{y}{\sqrt{a}} - \frac{b}{a}\right)dy, \qquad a > 0$

56. $\int\limits_{-\infty}^{\infty} \mathrm{e}^{-\lambda x^2} \sin \mu x \frac{\mathrm{d}x}{x} = 2 \int\limits_0^{\infty} \div = \pi \Phi\left(\frac{\mu}{2\sqrt{\lambda}}\right), \quad \lambda > 0$

57. $\int\limits_0^a \frac{\mathrm{e}^{-\lambda x^2}}{x^2 + a^2} \mathrm{d}x = \frac{\pi}{4a} \mathrm{e}^{\lambda a^2} [1 - \Phi^2(\sqrt{\lambda}\, a)], \quad a, \lambda > 0$

58. $\int\limits_0^{\infty} \mathrm{e}^{-tx} \cos ty \,\mathrm{d}t = \int\limits_0^{\infty} \mathrm{e}^{-ty} \sin tx \,\mathrm{d}t = \frac{x}{x^2 + y^2}, \quad x > 0, \quad y > 0$

Hieraus lassen sich durch fortgesetzte Differentiation nach x bzw. y weitere uneigentliche Integrale der Form

$$\int\limits_0^{\infty} t^n \mathrm{e}^{-tx} \cos ty \,\mathrm{d}t \quad \text{bzw.} \quad \int\limits_0^{\infty} t^n \mathrm{e}^{-ty} \sin tx \,\mathrm{d}t, \quad n = 1, 2, \ldots$$

gewinnen.

59. $\int\limits_0^{\infty} x^{\alpha} \mathrm{e}^{-\beta x} \mathrm{d}x = \frac{\Gamma(\alpha + 1)}{\beta^{\alpha+1}}, \qquad \alpha > -1, \quad \beta > 0,$ Γ-Funktion (vgl. 4.4.7.6)

60. $\int\limits_0^{\infty} x^{\alpha} \mathrm{e}^{-\beta x^2} \mathrm{d}x = \frac{\Gamma\left(\frac{\alpha+1}{2}\right)}{2\beta^{\frac{\alpha+1}{2}}}, \quad \alpha > -1, \quad \beta > 0$

61. $\int\limits_0^{\infty} \mathrm{e}^{-x^n} \mathrm{d}x = \frac{\Gamma\left(\frac{1}{n}\right)}{n}, \quad n > 0$

62. $\int\limits_0^{\infty} x^{\alpha} \mathrm{e}^{-\beta x} \ln x \,\mathrm{d}x = \frac{\Gamma(\alpha + 1)}{\beta^{\alpha+1}} [\Psi(\alpha + 1) - \ln \beta], \quad \alpha > -1, \quad \beta > 0,$

Ψ-Funktion (vgl. 4.4.7.6)

63. $\int\limits_0^{\pi/2} \sin^{\alpha} x \,\mathrm{d}x = \int\limits_0^{\pi/2} \cos^{\alpha} x \,\mathrm{d}x = \frac{\sqrt{\pi}\, \Gamma\left(\frac{\alpha+1}{2}\right)}{\alpha \Gamma\left(\frac{\alpha}{2}\right)}, \quad \alpha > -1$

64. $\int\limits_0^{\pi/2} \frac{\mathrm{d}x}{\sqrt{\sin x}} = \frac{\left[\Gamma\left(\frac{1}{4}\right)\right]^2}{2\sqrt{2\pi}}$

65. $\int\limits_0^{\pi/2} \frac{\mathrm{d}x}{\sqrt{\cos x}} = \frac{\left[\Gamma\left(\frac{1}{4}\right)\right]^2}{2\sqrt{2\pi}}$

66. $\int\limits_0^1 \frac{\mathrm{d}x}{(1 - x^n)^{2/n}} = \frac{\sin \frac{\pi}{n}}{n\pi} \Gamma\left(1 - \frac{2}{n}\right) \left[\Gamma\left(\frac{1}{n}\right)\right]^2, \quad n = 2, 3, \ldots$

67. $\int\limits_0^a \frac{\mathrm{d}x}{\sqrt{(a^2 - x^2)(b^2 - x^2)}} = \frac{1}{b} \mathrm{K}\left(\frac{a}{b}\right), \quad 0 < a < b$

Elliptische Integrale (vgl. 4.4.7.7)

68. $$\int_x^\infty \frac{dt}{\sqrt{(a+t)(b+t)(c+t)}} = \frac{2}{\sqrt{a-c}} F(\varphi, k)$$

69. $$\int_x^\infty \frac{dt}{(a+t)\sqrt{(a+t)(b+t)(c+t)}} = \frac{2}{\sqrt{(a-c)^3}} \frac{F(\varphi, k) - E(\varphi, k)}{k^2}$$

70. $$\int_x^\infty \frac{dt}{(b+t)\sqrt{(a+t)(b+t)(c+t)}} =$$
$$= \frac{2}{(1-k^2)\sqrt{(a-c)^3}} \left[\frac{E(\varphi, k) - (1-k^2) F(\varphi, k)}{k^2} - \frac{\sin\varphi\cos\varphi}{\sqrt{1-k^2\sin^2\varphi}}\right]$$

71. $$\int_x^\infty \frac{dt}{(c+t)\sqrt{(a+t)(b+t)(c+t)}} =$$
$$= \frac{2}{(1-k^2)\sqrt{(a-c)^3}} \left[\sqrt{1-k^2\sin^2\varphi}\tan\varphi - E(\varphi, k)\right],$$
$$k^2 = \frac{a-b}{a-c}, \quad \sin^2\varphi = \frac{a-c}{a+x}, \quad a+t = \frac{a-c}{\sin^2\varphi}, \quad a > b > c$$

72. $$\int_0^{\pi/2} \sin^p x \cos^q x \, dx = \frac{\Gamma\left(\frac{p+1}{2}\right)\Gamma\left(\frac{q+1}{2}\right)}{2\Gamma\left(\frac{p+q+2}{2}\right)}, \quad p > -1, \quad q > -1$$

73. $$\int_0^\pi \frac{dx}{\sqrt{a \pm b\cos x}} = \frac{2}{\sqrt{a+b}} \mathsf{K}\left(\sqrt{\frac{2b}{a+b}}\right), \quad a > b > 0$$

74. $$\int_0^1 x^\alpha (1-x^\beta)^m \ln^n x \, dx = (-1)^n n! \sum_{\nu=0}^m \binom{m}{\nu} \frac{(-1)^\nu}{(\alpha+\beta\nu+1)^{n+1}},$$
$$\alpha > -1, \quad \beta > 0, \quad m, n = 0, 1, 2, \ldots$$

75. $$\int_0^1 \frac{x^n}{x-1} \ln x \, dx = \Psi'(n+1) = \frac{\pi^2}{6} - \sum_{\nu=1}^n \frac{1}{\nu^2}, \quad n = 1, 2, \ldots$$

76. $$\int_0^\infty x^\alpha e^{-\lambda x^\beta} dx = \frac{1}{\beta} \lambda^{-\frac{\alpha+1}{\beta}} \Gamma\left(\frac{\alpha+1}{\beta}\right), \quad \alpha > -1, \quad \lambda, \beta > 0$$

77. $$\int_{-1}^{+1} e^{izx} (1-x^2)^{p-1/2} dx = 2^p \sqrt{\pi}\, \Gamma(p+1/2)\, z^{-p} J_p(z), \quad \mathrm{Re}(p) > -1/2$$

Besselsche Funktionen $J_p(z)$ und Integrale über sie vgl. 9.1.5.9

78. $$\int_0^\infty \frac{x^\gamma}{a e^{\alpha x} + b e^{\beta x}} dx = \Gamma(\gamma+1) \sum_{\nu=0}^\infty \frac{(-b)^\nu}{a^{\nu+1} [\alpha + \nu(\alpha-\beta)]^{\gamma+1}},$$
$$\alpha > \beta, \quad \alpha > 0, \quad \gamma > -1 \text{ für } a > |b| \text{ oder } a = b, \gamma > 0 \text{ für } a = -b$$

79. $\int\limits_0^\infty \frac{e^{-\alpha x} - e^{-\beta x}}{x^\gamma} dx = \Gamma(1-\gamma)\,[\alpha^{\gamma-1} - \beta^{\gamma-1}]; \quad \alpha, \beta > 0, \quad \gamma < 1$

80. $\int\limits_0^\infty \frac{x^k}{e^{\alpha x} - 1} dx = \frac{\Gamma(k+1)}{\alpha^{k+1}} \sum_{\nu=1}^{\infty} \frac{1}{\nu^{k+1}}, \quad k > 0, \qquad \alpha > 0$

81. $\int\limits_0^\infty \frac{x^k}{e^{\alpha x} + 1} dx = \frac{\Gamma(k+1)}{\alpha^{k+1}} \sum_{\nu=1}^{\infty} \frac{(-1)^{\nu-1}}{\nu^{k+1}}, \quad k > -1, \quad \alpha > 0$

82. $\int\limits_0^\infty \frac{x^{2n-1}}{e^{\alpha x} - 1} dx = \frac{|B_{2n}|}{4n} \left(\frac{2\pi}{\alpha}\right)^{2n}, \quad \alpha > 0, \quad n = 1, 2, \ldots$

83. $\int\limits_0^\infty \frac{e^{\lambda x} x^k}{[a e^{\alpha x} + b e^{\beta x}]^2} dx = \Gamma(k+1) \sum_{\nu=0}^{\infty} \frac{(\nu+1)(-b)^\nu}{a^{\nu+2}(\nu\alpha - \nu\beta + 2\alpha - \lambda)^{k+1}}$

$$\alpha > \beta, \quad \alpha > \frac{\lambda}{2}, \quad \begin{cases} a > |b|, & k > -1 \\ a = b, & k > 0 \\ a = -b, & k > 1 \end{cases}$$

84. $\int\limits_0^\infty x^{k-1} e^{-ax} \sin bx\, dx = \Gamma(k)\,(a^2 + b^2)^{-k/2} \sin\left[k \arctan\frac{b}{a}\right],$

$$a > 0, \quad k > -1 \quad (k \neq 0)$$

85. $\int\limits_0^\infty x^{k-1} e^{-ax} \cos bx\, dx = \Gamma(k)\,(a^2 + b^2)^{-k/2} \cos\left[k \arctan\frac{b}{a}\right], \quad a > 0, \quad k > 0$

86. $\int\limits_0^\infty \frac{x^{k-1}}{ax^2 + 2bx + c} dx = \frac{(\beta^{k-1} - \alpha^{k-1})\,\pi}{a(\alpha - \beta)\sin \pi k}, \quad 0 < k < 1, \quad b^2 > ac > 0, \quad ab > 0$

$$\begin{matrix}\alpha \\ \beta\end{matrix} = \frac{1}{a}\left(b \pm \sqrt{b^2 - ac}\right)$$

87. $\int\limits_0^\infty \frac{x^k\, dx}{(ax^2 + 2bx + c)^{k+1/2}} = \frac{\sqrt{\pi}\,\Gamma(k)}{\sqrt{a}\,[2\sqrt{ac} + 2b]^k\,\Gamma(k + 1/2)},$

$$k > 0, \quad a > 0, \quad c > 0, \quad b > -\sqrt{ac}$$

88. $\int\limits_0^\infty \frac{x^k\, dx}{(ax^2 + 2bx + c)^{k-1/2}} = \frac{[(k-1)\sqrt{ac} + b]\sqrt{\pi}\,\Gamma(k-2)}{a^{3/2}\,[2\sqrt{ac} + 2b]^{k-1}\,\Gamma(k - 1/2)},$

$$k > 2, \quad a > 0, \quad c > 0, \quad b > -\sqrt{ac}$$

89. $\int\limits_0^\infty \frac{f(ax) - f(bx)}{x} dx = [f(\infty) - f(0)] \ln\frac{a}{b},$

$\lim\limits_{x\to\infty} f(x) = f(\infty)$ und $\lim\limits_{x\to 0} f(x) = f(0)$ seien endliche Grenzwerte.

(Integral von *Cauchy-Frullani*)

a) $$\int_0^\infty \frac{c^{-ax} - c^{-bx}}{x}\, dx = [0 - 1] \ln\frac{a}{b} = -\ln\frac{a}{b} = \ln\frac{b}{a}$$

b) $$\int_0^\infty \frac{\frac{1}{\ln(c+ax)} - \frac{1}{\ln(c+bx)}}{x}\, dx = \left[0 - \frac{1}{\ln c}\right] \ln\frac{a}{b} = \frac{\ln\frac{a}{b}}{\ln c}$$

4.4.7 Einige Integrale, die sich nicht auf elementare Funktionen zurückführen lassen. Integration durch Reihenentwicklung

[1, 4, 6, 15, 16, 29]

Nachweisbar läßt sich im allgemeinen $\int f(x)\, dx$ nicht durch elementare Funktionen oder beliebige Zusammensetzungen von ihnen (in endlicher Anzahl) ausdrücken (ausrechnen), selbst wenn $f(x)$ eine elementare Funktion ist.

Wenn sich $f(x)$ in eine konvergente Potenzreihe entwickeln läßt,

$$f(x) = a_0 + a_1 x + a_2 x^2 + \cdots,$$

so gilt innerhalb desselben Konvergenzbereiches

$$\int f(x)\, dx = A + a_0 x + \frac{a_1}{2} x^2 + \frac{a_2}{3} x^3 + \frac{a_3}{4} x^4 + \cdots.$$

4.4.7.1 Integralsinus und Integralcosinus:

$$Si(x) = \int_0^x \frac{\sin t}{t}\, dt = \frac{\pi}{2} - \int_x^\infty \frac{\sin t}{t}\, dt = \sum_{k=0}^{\infty} \frac{(-1)^k x^{2k+1}}{(2k+1)(2k+1)!}, \quad |x| < \infty,$$

$$Ci(x) = -\int_x^\infty \frac{\cos t}{t}\, dt = \mathrm{C} + \ln x - \int_0^x \frac{1 - \cos t}{t}\, dt = \mathrm{C} + \ln x + \sum_{k=1}^{\infty} \frac{(-1)^k x^{2k}}{2k(2k)!},$$

$$0 < x < \infty,$$

$$\mathrm{C} = -\int_0^\infty e^{-t} \ln t\, dt = 0{,}5772156\,65\ldots$$ (*Eulersche Konstante*, vgl. 4.1.4).

Asymptotische Formeln für große x:

$$Si(x) \approx \frac{\pi}{2} - \left(\frac{1!}{x^2} - \frac{3!}{x^4} + \frac{5!}{x^6} - + \cdots\right) \sin x -$$

$$- \left(\frac{0!}{x} - \frac{2!}{x^3} + \frac{4!}{x^5} - + \cdots\right) \cos x,$$

$$Ci(x) \approx - \left(\frac{1!}{x^2} - \frac{3!}{x^4} + \frac{5!}{x^6} - + \cdots\right) \cos x +$$

$$+ \left(\frac{0!}{x} - \frac{2!}{x^3} + \frac{4!}{x^5} - + \cdots\right) \sin x, \qquad 0! = 1.$$

4.4.7.2 Hyperbolischer Integralsinus und Integralcosinus:

$$Shi(x) = \int_0^x \frac{\sinh t}{t}\, dt = \sum_{k=0}^{\infty} \frac{x^{2k+1}}{(2k+1)(2k+1)!}, \quad |x| < \infty,$$

$$Chi(x) = \mathrm{C} + \ln x + \int\limits_0^x \frac{\cosh t - 1}{t}\,\mathrm{d}t = \mathrm{C} + \ln x + \sum_{k=1}^{\infty} \frac{x^{2k}}{2k(2k)!}, \quad 0 < x < \infty,$$

$\mathrm{C} = 0{,}577215665\ldots$ (Eulersche Konstante).

4.4.7.3 Integrallogarithmus und Exponentialintegral:

$$Li(x) = \int\limits_0^x \frac{\mathrm{d}t}{\ln t} = \mathrm{C} + \ln|\ln x| + \sum_{k=1}^{\infty} \frac{(\ln x)^k}{k k!} = Ei(\ln x), \quad 0 < x < \infty,$$

$\mathrm{C} = 0{,}577215665\ldots$ (Eulersche Konstante).

$$Ei(x) = \int\limits_{-\infty}^x \frac{\mathrm{e}^t}{t}\,\mathrm{d}t = Chi(-x) + Shi(x), \qquad -\infty < x < 0.$$

Asymptotische Formeln für große x:

$$Ei(x) \approx \frac{\mathrm{e}^x}{x}\left(1 + \frac{1!}{x} + \frac{2!}{x^2} + \frac{3!}{x^3} + \cdots\right)$$

4.4.7.4 Gaußsches Fehlerintegral und Krampsche Transzendente:

$$\Phi(x) = \frac{2}{\sqrt{\pi}} \int\limits_0^x \mathrm{e}^{-t^2}\,\mathrm{d}t = 1 - \frac{2}{\sqrt{\pi}} K(x) = \frac{2}{\sqrt{\pi}} \sum_{k=0}^{\infty} \frac{(-1)^k x^{2k+1}}{k!\,(2k+1)}, \quad |x| < \infty,$$

$\Phi(x)$ Gaußsches Fehlerintegral; Werte in Tabelle 1–28.

$$K(x) = \int\limits_x^{\infty} \mathrm{e}^{-t^2}\,\mathrm{d}t \text{ Krampsche Transzendente.}$$

$$\lim_{x\to\infty} \Phi(x) = 1, \quad \int\limits_0^x \Phi(t)\,\mathrm{d}t = x\Phi(x) + \frac{1}{\sqrt{\pi}}(\mathrm{e}^{-x^2} - 1).$$

Asymptotische Formel für große x:

$$\Phi(x) \approx 1 - \frac{2}{\sqrt{\pi}} \frac{\mathrm{e}^{-x^2}}{2x}\left[1 - \frac{2!}{1!\,(2x)^2} + \frac{4!}{2!\,(2x)^4} - \cdot + \cdots + \frac{\delta_x}{(2x)^{2n}}\right].$$

Dabei ist δ_x beschränkt, d.h. $|\delta_x| < M$ unabhängig von x, so daß $\delta_x/(2x)^{2n}$ für große $|x|$ weggelassen werden kann (vgl. auch 4.1.4)

4.4.7.5 Fresnelsche Integrale:

$$C(x) = \int\limits_0^x \cos\left(\frac{\pi}{2}t^2\right)\mathrm{d}t, \quad S(x) = \int\limits_0^x \sin\left(\frac{\pi}{2}t^2\right)\mathrm{d}t.$$

Oft werden auch die Integrale

$$C\left(\sqrt{\frac{2}{\pi}x}\right) = \int\limits_0^{\sqrt{\frac{2}{\pi}x}} \cos\left(\frac{\pi}{2}t^2\right)\mathrm{d}t = \frac{1}{\sqrt{2\pi}} \int\limits_0^x \frac{\cos s}{\sqrt{s}}\,\mathrm{d}s,$$

$$S\left(\sqrt{\frac{2}{\pi}x}\right) = \int\limits_0^{\sqrt{\frac{2}{\pi}x}} \sin\left(\frac{\pi}{2}t^2\right)\mathrm{d}t = \frac{1}{\sqrt{2\pi}} \int\limits_0^x \frac{\sin s}{\sqrt{s}}\,\mathrm{d}s$$

als Fresnelsche Integrale $C(x)$ bzw. $S(x)$ bezeichnet.

Zusammenhang mit Gaußschem Fehlerintegral:

$$\Phi\left(\frac{1+\mathrm{i}}{2} x\sqrt{\pi}\right) = (1+\mathrm{i})\,[C(x) - \mathrm{i}S(x)].$$

Zusammenhang mit Besselschen Funktionen (vgl. 9.1.5.9):

$$C(x) = J_{1/2}\left(\frac{\pi}{2}x^2\right) + J_{5/2}\left(\frac{\pi}{2}x^2\right) + J_{9/2}\left(\frac{\pi}{2}x^2\right) + \cdots,$$

$$S(x) = J_{3/2}\left(\frac{\pi}{2}x^2\right) + J_{7/2}\left(\frac{\pi}{2}x^2\right) + J_{11/2}\left(\frac{\pi}{2}x^2\right) + \cdots.$$

Asymptotische Formeln für große x (vgl. 4.1.4):

$$C(x) \approx \frac{1}{2} + \frac{\sin\left(\frac{\pi}{2}x^2\right)}{\pi x}\left(1 - \frac{1\cdot 3}{(\pi x^2)^2} + \frac{1\cdot 3\cdot 5\cdot 7}{(\pi x^2)^4} - + \cdots + \frac{\delta_x}{(\pi x^2)^{2n}}\right) -$$

$$- \frac{\cos\left(\frac{\pi}{2}x^2\right)}{\pi x}\left(\frac{1}{\pi x^2} - \frac{1\cdot 3\cdot 5}{(\pi x^2)^3} + - \cdots + \frac{\bar{\delta}_x}{(\pi x^2)^{2n-1}}\right),$$

$$S(x) \approx \frac{1}{2} - \frac{\cos\left(\frac{\pi}{2}x^2\right)}{\pi x}\left(1 - \frac{1\cdot 3}{(\pi x^2)^2} + \frac{1\cdot 3\cdot 5\cdot 7}{(\pi x^2)^4} - + \cdots + \frac{\delta_x}{(\pi x^2)^{2n}}\right) -$$

$$- \frac{\sin\left(\frac{\pi}{2}x^2\right)}{\pi x}\left(\frac{1}{\pi x^2} - \frac{1\cdot 3\cdot 5}{(\pi x^2)^3} + - \cdots + \frac{\bar{\delta}_x}{(\pi x^2)^{2n-1}}\right).$$

Weitere Formeln:

$$\int_0^x C(t)\,\mathrm{d}t = xC(x) - \frac{1}{\pi}\sin\left(\frac{\pi}{2}x^2\right), \quad \int_0^x S(t)\,\mathrm{d}t = xS(x) + \frac{1}{\pi}\cos\left(\frac{\pi}{2}x^2\right) - \frac{1}{\pi},$$

$$\lim_{x\to\infty} C(x) = \int_0^\infty \cos\left(\frac{\pi}{2}t^2\right)\mathrm{d}t = \frac{1}{\sqrt{2\pi}}\int_0^\infty \frac{\cos u}{\sqrt{u}}\,\mathrm{d}u = \frac{1}{2},$$

$$\lim_{x\to\infty} S(x) = \int_0^\infty \sin\left(\frac{\pi}{2}t^2\right)\mathrm{d}t = \frac{1}{\sqrt{2\pi}}\int_0^\infty \frac{\sin u}{\sqrt{u}}\,\mathrm{d}u = \frac{1}{2},$$

$$\int \cos(ax^2 + 2bx + c)\,\mathrm{d}x = \sqrt{\frac{\pi}{2a}}\left\{\cos\left(\frac{ac-b^2}{a}\right) C\left(\frac{\sqrt{2}\,(ax+b)}{\sqrt{a\pi}}\right) - \right.$$

$$\left. - \sin\left(\frac{ac-b^2}{a}\right) S\left(\frac{\sqrt{2}\,(ax+b)}{\sqrt{a\pi}}\right)\right\} + \text{const}, \quad a > 0,$$

$$\int \sin(ax^2 + 2bx + c)\,\mathrm{d}x = \sqrt{\frac{\pi}{2a}}\left\{\cos\left(\frac{ac-b^2}{a}\right) S\left(\frac{\sqrt{2}\,(ax+b)}{\sqrt{a\pi}}\right) + \right.$$

$$\left. + \sin\left(\frac{ac-b^2}{a}\right) C\left(\frac{\sqrt{2}\,(ax+b)}{\sqrt{a\pi}}\right)\right\} + \text{const}, \quad a > 0.$$

4.4.7.6 Gammafunktion und verwandte Funktionen (Gaußsche Pi- und Psi-Funktion und Betafunktion):

Integraldarstellung (*Eulersches Integral zweiter Gattung*) der Γ- bzw. Π-Funktion[1]):

$$\Gamma(x) = \Pi(x-1) = \int_0^\infty e^{-t}\, t^{x-1}\, dt, \quad x > 0.$$

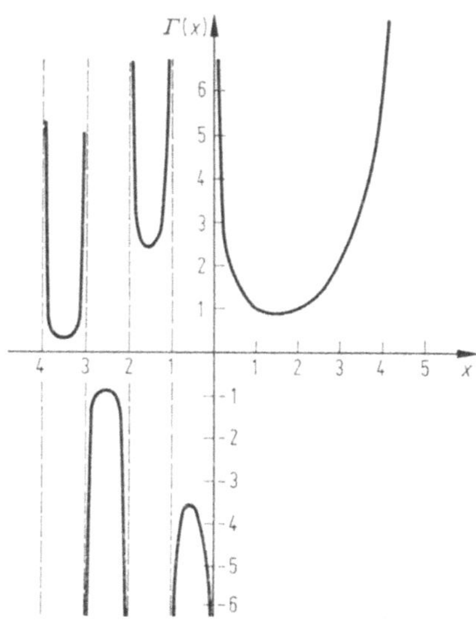

Bild 4–6. Gammafunktion.

Formeln:

$$\Gamma(x+1) = x\Gamma(x), \qquad \Gamma(x)\,\Gamma(1-x) = \frac{\pi}{\sin \pi x}, \qquad (x \neq 0, \pm 1, \pm 2, \ldots)$$

$$\Gamma(n+1) = \Pi(n) = n! \quad (n = 0, 1, 2, \ldots), \qquad \Gamma(1/2) = 2\int_0^\infty e^{-t^2}\, dt = +\sqrt{\pi},$$

$$\Gamma\left(n+\frac{1}{2}\right) = \frac{(2n)!\sqrt{\pi}}{n!\,2^{2n}}, \qquad \Gamma\left(-n+\frac{1}{2}\right) = \frac{(-1)^n\, n!\, 2^{2n}}{(2n)!}\sqrt{\pi} \qquad (n = 0, 1, 2, \ldots),$$

$$\Gamma(x) = \sum_{k=0}^{\infty} \frac{(-1)^k}{k!\,(x+k)} + \int_1^\infty e^{-t}\, t^{x-1}\, dt, \quad \Gamma(x) = \lim_{n\to\infty} \frac{n^x\, n!}{x(x+1)\,(x+2)\cdots(x+n)}.$$

$$1/\Pi(x) = e^{Cx}\left(1+\frac{x}{1}\right) e^{-x/1}\left(1+\frac{x}{2}\right) e^{-x/2}\left(1+\frac{x}{3}\right) e^{-x/3}\ldots$$

(*Weierstraßsches Produkt*).

$$\ln \Pi(x) = -Cx + \frac{1}{2} S_2 x^2 - \frac{1}{3} S_3 x^3 + \frac{1}{4} S_4 x^4 - + \cdots \quad |x| < 1,$$

---

[1]) Im französischen Schrifttum: $\Gamma(x+1) = \underline{|x}$.

wobei $C = 0{,}5772156 65\ldots$ (Eulersche Konstante) und

$$S_\lambda = \frac{1}{1^\lambda} + \frac{1}{2^\lambda} + \frac{1}{3^\lambda} + \cdots \quad (\lambda = 2, 3, 4, \ldots)$$

$$S_2 = \frac{\pi^2}{6} = 1{,}64493\ldots \qquad S_3 = 1{,}20206\ldots \qquad S_4 = \frac{\pi^4}{90} = 1{,}08232\ldots$$

$$S_5 = 1{,}03693\ldots \qquad S_6 = 1{,}01734\ldots \qquad S_7 = 1{,}00835\ldots$$

$$S_8 = 1{,}00408\ldots \qquad S_9 = 1{,}00201\ldots \qquad S_{10} = 1{,}00099\ldots$$

$\Gamma(x)$ hat für $x = 0, -1, -2, -3, \ldots$ Pole (Bild 4–6). Asymptotische Formel für große x (*Stirlingsche Formel*, vgl. 4.1.4):

$$\Gamma(x+1) = \Pi(x) = x^x \mathrm{e}^{-x} \sqrt{2\pi x}\left(1 + \frac{1}{12x} + \frac{1}{288x^2} + \frac{\delta_x}{x^3}\right)$$

Integraldarstellung der *Betafunktion* (*Eulersches Integral erster Gattung*):

$$B(x, y) = \int_0^1 t^{x-1}(1-t)^{y-1}\,\mathrm{d}t = 2\int_0^{\pi/2} \cos^{2x-1}\varphi \sin^{2y-1}\varphi\,\mathrm{d}\varphi, \quad x > 0, \quad y > 0.$$

Zusammenhang mit Gammafunktion:

$$B(x, y) = \frac{\Gamma(x)\,\Gamma(y)}{\Gamma(x+y)}$$

Ψ-Funktion:

$$\Psi(x) = \frac{\mathrm{d}}{\mathrm{d}x}\ln\Gamma(x+1) = \frac{\Gamma'(x+1)}{\Gamma(x+1)} = \frac{\Pi'(x)}{\Pi(x)}$$

Formeln:

$$\Psi(x) = \frac{1}{x} + \Psi(x-1), \quad \Psi(x) = \lim_{n\to\infty}\left[\ln n - \left(\frac{1}{1+x} + \frac{1}{2+x} + \cdots + \frac{1}{n+x}\right)\right],$$

$$\Psi(0) = \lim_{n\to\infty}\left[\ln n - \left(1 + \frac{1}{2} + \frac{1}{3} + \cdots + \frac{1}{n}\right)\right] = -C = -0{,}57721566\ldots,$$

$$\Psi(n) = 1 + \frac{1}{2} + \frac{1}{3} + \cdots + \frac{1}{n} - C, \quad \frac{\Psi(-n)}{\Pi(-n)} = (-1)^n (n-1)! \quad (n > 0, \text{ganz}).$$

4.4.7.7 Elliptische Integrale [2, 9, 12, 29, 34, 75, 88]. Integrale der Form $\int R\left(x, \sqrt{f(x)}\right)\mathrm{d}x$ nennt man elliptische Integrale, wenn $R = R(x, y)$ eine rationale Funktion von x und y ist und $y^2 = f(x)$ ein Polynom 3. oder 4. Grades in x:

$$f = f(x) = a_4x^4 + a_3x^3 + a_2x^2 + a_1x + a_0.$$

Man kann dabei annehmen, daß $f(x)$ nur einfache Nullstellen hat und daß nicht gleichzeitig $a_4 = a_3 = 0$ ist, da sonst das Integral elementar auswertbar wäre.

Ist $y^2 = f(x)$ ein Polynom vom Grade $2p + 1$ oder $2p + 2$:

$$f(x) = a_{2p+2}\,x^{2p+2} + a_{2p+1}\,x^{2p+1} + \cdots + a_2x^2 + a_1x + a_0,$$

so nennt man das Integral *hyperelliptisch von der Klasse p*, wobei $p \geqq 2$ ist. Für $p = 1$ erhält man elliptische Integrale, für $p = 0$ elementare Integrale.

4.4.7.8 Legendresche Normalform. Es ist immer möglich, eine Substitution $x = \dfrac{a\xi + b}{c\xi + d}$ derart zu finden, daß

$$a_4x^4 + a_3x^3 + a_2x^2 + a_1x + a_0 = A\,\frac{(1-\xi^2)(1-k^2\xi^2)}{(c\xi + d)^4}$$

wird, mit geeigneten Konstanten A und k. Man erhält dann, wenn man für ξ wieder x schreibt, die *Legendresche Normalform* $\int R\left(x, \sqrt{g(x)}\right)\mathrm{d}x$, wobei

$$g(x) = (1 - x^2)(1 - k^2x^2).$$

k heißt *Modul* des Integrals, $|k| < 1$.

Zur Handhabung der Substitution bzw. der damit verbundenen Transformation einige Andeutungen: Es seien $\alpha, \beta, \gamma, \delta$ die nicht gleichen Wurzeln (sonst ist wegen $f(x) = a_4(x-\alpha)^2 \cdot (x-\gamma)(x-\delta)$ die Integration elementar durchführbar), und zwar $\alpha > \beta > \gamma > \delta$, wenn alle Wurzeln reell sind; im Falle komplexer Wurzeln sollen α und β bzw. γ und δ zueinander konjugiert komplex sein. Bestimmt man p und q aus den Gleichungen

$$\frac{p+q}{2} = \frac{\alpha\beta - \gamma\delta}{\alpha+\beta-\gamma-\delta}; \quad \left(\frac{p-q}{2}\right)^2 = \frac{(\alpha-\gamma)(\alpha-\delta)(\beta-\gamma)(\beta-\delta)}{(\alpha+\beta-\gamma-\delta)^2},$$

so verschwinden nach der gemäß der (vereinfachten) Substitution

$$x = \frac{p+q\xi}{1+\xi}$$

vorgenommenen Transformation das lineare und das kubische Glied, so daß f mit den reellen Konstanten a, b und c die Form

$$f = \frac{a + b\xi^2 + c\xi^4}{(1+\xi)^4}$$

annimmt; speziell für $\frac{\mathrm{d}x}{\sqrt{f(x)}}$ würde $\frac{(q-p)\,\mathrm{d}\xi}{\sqrt{a+b\xi^2+c\xi^4}}$ hervorgehen.

Jetzt muß noch $a + b\xi^2 + c\xi^4$ (bis auf einen konstanten Faktor) auf die Form $(1-t^2)(1-k^2t^2)$ gebracht werden, was man durch passende Wahl der Konstanten A, B, C, D in der Transformation

$$\xi^2 = \frac{A + Bt^2}{C + Dt^2}$$

immer erreichen kann.

Beispiel: Man bringe $\frac{\mathrm{d}x}{\sqrt{(1+x^2)(1+c^2x^2)}}$, $(c^2 < 1)$ auf die Form $\frac{\mathrm{d}f}{\sqrt{(1-t^2)(1-k^2t^2)}}$, $(k^2 < 1)$.

Die vorangehende Substitution liefert

$$\frac{(BC-AD)\,t\,\mathrm{d}t}{\sqrt{(A+Bt^2)(C+Dt^2)\,[A+C+(B+D)\,t^2]\,[Ac^2+C+(Bc^2+D)\,t^2]}}.$$

Mit $A = 0$, $B = 1$, $C = 1$, $D = -1$ erhält man

$$\frac{\mathrm{d}t}{\sqrt{(1-t^2)(1-k^2t^2)}}, \quad k^2 = 1 - c^2 < 1.$$

Zwei Bemerkungen:

1. Für $\alpha + \beta = \gamma + \delta = 2\varepsilon$ erhält man zunächst

$$f(x) = a_4(x^2 - 2\varepsilon x + \alpha\beta)(x^2 - 2\varepsilon x + \gamma\delta)$$

und mit $x - \varepsilon = \xi$

$$f = a_4(\xi^2 + \alpha\beta - \varepsilon^2)(\xi^2 + \gamma\delta - \varepsilon^2).$$

2. Für $a_4 = 0$ ($f(x)$ ist also ein Polynom dritten Grades) hat man $\delta = \alpha$ zu setzen, womit p und q aus

$$\frac{q-p}{2} = \gamma; \quad \left(\frac{q-p}{2}\right)^2 = (\alpha-\gamma)(\beta-\gamma)$$

bestimmt werden müssen.

4.4.7.9 Reduktion elliptischer Integrale [2, 4, 34, 88]. Es ist ($f = f(x)$, vgl. 4.4.7.7)

$$R(x, \sqrt{f}) = \frac{M + N\sqrt{f}}{P + Q\sqrt{f}} \quad (M, N, P, Q \text{ Polynome in } x).$$

Nach Erweitern des Bruches mit $P - Q\sqrt{f}$ wird

$$R(x, \sqrt{f}) = R_1 + R_2/\sqrt{f} \quad (R_1, R_2 \text{ rationale Funktionen von } x).$$

$\int R_1\,\mathrm{d}x$ ist nach 4.4.3.1 elementar auswertbar.

Durch Partialbruchzerlegung wird $R_2 = Ax^n + \cdots + \frac{B}{(x-\alpha)^m} + \cdots$, so daß nur noch Integrale der Form

$$\int \frac{x^n}{\sqrt{f}}\,dx, \quad n = 0, 1, 2, \ldots \quad \text{und} \quad \int \frac{dx}{(x-\alpha)^m\sqrt{f}}, \quad m = 1, 2, \ldots$$

zu behandeln sind. Für $H_\nu = \int \frac{(x-\alpha)^\nu}{\sqrt{f}}\,dx$, $\nu = 0, \pm 1, \pm 2, \ldots$ gilt nun allgemein die Rekursionsformel:

$$(2\nu+4)\,b_4H_{\nu+3} + (2\nu+3)\,b_3H_{\nu+2} + (2\nu+2)\,b_2H_{\nu+1} + (2\nu+1)\,b_1H_\nu + 2\nu b_0H_{\nu-1} = 2(x-\alpha)^\nu\sqrt{f},$$

wobei die b_0, b_1, b_2, b_3, b_4 aus $f(x) = b_4(x-\alpha)^4 + b_3(x-\alpha)^3 + b_2(x-\alpha)^2 + b_1(x-\alpha) + b_0$ bestimmt werden müssen. Diese Formel gestattet es, die zu behandelnden Integrale auf die folgenden vier Arten zurückzuführen:

$$I_1 = \int \frac{x^2}{\sqrt{f}}\,dx, \quad I_2 = \int \frac{x}{\sqrt{f}}\,dx, \quad I_3 = \int \frac{dx}{\sqrt{f}}, \quad I_4 = \int \frac{dx}{(x-\alpha)\sqrt{f}}.$$

4.4.7.10 Die elliptischen Integrale in der Legendreschen Normalform. Hatte man das Integral schon auf die Legendresche Normalform gebracht, d.h. $f = g = (1-x^2)(1-k^2x^2)$, so ist I_2 durch die Substitution $x^2 = \xi$ elementar auswertbar. Man kann somit alles auf die drei folgenden Fundamentalintegrale in Legendrescher Normalform zurückführen:

I. Gattung:

$$I_3 = \int_0^x \frac{dt}{\sqrt{(1-t^2)(1-k^2t^2)}} = \int_0^\varphi \frac{d\psi}{\sqrt{1-k^2\sin^2\psi}} = F(\varphi, k), \quad x = \sin\varphi, \quad t = \sin\psi,$$

II. Gattung:

$$I_3 - k^2I_1 = \int_0^x \sqrt{\frac{1-k^2t^2}{1-t^2}}\,dt = \int_0^\varphi \sqrt{1-k^2\sin^2\psi}\,d\psi = E(\varphi, k),$$

III. Gattung:

$$I_4 = \int_0^x \frac{dt}{(1+nt^2)\sqrt{(1-t^2)(1-k^2t^2)}} = \int_0^\varphi \frac{d\psi}{(1+n\sin^2\psi)\sqrt{1-k^2\sin^2\psi}} = \Pi(\varphi, n, k).$$

Tabellen für $F(\varphi, k)$ und $E(\varphi, k)$: Tabellen 1–10 bis 1–12 und [5, 9, 12].

Die vollständigen elliptischen Integrale sind

$$F(\pi/2, k) = \mathsf{K}(k), \quad E(\pi/2, k) = \mathsf{E}(k),$$

$$F\left(\pi/2, \sqrt{1-k^2}\right) = \mathsf{K}'(k), \quad E\left(\pi/2, \sqrt{1-k^2}\right) = \mathsf{E}'(k),$$

$$\mathsf{KE}' + \mathsf{EK}' - \mathsf{KK}' = \pi/2,$$

$$\left.\begin{aligned} \mathsf{K}(k) &= \frac{\pi}{2}\left[1 + \left(\frac{1}{2}\right)^2 k^2 + \left(\frac{1\cdot 3}{2\cdot 4}\right)^2 k^4 + \left(\frac{1\cdot 3\cdot 5}{2\cdot 4\cdot 6}\right)^2 k^6 + \cdots\right], \\ \mathsf{E}(k) &= \frac{\pi}{2}\left[1 - \left(\frac{1}{2}\right)^2 \frac{k^2}{1} - \left(\frac{1\cdot 3}{2\cdot 4}\right)^2 \frac{k^4}{3} - \left(\frac{1\cdot 3\cdot 5}{2\cdot 4\cdot 6}\right)^2 \frac{k^6}{5} - \cdots\right], \end{aligned}\right\} \quad k^2 < 1.$$

Es gelten für die Integrale F und E:

$$\frac{\partial F(\varphi, k)}{\partial k} = \frac{1}{1-k^2}\left(\frac{E - (1-k^2)\,F}{k} - \frac{\sin\varphi\cos\varphi}{\sqrt{1-k^2\sin^2\varphi}}\right),$$

$$\frac{\partial E(\varphi, k)}{\partial k} = \frac{E - F}{k}.$$

Beispiel: Das Problem der freien Bewegung (Schwingung) eines Schwingers mit der elastischen Kennlinie (für die zur Ruhelage zurücktreibenden Kraft) $K(x) = -cx(1 + \varepsilon x^2)$, wobei c und ε positive Konstanten sind, führt für die Auslenkung $x = x(t)$ zu der Differentialgleichung

$$\frac{d^2x}{dt^2} = -cx(1 + \varepsilon x^2), \quad t = \text{Zeit}.$$

Ein erstes Integral ist (s. 9.1)

$$\left(\frac{dx}{dt}\right)^2 = \frac{c}{2}\,\varepsilon(x^2 + a)(b - x^2),$$

wobei

$$\left.\begin{matrix} a \\ b \end{matrix}\right\} = \pm\frac{1}{\varepsilon} + \sqrt{\frac{2v_0^2}{c\varepsilon} + \left(x_0^2 + \frac{1}{\varepsilon}\right)^2} > 0$$

ist und

$$v_0 = \left(\frac{dx}{dt}\right)_{x=0}, \quad x_0 = x(0)$$

bedeuten.

Für die Zeit gewinnen wir

$$t = \frac{\sqrt{2}}{\sqrt{c}\,\sqrt{\varepsilon}} \int\limits_{x_0}^{x} \frac{dx}{\sqrt{(a + x^2)(b - x^2)}}.$$

Da der Radikand für $x = \pm\sqrt{b}$ verschwindet, d.h. die Geschwindigkeit $\dot{x}(t) = 0$ wird, erhält man für die Schwingungszeit

$$T = \frac{2\sqrt{2}}{\sqrt{c}\,\sqrt{\varepsilon}} \int\limits_{-\sqrt{b}}^{+\sqrt{b}} \frac{dx}{\sqrt{(a + x^2)(b - x^2)}}.$$

Die Substitution $x = -\sqrt{b}\cos\varphi$ liefert

$$T = \frac{4\sqrt{2}}{\sqrt{c}\,\sqrt{\varepsilon}\,\sqrt{a+b}} \int\limits_0^{\frac{\pi}{2}} \frac{d\varphi}{\sqrt{1 - \frac{b}{a+b}\sin^2\varphi}} = \frac{4\sqrt{2}}{\sqrt{c}\,\sqrt{\varepsilon}\,\sqrt{a+b}}\,\mathsf{K}\left(\sqrt{\frac{b}{a+b}}\right).$$

4.4.7.11 Elliptische Funktionen von Jacobi [2, 9, 12, 29, 88]. Die Umkehrungsfunktion von $u = F(\varphi, k)$ wird mit $\varphi = \operatorname{am} u$ (Amplitude) bezeichnet. Man hat (elliptische Funktionen von *Jacobi*)

$$\sin\varphi = x = \sin\operatorname{am} u = \operatorname{sn} u,$$

$$\cos\varphi = \sqrt{1 - x^2} = \cos\operatorname{am} u = \operatorname{cn} u,$$

$$\sqrt{1 - k^2x^2} = \Delta\operatorname{am} u = \operatorname{dn} u,$$

$$\operatorname{sn} u = u - 1\,(1 + k^2)\frac{u^3}{3!} + (1 + 14k^2 + k^4)\frac{u^5}{5!} - \cdot + \cdots$$

$$\operatorname{cn} u = 1 - \frac{u^2}{2!} + (1 + 4k^2)\frac{u^4}{4!} - (1 + 44k^2 + 16k^4)\frac{u^6}{6!} + \cdot - \cdots$$

$$\operatorname{dn} u = 1 - k^2\frac{u^2}{2!} + k^2(4 + k^2)\frac{u^4}{4!} - k^2(16 + 44k^2 + k^4)\frac{u^6}{6!} + \cdot - \cdots$$

$$\operatorname{sn} u \text{ besitzt} \quad \begin{cases} \text{die Perioden } 4n\mathsf{K} + 2mi\mathsf{K}', \\ \text{die Nullstellen } 2n\mathsf{K} + 2mi\mathsf{K}', \\ \text{die Pole } 2n\mathsf{K} + (2m+1)\,i\mathsf{K}', \end{cases}$$

$$\text{cn}\,u \text{ besitzt} \quad \begin{cases} \text{die Perioden } 4n\mathsf{K} + 2m(\mathsf{K} + \mathrm{i}\mathsf{K}'), \\ \text{die Nullstellen } (2n+1)\,\mathsf{K} + 2m\mathrm{i}\mathsf{K}', \\ \text{die Pole } 2n\mathsf{K} + (2m+1)\,\mathrm{i}\mathsf{K}', \end{cases}$$

$$\text{dn}\,u \text{ besitzt} \quad \begin{cases} \text{die Perioden } 2n\mathsf{K} + 4m\mathrm{i}\mathsf{K}', \\ \text{die Nullstellen } (2n+1)\,\mathsf{K} + (2m+1)\,\mathrm{i}\mathsf{K}', \\ \text{die Pole } 2n\mathsf{K} + (2m+1)\,\mathrm{i}\mathsf{K}', \end{cases}$$

hierbei sind $m, n = 0, 1, 2, 3, \ldots$

Weiterhin gelten:

$$\text{sn}^2 u + \text{cn}^2 u = 1; \quad \text{dn}^2 u + k^2\,\text{sn}^2 u = 1.$$

$$\frac{\mathrm{d}}{\mathrm{d}u}\,\text{sn}\,u = \text{cn}\,u\,\text{dn}\,u; \quad \frac{\mathrm{d}}{\mathrm{d}u}\,\text{cn}\,u = -\text{sn}\,u\,\text{dn}\,u; \quad \frac{\mathrm{d}}{\mathrm{d}u}\,\text{dn}\,u = -k^2\,\text{sn}\,u\,\text{cn}\,u.$$

Aus diesen Formeln sind die Differentialgleichungen für die elliptischen Funktionen von *Jacobi* herleitbar; z. B.:

$$\left[\frac{\mathrm{d}}{\mathrm{d}u}\,(\text{sn}\,u)\right]^2 = (1 - \text{sn}^2 u)\,(1 - k^2\,\text{sn}^2 u).$$

Beispiel: Die Eulerschen Gleichungen für die freie (Dreh-)Bewegung eines starren Körpers lauten:

$$A\,\frac{\mathrm{d}p}{\mathrm{d}t} - (B - C)\,qr = 0,$$

$$B\,\frac{\mathrm{d}q}{\mathrm{d}t} - (C - A)\,rp = 0,$$

$$C\,\frac{\mathrm{d}r}{\mathrm{d}t} - (A - B)\,pq = 0,$$

wobei p, q, r die Winkelgeschwindigkeitskomponenten und $A > B > C$ die (körperfesten) Hauptträgheitsmomente bedeuten. Mit den Ansätzen

$$p = p_0\,\text{cn}\,\omega(t - t_0),$$

$$q = q_0\,\text{sn}\,\omega(t - t_0),$$

$$r = r_0\,\text{dn}\,\omega(t - t_0),$$

gewinnt man:

$$\left(\frac{q_0}{p_0}\right)^2 = \frac{A(A - C)}{B(B - C)},$$

$$k^2 = \frac{(A - B)\,Ap_0^2}{(B - C)\,Cr_0^2},$$

$$\omega^2 = \frac{(A - B)\,(B - C)}{AB}\,r_0^2.$$

4.4.7.12 Weierstraßsche Normalform und Weierstraßsche Funktionen [14, 29, 75, 88]

Das Integral

$$u = \int_a^x \frac{\mathrm{d}t}{\sqrt{f(t)}}, \quad f(x) = a_4 x^4 + a_3 x^3 + a_2 x^2 + a_1 x + a_0$$

läßt sich durch die Transformation

$$\sigma = \frac{1}{2(t - a)^2}\left\{\sqrt{f(a)}\,\sqrt{f(t)} + f(a) + (1/2)\,f'(a)\,(t - a)\right\} + (1/24)\,f''(a)$$

auf die sog. Weierstraßsche Normalform bringen:

$$u(s) = \int_s^\infty \frac{\mathrm{d}\sigma}{\sqrt{4\sigma^3 - g_2\,\sigma - g_3}}.$$

Dabei ist

$$g_2 = a_4 a_0 + 3a_2^2 - 4a_1 a_3,$$

$$g_3 = a_0 a_2 a_4 + 2a_1 a_2 a_3 - a_4 a_1^2 - a_0 a_3^2 - a_2^3.$$

Man kann auch sagen: Das Differential

$$\frac{dx}{\sqrt{R(x)}} = \frac{dx}{\sqrt{a_4(x - x_1)(x - x_2)(x - x_3)(x - x_4)}}$$

wird mit der Substitution

$$s = \frac{1}{4} \cdot \frac{R'(x_4)}{x - x_4} + \frac{1}{24} R''(x_4)$$

in

$$-\frac{ds}{\sqrt{S(s)}} = -\frac{ds}{\sqrt{4(s - e_1)(s - \ _2)(\ - e_3)}}$$

übergeführt, wobei e_1, e_2, e_3 die x_1, x_2, x_3 entsprechenden Werte bedeuten: dem Wert $x = x_4$ entspricht – gemäß Substitution – $s = \infty$.

Die Umkehrfunktion von $u(s)$ heißt *Weierstraßsche Pe-Funktion*, es ist:

$$s = \wp(u) = \frac{1}{u^2} + \frac{g_2}{20} u^2 + \frac{g_3}{28} u^4 + \frac{g_2^2}{1200} u^6 + \frac{3g_2 g_3}{6160} u^8 + \cdots.$$

Mit e_1, e_2, e_3, also den Nullstellen von $4s^3 - g_2 s - g_3 = 0$ sind $2\omega = \frac{2\mathsf{K}}{\sqrt{e_1 - e_3}}$ und $2\omega' = \frac{2i\mathsf{K}'}{\sqrt{e_1 - e_3}}$ Perioden von $\wp(u)$. Ferner ist

$$k = \sqrt{\frac{e_2 - e_3}{e_1 - e_3}} \text{ und } \wp\left(\frac{u}{\sqrt{e_1 - e_3}}\right) = e_1 + (e_1 - e_3)\frac{\mathrm{cn}^2 u}{\mathrm{sn}^2 u}.$$

Weiterhin gelten:

$$\wp'^2 = \left(\frac{d\wp}{du}\right)^2 = 4\wp^3 - g_2\wp - g_3;$$

$$e_1 + e_2 + e_3 = 0, \quad g_2 = -4(e_1 e_2 + e_1 e_3 + e_2 e_3), \quad g_3 = 4e_1 e_2 e_3;$$

$$\omega = \int_{e_3}^{e_2} \frac{dt}{2\sqrt{(t - e_1)(t - e_2)(t - e_3)}}, \quad \omega' = \int_{e_3}^{e_1} \frac{dt}{2\sqrt{(t - e_1)(t - e_2)(t - e_3)}}.$$

Beispiel: Die ungedämpfte freie Schwingung des ebenen Pendels führt zwischen der Zeit t und der Vertikalhöhe z zu der Beziehung

$$t = l \int_0^z \frac{dz}{\sqrt{2g(z - 2l)(z - h)z}},$$

wobei g die Erdbeschleunigung, l die reduzierte Pendellänge und $h < 2l$ eine Konstante bedeuten. Mit

$$z - 2l = 2l(s - e_1), z - h = 2l(s - e_2), z = 2l(s - e_3),$$

$$e_1 + e_2 + e_3 = 0 \quad \text{und} \quad s = \frac{1}{6l}(3z - 2l - h)$$

hat man

$$e_1 = \frac{1}{3}\left(2 - \frac{h}{2l}\right), \quad e_2 = \frac{1}{3}\left(-1 + \frac{h}{l}\right), \quad e_3 = -\frac{1}{3}\left(1 + \frac{h}{2l}\right),$$

und für $t = \sqrt{\frac{l}{8}}\,\tau$ folgt dann:

$$\left(\frac{\mathrm{d}s}{\mathrm{d}\tau}\right)^2 = 4(s-e_1)(s-e_2)(s-e_3)$$

bzw.

$$s = \wp(\tau+\tau_0),$$

wobei $\wp(\tau_0) = e_2$ ist, so daß man zum Schluß

$$z = 2l[\wp(\tau+\tau_0) - e_2]$$

hat.

Die *Weierstraßsche Zeta-Funktion* $\zeta(u)$ wird durch

$$\frac{\mathrm{d}\zeta(u)}{\mathrm{d}u} = -\wp(u)$$

definiert. Es gilt:

$$\zeta(u) = \frac{1}{u} - \frac{g_2}{60}u^3 - \frac{g_3}{140}u^5 - \cdots.$$

Schließlich wird durch

$$\zeta(u) = \frac{\sigma'(u)}{\sigma(u)}$$

die *Weierstraßsche Sigma-Funktion* $\sigma(u)$ definiert; für sie gilt die Potenzreihe

$$\sigma(u) = u - \frac{g_2}{2^4\cdot 3\cdot 5}u^5 - \frac{g_3}{2^3\cdot 3\cdot 5\cdot 7}u^7 - \frac{g_2^2}{2^9\cdot 3^2\cdot 5\cdot 7}u^9 - \cdots.$$

4.4.7.13 Die Thetafunktionen [6, 29, 75, 88]. Mit

$$q = \mathrm{e}^{-\pi K'/K}$$

definiert man

$$\vartheta_0(u) = 1 + \sum_{n=1}^{\infty}(-1)^n 2q^{n^2}\cos 2\pi n u,$$

$$\vartheta_1(u) = 2\sum_{n=0}^{\infty}(-1)^n q^{(n+1/2)^2}\sin(2n+1)\pi u,$$

$$\vartheta_2(u) = 2\sum_{n=0}^{\infty} q^{(n+1/2)^2}\cos(2n+1)\pi u,$$

$$\vartheta_3(u) = 1 + 2\sum_{n=1}^{\infty} q^{n^2}\cos 2\pi n u$$

als Thetafunktionen; es gilt:

$$\vartheta_j(u+1) = \vartheta_j(u) \quad \text{für } j = 0, 3;$$

$$\vartheta_j(u+1) = -\vartheta_j(u) \text{ für } j = 1, 2.$$

Setzt man $q = \mathrm{e}^{\mathrm{i}\pi\tau}$ und faßt die ϑ als Funktionen von u und τ auf, so genügen sie einer der Wärmeleitungs- oder Thomsonschen Kabelgleichung ähnlichen Differentialgleichung $\frac{\partial^2\vartheta}{\partial u^2} = 4\pi\mathrm{i}\frac{\partial\vartheta}{\partial\tau}$.

Zusammenhang mit der Weierstraßschen und den Jacobischen Funktionen:

$$\operatorname{sn} u = \frac{1}{\sqrt{k}}\frac{\vartheta_1\left(\frac{u}{2K}\right)}{\vartheta_0\left(\frac{u}{2K}\right)}; \quad \operatorname{cn} u = \sqrt{\frac{k'}{k}}\frac{\vartheta_2\left(\frac{u}{2K}\right)}{\vartheta_0\left(\frac{u}{2K}\right)}; \quad \operatorname{dn} u = \sqrt{k'}\frac{\vartheta_3\left(\frac{u}{2K}\right)}{\vartheta_0\left(\frac{u}{2K}\right)};$$

$$\wp(u) = -\frac{\eta_1}{\omega} - \frac{\mathrm{d}^2}{\mathrm{d}u^2}\left[\log\vartheta_1\left(\frac{u}{2\omega}\right)\right], \quad \eta_1 = -\frac{1}{12\omega}\frac{\vartheta_1'''(0)}{\vartheta_1'(0)}.$$

4.4.8 Mehrfache Integrale, Differentiation nach einem Parameter

4.4.8.1 Doppelintegral. $f(x, y)$ sei stetig in einem ebenen Bereich $\mathscr{B}$; dann ist

$$\iint_{\mathscr{B}} f(x, y)\, \mathrm{d}x\, \mathrm{d}y = \int_{a_1}^{a_2} \left[\int_{y_1(x)}^{y_2(x)} f(x, y)\, \mathrm{d}y \right] \mathrm{d}x = \int_{b_1}^{b_2} \left[\int_{x_1(y)}^{x_2(y)} f(x, y)\, \mathrm{d}x \right] \mathrm{d}y.$$

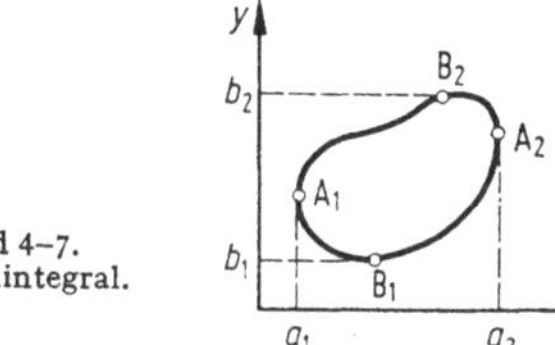

Bild 4–7.
Doppelintegral.

Hierin sind a_1 der kleinste, a_2 der größte Wert von x (Bild 4–7); b_1 der kleinste, b_2 der größte Wert von y für die Randpunkt ; $y = y_1(x)$ die Gleichung der Kurve $A_1B_1A_2$,

$y = y_2(x)$ die von $A_1B_2A_2$,

$x = x_1(y)$ die von $B_1A_1B_2$,

$x = x_2(y)$ die von $B_1A_2B_2$.

4.4.8.2 Dreifaches Integral. Es erstreckt sich über einen Raumteil $\mathscr{R}$ und wird entsprechend berechnet:

$$\iiint_{\mathscr{R}} f(x, y, z)\, \mathrm{d}x\, \mathrm{d}y\, \mathrm{d}z = \int_{z=c_1}^{c_2} \left[\int_{y=y_1(z)}^{y_2(z)} \left(\int_{x=x_1(y,z)}^{x_2(y,z)} f(x, y, z)\, \mathrm{d}x \right) \mathrm{d}y \right] \mathrm{d}z.$$

Hierin sind c_1, c_2 die äußersten z-Werte der Begrenzung; $y_1(z), y_2(z)$ die äußersten y-Werte bei festem z; $x_1(y, z)$, $x_2(y, z)$ die äußersten x-Werte auf einer Parallelen zur x-Achse bei festem y und z. Man kann die Integration auch noch in anderen Reihenfolgen der Veränderlichen ausführen, nur muß man dann die Grenzen entsprechend wählen.

4.4.8.3 Die n-fachen Integrale ($n > 3$) sind entsprechend erklärt.
Vertauschung der Integrationsvariablen:

$$\int_{x=a}^{b} \left[\int_{y=a}^{x} f(x, y)\, \mathrm{d}y \right] \mathrm{d}x = \int_{y=a}^{b} \left[\int_{x=y}^{b} f(x, y)\, \mathrm{d}x \right] \mathrm{d}y.$$

Entsprechende Formeln gelten für mehrfache Integrale. Transformation der Intcgrationsvariablen vgl. 6.3.2

4.4.8.4 Linienintegrale in 6.1.6, **Flächenintegrale** in 6.1.7, **Gaußscher und Stokesscher Integralsatz** usw. in 6.2.

4.4.8.5 Differentiation eines Integrals nach einem *Parameter* α:

$$\frac{\partial}{\partial \alpha} \int_{a(\alpha)}^{b(\alpha)} f(x, \alpha)\, \mathrm{d}x = \int_{a(\alpha)}^{b(\alpha)} \frac{\partial f}{\partial \alpha}\, \mathrm{d}x + f(b, \alpha) \frac{\mathrm{d}b}{\mathrm{d}\alpha} - f(a, \alpha) \frac{\mathrm{d}a}{\mathrm{d}\alpha}.$$

Sind a und b Festwerte, so fallen die beiden letzten Glieder rechts weg.

4.5 Fouriersche Reihen

[63, 77, 83]

4.5.1 Periodische Vorgänge (Schwingungen, Wechselströme usw.) lassen sich oft genau oder angenähert durch Ausdrücke der Form (*trigonometrische Summen*)

$$F_n(t) = A_0 + A_1 \sin(\omega t + \varphi_1) + A_2 \sin(2\omega t + \varphi_2) + \cdots + A_n \sin(n\omega t + \varphi_n)$$

darstellen, wo $A_0, A_1, A_2, \ldots, A_n, \varphi_1, \varphi_2, \ldots, \varphi_n$ Konstanten bedeuten. Es handelt sich um Überlagerung von n harmonischen Schwingungen derselben Kreisfrequenz ω (oder derselben Periode $p = 2\pi/\omega$) mit im allgemeinen verschiedenen Scheitelwerten (Amplituden) $A_1, A_2, \ldots, A_n$ und verschiedenen Anfangsphasen $\varphi_1, \varphi_2, \ldots, \varphi_n$; $F_n(t)$ ist selbst periodisch: $F_n(t + kp) = F_n(t)$ für $k = \pm 1, \pm 2, \ldots$

Setzt man $\omega t = x$, zerlegt $\sin(k\omega t + \varphi_k)$, so geht $F_n(t)$ über in

$$f_n(x) = a_0 + a_1 \cos x + a_2 \cos 2x + \cdots + a_n \cos nx$$
$$+ b_1 \sin x + b_2 \sin 2x + \cdots + b_n \sin nx$$
$$a_0 = A_0, \quad a_j = A_j \sin \varphi_j, \quad b_j = A_j \cos \varphi_j, \quad j = 1, 2, \ldots, n.$$

$f_n(x + k\,2\pi) = f_n(x)$.

Wenn $f(x)$ eine periodische Funktion der Periode 2π ist, läßt sich $f(x)$ angenähert durch $f_n(x)$ darstellen, am „besten" (vgl. 10.4.6.2) — d.h. wenn der mittlere quadratische Fehler $\int\limits_0^{2\pi} [f(x) - f_n(x)]^2\,dx$ möglichst klein wird —, falls die Koeffizienten a_0, a_j, b_j die Werte haben:

$$a_0 = \frac{1}{2\pi}\int\limits_0^{2\pi} f(x)\,dx, \quad a_j = \frac{1}{\pi}\int\limits_0^{2\pi} f(x)\cos jx\,dx,$$
$$b_j = \frac{1}{\pi}\int\limits_0^{2\pi} f(x)\sin jx\,dx,$$

(*Euler-Fouriersche Formeln*). Diese Werte sind unabhängig von n und gelten daher für jede trigonometrische Summe.

Für manche Rechnungen sind die trigonometrischen Summen, Formel 18. und 19. in 3.1.4, wichtig.

Für $n \to \infty$ geht $f_n(x)$, wobei a_0, a_j, b_j die vorstehenden Werte haben, in die Fouriersche Reihe der Funktion $f(x)$ über. Wenn eine gegebene, mit der Periode 2π periodische Funktion $f(x)$ für alle x im Bereiche $0 \leq x < 2\pi$ eindeutig beschränkt, stückweise einsinnig (d.h. nur zu- oder abnehmend) und stückweise stetig ist, so konvergiert ihre Fouriersche Reihe und hat an allen Stetigkeitsstellen $f(x)$ selbst zur Summe, an allen Unstetigkeitsstellen aber den Mittelwert $(1/2)\,[f(x + 0) + f(x - 0)]$, wobei $f(x \pm 0) = \lim f(x \pm \varepsilon)$ für $\varepsilon \to 0$ und $\varepsilon > 0$ bedeutet.

4.5.2 Andere Formeln der Koeffizienten:

$$\pi a_j = \int\limits_{-\pi}^{+\pi} f(x)\cos jx\,dx = \int\limits_0^{\pi} (f(x) + f(-x))\cos jx\,dx,$$
$$\pi b_j = \int\limits_{-\pi}^{+\pi} f(x)\sin jx\,dx = \int\limits_0^{\pi} (f(x) - f(-x))\sin jx\,dx.$$

Ist $f(x)$ gerade, d.h. $f(x) = f(-x)$, so ist $\pi a_j = 2\int\limits_0^{\pi} f(x)\cos jx\,dx$, $b_j = 0$. Ist $f(x)$ ungerade, d.h. $f(x) = -f(-x)$, so ist $a_j = 0$, $\pi b_j = 2\int\limits_0^{\pi} f(x)\sin jx\,dx$. Ist $f(x) = -f(x + \pi)$ d.h. ist die zugehörige Kurve der einen Periodenhälfte spiegelbildlich gleich der der anderen Periodenhälfte, so ist

$$\pi a_{2j+1} = 2\int\limits_0^{\pi} f(x)\cos(2j + 1)\,x\,dx, \quad a_{2j} = 0,$$
$$\pi b_{2j+1} = 2\int\limits_0^{\pi} f(x)\sin(2j + 1)\,x\,dx, \quad b_{2j} = 0.$$

In *komplexer Form* hat man zu

$$f(x) = \sum_{j=-\infty}^{\infty} c_j \, \mathrm{e}^{-\mathrm{i}jx}$$

die Koeffizienten

$$c_j = \frac{1}{2\pi} \int_{-\pi}^{+\pi} f(x) \, \mathrm{e}^{-\mathrm{i}jx} \, \mathrm{d}x.$$

Ist $F(x)$ von der Periode p, so lautet die Fouriersche Reihe

$$F(x) = A_0 + \sum_j A_j \cos(j\,2\pi x/p) + \sum_j B_j \sin(j\,2\pi x/p), \quad (j = 1, 2, 3, \ldots),$$

$$pA_0 = \int_0^p F(x)\,\mathrm{d}x, \quad pA_j = 2\int_0^p F(x)\cos\left(j\frac{2\pi x}{p}\right)\mathrm{d}x,$$

$$pB_j = 2\int_0^p F(x)\sin\left(j\frac{2\pi x}{p}\right)\mathrm{d}x.$$

4.5.3 Besondere Entwicklungen.

1. *Kommutierter Sinusstrom* (Bild 4–8):

$f(x) = b\sin x$ für $0 \leqq x \leqq \pi$, $f(x) = -b\sin x$ für $\pi \leqq x \leqq 2\pi$.

$$f(x) = \frac{2b}{\pi} - \frac{4b}{\pi}\left(\frac{\cos 2x}{1\cdot 3} + \frac{\cos 4x}{3\cdot 5} + \frac{\cos 6x}{5\cdot 7} + \cdots\right).$$

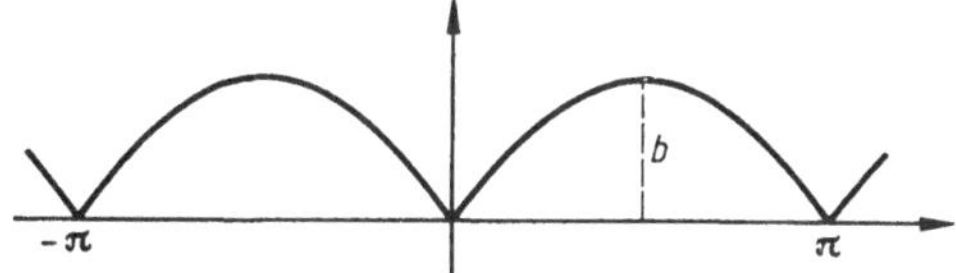

Bild 4–8. Kommutierter Sinusstrom.

2. *Parabelbogen* (Bild 4–9): $f(x) = b(x/\pi - 1)^2$ für $0 \leqq x \leqq 2\pi$.

$$f(x) = \frac{b}{3} + \frac{4b}{\pi^2}\left(\frac{\cos x}{1} + \frac{\cos 2x}{4} + \frac{\cos 3x}{9} + \cdots\right).$$

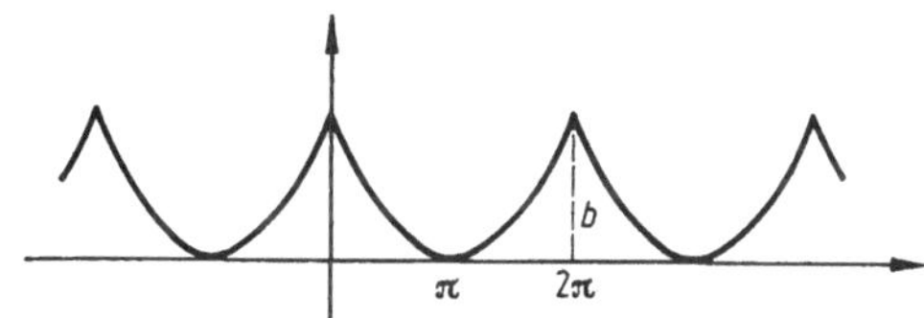

Bild 4–9. Parabelbogen.

3. $f(x) = bx/2\pi$ für $0 < x < 2\pi$ (Bild 4–10).

$$f(x) = \frac{b}{2} - \frac{b}{\pi}\left(\frac{\sin x}{1} + \frac{\sin 2x}{2} + \frac{\sin 3x}{3} + \cdots\right).$$

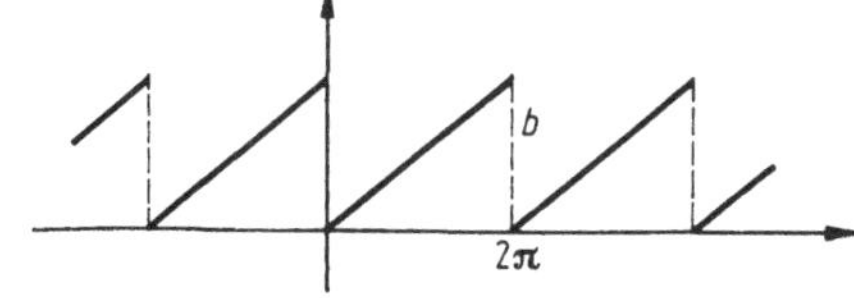

Bild 4–10. Sonderfall.

4. *Trapez* (Bild 4–11): $f(x) = bx/a$ für $0 \leqq x \leqq a$, $f(x) = b$ für $a \leqq x \leqq \pi - a$, $f(x) = b(\pi - x)/a$ für $\pi - a \leqq x \leqq \pi$; $f(-x) = -f(x) = f(\pi + x)$.

$$f(x) = \frac{4}{\pi}\,\frac{b}{a}\left(\frac{1}{1^2}\sin a \sin x + \frac{1}{3^2}\sin 3a \sin 3x + \frac{1}{5^2}\sin 5a \sin 5x + \cdots\right).$$

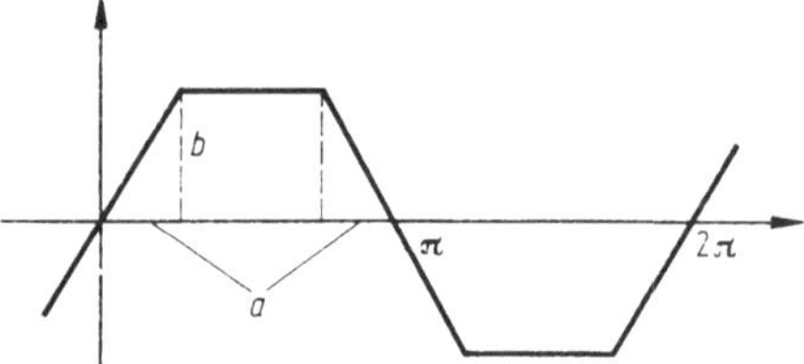

Bild 4–11. Trapez.

5. *Rechteck* (ungerade Funktion, Bild 4–12): $f(x) = b$ für $0 < x < \pi$, $f(x) = -b$ für $\pi < x < 2\pi$.

$$f(x) = \frac{4}{\pi}\,b\left(\sin x + \frac{\sin 3x}{3} + \frac{\sin 5x}{5} + \cdots\right),$$

im vorigen Fall 4. für $a \to 0$ enthalten.

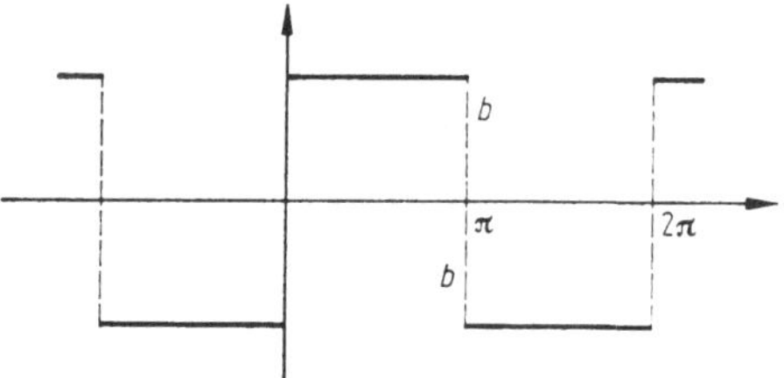

Bild 4–12. Rechteck.

6. *Rechteck* (gerade Funktion, Bild 4–13):

$$f(x) = b \quad \text{für} \quad -\frac{\pi}{2} < x < +\frac{\pi}{2},$$

$$f(x) = -b \quad \text{für} \quad \frac{\pi}{2} < x < \frac{3\pi}{2},$$

$$f(x) = \frac{4b}{\pi}\left(\cos x - \frac{1}{3}\cos 3x + \frac{1}{5}\cos 5x - \frac{1}{7}\cos 7x + \cdots\right).$$

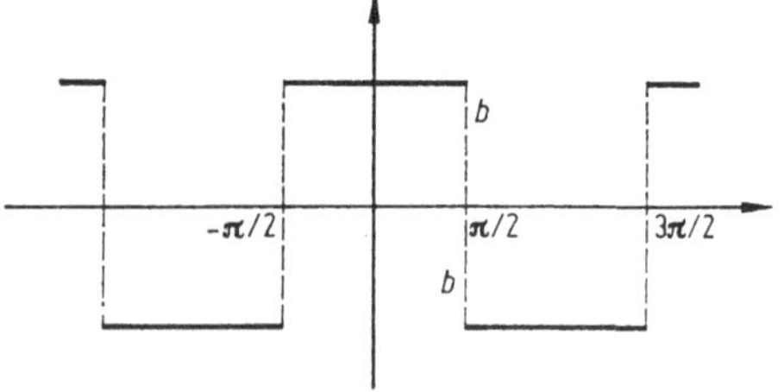

Bild 4–13. Rechteck (gerade).

7. *Parabel* (Bild 4–14): $f(x) = 4b(1 + x/\pi)\, x/\pi$ für $-\pi \leqq x \leqq 0$,

$f(x) = 4b(1 - x/\pi)\, x/\pi$ für $0 \leqq x \leqq \pi$,

$$f(x) = \frac{32b}{\pi^3}\left(\sin x + \frac{1}{27}\sin 3x + \frac{1}{125}\sin 5x + \cdots\right).$$

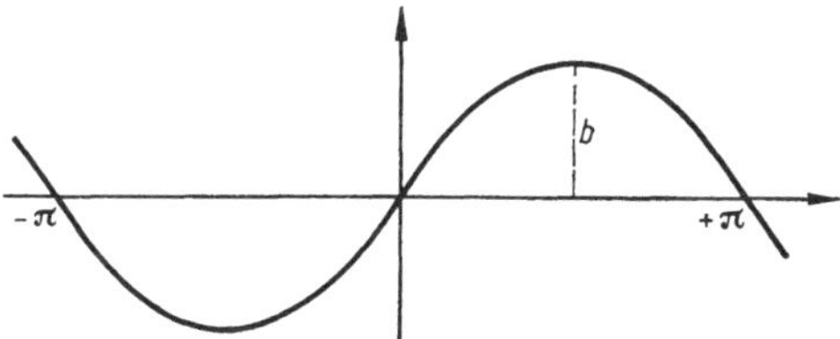

Bild 4–14. Parabel.

8. *Dreieck* (Bild 4–15): $f(x) = 2bx/\pi$ für $0 \leqq x \leqq \pi/2$, $f(x) = 2b(\pi - x)/\pi$ für $(1/2)\,\pi \leqq x \leqq \pi$, $f(x) = -f(-x) = f(\pi + x)$.

$$f(x) = \frac{8}{\pi^2}\, b\left(\sin x - \frac{\sin 3x}{9} + \frac{\sin 5x}{25} - + \cdots\right),$$

im Falle 4. für $a = \pi/2$ enthalten.

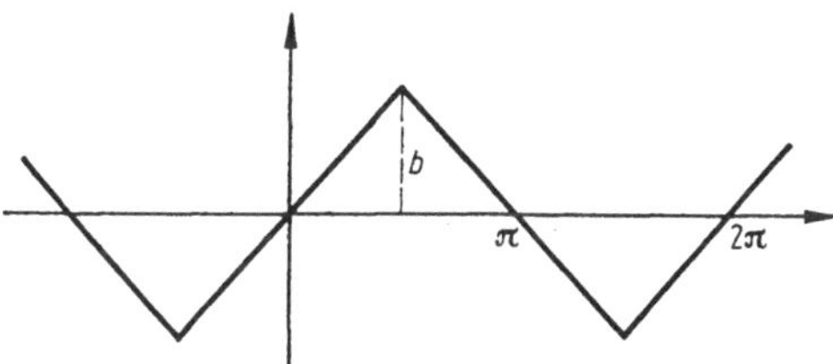

Bild 4–15. Dreieck.

9. $f(x) = bx/\pi$ für $0 \leqq x \leqq \pi$, $f(x) = b(2 - x/\pi)$ für $\pi \leqq x \leqq 2\pi$ (Bild 4–16).

$$f(x) = \frac{b}{2} - \frac{4b}{\pi^2}\left(\frac{\cos x}{1} + \frac{\cos 3x}{9} + \frac{\cos 5x}{25} + \cdots\right).$$

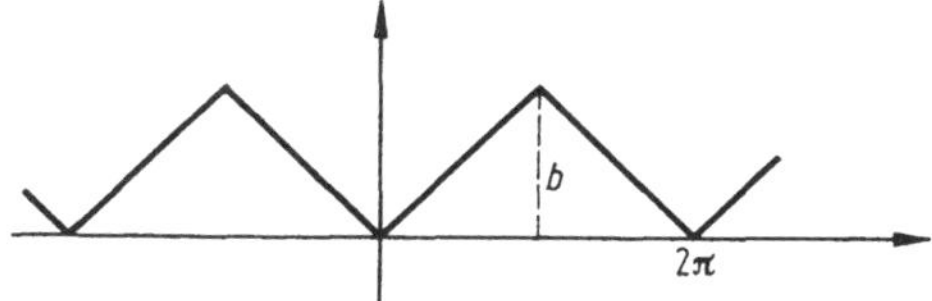

Bild 4–16. Sägeform.

10. $f(x) = \cos ux$ für $-\pi \leqq x \leqq \pi$; $u \neq 0, \pm 1, \pm 2, \ldots$

$$f(x) = \frac{\sin u\pi}{\pi}\left(\frac{1}{u} - \frac{2u}{u^2 - 1^2}\cos x + \frac{2u}{u^2 - 2^2}\cos 2x - \cdot + \cdots\right).$$

11. $f(x) = \sin ux$ für $-\pi < x < \pi$; $u \neq 0, \pm 1, \pm 2, \ldots$

$$f(x) = -\frac{2\sin u\pi}{\pi}\left(\frac{\sin x}{u^2 - 1^2} - \frac{2\sin 2x}{u^2 - 2^2} + \frac{3\sin 3x}{u^2 - 3^2} - \cdot + \cdots\right).$$

12. $f(x) = \cosh ux$ für $-\pi \leq x \leq \pi$:

$$f(x) = \frac{2u}{\pi} \sinh u\pi \left(\frac{1}{2u^2} - \frac{\cos x}{u^2+1^2} + \frac{\cos 2x}{u^2+2^2} - \cdot + \cdots\right).$$

13. $f(x) = \sinh ux$ für $-\pi < x < \pi$:

$$f(x) = \frac{2}{\pi} \sinh u\pi \left(\frac{\sin x}{u^2+1^2} - \frac{2\sin 2x}{u^2+2^2} + \frac{3\sin 3x}{u^2+3^2} - \cdot + \cdots\right).$$

14. $f(x) = -\ln\left(2\sin\frac{x}{2}\right)$ für $0 < x < 2\pi$, $f(x) = f(-x)$:

$$f(x) = \cos x + (1/2)\cos 2x + (1/3)\cos 3x + \cdots.$$

15. $u\cos x + \frac{u^2}{2}\cos 2x + \frac{u^3}{3}\cos 3x + \cdots = -\frac{1}{2}\ln(1 - 2u\cos x + u^2)$, $|u| < 1$.

16. $u\sin x + \frac{u^2}{2}\sin 2x + \frac{u^3}{3}\sin 3x + \cdots = \arctan\frac{u\sin x}{1 - u\cos x}$, $|u| < 1$.

Eine weitere Anzahl von durch *Fourier*-Reihen dargestellten, aus 3. durch fortgesetzte Integration herleitbaren Polynomen in [16]. Fouriersche Integralformel (s. 4.5.1).

4.5.4 Fourier-Entwicklungen von Funktionen mehrerer Veränderlicher

Für die Periode 2π hat man in komplexer Form

$$f(x, y, z, \ldots) = \sum_{j=-\infty}^{+\infty} \sum_{k=-\infty}^{+\infty} \sum_{l=-\infty}^{+\infty} \cdots c_{jkl\ldots}\, e^{i(jx+ky+lz+\cdots)}$$

mit den Koeffizienten

$$c_{jkl\ldots} = \frac{1}{(2\pi)(2\pi)(2\pi)\cdots} \int_{x=-\pi}^{+\pi} \int_{y=-\pi}^{+\pi} \int_{z=-\pi}^{+\pi} \cdots f(x, y, z, \ldots)\, e^{-i(jx+ky+lz+\cdots)}\, dx\, dy\, dz \cdots.$$

5. Lineare Vektoralgebra

[67, 70, 71]

5.1 Vektoren

5.1.1 Ortsvektor. Den Betrachtungen liegt der gewöhnliche Raum unserer Anschauung zugrunde. Durch ein geordnetes Punktepaar A, B ist eine gerichtete Strecke (Pfeil, Bild 5–1) bestimmt, genannt *Ortsvektor* $\overrightarrow{AB}$. $\overrightarrow{AB}$ ist auch festgelegt durch Anfangspunkt A, Richtung und Länge (z.B. Geschwindigkeitsvektor in einem Punkte einer strömenden Flüssigkeit).

5.1.2 Freie Vektoren. Sieht man vom Anfangspunkt ab und gibt nur Richtung und Länge vor, spricht man von einem *freien Vektor* oder *Vektor* schlechthin (z.B. der Momentenvektor am starren Körper).

Allen Ortsvektoren, die durch Parallelverschiebung auseinander hervorgehen, entspricht also ein einziger freier Vektor. Zur Schreibweise von Tensoren (Vektoren) vgl. DIN 1303. Länge von einem Vektor $\boldsymbol{a}$ wird auch Betrag $|\boldsymbol{a}|$ von $\boldsymbol{a}$ genannt. Es ist stets $|\boldsymbol{a}| \geqq 0$. Wenn $\overrightarrow{A'B'}$ durch Parallelverschiebung aus $\overrightarrow{AB}$ hervorgeht, so schreibt man kurz $\overrightarrow{A'B'} = \overrightarrow{AB} = \boldsymbol{a}$. Vektor $\overrightarrow{AA}$ (Anfangspunkt und Endpunkt fallen zusammen) nennt man Nullvektor und bezeichnet ihn mit $\boldsymbol{O}$ oder 0, sofern keine Verwechslung mit der Zahl 0 möglich ist. Die Länge des Nullvektors ist 0, seine Richtung unbestimmt. Er soll zu jedem Vektor parallel und auch senkrecht sein.

5.1.3 Physikalische Begriffe, die durch Angabe einer Richtung und einer Zahl $\geqq 0$ bestimmt sind, werden durch Vektoren geometrisch dargestellt; z.B. Geschwindigkeit, Kraft (in seiner Wirkungslinie am starren Körper verschiebbarer, sog. ***linienflüchtiger Vektor***), Drehmoment (freier Vektor am starren Körper), elektrische und magnetische Feldstärke (im allgemeinen ortsabhängiger Vektor, Feldvektor).

5.1.4 Addition. Sind $\boldsymbol{a} = \overrightarrow{AB}$, $\boldsymbol{b} = \overrightarrow{BC}$, so setzt man $\boldsymbol{a} + \boldsymbol{b} = \overrightarrow{AC}$ (Aneinanderfügung von $\boldsymbol{a}$ und $\boldsymbol{b}$ (Bild 5–1)).

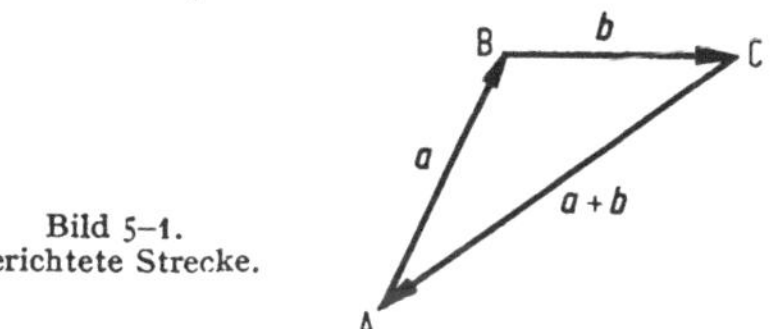

Bild 5–1.
Gerichtete Strecke.

Grundregeln:

$$\boldsymbol{a} + \boldsymbol{b} = \boldsymbol{b} + \boldsymbol{a} \quad (\textit{kommutatives Gesetz}), \tag{1}$$

$$\boldsymbol{a} + (\boldsymbol{b} + \boldsymbol{c}) = (\boldsymbol{a} + \boldsymbol{b}) + \boldsymbol{c} = \boldsymbol{a} + \boldsymbol{b} + \boldsymbol{c} \quad (\textit{assoziatives Gesetz}). \tag{2}$$

Sind $\boldsymbol{a}$ und $\boldsymbol{b}$ vorgegeben, so gibt es genau ein $\boldsymbol{c} = \boldsymbol{b} - \boldsymbol{a}$ (Differenz) derart, daß

$$\boldsymbol{a} + \boldsymbol{c} = \boldsymbol{b}. \tag{3}$$

Man schreibt kurz

$$0 - \boldsymbol{a} = -\boldsymbol{a}.$$

5.1.5 Multiplikation mit Skalaren. Reelle Zahlen λ, μ usw. nennt man auch *Skalare*. Unter $\lambda\boldsymbol{a} = \boldsymbol{a}\lambda$ versteht man den folgenden Vektor: Seine Richtung ist gleich oder entgegengesetzt derjenigen von $\boldsymbol{a}$, je nachdem $\lambda > 0$ oder $\lambda < 0$ ist. Er ist $|\lambda|$ mal so lang wie $\boldsymbol{a}$. Es soll $0\boldsymbol{a} = 0$ sein.

Grundregeln:

$$1\boldsymbol{a} = \boldsymbol{a}, \quad (4) \qquad \lambda(\mu\boldsymbol{a}) = (\lambda\mu)\,\boldsymbol{a}, \quad (5)$$

$$\lambda(\boldsymbol{a} + \boldsymbol{b}) = \lambda\boldsymbol{a} + \lambda\boldsymbol{b}, \quad (6) \qquad (\lambda + \mu)\,\boldsymbol{a} = \lambda\boldsymbol{a} + \mu\boldsymbol{a}. \quad (7)$$

5.1.6 Lineare Abhängigkeit, Dimension. k Vektoren $\boldsymbol{a}_1, \boldsymbol{a}_2, \ldots, \boldsymbol{a}_k$ heißen *linear abhängig*, wenn es k Zahlen $\lambda_1, \lambda_2, \ldots, \lambda_k$ gibt, die nicht alle Null sind, derart, daß

$$\lambda_1\boldsymbol{a}_1 + \lambda_2\boldsymbol{a}_2 + \cdots + \lambda_k\boldsymbol{a}_k = 0.$$

Ist dies nicht der Fall, so heißen die Vektoren *linear unabhängig*. Das bedeutet, daß in diesem Fall aus einer Gleichung

$$\mu_1\boldsymbol{a}_1 + \mu_2\boldsymbol{a}_2 + \cdots + \mu_k\boldsymbol{a}_k = 0$$

immer $\mu_1 = \mu_2 = \cdots = \mu_k = 0$ folgt.

Ein Vektor $\boldsymbol{b}$ heißt von $\boldsymbol{a}_1, \boldsymbol{a}_2, \ldots, \boldsymbol{a}_k$ *linear abhängig*, wenn

$$\boldsymbol{b} = \sigma_1\boldsymbol{a}_1 + \sigma_2\boldsymbol{a}_2 + \cdots + \sigma_k\boldsymbol{a}_k$$

mit k Zahlen $\sigma_1, \sigma_2, \ldots, \sigma_k$.

Fügt man zu einem linear abhängigen System von Vektoren beliebige Vektoren hinzu, so entsteht wieder ein linear abhängiges System.

Geometrische Bedeutung: Zwei Vektoren sind genau dann linear abhängig, wenn sie parallel sind. Drei Vektoren sind genau dann linear abhängig, wenn sie alle derselben Ebene parallel (*komplanar*) sind.

Die in 5.1.1 bis 5.1.6 bisher angegebenen Regeln bleiben richtig, wenn man in 5.1.1 statt des Raumes die Ebene zugrunde legt, also ebene Vektoren betrachtet. Der Unterschied zwischen Raum und Ebene ist durch folgende Regel gekennzeichnet; *Dimensionsregel:*

Im *Raum:* Je 4 Vektoren sind linear abhängig. Es gibt 3 linear unabhängige Vektoren.

In der *Ebene:* Je 3 Vektoren sind linear abhängig. Es gibt 2 linear unabhängige Vektoren.

Bemerkung. Hat man irgendwelche Gedankendinge gegeben und zwischen ihnen eine Addition und eine Multiplikation mit Skalaren so, daß die Regeln (1) bis (7) gelten, so nennt man ihre Gesamtheit einen Vektorraum und die Dinge Vektoren. Es gelte außerdem die folgende Dimensionsregel: Je $n + 1$ Vektoren sind linear abhängig. Es gibt n linear unabhängige Vektoren. Dann spricht man von einem n-dimensionalen Vektorraum (vgl. 5.3.1). Die Vektoren des gewöhnlichen Raumes bilden also einen 3-dimensionalen Vektorraum, die der Ebene einen 2-dimensionalen.

5.1.7 Inneres Produkt. Es sei $\varphi = (\boldsymbol{a}, \boldsymbol{b})$ der kleinste Winkel, durch den die Richtung von $\boldsymbol{a}$ in die Richtung von $\boldsymbol{b}$ gedreht werden kann. Der Skalar

$$\boldsymbol{ab} = |\boldsymbol{a}|\,|\boldsymbol{b}|\cos\varphi$$

heißt dann *inneres* (auch *skalares*) *Produkt* von $\boldsymbol{a}$ und $\boldsymbol{b}$. $\boldsymbol{ab}$ ist also das Produkt $l\,|\boldsymbol{a}|$ in Bild 5–2. Man schreibt kurz $\boldsymbol{aa} = \boldsymbol{a}^2$.

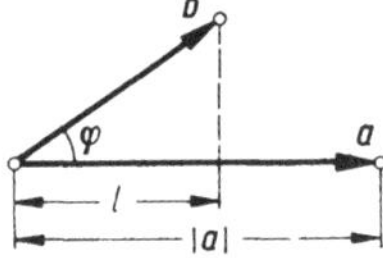

Bild 5–2. Skalares Produkt.

Beispiel. Wirkt längs einer Strecke $\boldsymbol{s}$ die (konstante) Kraft $\boldsymbol{k}$, so wird dabei die Arbeit $\boldsymbol{ks} = |\boldsymbol{k}|\,|\boldsymbol{s}|\cos(\boldsymbol{s}, \boldsymbol{k})$ geleistet.

Grundregeln:

$$\boldsymbol{ab} = \boldsymbol{ba} \qquad (\textit{kommutatives Gesetz}),$$

$$(\boldsymbol{a} + \boldsymbol{b})\,\boldsymbol{c} = \boldsymbol{ac} + \boldsymbol{bc} \qquad (\textit{distributives Gesetz}),$$

$$(\lambda\boldsymbol{a})\,\boldsymbol{b} = \boldsymbol{a}(\lambda\boldsymbol{b}) = \lambda(\boldsymbol{ab}).$$

Bemerkung. Zwischen der gewöhnlichen Multiplikation und der inneren Multiplikation besteht ein wesentlicher Unterschied. Das Produkt zweier Zahlen ist wieder eine Zahl, das innere Produkt zweier Vektoren dagegen kein Vektor, sondern ein Skalar. Zum Beispiel gilt das assoziative Gesetz nicht, und es ist im allgemeinen $(\boldsymbol{ab})\,\boldsymbol{c} \neq \boldsymbol{a}(\boldsymbol{bc})$.

Regeln:

$$\cos(\boldsymbol{a}, \boldsymbol{b}) = \frac{\boldsymbol{ab}}{|\boldsymbol{a}|\,|\boldsymbol{b}|}, \qquad |\boldsymbol{a}| = \sqrt{\boldsymbol{a}^2}.$$

$\boldsymbol{a}$ steht senkrecht auf $\boldsymbol{b}$ ($\boldsymbol{a} \perp \boldsymbol{b}$) genau dann, wenn $\boldsymbol{ab} = 0$. Man nennt dann $\boldsymbol{a}$ und $\boldsymbol{b}$ *orthogonal.*

$$(\boldsymbol{a} + \boldsymbol{b})^2 = \boldsymbol{a}^2 + 2\boldsymbol{ab} + \boldsymbol{b}^2 \qquad \textit{(Cosinussatz)}.$$

5.1.8 Einheitsvektoren. Ein Vektor der Länge 1 heißt *Einheitsvektor* (Einsvektor). Zu jedem Vektor $\boldsymbol{a}$ gibt es einen Einheitsvektor $\boldsymbol{a}^0$, der die gleiche Richtung wie $\boldsymbol{a}$ hat, nämlich $\boldsymbol{a}^0 = \dfrac{\boldsymbol{a}}{|\boldsymbol{a}|}$.

Jeder Richtung entspricht genau ein Einheitsvektor $\boldsymbol{a}^0$, der in diese Richtung zeigt. Winkel φ zwischen zwei durch $\boldsymbol{a}^0$ und $\boldsymbol{b}^0$ gegebenen Richtungen ist durch $\cos\varphi = \boldsymbol{a}^0\boldsymbol{b}^0$ bestimmt.

5.1.9 Dreibeine. Drei nicht einer Ebene parallele, also linear unabhängige Vektoren $\boldsymbol{a}, \boldsymbol{b}, \boldsymbol{c}$ bilden, von einem Punkt 0 aus angetragen, ein sogenanntes *Dreibein.* Das Dreibein heißt *positiv orientiert* oder *rechtsgewunden,* wenn die Drehung von $\boldsymbol{a}$ nach $\boldsymbol{b}$ und gleichzeitige Verschiebung in Richtung $\boldsymbol{c}$ eine Rechtsschraubung ergibt (Bild 5–3). Andernfalls heißt das Dreibein *negativ orientiert* oder *linksgewunden.* Sind $\boldsymbol{a}, \boldsymbol{b}, \boldsymbol{c}$ paarweise orthogonal, heißt das Dreibein *orthogonal.* Handelt es sich überdies um Einheitsvektoren, so spricht man von einem *orthonormierten Dreibein.*

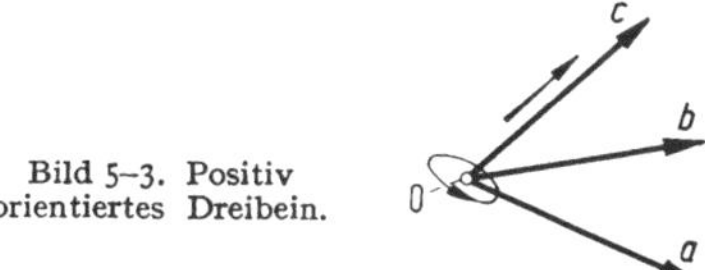

Bild 5–3. Positiv orientiertes Dreibein.

5.1.10 Äußeres Produkt (*Vektorprodukt*). Unter dem *äußeren Produkt* zweier Vektoren $\boldsymbol{a}$ und $\boldsymbol{b}$ im dreidimensionalen Raum versteht man den durch folgende Angaben bestimmten Vektor

$$\boldsymbol{a} \times \boldsymbol{b} = \boldsymbol{c} \quad (\text{auch } [\boldsymbol{a}, \boldsymbol{b}];\ \boldsymbol{a} \wedge \boldsymbol{b}):$$

$\boldsymbol{c}$ steht senkrecht auf $\boldsymbol{a}$ und $\boldsymbol{b}$. $|\boldsymbol{c}|$ ist gleich dem Flächeninhalt des von $\boldsymbol{a}$ und $\boldsymbol{b}$ aufgespannten Parallelogramms:

$$|\boldsymbol{a} \times \boldsymbol{b}| = |\boldsymbol{a}|\,|\boldsymbol{b}| \sin(\boldsymbol{a}, \boldsymbol{b}).$$

$\boldsymbol{c}$ ist so gerichtet, daß $\boldsymbol{a}, \boldsymbol{b}, \boldsymbol{c}$ ein positiv orientiertes Dreibein bilden (Bild 5–4).

Beispiel. Das Moment $\boldsymbol{m}$ einer im Punkt B angreifenden Kraft $\boldsymbol{k}$ in bezug auf einen Punkt A (Bild 5–5) ist $\boldsymbol{m} = \boldsymbol{r} \times \boldsymbol{k}$, wobei $\boldsymbol{r} = \overrightarrow{AB}$.

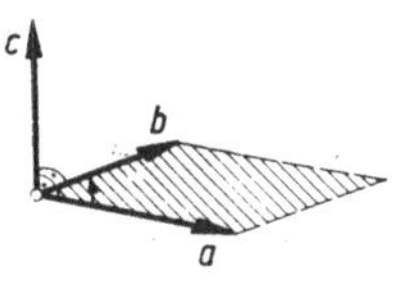

Bild 5–4. Vektorprodukt.

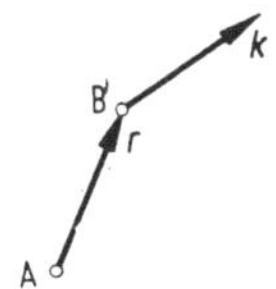

Bild 5–5. Moment einer Kraft.

Grundregeln:

$$\boldsymbol{a}\times\boldsymbol{b} = -\boldsymbol{b}\times\boldsymbol{a} \qquad (\textit{Antikommutativität}),$$

$$\boldsymbol{a}\times(\boldsymbol{b}+\boldsymbol{c}) = \boldsymbol{a}\times\boldsymbol{b}+\boldsymbol{a}\times\boldsymbol{c} \qquad (\textit{distributives Gesetz}),$$

$$\lambda(\boldsymbol{a}\times\boldsymbol{b}) = (\lambda\boldsymbol{a})\times\boldsymbol{b} = \boldsymbol{a}\times(\lambda\boldsymbol{b}),$$

$$\boldsymbol{a}\times\boldsymbol{a} = 0 \text{ für jedes } \boldsymbol{a}.$$

Zwei Vektoren $\boldsymbol{a}$ und $\boldsymbol{b}$ sind genau dann parallel, wenn $\boldsymbol{a}\times\boldsymbol{b} = 0$ ist.

5.1.11 Spatprodukt. Der Rauminhalt V des durch 3 Vektoren $\boldsymbol{a}$, $\boldsymbol{b}$, $\boldsymbol{c}$ aufgespannten Spates (Parallelepipeds, Bild 5-6) ist gegeben durch $\pm V = \boldsymbol{a}(\boldsymbol{b}\times\boldsymbol{c})$. Vorzeichen $+$, wenn das Dreibein $\boldsymbol{a}$, $\boldsymbol{b}$, $\boldsymbol{c}$ positiv orientert ist, sonst Vorzeichen $-$. Man schreibt

$$[\boldsymbol{a},\boldsymbol{b},\boldsymbol{c}] = \boldsymbol{a}(\boldsymbol{b}\times\boldsymbol{c}) = [\boldsymbol{b},\boldsymbol{c},\boldsymbol{a}] = [\boldsymbol{c},\boldsymbol{a},\boldsymbol{b}], \quad (\text{oft auch } \boldsymbol{abc})$$

und nennt es das *Spatprodukt* der 3 Vektoren[1]).

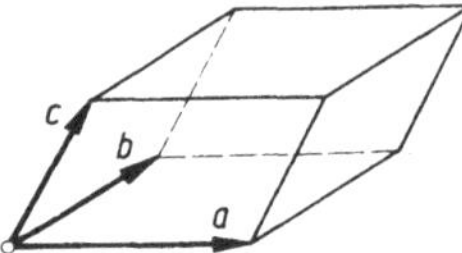

Bild 5–6. Spatprodukt.

Grundregeln:

$$[\boldsymbol{a}_1+\boldsymbol{a}_2,\boldsymbol{b},\boldsymbol{c}] = [\boldsymbol{a}_1,\boldsymbol{b},\boldsymbol{c}]+[\boldsymbol{a}_2,\boldsymbol{b},\boldsymbol{c}] \qquad (\textit{distributives Gesetz}),$$

$$[\lambda\boldsymbol{a},\boldsymbol{b},\boldsymbol{c}] = \lambda[\boldsymbol{a},\boldsymbol{b},\boldsymbol{c}] \qquad (\textit{Homogenität}),$$

$$[\boldsymbol{a},\boldsymbol{b},\boldsymbol{c}] = -[\boldsymbol{b},\boldsymbol{a},\boldsymbol{c}] \qquad (\textit{Antisymmetrie})$$

und die entsprechenden Regeln, die sich aus Symmetriegründen ergeben[1]).

Ist $\boldsymbol{e}_1$, $\boldsymbol{e}_2$, $\boldsymbol{e}_3$ ein positiv orientiertes, orthonormales Dreibein, so wird

$$[\boldsymbol{e}_1,\boldsymbol{e}_2,\boldsymbol{e}_3] = 1.$$

$[\boldsymbol{a},\boldsymbol{b},\boldsymbol{c}] = 0$ genau dann, wenn die 3 Vektoren $\boldsymbol{a}$, $\boldsymbol{b}$, $\boldsymbol{c}$ komplanar, d.h. linear abhängig, sind.

5.1.12 Formeln. *Ungleichungen:*

$$|\boldsymbol{a}+\boldsymbol{b}| \leq |\boldsymbol{a}|+|\boldsymbol{b}|, \quad ||\boldsymbol{a}|-|\boldsymbol{b}|| \leq |\boldsymbol{a}-\boldsymbol{b}|, \quad |\boldsymbol{ab}| \leq |\boldsymbol{a}|\,|\boldsymbol{b}|,$$

$$|\boldsymbol{a}\times\boldsymbol{b}| \leq |\boldsymbol{a}|\,|\boldsymbol{b}|, \quad |[\boldsymbol{a},\boldsymbol{b},\boldsymbol{c}]| \leq |\boldsymbol{a}|\,|\boldsymbol{b}|\,|\boldsymbol{c}|.$$

Jakobische Identität: $\boldsymbol{a}\times(\boldsymbol{b}\times\boldsymbol{c})+\boldsymbol{b}\times(\boldsymbol{c}\times\boldsymbol{a})+\boldsymbol{c}\times(\boldsymbol{a}\times\boldsymbol{b}) = 0.$

Entwicklungssatz: $\boldsymbol{a}\times(\boldsymbol{b}\times\boldsymbol{c}) = (\boldsymbol{ac})\,\boldsymbol{b}-(\boldsymbol{ab})\,\boldsymbol{c}.$

Vierfache Produkte:

$$(\boldsymbol{a}\times\boldsymbol{b})\,(\boldsymbol{c}\times\boldsymbol{d}) = (\boldsymbol{ac})\,(\boldsymbol{bd})-(\boldsymbol{ad})\,(\boldsymbol{bc}),$$

$$(\boldsymbol{a}\times\boldsymbol{b})\times(\boldsymbol{c}\times\boldsymbol{d}) = [\boldsymbol{a},\boldsymbol{b},\boldsymbol{d}]\,\boldsymbol{c}-[\boldsymbol{a},\boldsymbol{b},\boldsymbol{c}]\,\boldsymbol{d} = [\boldsymbol{a},\boldsymbol{c},\boldsymbol{d}]\,\boldsymbol{b}-[\boldsymbol{b},\boldsymbol{c},\boldsymbol{d}]\,\boldsymbol{a},$$

$$[\boldsymbol{a},\boldsymbol{b},\boldsymbol{c}]\,\boldsymbol{d} = (\boldsymbol{ad})\,(\boldsymbol{b}\times\boldsymbol{c})+(\boldsymbol{bd})\,(\boldsymbol{c}\times\boldsymbol{a})+(\boldsymbol{cd})\,(\boldsymbol{a}\times\boldsymbol{b}).$$

---

[1]) Zusammenhang mit der Determinante vgl. 5.2.4.

Sechsfache Produkte[1]):

$$[\boldsymbol{a}, \boldsymbol{b}, \boldsymbol{c}]\,[\boldsymbol{u}, \boldsymbol{v}, \boldsymbol{w}] = \begin{vmatrix} \boldsymbol{au} & \boldsymbol{av} & \boldsymbol{aw} \\ \boldsymbol{bu} & \boldsymbol{bv} & \boldsymbol{bw} \\ \boldsymbol{cu} & \boldsymbol{cv} & \boldsymbol{cw} \end{vmatrix},$$

$$[\boldsymbol{a}, \boldsymbol{b}, \boldsymbol{c}]^2 = \begin{vmatrix} \boldsymbol{a}^2 & \boldsymbol{ab} & \boldsymbol{ac} \\ \boldsymbol{ab} & \boldsymbol{b}^2 & \boldsymbol{bc} \\ \boldsymbol{ac} & \boldsymbol{bc} & \boldsymbol{c}^2 \end{vmatrix} = [(\boldsymbol{a}\times\boldsymbol{b}), (\boldsymbol{b}\times\boldsymbol{c}), (\boldsymbol{c}\times\boldsymbol{a})],$$

$$[(\boldsymbol{a}\times\boldsymbol{u}), (\boldsymbol{b}\times\boldsymbol{v}), (\boldsymbol{c}\times\boldsymbol{w})] = [\boldsymbol{a}, \boldsymbol{u}, \boldsymbol{v}]\,[\boldsymbol{b}, \boldsymbol{c}, \boldsymbol{w}] - [\boldsymbol{a}, \boldsymbol{b}, \boldsymbol{u}]\,[\boldsymbol{c}, \boldsymbol{v}, \boldsymbol{w}].$$

5.1.13 Bei ebenen Vektoren definiert man das innere Produkt ebenso wie bei räumlichen. An Stelle des räumlichen Spatproduktes tritt der Ausdruck

$$[\boldsymbol{a}, \boldsymbol{b}] = \pm F.$$

F ist Flächeninhalt des durch $\boldsymbol{a}$, $\boldsymbol{b}$ aufgespannten Parallelogramms. Das Vorzeichen $+$, falls $\boldsymbol{a}$ durch eine Drehung im positiven Sinn (entgegengesetzter Uhrzeigersinn) in die Richtung von $\boldsymbol{b}$ gebracht wird (auf dem kürzesten Wege), sonst das Vorzeichen $-$ [2]).

5.2 Koordinaten

5.2.1 Koordinatensystem. Durch ein Dreibein, also durch einen Punkt O und 3 nichtkomplanare Vektoren $\boldsymbol{e}_1$, $\boldsymbol{e}_2$, $\boldsymbol{e}_3$ ist ein *Koordinatensystem* im Raum festgelegt. Es wird mit $(O; \boldsymbol{e}_1, \boldsymbol{e}_2, \boldsymbol{e}_3)$ bezeichnet. Punkt O **heißt** Ursprung des Systems. Die Geraden durch O in den Richtungen $\boldsymbol{e}_1$, $\boldsymbol{e}_2$, $\boldsymbol{e}_3$ heißen *Koordinatenachsen* (Bild 5–7).

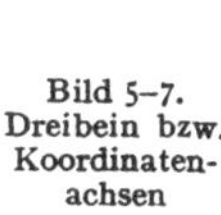

Bild 5–7. Dreibein bzw. Koordinatenachsen

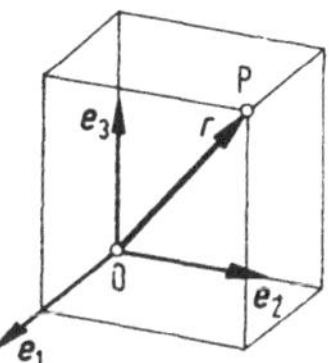

5.2.2 Radiusvektor. Jeder Punkt P ist dann durch den Vektor $\boldsymbol{r} = \overrightarrow{OP}$ eindeutig bestimmt. $\boldsymbol{r}$ heißt *Radiusvektor* (abgekürzt R.V.) von P und ist eindeutig in der Form darstellbar:

$$\boldsymbol{r} = x_1\boldsymbol{e}_1 + x_2\boldsymbol{e}_2 + x_3\boldsymbol{e}_3.$$

Die Vektoren $x_1\boldsymbol{e}_1$, $x_2\boldsymbol{e}_2$, $x_3\boldsymbol{e}_3$ heißen *Komponenten* von $\boldsymbol{r}$. Die Zahlen x_1, x_2, x_3 nennt man *Koordinaten* von $\boldsymbol{r}$ oder P in dem vorliegenden Koordinatensystem und schreibt kurz:

$$\boldsymbol{r} = \{x_1, x_2, x_3\}, \quad P = (x_1, x_2, x_3).$$

Anmerkung. Das hat natürlich nur dann Sinn, wenn das Koordinatensystem ein für allemal festliegt.

Dann ist speziell: $\boldsymbol{e}_1 = \{1, 0, 0\}$, $\boldsymbol{e}_2 = \{0, 1, 0\}$, $\boldsymbol{e}_3 = \{0, 0, 1\}$.

5.2.3 Kartesische Koordinaten. Ist das Dreibein $\boldsymbol{e}_1$, $\boldsymbol{e}_2$, $\boldsymbol{e}_3$ orthonormal und positiv orientiert, so spricht man von einem kartesischen Koordinatensystem. Dabei gilt:

$$\boldsymbol{e}_1^2 = \boldsymbol{e}_2^2 = \boldsymbol{e}_3^2 = 1, \qquad \boldsymbol{e}_1\boldsymbol{e}_2 = \boldsymbol{e}_1\boldsymbol{e}_3 = \boldsymbol{e}_2\boldsymbol{e}_3 = 0;$$

[1]) Für die Determinantensymbole rechts vgl. 5.3.6.
[2]) Zusammenhang mit der Determinante 5.3.7.

kurz:

$$e_i e_k = \delta_{ik} = \begin{cases} 0, & \text{wenn } i \neq k \\ 1, & \text{wenn } i = k \end{cases} \quad (\textit{Kronecker}\text{-Symbol}),$$

$$e_1 \times e_2 = e_3, \quad e_2 \times e_3 = e_1, \quad e_3 \times e_1 = e_2, \quad [e_1, e_2, e_3] = 1.$$

Die Koordinaten eines Vektors $\boldsymbol{r}$ sind die Längen seiner Projektionen auf die Koordinatenachsen (Bild 5–7).

5.2.4 Rechenoperationen in Koordinaten. Es liege im folgenden immer ein *kartesisches* Koordinatensystem zugrunde. Wenn

$$\boldsymbol{a} = \{a_1, a_2, a_3\}, \quad \boldsymbol{b} = \{b_1, b_2, b_3\}, \quad \boldsymbol{c} = \{c_1, c_2, c_3\},$$

dann gilt:

$$\boldsymbol{a} + \boldsymbol{b} = \{a_1 + b_1, a_2 + b_2, a_3 + b_3\},$$

$$\lambda \boldsymbol{a} = \{\lambda a_1, \lambda a_2, \lambda a_3\},$$

$$\boldsymbol{a}\boldsymbol{b} = a_1 b_1 + a_2 b_2 + a_3 b_3,$$

$$\boldsymbol{a}^2 = a_1^2 + a_2^2 + a_3^2, \qquad |\boldsymbol{a}| = \sqrt{a_1^2 + a_2^2 + a_3^2},$$

$$\boldsymbol{a} \times \boldsymbol{b} = \left\{ \begin{vmatrix} a_2 & a_3 \\ b_2 & b_3 \end{vmatrix}, \begin{vmatrix} a_3 & a_1 \\ b_3 & b_1 \end{vmatrix}, \begin{vmatrix} a_1 & a_2 \\ b_1 & b_2 \end{vmatrix} \right\} = \begin{vmatrix} e_1 & e_2 & e_3 \\ a_1 & a_2 & a_3 \\ b_1 & b_2 & b_3 \end{vmatrix}.$$

[Dies nur als Merkregel auffassen. Man hat wie bei einer Determinante formal nach der ersten Zeile zu entwickeln (vgl. 5.3.8).]

$$[\boldsymbol{a}, \boldsymbol{b}, \boldsymbol{c}] = \begin{vmatrix} a_1 & a_2 & a_3 \\ b_1 & b_2 & b_3 \\ c_1 & c_2 & c_3 \end{vmatrix}.$$

5.2.5 Richtung im Raum ist dadurch festgelegt, daß man die Winkel $\alpha_1, \alpha_2, \alpha_3$ angibt, die diese Richtung mit den Koordinatenachsen einschließt. Der zu dieser Richtung gehörige Einheitsvektor $\boldsymbol{a}^0$ (vgl. 5.1.8) ist dann

$$\boldsymbol{a}^0 = \{\boldsymbol{a}^0 e_1, \boldsymbol{a}^0 e_2, \boldsymbol{a}^0 e_3\} = \{\cos\alpha_1, \cos\alpha_2, \cos\alpha_3\}.$$

Wenn $\boldsymbol{a}$ ein beliebiger Vektor, dann versteht man unter den *Richtungscosinussen* von $\boldsymbol{a}$ die Koordinaten von $\boldsymbol{a}^0 = \dfrac{\boldsymbol{a}}{|\boldsymbol{a}|}$.

5.2.6 Koordinatentransformation. $(O; e_1, e_2, e_3)$ und $(O'; e_1', e_2', e_3')$ seien zwei *kartesische* Koordinatensysteme. Zusammenhang zwischen ihnen ist festgelegt durch

$$\overrightarrow{O'O} = \boldsymbol{a} = a_1' e_1' + a_2' e_2' + a_3' e_3',$$

$$e_i' = a_{i1} e_1 + a_{i2} e_2 + a_{i3} e_3, \quad e_i = a_{1i} e_1' + a_{2i} e_2' + a_{3i} e_3' \qquad (i = 1, 2, 3).$$

$$a_{ik} = e_i' e_k = \cos(e_i', e_k).$$

(e_i', e_k) ist der Winkel zwischen der x_i'-Achse und der x_k-Achse. Es gilt:

$$\sum_{l=1}^{3} a_{il} a_{kl} = \delta_{ik} = \begin{cases} 1 & \text{für } i = k \\ 0 & \text{für } i \neq k \end{cases}.$$

P sei ein beliebiger Punkt mit dem R.V. $\boldsymbol{r}$ im ersten und dem R.V. $\boldsymbol{r}'$ im zweiten System:

$$\boldsymbol{r} = x_1\boldsymbol{e}_1 + x_2\boldsymbol{e}_2 + x_3\boldsymbol{e}_3, \qquad \boldsymbol{r}' = x_1'\boldsymbol{e}_1' + x_2'\boldsymbol{e}_2' + x_3'\boldsymbol{e}_3',$$

$$\overrightarrow{OP} = \boldsymbol{r}, \qquad \overrightarrow{O'P} = \overrightarrow{O'O} + \overrightarrow{OP} = \boldsymbol{a} + \boldsymbol{r} = \boldsymbol{r}'.$$

Die Koordinaten x_i von P im ersten System hängen mit den Koordinaten x_i' von P im zweiten System wie folgt zusammen:

$$x_i' = a_i' + a_{i1}x_1 + a_{i2}x_2 + a_{i3}x_3 \qquad (i = 1, 2, 3).$$

Bemerkung. Vektor $\boldsymbol{a} = \overrightarrow{O'O}$ entspricht einer *Parallelverschiebung* des Koordinatensystems. Die Matrix (vgl. 5.3.2) $\boldsymbol{A} = \|a_{ik}\|$ gibt eine *Drehung* des Koordinatensystems an. Es ist $\boldsymbol{A}^T = \boldsymbol{A}^{-1}$. Jede Matrix mit dieser Eigenschaft heißt *orthogonal*.

5.2.7 Koordinaten in der Ebene. Im Fall der Ebene gelten entsprechende Definitionen und Regeln wie in 5.2.1 bis 5.2.6. Ein kartesisches Koordinatensystem $(O; \boldsymbol{e}_1, \boldsymbol{e}_2)$ ist durch einen Ursprung O und zwei zueinander senkrechte Einheitsvektoren $\boldsymbol{e}_1$, $\boldsymbol{e}_2$ bestimmt. Dabei soll $\boldsymbol{e}_2$ aus $\boldsymbol{e}_1$ durch eine Drehung um 90° im positiven Sinne hervorgehen. $(O; \boldsymbol{e}_1, \boldsymbol{e}_2)$ und $(O'; \boldsymbol{e}_1', \boldsymbol{e}_2')$ seien zwei solcher Koordinatensysteme. Der Zusammenhang zwischen ihnen ist durch

$$\overrightarrow{O'O} = \boldsymbol{a} = a_1'\boldsymbol{e}_1' + a_2'\boldsymbol{e}_2' \qquad \begin{aligned} \boldsymbol{e}_1' &= \cos\varphi\, \boldsymbol{e}_1 + \sin\varphi\, \boldsymbol{e}_2, \\ \boldsymbol{e}_2' &= -\sin\varphi\, \boldsymbol{e}_1 + \cos\varphi\, \boldsymbol{e}_2 \end{aligned}$$

gegeben. Dem Vektor $\boldsymbol{a}$ entspricht eine Parallelverschiebung, der Matrix $\begin{pmatrix} \cos\varphi & \sin\varphi \\ -\sin\varphi & \cos\varphi \end{pmatrix}$ eine Drehung um den Winkel φ im positiven Sinne (Bild 5–8). Punkt P habe den R.V. $\boldsymbol{r}$ im ersten, den R.V. $\boldsymbol{r}'$ im zweiten System.

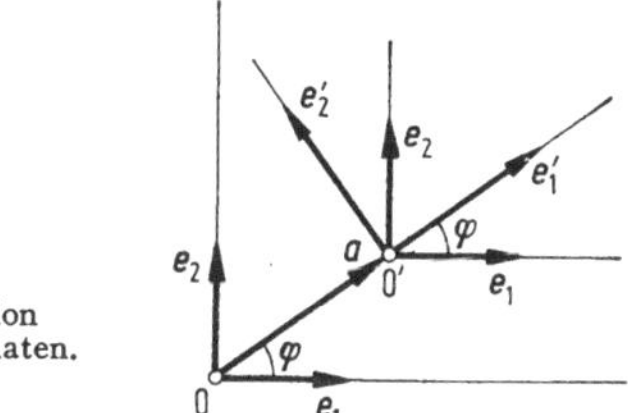

Bild 5–8. Transformation ebener Koordinaten.

Dann ist

$$\boldsymbol{r} = x_1\boldsymbol{e}_1 + x_2\boldsymbol{e}_2, \qquad \boldsymbol{r}' = x_1'\boldsymbol{e}_1' + x_2'\boldsymbol{e}_2',$$

$$x_1' = a_1' + \cos\varphi x_1 + \sin\varphi x_2, \qquad x_2' = a_2' - \sin\varphi x_1 + \cos\varphi x_2.$$

5.3 Matrizen, Determinanten[1]

[81, 93]

5.3.1 Systeme von n Zahlen

$$\boldsymbol{a} = \{a_1, a_2, \ldots, a_n\}$$

werden *n-dimensionale Vektoren* genannt. Die Gesamtheit aller solcher Systeme von n Zahlen heißt *n-dimensionaler Vektorraum* und wird mit R^n bezeichnet (vgl. 5.1.6). Es sei

$$\boldsymbol{a} = \{a_1, a_2, \ldots, a_n\} \quad \text{und} \quad \boldsymbol{b} = \{b_1, b_2, \ldots, b_n\}.$$

[1]) Zur Schreibweise von Matrizen vgl. DIN 5486.

Durch

$$\boldsymbol{a} + \boldsymbol{b} = \{a_1 + b_1, a_2 + b_2, \ldots, a_n + b_n\},$$

$$\lambda \boldsymbol{a} = \{\lambda a_1, \lambda a_2, \ldots, \lambda a_n\},$$

$$\boldsymbol{a}\boldsymbol{b} = a_1 b_1 + a_2 b_2 + \cdots + a_n b_n$$

werden im R^n Addition, Multiplikation mit Skalaren und innere Multiplikation von Vektoren definiert.

Im Falle $n = 3$ oder $n = 2$ erhält man wieder die gewöhnlichen Vektoren, wenn man sie mit dem System ihrer Koordinaten in einem festen kartesischen Koordinatensystem identifiziert (vgl. 5.2.3). Für die n-dimensionalen Vektoren gelten ebenfalls die Grundregeln in 5.1.1 bis 5.1.7; ferner alles, was sich daraus ableitet.

Die Vektoren $\boldsymbol{e}_i = \{0, \ldots, 1, \ldots, 0\}$ (an der i-ten Stelle eine Eins, sonst Nullen) heißen *Grundvektoren* des R^n. Es gilt

$$\boldsymbol{e}_i \boldsymbol{e}_k = \delta_{ik} = \begin{Bmatrix} 0 & \text{für} & i \neq k \\ 1 & \text{für} & i = k \end{Bmatrix}.$$

Bemerkung. Eine äußere Multiplikation läßt sich im R^n nicht so leicht definieren.

5.3.2 Matrizen. Ein System von nm Zahlen a_{ik} $(i = 1, 2, \ldots, n;\ k = 1, 2, \ldots, m)$ heißt (n, m)*-reihige Matrix*. Das System wird in einem rechteckigen Schema angeordnet:

$$\boldsymbol{A} = \begin{pmatrix} a_{11} & a_{12} & a_{13} & \cdots & a_{1m} \\ a_{21} & a_{22} & a_{23} & \cdots & a_{2m} \\ a_{31} & a_{32} & a_{33} & \cdots & a_{3m} \\ \vdots & \vdots & \vdots & & \vdots \\ a_{n1} & a_{n2} & a_{n3} & \cdots & a_{nm} \end{pmatrix} = \| a_{ik} \|.$$

Die m-dimensionalen Vektoren $\boldsymbol{a}_i = \{a_{i1}, a_{i2}, \ldots, a_{im}\}$ $(i = 1, 2, \ldots, n)$ heißen *Zeilen* der Matrix $\boldsymbol{A}$, die n-dimensionalen Vektoren $\boldsymbol{a}_{(k)} = \{a_{1k}, a_{2k}, \ldots, a_{nk}\}$ $(k = 1, 2, \ldots, m)$ *Spalten* von $\boldsymbol{A}$. Eine Matrix heißt *quadratisch*, wenn $n = m$.

Matrizen eignen sich als praktische Zahlenschemata bei vielen mathematischen und technischen Problemen. Vgl. z.B. Systeme von linearen Gleichungen in 5.4 und Differentialgleichungssysteme in 9.1.4.3.

5.3.3 Rechenoperationen mit Matrizen. Wenn $\boldsymbol{A} = \|a_{ik}\|$ und $\boldsymbol{B} = \|b_{ik}\|$ $(i = 1 \cdots n;\ k = 1 \cdots m)$ zwei (n, m)-reihige Matrizen sind, dann wird die Matrix

$$\boldsymbol{A} + \boldsymbol{B} = \|a_{ik} + b_{ik}\|$$

Summe von $\boldsymbol{A}$ und $\boldsymbol{B}$ genannt. Durch $\lambda \boldsymbol{A} = \|\lambda a_{ik}\|$ definiert man eine *Multiplikation von Matrizen mit Skalaren*. Es seien $\boldsymbol{A} = \|a_{ik}\|$ und $\boldsymbol{B} = \|b_{ik}\|$ zwei quadratische, (n, n)-reihige Matrizen. $\boldsymbol{A}$ habe die Zeilen $\boldsymbol{a}_1 \cdots \boldsymbol{a}_n$ und die Spalten $\boldsymbol{a}_{(1)} \cdots \boldsymbol{a}_{(n)}$. $\boldsymbol{B}$ habe die Zeilen $\boldsymbol{b}_1 \cdots \boldsymbol{b}_n$ und die Spalten $\boldsymbol{b}_{(1)} \cdots \boldsymbol{b}_{(n)}$. Das *Matrizenprodukt* $\boldsymbol{AB}$ von $\boldsymbol{A}$ und $\boldsymbol{B}$ ist dann die (n, n)-reihige Matrix

$$\boldsymbol{AB} = \|\boldsymbol{a}_i \boldsymbol{b}_{(k)}\| = \left\| \sum_{\lambda=1}^{n} a_{i\lambda} b_{\lambda k} \right\|.$$

Bei der Bildung des Matrizenproduktes (beachte: nicht kommutativ!) hat man die Zeilen der ersten Matrix mit den Spalten der zweiten zu multiplizieren.

Beispiel:

$$\begin{pmatrix} 1 & -1 & 3 \\ 0 & 4 & -2 \\ -3 & 1 & -1 \end{pmatrix} \cdot \begin{pmatrix} 1 & 2 & 5 \\ -2 & 0 & 3 \\ -1 & -1 & 2 \end{pmatrix} =$$

$$= \begin{pmatrix} 1 \cdot 1 + (-1)(-2) + 3(-1) & 1 \cdot 2 + (-1) \cdot 0 + 3\,(-1) & 1 \cdot 5 + (-1)\,3 + 3 \cdot 2 \\ 0 \cdot 1 + 4(-2) + (-2)(-1) & 0 \cdot 2 + 4 \cdot 0 + (-2)\,(-1) & 0 \cdot 5 + 4 \cdot 3 + (-2) \cdot 2 \\ (-3) \cdot 1 + 1(-2) + (-1)(-1) & (-3) \cdot 2 + 1 \cdot 0 + (-1)\,(-1) & (-3) \cdot 5 + 1 \cdot 3 + (-1) \cdot 2 \end{pmatrix} =$$

$$= \begin{pmatrix} 0 & -1 & 8 \\ -6 & 2 & 8 \\ -4 & -5 & -14 \end{pmatrix}$$

Diese Regel wendet man auch an, wenn $\boldsymbol{A}$ und $\boldsymbol{B}$ nicht quadratisch sind; es muß nur $\boldsymbol{a}_i \boldsymbol{b}_{(k)}$ einen Sinn haben, d.h. die Dimension der Zeilen von $\boldsymbol{A}$ muß gleich der Dimension der Spalten von $\boldsymbol{B}$ sein. Zum Beispiel ist $\boldsymbol{b} = \{b_1, b_2, \ldots, b_n\}$ ein n-dimensionaler Vektor. Fassen wir ihn als Matrix mit nur einer Spalte (*Spaltenvektor*) $\boldsymbol{b}$ auf, so wird:

$$\boldsymbol{A}\boldsymbol{b} = \begin{pmatrix} \boldsymbol{a}_1 \boldsymbol{b} \\ \boldsymbol{a}_2 \boldsymbol{b} \\ \vdots \\ \boldsymbol{a}_n \boldsymbol{b} \end{pmatrix}.$$

Fassen wir dagegen $\boldsymbol{b}$ als Matrix mit nur einer Zeile (*Zeilenvektor*) $\boldsymbol{b}$ auf, so wird:

$$\boldsymbol{b}\boldsymbol{A} = (\boldsymbol{b}\boldsymbol{a}_{(1)}, \boldsymbol{b}\boldsymbol{a}_{(2)}, \ldots, \boldsymbol{b}\boldsymbol{a}_{(n)}).$$

5.3.4 Transponierte. Es sei $\boldsymbol{A} = \|a_{ik}\|$ eine beliebige Matrix. Die Matrix

$$\boldsymbol{A}^T = \|a_{ki}\| = \begin{pmatrix} a_{11} & a_{21} & \cdots & a_{n1} \\ a_{12} & a_{22} & \cdots & a_{n2} \\ \vdots & \vdots & & \vdots \\ a_{1m} & a_{2m} & \cdots & a_{nm} \end{pmatrix}$$

nennt man dann die *Transponierte* von $\boldsymbol{A}$. Sie entsteht aus $\boldsymbol{A}$ durch Vertauschen von Zeilen und Spalten oder auch, falls $\boldsymbol{A}$ quadratisch ist, durch „Spiegelung an der Hauptdiagonale".

5.3.5 Einheitsmatrix (Einsmatrix)

$$\boldsymbol{E} = \|\delta_{ik}\| = \begin{pmatrix} 1 & 0 & \cdots & 0 \\ 0 & 1 & & \\ \vdots & & \ddots & \\ 0 & & & 1 \end{pmatrix} \quad \left(\delta_{ik} = \begin{cases} 0 & \text{für } i \neq k \\ 1 & \text{für } i = k \end{cases} \quad \begin{matrix} i = 1, 2, \ldots, n \\ k = 1, 2, \ldots, n \end{matrix}\right)$$

heißt (n, n)-reihige *Einheitsmatrix*. Sie hat in der Hauptdiagonale Einsen, anderswo überall Nullen. Ihre Zeilen sind die Grundvektoren $\boldsymbol{e}_i$ (vgl. 5.3.1). Es gilt:

$$\boldsymbol{A}\boldsymbol{E} = \boldsymbol{E}\boldsymbol{A} = \boldsymbol{A}$$

für jede beliebige (n, n)-reihige Matrix $\boldsymbol{A}$.

Unter der *Spur einer quadratischen Matrix* $\boldsymbol{A}$ versteht man die Summe der Glieder ihrer Hauptdiagonale:

$$\mathrm{Sp}(\boldsymbol{A}) = \sum_{i=1}^{n} a_{ii} = a_{11} + a_{22} + \cdots + a_{nn}.$$

5.3.6 Determinanten. Es seien n n-dimensionale Vektoren

$$\boldsymbol{a}_i = \{a_{i1}, a_{i2}, \ldots, a_{in}\} \qquad (i = 1, 2, \ldots, n)$$

gegeben. Die *Determinante* dieser n Vektoren $\boldsymbol{a}_i$ ist wie folgt definiert:

$$[\boldsymbol{a}_1, \boldsymbol{a}_2, \boldsymbol{a}_3, \ldots, \boldsymbol{a}_n] = \sum_P (-1)^{I(i_1,i_2,\ldots,i_n)} a_{i_1 1} a_{i_2 2} a_{i_3 3} \cdots a_{i_n n},$$

d.h. als Summe über alle Permutationen $P(i_1, i_2, \ldots, i_n)$ der Faktoren $a_{i_k j}$; $I(i_1, i_2, \ldots, i_n)$ Anzahl der Inversionen der Permutationen $i_1, i_2, \ldots, i_n$ (vgl. 2.3.1). Man kann die $\boldsymbol{a}_i$ auch als Zeilenvektoren einer (n, n)-reihigen Matrix $\boldsymbol{A} = \|a_{ik}\|$ auffassen und spricht dann von der Determinante der Matrix $\boldsymbol{A}$:

$$[\boldsymbol{a}_1, \boldsymbol{a}_2, \ldots, \boldsymbol{a}_n] = \det \boldsymbol{A} = |\boldsymbol{A}| = \det \|a_{ik}\| = \begin{vmatrix} a_{11} & a_{12} & \cdots & a_{1n} \\ a_{21} & a_{22} & \cdots & a_{2n} \\ \vdots & \vdots & & \vdots \\ a_{n1} & a_{n2} & \cdots & a_{nn} \end{vmatrix} = A.$$

Im Fall $n = 3$ erhält man wieder das Spatprodukt (vgl. 5.1.11) dreier gewöhnlicher Vektoren, im Falle $n = 2$ den in 5.1.13 definierten Ausdruck.

5.3.7 Grundregeln für die Determinante (vgl. die Grundregeln für das Spatprodukt in 5.1.11):

$$[\boldsymbol{a}_1, \ldots, \boldsymbol{a}_{k-1}, \boldsymbol{a}_k' + \boldsymbol{a}_k'', \boldsymbol{a}_{k+1}, \ldots, \boldsymbol{a}_n] = [\boldsymbol{a}_1, \ldots, \boldsymbol{a}_{k-1}, \boldsymbol{a}_k', \boldsymbol{a}_{k+1}, \ldots, \boldsymbol{a}_n] + \\ + [\boldsymbol{a}_1, \ldots, \boldsymbol{a}_{k-1}, \boldsymbol{a}_k'', \boldsymbol{a}_{k+1}, \ldots, \boldsymbol{a}_n] \quad \textit{(distributives Gesetz)}.$$

In Worten: Ist eine Zeile Summe von zwei Vektoren, so ist die Determinante die Summe der zwei Determinanten mit diesen beiden Vektoren als Zeilen.

$$\lambda[\boldsymbol{a}_1, \ldots, \boldsymbol{a}_{k-1}, \boldsymbol{a}_k, \boldsymbol{a}_{k+1}, \ldots, \boldsymbol{a}_n] = [\boldsymbol{a}_1, \ldots, \boldsymbol{a}_{k-1}, \lambda\boldsymbol{a}_k, \boldsymbol{a}_{k+1}, \ldots, \boldsymbol{a}_n] \quad \textit{(Homogenität)}.$$

In Worten: Multipliziert man eine Zeile mit λ, so multipliziert sich die Determinante mit λ.

$$[\boldsymbol{a}_1, \ldots, \boldsymbol{a}_i, \ldots, \boldsymbol{a}_k, \ldots, \boldsymbol{a}_n] = -[\boldsymbol{a}_1, \ldots, \boldsymbol{a}_k, \ldots, \boldsymbol{a}_i, \ldots, \boldsymbol{a}_n] \quad \textit{(Antisymmetrie)}.$$

In Worten: Vertauscht man zwei Zeilen miteinander, so ändert die Determinante ihr Vorzeichen.

$$[\boldsymbol{e}_1, \boldsymbol{e}_2, \ldots, \boldsymbol{e}_n] = 1 \quad \textit{(Normierung)}.$$

Also $|\boldsymbol{E}| = \det \|\delta_{ik}\| = 1$; die Determinante der Einheitsmatrix ist 1.

5.3.8 Weitere Rechenregeln für Determinanten (vgl. 5.3.4):

$$|\boldsymbol{A}^T| = |\boldsymbol{A}|;$$

vertauscht man also Zeilen und Spalten miteinander, so ändert sich die Determinante nicht. Die Grundregeln bleiben also richtig, wenn man dort überall das Wort „Zeile" durch „Spalte" ersetzt.

$$[\boldsymbol{a}_1, \ldots, \boldsymbol{a}_i, \ldots, \boldsymbol{a}_k, \ldots, \boldsymbol{a}_n] = [\boldsymbol{a}_1, \ldots, \boldsymbol{a}_i + \lambda\boldsymbol{a}_k, \ldots, \boldsymbol{a}_k, \ldots, \boldsymbol{a}_n] \quad (i \neq k).$$

Die Determinante ändert sich nicht, wenn man zu einer Zeile (Spalte) das λ-fache einer anderen Zeile (Spalte) addiert.

Die Determinante $[\boldsymbol{a}_1, \boldsymbol{a}_2, \ldots, \boldsymbol{a}_n]$ ist *nur dann* Null, wenn die Vektoren $\boldsymbol{a}_1, \boldsymbol{a}_2, \ldots, \boldsymbol{a}_n$ linear abhängig sind (vgl. 5.1.6). Die Determinante verschwindet also, wenn eine Zeile (Spalte) Null ist oder wenn zwei Zeilen (Spalten) bis auf einen Faktor übereinstimmen.

Produktsatz:

$$|\boldsymbol{AB}| = |\boldsymbol{A}|\,|\boldsymbol{B}|.$$

Das Produkt zweier Determinanten ist gleich der Determinante des Produktes der zugehörigen Matrizen (vgl. 5.3.3).

5.3.9 Unterdeterminanten. Unter einer (j, j)-reihigen *Unterdeterminante* (Minor) einer (n, n)-reihigen Matrix $\boldsymbol{A}$ versteht man die Determinante einer Matrix, die durch Streichen von $(n - j)$ Zeilen und $(n - j)$ Spalten aus $\boldsymbol{A}$ entsteht. Hat man die i_1-te, i_2-te bis i_{n-j}-te Zeile und die k_1-te, k_2-te bis k_{n-j}-te Spalte gestrichen, so bezeichnet man die zugehörige Unterdeterminante mit

$$A_{(i_1,i_2,\ldots,i_{n-j};\; k_1,k_2,\ldots,k_{n-j})}.$$

Insbesondere ist A_{ik} die durch Streichen der i-ten Zeile und k-ten Spalte entstehende $(n - 1, n - 1)$-reihige Unterdeterminante.

5.3.10 Entwicklungssatz. Entwicklung nach der i-ten Zeile:

$$|\boldsymbol{A}| = (-1)^{i+1}\,(a_{i1}A_{i1} - a_{i2}A_{i2} + \cdots \pm a_{in}A_{in}) = \sum_{k=1}^{n} (-1)^{i+k} a_{ik}A_{ik}.$$

Entwicklung nach der k-ten Spalte:

$$|\boldsymbol{A}| = (-1)^{k+1}\,(a_{1k}A_{1k} - a_{2k}A_{2k} + \cdots \pm a_{nk}A_{nk}) = \sum_{i=1}^{n} (-1)^{i+k} a_{ik}A_{ik}.$$

5.3.11 Inverse Matrix. Eine quadratische Matrix $\boldsymbol{A} = \|a_{ik}\|$ heißt *regulär*, wenn $|\boldsymbol{A}| \neq 0$, sonst *singulär*. $\boldsymbol{A}$ sei eine reguläre Matrix. Die Matrix $\boldsymbol{B} = \|b_{ik}\|$ mit den Elementen

$$b_{ik} = \frac{(-1)^{i+k} A_{ki}}{|\boldsymbol{A}|}$$

genügt dann nach dem Entwicklungssatz der Gleichung

$$\boldsymbol{AB} = \boldsymbol{BA} = \boldsymbol{E} \quad (\boldsymbol{E}\ \textit{Einheitsmatrix}).$$

Man schreibt daher $\boldsymbol{B} = \boldsymbol{A}^{-1}$ und nennt $\boldsymbol{B}$ die *inverse Matrix* von $\boldsymbol{A}$.

5.3.12 Praktische Berechnung von Determinanten. Man sucht mit Hilfe der Rechenregeln von 5.3.7 und 5.3.8 möglichst viele Elemente zu Null zu machen und entwickelt dann nach dem Entwicklungssatz. Die dort auftretenden Unterdeterminanten behandelt man ebenso weiter, bis man nur noch 2- oder 3-reihige Determinanten auszurechnen hat, was nach dem folgenden Schema geschehen kann:

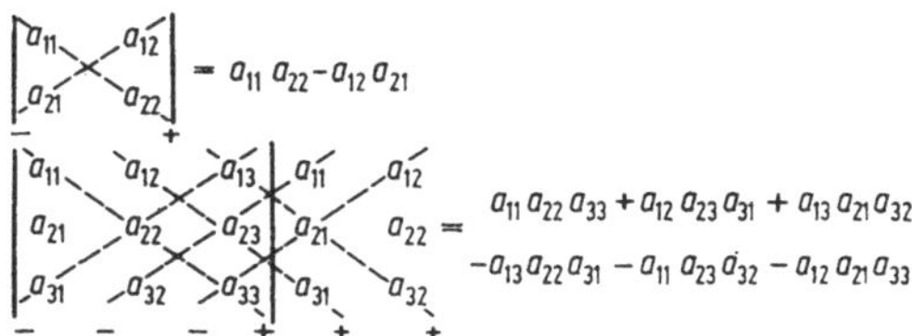

Dieses Schema (*Sarrussche Regel*) gilt nur für Determinanten dritter Ordnung.

Beispiel:

$$\begin{vmatrix} -1 & 2 & 4 & -3 \\ 5 & 2 & -3 & -2 \\ -3 & -6 & 2 & 1 \\ 4 & -7 & 1 & 5 \end{vmatrix} = \text{3. Zeile 3fach zur 1. Zeile, 2fach zur 2. Zeile und } (-5)\text{fach zur 4. Zeile hinzugefügt, gibt:}$$

$$= \begin{vmatrix} -10 & -16 & 10 & 0 \\ -1 & -10 & 1 & 0 \\ -3 & -6 & 2 & 1 \\ 19 & 23 & -9 & 0 \end{vmatrix} = \text{nach der letzten Spalte entwickelt: (Vorzeichen beachten!)}$$

$$= \begin{vmatrix} 10 & 16 & -10 \\ -1 & -10 & 1 \\ 19 & 23 & -9 \end{vmatrix} = \text{mittlere Zeile 10fach zur 1. addiert gibt:}$$

$$= \begin{vmatrix} 0 & -84 & 0 \\ -1 & -10 & 1 \\ 19 & 23 & -9 \end{vmatrix} = \text{nach 1. Zeile entwickelt: (Vorzeichen beachten!)}$$

$$= 84 \cdot \begin{vmatrix} -1 & 1 \\ 19 & -9 \end{vmatrix} = 84(9 - 19) = -840.$$

5.4 Systeme von linearen Gleichungen

Ein System von n linearen Gleichungen mit n Unbekannten $x_1, x_2, \ldots, x_n$ sei gegeben in der Form:

$$\begin{aligned} a_{11}x_1 + a_{12}x_2 + \cdots + a_{1n}x_n &= b_1 \\ a_{21}x_1 + a_{22}x_2 + \cdots + a_{2n}x_n &= b_2 \\ \vdots \qquad \vdots \qquad\qquad \vdots \quad &\;\; \vdots \\ a_{n1}x_1 + a_{n2}x_2 + \cdots + a_{nn}x_n &= b_n \end{aligned}$$

oder kurz:

$$\sum_{k=1}^{n} a_{ik}x_k = b_i \qquad (i = 1, 2, \ldots, n).$$

Faßt man die Unbekannten zu einem Vektor $\boldsymbol{x} = \{x_1, x_2, \ldots, x_n\}$ (Spaltenvektor) zusammen und ebenso $\boldsymbol{b} = \{b_1, b_2, \ldots, b_n\}$ (Spaltenvektor) und bildet die *Koeffizientenmatrix* $\boldsymbol{A} = \|a_{ik}\|$, so schreibt sich das System einfach:

$$\boldsymbol{A}\boldsymbol{x} = \boldsymbol{b} \qquad \text{(vgl. 5.3.2)}.$$

Das System hat genau dann einen eindeutigen Lösungsvektor $\boldsymbol{x}$, wenn $\det \boldsymbol{A} \neq 0$ ist.

Ist $\boldsymbol{A}^{(k)}$ diejenige Matrix, die aus $\boldsymbol{A}$ dadurch entsteht, daß man die k-te Spalte durch $\boldsymbol{b}$ ersetzt, dann ist die Lösung des Systems gegeben durch

$$x_k = \frac{|\boldsymbol{A}^{(k)}|}{|\boldsymbol{A}|} \qquad (k = 1, 2, \ldots, n) \qquad (\textit{Cramersche Regel}).$$

Im Falle $n = 2$ und $n = 3$ hat man explizit:

$$n = 2: \quad \begin{aligned} a_{11}x_1 + a_{12}x_2 &= b_1 \\ a_{21}x_1 + a_{22}x_2 &= b_2 \end{aligned} \qquad x_1 = \frac{b_1a_{22} - b_2a_{12}}{a_{11}a_{22} - a_{12}a_{21}} \qquad x_2 = \frac{b_2a_{11} - b_1a_{21}}{a_{11}a_{22} - a_{12}a_{21}}$$

$$n = 3: \quad \begin{aligned} a_{11}x_1 + a_{12}x_2 + a_{13}x_3 &= b_1 \\ a_{21}x_1 + a_{22}x_2 + a_{23}x_3 &= b_2 \\ a_{31}x_1 + a_{32}x_2 + a_{33}x_3 &= b_3 \end{aligned} \qquad |\boldsymbol{A}| = \begin{vmatrix} a_{11} & a_{12} & a_{13} \\ a_{21} & a_{22} & a_{23} \\ a_{31} & a_{32} & a_{33} \end{vmatrix}$$

$$x_1 = \begin{vmatrix} b_1 & a_{12} & a_{13} \\ b_2 & a_{22} & a_{23} \\ b_3 & a_{32} & a_{33} \end{vmatrix} : |\boldsymbol{A}|, \quad x_2 = \begin{vmatrix} a_{11} & b_1 & a_{13} \\ a_{21} & b_2 & a_{23} \\ a_{31} & b_3 & a_{33} \end{vmatrix} : |\boldsymbol{A}|, \quad x_3 = \begin{vmatrix} a_{11} & a_{12} & b_1 \\ a_{21} & a_{22} & b_2 \\ a_{31} & a_{32} & b_3 \end{vmatrix} : |\boldsymbol{A}|.$$

Ist insbesondere $\boldsymbol{b} = 0$ (d.h. alle $b_i = 0$), so spricht man von einem *homogenen System*: $\boldsymbol{A}\boldsymbol{x} = 0$. Es hat nur dann von 0 verschiedene Lösungen, wenn $\det \boldsymbol{A} = 0$.

5.5 Tensoren

5.5.1 Linearformen. Eine Funktion $L(\boldsymbol{x})$, bei der das Argument $\boldsymbol{x}$ ein *Vektor* ist und die Funktionswerte *Skalare* sind, heißt *Linearform* oder *Tensor 1. Stufe*, falls sie linear ist, d.h. wenn gilt:

$$L(\boldsymbol{x} + \boldsymbol{x}') = L(\boldsymbol{x}) + L(\boldsymbol{x}') \quad \text{und} \quad L(\lambda \boldsymbol{x}) = \lambda L(\boldsymbol{x}).$$

Ist in einem kartesischen Koordinatensystem $\boldsymbol{x} = \{x_1, x_2, x_3\}$, so drückt sich $L(\boldsymbol{x})$ folgendermaßen aus:

$$L(\boldsymbol{x}) = l_1 x_1 + l_2 x_2 + l_3 x_3 = \sum_{i=1}^{3} l_i x_i = \boldsymbol{l}\boldsymbol{x}.$$

Jedem Tensor 1. Stufe L entspricht also ein Vektor $\boldsymbol{l} = \{l_1, l_2, l_3\}$ mit $L(\boldsymbol{x}) = \boldsymbol{l}\boldsymbol{x}$ und umgekehrt. Man identifiziert auf diese Weise die Tensoren 1. Stufe mit den Vektoren.

5.5.2 Tensoren höherer Stufe. Eine *skalare* Funktion $B(\boldsymbol{x}, \boldsymbol{y})$ von zwei *vektoriellen* Argumenten heißt *Bilinearform* oder *Tensor 2. Stufe*, falls sie linear in beiden Argumenten ist. $B(\boldsymbol{x}, \boldsymbol{y})$ soll also bei festgehaltenem $\boldsymbol{x}$ eine Linearform in $\boldsymbol{y}$ und bei festgehaltenem $\boldsymbol{y}$ eine Linearform in $\boldsymbol{x}$ sein.

Ist in Koordinaten $\boldsymbol{x} = \{x_1, x_2, x_3\}$, $\boldsymbol{y} = \{y_1, y_2, y_3\}$, so drückt sich $B(\boldsymbol{x}, \boldsymbol{y})$ folgendermaßen aus:

$$B(\boldsymbol{x}, \boldsymbol{y}) = \sum_{i=1}^{3} \sum_{k=1}^{3} b_{ik} x_i y_k = b_{11} x_1 y_1 + b_{12} x_1 y_2 + \cdots + b_{33} x_3 y_3.$$

Die $3^2 = 9$ Zahlen b_{ik} nennt man die *Komponenten* des Tensors in dem vorliegenden Koordinatensystem; man kann sie in einer Matrix $\|b_{ik}\|$ zusammenfassen.

Die Definition von *Tensoren n-ter* Stufe ist entsprechend. Man hat dann n vektorielle Argumente. Die Anzahl der Tensorkomponenten ist 3^n. Ein Tensor 3. Stufe ist z.B. gegeben durch

$$T(\boldsymbol{x}, \boldsymbol{y}, \boldsymbol{z}) = \sum_{i=1}^{3} \sum_{j=1}^{3} \sum_{k=1}^{3} t_{ijk} x_i y_j z_k = t_{111} x_1 y_1 z_1 + \cdots.$$

5.5.3 Transformation der Tensorkomponenten. Der Übergang von einem Koordinatensystem mit den Grundvektoren $\boldsymbol{e}_1, \boldsymbol{e}_2, \boldsymbol{e}_3$ zu einem anderen mit den Grundvektoren $\boldsymbol{e}'_1, \boldsymbol{e}'_2, \boldsymbol{e}'_3$ sei gegeben durch

$$\boldsymbol{e}'_i = \sum_{j=1}^{3} a_{ij} \boldsymbol{e}_j \qquad (i = 1, 2, 3).$$

Die Komponenten b_{ik} eines Tensors transformieren sich dann beim Übergang zum gestrichenen System wie folgt:

$$b'_{\alpha\beta} = \sum_{k=1}^{3} \sum_{i=1}^{3} a_{\alpha i} a_{\beta k} b_{ik}.$$

Diese Transformationseigenschaften werden oft auch zur Definition des Tensorbegriffs benutzt.

Entsprechend für Tensoren höherer Stufe, z.B.:

$$t'_{\alpha\beta\gamma} = \sum_{j=1}^{3} \sum_{k=1}^{3} \sum_{i=1}^{3} a_{\alpha i} a_{\beta j} a_{\gamma k} t_{ijk}.$$

5.5.4 Symmetrische Tensoren. Ein Tensor heißt *symmetrisch*, wenn sich bei Vertauschen der vektoriellen Argumente der Funktionswert nicht ändert. B ist z.B. symmetrisch, wenn $B(\boldsymbol{x}, \boldsymbol{y}) = B(\boldsymbol{y}, \boldsymbol{x})$. Für die Komponenten bedeutet das $b_{ik} = b_{ki}$.

5.5.5 Antisymmetrische Tensoren. Ein Tensor heißt *antisymmetrisch*, wenn sich bei Vertauschen der Argumente nur das Vorzeichen ändert, z. B.

$$B(\boldsymbol{x}, \boldsymbol{y}) = -B(\boldsymbol{y}, \boldsymbol{x}); \qquad b_{ik} = -b_{ki}.$$

Hier sind insbesondere diejenigen Komponenten Null, bei denen zwei Indizes gleich sind.

5.5.6 Beispiele. Das *innere Produkt* $\boldsymbol{x}\boldsymbol{y} = E(\boldsymbol{x}, \boldsymbol{y})$ (vgl. 5.1.7) definiert offenbar einen symmetrischen Tensor 2. Stufe E, genannt *Fundamentaltensor* oder *Einheitstensor*. Die zugehörige Matrix ist in jedem kartesischen Koordinatensystem die Einheitsmatrix.

Das *Spatprodukt* (vgl. 5.1.11) $[\boldsymbol{x}, \boldsymbol{y}, \boldsymbol{z}] = S(\boldsymbol{x}, \boldsymbol{y}, \boldsymbol{z})$ definiert einen antisymmetrischen Tensor 3. Stufe S, genannt *ε-Tensor*. Seine Komponenten sind in jedem kartesischen System gegeben durch

$$\varepsilon_{ijk} = \begin{cases} 0, & \text{wenn zwei der Indizes einander gleich sind,} \\ (-1)^{I(ijk)} & \text{sonst} \end{cases}$$

($I(i, j, k)$ Anzahl der Inversionen der Permutation i, j, k); vgl. auch 5.3.6.

Das *tensorielle* (dyadische) Produkt zweier Vektoren $\boldsymbol{u}$ und $\boldsymbol{v}$ ist der durch $B(\boldsymbol{x}, \boldsymbol{y}) = (\boldsymbol{u}\boldsymbol{x})(\boldsymbol{v}\boldsymbol{y})$ definierte Tensor 2. Stufe. Man bezeichnet ihn mit $\boldsymbol{u} \otimes \boldsymbol{v}$, manchmal auch $\boldsymbol{u} \bullet \boldsymbol{v}$ oder $\boldsymbol{u} \circ \boldsymbol{v}$.

5.5.7 Lineare Transformation. Unter einer *linearen Transformation*, auch *affine Abbildung* oder *Affinor*, versteht man eine *vektorielle* Funktion $\boldsymbol{A}(\boldsymbol{x})$ eines *vektoriellen* Argumentes $\boldsymbol{x}$, falls sie linear ist, d. h. wenn gilt:

$$\boldsymbol{A}(\boldsymbol{x} + \boldsymbol{x}') = \boldsymbol{A}(\boldsymbol{x}) + \boldsymbol{A}(\boldsymbol{x}') \quad \text{und} \quad \boldsymbol{A}(\lambda \boldsymbol{x}) = \lambda \boldsymbol{A}(\boldsymbol{x}).$$

Mit Hilfe einer linearen Transformation $\boldsymbol{A}(\boldsymbol{x})$ kann man durch

$$A(\boldsymbol{x}, \boldsymbol{y}) = \boldsymbol{A}(\boldsymbol{x})\,\boldsymbol{y}$$

eine Bilinearform oder Tensor 2. Stufe bilden. Ist umgekehrt eine Bilinearform $A(\boldsymbol{x}, \boldsymbol{y})$ gegeben, so bedeutet das, daß zu jedem Vektor $\boldsymbol{x}$ eine Linearform $L\boldsymbol{x}(\boldsymbol{y}) = A(\boldsymbol{x}, \boldsymbol{y})$ gehört, der wiederum ein Vektor $\boldsymbol{A}(\boldsymbol{x})$ mit $\boldsymbol{A}(\boldsymbol{x})\,\boldsymbol{y} = L\boldsymbol{x}(\boldsymbol{y}) = A(\boldsymbol{x}, \boldsymbol{y})$ entspricht. Man kann also zu jedem Tensor 2. Stufe $A(\boldsymbol{x}, \boldsymbol{y})$ eine lineare Transformation $\boldsymbol{A}(\boldsymbol{x})$ mit $A(\boldsymbol{x}, \boldsymbol{y}) = \boldsymbol{A}(\boldsymbol{x})\boldsymbol{y}$ finden und umgekehrt. Auch die linearen Transformationen werden manchmal zur Definition der Tensoren 2. Stufe verwendet.

Sind a_{ik} die Komponenten des Tensors A, so drückt sich die zugehörige lineare Transformation $\boldsymbol{z} = \boldsymbol{A}(\boldsymbol{x})$ in Koordinaten folgendermaßen aus:

$$z_i = \sum_{k=1}^{3} a_{ik} x_k.$$

Beispiel. Es sei P ein Punkt eines elastischen Stoffes und (E) ein „unendlich kleines" Ebenenstück durch P, das mit Hilfe des Normalenvektors $\boldsymbol{n}$ mit $|\boldsymbol{n}|$ = Flächeninhalt von (E) bestimmt ist. Durch (E) wird die Kraft $\boldsymbol{k}$ übertragen (Bild 5–9). $\boldsymbol{k}$ hängt bei festem P von $\boldsymbol{n}$ ab: $\boldsymbol{k} = \boldsymbol{k}(\boldsymbol{n})$. Das Grundgesetz der Mechanik liefert, daß $\boldsymbol{S}(\boldsymbol{n})$ eine lineare Transformation ist, der ein Tensor 2. Stufe, der „*Spannungstensor*", entspricht: $S(\boldsymbol{n}, \boldsymbol{x}) = \boldsymbol{S}(\boldsymbol{n})\,\boldsymbol{x}$. Der Momentensatz der Mechanik liefert weiter, daß der Spannungstensor symmetrisch ist:

$$S(\boldsymbol{n}, \boldsymbol{x}) = S(\boldsymbol{x}, \boldsymbol{n}).$$

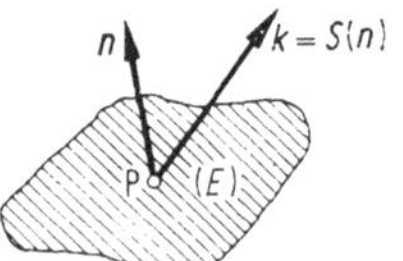

Bild 5–9. Darstellung des Spannungstensors.

6. Vektoranalysis

[28, 67, 70, 79]

6.1 Differentialoperationen, Integrale

6.1.1 Vektorfunktionen vgl. Kurventheorie in 7.5 und 7.6. Eine vektorielle Funktion $\boldsymbol{v}(t)$ eines skalaren Argumentes t nennt man *Vektorfunktion.*

Stetigkeit und Differenzierbarkeit sind genau so definiert wie bei gewöhnlichen Funktionen: $\boldsymbol{v}(t)$ heißt stetig für $t = t_0$, wenn

$$\lim_{t\to t_0} \boldsymbol{v}(t) = \boldsymbol{v}(t_0), \quad \text{d.h.} \quad \lim_{t\to t_0} |\boldsymbol{v}(t) - \boldsymbol{v}(t_0)| = 0.$$

Die Ableitung von $\boldsymbol{v}(t)$ ist

$$\frac{\mathrm{d}\boldsymbol{v}}{\mathrm{d}t} = \boldsymbol{v}'(t) = \lim_{h\to 0} \frac{\boldsymbol{v}(t+h) - \boldsymbol{v}(t)}{h}.$$

Es gilt der *Taylorsche Satz* [$\boldsymbol{v}(t)$ n-mal stetig differenzierbar]:

$$\boldsymbol{v}(t+h) = \boldsymbol{v}(t) + \frac{h}{1!}\boldsymbol{v}'(t) + \frac{h^2}{2!}\boldsymbol{v}''(t) + \cdots + \frac{h^{n-1}}{(n-1)!}\boldsymbol{v}^{(n-1)}(t) + \frac{h^n}{n!}\boldsymbol{w}(t, h),$$

wo

$$\lim_{h\to 0} \boldsymbol{w}(t, h) = 0.$$

6.1.2. Differentiationsregeln: $(\boldsymbol{v} + \boldsymbol{w})' = \boldsymbol{v}' + \boldsymbol{w}'$, $(\boldsymbol{v}\times\boldsymbol{w})' = \boldsymbol{v}'\times\boldsymbol{w} + \boldsymbol{v}\times\boldsymbol{w}'$. Bleibt die Länge von $\boldsymbol{v}(t)$ ungeändert, d.h. $\boldsymbol{v}^2 = \text{const}$, so folgt:

$$\boldsymbol{v}\boldsymbol{v}' = 0, \quad \text{d.h. } \boldsymbol{v} \text{ ist orthogonal zu } \boldsymbol{v}'.$$

Ist in einem festen Koordinatendreibein $(\boldsymbol{e}_x, \boldsymbol{e}_y, \boldsymbol{e}_z)$

$$\boldsymbol{v}(t) = v_x\boldsymbol{e}_x + v_y\boldsymbol{e}_y + v_z\boldsymbol{e}_z = \{v_x(t), v_y(t), v_z(t)\},$$

so wird

$$\boldsymbol{v}'(t) = \{v_x'(t), v_y'(t), v_z'(t)\}.$$

6.1.3 Skalare Felder. Die Punkte des Raumes werden im folgenden durch ihre Radiusvektoren (R.V.) $\boldsymbol{r}$ dargestellt. Eine *skalare* Ortsfunktion $\varphi(\boldsymbol{r})$, die den Punkten mit R.V. $\boldsymbol{r}$ eines Raumteiles Skalare φ zuordnet, heißt *skalares Feld.* Das Feld heißt stetig in $\boldsymbol{r}_0$, wenn $\lim_{\boldsymbol{r}\to\boldsymbol{r}_0} \varphi(\boldsymbol{r}) = \varphi(\boldsymbol{r}_0)$ ist. Die Flächen $\varphi(\boldsymbol{r}) = \text{const}$ heißen *Schicht-* oder *Niveauflächen* des Feldes.

Beispiel. Das Potential eines elektrischen Kraftfeldes ist ein skalares Feld. Seine Niveauflächen sind die Äquipotentialflächen.

6.1.4 Vektorfelder. Eine *vektorielle* Ortsfunktion $\boldsymbol{v}(\boldsymbol{r})$, die den Punkten mit R.V. $\boldsymbol{r}$ eines Raumteiles Vektoren $\boldsymbol{v}$ zuordnet, heißt *Vektorfeld.* Das Feld heißt *stetig* in $\boldsymbol{r}_0$, wenn $\lim_{\boldsymbol{r}\to\boldsymbol{r}_0} \boldsymbol{v}(\boldsymbol{r}) = \boldsymbol{v}(\boldsymbol{r}_0)$ ist. Die Kurven, deren Tangenten jeweils die Richtung der Vektoren $\boldsymbol{v}$ in den betreffenden Punkten haben, heißen *Feldlinien.* Sie sind durch die Differentialgleichung $\boldsymbol{v}(\boldsymbol{r}) \times \frac{\mathrm{d}\boldsymbol{r}}{\mathrm{d}t} = 0$ bestimmt, wobei t der Kurvenparameter ist.

Beispiele. Elektrisches und magnetisches Feld, Gravitationsfeld, Strömungsfeld einer Flüssigkeit (Feldlinien = Stromlinien).

6.1.5 Tensorfelder sind entsprechend wie Vektorfelder definiert.

Beispiele. Spannungsfeld und Verzerrungsfeld in einem elastischen Stoff.

6.1.6 Linienintegral. Es sei $\boldsymbol{v} = \boldsymbol{v}(\boldsymbol{r})$ ein Vektorfeld und $\mathscr{C}$ ein Kurvenstück, gegeben durch $\boldsymbol{r} = \boldsymbol{r}(s)$, $s_1 \leq s \leq s_2$ (s Bogenlänge, vgl. 7.5.1.2). $\mathscr{C}$ führt also von P_1 mit R.V. $\boldsymbol{r}(s_1)$ nach P_2 mit R.V. $\boldsymbol{r}(s_2)$. Dann ist das *Linienintegral* von $\boldsymbol{v}(\boldsymbol{r})$, erstreckt längs $\mathscr{C}$ von P_1 bis P_2, der Ausdruck:

$$\int_{P_1 \mathscr{C}}^{P_2} \boldsymbol{v}(r)\,\mathrm{d}\boldsymbol{r} = \int_{s_1}^{s_2} \left\{\boldsymbol{v}(\boldsymbol{r}(s))\frac{\mathrm{d}\boldsymbol{r}}{\mathrm{d}s}\right\} \mathrm{d}s.$$

Wenn $\boldsymbol{v} = \{v_x, v_y, v_z\}$ und $\boldsymbol{r} = \{x, y, z\}$ in einem kartesischen Koordinatensystem, so wird

$$\int_{P_1\mathscr{C}}^{P_2} \boldsymbol{v}\,\mathrm{d}\boldsymbol{r} = \int_{P_1\mathscr{C}}^{P_2} (v_x\,\mathrm{d}x + v_y\,\mathrm{d}y + v_z\,\mathrm{d}z) = \int_{s_1}^{s_2} (v_x\dot{x} + v_y\dot{y} + v_z\dot{z})\,\mathrm{d}s \quad \left(\dot{x} = \frac{\mathrm{d}x}{\mathrm{d}s} \text{ usw.}\right).$$

Beispiel. Die *Arbeit einer Kraft* $\boldsymbol{K}$ längs eines Wegstückes $\mathscr{C}$ von P_1 nach P_2 ist das Linienintegral

$$A = \int_{P_1\mathscr{C}}^{P_2} \boldsymbol{K}\,\mathrm{d}\boldsymbol{r}.$$

6.1.7 Flächenintegral. $\boldsymbol{r} = \boldsymbol{r}(u_1, u_2)$ beschreibe ein Flächenstück $\mathscr{F}$, wenn u_1, u_2 einen gewissen Bereich $\mathscr{U}$ der (u_1, u_2)-Ebene durchläuft (vgl. 7.7.1.2). Ist $\varphi(\boldsymbol{r})$ ein skalares Feld, dann versteht man unter dem *Flächenintegral* von $\varphi(\boldsymbol{r})$, erstreckt über das Stück $\mathscr{F}$, den Ausdruck:

$$\iint_{\mathscr{F}} \varphi(\boldsymbol{r})\,\mathrm{d}F = \iint_{\mathscr{U}} \varphi(\boldsymbol{r}(u_1, u_2))\sqrt{g}\,\mathrm{d}u_1\,\mathrm{d}u_2,^{1)}$$

$$g = \begin{vmatrix} g_{11} & g_{12} \\ g_{21} & g_{22} \end{vmatrix} = g_{11}g_{22} - g_{12}^2 \quad \text{oder} \quad EG - F^2 \quad \text{(vgl. 7.7.1.2).}$$

6.1.8 Das räumliche Integral eines skalaren Feldes $\varphi(\boldsymbol{r})$ über einen Raumteil $\mathscr{V}$ ist das folgende dreifache Integral:

$$\iiint_{\mathscr{V}} \varphi(\boldsymbol{r})\,\mathrm{d}V = \iiint_{\mathscr{V}} \varphi(x, y, z)\,\mathrm{d}x\,\mathrm{d}y\,\mathrm{d}z,^{1)}$$

wobei $\varphi(x, y, z) = \varphi(\boldsymbol{r})$ mit $\boldsymbol{r} = \{x, y, z\}$ in einem kartesischen System.

Die Definition von Flächenintegralen und räumlichen Integralen über *Vektor-* und *Tensorfelder* ist entprechend.

6.1.9 Differentiale von Feldern. $\varphi(\boldsymbol{r})$ sei ein skalares Feld. $\varphi(\boldsymbol{r})$ heißt stetig differenzierbar, wenn für jeden festen Vektor $\boldsymbol{x}$ die Ableitung von $\varphi(\boldsymbol{r})$ längs der Geraden $\boldsymbol{r} + h\boldsymbol{x}$ (vgl. 7.2.9), nämlich

$$\psi(\boldsymbol{r}; \boldsymbol{x}) = \lim_{h\to 0} \frac{\varphi(\boldsymbol{r} + h\boldsymbol{x}) - \varphi(\boldsymbol{r})}{h},$$

existiert und in $\boldsymbol{r}$ stetig ist. Dann ist $\psi(\boldsymbol{r}; \boldsymbol{x})$ in $\boldsymbol{x}$ linear; es liegt also für jedes $\boldsymbol{r}$ ein Tensor 1. Stufe vor (vgl. 5.5.1). Man nennt dieses Tensorfeld 1. Stufe das *Differential* von $\varphi(\boldsymbol{r})$. Ist z.B. $T(\boldsymbol{r}; \boldsymbol{y}, \boldsymbol{z})$ ein Tensorfeld 2. Stufe (vgl. 5.5.2), so wird

$$S(\boldsymbol{r}; \boldsymbol{x}, \boldsymbol{y}, \boldsymbol{z}) = \lim_{h\to 0} \frac{T(\boldsymbol{r} + h\boldsymbol{x}; \boldsymbol{y}, \boldsymbol{z}) - T(\boldsymbol{r}; \boldsymbol{y}, \boldsymbol{z})}{h}$$

ein Tensorfeld 3. Stufe, das *Differential* von T.

Allgemein ist das Differential eines Tensorfeldes n-ter Stufe ein Tensorfeld $n + 1$-ter Stufe.

---

[1]) Berechnung von doppelten und dreifachen Integralen vgl. 4.4.8.1 und 4.4.8.2.

6.1.10 Gradient. Das Differential $\psi(\boldsymbol{r};\boldsymbol{x})$ des skalaren Feldes $\varphi(\boldsymbol{r})$ ist ein Tensorfeld 1. Stufe. Ihm entspricht also ein Vektorfeld, genannt grad $\varphi(\boldsymbol{r})$ (*Gradient* von $\varphi(\boldsymbol{r})$), wobei

$$\psi(\boldsymbol{r};\boldsymbol{x}) = (\operatorname{grad}\varphi(\boldsymbol{r}))\,\boldsymbol{x} \quad (\text{vgl. } 6.3.6\text{ f.}).$$

Es ist auch

$$\operatorname{grad}\varphi(\boldsymbol{r}) = \lim_{\mathscr{V}\to\boldsymbol{r}}\left\{\frac{1}{V}\oiint_{\mathscr{R}(\mathscr{V})} \boldsymbol{n}\varphi(\boldsymbol{r}_F)\,\mathrm{d}F\right\};$$

$\mathscr{V}$ durchläuft dabei Volumina, die sich auf den Punkt mit dem R.V. $\boldsymbol{r}$ zusammenziehen ($\mathscr{V}\to\boldsymbol{r}$). V ist der Inhalt von $\mathscr{V}$. $\mathscr{R}(\mathscr{V})$ ist die geschlossene Randfläche von $\mathscr{V}$. $\boldsymbol{r}_F$ ist der R.V. des Randpunktes. $\boldsymbol{n}$ ist der nach außen gerichtete Normaleinheitsvektor.

In kartesischen Koordinaten ($\boldsymbol{r} = \{x, y, z\}$, $\varphi(\boldsymbol{r}) = \varphi(x, y, z)$):

$$\operatorname{grad}\varphi = \left\{\frac{\partial\varphi}{\partial x},\quad \frac{\partial\varphi}{\partial y},\quad \frac{\partial\varphi}{\partial z}\right\}.$$

6.1.11 Die Divergenz div $\boldsymbol{v}(\boldsymbol{r})$ eines Vektorfeldes $\boldsymbol{v}(\boldsymbol{r})$ ist ein skalares Feld, definiert durch

$$\operatorname{div}\boldsymbol{v}(\boldsymbol{r}) = \lim_{\mathscr{V}\to\boldsymbol{r}}\left\{\frac{1}{V}\oiint_{\mathscr{R}(\mathscr{V})} (\boldsymbol{n}\boldsymbol{v}(\boldsymbol{r}_F))\,\mathrm{d}F\right\}.$$

In kartesischen Koordinaten:

$$\operatorname{div}\boldsymbol{v} = \frac{\partial v_x}{\partial x} + \frac{\partial v_y}{\partial y} + \frac{\partial v_z}{\partial z}.$$

6.1.12 Rotation rot $\boldsymbol{v}(\boldsymbol{r})$ (im Ausland manchmal curl ($\boldsymbol{v}$)) eines Vektorfeldes $\boldsymbol{v}(\boldsymbol{r})$ ist ein Vektorfeld, definert durch

$$\operatorname{rot}\boldsymbol{v}(\boldsymbol{r}) = \lim_{\mathscr{V}\to\boldsymbol{r}}\left\{\frac{1}{V}\oiint_{\mathscr{R}(\mathscr{V})} (\boldsymbol{n}\times\boldsymbol{v}(\boldsymbol{r}_F))\,\mathrm{d}F\right\}.$$

In kartesischen Koordinaten:

$$\operatorname{rot}\boldsymbol{v} = \left\{\frac{\partial v_z}{\partial y} - \frac{\partial v_y}{\partial z},\quad \frac{\partial v_x}{\partial z} - \frac{\partial v_z}{\partial x},\quad \frac{\partial v_y}{\partial x} - \frac{\partial v_x}{\partial y}\right\}.$$

6.1.13 ∇-Rechnung. Die Rechnung mit den Operationen grad, div, rot geschieht am bequemsten mit Hilfe des sogenannten „Nabla"-Operators ∇, der durch

$$\nabla\bigcirc = \lim_{\mathscr{V}\to\boldsymbol{r}}\left\{\frac{1}{V}\oiint_{\mathscr{R}(\mathscr{V})} (\boldsymbol{n}\bigcirc)\,\mathrm{d}F\right\}$$

definiert ist. Das Feld, auf das ∇ angewandt wird, ist hinter dem symbolischen Operationszeichen $\bigcirc$ einzusetzen. Je nachdem, ob dieses Zeichen als normale Multiplikation (mit einem Skalarfeld φ) oder als eine skalare Multiplikation bzw. als eine Vektormultiplikation (mit einem Vektorfeld $\boldsymbol{v}$) interpretiert wird, entstehen:

$$\nabla\varphi = \operatorname{grad}\varphi,\quad \nabla\boldsymbol{v} = \operatorname{div}\boldsymbol{v},\quad \nabla\times\boldsymbol{v} = \operatorname{rot}\boldsymbol{v}.$$

In kartesischen Koordinaten erscheint ∇ als ein formaler „*Differentialvektor*"

$$\nabla = \left\{\frac{\partial}{\partial x},\ \frac{\partial}{\partial y},\ \frac{\partial}{\partial z}\right\}.$$

So wird z. B. mit

$$\boldsymbol{v} = v_x\boldsymbol{e}_x + v_y\boldsymbol{e}_y + v_z\boldsymbol{e}_z:$$

$$\nabla\times\boldsymbol{v} = \begin{vmatrix} \boldsymbol{e}_x & \boldsymbol{e}_y & \boldsymbol{e}_z \\ \dfrac{\partial}{\partial x} & \dfrac{\partial}{\partial y} & \dfrac{\partial}{\partial z} \\ v_x & v_y & v_z \end{vmatrix}.$$

Man achte bei Rechnungen mit ∇ auf die Reihenfolge der Glieder. Die Differentiation ist auf alle rechts von ∇ stehenden Größen anzuwenden. In diesem Sinne kann man die Umformungsregeln für Vektorausdrücke (vgl. 5.1) auch für den „Vektor" ∇ anwenden.

6.1.14 Regeln.

Summen:
$$\operatorname{grad}(\varphi_1+\varphi_2)=\operatorname{grad}\varphi_1+\operatorname{grad}\varphi_2$$
$$\operatorname{div}(\boldsymbol{v}_1+\boldsymbol{v}_2)=\operatorname{div}\boldsymbol{v}_1+\operatorname{div}\boldsymbol{v}_2$$
$$\operatorname{rot}(\boldsymbol{v}_1+\boldsymbol{v}_2)=\operatorname{rot}\boldsymbol{v}_1+\operatorname{rot}\boldsymbol{v}_2$$

Produkte:
$$\operatorname{grad}(\varphi\psi)=\varphi\operatorname{grad}\psi+\psi\operatorname{grad}\varphi$$
$$\operatorname{div}(\varphi\boldsymbol{v})=\varphi\operatorname{div}\boldsymbol{v}+\boldsymbol{v}\operatorname{grad}\varphi$$
$$\operatorname{rot}(\varphi\boldsymbol{v})=\varphi\operatorname{rot}\boldsymbol{v}+\operatorname{grad}\varphi\times\boldsymbol{v}$$
$$\operatorname{grad}(\boldsymbol{v}\boldsymbol{w})=(\boldsymbol{w}\nabla)\,\boldsymbol{v}+(\boldsymbol{v}\nabla)\,\boldsymbol{w}+\boldsymbol{v}\times\operatorname{rot}\boldsymbol{w}+\boldsymbol{w}\times\operatorname{rot}\boldsymbol{v}$$
$$\operatorname{div}(\boldsymbol{v}\times\boldsymbol{w})=\boldsymbol{w}\operatorname{rot}\boldsymbol{v}-\boldsymbol{v}\operatorname{rot}\boldsymbol{w}$$
$$\operatorname{rot}(\boldsymbol{v}\times\boldsymbol{w})=(\boldsymbol{w}\nabla)\,\boldsymbol{v}-(\boldsymbol{v}\nabla)\,\boldsymbol{w}+\boldsymbol{v}\operatorname{div}\boldsymbol{w}-\boldsymbol{w}\operatorname{div}\boldsymbol{v}.$$

6.1.15 Mehrfache Anwendung der Differentiationsoperatoren.

$$\operatorname{rot}\operatorname{grad}\varphi=0,\qquad \operatorname{div}\operatorname{rot}\boldsymbol{v}=0.$$

Der Operator $\nabla\cdot\nabla=\Delta$ wird *Laplace-Operator* genannt; er ist in kartesischen Koordinaten

$$\Delta=\frac{\partial^2}{\partial x^2}+\frac{\partial^2}{\partial y^2}+\frac{\partial^2}{\partial z^2}.$$
$$\Delta\varphi=\nabla\cdot\nabla\varphi=\operatorname{div}\operatorname{grad}\varphi,$$
$$\Delta\boldsymbol{v}=(\nabla\cdot\nabla)\,\boldsymbol{v}=\operatorname{div}\operatorname{grad}\boldsymbol{v}=\operatorname{grad}\operatorname{div}\boldsymbol{v}-\operatorname{rot}\operatorname{rot}\boldsymbol{v},$$
$$\Delta(\varphi\psi)=\varphi\,\Delta\psi+\psi\,\Delta\varphi+2\operatorname{grad}\varphi\operatorname{grad}\psi.$$

6.1.16 Weitere Formeln. Ist $f(\varphi)$ eine gewöhnliche Funktion und $\varphi=\varphi(\boldsymbol{r})$ ein skalares Feld, so gilt:

$$\operatorname{grad}f(\varphi)=\frac{\mathrm{d}f}{\mathrm{d}\varphi}\operatorname{grad}\varphi,$$
$$\Delta f(\varphi)=\frac{\mathrm{d}f}{\mathrm{d}\varphi}\Delta\varphi+\frac{\mathrm{d}^2f}{\mathrm{d}\varphi^2}(\operatorname{grad}\varphi)^2.$$

Speziell:

$$\Delta\varphi^\alpha=\alpha\varphi^{\alpha-2}\{\varphi\,\Delta\varphi+(\alpha-1)\,(\operatorname{grad}\varphi)^2\},$$
$$\Delta\ln\varphi=\frac{1}{\varphi}\Delta\varphi-\left(\frac{\operatorname{grad}\varphi}{\varphi}\right)^2,$$
$$\Delta\mathrm{e}^\varphi=\mathrm{e}^\varphi\{\Delta\varphi+(\operatorname{grad}\varphi)^2\}.$$

Es sei $\boldsymbol{r}$ der Radiusvektor, $r=|\boldsymbol{r}|$, $\boldsymbol{r}^0=\dfrac{\boldsymbol{r}}{r}$ und $\boldsymbol{a}$ ein konstanter Vektor. Dann gilt:

$$\operatorname{grad}r=\boldsymbol{r}^0,\quad \operatorname{grad}(\boldsymbol{a}\boldsymbol{r})=\boldsymbol{a},\quad \operatorname{grad}(r^{-1})=-\frac{\boldsymbol{r}^0}{r^2}=-\frac{\boldsymbol{r}}{r^3},$$
$$\operatorname{grad}f(r)=f'(r)\,\boldsymbol{r}^0,$$
$$\operatorname{div}\boldsymbol{r}=3,\quad \operatorname{div}\boldsymbol{r}^0=\frac{2}{r},\quad \operatorname{div}\left(\frac{\boldsymbol{r}^0}{r^2}\right)=0,$$
$$\operatorname{div}(\boldsymbol{a}\times\boldsymbol{r})=0,\quad \operatorname{div}(f(r)\,\boldsymbol{r}^0)=2\frac{f(r)}{r}+f'(r),$$
$$\operatorname{rot}\boldsymbol{r}=0,\quad \operatorname{rot}(\boldsymbol{a}\times\boldsymbol{r})=2\boldsymbol{a},\quad \operatorname{rot}(f(r)\,\boldsymbol{r})=0.$$

Ist $\boldsymbol{v} = \boldsymbol{v}(\boldsymbol{r})$ ein Vektorfeld und $\varphi = \varphi(\boldsymbol{r})$ ein skalares Feld, so gilt:

$$(\boldsymbol{v}\,\nabla)\,\boldsymbol{r} = \boldsymbol{v},$$

$$\Delta(\boldsymbol{r}\boldsymbol{v}) = \boldsymbol{r}\,\Delta\boldsymbol{v} + 2\operatorname{div}\boldsymbol{v}, \quad \Delta(\boldsymbol{r}\varphi) = \boldsymbol{r}\,\Delta\varphi + 2\operatorname{grad}\varphi,$$

$$\operatorname{rot}(\boldsymbol{r}\times\boldsymbol{v}) + \operatorname{grad}(\boldsymbol{r}\boldsymbol{v}) = -\boldsymbol{v} + \boldsymbol{r}\operatorname{div}\boldsymbol{v} + \boldsymbol{r}\times\operatorname{rot}\boldsymbol{v},$$

$$\Delta f(r) = f''(r) + \frac{2}{r}f'(r), \quad \Delta\left(\frac{f(r)}{r}\right) = \frac{f''(r)}{r}.$$

6.2 Integralsätze

6.2.1 Satz von Stokes.

$$\iint\limits_{\mathscr{F}} (\operatorname{rot}\boldsymbol{v})\,\boldsymbol{n}\,\mathrm{d}F = \oint\limits_{\mathscr{R}(\mathscr{F})} \boldsymbol{v}\,\mathrm{d}\boldsymbol{r}.\ ^{1)}$$

$\mathscr{F}$ ist ein Flächenstück, $\boldsymbol{n}$ der Normaleneinheitsvektor auf $\mathscr{F}$, $\mathscr{R}(\mathscr{F})$ die geschlossene Randkurve dieses Flächenstückes. Sie ist bei dem Randintegral in solchem Richtungssinn zu umfahren, daß sich in Richtung $\boldsymbol{n}$ eine Rechtsschraubung ergibt (Bild 6–1).

Bild 6–1. Satz von Stokes.

6.2.2 Satz von Gauß.

$$\iiint\limits_{\mathscr{V}} \operatorname{div}\boldsymbol{v}\,\mathrm{d}V = \oiint\limits_{\mathscr{R}(\mathscr{V})} \boldsymbol{v}\boldsymbol{n}\,\mathrm{d}F.\ ^{2)}$$

$\mathscr{V}$ ist ein Volumen, $\mathscr{R}(\mathscr{V})$ die geschlossene Randfläche dieses Volumens, $\boldsymbol{n}$ der nach außen gerichtete Normaleneinheitsvektor von $\mathscr{R}(\mathscr{V})$.

6.2.3 Greensche Sätze. Anwendung des Gaußschen Satzes auf $\boldsymbol{v} = \psi\operatorname{grad}\varphi$ ergibt:

$$\iiint\limits_{\mathscr{V}} \{\psi\,\Delta\varphi + \operatorname{grad}\psi\operatorname{grad}\varphi\}\,\mathrm{d}V = \oiint\limits_{\mathscr{R}(\mathscr{V})} (\psi\operatorname{grad}\varphi)\,\boldsymbol{n}\,\mathrm{d}F,\ ^{2)}$$

$$\iiint\limits_{\mathscr{V}} (\psi\,\Delta\varphi - \varphi\,\Delta\psi)\,\mathrm{d}V = \oiint\limits_{\mathscr{R}(\mathscr{V})} (\psi\operatorname{grad}\varphi - \varphi\operatorname{grad}\psi)\,\boldsymbol{n}\,\mathrm{d}F,\ ^{2)}$$

$$\iiint\limits_{\mathscr{V}} \Delta\varphi\,\mathrm{d}V = \oiint\limits_{\mathscr{R}(\mathscr{V})} \operatorname{grad}\varphi\,\boldsymbol{n}\,\mathrm{d}F.\ ^{2)}$$

6.2.4 Spezialfälle.

$$\iiint\limits_{\mathscr{V}} \operatorname{grad}\varphi\,\mathrm{d}V = \oiint\limits_{\mathscr{R}(\mathscr{V})} \varphi\boldsymbol{n}\,\mathrm{d}F,\ ^{2)}$$

$$\iiint\limits_{\mathscr{V}} \operatorname{rot}\boldsymbol{v}\,\mathrm{d}V = \oiint\limits_{\mathscr{R}(\mathscr{V})} (\boldsymbol{v}\times\boldsymbol{n})\,\mathrm{d}F, \quad \oiint\limits_{\mathscr{R}(\mathscr{V})} (\operatorname{rot}\boldsymbol{v})\,\boldsymbol{n}\,\mathrm{d}F = 0.\ ^{2)}$$

6.2.5 Wirbelfreie Felder. Ein Vektorfeld $\boldsymbol{v}(\boldsymbol{r})$, für das überall $\operatorname{rot}\boldsymbol{v}(\boldsymbol{r}) = 0$, heißt *wirbelfrei*. Es läßt sich „im kleinen“[3] darstellen als Gradient eines skalaren Feldes $\varphi(\boldsymbol{r})$:

---

[1]) Berechnung von Linien- und Flächenintegralen in 6.1.6 und 6.1.7.

[2]) Berechnung von dreifachen Integralen in 4.4.8.2. Oft ist es zweckmäßig, krummlinige Koordinaten zu verwenden; Transformationsformeln in 6.3.2, 6.3.4 und 6.3.6.

[3]) Das heißt in der Umgebung jedes Punktes. „Im großen“ kann das Potential mehrwertig werden (elektrisches Feld im Außenraum eines Transformators).

$\boldsymbol{v} = \operatorname{grad} \varphi$. Umgekehrt ist der Gradient eines skalaren Feldes stets wirbelfrei. φ heißt *Potential* von $\boldsymbol{v}$. Dann gilt:

$$\int_{P_1}^{P_2} \boldsymbol{v}\, d\boldsymbol{r} = \varphi(\boldsymbol{r}_2) - \varphi(\boldsymbol{r}_1).$$

Das Linienintegral links ist unabhängig vom von P_1 nach P_2 (R.V. $\boldsymbol{r}_1$ bzw. $\boldsymbol{r}_2$) führenden Weg; es verschwindet für einen geschlossenen Integrationsweg.

6.2.6 Quellenfreie Felder. Ein Vektorfeld $\boldsymbol{v}(\boldsymbol{r})$, für das überall $\operatorname{div} \boldsymbol{v}(\boldsymbol{r}) = 0$, heißt *quellenfrei*. Es läßt sich im kleinen [1]) darstellen als Rotation eines quellenfreien Vektorfeldes $\boldsymbol{w}(\boldsymbol{r})$: $\boldsymbol{v} = \operatorname{rot} \boldsymbol{w}$, $\operatorname{div} \boldsymbol{w} = 0$. Umgekehrt ist die Rotation eines beliebigen Vektorfeldes quellenfrei. $\boldsymbol{w}$ heißt *Vektorpotential* von $\boldsymbol{v}$. Dann gilt, daß der Fluß $\iint_{\mathscr{F}} \boldsymbol{v}\boldsymbol{n}\, dF$ durch das Flächenstück $\mathscr{F}$ nur von der Randlinie abhängt, nicht aber von der Gestalt von $\mathscr{F}$. Der Fluß durch eine geschlossene Fläche verschwindet.

6.2.7 Helmholtzscher Vektorzerlegungssatz. Jedes stetige Vektorfeld $\boldsymbol{v}(\boldsymbol{r})$ läßt sich im kleinen[1]) darstellen als *Summe eines wirbelfreien und eines quellenfreien Feldes:*

$$\boldsymbol{v} = \boldsymbol{v}_1 + \boldsymbol{v}_2 = \operatorname{grad} \varphi + \operatorname{rot} \boldsymbol{w}, \quad \operatorname{rot} \boldsymbol{v}_1 = 0, \quad \operatorname{div} \boldsymbol{v}_2 = 0.$$

Es ist also durch die Angabe seines Quellenpotentials φ und seines Wirbelpotentials $\boldsymbol{w}$ eindeutig bestimmt. Umgekehrt läßt sich aus dem Feld der Quellstärke(-belegung) $q = \operatorname{div} \boldsymbol{v} = \Delta\varphi$ und dem der Wirbelstärke(-belegung) $2\vec{\omega} = \operatorname{rot} \boldsymbol{v} = \operatorname{grad}(\operatorname{div} \boldsymbol{w}) - \Delta \boldsymbol{w}$ unter Einbeziehung der Randwerte von $\boldsymbol{v}$ sowohl die Felder φ und $\boldsymbol{w}$ [auch bei zusätzlicher, aber nicht notwendiger Spezialisierung auf $\operatorname{div} \boldsymbol{w} \equiv 0$] wie auch das Feld $\boldsymbol{v}$ konstruieren.

6.3 Krummlinige Koordinaten

[28, 29]

Bei besonderen Problemen ist es oft zweckmäßig, statt mit kartesischen mit krummlinigen Koordinaten zu arbeiten.

6.3.1 Allgemeines. Punkt P beschreibt einen Raumteil, wenn der Radiusvektor (R.V.) $\boldsymbol{r} = \boldsymbol{r}(u_1, u_2, u_3)$ von P stetig differenzierbar von drei Veränderlichen u_1, u_2, u_3 abhängt. Dabei soll überall $\left[\frac{\partial \boldsymbol{r}}{\partial u_1}, \frac{\partial \boldsymbol{r}}{\partial u_2}, \frac{\partial \boldsymbol{r}}{\partial u_3}\right] \neq 0$ sein. u_1, u_2, u_3 heißen dann *krummlinige Koordinaten* des Raumes. Die drei Flächenscharen $u_1 = \text{const}$, $u_2 = \text{const}$, $u_3 = \text{const}$ heißen *Koordinatenflächen*, ihre Schnittkurven *Koordinatenlinien*; sie bilden ein krummliniges *Koordinatennetz* derart, daß durch jeden Punkt P drei Koordinatenlinien gehen. Diese haben die Tangentenvektoren

$$\boldsymbol{r}_1 = \frac{\partial \boldsymbol{r}}{\partial u_1}, \quad \boldsymbol{r}_2 = \frac{\partial \boldsymbol{r}}{\partial u_2}, \quad \boldsymbol{r}_3 = \frac{\partial \boldsymbol{r}}{\partial u_3}.$$

$(P; \boldsymbol{r}_1, \boldsymbol{r}_2, \boldsymbol{r}_3)$ stellt ein im allgemeinen schiefwinkliges bewegliches Koordinatensystem dar (Bild 6–2). Der Vektor $\boldsymbol{v} = \boldsymbol{v}(\boldsymbol{r})$ eines Vektorfeldes wird jeweils auf dieses System bezogen:

$$\boldsymbol{v} = v_1 \boldsymbol{r}_1 + v_2 \boldsymbol{r}_2 + v_3 \boldsymbol{r}_3, \quad (v_1 = v_1(u_1, u_2, u_3) \text{ usw.}).$$

Beim Differenzieren ist jetzt zu beachten, daß sich auch die Grundvektoren $\boldsymbol{r}_1, \boldsymbol{r}_2, \boldsymbol{r}_3$ ändern.

6.3.2 Transformation von dreifachen Integralen. $\boldsymbol{r} = \boldsymbol{r}(u_1, u_2, u_3)$ beschreibt ein Raumteil $\mathscr{V}$, wenn die u_1, u_2, u_3 in einem gewissen Bereich $\mathscr{U}$ variieren. Ist $\varphi = \varphi(\boldsymbol{r})$ ein skalares Feld, so wird

$$\iiint_{\mathscr{V}} \varphi(\boldsymbol{r})\, dV = \iiint_{\mathscr{U}} \varphi(\boldsymbol{r}(u_1, u_2, u_3))\, |[\boldsymbol{r}_1, \boldsymbol{r}_2, \boldsymbol{r}_3]|\, du_1\, du_2\, du_3.$$

[1]) Vgl. Fußnote 3, S. 167.

Kurz: Das „*Volumenelement*" für die Koordinaten u_1, u_2, u_3 ist

$$\mathrm{d}V = |[\boldsymbol{r}_1, \boldsymbol{r}_2, \boldsymbol{r}_3]| \, \mathrm{d}u_1 \, \mathrm{d}u_2 \, \mathrm{d}u_3 .$$

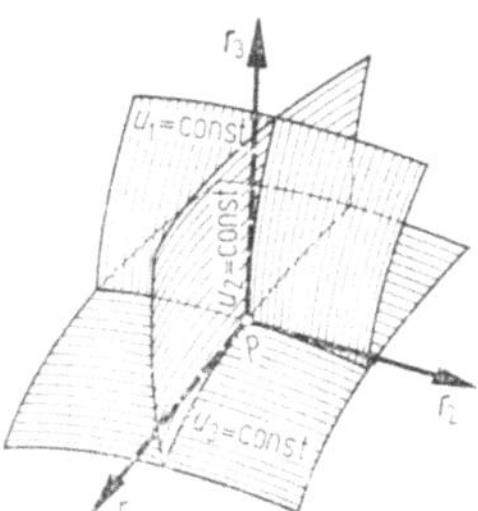

Bild 6–2. Krummlinige Koordinaten.

Es sei $\boldsymbol{r} = \{x, y, z\}$ in einem kartesischen Koordinatensystem. Der Zusammenhang zwischen x, y, z und u_1, u_2, u_3 sei gegeben durch

$$x = x(u_1, u_2, u_3), \quad y = y(u_1, u_2, u_3), \quad z = z(u_1, u_2, u_3) .$$

Dies kann man auch als eine Variablentransformation auffassen. Man nennt dann

$$[\boldsymbol{r}_1, \boldsymbol{r}_2, \boldsymbol{r}_3] = \begin{vmatrix} \frac{\partial x}{\partial u_1} & \frac{\partial y}{\partial u_1} & \frac{\partial z}{\partial u_1} \\ \frac{\partial x}{\partial u_2} & \frac{\partial y}{\partial u_2} & \frac{\partial z}{\partial u_2} \\ \frac{\partial x}{\partial u_3} & \frac{\partial y}{\partial u} & \frac{\partial z}{\partial u_3} \end{vmatrix} = \frac{\partial(x, y, z)}{\partial(u_1, u_2, u_3)}$$

die *Funktionaldeterminante* dieser Transformation.

Mit $\varphi(\boldsymbol{r}) = \varphi(x, y, z) = \varphi(\boldsymbol{r}(u_1, u_2, u_3)) = \varphi\{u_1, u_2, u_3\}$ wird dann

$$\iiint_{\mathscr{V}} \varphi(x, y, z) \, \mathrm{d}x \, \mathrm{d}y \, \mathrm{d}z = \iiint_{\mathscr{U}} \varphi\{u_1, u_2, u_3\} \left| \frac{\partial(x, y, z)}{\partial(u_1, u_2, u_3)} \right| \mathrm{d}u_1 \, \mathrm{d}u_2 \, \mathrm{d}u_3 .$$

Entsprechendes gilt für mehrfache Integrale.

6.3.3 Orthogonale Koordinaten. Die Koordinaten u_1, u_2, u_3 heißen *orthogonal*, wenn $\boldsymbol{r}_i \boldsymbol{r}_k = 0$ $(i \neq k)$, d.h. wenn die Koordinatenlinien immer aufeinander senkrecht stehen. In diesem Fall benutzt man meist als ortsabhängiges Koordinatensystem:

$$\left(P; \boldsymbol{r}_1^0, \boldsymbol{r}_2^0, \boldsymbol{r}_3^0\right), \quad \left(\boldsymbol{r}_i^0 = \frac{\boldsymbol{r}_i}{|\boldsymbol{r}_i|}, \quad i = 1, 2, 3\right)$$

und spricht von ***natürlichen** Koordinaten*. Man hat dann in jedem Punkt ein orthonormales Koordinatendreibein (vgl. 7.6.1.4). Ein Feldvektor $\boldsymbol{v} = \boldsymbol{v}(\boldsymbol{r})$ wird jeweils auf dieses System bezogen:

$$\boldsymbol{v} = v_1 \boldsymbol{r}_1^0 + v_2 \boldsymbol{r}_2^0 + v_3 \boldsymbol{r}_3^0, \quad (v_1 = v_1(u_1, u_2, u_3) \text{ usw.}).$$

Man schreibt auch kurz: $\boldsymbol{v} = \{v_1, v_2, v_3\}$ (falls keine Verwechslung mit anderen Koordinaten möglich).

6.3.4 Linienelement, Volumenelement. u_1, u_2, u_3 seien orthogonale Koordinaten. Durch $u_1 = u_1(t)$, $u_2 = u_2(t)$, $u_3 = u_3(t)$ ist eine Kurve

$$\boldsymbol{r} = \boldsymbol{r}(t) = \boldsymbol{r}(u_1(t), u_2(t), u_3(t))$$

gegeben (s. 7.6.1.1). Es ist

$$\frac{\mathrm{d}\boldsymbol{r}}{\mathrm{d}t} = \boldsymbol{r}' = u_1'\boldsymbol{r}_1 + u_2'\boldsymbol{r}_2 + u_3'\boldsymbol{r}_3, \quad \left(u_1' = \frac{\mathrm{d}u_1}{\mathrm{d}t}, \quad \boldsymbol{r}_1 = \frac{\partial \boldsymbol{r}}{\partial u_1} \text{ usw.}\right).$$

Setzt man

$$e_1 = |\boldsymbol{r}_1|, \quad e_2 = |\boldsymbol{r}_2|, \quad e_3 = |\boldsymbol{r}_3|, \quad e_1 e_2 e_3 = e = |[\boldsymbol{r}_1, \boldsymbol{r}_2, \boldsymbol{r}_3]|,$$

so ergibt sich (s Bogenlänge):

$$\left(\frac{\mathrm{d}s}{\mathrm{d}t}\right)^2 = \boldsymbol{r}'^2 = e_1^2 u_1'^2 + e_2^2 u_2'^2 + e_3^2 u_3'^2.$$

Kurz: Für das „*Linienelement*" ds gilt:

$$\mathrm{d}s^2 = e_1^2\,\mathrm{d}u_1^2 + e_2^2\mathrm{d}u_2^2 + e_3^2\mathrm{d}u_3^2.$$

Das *Volumenelement* (s. 6.3.2) wird:

$$\mathrm{d}V = e_1 e_2 e_3\,\mathrm{d}u_1\,\mathrm{d}u_2\,\mathrm{d}u_3 = e\,\mathrm{d}u_1\,\mathrm{d}u_2\,\mathrm{d}u_3.$$

6.3.5 Betrachtungen für die Ebene entsprechend. Am wichtigsten sind die ebenen *Polarkoordinaten* (Bild 6–3):

$$u_1 = r, \quad u_2 = \varphi,$$

$$x = r\cos\varphi, \quad y = r\sin\varphi, \quad r = \sqrt{x^2 + y^2}, \quad \varphi = \arctan(y/x).$$

O heißt Pol, die x-Achse Polarachse, OP Leitstrahl, φ Polarwinkel.

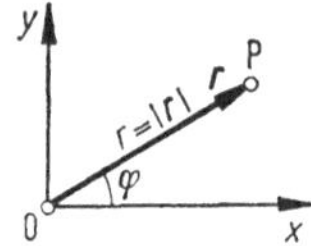

Bild 6–3. Polarkoordinaten.

6.3.6 Differentiationsoperationen in natürlichen orthogonalen Koordinaten.

$$\operatorname{grad}\varphi = \left\{\frac{1}{e_1}\frac{\partial\varphi}{\partial u_1}, \quad \frac{1}{e_2}\frac{\partial\varphi}{\partial u_2}, \quad \frac{1}{e_3}\frac{\partial\varphi}{\partial u_3}\right\},$$

$$\operatorname{div}\boldsymbol{v} = \frac{1}{e}\left\{\frac{\partial}{\partial u_1}\left(e\frac{v_1}{e_1}\right) + \frac{\partial}{\partial u_2}\left(e\frac{v_2}{e_2}\right) + \frac{\partial}{\partial u_3}\left(e\frac{v_3}{e_3}\right)\right\},$$

$$\operatorname{rot}\boldsymbol{v} = \left\{\frac{e_1}{e}\left[\frac{\partial}{\partial u_2}(e_3 v_3) - \frac{\partial}{\partial u_3}(e_2 v_2)\right], \quad \frac{e_2}{e}\left[\frac{\partial}{\partial u_3}(e_1 v_1) - \frac{\partial}{\partial u_1}(e_3 v_3)\right],\right.$$
$$\left.\frac{e_3}{e}\left[\frac{\partial}{\partial u_1}(e_2 v_2) - \frac{\partial}{\partial u_2}(e_1 v_1)\right]\right\},$$

$$\Delta\varphi = \frac{1}{e}\left\{\frac{\partial}{\partial u_1}\left(\frac{e}{e_1^2}\frac{\partial\varphi}{\partial u_1}\right) + \frac{\partial}{\partial u_2}\left(\frac{e}{e_2^2}\frac{\partial\varphi}{\partial u_2}\right) + \frac{\partial}{\partial u_3}\left(\frac{e}{e_3^2}\frac{\partial\varphi}{\partial u_3}\right)\right\},$$

$$\operatorname{div}\operatorname{grad}\boldsymbol{v} = \Delta\boldsymbol{v} =$$

$$= \left\{\frac{1}{e_1}\frac{\partial}{\partial u_1}\left[\frac{1}{e}\left(\frac{\partial}{\partial u_1}\left(e\frac{v_1}{e_1}\right) + \frac{\partial}{\partial u_2}\left(e\frac{v_2}{e_2}\right) + \frac{\partial}{\partial u_3}\left(e\frac{v_3}{e_3}\right)\right)\right] - \right.$$
$$- \frac{e_1}{e}\left[\frac{\partial}{\partial u_2}\left(\frac{e_3^2}{e}\frac{\partial}{\partial u_1}(e_2 v_2)\right) - \frac{\partial}{\partial u_2}\left(\frac{e_3^2}{e}\frac{\partial}{\partial u_2}(e_1 v_1)\right) - \right.$$
$$\left. - \frac{\partial}{\partial u_3}\left(\frac{e_2^2}{e}\frac{\partial}{\partial u_3}(e_1 v_1)\right) + \frac{\partial}{\partial u_3}\left(\frac{e_2^2}{e}\frac{\partial}{\partial u_1}(e_3 v_3)\right)\right],$$

$$\frac{1}{e_2}\frac{\partial}{\partial u_2}\left[\frac{1}{e}\left(\frac{\partial}{\partial u_1}\left(e\frac{v_1}{e_1}\right)+\frac{\partial}{\partial u_2}\left(e\frac{v_2}{e_2}\right)+\frac{\partial}{\partial u_3}\left(e\frac{v_3}{e_3}\right)\right)\right]-$$

$$-\frac{e_2}{e}\left[\frac{\partial}{\partial u_3}\left(\frac{e_1^2}{e}\frac{\partial}{\partial u_2}(e_3v_3)\right)-\frac{\partial}{\partial u_3}\left(\frac{e_1^2}{e}\frac{\partial}{\partial u_3}(e_2v_2)\right)-\right.$$

$$\left.-\frac{\partial}{\partial u_1}\left(\frac{e_3^2}{e}\frac{\partial}{\partial u_1}(e_2v_2)\right)+\frac{\partial}{\partial u_1}\left(\frac{e_3^2}{e}\frac{\partial}{\partial u_2}(e_1v_1)\right)\right],$$

$$\frac{1}{e_3}\frac{\partial}{\partial u_3}\left[\frac{1}{e}\left(\frac{\partial}{\partial u_1}\left(e\frac{v_1}{e_1}\right)+\frac{\partial}{\partial u_2}\left(e\frac{v_2}{e_2}\right)+\frac{\partial}{\partial u_3}\left(e\frac{v_3}{e_3}\right)\right)\right]-$$

$$-\frac{e_3}{e}\left[\frac{\partial}{\partial u_1}\left(\frac{e_2^2}{e}\frac{\partial}{\partial u_3}(e_1v_1)\right)-\frac{\partial}{\partial u_1}\left(\frac{e_2^2}{e}\frac{\partial}{\partial u_1}(e_3v_3)\right)-\right.$$

$$\left.\left.-\frac{\partial}{\partial u_2}\left(\frac{e_1^2}{e}\frac{\partial}{\partial u_2}(e_3v_3)\right)+\frac{\partial}{\partial u_2}\left(\frac{e_1^2}{e}\frac{\partial}{\partial u_3}(e_2v_2)\right)\right]\right\}.$$

6.3.7 Zylinderkoordinaten (Bild 6–4). $u_1 = \varrho$, $u_2 = \vartheta$, $u_3 = z$. Die Koordinatenflächen sind Zylinder, deren Achse die z-Achse ist, Ebenen durch die z-Achse und Ebenen senkrecht zur z-Achse.

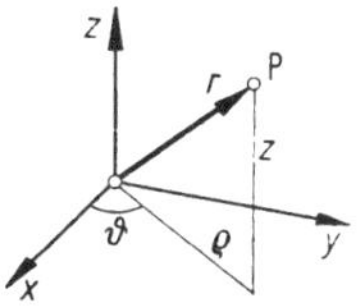

Bild 6–4.
Zylinderkoordinaten.

$$x = \varrho\cos\vartheta,\quad y = \varrho\sin\vartheta,\quad z = z.$$

$$e_1 = 1,\quad e_2 = \varrho,\quad e_3 = 1,\quad e = \varrho.$$

$$\mathrm{d}s^2 = \mathrm{d}\varrho^2 + \varrho^2\,\mathrm{d}\vartheta^2 + \mathrm{d}z^2,\quad \mathrm{d}V = \varrho\,\mathrm{d}\varrho\,\mathrm{d}\vartheta\,\mathrm{d}z.$$

$$\operatorname{grad}\varphi = \left\{\frac{\mathrm{d}\varphi}{\mathrm{d}\varrho},\ \frac{1}{\varrho}\frac{\mathrm{d}\varphi}{\mathrm{d}\vartheta},\ \frac{\mathrm{d}\varphi}{\mathrm{d}z}\right\},\quad \operatorname{div}\boldsymbol{v} = \frac{1}{\varrho}\frac{\partial}{\partial\varrho}(\varrho v_\varrho) + \frac{1}{\varrho}\frac{\partial v_\vartheta}{\partial\vartheta} + \frac{\partial v_z}{\partial z},$$

$$\operatorname{rot}\boldsymbol{v} = \left\{\frac{1}{\varrho}\frac{\partial v_z}{\partial\vartheta} - \frac{\partial v_\vartheta}{\partial z},\ \frac{\partial v_\varrho}{\partial z} - \frac{\partial v_z}{\partial\varrho},\ \frac{1}{\varrho}\frac{\partial}{\partial\varrho}(\varrho v_\vartheta) - \frac{1}{\varrho}\frac{\partial v_\varrho}{\partial\vartheta}\right\},$$

$$\Delta\varphi = \frac{1}{\varrho}\frac{\partial\varphi}{\partial\varrho} + \frac{\partial^2\varphi}{\partial\varrho^2} + \frac{1}{\varrho^2}\frac{\partial^2\varphi}{\partial\vartheta^2} + \frac{\partial^2\varphi}{\partial z^2}.$$

$$\operatorname{div}\operatorname{grad}\boldsymbol{v} = \Delta\boldsymbol{v} =$$

$$= \left\{\frac{\partial^2 v_\varrho}{\partial\varrho^2} + \frac{1}{\varrho^2}\frac{\partial^2 v_\varrho}{\partial\vartheta^2} + \frac{\partial^2 v_\varrho}{\partial z^2} - \frac{v_\varrho}{\varrho^2} + \frac{1}{\varrho}\frac{\partial v_\varrho}{\partial\varrho} - \frac{2}{\varrho^2}\frac{\partial v_\vartheta}{\partial\vartheta};\right.$$

$$\frac{\partial^2 v_\vartheta}{\partial\varrho^2} + \frac{1}{\varrho^2}\frac{\partial^2 v_\vartheta}{\partial\vartheta^2} + \frac{\partial^2 v_\vartheta}{\partial z^2} - \frac{v_\vartheta}{\varrho^2} + \frac{1}{\varrho}\frac{\partial v_\vartheta}{\partial\varrho} + \frac{2}{\varrho^2}\frac{\partial v_\varrho}{\partial\vartheta};$$

$$\left.\frac{\partial^2 v_z}{\partial\varrho^2} + \frac{1}{\varrho^2}\frac{\partial^2 v_z}{\partial\vartheta^2} + \frac{\partial^2 v_z}{\partial z^2} + \frac{1}{\varrho}\frac{\partial v_z}{\partial\varrho}\right\}.$$

6.3.8 Kugelkoordinaten (Bild 6–5). $u_1 = r$, $u_2 = \psi$, $u_3 = \vartheta$. Die Koordinatenflächen sind Kugeln mit dem Ursprung O als Mittelpunkt, Ebenen durch die z-Achse und Kegel, deren Achse die z-Achse ist und deren Spitze in O liegt.

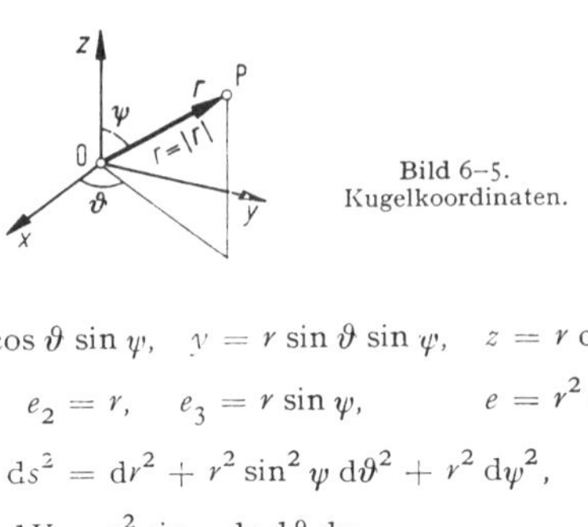

Bild 6–5.
Kugelkoordinaten.

$$x = r\cos\vartheta\sin\psi, \quad y = r\sin\vartheta\sin\psi, \quad z = r\cos\psi.$$

$$e_1 = 1, \quad e_2 = r, \quad e_3 = r\sin\psi, \qquad e = r^2\sin\psi.$$

$$\mathrm{d}s^2 = \mathrm{d}r^2 + r^2\sin^2\psi\,\mathrm{d}\vartheta^2 + r^2\,\mathrm{d}\psi^2,$$

$$\mathrm{d}V = r^2\sin\psi\,\mathrm{d}r\,\mathrm{d}\vartheta\,\mathrm{d}\psi.$$

$$\operatorname{grad}\varphi = \left\{\frac{\partial\varphi}{\partial r},\quad \frac{1}{r}\frac{\partial\varphi}{\partial\psi},\quad \frac{1}{r\sin\psi}\frac{\partial\varphi}{\partial\vartheta}\right\},$$

$$\operatorname{div}\boldsymbol{v} = \frac{1}{r^2}\frac{\partial}{\partial r}(r^2 v_r) + \frac{1}{r\sin\psi}\frac{\partial}{\partial\psi}(\sin\psi\, v_\psi) + \frac{1}{r\sin\psi}\frac{\partial v_\vartheta}{\partial\vartheta},$$

$$\operatorname{rot}\boldsymbol{v} = \left\{\frac{1}{r\sin\psi}\left[\frac{\partial}{\partial\psi}(\sin\psi\, v_\vartheta) - \frac{\partial v_\psi}{\partial\vartheta}\right],\quad \frac{1}{r\sin\psi}\left[\frac{\partial v_r}{\partial\vartheta} - \sin\psi\frac{\partial}{\partial r}(r\, v_\vartheta)\right],\right.$$
$$\left.\left[\frac{1}{r}\frac{\partial}{\partial r}(r v_\psi) - \frac{1}{r}\frac{\partial v_r}{\partial\psi}\right]\right\},$$

$$\Delta\varphi = \frac{1}{r^2}\frac{\partial}{\partial r}\left(r^2\frac{\partial\varphi}{\partial r}\right) + \frac{1}{r^2\sin\psi}\frac{\partial}{\partial\psi}\left(\sin\psi\frac{\partial\varphi}{\partial\psi}\right) + \frac{1}{r^2\sin^2\psi}\frac{\partial^2\varphi}{\partial\vartheta^2}.$$

$\operatorname{div}\operatorname{grad}\boldsymbol{v} = \Delta\boldsymbol{v} =$

$$= \left\{\frac{\partial^2 v_r}{\partial r^2} + \frac{1}{r^2}\frac{\partial^2 v_r}{\partial\psi^2} + \frac{1}{r^2\sin^2\psi}\frac{\partial^2 v_r}{\partial\vartheta^2} + \frac{2}{r}\frac{\partial v_r}{\partial r} +\right.$$
$$+ \frac{\cot\psi}{r^2}\frac{\partial v_r}{\partial\psi} - \frac{2}{r^2}\frac{\partial v_\psi}{\partial\psi} - \frac{2}{r^2\sin\psi}\frac{\partial v_\vartheta}{\partial\vartheta} - \frac{2v_r}{r^2} - \frac{2\cot\psi}{r^2}v_\psi,$$

$$\frac{\partial^2 v_\psi}{\partial r^2} + \frac{1}{r^2}\frac{\partial^2 v_\psi}{\partial\psi^2} + \frac{1}{r^2\sin^2\psi}\frac{\partial^2 v_\psi}{\partial\vartheta^2} + \frac{2}{r}\frac{\partial v_\psi}{\partial r} + \frac{\cot\psi}{r^2}\frac{\partial v_\psi}{\partial\psi} -$$
$$- \frac{2\cos\psi}{r^2\sin^2\psi}\frac{\partial v_\vartheta}{\partial\vartheta} + \frac{2}{r^2}\frac{\partial v_r}{\partial\psi} - \frac{v_\psi}{r^2\sin^2\psi},$$

$$\frac{\partial^2 v_\vartheta}{\partial r^2} + \frac{1}{r^2}\frac{\partial^2 v_\vartheta}{\partial\psi^2} + \frac{1}{r^2\sin^2\psi}\frac{\partial^2 v_\vartheta}{\partial\vartheta^2} + \frac{2}{r}\frac{\partial v_\vartheta}{\partial r} + \frac{\cot\psi}{r^2}\frac{\partial v_\vartheta}{\partial\psi} +$$
$$\left. + \frac{2}{r^2\sin\psi}\frac{\partial v_r}{\partial\vartheta} + \frac{2\cos\psi}{r^2\sin^2\psi}\frac{\partial v_\psi}{\partial\vartheta} - \frac{v\vartheta}{r^2\sin^2\psi}\right\}.$$

7. Analytische Geometrie

[94—100]

7.1 Punkt und Gerade in der Ebene

Im folgenden liege ein ebenes kartesisches Koordinatensystem $(O; \boldsymbol{e}_x, \boldsymbol{e}_y)$ zugrunde (vgl. 5.2.7). $P = (x, y)$ sei ein Punkt mit dem Radiusvektor (R.V.) $\boldsymbol{r} = x\boldsymbol{e}_x + y\boldsymbol{e}_y = \{x, y\}$. x heißt *Abszisse*, y *Ordinate* von P.

7.1.1 Abstand d zweier Punkte $P_1 = (x_1, y_1)$ und $P_2 = (x_2, y_2)$ ist gleich dem Betrag des Vektors $\boldsymbol{d} = \overrightarrow{P_1P_2}$:

$$d = |\boldsymbol{d}| = \sqrt{(x_1 - x_2)^2 + (y_1 - y_2)^2}.$$

7.1.2 Richtung ist bestimmt durch Angabe des Einheitsvektors $\boldsymbol{a}^0$, der in diese Richtung zeigt. Wenn α der Winkel ist, den diese Richtung mit der x-Achse einschließt, so wird (Bild 7–1)

$$\boldsymbol{a}^0 = \{\cos\alpha, \sin\alpha\}.$$

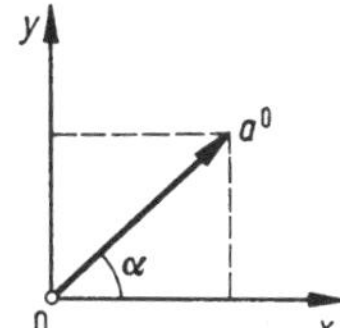

Bild 7–1.
Richtungsbestimmung.

7.1.3 Teilpunkt. Teilt man die Strecke P_1P_2 im Verhältnis $m/n = \lambda$ ($\lambda > 0$ *innere*, $\lambda < 0$ *äußere Teilung*), so hat der Teilpunkt T den Radiusvektor

$$\boldsymbol{r}_T = \left(\frac{1}{1+\lambda}\right)(\boldsymbol{r}_1 + \lambda\boldsymbol{r}_2),$$

d.h.

$$T = \left(\frac{x_1 + \lambda x_2}{1+\lambda}, \frac{y_1 + \lambda y_2}{1+\lambda}\right).$$

7.1.4 Gerade Linie. Ist $\boldsymbol{n}$ ein Vektor senkrecht zu einer Geraden (man nennt $\boldsymbol{n}$ dann *Stellungsvektor* oder Normalvektor der Geraden) und $\boldsymbol{r}_0$ der R.V. eines Punktes P_0 auf ihr, so lautet ihre Gleichung:

$$\boldsymbol{n}(\boldsymbol{r} - \boldsymbol{r}_0) = \boldsymbol{n}\boldsymbol{r} + C = 0 \quad (C = -\boldsymbol{n}\boldsymbol{r}_0),$$

wo $\boldsymbol{r}$ die R.V. der Punkte P der Geraden durchläuft (Bild 7–2). In Koordinaten:

$$Ax + By + C = 0, \quad \boldsymbol{r} = \{x, y\}, \quad \boldsymbol{n} = \{A, B\}.$$

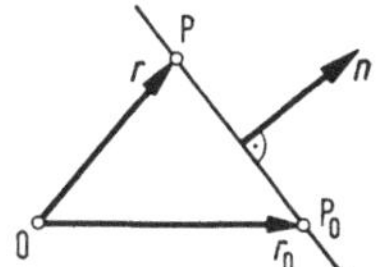

Bild 7–2.
Gleichung einer Geraden in der Ebene.

Falls $B \neq 0$, kann man nach y auflösen: $y = mx + b$. Dabei ist $m = \tan\varphi$ Anstieg der Geraden (φ Winkel mit der x-Achse), b Ordinate des Schnittpunktes mit der y-Achse.

Sonderfälle:

$x = a$ Gleichung einer Senkrechten zur x-Achse,
$y = b$ Gleichung einer Senkrechten zur y-Achse,
$y = mx$ Gleichung einer Geraden durch den Anfangspunkt der Koordinaten,
$y = \pm x$ Gleichung der Halbierungslinien des Achsenkreuzes.

7.1.5 Bestimmung der Gleichung einer Geraden (g):

Gegeben	Gleichung
$m = \tan\alpha$ Anstieg, $P_0 = (x_0, y_0)$ = Punkt auf (g)	$y - y_0 = m(x - x_0)$
Zwei Punkte $P_1 = (x_1, y_1)$, $P_2 = (x_2, y_2)$, die auf (g) liegen	$\begin{vmatrix} x & y & 1 \\ x_1 & y_1 & 1 \\ x_2 & y_2 & 1 \end{vmatrix} = 0$ oder $(y - y_1)(x_2 - x_1) = (x - x_1)(y_2 - y_1)$
a Abszisse des Schnittes mit der x-Achse b Ordinate des Schnittes mit der y-Achse	$x/a + y/b = 1,\ a \neq 0,\ b \neq 0$ (Abschnittsgleichung)

7.1.6 Hessesche Normalform. Hat eine Gerade die Gleichung $\boldsymbol{nr} + C = 0$, so ergibt sich nach Division durch $|\boldsymbol{n}|$ ihre *Hessesche Normalform:*

$$\boldsymbol{n}^0\boldsymbol{r} - l = x\cos\alpha + y\sin\alpha - l = 0,$$

$\boldsymbol{n}^0 = \dfrac{\boldsymbol{n}}{|\boldsymbol{n}|}$, l Länge des Lotes vom Ursprung O auf die Gerade, α Winkel, den dieses Lot mit der x-Achse einschließt (Bild 7–3).

Bild 7–3. Gleichung einer Geraden in der Hesseschen Normalform.

7.1.7 Abstand d des Punktes $P_1 = (x_1, y_1)$ von der Geraden ist (Bild 7–3)

$$d = \boldsymbol{n}^0\boldsymbol{r}_1 - l = x_1\cos\alpha + y_1\sin\alpha - l$$

(Bei der angegebenen Orientierung von $\boldsymbol{n}^0$ ist $d < 0$, falls P_1 und O auf derselben Seite der Geraden liegen, andernfalls $d > 0$).

7.1.8 Schnittwinkel β zweier Geraden $\boldsymbol{n}_1^0\boldsymbol{r} - l_1 = 0$ und $\boldsymbol{n}_2^0\boldsymbol{r} - l_2 = 0$ ist durch $\cos\beta = \boldsymbol{n}_1^0\boldsymbol{n}_2^0$ gegeben.

7.1.9 Dreieck. Drei Punkte P_1, P_2, P_3, die nicht auf einer Geraden liegen, bestimmen ein *Dreieck*, dessen Flächeninhalt der Betrag von

$$D = \frac{1}{2}[\boldsymbol{r}_1 - \boldsymbol{r}_2, \boldsymbol{r}_1 - \boldsymbol{r}_3] = \frac{1}{2}\begin{vmatrix} 1 & x_1 & y_1 \\ 1 & x_2 & y_2 \\ 1 & x_3 & y_3 \end{vmatrix}$$

7.2 Punkt, Ebene und Gerade im Raum

Im folgenden liege ein räumliches kartesisches Koordinatensystem $(O; \boldsymbol{e}_x, \boldsymbol{e}_y, \boldsymbol{e}_z)$ zugrunde (vgl. 5.2.3). $P = (x, y, z)$ sei ein Punkt mit dem Radiusvektor (R.V.)

$$\boldsymbol{r} = x\boldsymbol{e}_x + y\boldsymbol{e}_y + z\boldsymbol{e}_z = \{x, y, z\}.$$

7.2.1 Abstand d zweier Punkte $P_1 = (x_1, y_1, z_1)$ und $P_2 = (x_2, y_2, z_2)$ ist gleich dem Betrag des Vektors $\boldsymbol{d} = \overrightarrow{P_1P_2}$:

$$d = |\boldsymbol{d}| = \sqrt{(x_1 - x_2)^2 + (y_1 - y_2)^2 + (z_1 - z_2)^2}.$$

7.2.2 Richtung ist bestimmt durch Angabe des Einheitsvektors $\boldsymbol{a}^0$, der in diese Richtung zeigt. Sind α, β, γ die drei Winkel, die diese Richtung mit den Koordinatenachsen einschließt, so wird

$$\boldsymbol{a}^0 = \{\cos\alpha, \cos\beta, \cos\gamma\}.$$

7.2.3 Teilpunkt. Teilt man die Strecke P_1P_2 im Verhältnis $m/n = \lambda$ ($\lambda > 0$ innere, $\lambda < 0$ äußere Teilung), so hat der *Teilpunkt* T den Radiusvektor

$$\boldsymbol{r}_T = \left(\frac{1}{1+\lambda}\right)(\boldsymbol{r}_1 + \lambda\boldsymbol{r}_2), \quad \text{d.h.} \quad T = \left(\frac{x_1 + \lambda x_2}{1+\lambda}, \frac{y_1 + \lambda y_2}{1+\lambda}, \frac{z_1 + \lambda z_2}{1+\lambda}\right).$$

7.2.4 Ebene. Ist $\boldsymbol{n}$ ein Vektor senkrecht zu einer Ebene (man nennt $\boldsymbol{n}$ dann *Stellungsvektor* oder Normalvektor der Ebene) und $\boldsymbol{r}_0$ der R.V. eines Punktes P_0 auf ihr, so lautet ihre Gleichung:

$$\boldsymbol{n}(\boldsymbol{r} - \boldsymbol{r}_0) = \boldsymbol{n}\boldsymbol{r} + D = 0 \quad (D = -\boldsymbol{n}\boldsymbol{r}_0),$$

wo $\boldsymbol{r}$ die R.V. der Punkte P der Ebene durchläuft.

In Koordinaten:

$$Ax + By + Cz + D = 0, \quad \boldsymbol{r} = \{x, y, z\}, \quad \boldsymbol{n} = \{A, B, C\}.$$

Sonderfälle:

$By + Cz + D = 0$: Gleichung einer Ebene parallel zur x-Achse,
$Ax + Cz + D = 0$: Gleichung einer Ebene parallel zur y-Achse,
$Ax + By + D = 0$: Gleichung einer Ebene parallel zur z-Achse,
$Ax + By + Cz = 0$: Gleichung einer Ebene, die durch den Anfangspunkt der Koordinaten geht.

$x = a$: Gleichung einer Ebene parallel zur yz-Ebene,
$y = b$: Gleichung einer Ebene parallel zur zx-Ebene,
$z = c$: Gleichung einer Ebene parallel zur xy-Ebene.

7.2.5 Hessesche Normalform. Hat eine Ebene die Gleichung $\boldsymbol{n}\boldsymbol{r} + D = 0$, so ergibt sich nach Division durch $|\boldsymbol{n}|$ ihre *Hessesche Normalform:*

$$\boldsymbol{n}^0\boldsymbol{r} - l = x\cos\alpha + y\cos\beta + z\cos\gamma - l = 0,$$

$\boldsymbol{n}^0 = \dfrac{\boldsymbol{n}}{|\boldsymbol{n}|}$, l Länge des Lotes vom Ursprung O auf die Ebene, α, β, γ Winkel, die dieses Lot mit den Koordinatenachsen einschließt.

7.2.6 Bestimmung der Gleichung einer Ebene ($\boldsymbol{E}$):

Gegeben	Gleichung
3 Punkte $P_1 = (x_1, y_1, z_1)$, $P_2 = (x_2, y_2, z_2)$, $P_3 = (x_3, y_3, z_3)$, die auf (E) liegen	$\begin{vmatrix} x & y & z & 1 \\ x_1 & y_1 & z_1 & 1 \\ x_2 & y_2 & z_2 & 1 \\ x_3 & y_3 & z_3 & 1 \end{vmatrix} = 0$
Ein Punkt P_0 (mit R.V. $\boldsymbol{r}_0$) und zwei zu (E) parallele Vektoren $\boldsymbol{x}_1$ und $\boldsymbol{x}_2$, die nicht die gleiche Richtung haben	$(\boldsymbol{x}_1 \times \boldsymbol{x}_2)(\boldsymbol{r} - \boldsymbol{r}_0) = 0$
Die Koordinaten a, b, c der Schnittpunkte von (E) mit den Koordinatenachsen	$x/a + y/b + z/c = 1$ $a \neq 0,\ b \neq 0,\ c \neq 0$ (Abschnittsgleichung)

7.2.7 Abstand d des Punktes $P_1 = (x_1, y_1, z_1)$ von der Ebene ist

$$d = \boldsymbol{n}^0 \boldsymbol{r}_1 - l = x_1 \cos\alpha + y_1 \cos\beta + z_1 \cos\gamma - l$$

(Analog zu 7.1.7 ist $d < 0$, falls P_1 und O auf derselben Seite der Ebene liegen, sonst $d > 0$).

7.2.8 Winkel φ, den zwei Ebenen miteinander bilden, ist gleich dem Winkel, den die zugehörigen Stellungsvektoren $\boldsymbol{n}_1$ und $\boldsymbol{n}_2$ einschließen:

$$\cos\varphi = \frac{\boldsymbol{n}_1 \boldsymbol{n}_2}{|\boldsymbol{n}_1|\,|\boldsymbol{n}_2|} = \boldsymbol{n}_1^0 \boldsymbol{n}_2^0.$$

Die Ebenen sind parallel, wenn $\boldsymbol{n}_1 = \lambda \boldsymbol{n}_2$, d.h. $\boldsymbol{n}_1 \times \boldsymbol{n}_2 = 0$. Die Ebenen stehen senkrecht aufeinander, wenn $\boldsymbol{n}_1 \boldsymbol{n}_2 = 0$.

7.2.9 Gerade im Raum ist gegeben durch einen Punkt P_0 (R.V. $\boldsymbol{r}_0$) auf ihr und einen Vektor $\boldsymbol{x}$, der ihre Richtung festlegt (Bild 7–4),

$$\boldsymbol{r} = \boldsymbol{r}_0 + t\boldsymbol{x}.$$

$\boldsymbol{r}$ durchläuft dann die R.V. der Punkte der Geraden, wenn t die reellen Zahlen durchläuft.

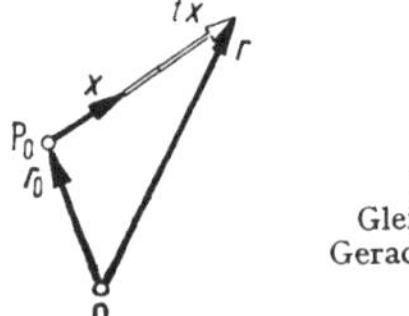

Bild 7–4.
Gleichung einer Geraden im Raum.

7.2.10 Gleichung der Geraden durch *zwei Punkte* P_1 und P_2 (R.V. $\boldsymbol{r}_1$ und $\boldsymbol{r}_2$) ist

$$\boldsymbol{r} = \boldsymbol{r}_1 + t(\boldsymbol{r}_2 - \boldsymbol{r}_1).$$

7.2.11 Zwei Geraden $\boldsymbol{r} = \boldsymbol{r}_0 + t\,\boldsymbol{x}$ und $\boldsymbol{r} = \bar{\boldsymbol{r}}_0 + t\,\bar{\boldsymbol{x}}$ *schneiden sich*, wenn das Spatprodukt $[\boldsymbol{r}_0 - \bar{\boldsymbol{r}}_0, \boldsymbol{x}, \bar{\boldsymbol{x}}] = 0$ ist. Sie *sind parallel*, wenn $\boldsymbol{x} = \lambda\bar{\boldsymbol{x}}$, d.h. $\boldsymbol{x}\times\bar{\boldsymbol{x}} = 0$. Sie haben den *Abstand* (kürzeste Verbindung)

$$d = \left| \frac{\boldsymbol{n}}{|\boldsymbol{n}|} (\boldsymbol{r}_0 - \bar{\boldsymbol{r}}_0) \right|,$$

wobei $\boldsymbol{n} = \boldsymbol{x}\times\bar{\boldsymbol{x}}$, wenn sie nicht parallel sind, oder

$$\boldsymbol{n} = \boldsymbol{x}\times[(\boldsymbol{r}_0 - \bar{\boldsymbol{r}}_0)\times\boldsymbol{x}] = \boldsymbol{x}^2(\boldsymbol{r}_0 - \bar{\boldsymbol{r}}_0) - [\boldsymbol{x}(\boldsymbol{r}_0 - \bar{\boldsymbol{r}}_0)]\,\boldsymbol{x},$$

wenn sie parallel sind.

7.2.12 Tetraeder. Vier Punkte P_1, P_2, P_3, P_4, die nicht in einer Ebene liegen, bestimmen ein *Tetraeder*, dessen Rauminhalt der Betrag von

$$T = \frac{1}{6}[\boldsymbol{r}_1 - \boldsymbol{r}_2, \boldsymbol{r}_1 - \boldsymbol{r}_3, \boldsymbol{r}_1 - \boldsymbol{r}_4] = \frac{1}{6}\begin{vmatrix} 1 & x_1 & y_1 & z_1 \\ 1 & x_2 & y_2 & z_2 \\ 1 & x_3 & y_3 & z_3 \\ 1 & x_4 & y_4 & z_4 \end{vmatrix}$$

ist (Bild 7–5).

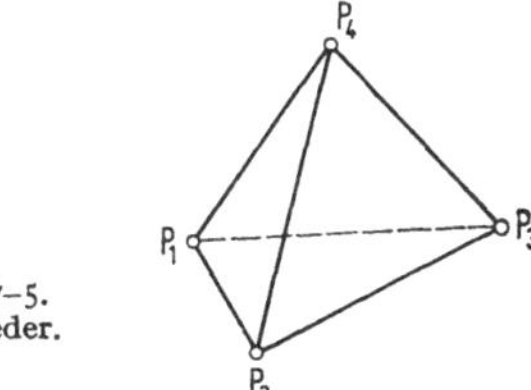

Bild 7–5. Tetraeder.

7.3 Kegelschnitte

7.3.1 Allgemeine Sätze

7.3.1.1 Kurven, die in kartesischen Koordinaten durch eine Gleichung zweiten Grades der Form

$$a_{11}x^2 + 2a_{12}xy + a_{22}y^2 + 2a_{13}x + 2a_{23}y + a_{33} = 0$$

gegeben sind, heißen *Kurven 2. Ordnung oder Kegelschnitte* (KS.) (vgl. 7.3.1.6).

7.3.1.2 Arten der Kegelschnitte. Um zu entscheiden, was für einen KS. die vorgelegte Gleichung darstellt, folgende Ausdrücke bilden (dabei ist $a_{ik} = a_{ki}$ zu setzen):

$$a_3 = \begin{vmatrix} a_{11} & a_{12} & a_{13} \\ a_{21} & a_{22} & a_{23} \\ a_{31} & a_{32} & a_{33} \end{vmatrix}, \quad a_2 = \begin{vmatrix} a_{11} & a_{12} \\ a_{21} & a_{22} \end{vmatrix}, \quad a_1 = a_{11} + a_{22},$$

$$A_1 = \begin{vmatrix} a_{22} & a_{23} \\ a_{32} & a_{33} \end{vmatrix} + \begin{vmatrix} a_{11} & a_{13} \\ a_{31} & a_{33} \end{vmatrix}.$$

a_1, a_2, a_3 bleiben bei jedem Übergang zu einem anderen kartesischen Koordinatensystem erhalten. Dies gilt auch für A_1, falls $a_3 = a_2 = 0$ ist.

<table>
<tr><th rowspan="2">Art des Kegelschnittes</th><th colspan="2">$a_2 \neq 0$,
KS. mit Mittelpunkt</th><th colspan="3" rowspan="2">$a_2 = 0$,
KS. ohne Mittelpunkt</th></tr>
<tr><th>$a_2 > 0$</th><th>$a_2 < 0$</th></tr>
<tr><td rowspan="2">$a_3 \neq 0$,
echte (nicht ausgeartete) KS.</td><td>$a_1 a_3 < 0$,
reelle Ellipse</td><td rowspan="2">Hyperbel</td><td colspan="3" rowspan="2">Parabel</td></tr>
<tr><td>$a_1 a_3 > 0$,
imaginäre Ellipse</td></tr>
<tr><td rowspan="2">$a_3 = 0$,
unechte (ausgeartete) KS.</td><td colspan="2">Geradenpaar (nicht parallel)</td><td colspan="3">Parallelenpaar</td></tr>
<tr><td>imaginär</td><td>reell</td><td>$A_1 < 0$,
reell</td><td>$A_1 > 0$,
imaginär</td><td>$A_1 = 0$,
zusammenfallend</td></tr>
</table>

7.3.1.3 Mittelpunkt eines KS. ist, falls vorhanden ($a_2 \neq 0$), gleich dem Schnittpunkt der beiden Geraden

$$a_{11}x + a_{12}y + a_{13} = 0, \quad a_{21}x + a_{22}y + a_{23} = 0.$$

Durch Parallelverschiebung des Koordinatensystems kann man die Gleichung des KS. auf die Form

$$a_{11}x^2 + 2a_{12}xy + a_{22}y^2 + a'_{33} = 0$$

bringen, wo $a'_{33} = a_3/a_2$ ist (*Mittelpunktgleichung*). Durch eine passende Drehung des Koordinatensystems erhält man dann schließlich die *Hauptachsengleichung:*

$$\lambda_1 x^2 + \lambda_2 y^2 + a'_{33} = 0.$$

λ_1 und λ_2 sind die Wurzeln der quadratischen Gleichung

$$\begin{vmatrix} a_{11} - \lambda & a_{12} \\ a_{21} & a_{22} - \lambda \end{vmatrix} = \lambda^2 - a_1\lambda + a_2 = 0.$$

Drehwinkel α aus $\tan 2\alpha = 2a_{12}/(a_{11} - a_{22})$.

7.3.1.4 Gleichung eines KS. ohne Mittelpunkt ($a_2 = 0$) kann auf die Form

$$(Ax + By)^2 + Cx + Dy + E = 0$$

gebracht werden.

7.3.1.5 Halbachsen und Halbparameter. Aus a_1, a_2, a_3 lassen sich die Halbachsen a, b der Ellipse und Hyperbel und der Halbparameter p der Parabel berechnen.

Ellipse: $a^2 = -(a_1a_3/2a_2^2)\left(1 + \sqrt{1 - 4a_2/a_1^2}\right)$, $\quad b^2 = -(a_1a_3/2a_2^2)\left(1 - \sqrt{1 - 4a_2/a_1^2}\right)$.

Hyperbel: $a^2 = \frac{a_3^2}{2a_2^2}\left(\sqrt{\frac{a_1^2 - 4a_2}{a_3^2}} - \frac{a_1}{a_3}\right)$, $\quad b^2 = \frac{a_3^2}{2a_2^2}\left(\sqrt{\frac{a_1^2 - 4a_2}{a_3^2}} + \frac{a_1}{a_3}\right)$.

Parabel: $p = \sqrt{-a_3/a_1^3}$.

7.3.1.6 Geometrische Erklärung der KS. Die Geraden, die durch die Punkte einer Kreislinie und durch einen außerhalb der Ebene des Kreises gelegenen Punkt gehen (Mantellinien), bilden einen (schiefen) *Kreiskegel*. Eine Ebene schneidet ihn in einem KS. Wenn die Ebene nicht durch die Spitze des Kegels geht, entsteht ein *echter* KS.; wenn sie durch die Spitze geht, ein *unechter*.

Echte KS. sind *Ellipse, Parabel, Hyperbel,* je nachdem die zur Schnittebene parallele Hilfsebene durch die Spitze des Kegels mit diesem nur die Spitze oder noch eine (Doppel-)Gerade oder noch ein Geradenpaar gemeinsam hat. Die Schnitte der Hilfsebene sind die entsprechenden unechten KS.

Bewegt sich ein Punkt P in einer Ebene so, daß seine Abstände PF von einem festen Punkte F und PQ von einer festen Geraden in einem unveränderlichen Verhältnis $PF/PQ = \varepsilon$ stehen, so ist der geometrische Ort des Punktes eine *Ellipse*, wenn $\varepsilon < 1$, eine *Parabel*, wenn $\varepsilon = 1$, eine *Hyperbel*, wenn $\varepsilon > 1$ ist. Das Verhältnis ε ist die (numerische) *Exzentrizität* des betreffenden Kegelschnittes. Der feste Punkt F liegt auf der Hauptachse und ist ein Brennpunkt; die feste Gerade steht senkrecht zur Hauptachse und heißt *Leitlinie* (Direktrix). Beim *Kreis* ist F der Mittelpunkt, und die Leitlinie liegt im Unendlichen; hierbei ist $\varepsilon = 0$.

7.3.2. Spezielle Gleichungen und Konstruktionen

7.3.2.1 Kreis. *Allgemeine Gleichung* (Bild 7–6): $(x - x_0)^2 + (y - y_0)^2 = R^2$ oder in Polarkoordinaten $r^2 - 2rr_0 \cos(\varphi - \varphi_0) + r_0^2 = R^2$.

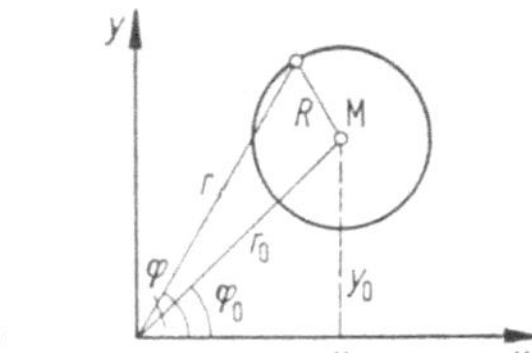

Bild 7–6. Gleichung eines Kreises.

Mittelpunktgleichung (Koordinaten-Anfangspunkt im Mittelpunkt M):

$$x^2 + y^2 = R^2 \quad \text{oder} \quad r = R.$$

Scheitelgleichung (Koordinaten-Anfangspunkt auf der Kreislinie, OX ein Durchmesser):

$$y^2 = x(2R - x)$$

oder

$$r = 2R \cos(\varphi - \varphi_0).$$

Umfang und *Inhalt* der Kreisfläche sowie Inhalte der Kreisabschnitte und Kreisausschnitte in 11.1.

7.3.2.2 Ellipse und Hyperbel. *Beachte:* Für die Ellipse (Bild 7-7) gelten im folgenden die oberen, für die Hyperbel (Bild 7–8) die unteren Vorzeichen.

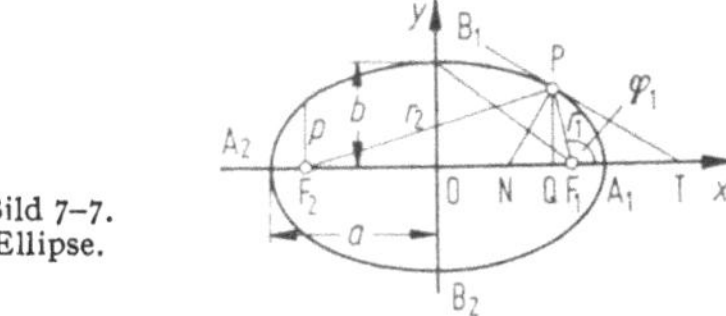

Bild 7–7. Ellipse.

Mittelpunktgleichung. Bezieht man die Kurven auf ihre Hauptachsen, so ist die Gleichung, wenn OA_1 (Bild 7–7) und OA (Bild 7–8) $= a$ und OB_1 (Bild 7–7) und AD (Bild 7–8) $= b$ die beiden Halbachsen bezeichnen,

$$x^2/a^2 \pm y^2/b^2 = 1.$$

Hieraus ergibt sich

$$y = (b/a)\sqrt{\pm(a^2 - x^2)},$$

wobei das Vorzeichen der Wurzeln beliebig zu nehmen ist.

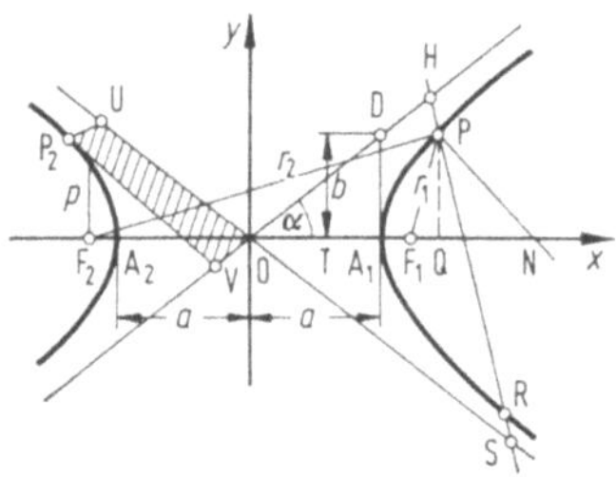

Bild 7–8. Hyperbel.

Scheitelgleichung. Liegt der Anfangspunkt der Koordinaten im Scheitel A_2 oder A_1 (in der x-Achse), so ist die Gleichung:

$$\pm y^2 = 2(b^2/a)\,x - (b^2/a^2)\,x^2 = 2px - px^2/a.$$

Die reellen *Brennpunkte* F_1 und F_2 haben auf der x-Achse von O den Abstand

$$OF_1 = OF_2 = \sqrt{a^2 \mp b^2} = e.$$

Bei der Ellipse ist $B_1F_1 = B_2F_2 = OA_1 = a$, bei der Hyperbel $OF_1 = OF_2 = OD$.

Das Verhältnis

$$OF_1/OA_1 = e/a = \varepsilon$$

heißt (numerische) *Exzentrizität* des KS. Bei der Ellipse ist $\varepsilon < 1$, bei der Hyperbel ist $\varepsilon > 1$.

Die von den Brennpunkten nach einem beliebigen Punkte P des KS. gezogenen *Leitstrahlen* (Brennstrahlen) sind (Bild 7–7)

$$r_1 = a \mp \varepsilon x, \quad r_2 = \pm a + \varepsilon x.$$

Bei der Ellipse ist die Summe, bei der Hyperbel die Differenz der Leitstrahlen unveränderlich, also ist bei der Ellipse $r_1 + r_2 = 2a$ (Fadenkonstruktion), bei der Hyperbel $|r_1 - r_2| = 2a$.

Die Ordinate in einem Brennpunkt ist

$$p = \pm a(1 - \varepsilon^2) = b^2/a.$$

Die Größe $2p$ heißt der *Parameter.*

Zugeordnete (konjugierte) Durchmesser nennt man solche, von denen der eine alle Sehnen halbiert, die zu dem anderen parallel sind. Die Tangenten in den Endpunkten eines Durchmessers sind parallel zu dem diesem zugeordneten Durchmesser. Bilden diese Durchmesser $2a_1$, $2b_1$ mit der ersten Hauptachse die (spitzen) Winkel α, β, so ist

$$a^2 \pm b^2 = a_1^2 \pm b_1^2, \quad ab = a_1 b_1 \sin(\alpha + \beta), \quad b^2/a^2 = \tan\alpha\tan\beta.$$

Die auf zwei zugeordnete Durchmesser als Achsen bezogene Gleichung des KS. lautet

$$x_1^2/a_1^2 \pm y_1^2/b_1^2 = 1.$$

Gleichung der Tangente im Punkte (x, y): $\xi x/a^2 \pm \eta y/b^2 = 1$.

Gleichung der Normale: $(\xi - x)/b^2 x = \pm(\eta - y)/a^2 y$. Hierbei bedeuten ξ und η laufende Koordinaten. Tangente und Normale halbieren die Winkel der Leitstrahlen.

Die *Hyperbel* hat die beiden *Asymptoten* $x/a \pm y/b = 0$, d.h. die Kurve berührt diese Geraden im Unendlichen. Jede Asymptote bildet mit der x-Achse den spitzen Asymptotenwinkel $\alpha = \arctan(b/a)$. Zieht man eine Gerade HS (Bild 7–8), die die Hyperbel und die Asymptoten schneidet, so sind die beiden Stücke PH und RS zwischen der Hyperbel und den Asymptoten einander gleich. Hieraus folgt eine einfache *Konstruktion der Hyperbel*, wenn die Asymptoten und ein Punkt P der Hyperbel gegeben sind.

Das zwischen den Asymptoten liegende Stück einer zur x-Achse senkrechten Geraden wird durch einen halben Hyperbelast so geteilt, daß das Produkt der Teile unveränderlich b^2 ist. Das zwischen den beiden Hyperbelästen liegende Stück einer zur x-Achse parallelen Geraden wird durch eine Asymptote so geteilt, daß das Produkt der Teile unveränderlich gleich a^2 ist. Das zwischen den Asymptoten liegende Stück einer Tangente wird im Berührungspunkt halbiert. Die von beliebigen Tangenten und den Asymptoten gebildeten Dreiecke haben den gleichen Flächeninhalt ab.

Wenn P_1U und P_1V (Bild 7–8) zu den Asymptoten parallel sind, so ist

$$P_1U \cdot P_1V = (1/4)\,(a^2 + b^2).$$

Der Inhalt des Parallelogramms OUP_1V hat für jeden Punkt P_1 der Hyperbel einen festen Wert. Die auf die Asymptoten als Achsen bezogene *Gleichung der Hyperbel* in schiefwinkligen Koordinaten lautet daher $x'y' = (1/4)\,(a^2 + b^2)$.

Für einen beliebigen Punkt $P(x, y)$ (Bild 7–7 und 7–8, im letzten Bild ist die Tangente PT nicht eingezeichnet) sind die Längen der

Tangente $PT = \dfrac{ay}{bx}\sqrt{\pm\,(a^2 - \varepsilon^2 x^2)}$; *Normale* $PN = \dfrac{b}{a}\sqrt{\pm\,(a^2 - \varepsilon^2 x^2)}$;

Subtangente $TQ = \mp(a^2/x) \pm x$; *Subnormale* $NQ = \mp(b^2/a^2)\,x$.

Gleichseitige Hyperbel. Asymptoten senkrecht zueinander.

Mittelpunktgleichung: $x^2 - y^2 = a^2$. Parameter: $2p = 2a$.

Asymptotengleichung: $x'y' = (1/2)\,a^2$.

Ferner ist $a = b$, $\varepsilon = \sqrt{2}$, $\alpha = 45°$.

Krümmungshalbmesser im Punkte P:

$$\varrho = a^2 b^2 \left(\frac{x^2}{a^4} + \frac{y^2}{b^4}\right)^{3/2} = \frac{(r_1 r_2)^{3/2}}{ab} = \frac{p}{\sin^3 F_2PT} = \frac{p}{\sin^3 u}.$$

Konstruktion (Bild 7–9): Errichte die Normale CG (Konstruktion der Tangente s. Bild 7–14, ziehe CF durch den Brennpunkt F, $GH \perp GC$, $HK \perp CH$, dann ist K der zu C gehörige Krümmungsmittelpunkt. Für den Scheitel A ist bei Ellipse und Hyperbel der Krümmungsradius $\varrho' = AM = b^2/a = p$; für den Scheitel B ist bei der Ellipse der Krümmungsradius $\varrho'' = BN = a^2/b$. Die Krümmungsmittelpunkte M und N für die Scheitel der Ellipse erhält man, indem man durch D die Gerade senkrecht zu AB zieht.

Polargleichung der *Ellipse* und *Hyperbel*, bezogen auf den Brennpunkt F_1 als Pol und F_1A_1 als Polarachse (Bild 7–7 und 7–8):

$$r = \frac{p}{1 + \varepsilon\cos\varphi} = \pm\frac{a(1 - \varepsilon^2)}{1 + \varepsilon\cos\varphi}.$$

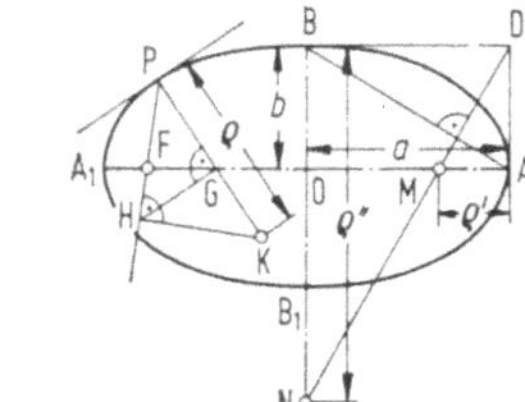

Bild 7–9. Konstruktion der Krümmungsmittelpunkte.

Fläche der Ellipse (Bild 7–7)

$$OB_1PQ = (1/2)\,xy + (1/2)\,ab \arcsin (x/a).$$

Inhalt der ganzen Ellipse ist πab.

Hyperbelfläche (Bild 7–8):

$$APQ = (1/2)\,xy - (1/2)\,ab \ln (x/a + y/b) = (1/2)\,xy - (1/2)\,ab \operatorname{arcosh} (x/a).$$

Der Subtrahend stellt die Sektorfläche OPA dar.

$$\text{Fläche } OA_1P_1U = \frac{ab}{4} + \frac{ab}{2} \ln \frac{2OU}{OD}.$$

Umfang der Ellipse:

$$U = 4a\,\mathsf{E}(\varepsilon) = 2\pi a\left[1 - \left(\frac{1}{2}\right)^2 \varepsilon^2 - \left(\frac{1\cdot 3}{2\cdot 4}\right)^2 \frac{\varepsilon^4}{3} - \left(\frac{1\cdot 3\cdot 5}{2\cdot 4\cdot 6}\right)^2 \frac{\varepsilon^6}{5} - \cdots\right].$$

$\mathsf{E}(\varepsilon)$ ist das vollständige elliptische Integral zweiter Gattung (Tabelle 1–12).

Für $a \geqq b$ gilt auch folgende Reihenentwicklung, wo $\lambda = (a - b)/(a + b)$ gesetzt ist,

$$U = \pi(a + b)\left[1 + \frac{1}{4}\lambda^2 + \frac{1}{64}\lambda^4 + \frac{1}{256}\lambda^6 + \frac{25}{16384}\lambda^8 + \cdots\right] = \pi(a + b)\,\varkappa.$$

$\lambda =$ 0,1	0,2	0,3	0,4	0,5	0,6	0,7	0,8	0,9
$\varkappa =$ 1,0025	1,0100	1,0226	1,0404	1,0635	1,0922	1,1269	1,1679	1,2162

Näherungsformeln:

$$U \approx \pi[3(a + b) - \sqrt{(3a + b)(3b + a)}]\ ^{1)}$$

$$U/4 \approx [\pi ab + (a - b)^2]/(a + b)\ ^{2)}$$

$$U/4 \approx 0{,}9827\,a + 0{,}3110\,b + 0{,}2867\,b^2/a.$$

Konstruktion der Ellipse aus den beiden Halbachsen *a* und *b* (Bild 7–10)

Beschreibe um O Kreise mit a, b und $a + b$, ziehe beliebigen Radius $OJGH$ und durch J und G Parallelen zum Achsenkreuz, so ist deren einer Schnittpunkt C ein Punkt der Ellipse und HCN die Normale in diesem Punkte.

Strecke $a + b$ gleite mit ihren Endpunkten auf den Schenkeln eines rechten Winkels. Treffpunkt zwischen a und b beschreibt die Ellipse.

Konstruktion der Ellipsentangente:

In einem ***Punkte P der Ellipse*** (Bild 7–7): Halbiere den Winkel der Leitstrahlen PF_1 und PF_2 oder zeichne die Senkrechte zu HCN in C (Bild 7–10).

Von einem Punkte R außerhalb der Ellipse (Bild 7–11). Beschreibe um O mit a und über RF_1 als Durchmesser Kreise. Die Verbindungslinien der Schnittpunkte T_1, T_2 mit R sind die Tangenten. Schlägt man um R mit RF_1 und um F_2 mit $2a$ als Radius Kreise, so schneidet die Verbindungslinie des einen Schnittpunktes S (der beiden Kreise) mit dem Brennpunkt F_2 die Tangente RT_1 im Berührungspunkt P.

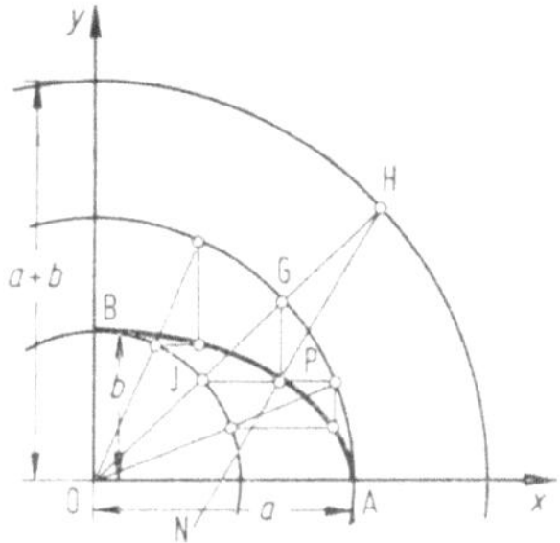

Bild 7–10. Konstruktion einer Ellipse aus den Halbachsen.

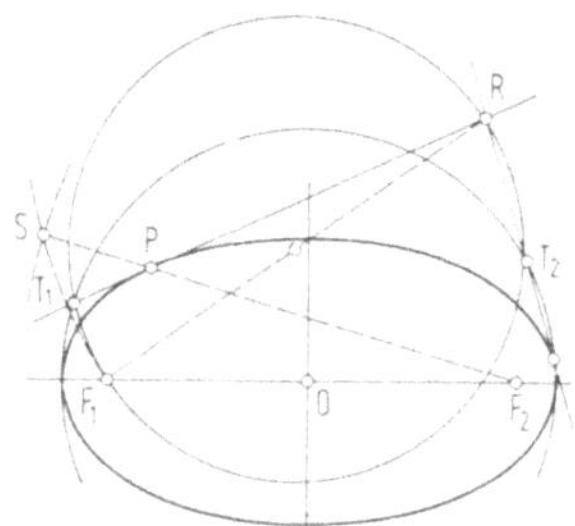

Bild 7–11. Konstruktion der Ellipsentangente.

---

[1]) Nach *Jens B. Fergestad* (Oslo).

[2]) Nach *W. Weydanz* (Göttingen).

Konstruktion der Hauptachsen einer Ellipse, wenn zwei konjugierte Durchmesser $DD_1 = 2a_1$ und $EE_1 = 2b_1$ der Größe und Lage nach gegeben sind (Bild 7–12):

a) Fälle $EH \perp DD_1$, mache $EG = EG_1 = OD_1 = a_1$, dann ergibt sich die Lage der Hauptachsen durch innere und äußere Halbierung des Winkels GOG_1. Die Längen der Hauptachsen sind

$$2a = OG_1 + OG,$$
$$2b = OG_1 - OG.$$

Oder: Konstruiere OG wie vorhin und beschreibe über OG den Kreis mit dem Mittelpunkt N. Schnittpunkte J und K der Geraden NE mit diesem Kreise sind Punkte der Hauptachsen; es ist

$$EJ = b, \quad EK = a.$$

Der Kreis, dessen Mittelpunkt M in der kleinen Achse liegt und der durch G und G_1 geht, schneidet die große Achse in den Brennpunkten F_1 und F_2. Führt man die Strecke G_1EH so, daß sich G_1 auf der Geraden OG_1 und H auf der Geraden DD_1 bewegt, so beschreibt der Punkt E die Ellipse. Der vierte zugeordnete harmonische Punkt zu G_1, H und G ist der Krümmungsmittelpunkt zu E.

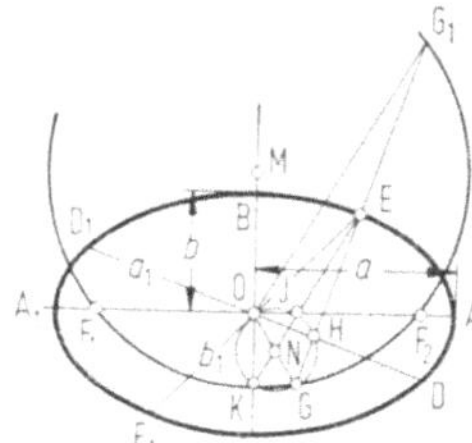

Bild 7–12. Konstruktion der Hauptachsen einer Ellipse.

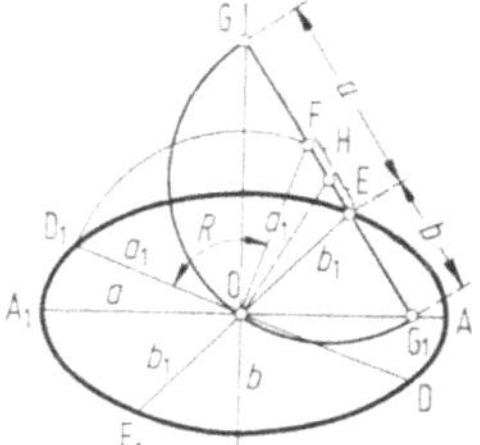

Bild 7–13. Konstruktion der Hauptachsen einer Ellipse.

b) (Bild 7–13). Über $D_1O = a_1$ wird der Viertelkreis DF geschlagen und F mit dem Endpunkt E des konjugierten Durchmessers b_1 verbunden. Diese Verbindungsgerade wird in H halbiert und nach den beiden Seiten verlängert. Ein Halbkreis mit dem Mittelpunkt H vom Radius HO trifft die Verbindungsgerade in G und G_1; dann bestimmen OG_1 und OG die Hauptachsenrichtungen. Die Längen der Hauptachsen sind $GE = FG_1 = a$ und $GF = EG_1 = b$ (*Rytzsche Konstruktion*).

Tangentenkonstruktion der Ellipse aus zwei zugeordneten Durchmessern (DD_1 und EE_1, Bild 7–14):

a) Zeichne das Parallelogramm, in dem DD_1 und EE_1 die Seiten AB, BC halbieren, verlängere AB um $BS = DB$, teile D_1C in eine beliebige Anzahl (hier vier) gleiche Teile, ziehe $S1$, $S2$, $S3$; die Schnittpunkte mit CE seien 4, 5, 6. Dann sind die Geraden 16, 25, 34 Tangenten der Ellipse.

b) Nimm auf DE einen beliebigen Punkt M an, ziehe AMQ und $MR \parallel D_1D$, so ist QR Tangente der Ellipse. Ihr Berührungspunkt P liegt auf der Geraden E_1M.

Zur *glatten Reinzeichnung* einer Ellipse konstruiere vor allem die Krümmungskreise an den Scheiteln (Bild 7–9) und ziehe sie mit dem Zirkel so weit aus, wie sie innerhalb der Zeichengenauigkeit mit der Ellipse zusammenfallen. Die Zwischenpunkte können mit dem Kurvenlineal verbunden werden (Bild 7–15).

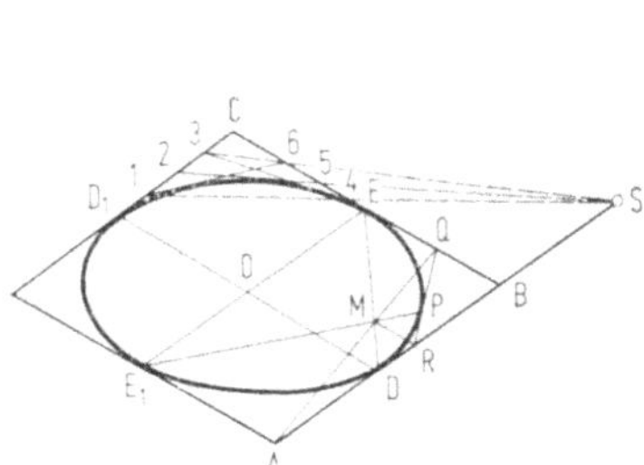

Bild 7–14. Konstruktion der Tangente einer Ellipse aus zwei zugeordneten Durchmessern.

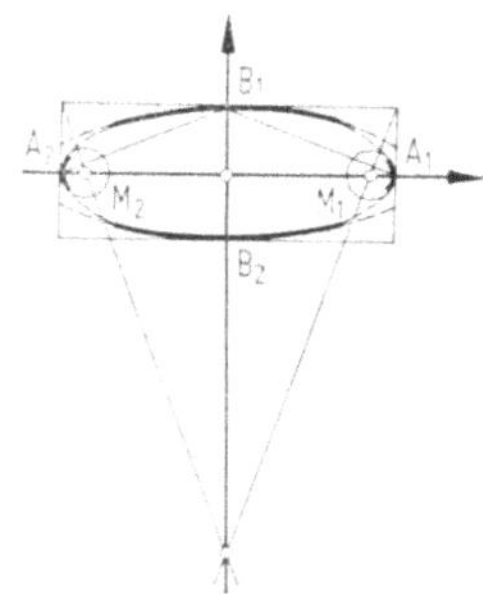

Bild 7–15. Näherungskonstruktion einer Ellipse aus den Krümmungskreisen.

7.3.2.3 Parabel. *Scheitelgleichung:* $y^2 = 2px$, worin $2p$ der Parameter. Der *Brennpunkt* F hat vom Scheitel A den Abstand $AF = p/2$ (Bild 7–16), $\pm p$ ist daher die Ordinate im Brennpunkt F. Die Linie LR, die im Abstande $-p/2 = AL$ zur y-Achse parallel läuft, heißt *Leitlinie* (vgl. 7.3.1.6). Dann ist für jeden Punkt der Parabel $FP = PR = x + p/2$.

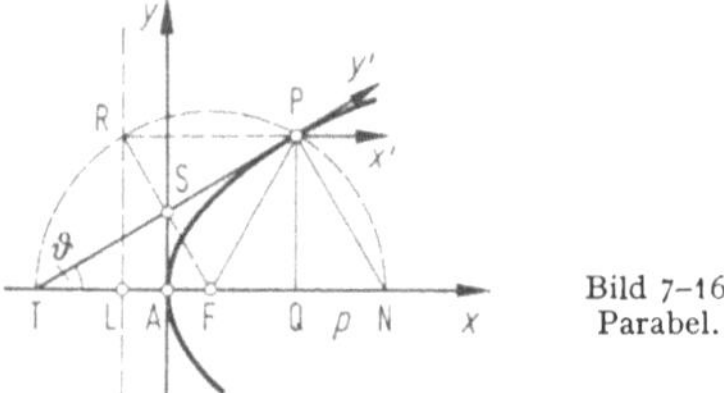

Bild 7–16. Parabel.

Ein Durchmesser Px' der Parabel (Bild 7–17) halbiert alle Sehnen ab, die zur Tangente Py' in seinem Endpunkte parallel sind, und heißt der der Richtung Py' *zugeordnete* (konjugierte) *Durchmesser*. Also ist $am = mb$. Betrachtet man Px' und Py' als Koordinatenachsen, so ist die Gleichung der Parabel $y'^2 = 2(p/\sin^2\vartheta)\,x' = 2p'x'$.

$$\left.\begin{aligned} &\textit{Gleichung der Tangente:} \quad \eta y = p(\xi + x) \\ &\textit{Gleichung der Normale:} \quad \eta - y = -(\xi - x)\,y/p \end{aligned}\right\} \tan\vartheta = p/y.$$

Hierin bezeichnen ξ, η die Koordinaten eines Punktes der Tangente oder der Normale. Die Tangente PT und die Normale PN halbieren die Winkel FPR und FPx' (Bild 7–16). Winkel QPN, RPT, TPF, $FTP = \vartheta$. Ferner ist $TA = AQ = x$; $TF = FP = FN = x + p/2$. Die Scheiteltangente halbiert den Tangentenabschnitt zwischen der Hauptachse und dem Berührungspunkte, also $TS = SP$.

Subtangente $TQ = 2x$. *Subnormale* $QN = p$ konstant.
Polargleichung, bezogen auf F als Pol, FA als Polarachse:

$$r = p/(1 + \cos\varphi) = p/[2\cos^2(\varphi/2)].$$

Krümmungshalbmesser:

$$\varrho = (p + 2x)^{3/2}/\sqrt{p} = p/\sin^3\vartheta = N^3/p^2,$$

wo N die Länge der Normale bedeutet.

Für ϱ gilt dieselbe Konstruktion, wie in Bild 7–9 für Ellipse und Hyperbel angegeben. Krümmungsradius im Scheitel $= p$.

Fläche $APQ = (2/3)\,xy$ (Bild 7–16); Parabelsegment $aPb = (2/3)\,hab$ (*Lambertsche Regel*, Bild 7–17). Der Flächeninhalt eines *beliebig begrenzten flachen Segments* von der Grundlinie $ab = g$ und der Höhe h ist daher $F \approx (2/3)\,gh$.

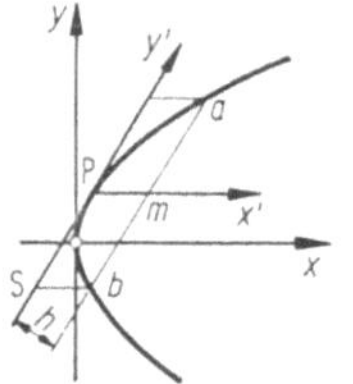

Bild 7–17. Konjugierte Durchmesser bei der Parabel.

Bogenlänge $AP = s$ (Bild 7–16):

$$s = \frac{p}{2}\left\{\sqrt{\frac{2x}{p}\left(1 + \frac{2x}{p}\right)} + \ln\left(\sqrt{\frac{2x}{p}} + \sqrt{1 + \frac{2x}{p}}\right)\right\} = PS + \frac{p}{2}\ln\cot\frac{\vartheta}{2}$$

oder

$$s = \frac{p}{2}\left[\frac{y}{p^2}\sqrt{p^2 + y^2} + \ln\left(y + \sqrt{p^2 + y^2}\right) - \ln p\right]$$

oder

$$s = (p/4)\,(2t + \sinh 2t),$$

wo $2x/y = \sinh t$ gesetzt ist.

$s \approx y[1 + (2/3)\,(x/y)^2 - (2/5)\,(x/y)^4]$, wenn x/y ein kleiner Bruch ist. Dieselbe Formel gilt näherungsweise für die *Länge eines beliebigen flachen Bogens* von der Sehne y und der doppelten Pfeilhöhe x.

Konstruktion der Parabel. *Gegeben Scheitel A, Achse AX und ein Punkt P* der Parabel (Bild 7–18).

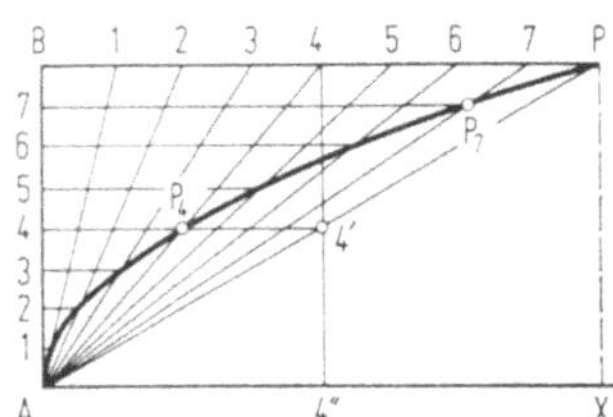

Bild 7–18. Konstruktion der Parabel aus Scheitel, Achse und einem Punkt.

Mache $AB \perp AX$ in A; $PB \perp AB$; PB und AB sind in gleich viele (hier acht) gleiche Teile geteilt. Verbinde z.B. Punkt 7 auf PB mit A, ziehe durch Punkt 7 auf AB die Parallele zu XA, so ist P_7 ein Punkt der Parabel. Oder: Zieht man von einem beliebigen Punkt 4 der zu AX parallelen Geraden PB die Geraden $44' \perp BP$ und $4'P_4 \parallel BP$, so ist deren Schnittpunkt P_4 mit $4A$ ein Punkt der Parabel.

Gegeben Scheitel A und Brennpunkt F (Bild 7–19).

Tangentenkonstruktion: Man lasse den Scheitel eines rechten Winkels an AY so gleiten, daß der eine Schenkel immer durch F geht; der andere Schenkel beschreibt nacheinander die Tangenten der Parabel.

Oder (Bild 7–16): Ziehe in einem beliebigen Punkte Q der x-Achse $QP \perp AF$, mache $QN = 2AF = p$. Ein Kreis um F mit FN bestimmt auf QP den Parabelpunkt P und ferner den Schnittpunkt T der Tangente PT mit der x-Achse.

Gegeben zwei Tangenten TP und TQ und ihre Berührungspunkte P und Q (Bild 7–20).

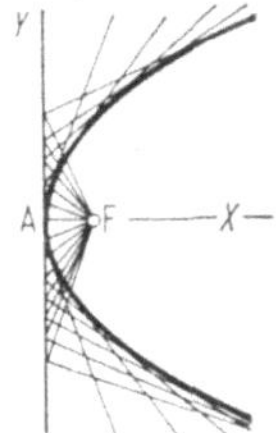

Bild 7–19. Konstruktion der Parabel aus Scheitel und Brennpunkt.

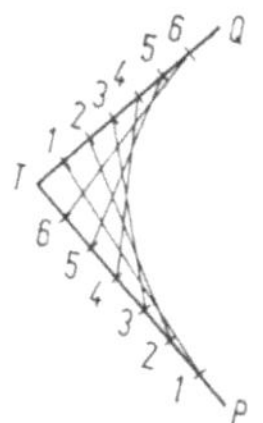

Bild 7–20. Konstruktion der Parabel aus zwei Tangenten und ihrem Berührungspunkt.

Man teile TP und TQ in n (hier sieben) gleiche Teile, so sind 11, 22, 33, 44, 55 und 66 Tangenten an die Parabel. Diese Konstruktion kann mit Vorteil bei der Zeichnung flacher Bogen benutzt werden.

Gegeben eine zur Parabelachse senkrechte Sehne GH und ein Punkt P der Parabel (Bild 7–21).

Ziehe HS und $PQ \perp GH$, ferner GPR und QR. Ist $Q_1P_1 \perp GH$, $Q_1R_1 \parallel QR$, so schneidet GR_1 die Linie Q_1P_1 in dem Parabelpunkte P_1. QR ist parallel zur Tangente GT in G. Das Lot MT in der Mitte M auf GH ist die Hauptachse und A der Scheitel, so daß $MA = AT$. Durch die Bestimmung der Tangenten GT und HT läßt sich das Verfahren auch auf die vorige Konstruktion zurückführen.

Sind H und P und die Lage der Hauptachse MT gegeben, so fälle man $HM \perp MT$, verlängere HM um sich selbst bis G und konstruiere weiter, wie vorstehend angegeben.

Konstruktion einer Tangente an die Parabel:

In einem Punkte P (Bild 7–16).

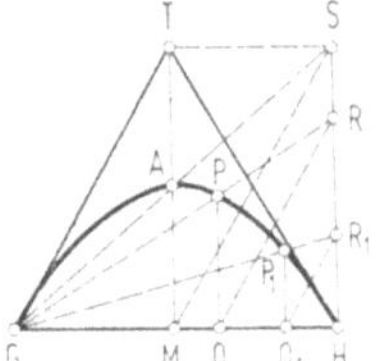

Bild 7–21. Konstruktion der Parabel aus einer Sehne und einem Punkt.

Mache $AT = AQ$ oder $TF = FP$, so ist TP die Tangente.

Oder: Eine Parallele durch P zur x-Achse schneidet die Leitlinie LR in R. RF wird durch die y-Achse in der Mitte S geschnitten, so daß $RS = SF.PS$ ist die gesuchte Tangente.

Von einem Punkt U außerhalb der Parabel (Bild 7–22).

Beschreibe um U mit UF einen Kreis, ziehe durch R und R' Parallelen zur Hauptachse, dann sind P und P' Berührungspunkte der Tangenten UP und UP'.

Parabel $y = a + bx + cx^2$ hat ihre Hauptachsenrichtung parallel zur y-Achse. Die Tangenten in $P_0 = (0, a)$ und in $P = (x, y)$ schneiden sich in $H = (x/2, a + bx/2)$; die Tangente QQ_0 in $P_m = (x/2, a + bx/2 + cx^2/4)$ ist parallel zur Sehne P_0P; dazu ist ferner parallel die Gerade TT_0. Ist R die Mitte von PT und R_0 die Mitte von P_0T_0, so geht RR_0 durch H. Q ist die Mitte von PR, Q_0 die Mitte von P_0R_0 (Bild 7–23). Die Geraden PR_0 und P_0R schneiden sich in P_m.

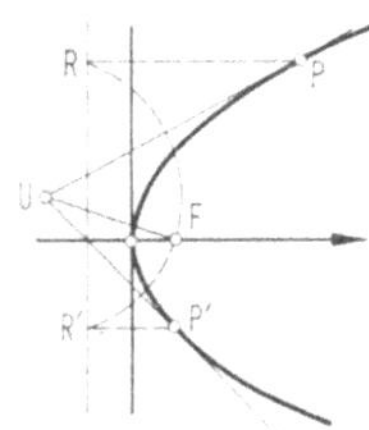

Bild 7–22. Konstruktion der Parabeltangenten von einem Punkt außerhalb.

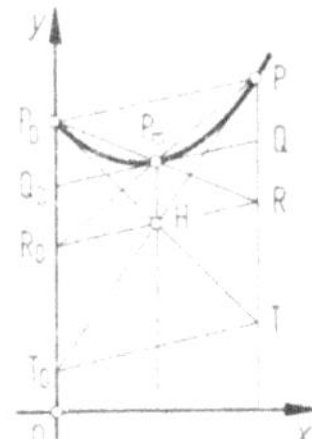

Bild 7–23. Parabelkonstruktion.

7.4 Flächen zweiter Ordnung

7.4.1 Flächen, die in kartesischen Koordinaten durch eine Gleichung zweiten Grades der Form

$$a_{11}x^2 + a_{22}y^2 + a_{33}z^2 + 2a_{12}xy + 2a_{13}xz + 2a_{23}yz +$$
$$+ 2a_{14}x + 2a_{24}y + 2a_{34}z + a_{44} = 0$$

gegeben sind, heißen *Flächen 2. Ordnung.*

7.4.2 Arten der Flächen. Um zu entscheiden, was für eine Fläche 2. Ordnung die vorgelegte Gleichung darstellt, folgende Ausdrücke bilden (dabei $a_{ik} = a_{ki}$ setzen):

$$a_4 = \begin{vmatrix} a_{11} & a_{12} & a_{13} & a_{14} \\ a_{21} & a_{22} & a_{23} & a_{24} \\ a_{31} & a_{32} & a_{33} & a_{34} \\ a_{41} & a_{42} & a_{43} & a_{44} \end{vmatrix}, \quad a_3 = \begin{vmatrix} a_{11} & a_{12} & a_{13} \\ a_{21} & a_{22} & a_{23} \\ a_{31} & a_{32} & a_{33} \end{vmatrix},$$

$$a_2 = \begin{vmatrix} a_{11} & a_{12} \\ a_{21} & a_{22} \end{vmatrix} + \begin{vmatrix} a_{11} & a_{13} \\ a_{31} & a_{33} \end{vmatrix} + \begin{vmatrix} a_{22} & a_{23} \\ a_{32} & a_{33} \end{vmatrix}, \quad a_1 = a_{11} + a_{22} + a_{33}.$$

Diese 4 Größen bleiben bei jedem Übergang zu einem anderen kartesischen Koordinatensystem erhalten.

Art der Fläche		$a_3 \neq 0$, Flächen mit Mittelpunkt		$a_3 = 0$, Flächen ohne Mittelpunkt
		$a_3 a_1 > 0$, $a_2 > 0$	$a_3 a_1$ und a_2 nicht beide > 0	
$a_4 \neq 0$, echte (nicht ausgeartete) Flächen	$a_4 < 0$	reelles Ellipsoid	zweischaliges Hyperboloid	elliptisches Paraboloid
	$a_4 > 0$	imaginäres Ellipsoid	einschaliges Hyperboloid	hyperbolisches Paraboloid
$a_4 = 0$, unechte (ausgeartete) Flächen		Kegel		Zylinder, Ebenenpaare

7.4.3 Mittelpunkt einer Fläche 2. Ordnung ist, falls vorhanden ($a_3 \neq 0$), gleich dem Schnittpunkt der drei Ebenen

$$a_{11}x + a_{12}y + a_{13}z + a_{14} = 0,$$

$$a_{21}x + a_{22}y + a_{23}z + a_{24} = 0,$$

$$a_{31}x + a_{32}y + a_{33}z + a_{34} = 0.$$

Durch eine Parallelverschiebung und eine Drehung des Koordinatensystems kann ihre Gleichung auf die *Hauptachsenform*

$$\lambda_1 x^2 + \lambda_2 y^2 + \lambda_3 z^2 + a'_{44} = 0$$

gebracht werden, wo $a'_{44} = a_4/a_3$ ist und λ_1, λ_2, λ_3 die Wurzeln der kubischen Gleichung

$$\begin{vmatrix} a_{11} - \lambda & a_{12} & a_{13} \\ a_{21} & a_{22} - \lambda & a_{23} \\ a_{31} & a_{32} & a_{33} - \lambda \end{vmatrix} = 0$$

sind.

7.4.4 Normalformen. Die Hauptachsengleichungen lauten für das

reelle Ellipsoid: $\quad x^2/a^2 + y^2/b^2 + z^2/c^2 = 1,$

einschalige Hyperboloid: $\quad x^2/a^2 + y^2/b^2 - z^2/c^2 = 1,$

zweischalige Hyperboloid: $\quad x^2/a^2 - y^2/b^2 - z^2/c^2 = 1.$

Dabei sind a, b, c die Halbachsen der Schnitte mit den Koordinatenebenen.

7.4.5 Kegel. Jede homogene Gleichung zweiten Grades mit drei Veränderlichen

$$Ax^2 + By^2 + Cz^2 + Dxy + Exz + Fyz = 0$$

stellt einen Kegel dar, dessen Spitze in den Koordinatenursprung fällt.

Ist die Leitkurve des Kegels eine Ellipse mit den Halbachsen a und b, deren Ebene in der Entfernung h vom Nullpunkt senkrecht zur z-Achse steht, so ist die Gleichung des Kegels, dessen Spitze im Anfangspunkte der Koordinaten liegt,

$$x^2/a^2 + y^2/b^2 - z^2/h^2 = 0.$$

Ist die Leitkurve des Kegels ein ebenso gelegener Kreis vom Radius a, so ist in vorstehender Gleichung $b = a$ zu setzen (Gleichung des geraden Kreiskegels).

7.4.6 Kugel. Mittelpunktgleichung: $x^2 + y^2 + z^2 = r^2$.

Sind ξ, η, ζ die Koordinaten des Mittelpunktes der Kugel, so ist ihre Gleichung:

$$(x - \xi)^2 + (y - \eta)^2 + (z - \zeta)^2 = r^2.$$

Jede Gleichung von der Form

$$x^2 + y^2 + z^2 + Ax + By + Cz + D = 0$$

stellt eine Kugel dar; dabei ist $r = (1/2)\sqrt{A^2 + B^2 + C^2 - 4D}$,

$$\xi = -A/2, \quad \eta = -B/2, \quad \zeta = -C/2.$$

7.4.7 Paraboloide. Gleichung in einfachster Form: $x^2/2p \pm y^2/2q = z$. Das obere Zeichen gilt für das elliptische, das untere für das hyperbolische Paraboloid; p, q sind die Parameter der Hauptschnittparabeln.

7.4.8 Zylinder. Die Gleichung eines auf einer Koordinatenebene senkrecht stehenden Zylinders ist gleichlautend mit der Gleichung der Schnittkurve in der betreffenden Koordinatenebene.

Ist der Schnitt eines Zylinders mit der xy-Ebene eine Ellipse oder Hyperbel, deren Halbachsen a und b sind, und bilden die Zylinderseiten mit den Achsen die Winkel α, β, γ, so ist die Gleichung des Zylinders

$$\frac{(x - z\cos\alpha/\cos\gamma)^2}{a^2} \pm \frac{(y - z\cos\beta/\cos\gamma)^2}{b^2} = 1.$$

Hierbei gilt $+$ für den elliptischen und $-$ für den hyperbolischen Zylinder.

Die einfachste Gleichung des geraden *parabolischen* Zylinders ist $z = x^2/2p$.

7.5 Kurven in der Ebene

7.5.1 Allgemeine Sätze

Es liege ein kartesisches Koordinatensystem $(O; \boldsymbol{e}_x, \boldsymbol{e}_y)$ zugrunde (vgl. 5.2.7).

7.5.1.1 Kurve. Punkt $P = (x, y)$ beschreibt eine *Kurve*, wenn der Radiusvektor (R.V.) von P

$$\boldsymbol{r} = \boldsymbol{r}(t) = \{x(t), y(t)\} \tag{1}$$

(d.h. $x(t)$ und $y(t)$) stetig differenzierbar von einer Veränderlichen t (*Parameter*) abhängt. Die Kurve kann auch durch

$$F(x, y) = 0 \qquad \text{(implizite Form)}, \tag{2}$$

$$y = f(x) \qquad (\text{Spezialfall } t = x, \quad \boldsymbol{r}(x) = \{x, f(x)\}), \tag{3}$$

$$r = r(\varphi) \qquad \text{(Polarkoordinaten)} \tag{4}$$

gegeben sein.

7.5.1.2 Bogenlänge. Länge s des Bogens der Kurve zwischen zwei Punkten P_0 und P (R.V. $\boldsymbol{r}_0 = \boldsymbol{r}(t_0)$ und $\boldsymbol{r} = \boldsymbol{r}(t)$) ist gegeben durch

$$s = \int_{t_0}^{t} \sqrt{\boldsymbol{r}'^2(\tau)}\,\mathrm{d}\tau = \int_{t_0}^{t} \sqrt{x'^2(\tau) + y'^2(\tau)}\,\mathrm{d}\tau = \int_{x_0}^{x} \sqrt{1 + f'^2(\xi)}\,\mathrm{d}\xi =$$

$$= \int_{\varphi_0}^{\varphi} \sqrt{r^2 + \left(\frac{\mathrm{d}r}{\mathrm{d}\varphi}\right)^2}\,\mathrm{d}\varphi = \int_{r_0}^{r} \sqrt{1 + r^2\left(\frac{\mathrm{d}\varphi}{\mathrm{d}r}\right)^2}\,\mathrm{d}r,$$

wobei $$\boldsymbol{r}'(t) = \frac{\mathrm{d}\boldsymbol{r}}{\mathrm{d}t}, \quad x'(t) = \frac{\mathrm{d}x}{\mathrm{d}t} \text{ usw.}$$

7.5.1.3 Tangente an die Kurve im Punkte P (R.V. $\boldsymbol{r}(t)$) ist die Gerade, die die Kurve in P berührt. Sie ist gegeben durch die Gleichung

$$\boldsymbol{x} = \boldsymbol{r}(t) + \lambda \boldsymbol{r}'(t)$$

($\boldsymbol{x} = \{\xi, \eta\}$ = R.V. des laufenden Punktes der Tangente, λ durchläuft die reellen Zahlen).

$\boldsymbol{r}'(t)$ heißt *Tangentenvektor* im Punkte P. Ist speziell $t = s$ die Bogenlänge, so wird $\mathrm{d}\boldsymbol{r}/\mathrm{d}s = \dot{\boldsymbol{r}}(s) = \boldsymbol{t}$ der Einheitsvektor in Richtung der Tangente. Es ist

$$\dot{\boldsymbol{r}}(s) = \boldsymbol{t} = \{\dot{x}(s), \dot{y}(s)\} = \{\cos\vartheta, \sin\vartheta\}, \quad \boldsymbol{t}^2 = 1, \quad \dot{x}(s) = \frac{\mathrm{d}x}{\mathrm{d}s} \text{ usw.},$$

ϑ Winkel, den die Tangente mit der x-Achse einschließt. $\dot{y}/\dot{x} = f'(x) = \tan\vartheta$ nennt man *Anstieg* der Tangente oder Kurve. Ist die Kurve in der Form (2) oder (3) gegeben, so ist

$$\boldsymbol{n} = \left\{\frac{\partial F}{\partial x}, \frac{\partial F}{\partial y}\right\} \text{ oder } \boldsymbol{n} = \{f'(x), -1\}$$

Stellungsvektor der Tangente. Ihre Gleichung lautet also

$$\boldsymbol{n}(\boldsymbol{x} - \boldsymbol{r}) = \frac{\partial F}{\partial x}(\xi - x) + \frac{\partial F}{\partial y}(\eta - y) = 0$$

oder

$$(\xi - x) f'(x) = (\eta - y)$$

($\boldsymbol{x} = \{\xi, \eta\}$ = R.V. des laufenden Punktes der Tangente).

7.5.1.4 Normale der Kurve in P ist die Gerade, die senkrecht auf der Tangente in P steht und durch P geht.

In Bild 7–24 ist die Länge der

Tangente (im engeren Sinne)	$PT = y(\mathrm{d}s/\mathrm{d}y) = (y/y')\sqrt{1 + y'^2}$,
Subtangente	$QT = y(\mathrm{d}x/\mathrm{d}y) = y/y'$,
Normale	$PN = y(\mathrm{d}s/\mathrm{d}x) = y\sqrt{1 + y'^2}$,
Subnormale	$QN = y(\mathrm{d}y/\mathrm{d}x) = yy'$.

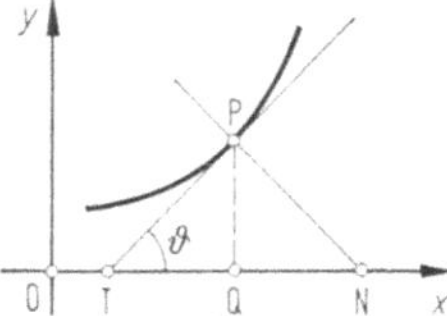

Bild 7–24. Länge der Tangente, Subtangente und Normale.

7.5.1.5 Krümmung. ϑ ist der Winkel zwischen Tangente und x-Achse, d.h. $\cos\vartheta = \boldsymbol{t}\boldsymbol{e}_x$. Die *Krümmung* der Kurve ist dann definiert durch

$$\varkappa = \mathrm{d}\vartheta/\mathrm{d}s \quad \text{(Änderung der Tangentenrichtung)}.$$

$\varrho = 1/\varkappa = \mathrm{d}s/\mathrm{d}\vartheta$ heißt *Krümmungsradius*. Der Kreis mit dem Radius $|\varrho|$, der die Kurve berührt, wobei sein Mittelpunkt, je nachdem ob $\varrho > 0$ oder $\varrho < 0$, links oder rechts von der im Sinne wachsender Bogenlänge s durchlaufenen Kurve liegt, heißt *Krümmungskreis*

(Bild 7–25). Sein Mittelpunkt M (R.V. $\boldsymbol{r}_M$) heißt *Krümmungsmittelpunkt*. Es ist

$$\varkappa = [\dot{\boldsymbol{r}}, \ddot{\boldsymbol{r}}] = \begin{vmatrix} \dot{x} & \dot{y} \\ \ddot{x} & \ddot{y} \end{vmatrix} = \frac{[\boldsymbol{r}', \boldsymbol{r}'']}{|\boldsymbol{r}'|^3} = \frac{x'y'' - y'x''}{(x'^2 + y'^2)^{3/2}},$$

$$\varkappa = \frac{f''(x)}{(1 + f'^2(x))^{3/2}} = \frac{r^2 + 2r'^2 - rr''}{(r^2 + r'^2)^{3/2}},$$

$$(\dot{x} = \mathrm{d}x/\mathrm{d}s \text{ usw.}, \quad x' = \mathrm{d}x/\mathrm{d}t \text{ usw.}, \quad r' = \mathrm{d}r/\mathrm{d}\varphi).$$

$$\boldsymbol{r}_M = \boldsymbol{r} + \varrho \boldsymbol{n}^0 = \{x - \varrho \sin\vartheta,\ y + \varrho\cos\vartheta\}, \qquad \boldsymbol{n}^0 = \{-\sin\vartheta,\ \cos\vartheta\},$$

$$\boldsymbol{r}_M = \left\{x - y'\frac{x'^2 + y'^2}{x'y'' - x''y'},\ y + x'\frac{x'^2 + y'^2}{x'y'' - x''y'}\right\} =$$

$$= \left\{x - f'(x)\frac{1 + f'^2(x)}{f''(x)},\ y + \frac{1 + f'^2(x)}{f''(x)}\right\}.$$

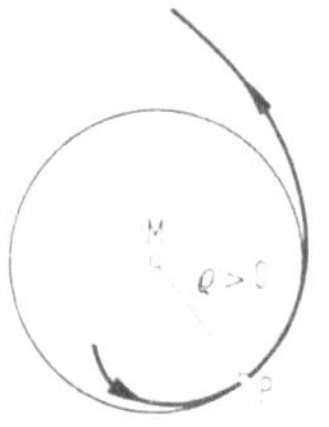

Bild 7–25. Krümmungskreis.

7.5.1.6 Evolute einer Kurve ist der geometrische Ort ihrer Krümmungsmittelpunkte (Bild 7–26). Wickelt man die Tangente (gespannten Faden) der Evolute von ihr ab, so beschreiben die Punkte dieser Tangente eine Schar paralleler Kurven, die die *Evolventen* (Bild 7–26) der gegebenen Evolute heißen und zu denen die ursprüngliche Kurve gehört.

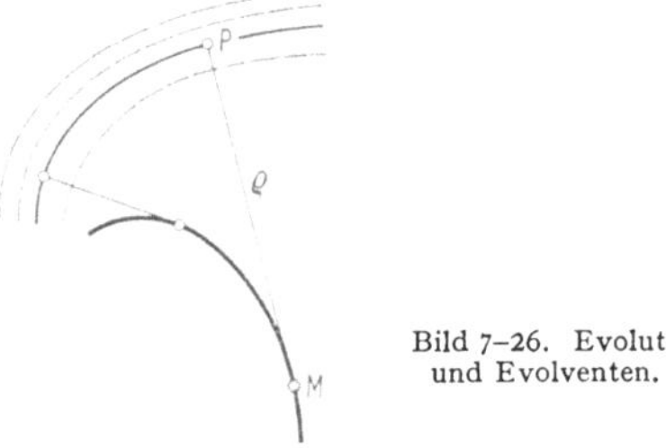

Bild 7–26. Evolute und Evolventen.

Gleichung der *Evolute:*

$$\boldsymbol{r} = \boldsymbol{r}_M(t)$$

(s. unter 7.5.1.5). Die Tangenten der Evolute sind zugleich die Normalen der Evolventen. Die Bogenlänge der Evolute zwischen zweien ihrer Punkte ist gleich dem Unterschiede der zu diesen Punkten gehörigen Krümmungsradien jeder der Evolventen.

Ist σ die Bogenlänge der Evolute und ist die Gleichung der Evolute in der Form $\boldsymbol{r}_M = \boldsymbol{r}_M(\sigma)$ gegeben, so sind die Gleichungen der zugehörigen Evolventen:

$$\boldsymbol{r} = \boldsymbol{r}(\sigma) = \boldsymbol{r}_M(\sigma) - (\sigma - \sigma_0)\frac{\mathrm{d}\boldsymbol{r}_M(\sigma)}{\mathrm{d}\sigma}.$$

Dabei gibt σ_0 die Bogenlänge der Evolute an dem Punkt an, wo die Abwicklung beginnt.

7.5.1.7 Wende- und Flachpunkt. Eine Kurve ist nach der positiven Seite der y-Achse *konkav*, wenn $y'' > 0$; *konvex*, wenn $y'' < 0$. In einem Punkte, wo y'' das Vorzeichen wechselt, geht die Kurve aus der konkaven in die konvexe Form über. Ein solcher Punkt ($y'' = 0$) heißt ein gewöhnlicher *Wendepunkt*, wenn für ihn $y''' \neq 0$ ist. Wenn die Wurzeln der Gleichung $y'' = 0$ gleichzeitig den sämtlichen Bedingungen $y''' = 0$, $y^{(4)} = 0$, $\ldots, y^{(n)} = 0$, aber $y^{(n+1)} \neq 0$ genügen, so ist der Punkt nur dann ein Wendepunkt, wenn n gerade ist, andernfalls ein *Flachpunkt*. Für einen gewöhnlichen Wendepunkt ist $n = 2$.

7.5.1.8 Singuläre Punkte. Eine Kurve hat einen singulären Punkt, wenn zugleich

$$F(x, y) = 0, \quad \partial F/\partial x = F_x = 0, \quad \partial F/\partial y = F_y = 0$$

ist. Man bilde

$$(\partial^2 F/\partial x\, \partial y)^2 - (\partial^2 F/\partial x^2)\,(\partial^2 F/\partial y^2) = F_{xy}^2 - F_{xx}F_{yy} = \Delta.$$

In den einfachsten Fällen kann man unterscheiden:

$\Delta > 0$: Doppelpunkt mit zwei reellen verschiedenen Tangenten;
$\Delta = 0$: Selbstberührungspunkt oder Spitze mit zwei zusammenfallenden Tangenten;
$\Delta < 0$: Einsiedlerpunkt mit keiner reellen Tangente.

Beispiel: Die Konchoide (vgl. 7.5.2.9; dabei ist in der angegebenen Gleichung x durch $x - b$ zu ersetzen)

$$F(x, y) = x^2y^2 - (x + b)^2\,(a^2 - x^2) = 0.$$

Aus $F_x = 2xy^2 - 2(x + b)\,(a^2 - x^2) + 2x(x + b)^2 = 0$ und $F_y = 2x^2y = 0$ folgen $x = -b$ und $y = 0$. Wegen $\Delta = 4x^2[a^2 - x^2 - 4x(x + b) - (x + b)^2]$ hat man für $x = -b$, $b < a$ einen Doppelpunkt, für $b > a$ einen Einsiedlerpunkt und schließlich für $b = a$ eine Spitze.

7.5.1.9 Flächeninhalt der Fläche zwischen der Kurve $y = f(x)$, der x-Achse und den Ordinaten y_1, y_2, die den Abszissen x_1, x_2 entsprechen, ist

$$F = \int_{x_1}^{x_2} f(x)\,\mathrm{d}x,$$

der Fläche zwischen der Kurve $r = r(\varphi)$ und den zu den Polarwinkeln φ_1, φ_2 gehörenden Leitstrahlen r_1, r_2 ist

$$F = (1/2) \int_{\varphi_1}^{\varphi_2} r^2\,\mathrm{d}\varphi \qquad \text{(\textit{Leibnizsche Sektorformel})},$$

der von der geschlossenen Kurve $\boldsymbol{r} = \boldsymbol{r}(t) = \{x(t), y(t)\}$, $t_1 \leq t \leq t_2$, $\boldsymbol{r}(t_1) = \boldsymbol{r}(t_2)$ umrandeten Fläche ist

$$F = (1/2) \oint (x\,\mathrm{d}y - y\,\mathrm{d}x) = (1/2) \int_{t_1}^{t_2} (xy' - yx')\,\mathrm{d}t.$$

Das Linienintegral ist dabei im positiven Umlaufsinn zu erstrecken, d.h. so, daß das Innere der Fläche zur Linken bleibt.

7.5.1.10 Einhüllende Kurve. Die durch die Gleichung $F(x, y, p) = 0$ dargestellte Kurvenschar, worin p ein veränderlicher Parameter ist, kann von einer Hüllkurve umhüllt werden. Ihre Gleichung ergibt sich durch Elimination von p aus den beiden Gleichungen

$$\partial F(x, y, p)/\partial p = 0, \quad F(x, y, p) = 0.$$

Beispiel: $F = (x - p)^2 + y^2 - 4 = 0$. $F_p = -2(x - p) = 0$, $x = p$ und somit $y = \pm 2$: Dieses Geradenpaar hüllt die Kreisschar $F = 0$ ein.

7.5.1.11 Trajektorie. Eine Kurve, welche die Kurvenschar $F(x, y, p) = 0$, worin p ein veränderlicher Parameter ist, rechtwinklig durchschneidet, heißt eine *rechtwinklige Trajektorie* der Kurvenschar. Die Differentialgleichung der Trajektorien, deren laufende Koordinaten ξ, η seien, ergibt sich, indem man aus den Gleichungen

$$\frac{\mathrm{d}\eta}{\mathrm{d}\xi} = \frac{\partial F}{\partial \eta} \bigg/ \frac{\partial F}{\partial \xi} \quad \text{und} \quad F(\xi, \eta, p) = 0$$

die Größe p eliminiert. Die Integration der entsprechenden Gleichung liefert eine Schar von Trajektorien.

Beispiel: $F = (x^2 + y^2)^2 - a^2(x^2 - y^2) = 0$. Nach der gegebenen Vorschrift gewinnt man

$$\frac{d\eta}{d\xi} = -\frac{\eta}{\xi}\,\frac{3\xi^2 - \eta^2}{3\eta^2 - \xi^2} = f\left(\frac{\eta}{\xi}\right),$$

deren allgemeines Integral (s. 9.1.2.4) $(\xi^2 + \eta^2)^2 = C\xi\eta$ ist (C = Konstante).

7.5.1.12 Asymptote einer Kurve, die nicht ganz im Endlichen verläuft, ist im speziellen Sinne eine *Gerade* der Art, daß der Abstand eines Kurvenpunktes P von ihr nach Null konvergiert, wenn P ins Unendliche geht.

Bestimmung der Asymptote für die Kurve $y = f(x)$ (*kartesische Koordinaten*):

$$\text{Asymptotengleichung } y = mx + n$$

$$m = \lim_{x\to\infty} \frac{f(x)}{x}$$

$$n = \lim_{x\to\infty} (f(x) - mx).$$

Für zur x-Achse senkrechte Asymptoten versagt dieses Verfahren. Man löst dann $y = f(x)$ nach x auf: $x = g(y)$ und geht entsprechend vor.

Beispiel:

$$y = f(x) = \frac{ax^2 - b}{x + c}$$

$$m = \lim_{x\to\infty} \frac{ax^2 - b}{x(x + c)} = \frac{a - \dfrac{b}{x^2}}{1 + \dfrac{c}{x}} = a$$

$$n = \lim_{x\to\infty} \left[\frac{ax^2 - b}{x + c} - ax\right] = \lim_{x\to\infty} \frac{-ac - \dfrac{b}{x}}{1 + \dfrac{c}{x}} = -ac.$$

Asymptote: $y = a(x - c)$.

Bestimmung der Asymptote für die Kurve $r = r(\varphi)$ (*Polarkoordinaten*): Wächst $r(\varphi)$ für $\varphi \to \alpha$ über alle Grenzen, so ist α die Richtung der Asymptote ($\tan\alpha = m$). Die Länge p des Lotes vom Koordinatenursprung auf die Asymptote ist

$$p = \lim_{\varphi\to\alpha} [r(\varphi) \cdot \sin(\alpha - \varphi)].$$

Ist $\alpha - \varphi > 0$, so ist $p > 0$; die Asymptote schneidet die positive Polarachse.
Ist $\alpha - \varphi < 0$, so ist $p < 0$; die Asymptote schneidet die negative Polarachse.

Beispiel: Hyperbolische Spirale (vgl. 7.5.2.7) $r = \dfrac{a}{\varphi}$. Für $\varphi \to 0$ wird $r(\varphi)$ unendlich.

$$p = \lim_{\varphi\to 0} \frac{a}{\varphi} \sin(-\varphi) = -a \lim_{\varphi\to 0} \frac{\sin\varphi}{\varphi} = -a.$$

Im erweiterten Sinne spricht man von *asymptotischer Annäherung* der Kurven $y = f(x)$ und $y = \varphi(x)$, wenn für unendlich große Werte von x der Unterschied zwischen $y = f(x)$ und $y = \varphi(x)$ unendlich klein wird; dann ist $\varphi(x) \sim f(x)$ (lies: $\varphi(x)$ asymptotisch gleich $f(x)$), d.h. wenn

$$\lim_{x\to\pm\infty} (f(x) - \varphi(x)) = 0$$

oder

$$\lim_{x\to\pm\infty} \left[\frac{f(x)}{\varphi(x)}\right] = 1$$

ist.

Beispiel:

$$y = f(x) = \frac{ax^3 + bx + c}{x + a} = ax^2 - a^2x + a^3 + b + \frac{c - a^4 - ab}{x + a}$$

$$y = \varphi(x) = ax^2 - a^2x + a^3 + b$$

$$\lim_{x\to\infty} (f(x) - \varphi(x)) = \lim_{x\to\infty} \frac{c - a^4 - ab}{x + a} = 0,$$

d.h. $\varphi(x)$ ist die asymptotische Annäherung von $f(x)$.

Ist bei der Kurve $r = r(\varphi)$, wenn φ über alle Grenzen wächst: $r = a$, so spricht man von einem *asymptotischen Kreis*. Wenn speziell $a = 0$ ist, liegt ein *asymptotischer Punkt* vor.

Beispiel: Hyperbolische Spirale (vgl. 7.5.2.7) $r = \frac{a}{\varphi}$

$$\lim_{\varphi\to\infty} r(\varphi) = \lim_{\varphi\to\infty} \frac{a}{\varphi} = 0$$

d.h. der Koordinatenursprung $r = 0$ ist ein asymptotischer Punkt.

7.5.2 Spezielle Kurven

7.5.2.1 Kubische und semikubische Parabel. Gleichungen:

$$y^3 = ax, \quad y^3 = ax^2.$$

Die semikubische Parabel $27py^2 = 8(x - p)^3$ ist die Evolute der Parabel $y^2 = 2px$.

Konstruktionen. Gegeben Scheitel A, Achse AX, und Punkt P der gesuchten Parabel (Bild 7-27 u. 28): Konstruiere das Rechteck $ABPX$, teile AB (durch 1, 2, 3) und BP (durch a, b, c) in gleich viele (hier vier) gleiche Teile und beschreibe über BP den Halbkreis. Mache dann z.B. in Bild 7-27 die Sehne $Bc' = Bc$ und ziehe $c'\,III$ senkrecht zu BP (oder ziehe in Bild 7-28 cc' senkrecht zu BP und $B\,III$ = Sehne Bc'); $A\,III$ schneidet die zu AX parallele Gerade durch 3 im Punkte P_{III} der Parabel. Ist der Halbkreis für die Zeichnung unbequem, verwende man Bild 7-29 zur Konstruktion. Wähle c beliebig auf AP. acb, $a_1c_1b_1$, $c_2c_3b_2$ senkrecht zu AX, cc_1c_2 parallel zu XA, c_1 und c_3 auf Aa, c_2 auf Aa_1. Alsdann ist c_1 ein Punkt der gewöhnlichen Parabel $y^2 = ax$, c_2 ein Punkt der kubischen Parabel $y^3 = ax$, c_3 ein Punkt der semikubischen Parabel $y^3 = ax^2$.

7.5.2.2 Zykloiden (Radlinien). Die *gewöhnliche* (gespitzte) *Zykloide* wird von einem Punkte der Peripherie eines Kreises beschrieben, wenn dieser, ohne zu gleiten, auf einer Geraden seiner Ebene rollt.

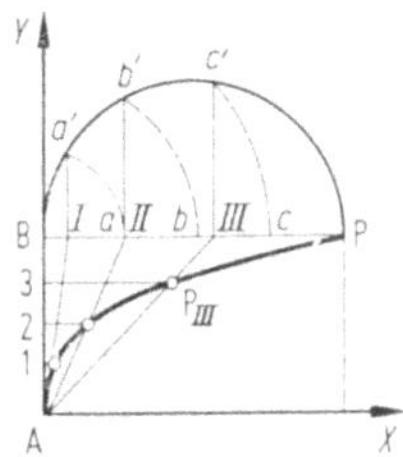

Bild 7-27.
Kubische Parabel.

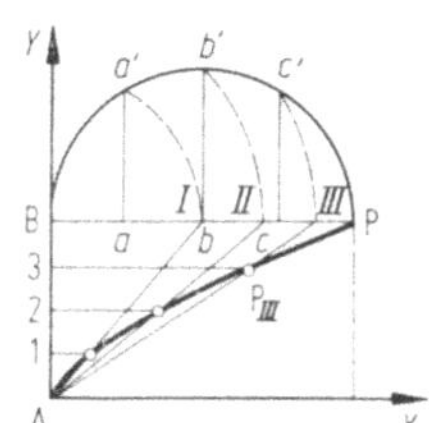

Bild 7-28.
Semikubische Parabel.

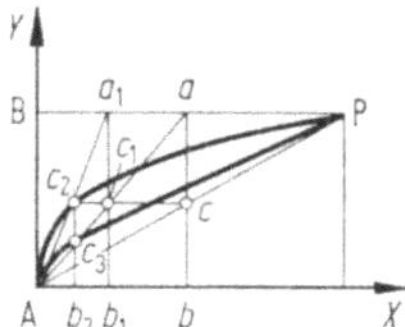

Bild 7-29. Konstruktion der kubischen Parabel.

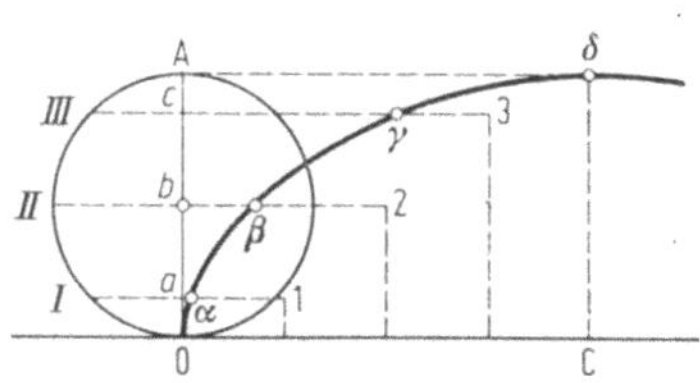

Bild 7-30.
Konstruktion der Zykloide.

Konstruktion. Mache die Strecke OC = Kreisbogen OA, teile beide in n gleiche Teile (in Bild 7–30 ist $n = 4$), konstruiere die Schnittpunkte 1, 2, 3 und mache $1\alpha = aI$, $2\beta = bII$ und $3\gamma = cIII$; dann sind α, β, γ Punkte der Zykloide. Oder: Kreise, um die Teilpunkte von OC mit den Sehnen OI, OII, $OIII$ beschrieben, werden von der Zykloide umhüllt.

Gleichungen der gewöhnlichen Zykloide (Bild 7–31):

$$x = a(t - \sin t), \quad y = a(1 - \cos t),$$

$$x = a \arccos (a - y)/a \pm \sqrt{(2a - y)\, y},$$

wo a der Radius des rollenden Kreises, t der Wälzwinkel ist.

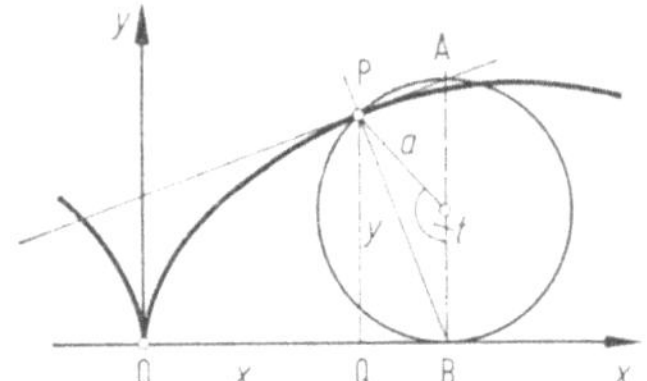

Bild 7–31. Gewöhnliche Zykolide.

Die *Normale* im Punkte P geht durch den Berührungspunkt B des erzeugenden Kreises mit der Grundgeraden (Momentanpol). PB Normale; PA Tangente.

$$N = PB = 2a \sin (t/2) = \sqrt{2ay}.$$

Krümmungsradius: $\varrho = 4a \sin (t/2) = 2\sqrt{2ay}$. ϱ ist also doppelt so lang wie die Normale. Für den Scheitel δ ist $\varrho = 4a$; für O ist $\varrho = 0$ (Spitze).

Die *Evolute* der Zykloide ist eine der ursprünglichen Zykloide kongruente Kurve, aber um πa in der Richtung der $+x$-Achse, um $2a$ in der Richtung der $-y$-Achse verschoben.

$$\textit{Fläche } OPQ = a^2[(3/2)\, t - 2 \sin t + (1/4) \sin 2t]$$
$$= (3/2)\, ax - (1/2)\, y \sqrt{(2a - y)\, y};$$

Fläche unter einem vollen Zykloidenbogen: $3\pi a^2$.

$$\textit{Bogen } OP = 4a[1 - \cos (t/2)] = 4a \pm 2\sqrt{2a(2a - y)}.$$

Länge eines vollen Zykloidenbogens: $8a$.

Die verlängerte (verschlungene) *und die verkürzte* (gestreckte) *Zykloide* entstehen, wenn der erzeugende Punkt außerhalb oder innerhalb des rollenden Kreises im festen Abstande c von dessen Mittelpunkt liegt. Die Gleichungen sind

$$x = at - c \sin t, \quad y = a - c \cos t.$$

Die oben angegebene Konstruktion der Normale der gewöhnlichen Zykloide gilt auch für die verlängerte und verkürzte Zykloide.

7.5.2.3 Epizykloide und Hypozykloide. Ein Punkt der Peripherie eines Kreises, der, ohne zu gleiten, auf einem festen Kreise seiner Ebene rollt, beschreibt eine *Epizykloide*, wenn die Berührung der Kreise außen (Bild 7–32), eine *Hypozykloide*, wenn die Berührung innen (Bild 7–33) stattfindet. Der Radius des festen Kreises sei a, der des erzeugenden b.

Konstruktion. Teile Halbkreisbogen AD und Winkel $AO\delta = \pi b/a$ in n gleiche Teile (in Bild 7–32 und 7–33 ist $n = 4$), ziehe die Halbstrahlen *1, 2, 3, 4* durch O und die Kreisbogen *I 1, II 2, III 3* um O; macht man nun $I\alpha_1 = 1\alpha$, $II\beta_1 = 2\beta$, $III\gamma_1 = 3\gamma$, so sind α, β, γ, δ Punkte der Epizykloide (Bild 7–32) oder der Hypozykloide (Bild 7–33). Oder: Kreise, um die Schnittpunkte der Radien *1, 2, 3* und des festen Kreises mit den Sehnen AI, AII, $AIII$ beschrieben, werden von der Kurve umhüllt.

Gleichungen. Nach den Bezeichnungen des Bildes 7–34 ist

$$x = (a \pm b) \cos \frac{b}{a} t \mp b \cos \frac{a \pm b}{a} t, \quad y = (a \pm b) \sin \frac{b}{a} t - b \sin \frac{a \pm b}{a} t,$$

wo t den Wälzwinkel bedeutet, oder

$$x = (a \pm b) \cos \chi \mp b \cos \frac{a \pm b}{b} \chi, \quad y = (a \pm b) \sin \chi - b \sin \frac{a \pm b}{b} \chi,$$

wo χ den Drehwinkel bedeutet. *Beachte:* Die oberen Vorzeichen gelten für die Epizykloide, die unteren für die Hypozykloide.

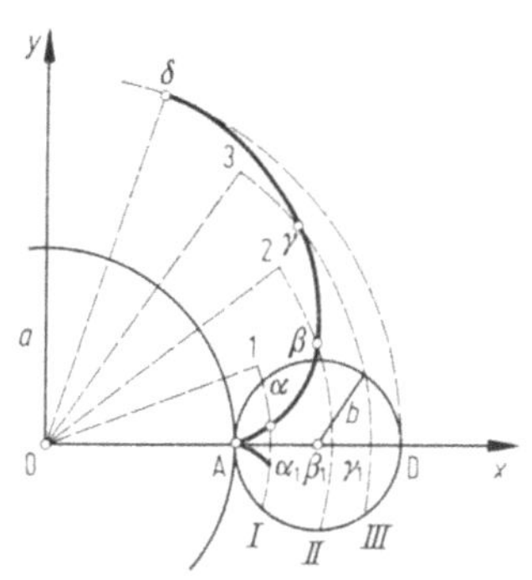

Bild 7–32. Epizykloide.

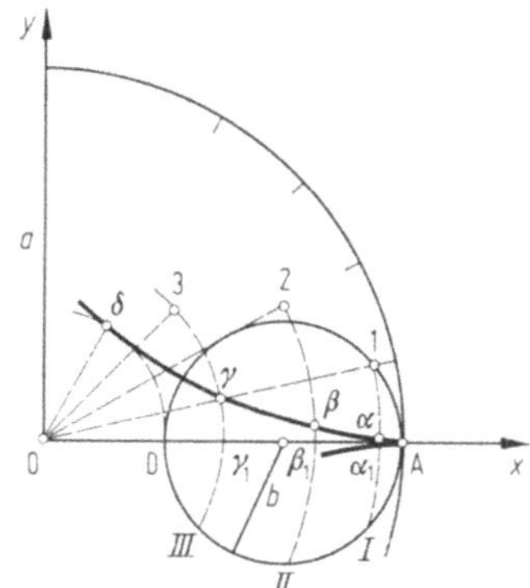

Bild 7–33. Hypozykloide.

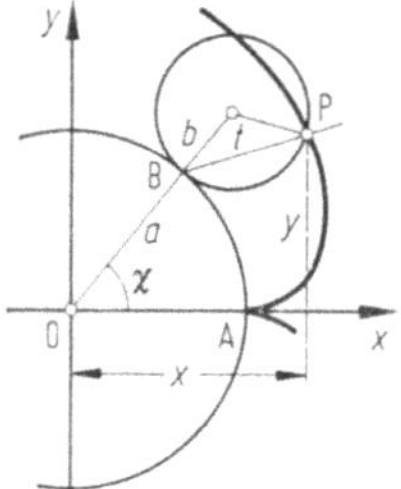

Bild 7–34. Normale der Epizykloide.

Die *Normale* für irgendeinen Punkt P geht durch den Berührungspunkt B des erzeugenden und des festen Kreises für die betreffende Lage (Bild 7–34).

Krümmungsradius:

$$\varrho = 4b(a \pm b) \sin (t/2)/(a \pm 2b).$$

Für A ist $\varrho = 0$, für δ ist $\varrho = 4b(a \pm b)/(a \pm 2b)$.

Die *Evolute* ist eine ähnliche, im Verhältnis $a/(a \pm 2b)$ verkleinerte oder vergrößerte, um $\pm \pi b/a$ gedrehte Epi- oder Hypozykloide.

Fläche des Sektors zwischen OA, der Kurve und einem Leitstrahl OP:

$$S = (1/2)\,(b/a)\,(a \pm b)\,(a \pm 2b)\,(t - \sin t).$$

Bogenlänge: $s = 4(a \pm b)\,(1 - \cos (t/2))\,b/a$; Bogen $A\delta = 4(a \pm b)\,b/a$.

Die Gleichungen der Kurven werden (durch Elimination von t) algebraisch, wenn a und b ein rationales Verhältnis haben. Für $b = a/2$ wird die Hypozykloide eine *Gerade* in der Richtung AO. Jeder nicht im Umfange des erzeugenden Kreises liegende Punkt beschreibt dann eine *Ellipse* (Planetengetriebe; Ellipsenzirkel).

Astroide. Für $b = a/4$ wird die Hypozykloide zur (gleichseitigen) Astroide (*Sternkurve*), ihre Gleichung lautet:

$$x^{2/3} + y^{2/3} = a^{2/3}.$$

Kardioide. Für $b = a$ wird die Epizykloide zur Kardioide (Herzkurve) mit der Gleichung, wenn A (Bild 7–34) der Koordinaten-Anfangspunkt und AO die positive Richtung der x-Achse ist:

$$(y^2 + x^2 - 2ax)^2 = 4a^2(x^2 + y^2)$$

oder in den entsprechenden Polarkoordinaten r und φ:

$$r = 2a(1 + \cos\varphi).$$

Für $b \to \infty$ geht der rollende Kreis in eine *gerade Linie*, die entsprechende Kurve in eine *Kreisevolvente* (s. u.) über.

Die *verlängerte* und die *verkürzte Epi- oder Hypozykloide* entstehen, wenn der erzeugende Punkt außerhalb oder innerhalb des erzeugenden Kreises im Abstande c von dessen Mittelpunkt liegt.

Die Gleichungen sind

$$x = (a \pm b)\cos\frac{b}{a}t \mp c\cos\frac{a \pm b}{a}t,$$

$$y = (a \pm b)\sin\frac{b}{a}t - c\sin\frac{a \pm b}{a}t.$$

7.5.2.4 Kreisevolvente. Jeder Punkt einer Geraden, die sich, ohne zu gleiten, auf einem Kreis abwälzt, beschreibt eine Kreisevolvente (Fadenkonstruktion).

Konstruktion in Bild 7–35: Mache BC gleich dem Kreisbogen AB und teile beide in n (hier vier) gleiche Teile: αI ist Tangente in I von der Länge $1C = BC/4$; βII ist Tangente in II von der Länge $2C = 2BC/4$ usw.

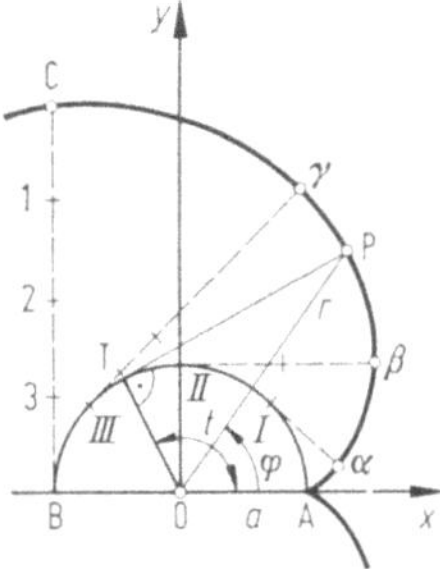

Bild 7–35. Kreisevolvente.

Gleichungen (mit t als Wälzwinkel):

$$x = a(\cos t + t\sin t), \quad y = a(\sin t - t\cos t).$$

Polargleichung:

$$\varphi = \sqrt{r^2/a^2 - 1} - \arctan\sqrt{r^2/a^2 - 1}.$$

Der *Krümmungsradius* ϱ eines Punktes P ist die Tangente PT von P an den Grundkreis, also gleich der Länge des Kreisbogens $AT = at$.

Bogenlänge:

$$AP = s = \varrho^2/2a = at^2/2 = (r^2 - a^2)/2a.$$

Fläche des Sektors:

$$APO = a^2t^3/6 = s\varrho/3 = ATPA.$$

7.5.2.5 Kettenlinie und Schleppkurve (Traktrix). Die gewöhnliche Kettenlinie ist die Gleichgewichtslinie eines schweren, homogenen, an zwei Punkten aufgehängten, vollkommen biegsamen Fadens.

Gleichungen:

$$y = (1/2)\, h(e^{x/h} + e^{-x/h}) = h \cosh x/h,$$

$$x = h \ln\left(y/h \pm \sqrt{(y/h)^2 - 1}\right) = h \operatorname{arcosh} y/h.$$

Der Anfangspunkt der Koordinaten liegt um $h = MO$ tiefer als der tiefste Punkt M der Kettenlinie KK' (Bild 7–36).

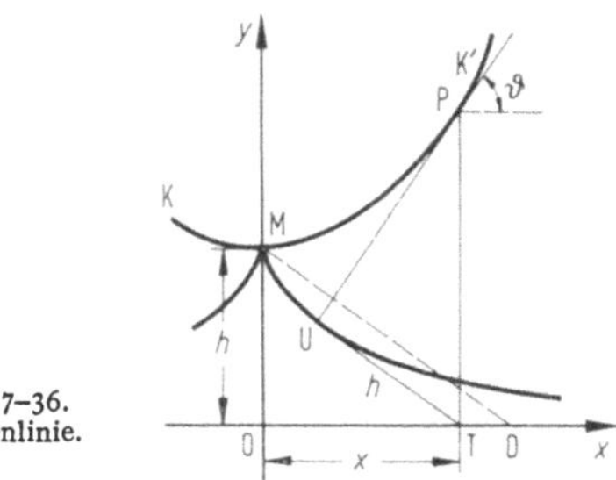

Bild 7–36. Kettenlinie.

Asymptotische Annäherung: $y = \frac{h}{2} e^{\frac{x}{h}}$.

Winkel ϑ der Tangente UP in einem beliebigen Punkte P mit der (waagerechten) x-Achse bestimmt man aus

$$\tan\vartheta = (e^{x/h} - e^{-x/h})/2 = \sinh x/h = \sqrt{(y/h)^2 - 1}; \quad \cos\vartheta = h/y.$$

Für ϑ als unabhängige Veränderliche wird

$$x = h \ln \frac{1 + \sin\vartheta}{\cos\vartheta} = h \ln \tan\left(\frac{\pi}{4} + \frac{\vartheta}{2}\right) = h \operatorname{arsinh}(\tan\vartheta),$$

$$y = h/\cos\vartheta.$$

Der *Krümmungsradius* im Punkte P ist gleich (und entgegengerichtet) der Normalen im Punkte P, gemessen von P bis zur x-Achse:

$$\varrho = y^2/h = h/\cos^2\vartheta.$$

Fläche OMPT hat den Inhalt

$$F = h^2 \sinh x/h = h^2 \tan\vartheta = h\sqrt{y^2 - h^2} = hs.$$

Bogenlänge MP:

$$s = h \sinh x/h = h \tan\vartheta = \sqrt{y^2 - h^2} = PU = OD,$$

wenn TU und $MD \perp PU$ sind.

$$x = h \ln\left[s/h + \sqrt{1 + (s/h)^2}\right] = h \operatorname{arsinh} s/h.$$

Die Tabellen 1–5 und 1–6 der Hyperbelfunktionen cosh x und sinh x geben die Werte der Ordinaten und Bogenlängen der Kettenlinie für $h = 1$.

Eine *Evolvente* der Kettenlinie ist die *Huygenssche Traktrix* oder *Schleppkurve,* nämlich wenn im Scheitel M der Beginn der Abwicklung ist; ihre Gleichung ist

$$x = h \ln \frac{h + \sqrt{h^2 - y^2}}{y} - \sqrt{h^2 - y^2} = h \operatorname{arcosh}\left(\frac{h}{y}\right) - \sqrt{h^2 - y^2},$$

wo der Quadratwurzel dasselbe Vorzeichen wie x zu erteilen ist, oder auch $x = h(t - \tanh t)$, $y = h/\cosh t$, wobei t einen Parameter bezeichnet.

Die Schleppkurve hat die Eigenschaft, daß die Länge der Tangente UT von der Kurve bis zur x-Achse ***unveränderlich*** ist. Die x-Achse ist die Asymptote der beiden Kurvenzweige. Die Schleppkurve wird von der Mitte U zwischen den Hinterrädern eines Wagens erzeugt, wenn sich die Mitte T zwischen den Vorderrädern auf einer Geraden bewegt (Bild 7–37). Die Evolute der Traktrix ist die Kettenlinie KMK'. P ist der Krümmungsmittelpunkt; $\varrho = PU$ (s.o.).

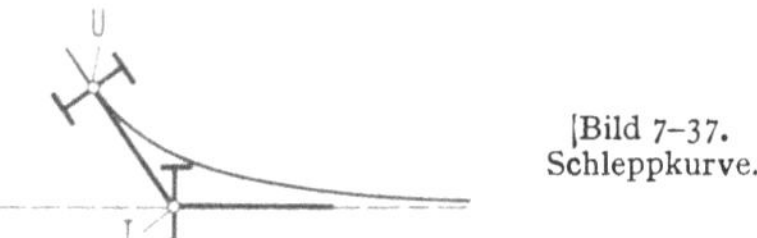

Bild 7–37. Schleppkurve.

Bogen $MU = h \ln (y/h)$. Mit zunehmender Bogenlänge wird $(s - x) \to h(1 - \ln 2) = 0{,}3069h$.

Bezeichnet $2L$ die Länge einer Kette, $2l$ die waagerechte Entfernung, $2b$ die lotrechte Entfernung ihrer Aufhängepunkte, so findet man den Parameter h, den Anfangspunkt der Koordinaten und damit den tiefsten Punkt der Kettenlinie folgendermaßen:

Berechne $\sqrt{L^2 - b^2}/l = c$ und bestimme φ aus der transzendenten Gleichung $\sinh \varphi = c\varphi$ (zeichnerische Lösung oder irgendein anderes passendes Verfahren der praktischen Mathematik, vgl. 10.4.2.2). Dann ist $h = l/\varphi$. Berechnet man noch ψ aus $\tanh \psi = b/L$ (Tabelle 1–5), so liegt der Anfangspunkt der Koordinaten in einer Tiefe $y_0 = L \coth \varphi$ unter dem Mittelpunkte der Sehne, die die Aufhängepunkte der Kette verbindet, und in einem waagerechten Abstand $x_0 = \psi h$ von jenem Mittelpunkte, und zwar nach dem tiefer gelegenen Aufhängepunkt zu.

Liegen die Aufhängepunkte der Kette gleich hoch, so ist $b = 0$, $c = L/l$, $\psi = 0$, $x_0 = 0$. Der Aufhängewinkel α ergibt sich aus $\cos \alpha = h/y_0 = (l \tanh \varphi)/L\varphi$.

7.5.2.6 Archimedische Spirale ist der geometrische Ort eines Punktes P, dessen Leitstrahl $OP = r$ sich proportional dem von einem festen Anfangsstrahl gemessenen Drehwinkel φ ändert. Ihre *Gleichung in Polarkoordinaten* ist daher (Bild 7–38)

$$r = a\varphi.$$

Die Archimedische Spirale besteht aus zwei spiegelbildlichen Teilen.

Diese Spirale entsteht auch, wenn sich ein Punkt P mit gleichförmiger Geschwindigkeit auf dem Strahl OP bewegt, während dieser sich gleichförmig um den festen Pol O dreht. Entspricht einer einmaligen Umdrehung von OP der Weg r_0 des Punktes P auf OP, so

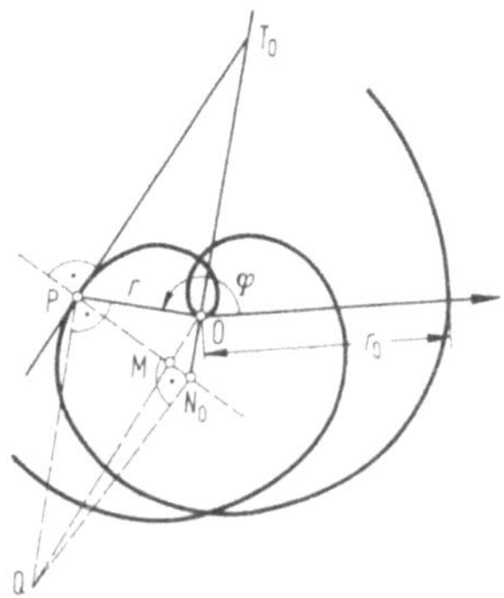

Bild 7–38. Archimedische Spirale.

ist nach $1/n$ Umdrehung die Länge des Leitstrahles $r = r_0/n$, woraus sich die Konstruktion der Spirale ergibt. Es ist $r_0 = 2\pi a$.

Polarsubtangente $OT_0 = r^2/a$; *Polarsubnormale* $ON_0 = a = \text{const}$. Hieraus ergibt sich die Konstruktion der Tangente an die Spirale.

Krümmungsradius:

$$\varrho = \frac{(a^2 + r^2)^{3/2}}{2a^2 + r^2} .$$

Konstruktion: Errichte auf PN_0 (Bild 7–38) in N_0 und auf OP in P Senkrechte, beide schneiden sich in Q; zieht man OQ, so schneidet diese die Normale PN_0 im Krümmungsmittelpunkt M.

Bogenlänge:

$$s = (1/2)\, a\left[\varphi\sqrt{1 + \varphi^2} + \operatorname{arsinh}\varphi\right],$$

angenähert (für viele Windungen): $s \approx a\varphi^2/2$.

7.5.2.7 Hyperbolische Spirale. Ihre *Gleichung* ist $r\varphi = a$. Für $\varphi \to \infty$ wird $r \to 0$; Pol O ist ein *asymptotischer* Punkt, um den die Spirale unendlich viele Windungen beschreibt, ohne ihn zu erreichen. Für $\varphi \to 0$ wird $r \to \infty$, d. h. die zur Polarachse im Abstand a gezogene Parallele ist *Asymptote* der Spirale (Bild 7–39).

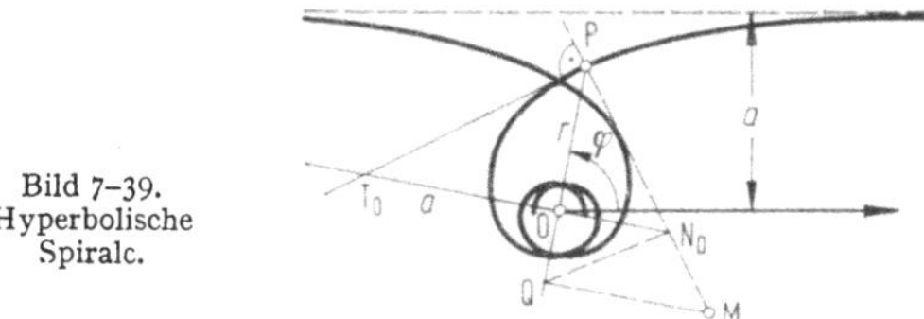

Bild 7–39. Hyperbolische Spirale.

Die hyperbolische Spirale besteht aus zwei spiegelbildlichen Teilen.

Polarsubtangente $OT_0 = -a = \text{const}$.

Polarsubnormale $ON_0 = -r^2/a$.

Hieraus folgt die Konstruktion der Tangente der Spirale.

Krümmungsradius $\varrho = r(r^2/a^2 + 1)^{3/2}$.

Konstruktion: Errichte auf PN_0 in N_0 die Senkrechte bis zum Schnitt mit der Verlängerung von PO in Q, ferner auf PQ in Q die Senkrechte; ihr Schnittpunkt M mit PN_0 ist der Krümmungsmittelpunkt.

7.5.2.8 Logarithmische Spirale. *Gleichung:* $r = ae^{m\varphi}$ $(m > 0)$. Für $\varphi = 0$ ist $r = OA = a$ (Bild 7–40). Da ferner $r \to 0$ strebt für $\varphi \to -\infty$, so ist Pol O ein *asymptotischer Punkt*, dem sich die Spirale für negativ-wachsende φ immer mehr nähert, ohne ihn zu erreichen.

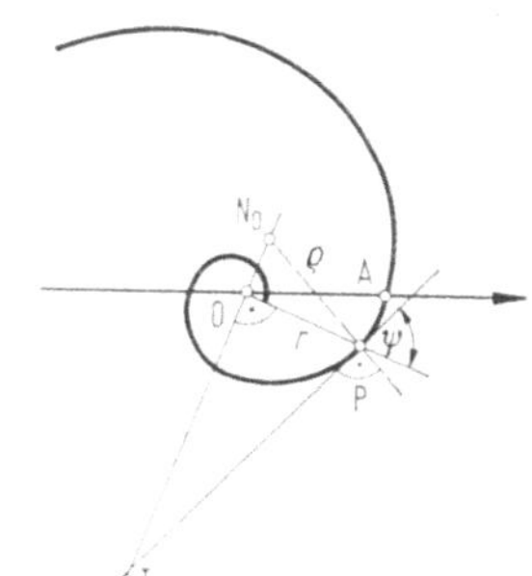

Bild 7–40. Logarithmische Spirale.

Die *Tangente* PT_0 in einem beliebigen Punkt P bildet mit dem Leitstrahl OP den *konstanten* Winkel $\psi = \operatorname{arcot} m$.

Polarsubnormale $ON_0 = r \cot \psi = rm$.

Polarnormale $PN_0 = r\sqrt{1 + m^2} = r/\sin \psi$; die Polarnormale ist gleich dem *Krümmungsradius* ϱ in P.

Die Evolute der Spirale ist eine der gegebenen kongruente Kurve, gegen diese um den Winkel $\pi/2 - (\ln m)/m$ gedreht.

Die *Fläche des Sektors*, den der Leitstrahl OP, von P beginnend, bei Rückwärtsdrehung überstreicht, strebt bei Annäherung an den Pol dem festen Wert

$$S = r^2/4m$$

zu, nämlich der halben Fläche des Dreiecks OPT_0.

Die *Bogenlänge*, von P an gerechnet, strebt bei Annäherung ihres anderen Endpunktes an den Pol dem festen Wert

$$s = r/\cos \psi = r\sqrt{1 + m^{-2}}$$

zu, nämlich der Länge der Polartangente PT_0.

Wenn die logarithmische Spirale auf einer Geraden rollt, ohne zu gleiten, beschreibt ihr asymptotischer Punkt eine zweite Gerade, die unter dem Winkel $\pi/2 - \psi$ gegen die erste geneigt ist.

7.5.2.9 Gleichungen einiger anderer Kurven

Kurvenname	Rechtwinklige Koordinaten	Polarkoordinaten
Zissoide	$y^2(a - x) = x^3$	$r = a \sin^2 \varphi / \cos \varphi$
Lemniskate	$(x^2 + y^2)^2 = a^2(x^2 - y^2)$	$r = a\sqrt{\cos 2\varphi}$
Konchoide	$(x^2 + y^2)(x - b)^2 = a^2x^2$	$r = b/\cos \varphi \pm a$
Strophoide	$(a - x)y^2 = (a + x)x^2$	$r = -a \cos 2\varphi / \cos \varphi$
Cartesisches Blatt	$x^3 + y^3 = 3axy$	$r = \dfrac{3a \sin \varphi \cos \varphi}{\sin^3 \varphi + \cos^3 \varphi}$
Vierblatt	$(x^2 + y^2)^3 = 4a^2x^2y^2$	$r = a \sin 2\varphi$
Klothoide	vgl. 7.5.2.9.6	

7.5.2.9.1 Zissoide (*Efeublattkurve*, Bild 7-41). Gegeben ein Kreis vom Durchmesser a; im Endpunkt A eines festen Durchmessers OA, der x-Achse, die Tangente AB. Vom anderen Endpunkt O, dem Koordinaten-Anfangspunkt, werden beliebige Sekanten OB bis zum Schnitt mit AB gezogen. Macht man nun $BD = OC$ oder $OD = BC$, so bestimmen die Punkte D die Zissoide. Asymptote ist die Gerade $x = a$.

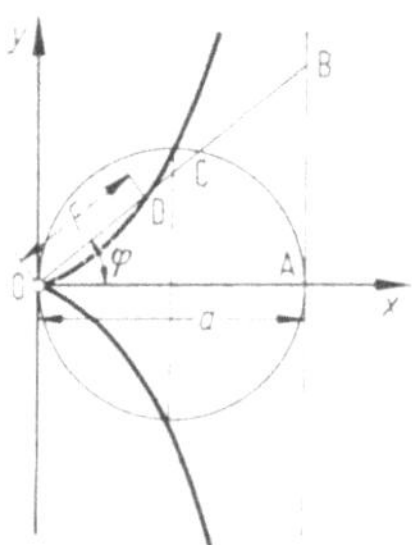

Bild 7-41.
Zissoide.

7.5.2.9.2 Lemniskate (*Schleifenkurve*, Bild 7–42) ist der geometrische Ort aller Punkte P, für die das Produkt ihrer Abstände r_1 und r_2 von zwei festen Punkten F_1 und F_2 den festen Wert e^2 hat, falls $F_1F_2 = 2e = a\sqrt{2}$ ist. Es ist $OA = OA_1 = a$.

Die in O sich schneidenden Kurvenäste stehen senkrecht aufeinander. Die ganze Fläche der Lemniskate ist $F = a^2$. Fällt man vom Mittelpunkt einer gleichseitigen Hyperbel Lote auf die Tangenten, so ist der geometrische Ort der Fußpunkte eine Schleifenlinie.

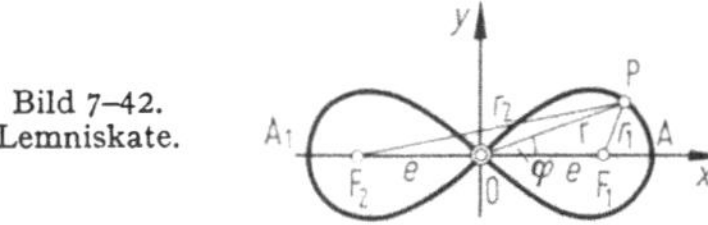

Bild 7–42. Lemniskate.

7.5.2.9.3 Cassinische Kurve. Wenn, wie bisher, $F_1F_2 = 2e$, dagegen $r_1r_2 = c^2$ ist, so entsteht als Verallgemeinerung der Lemniskate die Cassinische Kurve (manchmal *allgemeine Lemniskate* genannt). Die Kurve ist aber für $c \neq e$ keine Schleifenlinie, sondern besteht entweder, wenn $e^2 > c^2$, aus zwei getrennten, je F_1 und F_2 umgebenden *Eilinien* oder, wenn $e^2 < c^2$, aus einer einzigen geschlossenen, F_1 und F_2 umgebenden Kurve. Gleichung:

$$(x^2 + y^2)^2 - 2e^2(x^2 - y^2) + e^4 - c^4 = 0$$

oder

$$r^2 = e^2 \cos 2\varphi \pm \sqrt{c^4 - e^4 \sin^2 2\varphi}.$$

Für $c^2 < a^2$ hat die Kurve zwei reelle Doppeltangenten.

7.5.2.9.4 Konchoide (*Muschellinie*, Bild 7–43). Auf den von O ausgehenden Strahlen werde von ihren Schnittpunkten C mit einer Geraden BB_1 an beiderseits das konstante Stück a abgetragen: $CD = CD_1 = a$. Der geometrische Ort der Punkte D, D_1 ist die Muschellinie. Die Entfernung der Geraden BB_1 von O sei b. Punkt O gehört zur Kurve und ist ein Doppelpunkt für $a > b$, eine Spitze für $a = b$, ein Einsiedlerpunkt (so in Bild 7–43) für $a < b$. Asymptote ist die Gerade $x = b$.

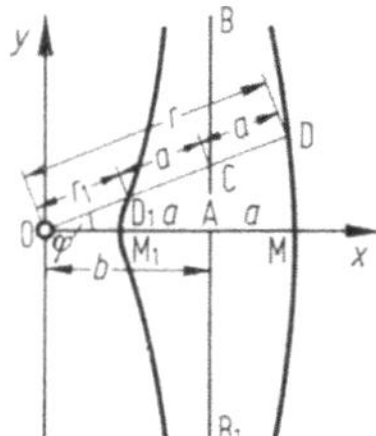

Bild 7–43. Konchoide.

7.5.2.9.5 Gerade Strophoide (Bild 7–44) ist der geometrische Ort aller Punkte P, P^*, für die $BP = BP^* = OB$ ist. P, B, P^* liegen dabei auf einem vom festen Punkt A ausgehenden Strahl, B auf der y-Achse, die von A den Abstand a hat.

Die Strophoide hat die Asymptote $x = a$. Es ist $AP \cdot AP^* = a^2$ konstant. Die Fläche ihrer Schleife ist $F = 2(1 - \pi/4)\, a^2$. Die Tangenten im Doppelpunkt stehen senkrecht aufeinander.

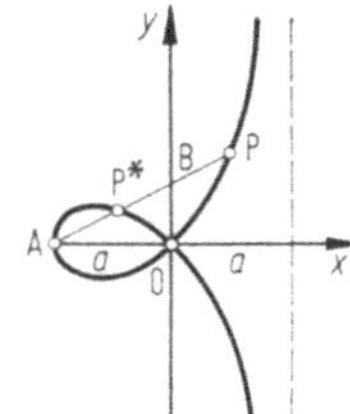

Bild 7–44. Strophoide.

7.5.2.9.6 Klothoide (*Spinnkurve oder Cornusche Spirale*, Bild 7–45). Ihre Bogenlänge ist der Krümmung proportional:

$$s = a^2\varkappa = a^2 \frac{\mathrm{d}\vartheta}{\mathrm{d}s}, \quad \vartheta = \frac{s^2}{2a^2}.$$

Aus $\cos\vartheta = dx/ds$, $\sin\vartheta = dy/ds$ erhält man

$$x = \int_0^s \cos\left(\frac{s^2}{2a^2}\right) ds = a\sqrt{\pi}\, C\left(\frac{s}{a\sqrt{\pi}}\right),$$

$$y = \int_0^s \sin\left(\frac{s^2}{2a^2}\right) ds = a\sqrt{\pi}\, S\left(\frac{s}{a\sqrt{\pi}}\right).$$

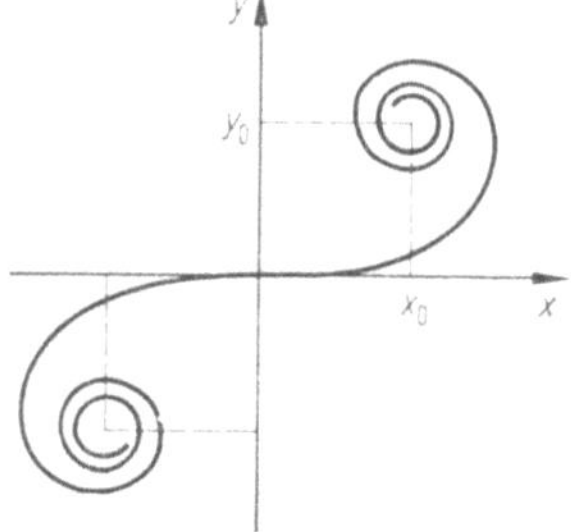

Bild 7–45. Klothoide.

Hierbei sind

$$C(u) = \int_0^u \cos\left(\frac{\pi}{2} t^2\right) dt = u - \left(\frac{\pi}{2}\right)^2 \frac{u^5}{2!\cdot 5} + \left(\frac{\pi}{2}\right)^4 \cdot \frac{u^9}{4!\cdot 9} - + \cdots,$$

$$S(u) = \int_0^u \sin\left(\frac{\pi}{2} t^2\right) dt = \frac{\pi}{2}\,\frac{u^3}{1!\cdot 3} - \left(\frac{\pi}{2}\right)^3 \frac{u^7}{3!\cdot 7} + \left(\frac{\pi}{2}\right)^5 \frac{u^{11}}{5!\cdot 11} - + \cdots$$

die Fresnelschen Integrale (4.4.7.5) bzw. ihre beständig konvergenten Reihen.

Ihre asymptotischen Punkte ($u \to \infty$) sind

$$\pm x_0 = \pm \frac{a}{2}\sqrt{\pi}, \quad \pm y_0 = \pm \frac{a}{2}\sqrt{\pi}.$$

7.6 Kurven im Raum

7.6.1 Allgemeine Sätze

Zugrunde liegt ein kartesisches Koordinatensystem $(O; \boldsymbol{e}_x, \boldsymbol{e}_y, \boldsymbol{e}_z)$ (vgl. 5.2.3).

7.6.1.1 Kurve. Punkt $P = (x, y, z)$ beschreibt eine *Kurve*, wenn der Radiusvektor (R.V.) von P

$$\boldsymbol{r} = \boldsymbol{r}(t) = \{x(t), y(t), z(t)\}$$

stetig differenzierbar von einer Veränderlichen t (*Parameter*) abhängt. Eine Kurve kann auch in der Form

$$F_1(x, y, z) = 0, \quad F_2(x, y, z) = 0$$

(als Schnitt der durch diese beiden Gleichungen gegebenen Flächen) oder durch

$$y = f_1(x), \quad z = f_2(x)$$

(d.h. durch ihre Projektionen auf die xy- und xz-Ebene) gegeben sein.

7.6.1.2 Bogenlänge. Die Länge s des Bogens der Kurve zwischen zwei Punkten P_0 und P_1 (R.V. $\boldsymbol{r}_0 = \boldsymbol{r}(t_0)$ und $\boldsymbol{r} = \boldsymbol{r}(t)$) ist gegeben durch

$$s = \int_{t_0}^t \sqrt{\boldsymbol{r}'^2(\tau)}\, d\tau = \int_{t_0}^t \sqrt{x'^2(\tau) + y'^2(\tau) + z'^2(\tau)}\, d\tau,$$

wobei

$$\boldsymbol{r}'(t) = \frac{\mathrm{d}\boldsymbol{r}}{\mathrm{d}t}, \quad x'(t) = \frac{\mathrm{d}x}{\mathrm{d}t} \text{ usw.}$$

7.6.1.3 Tangente an die Kurve im Punkt P (R.V. $\boldsymbol{r}(t)$) ist die Gerade, die die Kurve in P berührt. Sie ist gegeben durch

$$\boldsymbol{x} = \boldsymbol{r}(t) + \lambda \boldsymbol{r}'(t)$$

($\boldsymbol{x} = \{\xi, \eta, \zeta\}$ = R.V. des laufenden Punktes der Tangente, λ durchläuft die reellen Zahlen). $\boldsymbol{r}'(t)$ heißt *Tangentenvektor* im Punkt P. Ist $t = s$ = Bogenlänge, so wird $\mathrm{d}\boldsymbol{r}/\mathrm{d}s = \dot{\boldsymbol{r}}(s) = \boldsymbol{t}$ der Einheitsvektor in Richtung der Tangente. Es ist

$$\boldsymbol{t} = \{\dot{x}(s), \dot{y}(s), \dot{z}(s)\} = \{\cos\alpha, \cos\beta, \cos\gamma\}, \qquad \boldsymbol{t}^2 = 1$$

($\dot{x}(s) = \mathrm{d}x/\mathrm{d}s$ usw., α, β, γ Winkel zwischen Tangente und Koordinatenachsen).

Ist überall $\dot{\boldsymbol{t}} = \mathrm{d}\boldsymbol{t}/\mathrm{d}s = 0$, so liegt eine Gerade vor.

7.6.1.4 Begleitendes Dreibein. Ist $\dot{\boldsymbol{t}} \neq 0$, so nennt man den Einheitsvektor $\boldsymbol{n} = \dot{\boldsymbol{t}}/|\dot{\boldsymbol{t}}|$ den *Hauptnormalenvektor*. Wegen $\boldsymbol{t}^2 = 1$ ist $\boldsymbol{n}\boldsymbol{t} = 0$, d.h. $\boldsymbol{n}$ steht senkrecht zur Tangente. $\varkappa(s) = |\dot{\boldsymbol{t}}(s)|$ heißt *Krümmung* der Kurve. Also ist $\dot{\boldsymbol{t}} = \varkappa\boldsymbol{n}$. Für die Punkte, in denen $\dot{\boldsymbol{t}} = 0$ ist, setzt man die Krümmung $\varkappa = 0$. Den Einheitsvektor $\boldsymbol{b} = \boldsymbol{t} \times \boldsymbol{n}$ nennt man *Binormalvektor*. Die Vektoren $\boldsymbol{t}$, $\boldsymbol{n}$ und $\boldsymbol{b}$ bilden dann ein positiv orientiertes orthonormales Dreibein; man nennt es das *begleitende Dreibein* der Kurve (Bild 7–46).

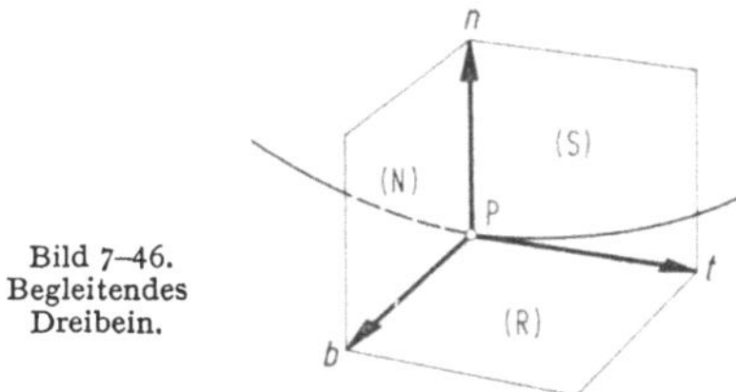

Bild 7–46. Begleitendes Dreibein.

7.6.1.5 Besondere Ebenen. Die Ebene durch P, $\boldsymbol{t}$ und $\boldsymbol{n}$ heißt *Schmiegebene* (S). Sie ist die Grenzlage von Ebenen durch drei benachbarte Kurvenpunkte. Die auf $\boldsymbol{t}$ senkrechte Ebene durch P heißt *Normalebene* (N), die auf $\boldsymbol{n}$ senkrechte Ebene durch P *rektifizierende Ebene* (R) (Bild 7–46).

Gleichungen:	Normalebene	$(\boldsymbol{x} - \boldsymbol{r})\,\boldsymbol{t} = 0$,
	Schmiegebene	$(\boldsymbol{x} - \boldsymbol{r})\,\boldsymbol{b} = 0$,
	rektifizierende Ebene	$(\boldsymbol{x} - \boldsymbol{r})\,\boldsymbol{n} = 0$.

7.6.1.6 Torsion. Es ist

$$\mathrm{d}\boldsymbol{b}/\mathrm{d}s = -\tau\boldsymbol{n}, \quad \tau = -\boldsymbol{n}(\mathrm{d}\boldsymbol{b}/\mathrm{d}s).$$

$\tau(s)$ heißt *Torsion* (Windung) der Kurve; sie ist ein Maß für die Drehung der Schmiegebene beim Fortschreiten auf der Kurve in Richtung wachsender s. Die Kurve heißt in P rechts oder links gewunden, je nachdem ob dort $\tau > 0$ oder $\tau < 0$. Für *ebene Kurven* ist $\tau = 0$.

7.6.1.7 Frenetsche Formeln.

$$\begin{aligned} \dot{\boldsymbol{t}} &= \varkappa\boldsymbol{n}, \\ \dot{\boldsymbol{n}} &= -\varkappa\boldsymbol{t} + \tau\boldsymbol{b}, \\ \dot{\boldsymbol{b}} &= -\tau\boldsymbol{n}. \end{aligned} \quad \text{kurz:} \quad \begin{pmatrix} \mathrm{d}\boldsymbol{t}/\mathrm{d}s \\ \mathrm{d}\boldsymbol{n}/\mathrm{d}s \\ \mathrm{d}\boldsymbol{b}/\mathrm{d}s \end{pmatrix} = \begin{pmatrix} 0 & \varkappa & 0 \\ -\varkappa & 0 & \tau \\ 0 & -\tau & 0 \end{pmatrix} \begin{pmatrix} \boldsymbol{t} \\ \boldsymbol{n} \\ \boldsymbol{b} \end{pmatrix} \quad \text{(vgl. 5.3.3).}$$

7.6.2 Gewöhnliche Schraubenlinie

7.6.2.1 Definition. Wenn eine Gerade sich so bewegt, daß sie eine feste Achse stets senkrecht schneidet und die Strecken, um die der auf der Geraden feste Schnittpunkt auf der Achse fortrückt, proportional den Winkeln sind, um die sich die Gerade dreht, so beschreibt jeder ihrer Punkte eine *gewöhnliche Schraubenlinie*. Ist a Abstand des beschreibenden Punktes P von der z-Achse, φ Drehwinkel gegen die Anfangsrichtung (der x-Achse) und c Proportionalitätsfaktor, so ist

$$x = a\cos\varphi, \quad y = a\sin\varphi, \quad z = c\varphi.$$

$$\textit{Ganghöhe} \quad h = 2\pi c, \qquad \textit{Anstieg} \quad \tan\alpha = h/2\pi a = c/a.$$

7.6.2.2 Projektionen der Schraubenlinie auf die xz-Ebene und die yz-Ebene sind Sinuslinien; denn es ist

$$x/a = \cos(z/c), \quad y/a = \sin(z/c).$$

7.6.2.3 Bogenelement $\mathrm{d}s = \sqrt{a^2 + c^2}\,\mathrm{d}\varphi$; *Bogenlänge* $s = \sqrt{a^2 + c^2}\,\varphi = (a/\cos\alpha)\,\varphi$. Die Schraubenlinie entsteht also auch bei Aufwicklung eines ebenen rechtwinkligen Dreiecks mit den Katheten $2\pi a$ und h auf einen Kreiszylinder vom Radius a, so daß die Kathete $2\pi a$ in den Grundkreis übergeht.

7.6.2.4 Tangentenvektor $\boldsymbol{t} = \cos\alpha\,\{-\sin\varphi, \cos\varphi, \tan\alpha\}$. Die Tangente bildet also mit der Richtung der z-Achse den festen Winkel $\pi/2 - \alpha$.

Gleichung der Tangente:

$$\xi = x - \lambda\sin\varphi, \quad \eta = y + \lambda\cos\varphi, \quad \zeta = z + \lambda\tan\alpha.$$

7.6.2.5 Krümmung $\varkappa = a/(a^2 + c^2) = (\cos^2\alpha)/a$.

7.6.2.6 Windung $\tau = c/(a^2 + c^2) = (\sin^2\alpha)/c$. Die Schraubenlinie ist rechts- oder linksgewunden, je nachdem $c > 0$ oder $c < 0$, d.h. je nachdem die Ganghöhe in der Richtung der $+z$-Achse oder entgegengesetzt als positiv zu zählen ist.

7.6.2.7 Konstruktion der Projektion der Schraubenlinie auf die xz-Ebene (Bild 7-47, Projektion ist eine Cosinuslinie):

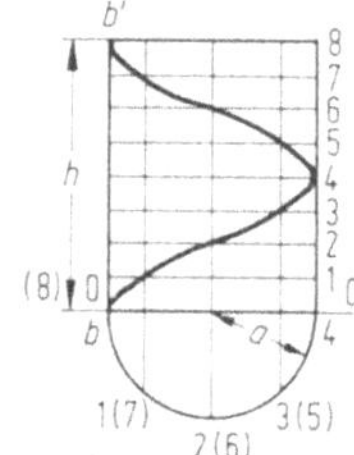

Bild 7-47. Gewöhnliche Schraubenlinie.

Teile die Ganghöhe $h = bb'$ in n (hier acht) gleiche Teile, ebenso von b aus den als Kreis sich darstellenden Normalschnitt des Zylinders in n gleiche Teile. Durch jene Teilpunkte lege waagerechte, durch diese lotrechte Linien; der Schnittpunkt einer Waagerechten mit der entsprechenden Lotrechten ist ein Punkt der Projektion der Schraubenlinie.

7.7 Flächen im Raum

7.7.1 Allgemeine Sätze

Zugrunde liegt ein kartesisches Koordinatensystem $(O; \boldsymbol{e}_x, \boldsymbol{e}_y, \boldsymbol{e}_z)$ (vgl. 5.2.3).

7.7.1.1 Koordinatennetz. Ein Punkt $P = (x, y, z)$ beschreibt eine *Fläche*, wenn der Radiusvektor (R.V.) von P

$$\boldsymbol{r} = \boldsymbol{r}(u_1, u_2) = \{x(u_1, u_2), y(u_1, u_2), z(u_1, u_2)\} \tag{1}$$

stetig differenzierbar von zwei Veränderlichen u_1, u_2 abhängt. Dabei soll $(\partial \boldsymbol{r}/\partial u_1) \times (\partial \boldsymbol{r}/\partial u_2) \neq 0$ sein, d.h. $\partial \boldsymbol{r}/\partial u_1$ und $\partial \boldsymbol{r}/\partial u_2$ nicht parallel. Die Kurven $u_1 = \text{const}$ und $u_2 = \text{const}$ (*Koordinatenlinien*) bilden dann ein Netz von Kurven auf der Fläche, *Koordinatennetz* gennant.

Beispiel:

$$\boldsymbol{r} = \{a \cos u_1 \cos u_2,\ a \cos u_1 \sin u_2,\ a \sin u_1\}$$

beschreibt eine Kugel mit dem Radius a; die Kurven $u_1 = \text{const}$ sind die Breitenkreise, die Kurven $u_2 = \text{const}$ die Meridiankreise.

Eine Fläche kann auch durch

$$F(x, y, z) = 0 \qquad \text{(implizite Form)} \tag{2}$$

$$z = f(x, y) \qquad (\text{Spezialfall } u_1 = x,\ u_2 = y) \tag{3}$$

gegeben sein.

7.7.1.2 Erste Fundamentalform. Durch $u_1 = u_1(t)$, $u_2 = u_2(t)$ ist eine Kurve $\boldsymbol{r} = \boldsymbol{r}(t) = \boldsymbol{r}(u_1(t), u_2(t))$ auf der Fläche gegeben. Ihre Bogenlänge ist:

$$s = \int_{t_0}^{t} \sqrt{\boldsymbol{r}'^2(\tau)}\, d\tau.$$

Bezeichnet man die partiellen Ableitungen von $\boldsymbol{r}$ kurz durch Anhängen von Indizes:

$$\boldsymbol{r}_1 = \partial \boldsymbol{r}/\partial u_1,\quad \boldsymbol{r}_2 = \partial \boldsymbol{r}/\partial u_2,\quad \boldsymbol{r}_{12} = \partial^2 \boldsymbol{r}/\partial u_1\, \partial u_2 \text{ usw.},$$

so wird:

$$\boldsymbol{r}'(t) = d\boldsymbol{r}/dt = \boldsymbol{r}_1 u_1' + \boldsymbol{r}_2 u_2' \quad (u_1' = du_1/dt \text{ usw.}),$$

$$\boldsymbol{r}'^2 = \boldsymbol{r}_1^2 u_1'^2 + 2\boldsymbol{r}_1\boldsymbol{r}_2 u_1' u_2' + \boldsymbol{r}_2^2 u_2'^2 = g_{11} u_1'^2 + 2 g_{12} u_1' u_2' + g_{22} u_2'^2 = \sum_{i,k=1}^{2} g_{ik} u_i' u_k'.$$

Dabei ist zur Abkürzung

$$g_{ik} = \boldsymbol{r}_i \boldsymbol{r}_k$$

gesetzt. Es ist

$$g_{ik} = g_{ki}.$$

Die g_{ik} (früher auch: $g_{11} = E$, $g_{12} = g_{21} = F$, $g_{22} = G$) heißen *Gaußsche Fundamentalgrößen 1. Ordnung*, und die quadratische Form $\sum g_{ik} u_i' u_k'$ nennt man *1. Fundamentalform* der Fläche.

Damit wird die Bogenlänge der durch $u_1 = u_1(t)$, $u_2 = u_2(t)$ gegebenen Kurve:

$$s = \int_{t_0}^{t} \sqrt{\sum_{i,k} g_{ik} u_i' u_k'}\, d\tau = \int_{t_0}^{t} \sqrt{g_{11} u_1'^2 + 2 g_{12} u_1' u_2' + g_{22} u_2'^2}\, d\tau$$

(oft durch $ds^2 = \sum_{i,k} g_{ik} du_i\, du_k$ ausgedrückt).

7.7.1.3 Tangentialebene. Die Tangentenvektoren $\boldsymbol{r}' = \boldsymbol{r}_1 u_1' + \boldsymbol{r}_2 u_2'$ aller Kurven durch einen Punkt P (R.V. $\boldsymbol{r}$) der Fläche liegen in einer Ebene. Sie berührt die Fläche in P und heißt *Tangentialebene* (T) der Fläche in P (Bild 7–48). $\boldsymbol{r}_1 \times \boldsymbol{r}_2$ ist also ein Stellungsvektor der Tangentialebene (vgl. 7.2.4). Der zugehörige Einheitsvektor

$$\boldsymbol{n} = \frac{\boldsymbol{r}_1 \times \boldsymbol{r}_2}{|\boldsymbol{r}_1 \times \boldsymbol{r}_2|} = \frac{1}{\sqrt{g}} (\boldsymbol{r}_1 \times \boldsymbol{r}_2)$$

($(\boldsymbol{r}_1 \times \boldsymbol{r}_2)^2 = g = \det \|g_{ik}\| = g_{11} g_{22} - g_{12}^2$) heißt *Normalenvektor* der Fläche in P.

Gleichung der Tangentialebene ($\boldsymbol{x}$ = R.V. des laufenden Punktes)

$$(\boldsymbol{r}_1 \times \boldsymbol{r}_2)(\boldsymbol{x} - \boldsymbol{r}) = 0 \quad \text{oder} \quad \boldsymbol{n}(\boldsymbol{x} - \boldsymbol{r}) = 0.$$

Ist die Fläche in der Form (2) oder (3) gegeben, so wird:

$$\boldsymbol{n} = \frac{\operatorname{grad} F}{|\operatorname{grad} F|} = \frac{1}{\sqrt{F_x^2 + F_y^2 + F_z^2}} \{F_x, F_y, F_z\}$$

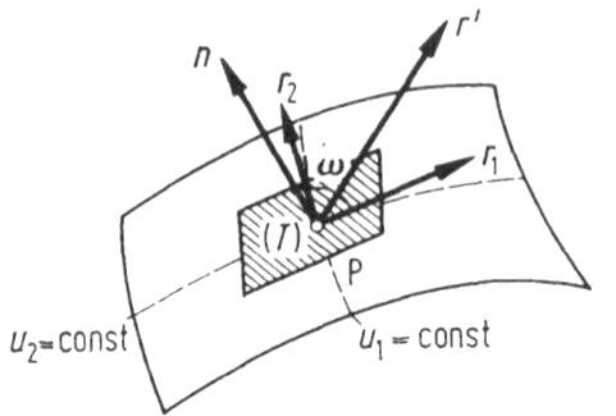

Bild 7–48. Tangentialebene.

oder

$$g_{11} = 1 + f_x^2, \; g_{12} = f_x f_y, \; g_{22} = 1 + f_y^2,$$

$$g = 1 + f_x^2 + f_y^2,$$

$$\boldsymbol{n} = \frac{1}{\sqrt{1 + f_x^2 + f_y^2}} \{f_x, f_y, -1\}.$$

7.7.1.4 Winkel zweier Flächenkurven. Sind durch $u_1 = u_1(t)$, $u_2 = u_2(t)$ und $u_1 = \bar{u}_1(\bar{t})$, $u_2 = \bar{u}_2(\bar{t})$ zwei Kurven auf der Fläche durch einen Punkt P gegeben, so ist der *Winkel* ϑ, den sie einschließen, gegeben durch

$$\cos\vartheta = \frac{\sum g_{ik} u_i' \bar{u}_k'}{\sqrt{\sum g_{ik} u_i' u_k'} \sqrt{\sum g_{ik} \bar{u}_i' \bar{u}_k'}} \qquad (u_i' = \mathrm{d}u_i/\mathrm{d}t, \; \bar{u}_i' = \mathrm{d}\bar{u}_i/\mathrm{d}\bar{t}).$$

Speziell ergibt sich für den Winkel ω zwischen den Koordinatenlinien:

$$\cos\omega = \frac{g_{12}}{\sqrt{g_{11} g_{22}}}.$$

$g_{12} = 0$ in jedem Punkt bedeutet also $\omega = \pi/2$, d.h. die Koordinatenlinien bilden ein *orthogonales Netz.*

7.7.1.5 Flächeninhalt. Durchlaufen u_1, u_2 einen gewissen Bereich $\mathscr{U}$ der u_1, u_2-Ebene, so durchläuft $\boldsymbol{r}(u_1, u_2)$ ein Flächenstück $\mathscr{F}$. Der Flächeninhalt F von $\mathscr{F}$ ist dann

$$F = \iint_{\mathscr{U}} \sqrt{g}\, \mathrm{d}u_1\, \mathrm{d}u_2 = \iint_{\mathscr{U}} \sqrt{g_{11} g_{22} - g_{12}^2}\, \mathrm{d}u_1\, \mathrm{d}u_2 = \iint_{\mathscr{F}} \mathrm{d}F.$$

$\mathrm{d}F = \sqrt{g}\,\mathrm{d}u_1\,\mathrm{d}u_2$ bezeichnet man als das *Flächenelement* von $\mathscr{F}$.

7.7.1.6 Zweite Fundamentalform. Wenn

$$L_{ik} = \boldsymbol{r}_{ik}\boldsymbol{n} \quad (\boldsymbol{r}_{ik} = \partial^2\boldsymbol{r}/\partial u_i\, \partial u_k, \quad i, k = 1, 2)$$

ist, dann ist

$$L_{ik} = L_{ki},$$

$$L_{ik} = -\boldsymbol{r}_i \boldsymbol{n}_k \quad (\boldsymbol{n}_k = \partial\boldsymbol{n}/\partial u_k).$$

Die L_{ik} (früher auch: $L_{11} = L$, $L_{12} = M$, $L_{22} = N$) heißen *Gaußsche Fundamentalgrößen 2. Ordnung* und die quadratische Form

$$\sum_{i,k=1}^{2} L_{ik}u_i'u_k' = L_{11}u_1'^2 + 2L_{12}u_1'u_2' + L_{22}u_2'^2$$

die *2. Fundamentalform der Fläche*. Sie wird benutzt, wenn man die Krümmung $\varkappa$ eines *Normalschnittes* der Fläche bestimmen will. Ein Normalschnitt (n) ist die ebene Kurve, die von einer Ebene durch die Normale in P aus der Fläche ausgeschnitten wird (Bild 7–49). Geht diese Ebene durch $\boldsymbol{n}$ und $\boldsymbol{r}' = \boldsymbol{r}_1u_1' + \boldsymbol{r}_2u_2'$, so wird

$$\varkappa = \frac{\sum L_{ik}u_i'u_k'}{\sum g_{ik}u_i'u_k'}.$$

$\varkappa$ heißt *Normalkrümmung* der durch $\boldsymbol{r}'^0 = \frac{\boldsymbol{r}'}{|\boldsymbol{r}'|}$ gegebenen Richtung.

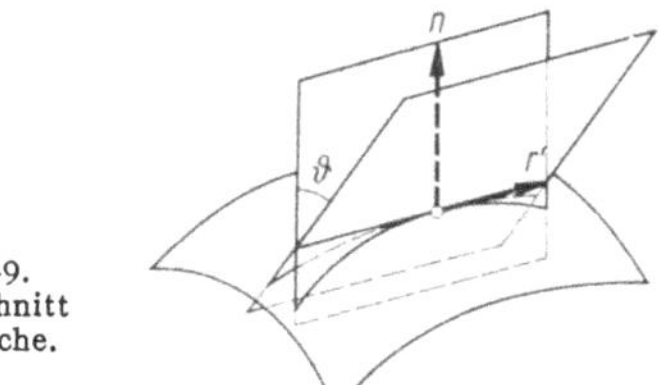

Bild 7–49. Normalschnitt einer Fläche.

7.7.1.7 Satz von Meusnier. Eine Ebene, die durch die Tangente eines Normalschnittes hindurchgeht und mit seiner Ebene den Winkel ϑ bildet, schneidet die Fläche in einem schiefen Schnitt (s) (Bild 7–49). Krümmung k von (s) ist dann

$$k = \varkappa/\cos\vartheta.$$

7.7.1.8 Hauptkrümmungen. Es gibt im allgemeinen zwei Richtungen $\boldsymbol{h}_1$ und $\boldsymbol{h}_2$ in der Fläche ($\boldsymbol{h}_1^2 = \boldsymbol{h}_2^2 = 1$), für die die Normalkrümmung $\varkappa$ ein Maximum $\varkappa_1$ oder ein Minimum $\varkappa_2$ wird. $\varkappa_1$ und $\varkappa_2$ heißen *Hauptkrümmungen*, die zugehörigen Richtungen *Hauptrichtungen*. Sie stehen senkrecht aufeinander: $\boldsymbol{h}_1\boldsymbol{h}_2 = 0$. Man bestimmt sie, indem man die Extrema $\varkappa_1$ und $\varkappa_2$ von $\sum L_{ik}u_i'u_k'$ unter der Nebenbedingung $\sum g_{ik}u_i'u_k' = 1$ ausrechnet. Es ergibt sich:

$$2H = \varkappa_1 + \varkappa_2 = \frac{g_{11}L_{11} - 2g_{12}L_{12} + g_{22}L_{22}}{g_{11}g_{22} - g_{12}^2},$$

$$K = \varkappa_1\varkappa_2 = \frac{L_{11}L_{22} - L_{12}^2}{g_{11}g_{22} - g_{12}^2} = \frac{L}{g} \quad (L = \det \|L_{ik}\|).$$

H heißt *mittlere Krümmung*, K *Gaußsche Krümmung*.
$R_1 = 1/\varkappa_1$ und $R_2 = 1/\varkappa_2$ heißen *Hauptkrümmungsradien*.

7.7.1.9 Satz von Euler. Muß man den Vektor $\boldsymbol{h}_1$ um φ im positiven Sinne (von der Seite, nach der $\boldsymbol{n}$ zeigt, aus gesehen) drehen, um $\boldsymbol{r}'^0$ zu erhalten, so ist die zu $\boldsymbol{r}'^0$ gehörige Normalkrümmung:

$$\varkappa = \varkappa_1\cos^2\varphi + \varkappa_2\sin^2\varphi.$$

7.7.1.10 Theorema egregium von Gauß. Wird eine Fläche ohne Dehnung verbogen, so bleibt die Gaußsche Krümmung K in den entsprechenden Punkten ungeändert. Ist überall $K = 0$, so ist die Fläche auf eine Ebene abwickelbar; man nennt sie dann eine *Torse*.

7.7.1.11 Dupinsche Indikatrix. Man kann in der Tangentialebene ein ebenes kartesisches Koordinatensystem $(P; \boldsymbol{h}_1, \boldsymbol{h}_2)$ einführen. Mit den laufenden Koordinaten ξ, η ist dann durch

$$\varkappa_1 \xi^2 + \varkappa_2 \eta^2 = 1$$

ein Mittelpunktskegelschnitt gegeben. Man nennt ihn die *Dupinsche Indikatrix* im Punkt P. Benutzt man das schiefwinklige Koordinatensystem $(P; \boldsymbol{r}_1, \boldsymbol{r}_2)$, so hat die Indikatrix die Gleichung (ξ_1, ξ_2 laufende Koordinaten):

$$\sum_{i,k=1}^{2} L_{ik} \xi_i \xi_k = 1.$$

Im Falle $K > 0$ ist die Indikatrix eine Ellipse, die Fläche heißt dann in P *elliptisch gekrümmt*. Im Falle $K < 0$ hat man eine Hyperbel, und die Fläche heißt in P *hyperbolisch gekrümmt*. Wenn $K = 0$, so entartet die Indikatrix zu einem Geradenpaar, und P wird *parabolischer Punkt* der Fläche genannt. Ist $\varkappa_1 = \varkappa_2$, so wird die Indikatrix ein Kreis, und man spricht von einem *Nabelpunkt*. Bei $\varkappa_1 = \varkappa_2 = 0$ verschwindet die 2. Fundamentalform, und P heißt dann *Flachpunkt*.

7.7.1.12 Krümmungslinien. Die beiden (stets zueinander senkrechten) Kurvenscharen einer Fläche, deren Tangenten jeweils in die beiden Hauptrichtungen zeigen, heißen die *Krümmungslinien* der Fläche. Besteht das Netz der Koordinatenlinien $u_1 = \text{const}$, $u_2 = \text{const}$ aus den Krümmungslinien, so ist $g_{12} = L_{12} \equiv 0$.

Die beiden Kurvenscharen einer Fläche, deren Tangenten jeweils die Normalschnitte der Normalkrümmung $\varkappa = 0$ bestimmen, heißen die *Asymptotenlinien* (Asymptoten der Indikatrix) der Fläche. Sie sind nur reell, wenn $K < 0$ ist. Besteht das Netz der Koordinatenlinien aus den Asymptotenlinien, so ist $L_{11} = L_{22} \equiv 0$. Die Krümmungslinien halbieren die Winkel der Asymptotenlinien.

7.7.1.13 Dreifaches Orthogonalsystem. Wenn drei Scharen von Flächen im Raume sich so schneiden, daß in jedem Schnittpunkte die drei Schnittlinien aufeinander senkrecht stehen, so bilden die Schnittlinien die Krümmungslinien der Flächen, auf denen sie liegen. Man spricht dann von einem *dreifachen Orthogonalsystem*.

7.7.2 Schraubenflächen

7.7.2.1 Allgemeine Schraubenfläche. Wenn alle Punkte einer starren Kurve um dieselbe Achse Schraubenlinien derselben Ganghöhe h (vgl. 7.6.2.1) beschreiben, so entsteht eine *allgemeine Schraubenfläche*. Schneidet man die Schraubenfläche durch eine die Achse enthaltende Ebene, so entsteht als Schnittkurve ihr Profil.

Ist die z-Achse die Schraubungsachse, $z = f(x)$ die Gleichung des Profils in der xz-Ebene, h Ganghöhe der Schraubung, u_1 Abstand eines Punktes P der Fläche von der Achse, u_2 der Winkel, um den sich dieser Abstand gegen die Anfangslage (parallel zur x-Achse) gedreht hat, so ist mit $h = 2\pi c$

$$x = u_1 \cos u_2, \quad y = u_1 \sin u_2, \quad z = c u_2 + f(u_1)$$

die *Parameterdarstellung der Schraubenfläche*. Die Kurven $u_1 = \text{const}$ sind die Schraubenlinien, $u_2 = \text{const}$ die Profillinien auf ihr. Elimination von u_1, u_2 ist möglich und liefert

$$z = c \arctan (y/x) + f\left(\sqrt{x^2 + y^2}\right).$$

7.7.2.2 Sonderfälle. Für $f(u_1) \equiv 0$ entsteht die *gewöhnliche Schraubenfläche* (Wendelfläche); für $h = 0$ entsteht die *allgemeine Drehfläche*; die Kurven $u_1 = \text{const}$, $u_2 = \text{const}$ sind auf dieser die Breitenkreise und Meridiane.

7.7.2.3 Quadrat des Linienelements

$$ds^2 = [1 + f'^2(u_1)]\, du_1^2 + 2cf'(u_1)\, du_1\, du_2 + (u_1^2 + c^2)\, du_2^2.$$

Jede Schraubenfläche ist auf eine Drehfläche so abwickelbar, daß die Schraubenlinien den Breitenkreisen entsprechen.

7.7.2.4 Für die **Wendelfläche** ist (Bezeichnungen s. 7.7.1.2)

$$ds^2 = du_1^2 + (u_1^2 + c^2)\, du_2^2, \quad g_{11} = 1, \quad g_{12} = 0, \quad g_{22} = u_1^2 + c^2;$$

ihre Schraubenlinien und erzeugende (Profil-) Geraden schneiden sich überall senkrecht.

Ferner wird $L_{11} = 0$, $L_{12} = -c/\sqrt{u_1^2 + c^2}$, $L_{22} = 0$. Die Schraubenlinien und die erzeugenden Geraden bilden das Netz der Asymptotenlinien der Fläche.

7.7.2.5 Vektor der Flächennormale wird für die Wendelfläche

$$\boldsymbol{n} = \left\{ \frac{c \sin u_2}{\sqrt{u_1^2 + c^2}}, \quad \frac{-c \cos u_2}{\sqrt{u_1^2 + c^2}}, \quad \frac{u_1}{\sqrt{u_1^2 + c^2}} \right\};$$

längs der Schraubenlinien bilden die Flächennormalen mit der z-Achse einen festen Winkel.

7.7.2.6 Mittlere und Gaußsche Krümmung der Wendelfläche:

$$H = 0, \quad K = \frac{-c^2}{(u_1^2 + c^2)^2} < 0.$$

Wegen $H = 0$ gehört die Wendelfläche zu den Minimalflächen, d.h. zu den Flächen, die bei gegebener Begrenzungskurve (auf ihr) einen möglichst kleinen Flächeninhalt besitzen.

7.7.2.7 Flächeninhalt. Wird die Wendelfläche durch einen koaxialen Zylinder vom Radius a, ferner durch die xz-Ebene und durch eine beliebige, die z-Achse enthaltende Ebene, die gegen die xz-Ebene um den Winkel u_2 gedreht ist, geschnitten, so ist der Flächeninhalt des so begrenzten Stückes der Wendelfläche ($OABC$ in Bild 7–50)

$$F = (1/2)\, a^2 u_2\, [1/\cos \alpha - \tan^2 \alpha \ln \tan (\alpha/2)],$$

wo $\tan \alpha = c/a$ der Anstieg der von dem Zylinder ausgeschnittenen Schraubenlinie ist.

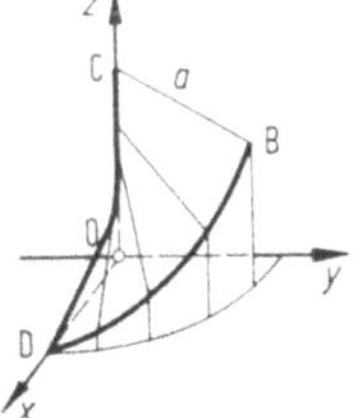

Bild 7–50.
Flächeninhalt eines Wendelflächenstückes.

8. Funktionen einer komplexen Veränderlichen

[33, 39, **41**, 64]

8.1 Gaußsche Zahlenebene

8.1.1 Allgemeines. In 2.2 wurden die *komplexen Zahlen* als Paare reeller Zahlen $\{x, y\}$ definiert, außerdem wurden einige Rechenregeln zusammengestellt. Hat man nun eine Ebene mit einem kartesischen Koordinatensystem $(O; \mathfrak{e}, \mathfrak{i})$, so kann man die Paare $\{x, y\}$ als Koordinaten von Punkten oder deren Radiusvektoren auffassen. Dem Vektor $\mathfrak{e}$ entspricht die Zahl 1, dem Vektor $\mathfrak{i}$ die Zahl i. Allgemein entspricht der komplexen Zahl $z = x + \mathrm{i}y$ der Vektor $\mathfrak{z} = x\mathfrak{e} + y\mathfrak{i}$. Man identifiziert den Endpunkt des Radiusvektors $\mathfrak{z}$ mit der komplexen Zahl z und spricht dann von der *Gaußschen* (oder *komplexen*) *Zahlenebene* (Bild 8–1). x ist Realteil und y Imaginärteil von z:

$$x = \operatorname{Re} z, \quad y = \operatorname{Im} z.$$

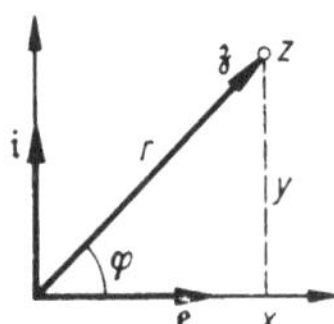

Bild 8–1. Gaußsche oder komplexe Zahlenebene.

8.1.2 Einheitsvektoren. $\mathfrak{e}_\varphi$ sei der Einheitsvektor, der aus $\mathfrak{e}$ durch eine positive Drehung um φ entsteht: $\mathfrak{e}_\varphi = \mathfrak{e} \cos\varphi + \mathfrak{i} \sin\varphi$, also entspricht $\mathfrak{e}_\varphi$ der komplexen Zahl (vgl. 2.2):

$$\mathrm{e}^{\mathrm{i}\varphi} = \cos\varphi + \mathrm{i} \sin\varphi. \qquad \mathrm{e}^0 = 1, \quad \mathrm{e}^{\mathrm{i}\frac{\pi}{2}} = \mathrm{i}.$$

Der Betrag einer komplexen Zahl ist gleich dem Betrag des zugehörigen Vektors. Ist $z = x + \mathrm{i}y = r\mathrm{e}^{\mathrm{i}\varphi}$, $r = |z| = \sqrt{x^2 + y^2}$, $\varphi = \arctan(y/x)$, so wird der zugehörige Vektor:

$$\mathfrak{z} = |\mathfrak{z}|\, \mathfrak{z}^0 = |z|\, \mathfrak{e}_\varphi = r\mathfrak{e}_\varphi.$$

8.1.3 Rechenoperationen. Die Addition von komplexen Zahlen (vgl. 2.2) entspricht der Addition der zugehörigen Vektoren (vgl. 5.1.4). Ebenso entspricht die Multiplikation einer komplexen Zahl mit einer reellen Zahl der Multiplikation des zugehörigen Vektors mit einem Skalar. Wesentlich ist, daß außerdem noch eine Multiplikation zweier komplexer Zahlen definiert ist (vgl. 2.2). Sie hat nichts mit irgendeiner der für Vektoren allgemein definierten Multiplikationsarten (inneres, äußeres oder Spatprodukt) zu tun und hängt von der besonderen Wahl des Koordinatensystems ab.

Sind

$$z_1 = x_1 + \mathrm{i}y_1 = r_1\mathrm{e}^{\mathrm{i}\varphi_1} \quad \text{und} \quad z_2 = x_2 + \mathrm{i}y_2 = r_2\mathrm{e}^{\mathrm{i}\varphi_2}$$

zwei komplexe Zahlen, dann ist ihr *Produkt* (vgl. 2.2):

$$z_1 z_2 = (x_1x_2 - y_1y_2) + \mathrm{i}(x_1y_2 + y_1x_2) = r_1 r_2 \mathrm{e}^{\mathrm{i}(\varphi_1+\varphi_2)}.$$

Es gelten dieselben Rechenregeln wie bei den gewöhnlichen reellen Zahlen.

Bemerkung. Die Tatsache, daß diese Rechenregeln weiterhin gültig bleiben, gibt erst die Berechtigung zur Bezeichnung *komplexe Zahl. Gauß* und *Weierstraß* haben gezeigt, daß es nicht möglich ist, für *räumliche* Vektoren eine Multiplikation so zu definieren, daß alle Rechengesetze erhalten bleiben.

8.1.4 Geometrische Deutung. Multiplikation von $z_1 = r_1 e^{i\varphi_1}$ mit $z_2 = r_2 e^{i\varphi_2}$ bedeutet geometrisch eine Drehung des Vektors $\mathfrak{z}_1$ um den Winkel φ_2 und zugleich eine Streckung (oder Stauchung) seiner Länge auf den Wert $r_1 r_2$ (*Drehstreckung*). Division durch z_2 bedeutet eine Drehung um $-\varphi_2$ (also im entgegengesetzten Sinne) und Streckung (oder Stauchung) der Länge auf den Wert r_1/r_2.

Geometrische Konstruktion von $w = z_1 z_2$. Man zeichnet das Dreieck Oz_2w gleichsinnig ähnlich dem Dreieck $O1z_1$ (Bild 8–2). Multiplikation eines Vektors mit i bedeutet also eine reine Drehung dieses Vektors um 90° im positiven Drehsinn.

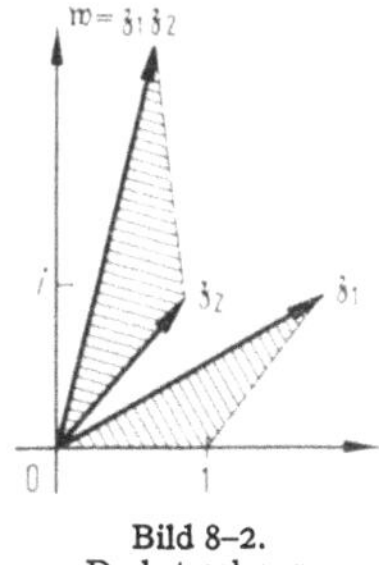

Bild 8–2. Drehstreckung.

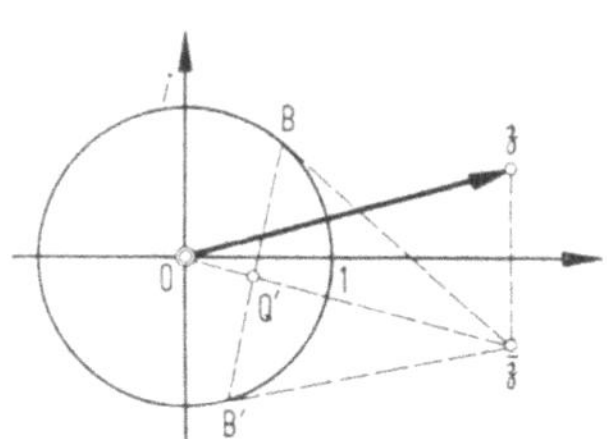

Bild 8–3. Transformation durch reziproke Radien.

Geometrische Konstruktion von $1/z$. Man konstruiert zuerst den konjugierten Wert $\bar{z} = re^{-i\varphi}$, zieht vom Punkt $\bar{z}$ an den Kreis vom Radius 1 die Tangenten. Die Verbindungsgerade ihrer Berührungspunkte BB' trifft den Vektor $\bar{z}$ im Endpunkt Q' des gesuchten Vektors $OQ' = 1/z$. Transformation durch reziproke Radien oder Inversion; Q' der inverse Punkt zu $\bar{z}$ (Bild 8–3).

Geometrische Konstruktion von $w = z_1/z_2$. Man konstruiert das Dreieck $O1w$ gleichsinnig ähnlich dem Dreieck Oz_2z_1 (Bild 8–4).

Geometrische Konstruktion von $\sqrt[n]{z}$. Man teilt den Kreis vom Radius $\left|\sqrt[n]{|z|}\right|$ um den Nullpunkt als Mittelpunkt, vom Punkt $z_0 = +\sqrt[n]{|z|}\, e^{i\varphi/n}$ beginnend, in n gleiche Teile. Die Teilpunkte ergeben die n Werte von $\sqrt[n]{z}$ (Bild 8–5 für $n = 7$).

Sind $\mathfrak{z}_0, \mathfrak{z}_1, \mathfrak{z}_2, \ldots, \mathfrak{z}_{n-1}$ die n Vektoren, die vom Mittelpunkt O nach den Teilpunkten führen, so ist

$$\Sigma\, \mathfrak{z}_k = \mathfrak{z}_0 + \mathfrak{z}_1 + \mathfrak{z}_2 + \cdots + \mathfrak{z}_{n-1} = 0,$$

also auch

$$\Sigma \cos(\varphi/n + k\, 2\pi/n) = 0 \quad \text{und} \quad \Sigma \sin(\varphi/n + k\, 2\pi/n) = 0.$$

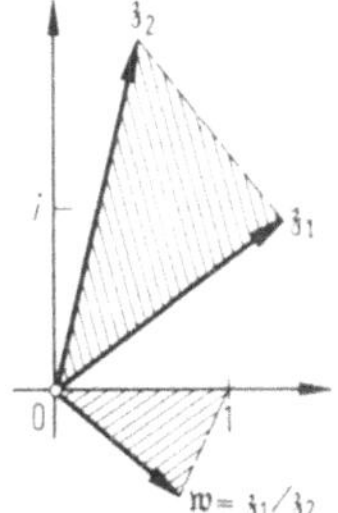

Bild 8–4. Geometrische Konstruktion von $w = z_1/z_2$.

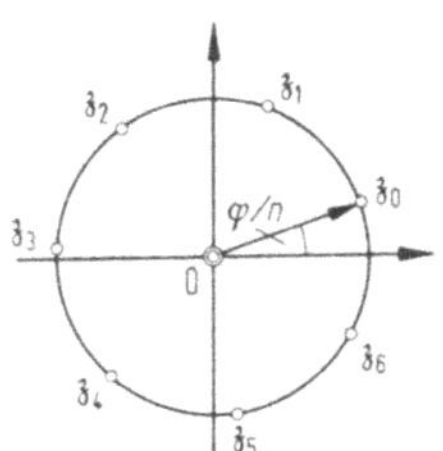

Bild 8–5. Geometrische Konstruktion für $\sqrt[7]{z}$.

8.1.5 Schwingungen. Bei der *Behandlung periodischer Erscheinungen*, die nach dem Sinusgesetz ablaufen, ist Benutzen von Vektoren einer Ebene zweckmäßig. Eine solche Sinusschwingung (t Zeit)

$$y = A \sin(\omega t + \varphi_0)$$

vom Scheitelwert A, der Kreisfrequenz ω, also der Periode (Schwingungsdauer) $2\pi/\omega$, und der Anfangsphase φ_0 kann als y-Komponente des Vektors

$$\mathfrak{z} = A e^{i(\omega t + \varphi_0)}$$

aufgefaßt werden.

Zusammensetzen zweier Schwingungen y_1, y_2 zu einer Gesamtschwingung kann dann durch Addition der zugehörigen Vektoren z_1, z_2 bewirkt werden. Für Schwingungen derselben Frequenz (d. h. mit gleichem ω) ist der sog. Zeitfaktor $e^{i\omega t}$ derselbe. Man kann ihn daher bei den Rechnungen und Konstruktionen mit solchen synchronen Vektoren weglassen und sich vorstellen, daß sich die ganze Ebene mit der unveränderten Winkelgeschwindigkeit ω drehe; denn es kommt dann nur auf die Phasendifferenz der Vektoren an. Statt dessen kann man auch die Ebene als fest betrachten, während eine durch $z = 0$ gehende Gerade mit der Winkelgeschwindigkeit $-\omega$, also im entgegengesetzten Drehsinn, umläuft. Hierauf beruhen z. B. die *Diagramme der Wechselstromtechnik*.

8.2 Analytische Funktionen einer komplexen Veränderlichen, konforme Abbildung

[33, 34, 39, 41, 64]

8.2.1 Grundlagen

8.2.1.1 Analytische oder reguläre Funktionen. Eine Funktion $w = f(z)$ der komplexen Veränderlichen $z = x + iy$, die in jedem Punkte eines Gebietes der z-Ebene eine von der Art des Grenzüberganges unabhängige Ableitung

$$\lim_{h \to 0} \frac{f(z+h) - f(z)}{h} = f'(z) \tag{1}$$

hat, heißt *analytisch* oder *regulär* in diesem Gebiet. Ist durch Trennen der reellen und imaginären Bestandteile $w = u(x, y) + iv(x, y)$, so gilt für analytische Funktionen

$$f'(z) = \frac{\partial u}{\partial x} + i\frac{\partial v}{\partial x} = \frac{\partial w}{\partial x} = -i\frac{\partial u}{\partial y} + \frac{\partial v}{\partial y} = -i\frac{\partial w}{\partial y}; \tag{2}$$

daher gelten die *Cauchy-Riemannschen* Differentialgleichungen

$$\frac{\partial u}{\partial x} = \frac{\partial v}{\partial y}, \qquad \frac{\partial u}{\partial y} = -\frac{\partial v}{\partial x} \tag{3}$$

und die *Laplacesche* Potentialgleichung

$$\Delta\varphi = \frac{\partial^2\varphi}{\partial x^2} + \frac{\partial^2\varphi}{\partial y^2} = 0 \quad \text{für} \quad \varphi = u \quad \text{und} \quad v.$$

Über die elementaren Funktionen im Komplexen vgl. 3.5.

Insbesondere sei darauf hingewiesen, daß

$$e^z = e^{x+iy} = e^x(\cos y + i \sin y)$$

eine analytische Funktion von $z = x + iy$ darstellt, deren Ableitung wieder e^z ist. Sie hat also dieselbe Eigenschaft wie die reelle Exponentialfunktion. Für $x = 0$ folgt

$$e^{iy} = \cos y + i \sin y \qquad (\textit{Eulersche Formel})$$

Jede analytische Funktion $w = w(z)$ kann als komplexes Geschwindigkeitspotential einer ebenen wirbelfreien idealen Flüssigkeit gedeutet werden. Für den Geschwindigkeitsvektor gilt

$$\mathfrak{v} = v_x + iv_y = \overline{f'(z)}.$$

So ist z.B. das komplexe Potential der allgemeinen (ebenen) Strömung um einen Kreis

$$f(z) = v_0(z + a^2/z) + iC \log z.$$

v_0 ist die im Unendlichen zur x-Achse parallele Anströmgeschwindigkeit und C reell, a Radius des Kreises.

8.2.1.2 Konforme Abbildung. Setzt man den reellen Teil $u(x, y)$ einer analytischen Funktion $w = f(z)$ und den imaginären Teil $v(x, y)$ je gleich einer willkürlichen Konstanten, so erhält man in der xy-Ebene (z-Ebene) ein Netz von zwei Kurvenscharen, die sich in allen ihren Schnittpunkten *senkrecht* schneiden, weil

$$\frac{\partial u}{\partial x}\frac{\partial v}{\partial x} + \frac{\partial u}{\partial y}\frac{\partial v}{\partial y} = 0$$

ist. Diesen Kurvenscharen entspricht in einer anderen Ebene, der uv-Ebene (w-Ebene), das Netz der zur u- und v-Achse parallelen Geraden.

Durch die Funktion $w = f(z)$ wird jedem Punkte z der z-Ebene ein Punkt w der w-Ebene zugeordnet; man sagt, die beiden Ebenen werden aufeinander abgebildet. Ist $w = f(z)$ *analytisch*, d.h. gilt eine der Bedingungen (1), (2) oder (3), so bilden an allen Stellen, wo $f'(z) \neq 0$ ist, zwei sich schneidende Kurven der z-Ebene denselben Winkel miteinander wie die entsprechenden Kurven der w-Ebene in dem entsprechenden Punkt (*winkeltreue Abbildung*). Außerdem verhalten sich die Linienelemente der beiden Kurven der z-Ebene an der betrachteten Stelle zueinander ebenso wie die Linienelemente der entsprechenden Kurven der w-Ebene an der entsprechenden Stelle (*Ähnlichkeit in den kleinsten Teilen*). Diese Abbildung durch eine analytische Funktion heißt daher eine *konforme Abbildung*. $f'(z) = dw/dz$ heißt das *Verzerrungsverhältnis*, weil $|f'(z)|$ die Längenänderung, arc $(f'(z))$ die Drehung mißt, die eine kleine Strecke der z-Ebene bei der Abbildung erfährt.

8.2.1.3 Riemannscher Abbildungssatz. Es seien $\mathcal{G}_1$ und $\mathcal{G}_2$ einfach zusammenhängende Gebiete der komplexen Ebene mit je mindestens zwei Randpunkten. Ferner sei P_1 ein Punkt von $\mathcal{G}_1$ und P_2 ein Punkt von $\mathcal{G}_2$. Dann gibt es stets eine und nur eine umkehrbar eindeutige analytische Funktion, die $\mathcal{G}_1$ auf $\mathcal{G}_2$ derart abbildet, daß P_1 in P_2 und eine in P_1 beliebig vorgeschriebene Richtung in eine in P_2 vorgeschriebene Richtung übergehen. Man kann also ein nicht gelochtes Gebiet auf einen Kreis abbilden.

Eine wichtige Anwendung findet dieser Satz z.B. bei Berechnung der *Strömung um beliebig geformte Profile*. Es sei $z = h(\zeta)$ die Abbildung des Profils in der ζ-Ebene auf einen Kreis in der z-Ebene. Ist $f = f(z)$ das Potential der Strömung um den Kreis (vgl. 8.2.1.1), so ist $F(\zeta) = f(h(\zeta))$ das Potential der Strömung um das gegebene Profil. Die Geschwindigkeit ergibt sich dann zu

$$\mathfrak{v} = \overline{\frac{dF}{d\zeta}} = \overline{\frac{df}{dz}} \cdot \overline{\frac{dh}{d\zeta}} \quad \text{bzw.} \quad v = |\mathfrak{v}| = \left|\frac{df}{dz} \Big/ \frac{d\zeta}{dz}\right|.$$

So bildet

$$z = h(\zeta) = \sqrt{k}\, \text{sn}\left[\frac{2K}{\pi} \arcsin\left(\frac{\zeta}{e}\right)\right]$$

das Innere einer Ellipse der ζ-Ebene auf das Innere des Einheitskreises der z-Ebene ab. Sind a und b die reelle oder imaginäre Halbachse der Ellipse, so sind die Parameter der abbildenden Jacobischen elliptischen Funktion (vgl. 4.4.7.11) wie folgt gegeben:

$$e = \sqrt{a^2 - b^2}\,; \quad k = 4\sqrt{q}\left(\frac{(1+q^2)(1+q^4)\cdots}{(1+q)(1+q^3)\cdots}\right)^4,$$

wobei $q = \left[\dfrac{a-b}{a+b}\right]^2 = e^{-\pi K'/K}$ ist.

Das Innere eines geschlossenen Polygons (n-Ecks) auf das Innere des Einheitskreises der z-Ebene bildet die durch (die sog. *Schwarz-Christoffelsche Formel*)

$$\frac{dz}{d\zeta} = C\left(1 - \frac{z}{z_1}\right)^{\alpha_1/\pi}\left(1 - \frac{z}{z_2}\right)^{\alpha_2/\pi} \cdots \left(1 - \frac{z}{z_n}\right)^{\alpha_n/\pi}$$

festgelegte Funktion ab. Hierbei bedeuten: $z_1, z_2, \ldots, z_n$ die den Polygoneckpunkten $\zeta_1, \zeta_2, \ldots, \zeta_n$ entsprechenden Punkte auf dem Einheitskreis; $\alpha_1, \alpha_2, \ldots, \alpha_n$ die Außenwinkel an den Eckpunkten (positiv für ausspringende, negativ für einspringende Ecken, $\alpha_1 + \alpha_2 + \cdots + \alpha_n = 2\pi$); C eine zunächst noch freie Konstante, die z. B. dadurch festgelegt wird, daß ein Eckpunkt einem bestimmten Punkt des Einheitskreises entspricht. Für ein regelmäßiges (gleichseitiges) Polygon erhält man, wenn Nullpunkt und Mittelpunkt des Polygons zusammenfallen und ein Eckpunkt auf der reellen Achse liegt,

$$\frac{dz}{d\zeta} = C(1 - z^n)^{2/n}.$$

Hieraus folgt durch Integration

$$\zeta = \frac{1}{C} \int_0^z \frac{dz}{(1 - z^n)^{2/n}},$$

wobei die Integrationskonstante, entsprechend der Forderung, daß für $\zeta = 0$ auch $z = 0$ werde, Null gesetzt wurde. Speziell für das Quadrat:

$$C\zeta = \int_0^z \frac{dz}{\sqrt{(1 - z^2)(1 + z^2)}} = \frac{1}{\sqrt{2}} F\left(\frac{1}{\sqrt{2}}, \ \arcsin \frac{z\sqrt{2}}{\sqrt{1 + z^2}}\right),$$

woraus durch Umkehrung des elliptischen Integrals (vgl. 4.4.7.7)

$$\frac{z\sqrt{2}}{\sqrt{1 + z^2}} = \operatorname{sn}\left(C\sqrt{2}\,\zeta, \ \frac{1}{\sqrt{2}}\right)$$

und schließlich

$$z = \frac{1}{\sqrt{2}} \frac{\operatorname{sn}\left(C\sqrt{2}\,\zeta, \ \frac{1}{\sqrt{2}}\right)}{\operatorname{dn}\left(C\sqrt{2}\,\zeta, \ \frac{1}{\sqrt{2}}\right)}$$

folgt.

8.2.2 Integration im Komplexen

8.2.2.1 Erklärung des bestimmten Integrals. $\mathscr{C}$ sei eine Kurve (vgl. 7.5.1.1) der komplexen $z = x + iy$-Ebene, die den Punkt a mit dem Punkt b verbindet. Ist dann $f(z) = u(x, y) + iv(x, y)$ eine längs $\mathscr{C}$ (d.h. für alle $z = x + iy$ auf $\mathscr{C}$) erklärte, stetige, komplexwertige Funktion, so ist das bestimmte Integral von $f(z)$, erstreckt längs $\mathscr{C}$ von a nach b, folgendermaßen durch reelle Linienintegrale (vgl. 6.1.6) erklärt:

$$\int_{a\,\mathscr{C}}^{b} f(z)\,dz = \int_{a\,\mathscr{C}}^{b} [u(x, y)\,dx - v(x, y)\,dy] + i \int_{a\,\mathscr{C}}^{b} [v(x, y)\,dx + u(x, y)\,dy].$$

8.2.2.2 Cauchyscher Integralsatz (Hauptsatz der Funktionentheorie). $f(z)$ sei analytisch in einem Gebiet $\mathscr{G}$ der z-Ebene, und $\mathscr{C}$ sei eine einfach geschlossene Kurve, deren Inneres ganz zu $\mathscr{G}$ gehört. Dann gilt:

$$\oint_{\mathscr{C}} f(z)\,dz = 0.$$

8.2.2.3 Cauchysche Integralformel und das Poissonsche Integral. Für $f(z)$ sollen die gleichen Voraussetzungen gelten wie unter 8.2.2.2. z sei ein Punkt im Inneren von $\mathscr{C}$; dann gilt:

$$f(z) = \frac{1}{2\pi i} \oint_{\mathscr{C}} \frac{f(\zeta)}{\zeta - z}\,d\zeta.$$

Wählt man hierin für den Integrationsweg $\mathscr{C}$ einen Kreis vom Radius a um den Nullpunkt ($\zeta = ae^{i\psi}$), so gewinnt man nach einigen Kunstgriffen das Poissonsche Integral

$$u(r, \varphi) = \frac{1}{2\pi} \int_{\psi=0}^{2\pi} u(a, \psi) \frac{(a^2 - r^2)\,d\psi}{a^2 - 2ar\cos(\varphi - \psi) + r^2}, \quad a > r,$$

das man, da u der Potentialgleichung $\Delta u = 0$ genügt, so deuten kann, daß es die Lösung der ebenen Potentialgleichung liefert, d.h., wenn man die Werte des Potentials auf einem Kreis vorgibt, kann man im Innern des Kreises das Potential berechnen (erste Randwertaufgabe der ebenen Potentialtheorie).

8.2.2.4 Entwicklung analytischer Funktionen. $f(z)$ sei in einem Gebiet $\mathcal{G}$ analytisch. Dann ist $f(z)$ in $\mathcal{G}$ beliebig oft differenzierbar, und es gilt

$$f^{(k)}(z) = \frac{k!}{2\pi i} \oint_{\mathcal{C}} \frac{f(\zeta)}{(\zeta - z)^{k+1}} d\zeta,$$

wenn $\mathcal{C}$ wieder eine den Punkt z umschließende Kurve ist, deren Inneres ganz zu $\mathcal{G}$ gehört.

Ist a ein Punkt aus $\mathcal{G}$, so gilt die Reihenentwicklung

$$f(z) = \sum_{k=0}^{\infty} \frac{f^{(k)}(a)}{k!} (z - a)^k.$$

Die Reihe konvergiert in dem größten, in $\mathcal{G}$ enthaltenen Kreis mit a als Mittelpunkt (vgl. 4.3.7.3).

8.2.2.5 Laurent-Reihen. Ist $f(z)$ in dem Kreisring $0 \leq r < |z - a| < R \leq \infty$ eine eindeutige analytische Funktion, so läßt sich $f(z)$ in eine in diesem Bereich konvergente Reihe (*Laurent*-Reihe)

$$f(z) = \sum_{k=-\infty}^{+\infty} C_k (z - a)^k$$

entwickeln. Die C_k sind durch

$$C_k = \frac{1}{2\pi i} \oint_{\mathcal{C}} \frac{f(z)}{(z - a)^{k+1}} dz$$

gegeben, wobei $\mathcal{C}$ eine beliebige, a umschließende und ganz im Inneren des Kreisringes verlaufende Kurve ist. Im allgemeinen wird man für $\mathcal{C}$ einen Kreis um a als Mittelpunkt wählen.

8.2.2.6 Singularitäten. Liegt bei der *Laurent*-Entwicklung der Fall $r = 0$ vor — so daß also $f(z)$ in dem Kreis $|z - a| < R$, eventuell mit Ausnahme von $z = a$ selbst, eindeutig und analytisch ist —, und besitzt sie unendlich viele Glieder mit negativen Exponenten, so hat $f(z)$ in $z = a$ eine sogenannte *wesentliche Singularität.* Ist dagegen $C_k = 0$ für $k < -n$ und $C_{-n} \neq 0$, so hat $f(z)$ in $z = a$ einen sogenannten *Pol n-ter Ordnung* (auch *außerwesentliche Singularität*). Beide Arten von singulärem Verhalten bezeichnet man auch als *isolierte Singularität.*

8.2.2.7 Residuum. Hat $f(z)$ in $z = a$ eine isolierte Singularität, so nennt man

$$C_{-1} = \frac{1}{2\pi i} \oint_{\mathcal{C}} f(z)\, dz = \operatorname{Res} f(z) \big|_{z=a}$$

das Residuum von $f(z)$ im Punkte $z = a$. Es ist also der Koeffizient von $(z - a)^{-1}$ in der *Laurent*-Entwicklung von $f(z)$ um $z = a$.

Bei geeignet gewähltem n ist

$$\operatorname{Res} f(z) \big|_{z=a} = \frac{1}{(n-1)!} \lim_{z \to a} \frac{d^{n-1}}{dz^{n-1}} [(z - a)^n f(z)],$$

falls der rechtsstehende Limes existiert. Das ist der Fall, falls $f(z)$ in $z = a$ einen Pol höchstens n-ter Ordnung hat.

Beispiele:

$$\operatorname{Res} \frac{1}{\sin z} \bigg|_{z=k\pi} = \lim_{z \to k\pi} \frac{z - k\pi}{\sin z} = \frac{1}{\cos k\pi} = (-1)^k,$$

$$\operatorname{Res} \frac{1}{(z^2+1)^n} \bigg|_{z=i} = \frac{1}{(n-1)!} \lim_{z \to i} \frac{d^{n-1}}{dz^{n-1}} \left[\frac{1}{(z+i)^n}\right] = -2i \frac{(2n-2)!}{[(n-1)!]^2 2^{2n}}.$$

Es sei $f(z)$ eine in einem einfach zusammenhängenden Bereich $\mathcal{B}$, eventuell mit Ausnahme endlich vieler Punkte a_j $(j = 1, \ldots, n)$, analytische eindeutige Funktion. Ist $\mathcal{C}$ eine die a_j umschließende, einfach geschlossene Kurve, so ist

$$\oint_{\mathcal{C}} f(z)\, dz = 2\pi i \sum_{j=1}^{n} \operatorname{Res} f(z) \big|_{z=a_j}.$$

8.2.2.8 Das Prinzip der analytischen Fortsetzung besagt: Sind die Funktionen $f_1(z)$ und $f_2(z)$ in einem Bereich $\mathcal{B}$ analytisch und stimmen sie an unendlich vielen, sich um den Punkt z_0 von $\mathcal{B}$ häufenden Stellen überein, so stimmen sie überall in $\mathcal{B}$ überein. Man sagt, jede der beiden Funktionen ist eine *analytische Fortsetzung* der anderen. Der ganze Verlauf einer analytischen Funktion ist also durch ihre Werte auf einem „winzig kleinen" Kurvenstück eindeutig bestimmt. Aus diesem sog. Identitätssatz folgt, daß eine reelle Funktion, wenn überhaupt, nur auf eine einzige Weise im Komplexen fortgesetzt werden kann. So ist z. B. $e^z = \sum_{k=0}^{\infty} \frac{z^k}{k!}$ die einzig mögliche Fortsetzung von e^x.

8.2.3 Einige besondere konforme Abbildungen

8.2.3.1 $\boldsymbol{w = z + c}$, wo c eine komplexe Konstante bedeutet, stellt eine Parallelverschiebung der z-Ebene um den Vektor c nach Richtung und Länge dar.

8.2.3.2 $\boldsymbol{w = az + b}$ ($a \neq 0$ und 1; a und b komplex) vermittelt eine Verschiebung um b, Drehung um arc (a) und Streckung im Verhältnis $1/|a|$. Punkt $z = b/(1 - a)$ bleibt ungeändert.

8.2.3.3 $\boldsymbol{w = 1/z}$ vermittelt eine Transformation durch reziproke Radien (Inversion, Spiegelung am Kreise), wie sie durch Bild 8–3 zu konstruieren ist. Punkt $z = 0$ heißt „außerwesentlich singuläre Stelle" (Pol) und wird in den „unendlich fernen" Punkt ($w = \infty$) verwandelt. Das Innere des Einheitskreises geht in das Äußere über und umgekehrt. Punkte der Peripherie werden wieder in solche verwandelt; die Punkte $z = \pm 1$ bleiben ungeändert. Kreise und Geraden der z-Ebene, die nicht durch den Nullpunkt $z = 0$ gehen, werden in Kreise der w-Ebene verwandelt; Kreise und Geraden, die durch Punkt $z = 0$ gehen, verwandeln sich dagegen in Geraden der w-Ebene.

8.2.3.4 $\boldsymbol{w = l(z) = \frac{az + b}{cz + d}}$ [lineare[1]) Funktion, $c \neq 0$, a, b, c, d komplex] verwandelt die Gesamtheit aller Kreise der z-Ebene in die Gesamtheit aller Kreise der w-Ebene, falls die Geraden als Kreise durch den unendlich fernen Punkt ($z = \infty$) oder $w = \infty$ aufgefaßt werden. Die beiden sogenannten *Fixpunkte*

$$\left(a - d \pm \sqrt{(a - d)^2 + 4bc}\right)/2c$$

der z-Ebene entsprechen denselben Punkten der w-Ebene. Sie fallen zusammen, wenn $(a - d)^2 + 4bc = 0$ ist: „parabolische" lineare Funktion. Die lineare Funktion ist die einzige, die eine *umkehrbar eindeutig* konforme Abbildung der *ganzen* z-Ebene auf die *ganze* w-Ebene vermittelt, d. h. jedem Punkte der z-Ebene entspricht genau ein Punkt der w-Ebene und umgekehrt.

$l(z)$ ist völlig bestimmt, wenn drei Werte von w gegeben sind, die $l(z)$ für drei verschiedene Werte von z annimmt. Ist

$$A = l(\alpha), \quad B = l(\beta), \quad C = l(\gamma),$$

so ergibt sich w aus

$$\frac{w - A}{w - C} \Big/ \frac{B - A}{B - C} = \frac{z - \alpha}{z - \gamma} \Big/ \frac{\beta - \alpha}{\beta - \gamma}$$

oder $(w, A, B, C) = (z, \alpha, \beta, \gamma)$, wenn damit das vorstehende Doppelverhältnis bezeichnet wird. Das Doppelverhältnis von je vier Punkten bleibt bei einer linearen konformen Abbildung ungeändert (ebenso der Richtungssinn).

Einige besondere Fälle.

$w = \frac{z - i}{z + i}$ bildet die obere Halbebene $y > 0$ auf das Innere des Einheitskreises $|w| < 1$ ab, die x-Achse auf seinen Rand $|w| = 1$.

---

1) „Linear" wird hier im Sinne von „linear gebrochen" gebraucht.

$w = \dfrac{az - b}{\bar{b}z - \bar{a}}$ bildet den Einheitskreis $|z| = 1$ auf den Einheitskreis $|w| = 1$ ab, falls $a\bar{a} - b\bar{b} > 0$ ist. ($\bar{a}$ und $\bar{b}$ sind konjugiert zu a und b.)

$w = \dfrac{z - b}{z - a}$ bildet ein Kreisbogendreieck der z-Ebene, dessen Winkelsumme zwei Rechte beträgt und dessen Seiten durch denselben Punkt a gehen, auf ein geradliniges Dreieck der w-Ebene ab. Die Ecke $z = b$ (bei γ) geht in den Nullpunkt über (Bild 8–6). Dieselbe Funktion bildet eine Kreisbogensichel, die aus zwei sich im Punkte a berührenden Kreisen der z-Ebene besteht, auf einen Parallelstreifen der w-Ebene ab (Bild 8–7) und einen aus zwei exzentrischen Kreisen gebildeten Kreisring der z-Ebene in einen konzentrischen Kreisring der w-Ebene.

$w = z + a^2/z$ (a reell). Den Kreisen $|z| = \text{const}$ der z-Ebene entsprechen konfokale Ellipsen der w-Ebene, falls $|z| \neq a$, dagegen dem Kreise $|z| = a$ die Strecke $|u| \leqq 2a$.

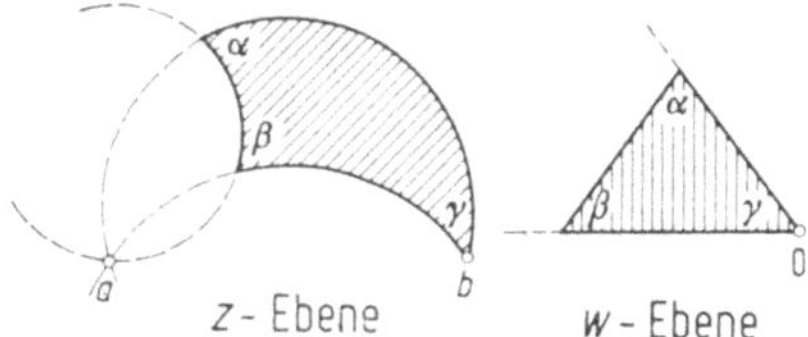

Bild 8–6. Konforme Abbildung eines Kreisbogendreieckes.

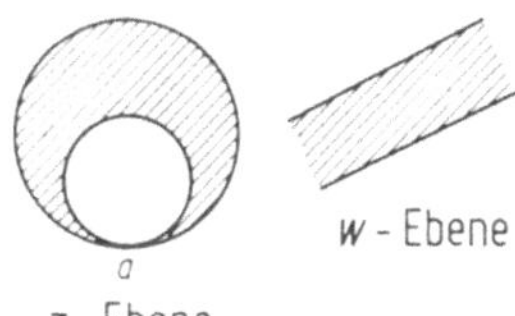

Bild 8–7. Konforme Abbildung einer Kreisbogensichel.

8.2.3.5 $w = z^2$. Die Geraden durch den Punkt $z = 0$ werden in Geraden durch $w = 0$ verwandelt. Dreht man eine Gerade durch $z = 0$ um den Winkel α, so dreht sich die entsprechende Gerade durch $w = 0$ um 2α. Die Abbildung ist um den singulären Punkt $w = 0$ herum (Verzweigungspunkt) nicht mehr winkeltreu. Die volle z-Ebene wird auf die doppelte, aus zwei Blättern bestehend zu denkende w-Ebene abgebildet (zweiblättrige *Riemannsche Fläche*). Den Kurven $u = \text{const}$, $v = \text{const}$ der w-Ebene entsprechen die Hyperbeln $x^2 - y^2 = u$ und $2xy = v$ der z-Ebene; dagegen den Achsenparallelen $x = \text{const}$, $y = \text{const}$ der z-Ebene die konfokalen Parabeln $v^2 = -4x^2(u - x^2)$ und $v^2 = 4y^2(u + y^2)$ der w-Ebene.

8.2.3.6 $w = z^n$ ($n > 0$, ganz); ähnlich wie vorher. Die volle z-Ebene wird auf die n-fache, aus n Blättern bestehend zu denkende w-Ebene abgebildet (n-blättrige *Riemannsche Fläche*). Nullpunkt $w = 0$ ist ein n-facher Verzweigungspunkt.

8.2.3.7 $w = z^{1/\alpha}$ (α reell). Die Innenfläche des Winkels $\pi\alpha$, dessen Scheitel im Nullpunkt $z = 0$ und dessen einer Schenkel auf der positiven x-Achse liegt, wird auf die obere Halbebene $v > 0$ abgebildet, der zugehörige Sektor des Einheitskreises auf den oberen Halbkreis $v = +\sqrt{1 - u^2}$.

8.2.3.8 $w = e^z$. Den vier Parallelstreifen $0 \leqq y < \pi/2$, $\pi/2 \leqq y < \pi$, $\pi \leqq y < 3\pi/2$, $3\pi/2 \leqq y < 2\pi$ entsprechen der Reihe nach der 1., 2., 3., 4. Quadrant der w-Ebene, der vollen z-Ebene die unendlich vielblättrige w-Ebene, den Geraden $x = \text{const}$ entsprechen die Kreise $|w| = e^x = \text{const}$, den Geraden $y = \text{const}$ die Geraden $\operatorname{arc}(w) = \text{const}$.

8.2.3.9 $\boldsymbol{w = \sin z}$. Den Geraden $x = \text{const}$, $y = \text{const}$ der z-Ebene entsprechen in der w-Ebene die konfokalen Hyperbeln und Ellipsen

$$\frac{u^2}{\sin^2 x} - \frac{v^2}{\cos^2 x} = 1, \quad \frac{u^2}{\cosh^2 y} + \frac{v^2}{\sinh^2 y} = 1.$$

8.2.3.10 $\boldsymbol{w = \log(z^2 - 1)}$. Die Achsenparallelen $u = \text{const}$, $v = \text{const}$ der w-Ebene sind die Bilder der konfokalen *Cassinischen* Kurven (*Lemniskaten*, vgl. 7.5.2.9.2) mit den Brennpunkten $x = \pm 1$ und der durch diese Punkte hindurchgehenden gleichseitigen Hyperbeln.

8.2.3.11 $\boldsymbol{w = e^{2\pi/z}}$ bildet die Umgebung einer Spitze, die aus der $+x$-Achse und einem sie im Nullpunkt berührenden Kreisbogen der z-Ebene besteht, auf die Umgebung des Scheitels eines gestreckten Winkels der w-Ebene ab. $z = 0$ ist ein singulärer Punkt.

9. Differentialgleichungen

9.1 Gewöhnliche Differentialgleichungen

[33, 40, 57–60, 79]

9.1.1 Allgemeine Sätze

9.1.1.1 Gewöhnliche Differentialgleichungen. Eine Gleichung der Form

$$F(x, y, y', y'', \ldots, y^{(n)}) = 0$$

heißt *gewöhnliche Differentialgleichung*, wenn die Funktionen $y = y(x)$ gesucht sind, für die dieses Gleichung identisch in x erfüllt ist. Das Aufsuchen der Lösungen bezeichnet man als *Integration* der Differentialgleichung, das Bestimmen gewöhnlicher Integrale zur Unterscheidung als Quadratur. Die Gesamtheit der Lösungen bezeichnet man als *allgemeines Integral*, spezielle Lösungen als *partikuläre Integrale* der Differentialgleichung. Gewisse Lösungen, längs deren neben $F = 0$ auch $\partial F/\partial y^{(n)} = 0$ ist, heißen *singuläre Integrale.*

9.1.1.2 Differentialgleichung n-ter Ordnung. Ist $y^{(n)}$ die höchste in F vorkommende Ableitung von y, so spricht man von einer Differentialgleichung *n-ter Ordnung*. Das allgemeine Integral enthält dann n willkürliche Konstanten. Gibt man außer der Differentialgleichung noch „*Anfangsbedingungen*"

$$y(x_0) = y_0, \quad y'(x_0) = y_0', \ldots, \quad y^{(n-1)}(x_0) = y_0^{(n-1)}$$

vor, so gibt es zu jedem $y_0^{(n)}$, das sich aus $F(x_0, y_0, \ldots, y_0^{(n)}) = 0$ ergibt, im allgemeinen genau eine Lösung, die außer der Differentialgleichung noch diesen Bedingungen genügt (unter gewissen in der Praxis fast immer erfüllten Voraussetzungen).
Differentialgleichung mit „Randbedingungen" in 9.2.3.3.

9.1.1.3 Differentialgleichung erster Ordnung. $F(x, y, y') = 0$ oder, nach y' aufgelöst: $y' = f(x, y)$, bestimmt ein sogenanntes *Richtungsfeld* (Bild 9–1). In jedem Punkt $P = (x, y)$ der x, y-Ebene ist durch $y' = f(x, y)$ eine Richtung gegeben. Der Lösung der Differentialgleichung mit der Anfangsbedingung $y(x_0) = y_0$ entspricht das Aufsuchen einer Kurve durch $P_0 = (x_0, y_0)$, die in dieses Richtungsfeld „hineinpaßt". Statt $y' = \mathrm{d}y/\mathrm{d}x = f(x, y)$ schreibt man auch $\mathrm{d}y = f(x, y)\,\mathrm{d}x$, allgemeiner

$$P(x, y)\,\mathrm{d}x + Q(x, y)\,\mathrm{d}y = 0 \quad \text{statt} \quad y' = -\frac{P(x, y)}{Q(x, y)}.$$

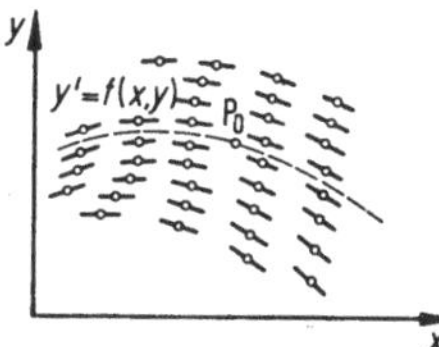

Bild 9–1. Richtungsfeld.

Ist in einem Bereich $f(x, y)$ beschränkt, d.h. $|f(x, y)| \leq M$ und genügt dort der sog. *Lipschitzschen Bedingung* $\left|\frac{\mathrm{d}f}{\mathrm{d}y}\right| \leq L = \text{const}$, so **hat** $y' = f(x, y)$ in einem Bereich eine der

Bedingung $y_0 = y(x_0)$ genügende eindeutige und stetige Lösung. Diese Lösung kann man durch *schrittweise Näherung*

$$y_n(x) = y_0 + \int_{x_0}^{x} f(x, y_{n-1}(x))\, \mathrm{d}x$$

annähern bzw. aus ihr für $n \to \infty$ gewinnen. Aus dem *Isoklinenfeld* $y' = f(x, y) = \text{const}$ kann man zeichnerisch auch Näherungslösungen gewinnen (s. 10.4.1.9 bis 11). Numerische Verfahren zur Lösung von Differentialgleichungen s. 10.4.4.

9.1.2 Spezielle Fälle

9.1.2.1 Trennung der Veränderlichen. Läßt sich die Differentialgleichung auf die Form $\varphi(x)\, \mathrm{d}x = \psi(y)\, \mathrm{d}y$ bringen, so ist die allgemeine Lösung:

$$\int \varphi(x)\, \mathrm{d}x = \int \psi(y)\, \mathrm{d}y + C.$$

9.1.2.2 Exakte Differentialgleichungen. $P(x, y)\, \mathrm{d}x + Q(x, y)\, \mathrm{d}y = 0$, falls die linke Seite ein vollständiges Differential ist, d.h. falls $\frac{\partial P}{\partial y} = \frac{\partial Q}{\partial x}$ ist (vgl. 4.3.5). Die allgemeine Lösung lautet:

$$\int P(x, y)\, \mathrm{d}x + \int \left[Q(x, y) - \int \frac{\partial P(x, y)}{\partial y} \mathrm{d}x \right] \mathrm{d}y = C_1$$

oder

$$\int Q(x, y)\, \mathrm{d}y + \int \left[P(x, y) - \int \frac{\partial Q(x, y)}{\partial x} \mathrm{d}y \right] \mathrm{d}x = C_2.$$

9.1.2.3 Integrierender Faktor. Ist die vorstehende Bedingung der Integrabilität in 9.1.2.2 *nicht* erfüllt, so wird sie hergestellt durch Multiplikation der Gleichung mit einem Faktor $M(x, y)$, einem *integrierenden Faktor* oder Multiplikator, der der *partiellen* Differentialgleichung genügen muß:

$$P \frac{\partial M}{\partial y} - Q \frac{\partial M}{\partial x} = M \left(\frac{\partial Q}{\partial x} - \frac{\partial P}{\partial y} \right).$$

Man braucht nur eine Einzellösung dieser partiellen Differentialgleichung zu kennen. Man mache für M versuchsweise spezielle Ansätze, z.B. $M = f(x)$, $\varphi(y)$, $x^n \psi\left(\frac{y}{x}\right)$ u.a.

Ist $P\, \mathrm{d}x + Q\, \mathrm{d}y = 0$ eine homogene Differentialgleichung (vgl. 9.1.2.4), d.h. sind P und Q Funktionen von y/x, so ist $M = Px + Qy$ ein Multiplikator.

Die lineare Differentialgleichung (vgl. 9.1.2.5) $[p(x)\, y + q(x)]\, \mathrm{d}x - \mathrm{d}y = 0$ hat einen integrierenden Faktor $M = \mathrm{e}^{-\int p(x) \mathrm{d}x}$[1].

9.1.2.4 Homogene Differentialgleichungen, auch *Ähnlichkeitsdifferentialgleichungen* genannt, lassen sich auf die Form $y' = f(y/x)$ bringen. Man setze $y/x = t$, $\mathrm{d}y = x\, \mathrm{d}t + t\, \mathrm{d}x$.

Allgemeine Lösung:

$$\ln x = \int \frac{\mathrm{d}t}{f(t) - t} + C.$$

9.1.2.5 Lineare Differentialgleichung hat die Form

$$\frac{\mathrm{d}y}{\mathrm{d}x} + p(x)\, y + q(x) = 0.$$

Allgemeine Lösung:

$$y = \mathrm{e}^{-\int p(x) \mathrm{d}x} \left(C - \int q(x)\, \mathrm{e}^{\int p(x) \mathrm{d}x}\, \mathrm{d}x \right).$$

---

[1]) Andere Schreibweise $\exp\left[-\int p(x)\, \mathrm{d}x\right]$.

9.1.2.6 Bernoullische Differentialgleichung. $y' + p(x)\,y + q(x)\,y^n = 0$. Man setze $y = z(x)^{1/(1-n)}$, wenn $n \neq 1$, wodurch man für z die lineare Differentialgleichung $z' + (1-n)\,(pz + q) = 0$ erhält (9.1.2.5).

9.1.2.7 Riccatische Differentialgleichung. $y' + p(x)\,y^2 + q(x)\,y + r(x) = 0$. Kennt man ein partikuläres Integral y_1, so setzt man $y = y_1 + 1/z$ und erhält für z eine lineare Differentialgleichung. Sind y_1, y_2, y_3, y_4 vier Partikularlösungen, so ist ihr Doppelverhältnis konstant:

$$(y_1, y_2, y_3, y_4) = \frac{y_1 - y_3}{y_2 - y_3} \Big/ \frac{y_1 - y_4}{y_2 - y_4} = C.$$

Durch die Transformation $u = e^{\int p(x) y \mathrm{d}x}$, d. h. $y = u'/pu$, wird die *Riccatische Differentialgleichung* übergeführt in die folgende lineare homogene Differentialgleichung 2. Ordnung:

$$pu'' - (p' - pq)\,u' + p^2 r u = 0.$$

Es ist oft leichter, hiervon eine partikuläre Lösung zu finden.

Beispiel: $y' + y^2 - x^2 - 1 = 0$ hat die partikuläre Lösung $y_1 = x$. Mit $y = y_1 + 1/z$ erhalten wir $z' - 2xz - 1 = 0$, deren Lösung (nach 9.1.2.5) $z = e^{x^2}(C + \int e^{-x^2}\,\mathrm{d}x) = \dfrac{1}{y - y_1}$ ist, woraus

$$y = (Cx + e^{-x^2} + x \int e^{-x^2}\,\mathrm{d}x)/(C + \int e^{-x^2}\,\mathrm{d}x)$$

hervorgeht; die Lösung ist also eine linear gebrochene Funktion der Integrationskonstanten.

9.1.2.8 Verfahren der wiederholten Differentiation. $y = F(x, y')$. Man setze $y' = z$ und differenziere nach x, so folgt $z = \dfrac{\partial F}{\partial x} + \dfrac{\partial F}{\partial z}\dfrac{\mathrm{d}z}{\mathrm{d}x}$, womit manchmal eine einfachere Differentialgleichung erhalten wird. Den für z gefundenen Ausdruck setze man in $y = F(x, z)$ ein.

Beispiel: Die Lagrangesche Differentialgleichung

$$y = xf(y') + g(y').$$

Nach Differentiation folgt:

$$y' = z = f(z) + [xf'(z) + g'(z)]\,\frac{\mathrm{d}z}{\mathrm{d}x},$$

woraus

$$\frac{\mathrm{d}x}{\mathrm{d}z} - \frac{f'(z)}{z - f(z)}\,x - \frac{g'(z)}{z - f(z)} = 0,$$

also eine lineare Differentialgleichung erster Ordnung für $x = x(z)$ hervorgeht, die mit $y = x(z)\,f(z) + g(z) = y(z)$ die Lösung in Parameterdarstellung liefert.

9.1.2.9 Singuläre Lösungen von $F(x, y, y') = 0$ sind enthalten unter denjenigen Kurven, die sich aus $F = 0$, $\dfrac{\partial F}{\partial y'} = 0$ durch Elimination von y' ergeben.

Beispiel: $F(x, y, y') = y^2 y'^2 - 2xy' + y^2 = 0$. $\dfrac{\partial F}{\partial y'} = F_{y'} = 2y^2 y' - 2xy = 0$ liefert $y' = \dfrac{x}{y}$, und das in $F = 0$ eingesetzt ergibt die singuläre Lösung $y = \pm x$, sie ist die Einhüllende der allgemeinen Lösung der aus $F = 0$ hervorgehenden Differentialgleichung $y' = \dfrac{x}{y} \pm \sqrt{\left(\dfrac{x}{y}\right)^2 - 1} = f\left(\dfrac{y}{x}\right)$, nämlich von $y^2 = 2p(x - p)$ mit dem Scharparameter p.

9.1.2.10 Clairautsche Differentialgleichung $y = xy' + f(y')$. Allgemeines Integral: $y = Cx + f(C)$, stellt eine Schar gerader Linien dar. Singuläres Integral ist die zugehörige Hüllkurve: $x = -f'(p)$, $y = -pf'(p) + f(p)$, wo p ein Parameter ist.

9.1.2.11 Besondere Fälle.

1. $y'' = f(y)$.

Lösung:

$$x = \int \frac{\mathrm{d}y}{\sqrt{C + 2\int f(y)\,\mathrm{d}y}} + C_1.$$

2. $y'' = f(y')$. Man setze $y' = z$, $y'' = z'$; dann erhält man $x = \displaystyle\int \frac{\mathrm{d}z}{f(z)} + C$ und $y = \displaystyle\int \frac{z\,\mathrm{d}z}{f(z)} + C_1$, woraus sich durch Elimination von z die Lösung ergibt.

3. $y'' = f(y', x)$. Man setze $y' = z(x)$; dann entsteht die Differentialgleichung erster Ordnung $z' = f(z, x)$, nach deren Integration $y = \int z(x)\,dx + C$ wird.

4. $y'' = f(y', y)$. Man setze $y' = z(y)$, $y'' = z\frac{dz}{dy}$; dann entsteht die Differentialgleichung erster Ordnung $z\frac{dz}{dy} = f(z, y)$, nach deren Integration $x = \int \frac{dy}{z(y)} + C$ wird.

5. $y^{(n)} = f(x)$ hat das allgemeine Integral

$$y = \int_a^x \int_{a_n}^{t_n} \int_{a_{n-1}}^{t_{n-1}} \cdots \int_{a_2}^{t_2} f(t_1)\,dt_1\,dt_2 \cdots dt_{n-1}\,dt_n .$$

Dabei sind $a, a_n, \ldots, a_2$ willkürliche Konstanten. Oft ist folgende Form übersichtlicher:

$$y = \frac{1}{(n-1)!} \int_0^x f(t)\,(x-t)^{n-1}\,dt + P_{n-1}(x).$$

$P_{n-1}(x)$ ist ein willkürliches Polynom $n-1$-ten Grades.

9.1.3 Lineare Differentialgleichungen

9.1.3.1 Definition. Eine Differentialgleichung der Gestalt

$$y^{(n)} + p_1(x)\,y^{(n-1)} + \cdots + p_{n-1}(x)\,y' + p_n(x)\,y = q(x)$$

heißt *linear*. Ist das „*Störungsglied*" $q(x) = 0$, so spricht man von einer *homogenen*, sonst von einer *inhomogenen* Differentialgleichung.

Wesentliche Eigenschaften: 1. *Superponierbarkeit* der (partikulären) Lösungen (s. 9.1.3.2); 2. *Unstetige* (singuläre) *Lösungen* nur in den Punkten (aber nicht unbedingt!), in denen die Differentialgleichung selbst unstetig (singulär) wird (*feste Singularitäten*). Hierüber s. auch die Ausführungen unter 9.1.5.

9.1.3.2 Homogene Differentialgleichung. Ein System von n Funktionen $y_1(x), y_2(x), \ldots, \ldots, y_n(x)$ heißt *linear abhängig*, wenn eine Beziehung

$$c_1 y_1 + c_2 y_2 + \cdots + c_n y_n = 0$$

besteht mit n Konstanten $c_1, c_2, \ldots, c_n$, die nicht alle Null sind. Andernfalls heißt das System *linear unabhängig* (vgl. 5.1.6). Die homogene Differentialgleichung

$$y^{(n)} + p_1 y^{(n-1)} + \cdots + p_{n-1} y' + p_n y = 0$$

hat genau n linear unabhängige Lösungen $y_1, y_2, \ldots, y_n$. Ein solches System von Lösungen nennt man ein *Fundamentallösungssystem*. Das allgemeine Integral ist dann

$$y = C_1 y_1 + C_2 y_2 + C_3 y_3 + \cdots + C_n y_n$$

mit willkürlichen Konstanten $C_1, C_2, \ldots, C_n$.

9.1.3.3 Reduktion der Ordnung. Kennt man eine partikuläre Lösung y_1 der homogenen Differentialgleichung, so kann man ihre Integration folgendermaßen auf die Integration einer homogenen Differentialgleichung $n-1$-ter Ordnung zurückführen: Man setzt $y = y_1 v$. Dies setzt man in die Differentialgleichung ein und berücksichtigt, daß sie für $y = y_1$ erfüllt ist. So erhält man eine Differentialgleichung $n-1$-ter Ordnung für $v' = w$.

Beispiel:

$$y'' + p_1 y' + p_2 y = 0,$$

$$y = y_1 v, \quad y' = y_1' v + y_1 v', \quad y'' = y_1'' v + 2y_1' v' + y_1 v''.$$

Eingesetzt:

$$y_1 v'' + (2y_1' + p_1 y_1)\,v' + v\underbrace{(y_1'' + p_1 y_1' + p_2 y_1)}_{=0} = 0$$

$$v' = w: \quad y_1 w' + (2y_1' + p_1 y_1)\,w = 0.$$

Lösung (nach 9.1.2.5):

$$w = c\frac{1}{y_1^2}\,e^{-\int p_1 dx} = v'.$$

Also lautet die allgemeine Lösung:

$$y = c_1 y_1 + c_2 v_1 \int \frac{e^{-\int p_1 dx}}{y_1^2}\,dx.$$

Es kommt also darauf an, eine partikuläre Lösung der homogenen Differentialgleichung zu finden; im allgemeinen wird man eine solche Lösung durch einen Potenzreihenansatz zu ermitteln suchen, insbesondere, wenn die Koeffizienten $p_1(x)$ und $p_2(x)$ keine Konstanten sind (vgl. 9.1.5.1).

Beispiel: $xy'' + 2y' + xy = 0$, $p_1(x) = \frac{2}{x}$, $p_2(x) = 1$. Der Ansatz $y = \sum_{j=0}^{\infty} a_j x^j$ liefert nach Koeffizientenvergleich der Potenzen x^{j+1} die Rekursionsformel $a_{j+2} = -a_j/(j+2)(j+3)$ und wegen $a_{-1} = 0$, $a_{2j+1} = 0$ und $a_{2j} = (-1)^j \frac{a_0}{(2j+1)!}$. Mit $a_0 = 1$ hat man $y_1 = \frac{\sin x}{x}$ und

$$y_2 = y_1 \int \frac{e^{-2\int dx/x}}{y_1^2}\,dx = -\frac{\cos x}{x}.$$

$$y = C_1\frac{\sin x}{x} + C_2\frac{\cos x}{x}$$

ist also die allgemeine Lösung.

9.1.3.4 Inhomogene Differentialgleichung. Kennt man die allgemeine Lösung

$$y_h = c_1 y_1 + c_2 y_2 + \cdots + c_n y_n$$

der homogenen Differentialgleichung und eine partikuläre Lösung y_p der inhomogenen Differentialgleichung

$$y^{(n)} + p_1 y^{(n-1)} + \cdots + p_{n-1} y' + p_n y = q,$$

so lautet ihre allgemeine Lösung:

$$y = y_h + y_p = c_1 y_1 + c_2 y_2 + \cdots + c_n y_n + y_p.$$

Ein solches y_p findet man oft durch besondere Ansätze.

Beispiel: $y'' + \lambda^2 y = \sin x$. Allgemeine Lösung von $y'' + \lambda^2 y = 0$ ist (s. 9.1.3.6)

$$y_h = c_1 \sin \lambda x + c_2 \cos \lambda x.$$

Einsetzen des Ansatzes $y_p = A \sin x$ in die inhomogene Differentialgleichung liefert $A = \frac{1}{\lambda^2 - 1}$. Also Lösung

$$y = y_h + y_p = c_1 \sin \lambda x + c_2 \operatorname{ocs} \lambda x + \frac{1}{\lambda^2 - 1}\sin x.$$

Eine Verallgemeinerung hiervon ist die *Differentialgleichung der erzwungenen Schwingung*

$$ay'' + by' + cy = A \sin \omega x + B \cos \omega x.$$

Man findet hier mit willkürlichen, reellen und aus Anfangsbedingungen ermittelbaren C_1 und C_2:

$$y_h = \begin{cases} e^{-\frac{b}{2a}x}(C_1 \cos \alpha x + C_2 \sin \alpha x), & \alpha^2 = \frac{c}{a} - \left(\frac{b}{2a}\right)^2 > 0, \\ e^{-\frac{b}{2a}x}(C_1 \cosh \alpha x + C_2 \sinh \alpha x), & \alpha^2 = \left(\frac{b}{2a}\right)^2 - \frac{c}{a} > 0, \\ e^{-\frac{b}{2a}x}(C_1 + C_2 x), & \left(\frac{b}{2a}\right)^2 - c = 0 \end{cases}$$

und

$$y_p = \begin{cases} \frac{A \sin(\omega x - \varphi) + B \cos(\omega x - \varphi)}{\sqrt{(c - a\omega^2)^2 + (\omega b)^2}}, & \tan \varphi = \frac{b\omega}{c - a\omega^2}, \\ \frac{\omega x}{2c}(B \sin \omega x - A \cos \omega x) & \text{für } b = 0,\ a\omega^2 = c. \end{cases}$$

9.1.3.5 Variation der Konstanten. Ist y_h bekannt, so kann man nach dem sogenannten Verfahren der *Variation der Konstanten* die allgemeine Lösung wie folgt finden: Man setzt

$$y_p = C_1(x)\, y_1 + C_2(x)\, y_2 + \cdots + C_n(x)\, y_n$$

und bestimmt dann die Ableitungen $C_j'(x)$ $(j = 1, 2, \ldots, n)$ aus dem Gleichungssystem

$$\begin{array}{llll} C_1' y_1 + C_2' y_2 + \cdots + C_n' y_n & = 0 \\ C_1' y_1' + C_2' y_2' + \cdots + C_n' y_n' & = 0 \\ \vdots \quad \vdots \quad \vdots & \vdots \\ C_1' y_1^{(n-2)} \quad + \cdots + C_n' y_n^{(n-2)} & = 0 \\ C_1' y_1^{(n-1)} \quad + \cdots + C_n' y_n^{(n-1)} & = q(x) \end{array}$$

nach der Cramerschen Regel (vgl. 5.4).

Die Determinante W der Koeffizientenmatrix dieses Gleichungssystems heißt *Wronskische Determinante.* Es ist

$$W = \begin{vmatrix} y_1 & y_2 & \cdots & y_n \\ y_1' & y_2' & \cdots & y_n' \\ \vdots & \vdots & & \vdots \\ y_1^{(n-1)} & y_2^{(n-1)} & \cdots & y_n^{(n-1)} \end{vmatrix} = A\mathrm{e}^{-\int p_1(x)\,\mathrm{d}x}.$$

Die Konstante A hängt von der Wahl des Fundamentallösungssystems $y_1, y_2, \ldots, y_n$ ab. Aus den $C_j'(x)$ $(j = 1, 2, \ldots, n)$ lassen sich durch Quadratur die $c_j(x)$ bestimmen, womit y gegeben ist.

Im Falle $n = 2$ erhält man:

$$y = c_1 y_1 + c_2 y_2 + y_p,$$

$$y_p = \int_a^x \frac{y_1(\xi)\, y_2(x) - y_1(x)\, y_2(\xi)}{y_1(\xi)\, y_2'(\xi) - y_1'(\xi)\, y_2(\xi)}\, q(\xi)\, \mathrm{d}\xi = \int_a^x \frac{q(\xi)}{W(\xi)} [y_1(\xi)\, y_2(x) - y_1(x)\, y_2(\xi)]\, \mathrm{d}\xi;$$

hier ist $y_p(a) = y_p'(a) = 0$.

Beispiel: $xy'' + 2y' + xy = x^2$. Die homogene Differentialgleichung ist schon in 9.1.3.2 ermittelt, so daß der Ansatz $y = C_1(x) \dfrac{\sin x}{x} + C_2(x) \dfrac{\cos x}{x}$ lautet. Aus

$$C_1'(x)\, y_1 + C_2'(x)\, y_2 = 0, \quad C_1'(x)\, y_1'(x) + C_2'(x)\, y_2'(x) = x,$$

wobei $y_1 = \dfrac{\sin x}{x}$, $y_2 = \dfrac{\cos x}{x}$ und $W(x) = \dfrac{1}{x^2}$ ist, erhalten wir

$$C_1'(x) = x^2 \cos x, \quad C_2'(x) = -x^2 \sin x.$$

Nach Integration ergibt sich schließlich als allgemeine Lösung

$$y = c_1 \frac{\sin x}{x} + c_2 \frac{\cos x}{x} + \frac{\sin x}{x} (x^2 \sin x + 2x \cos x - 2 \sin x) + \frac{\cos x}{x} (x^2 \cos x - 2x \sin x - 2 \cos x).$$

9.1.3.6 Konstante Koeffizienten. Nach 9.1.3.5 genügt es, nur homogene Differentialgleichungen

$$a_0 y^{(n)} + a_1 y^{(n-1)} + \cdots + a_{n-1} y' + a_n y = 0$$

zu betrachten. a_i $(i = 1, 2, \ldots, n)$ sollen jetzt Konstanten sein. $y_k = \mathrm{e}^{r_k x}$ ist eine Lösung dieser Differentialgleichung, wenn r_k eine Wurzel der algebraischen Gleichung n-ten Grades („Hauptgleichung" oder „charakteristische" Gleichung)

$$a_0 r^n + a_1 r^{n-1} + \cdots + a_{n-1} r + a_n = 0$$

ist. Sind alle ihre n Wurzeln $r_1, r_2, \ldots, r_n$ voneinander verschieden, so ist

$$y = C_1 e^{r_1 x} + C_2 e^{r_2 x} + \cdots + C_n e^{r_n x}$$

das allgemeine Integral der Differentialgleichung. Treten dagegen mehrfache Wurzeln auf, ist z.B. $r_1 = r_2 = \cdots = r_m = r$, während $r_{m+1} \cdots r_n$ voneinander und von r verschieden sind, so ist

$$y = (C_1 + C_2 x + C_3 x^2 + \cdots + C_m x^{m-1})\, e^{rx} + C_{m+1} e^{r_{m+1} x} + \cdots + C_n e^{r_n x}$$

das allgemeine Integral.

Sind $r_1 = p + iq$, $r_2 = p - iq$ konjugiert komplexe Wurzeln der Hauptgleichung, so ist

$$\begin{aligned} C_1 e^{r_1 x} + C_2 e^{r_2 x} &= e^{px}(C_1 + C_2) \cos qx + i e^{px}(C_1 - C_2) \sin qx \\ &= c_1 e^{px} \cos qx + c_2 e^{px} \sin qx = a e^{px} \sin (qx + b) \end{aligned}$$

mit beliebigen Konstanten c_1, c_2 bzw. a, b.

Beispiel 1: Die Differentialgleichung

$$y^{(4)} + 4\lambda^4 y = 0$$

hat die allgemeine Lösung

$$y = e^{\lambda x}(C_1 \cos \lambda x + C_2 \sin \lambda x) + e^{-\lambda x}(C_3 \cos \lambda x + C_4 \sin \lambda x).$$

Die Differentialgleichung

$$y^{(4)} - \lambda^4 y = 0$$

hat die allgemeine Lösung

$$y = C_1 \cos \lambda x + C_2 \sin \lambda x + C_3 \cosh \lambda x + C_4 \sinh \lambda x.$$

Beispiel 2: Für die (in der Schwingungslehre vorkommende) Differentialgleichung

$$y'' + 2ay' + b^2 y = f(x), \quad a \text{ und } b \text{ reelle Konstanten}$$

ist die den (Anfangs-)Bedingungen $y(0) = 0$ und $y'(0) = 0$ genügende Lösung

$$y = y(x) = \begin{cases} \dfrac{1}{c} \displaystyle\int_{\xi=0}^{x} f(\xi)\, e^{-a(x-\xi)} \sin c(x-\xi)\, d\xi & \text{für } c^2 = b^2 - a^2 > 0 \\ \displaystyle\int_{\xi=0}^{x} f(\xi)\, e^{-a(x-\xi)} (x-\xi)\, d\xi & \text{für } c^2 = b^2 - a^2 = 0 \\ \dfrac{1}{2c} \displaystyle\int_{\xi=0}^{x} f(\xi)[e^{(c-a)(x-\xi)} - e^{-(c+a)(x-\xi)}]\, d\xi & \text{für } c^2 = a^2 - b^2 > 0. \end{cases}$$

9.1.3.7 Eulersche Differentialgleichung.

$$a_0 x^n y^{(n)} + a_1 x^{n-1} y^{(n-1)} + \cdots + a_{n-1} x y' + a_n y = 0.$$

$y_k = x^{r_k}$ ist eine Lösung dieser Differentialgleichung, wenn r_k eine Wurzel der algebraischen Gleichung n-ten Grades

$$a_n + a_{n-1} r + a_{n-2} r(r-1) + \cdots + a_0 r(r-1)(r-2) \cdots (r-n+1) = 0$$

ist. Sind alle ihre n Wurzeln $r_1, r_2, \ldots, r_n$ voneinander verschieden, so ist

$$y = C_1 x^{r_1} + C_2 x^{r_2} + \cdots + C_n x^{r_n}$$

das allgemeine Integral der Differentialgleichung. Treten aber mehrfache Wurzeln auf, ist z.B. $r_1 = r_2 = \cdots = r_m = r$ eine m-fache Wurzel, während $r_{m+1} \cdots r_n$ voneinander und von r verschieden sind, so wird

$$y = [C_1 + C_2 \ln x + C_3(\ln x)^2 + C_4(\ln x)^3 + \cdots + C_m(\ln x)^{m-1}]\, x^r + \\ + C_{m+1} x^{r_{m+1}} + \cdots + C_n x^{r_n}$$

das allgemeine Integral.

Setzt man $x = e^t$, $dx = x\,dt$, so geht die Eulersche Differentialgleichung in eine Differentialgleichung mit konstanten Koeffizienten über (vgl. 9.1.3.6).

9.1.4 Systeme von Differentialgleichungen (gekoppelte Differentialgleichungen)

9.1.4.1 Definition. Hat man n Beziehungen zwischen einer unabhängigen Variablen x und n gesuchten Funktionen $y_1, y_2, \ldots, y_n$ und deren Ableitungen nach x, so spricht man von einem *System von n Differentialgleichungen mit n unbekannten Funktionen.* Jedes solcher Systeme kann man auf ein System 1. Ordnung zurückführen. Kommt nämlich z.B. y_1'' vor, so nimmt man die Beziehung $y_1' = y_{n+1}$ zum System hinzu und ersetzt überall y_1'' durch y_{n+1}'. Durch Wiederholen des Verfahrens erreicht man schließlich, daß nur noch erste Ableitungen vorkommen. Löst man nun noch nach diesen ersten Ableitungen auf, so sieht man, daß es genügt, Systeme folgender Form zu betrachten:

$$\begin{aligned} y_1' &= F_1(x, y_1, y_2, \ldots, y_n), \\ y_2' &= F_2(x, y_1, y_2, \ldots, y_n), \\ &\vdots \\ y_n' &= F_n(x, y_1, y_2, \ldots, y_n). \end{aligned}$$

Indem man $F_i = X_i/X$ setzt, kann man das System auch in der Form

$$dx : dy_1 : dy_2 : \cdots : dy_n = X : X_1 : X_2 : \cdots : X_n$$

schreiben.

9.1.4.2 Das allgemeine Integral des Systems enthält n willkürliche Konstanten $c_1, c_2, \ldots, c_n$. Es ist also gegeben durch

$$y_i = \varphi_i(x, c_1, c_2, \ldots, c_n) \qquad (i = 1, 2, \ldots, n),$$

oder auch in impliziter Form:

$$\Phi_i(x, y_1, y_2, \ldots, y_n, c_1, c_2, \ldots, c_n) = 0 \qquad (i = 1, 2, \ldots, n),$$

oder nach den c_i aufgelöst:

$$\psi_i(x, y_1, y_2, \ldots, y_n) = c_i \qquad (i = 1, 2, \ldots, n).$$

Gibt man Anfangsbedingungen

$$y_1(x_0) = y_{10}, \quad y_2(x_0) = y_{20}, \ldots, y_n(x_0) = y_{n0}$$

vor, so existiert wieder im allgemeinen genau eine Lösung, die außer der Differentialgleichung diesen Bedingungen genügt.

9.1.4.3 Lineare Systeme mit konstanten Koeffizienten. Für Systeme von linearen Differentialgleichungen gelten entsprechende Sätze wie für einzelne lineare Differentialgleichungen (vgl. 9.1.3). Der Übersichtlichkeit halber empfiehlt sich hier die Matrizenrechnung (vgl. 5.3). Ein homogenes System mit konstanten Koeffizienten schreibt man dann:

$$\boldsymbol{A}_0 \boldsymbol{y}^{(m)} + \boldsymbol{A}_1 \boldsymbol{y}^{(m-1)} + \cdots + \boldsymbol{A}_{m-1} \boldsymbol{y}' + \boldsymbol{A}_m \boldsymbol{y} = 0.$$

Dabei ist $\boldsymbol{y} = (y_1, y_2, \ldots, y_n)$ der (Spalten-) Vektor der unbekannten Funktionen.

$\boldsymbol{A}_0, \boldsymbol{A}_1, \ldots, \boldsymbol{A}_m$ sind (n, n)-reihige Matrizen mit konstanten Elementen. Zur Lösung setzt man an: $\boldsymbol{y} = \boldsymbol{c}e^{rx}$ ($\boldsymbol{c}$ konstanter Vektor). Eingesetzt ergibt sich

$$(\boldsymbol{A}_0 r^m + \boldsymbol{A}_1 r^{m-1} + \cdots + \boldsymbol{A}_{m-1} r + \boldsymbol{A}_m)\, \boldsymbol{c} = 0.$$

Dies ist ein gewöhnliches homogenes Gleichungssystem für den unbekannten Vektor $\boldsymbol{c}$. Es hat nur dann eine Lösung $\boldsymbol{c} \neq 0$, wenn

$$\det (\boldsymbol{A}_0 r^m + \boldsymbol{A}_1 r^{m-1} + \cdots + \boldsymbol{A}_{m-1} r + \boldsymbol{A}_m) = 0$$

ist (vgl. 5.4).

Dies ist eine Gleichung nm-ten Grades für r. Wir nehmen zunächst an, daß ihre nm Wurzeln $r_1, r_2, \ldots, r_{nm}$ alle voneinander verschieden sind. Bestimmt man dann Lösungen $\boldsymbol{c}_1, \boldsymbol{c}_2, \ldots, \boldsymbol{c}_{nm}$ der nm homogenen Gleichungen

$$(\boldsymbol{A}_0 r_\alpha^m + \boldsymbol{A}_1 r_\alpha^{m-1} + \cdots + \boldsymbol{A}_{m-1} r_\alpha + \boldsymbol{A}_m)\, \boldsymbol{c} = 0 \qquad (\alpha = 1, 2, \ldots, nm),$$

so lautet das allgemeine Integral:

$$\boldsymbol{y} = C_1 \boldsymbol{c}_1 e^{r_1 x} + C_2 \boldsymbol{c}_2 e^{r_2 x} + \cdots + C_{mn} \boldsymbol{c}_{mn} e^{r_{mn} x}$$

mit nm willkürlichen Konstanten $C_1, C_2, \ldots, C_{nm}$. Sind die Wurzeln $r_1, r_2, \ldots, r_{nm}$ nicht alle voneinander verschieden, so muß man ähnliche Abänderungen vornehmen wie im Fall einer Differentialgleichung (vgl. 9.1.3.6).

Beispiel: Zwei gekoppelte elektrische Schwingkreise führen auf das System

$$L_1 i_1'' + R_1 i_1' + (1/C_1)\, i_1 + M i_2'' = 0,$$
$$L_2 i_2'' + R_2 i_2' + (1/C_2)\, i_2 + M i_1'' = 0$$

($i_1 = i_1(t)$ und $i_2 = i_2(t)$ sind die Stromstärken in den Kreisen).

$$\begin{pmatrix} L_1 & M \\ M & L_2 \end{pmatrix} \begin{pmatrix} i_1 \\ i_2 \end{pmatrix}'' + \begin{pmatrix} R_1 & 0 \\ 0 & R_2 \end{pmatrix} \begin{pmatrix} i_1 \\ i_2 \end{pmatrix}' + \begin{pmatrix} 1/C_1 & 0 \\ 0 & 1/C_2 \end{pmatrix} \begin{pmatrix} i_1 \\ i_2 \end{pmatrix} = 0,$$

$$\det \left\{ \begin{pmatrix} L_1 & M \\ M & L_2 \end{pmatrix} r^2 + \begin{pmatrix} R_1 & 0 \\ 0 & R_2 \end{pmatrix} r + \begin{pmatrix} 1/C_1 & 0 \\ 0 & 1/C_2 \end{pmatrix} \right\} =$$

$$= (L_1 L_2 - M^2)\, r^4 + (L_1 R_2 + L_2 R_1)\, r^3 + \left(R_1 R_2 + \frac{L_1}{C_2} + \frac{L_2}{C_1}\right) r^2 + \left(\frac{R_1}{C_2} + \frac{R_2}{C_1}\right) r + \frac{1}{C_1 C_2} = 0.$$

Sind die Wurzeln r_1, r_2, r_3, r_4 dieser Gleichung 4. Grades alle voneinander verschieden, so lautet die allgemeine Lösung

$$\begin{pmatrix} i_1 \\ i_2 \end{pmatrix} = C_1 \begin{pmatrix} -M r_1^2 \\ L_1 r_1^2 + R_1 r_1 + (1/C_1) \end{pmatrix} e^{r_1 t} + \cdots + C_4 \begin{pmatrix} -M r_4^2 \\ L_1 r_4^2 + R_1 r_4 + (1/C_1) \end{pmatrix} e^{r_4 t}.$$

Sind die Wurzeln komplex, so zerlegt man in Real- und Imaginärteil und wählt C_1, C_2, C_3, C_4 so, daß die Lösung wieder reell wird (vgl. 9.1.3.6). Ein numerisches Beispiel zur Lösung der charakteristischen Gleichung s. 10.4.2.6.

9.1.5 Spezielle lineare Differentialgleichungen zweiter Ordnung

[33, 38, 40, 69, 89]

9.1.5.1 Potenzreihenansatz im allgemeinen

Unter bestimmten Voraussetzungen ist es möglich, Lösungen einer Differentialgleichung durch *Potenzreihenansatz* zu gewinnen. Man setzt an

$$y = \sum_{j=0}^{\infty} a_j (x - x_0)^j, \quad y' = \sum_{j=1}^{\infty} j a_j (x - x_0)^{j-1} \quad \text{usw.},$$

setzt dies in die Differentialgleichung ein und macht Koeffizientenvergleich.

Dieses Verfahren führt u. U. dann nicht zum Ziele, wenn die Koeffizienten in $x = x_0$ unstetig (singulär) werden. Besteht diese Singularität darin, daß $p_1(x)$ in $x = x_0 = 0$ (was durch Transformation immer zu ermitteln ist) einen Pol erster, $p_2(x)$ einen solchen zweiter

Ordnung, also die Differentialgleichung die Form

$$y'' + \frac{P_1(x)}{x} y' + \frac{P_2(x)}{x^2} y = 0$$

hat ($P_1(x)$ und $P_2(x)$ in $x = 0$ reguläre Funktionen), so sagt man, daß die Differentialgleichung bei $x = 0$ eine *Stelle der Bestimmtheit* hat, oder sie gehört der *Suchyschen Klasse* an. Ihre Lösungen sind von folgender Form:

$$y_1 = x^{\sigma_1} \sum_{j=0}^{\infty} a_j x^j; \quad y_2 = x^{\sigma_2} \sum_{j=0}^{\infty} b_j x^j,$$

$$\sigma_1 - \sigma_2 \neq 0, \pm 1, \pm 2, \ldots$$

bzw.

$$y_1 = x^{\sigma_1} \sum_{j=0}^{\infty} a_j x^j; \quad y_2 = A y_1 \ln x + x^{\sigma_2} \sum_{j=0}^{\infty} b_j x^j;$$

$$A = 0 \text{ oder } A = 1, \ \sigma_1 - \sigma_2 = 0, \pm 1, \pm 2, \ldots$$

Hierbei sind σ_1 und σ_2 ($\mathrm{Re}(\sigma_1) \geqq \mathrm{Re}(\sigma_2)$) Wurzeln der sog. *determinierenden Gleichung*

$$\sigma(\sigma - 1) + \sigma P_1(0) + P_2(0) = 0.$$

Die Lösungen der folgenden *speziellen* Differentialgleichungen können mit diesen Ansätzen hergeleitet werden.

Manchmal erweist es sich als zweckmäßig, die Differentialgleichung

$$y'' + p_1 y' + p_2 y = 0$$

durch die Transformation

$$y = y(x) = u(x)\, e^{-(1/2)\int p_1(x) dx}$$

auf die sog. *Normalform*

$$u'' + \left[p_2 - \frac{p_1'}{2} - \left(\frac{p_1}{2}\right)^2\right] u = 0$$

zurückzuführen.

9.1.5.2 Hypergeometrische Differentialgleichung [33, 40]

$$(Hy) \qquad x(x-1)\, y'' + [(\alpha + \beta + 1)\, x - \gamma]\, y' + \alpha\beta\gamma = 0.$$

Sie hat bei $x = 0$ und $x = 1$ (und sogar für $x = \infty$, wie man durch die Substitution $x = \frac{1}{\xi}$ für $\xi = 0$ zeigen kann!) die Stellen der Bestimmtheit.

Eine Lösung ist die Funktion

$$F(\alpha, \beta, \gamma; x) = \sum_{j=0}^{\infty} \frac{(\alpha)_j (\beta)_j}{j!\, (\gamma)_j} x^j, \qquad |x| < 1$$

wobei

$$(\alpha)_j = \alpha(\alpha + 1)(\alpha + 2) \cdots (\alpha + j - 1), \quad (\alpha)_0 = 1 \quad \text{usw.}$$

Man nennt sie *hypergeometrische Funktion.*

(Hy) hat die folgenden Fundamentallösungssysteme:

Für $|x| < 1$:

$$y_1 = F(\alpha, \beta, \gamma; x), \quad y_2 = x^{1-\gamma} F(\alpha - \gamma + 1, \beta - \gamma + 1, 2 - \gamma; x)$$

(γ nicht ganzzahlig),

für $|x - 1| < 1$:

$$y_1 = F(\alpha, \beta, \alpha + \beta - \gamma + 1; 1 - x),$$

$$y_2 = (1 - x)^{\gamma - \alpha - \beta} F(\gamma - \beta, \gamma - \alpha, \gamma - \alpha - \beta + 1; 1 - x)$$

($\alpha + \beta - \gamma$ nicht ganzzahlig),

für $|x| > 1$:

$$y_1 = \frac{1}{x^\alpha} F\left(\alpha, \alpha - \gamma + 1, \alpha - \beta + 1; \frac{1}{x}\right),$$

$$y_2 = \frac{1}{x^\beta} F\left(\beta, \beta - \gamma + 1, \beta - \alpha + 1; \frac{1}{x}\right)$$

($\alpha - \beta$ nicht ganzzahlig).

Sonderfälle:

1. $F(1, \beta, \beta; x) = 1/(1 - x)$.
2. $F(-\nu, \beta, \beta; -x) = (1 + x)^\nu$.
3. $xF(1, 1, 2; -x) = \ln(1 + x)$.
4. $xF(1/2, 1/2, 3/2; x^2) = \arcsin x$.
5. $\lim\limits_{\beta\to\infty} F(1, \beta, 1; x/\beta) = e^x$.
6. $\lim\limits_{\alpha,\beta\to\infty} F(\alpha, \beta, 3/2; x^2/4\alpha\beta) = \sin x$.

Beispiel:

$$x(x - 1)\, y'' + (-2x + 1/2)\, y' + 2y = 0,$$
$$y_1 = F(-1, -2, 1/2; x) = 1 + 4x,$$
$$y_2 = (1 + 4x) \int \frac{\sqrt{(x - 1)^5}}{\sqrt{x}\,(1 + 4x)^2}\, dx.$$

9.1.5.3 Legendresche Differentialgleichung [29, 33, 56, 68, 69]

(*Le*) $\qquad (1 - x^2)\, y'' - 2xy' + n(n + 1)\, y = 0, \quad n \geqq 0, \quad$ ganz.

Eine Lösung ist das Polynom

$$P_n(x) = \frac{1 \cdot 3 \cdots (2n - 1)}{n!} \left(x^n - \frac{n(n - 1)}{2(2n - 1)} x^{n-2} + {} \right.$$
$$\left. + \frac{n(n - 1)\,(n - 2)\,(n - 3)}{2 \cdot 4 \cdot (2n - 1)\,(2n - 3)} x^{n-4} - \cdot + \cdots\right)$$

(die Reihe bricht offenbar ab). Die $P_n(x)$ heißen *Legendresche Polynome* oder *Kugelfunktionen* (Tabelle 1–25).

Ein Fundamentallösungssystem von (*Le*) ist

$y_1 = P_n(x)$,

$$y_2 = \begin{cases} \mathfrak{Q}_n(x) = \dfrac{1}{2} P_n(x) \ln \dfrac{x + 1}{x - 1} - \sum\limits_{k=1}^{n} \dfrac{1}{k} P_{k-1}(x)\, P_{n-k}(x), & |x| \geqq 1 \\ Q_n(x) = \dfrac{1}{2} P_n(x) \ln \dfrac{1 + x}{1 - x} - \sum\limits_{k=1}^{n} \dfrac{1}{k} P_{k-1}(x)\, P_{n-k}(x), & -1 \leqq x \leqq +1. \end{cases}$$

Die $\mathfrak{Q}_n(x)$ bzw. $Q_n(x)$ heißen *Legendresche Funktionen 2. Art. Eigenschaften der Legendreschen Polynome:*

1. $P_n(x) = \dfrac{1}{2^n n!} \dfrac{d^n}{dx^n} [(x^2 - 1)^n]$.

2. $P_0(x) = 1, \quad P_1(x) = x, \quad P_2(x) = (1/2)\,(3x^2 - 1)$,

   $P_3(x) = (1/2)\,(5x^3 - 3x), \quad P_4(x) = (1/8)\,(35x^4 - 30x^2 + 3)$.

3. $nP_n(x) = (2n - 1)\, xP_{n-1}(x) - (n - 1)\, P_{n-2}(x)$.

4. $(x^2 - 1)\, P_n'(x) = n[xP_n(x) - P_{n-1}(x)]$.

5. $P_n(x)$ hat n zwischen $+1$ und -1 gelegene Nullstellen (Bild 9–2).

6. $\int\limits_{-1}^{+1} P_m(x)\,P_n(x)\,\mathrm{d}x = \begin{cases} 0 & \text{für } n \neq m, \\ 2/(2n+1) & \text{für } n = m. \end{cases}$

7. Erzeugende Funktion: $\sqrt{\dfrac{1}{1-2tx+t^2}} = \sum\limits_{j=0}^{\infty} P_j(x)\,t^j, \quad |t| \leq 1.$

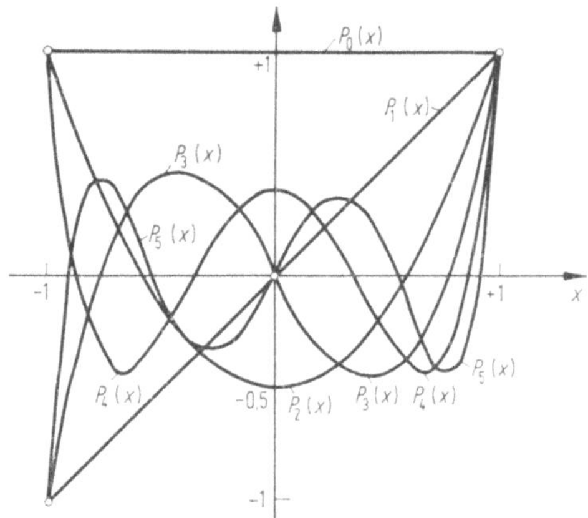

Bild 9–2. Legendresche Polynome $y = P_n(x)$.

9.1.5.4 Die Differentialgleichung der Kugelfunktionen ist eine Verallgemeinerung der Legendreschen Differentialgleichung

$$(Ku) \qquad (1-x^2)\,y'' - 2xy' + \left[\nu(\nu+1) - \frac{\mu^2}{1-x^2}\right] y = 0,$$

wobei μ und ν beliebige Parameter sind. Für ganzzahlige $\nu = n = 0, 1, 2, \ldots$ und $\mu = m = 0, 1, 2, \ldots$ hat (Ku) die Lösung

$$y = P_n^m(x) = (-1)^m\,(1-x^2)^{\frac{m}{2}}\,\frac{\mathrm{d}^m}{\mathrm{d}x^m}\,P_n(x).$$

9.1.5.5 Differentialgleichung der Tschebyscheffschen Polynome ist

$$(T) \qquad (1-x^2)\,y'' - xy' + n^2 y = 0.$$

Eine Lösung ist das *Tschebyscheffsche Polynom* (Bild 9–3, Tabelle 1–26)

$$T_n(x) = \frac{1}{2}\,[(x + \mathrm{i}\sqrt{1-x^2})^n + (x - \mathrm{i}\sqrt{1-x^2})^n] =$$

$$= \cos(n \arccos x) =$$

$$= \sqrt{1-x^2}\,\frac{(-1)^n}{1\cdot 3\cdot 5 \cdots (2n-1)}\,\frac{\mathrm{d}^n}{\mathrm{d}x^n}\,(1-x^2)^{n-\frac{1}{2}}.$$

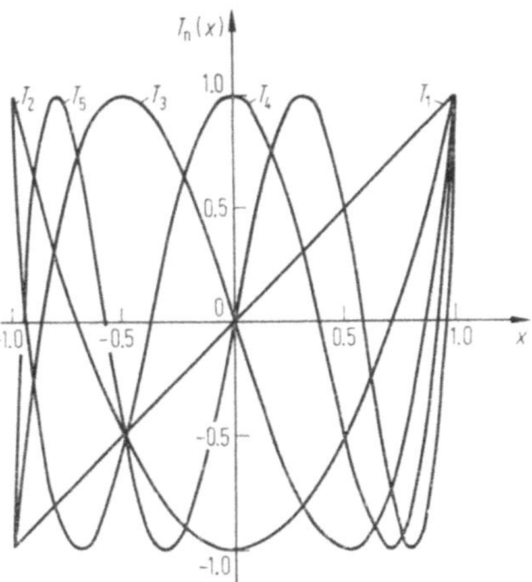

Bild 9–3. Tschebyscheffsche Polynome.

Eigenschaften dieser Polynome:

1. $T_0(x) = 1, \quad T_1(x) = x, \quad T_2(x) = 2x^2 - 1, \quad T_3(x) = 4x^3 - 3x,$

$T_4(x) = 8x^4 - 8x^2 + 1, \quad T_5(x) = 16x^5 - 20x^3 + 5x,$

$T_6(x) = 32x^6 - 48x^4 + 18x^2 - 1,$

$T_7(x) = 64x^7 - 112x^5 + 56x^3 - 7x,$

$T_8(x) = 128x^8 - 256x^6 + 160x^4 - 32x^2 + 1,$

$T_9(x) = 256x^9 - 576x^7 + 432x^5 - 120x^3 + 9x.$

2. $T_{n+1}(x) - 2xT_n(x) + T_{n-1}(x) = 0.$

3. $$\int_{-1}^{+1} \frac{T_m(x)\, T_n(x)}{\sqrt{1-x^2}}\, dx = \begin{cases} 0 & \text{für } m \neq n, \\ \frac{\pi}{2} & \text{für } m = n \neq 0, \\ \pi & \text{für } m = n = 0. \end{cases}$$

4. $$\int_{-1}^{+1} T_n^2(x)\, dx = 1 + \frac{1}{1-4n^2}.$$

5. Erzeugende Funktion: $$\frac{1-xt}{1-2xt+t^2} = T_0(x) + \sum_{n=1}^{\infty} T_n(x)\, t^n.$$

6. Invertierung von 1.

$$x^{2k} = \frac{1}{2^{2k-1}} \left\{ \sum_{i=0}^{k-1} \binom{2k}{i} T_{2(k-i)} + \frac{1}{2}\binom{2k}{k} T_0 \right\}, \qquad x^{2k+1} = \frac{1}{2^k} \sum_{i=0}^{k} \binom{2k+1}{i} T_{2k+1-2i}$$

$$1 = T_0, \qquad x = T_1, \qquad x^2 = \frac{1}{2}(T_0 + T_2), \qquad x^3 = \frac{1}{4}(3T_1 + T_3),$$

$$x^4 = \frac{1}{8}(3T_0 + 4T_2 + T_4), \qquad x^5 = \frac{1}{16}(10T_1 + 5T_3 + T_5),$$

$$x^6 = \frac{1}{32}(10T_0 + 15T_2 + 6T_4 + T_6), \qquad x^7 = \frac{1}{64}(35T_1 + 21T_3 + 7T_5 + T_7),$$

$$x^8 = \frac{1}{128}(35T_0 + 56T_2 + 28T_4 + 8T_6 + T_8),$$

$$x^9 = \frac{1}{256}(126T_1 + 84T_3 + 36T_5 + 9T_7 + T_9).$$

9.1.5.6 Differentialgleichung der Hermiteschen Polynome

$$(He) \qquad H_n(x) = (-1)^n e^{\frac{x^2}{2}} \frac{d^n}{dx^n}\left(e^{-\frac{x^2}{2}}\right), \quad n = 0, 1, 2, \ldots$$

ist

$$y'' - xy' + ny = 0.$$

1. $H_0(x) = 1, \qquad H_1(x) = x, \qquad H_2(x) = x^2 - 1, \qquad H_3(x) = x^3 - 3x,$
   $H_4(x) = x^4 - 6x^2 + 3, \qquad H_5(x) = x^5 - 10x^3 + 15x.$
2. $H_{n+1}(x) = x\,H_n(x) - n\,H_{n-1}(x).$
3. $H_n'(x) = nH_{n-1}(x).$
4. Erzeugende Funktion: $e^{tx - \frac{1}{2}t^2} = \sum_{n=0}^{\infty} H_n(x) \frac{t^n}{n!}.$
5. $H_{2n}(0) = \frac{(-1)^n(2n)!}{2^n n!}, \qquad H_{2n+1}(0) = 0.$
6. $\int_{-\infty}^{+\infty} e^{-\frac{x^2}{2}} H_m(x)\,H_n(x)\,dx = \begin{cases} 0 \text{ für } m \neq n, \\ n!\sqrt{2\pi} \text{ für } m = n. \end{cases}$

9.1.5.7 Die Differentialgleichung der Laguerreschen Polynome

$$(La) \qquad L_n(x) = \frac{e^x}{n!} \frac{d^n}{dx^n}(x^n e^{-x}), \; n = 0, 1, 2, \ldots$$

ist

$$xy'' + (1 - x)\,y' + ny = 0.$$

1. $L_0(x) = 1, \qquad L_1(x) = 1 - x, \qquad L_2(x) = 1 - 2x + \frac{x^2}{2},$
   $L_3(x) = 1 - 3x + \frac{3}{2}x^2 - \frac{x^3}{6}.$
2. $nL_n(x) = (2n - x - 1)\,L_n(x) + (1 - n)\,L_{n-2}(x).$
3. $xL_n'(x) = nL_n(x) - nL_{n-1}(x), \; n = 2, 3, 4, \ldots$
4. $\int_0^{\infty} e^{-x} L_m(x)\,L_n(x)\,dx = \begin{cases} 0 \text{ für } m \neq n, \\ 1 \text{ für } m = n. \end{cases}$
5. Erzeugende Funktion: $e^{-\frac{tx}{1-t}} = \sum_{n=0}^{\infty} L_n(x)\,t^n, \quad |t| < 1.$

Bemerkung: Etwas allgemeiner versteht man unter Laguerreschen Polynomen

$$L_n^{(\alpha)}(x) = \frac{x^{-\alpha} e^x}{n!} \frac{d^n}{dx^n} (x^{n+1} e^{-x});$$

sie genügen der Differentialgleichung

$$xy'' + (\alpha + 1 - x) y' + ny = 0.$$

9.1.5.8 Konfluente hypergeometrische und Whittakersche Differentialgleichung [33, 45]

(*K*) $$xy'' + (\gamma - x) y' - \beta y = 0.$$

Sie hat bei $x = 0$ die Stelle der Bestimmtheit und bei $x = \infty$ eine wesentliche Singularität, also keine Stelle der Bestimmtheit.

Eine Lösung ist die Funktion

$${}_1F_1(\beta, \gamma; x) = \sum_{j=0}^{\infty} \frac{(\beta)_j}{j!\,(\gamma)_j} x^j, \quad |x| < \infty,$$

$$(\beta)_j = \beta(\beta + 1)(\beta + 2) \cdots (\beta + j - 1), \quad (\beta)_0 = 1 \quad \text{usw.}$$

Sie heißt *konfluente hypergeometrische, Kummersche* oder *Pochhammersche Funktion.*

(*K*) hat das Fundamentallösungssystem

$$y_1 = {}_1F_1(\beta, \gamma; x), \qquad y_2 = z^{1-\gamma}\,{}_1F_1(\beta - \gamma + 1, 2 - \gamma; x) \qquad (\gamma \text{ nicht ganzzahlig}).$$

Die *Whittakersche Differentialgleichung*

$$x^2 y'' + x^2 y' + (\varkappa x + 1/4 - \mu^2) y = 0$$

oder in der Normalform (vgl. 9.1.5.1)

(*W*) $$y'' + \left(\frac{\varkappa}{x} - \frac{1}{4} + \frac{(1/2)^2 - \mu^2}{x^2}\right) y = 0$$

wird mit Hilfe der Transformation

$$y(x) = u(x)\, e^{-(x/2)}\, x^{\mu + (1/2)}$$

auf

$$xu'' + (2\mu + 1 - x) u' - [\mu + (1/2) - \varkappa] u = 0$$

zurückgeführt, und dies ist eine Differentialgleichung der Form (*K*).

9.1.5.9 Besselsche Differentialgleichung und Besselsche Funktionen[1] [1, 4, 6, 29, 33, 65, 76, 84, 90, 92]

9.1.5.9.1 Besselsche Differentialgleichung

(*B*) $$y'' + \frac{1}{x} y' + \left(1 - \frac{p^2}{x^2}\right) y = 0, \quad p \text{ beliebig}.$$

Sie hat bei $x = 0$ die Stelle der Bestimmtheit, aber bei $x = \infty$ eine wesentliche Singularität.

Eine Lösung ist die Funktion

$$J_p(x) = \left(\frac{x}{2}\right)^p \sum_{j=0}^{\infty} \frac{(-1)^j}{j!\, \Pi(p + j)} \cdot \left(\frac{x}{2}\right)^{2j}, \quad |x| < \infty,$$

wobei $\Pi(p + j) = \Gamma(p + j + 1) = \Pi(p) \cdot (p + 1)(p + 2) \cdots (p + j)$ (vgl. 4.4.7.5). Sie heißt *Besselsche Funktion.*

Falls p keine ganze Zahl ist, so ist ein Fundamentallösungssystem von (*B*) gegeben durch

$$y_1 = J_p(x), \quad y_2 = J_{-p}(x).$$

[1] Vgl. Tabelle 1–24.

Ist $p = n$ eine ganze Zahl, so gilt $J_{-n}(x) = (-1)^n J_n(x)$; $J_n(x)$ und $J_{-n}(x)$ sind also nicht linear unabhängig. Eine zweite, von $J_n(x)$ unabhängige Lösung ist dann

$$N_n(x) = \lim_{p \to n} \frac{\cos(p\pi)\, J_p(x) - J_{-p}(x)}{\sin(p\pi)}.$$

$N_n(x)$ heißt *Neumannsche Funktion* oder *Besselsche Funktion zweiter Art*[1]).

Es ist

$$N_n(x) = \frac{1}{\pi}\left\{2J_n(x)\ln\frac{x}{2} - \right.$$

$$- \sum_{j=0}^{\infty} \frac{(-1)^j\left[2\left(-C + 1 + \frac{1}{2} + \frac{1}{3} + \cdots + \frac{1}{j}\right) + \frac{1}{j+1} + \cdots + \frac{1}{j+n}\right]}{j!\,(j+n)!}\left(\frac{x}{2}\right)^{2j+n} -$$

$$\left. - \sum_{j=0}^{n-1} \frac{(n-j-1)!}{j!}\left(\frac{x}{2}\right)^{2j-n}\right\}.$$

$C = 0{,}577215665\ldots$ (Eulersche Konstante); speziell für $n = 0$ und 1 s. Bild 9–4. Definiert man auch für nicht ganze p

$$N_p^r(x) = \frac{\cos(p\pi)\, J_p(x) - J_{-p}(x)}{\sin(p\pi)},$$

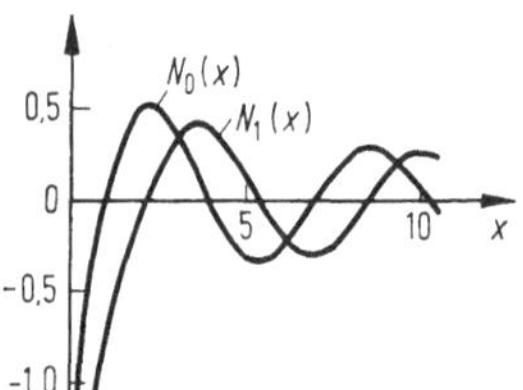

Bild 9–4. Neumannsche Funktionen.

so ist für beliebige p ein Fundamentallösungssystem von (B) gegeben durch

$$y_1 = J_p(x), \qquad y_2 = N_p(x).$$

$J_{-p}(x)$ ($p > 0$, nicht ganz) und $N_p(x)$ (p beliebig) haben bei $x = 0$ Singularitäten. Es ist

$$\lim_{x \to 0} N_p(x) = -\infty \quad \text{und} \quad \lim_{x \to 0} J_{-p}(x) = +\infty.$$

Oft ist es zweckmäßig, als Fundamentallösungen die sogenannten *Hankelschen Funktionen*

$$H_p^{(1)} = J_p + \mathrm{i}N_p, \qquad H_p^{(2)} = J_p - \mathrm{i}N_p$$

zu verwenden.

Die Lösungen von (B) der Form $Z_p(x) = C_1 J_p(x) + C_2 N_p(x)$ heißen allgemein *Zylinderfunktionen*. Dementsprechend hat die Differentialgleichung

$$y'' + \frac{1}{x}y' + \left(\alpha^2 - \frac{p^2}{x^2}\right)y = 0, \quad \alpha^2 = \text{const}$$

die allgemeine Lösung $y = Z_p(\alpha x)$; für $x = 0$ ist nur $y = J_p(\alpha x)$, $p \geqq 0$, stetig.

[1]) In der angelsächsischen Literatur mit Y bezeichnet.

Rekursionsformeln:

$$Z_{p+1}(x) = \frac{2p}{x} Z_p(x) - Z_{p-1}(x) = \frac{p}{x} Z_p(x) - \frac{d}{dx} Z_p(x) = -x^p \frac{d}{dx} (x^{-p} Z_p(x)).$$

$$Z_{p-1}(x) = \frac{2p}{x} Z_p(x) - Z_{p+1}(x) = \frac{p}{x} Z_p(x) + \frac{d}{dx} Z_p(x) = x^{-p} \frac{d}{dx} (x^p Z_p(x)).$$

Hiernach kann man aus Z_0 und $Z_1 = -Z_0'(x)$ alle Z_n (n ganz) und ihre Ableitungen berechnen.

9.1.5.9.2 Spezialfälle.

$$J_0(x) = J_0(-x) = 1 - \frac{(x/2)^2}{(1!)^2} + \frac{(x/2)^4}{(2!)^2} - \frac{(x/2)^6}{(3!)^2} + \cdot - \cdots, \quad |x| < \infty,$$

$$J_1(x) = -J_1(-x) = \frac{x}{2}\left\{1 - \frac{(x/2)^2}{(1!)^2 \cdot 2} + \frac{(x/2)^4}{(2!)^2 \cdot 3} - \frac{(x/2)^6}{(3!)^2 \cdot 4} + \cdot - \cdots\right\}, \quad |x| < \infty.$$

Kurven $y = J_0(x)$ und $y = J_1(x)$ im Bild 9-5.

$$J_{1/2}(x) = \sqrt{\frac{2}{\pi x}} \sin x, \qquad J_{-1/2}(x) = \sqrt{\frac{2}{\pi x}} \cos x,$$

$$N_{1/2}(x) = -\sqrt{\frac{2}{\pi x}} \cos x, \qquad N_{-1/2}(x) = \sqrt{\frac{2}{\pi x}} \sin x.$$

Hieraus lassen sich nach den Rekursionsformeln $J_{n+1/2}(x)$ und $N_{n+1/2}(x)$ (n ganz) berechnen.

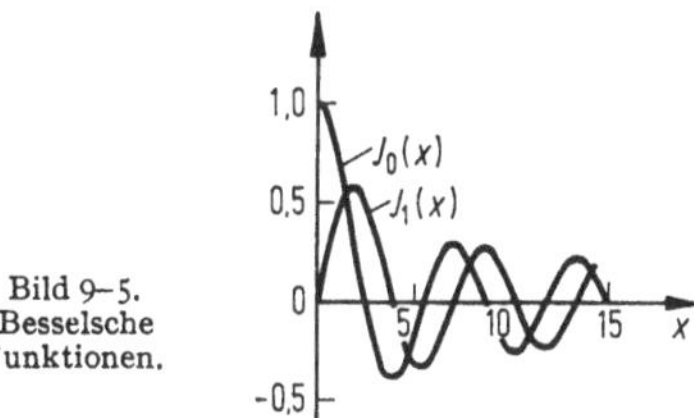

Bild 9-5. Besselsche Funktionen.

9.1.5.9.3 Weitere Eigenschaften und Formeln.

1. Erzeugende Funktion für $J_n(x)$:

$$e^{\frac{x}{2}\left(t - \frac{1}{t}\right)} = \sum_{j=-\infty}^{j=+\infty} J_j(x)\, t^j.$$

Mit $t = e^{i\varphi}$ (φ reell) ergibt sich hieraus

$$e^{ix\sin\varphi} = \cos(x \sin\varphi) + i \sin(x \sin\varphi) =$$

$$= J_0(x) + 2 \sum_{j=1}^{\infty} J_{2j}(x) \cos 2j\varphi + 2i \sum_{j=0}^{\infty} J_{2j+1}(x) \sin(2j+1)\varphi$$

und somit z. B.

$$\cos(x \sin\varphi) = J_0(x) + 2 \sum_{j=1}^{\infty} J_{2j}(x) \cos 2j\varphi,$$

und für $\varphi = \frac{\pi}{2}$

$$\cos x = J_0(x) + 2 \sum_{j=1}^{\infty} (-1)^j J_{2j}(x).$$

2. Nullstellen.

$J_p(x)$ hat für reelle $p > -1$ unendlich viele reelle Nullstellen $x_1, x_2, \ldots$, (für ganzzahlige p s. Tabelle 1–23). Es gilt:

$$\int_0^a x J_p\left(\frac{x_m}{a}x\right) J_p\left(\frac{x_n}{a}x\right) \mathrm{d}x = \begin{cases} 0 & \text{für } n \neq m, \\ \frac{a^2}{2} J_p'^2(x_n) & \text{für } n = m. \end{cases}$$

9.1.5.9.4 Integraldarstellungen.

1. $J_n(x) = \frac{\mathrm{i}^{-n}}{2\pi} \int_0^{2\pi} \mathrm{e}^{\mathrm{i}x\cos\varphi} \mathrm{e}^{\mathrm{i}n\varphi} \,\mathrm{d}\varphi, \quad n$ ganz

Spezialfälle hiervon:

a) $J_n(x) = \frac{\mathrm{i}^{-n}}{\pi} \int_0^{\pi} \mathrm{e}^{\mathrm{i}x\cos\varphi} \cos n\varphi \,\mathrm{d}\varphi$

b) $J_n(x) = \frac{1}{\pi} \int_0^{\pi} \cos(x\sin\varphi - n\varphi) \,\mathrm{d}\varphi$

2. $J_p(x) = \frac{1}{\sqrt{\pi}\,\Gamma(p + 1/2)} \left(\frac{x}{2}\right)^p \int_{-1}^{+1} (1 - t^2)^{p-1/2} \cos xt \,\mathrm{d}t \qquad \mathrm{Re}(p) > -1/2, \ \mathrm{Re}(x) > 0.$

3. $H_p^{(\varrho)}(x) = \frac{2}{\sqrt{\pi}\,\Gamma(p + 1/2)} \left(\frac{x}{2}\right)^p \int_{\mathscr{W}^{(\varrho)}} (1 - \zeta^2)^{p-1} \cos x\zeta \,\mathrm{d}\zeta \qquad \mathrm{Re}(x) > 0$

(Integrationsweg s. Bild 9–6).

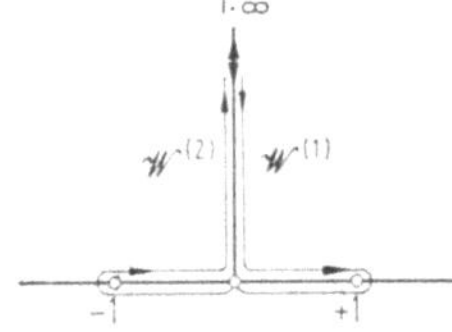

Bild 9–6.
Integrationsweg.

4. $J_p(x) = \frac{1}{2\pi} \int_{\mathscr{C}} \mathrm{e}^{-\mathrm{i}x\sin(\zeta-\alpha)+\mathrm{i}p(\zeta-\alpha)} \,\mathrm{d}\zeta \qquad (\mathscr{C}$ s. Bild 9–7)

$$-\frac{\pi}{2} - \alpha < \arg x < \frac{\pi}{2} - \alpha.$$

5. $H_p^{(\varrho)}(x) = \frac{1}{\pi} \int_{\mathscr{C}^{(\varrho)}} \mathrm{e}^{-\mathrm{i}x\sin\zeta+\mathrm{i}p\zeta} \,\mathrm{d}\zeta$, ($\varrho = 1, 2$; Integrationsweg $\mathscr{C}^{(\varrho)}$ s. Bild 9–8).

$\mathrm{Re}(x) \geqq \frac{\pi}{2}$, ferner
$\varrho = 1: \ -\mathrm{Re}(x) - \frac{\pi}{2} < \arg x < -\mathrm{Re}(x) + \frac{\pi}{2}$,
$\varrho = 2: \ \ \mathrm{Re}(x) - \frac{\pi}{2} < \arg x < \mathrm{Re}(x) + \frac{\pi}{2}$.

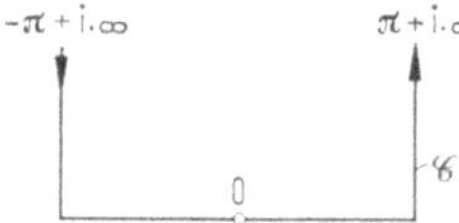

Bild 9–7. Integrationsweg $\mathscr{C}$.

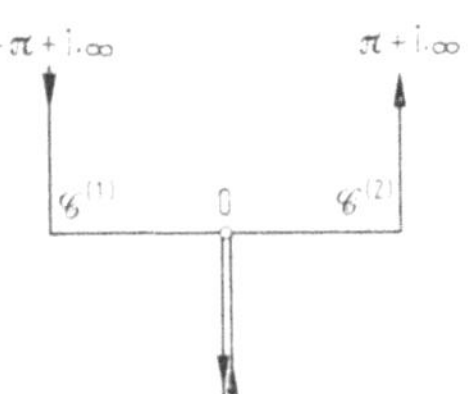

Bild 9–8.
$\varrho = 1, 2$; Integrationsweg $\mathscr{C}^{(\varrho)}$.

6. $J_0(x) = \frac{2}{\pi} \int\limits_0^1 \frac{\cos xt}{\sqrt{1-t^2}}\,dt.$

7. $J_0(x) = \frac{2}{\pi} \int\limits_0^\infty \sin(x \cosh t)\,dt.$

8. $N_0(x) = -\frac{2}{\pi} \int\limits_0^\infty \cos(x \cosh t)\,dt, \quad x > 0.$

9. $H_0^{(1)}(x) = -\frac{i}{\pi} \int\limits_{-\infty}^{+\infty} \frac{e^{i\sqrt{x^2+t^2}}}{\sqrt{x^2+t^2}}\,dt, \quad x > 0.$

10. $H_0^{(1)}(x) = -\frac{2i}{\pi} \int\limits_0^\infty e^{ix\cosh t}\,dt, \quad x > 0.$

11. $J_p(x) = \frac{2\left(\frac{x}{2}\right)^p}{\sqrt{\pi}\,\Gamma\left(p+\frac{1}{2}\right)} \int\limits_0^{\pi/2} \cos(x \cos t) \sin^{2p} t\,dt, \quad p > -\frac{1}{2}.$

12. $N_p(x) = \frac{2\left(\frac{x}{2}\right)^p}{\sqrt{\pi}\,\Gamma\left(p+\frac{1}{2}\right)} \left[\int\limits_0^{\pi/2} \sin(x \sin t) \cos^{2p} t\,dt - \int\limits_0^\infty e^{-x\sinh t} \cosh^{2p} t\,dt\right], \quad x > 0, \quad p > -\frac{1}{2}$

13. Modifizierte *Bessel*sche Funktion (vgl. 9.1.5.9.8)

$$K_p(x) = \int\limits_0^\infty e^{-x\cosh t} \cosh pt\,dt, \quad \mathrm{Re}(x) > 0.$$

14. $K_p(x) = \frac{1}{\cos\frac{p\pi}{2}} \int\limits_0^\infty \cos(x \sinh t) \cosh pt\,dt, \quad x > 0, \quad \mathrm{Re}(p) < 1.$

9.1.5.9.5 Unbestimmte Integrale

1. $\int \left(\alpha^2 - \beta^2 - \frac{p^2 - q^2}{x^2}\right) x Z_p(\alpha x)\, Z_q^*(\beta x)\,dx = x[\beta Z_p(\alpha x)\, Z_q^{*\prime}(\beta x) - \alpha Z_p'(\alpha x)\, Z_q^*(\beta x)].$

(Z_p und Z_q^* beliebige Zylinderfunktionen).

2. $\int x Z_p^2(\alpha x)\,dx = \frac{x^2}{2}\,[Z_p^2(\alpha x) - Z_{p-1}(\alpha x)\, Z_{p+1}(\alpha x)].$

3. $\int x^p Z_{p-1}(\alpha x)\,dx = \frac{x^p}{\alpha} Z_p(\alpha x).$

4. $\int x^{-p} Z_{p+1}(\alpha x)\,dx = -\frac{x^{-p}}{\alpha} Z_p(\alpha x).$

5. $\int Z_p(x)\,dx = 2 \sum\limits_{k=0}^{n-1} Z_{p+2k+1}(x) + \int Z_{p+2n}(x)\,dx.$

9.1.5.9.6 Bestimmte Integrale mit Besselfunktionen

1. $\int\limits_0^\infty e^{-ax} J_0(bx)\,dx = \frac{1}{\sqrt{a^2+b^2}}, \qquad \mathrm{Re}(a) > 0.$

2. $\int\limits_0^\infty e^{-ax} J_1(bx)\,dx = \frac{1}{b}\left(1 - \frac{a}{\sqrt{a^2+b^2}}\right), \qquad \mathrm{Re}(a) > |\mathrm{Re}(ib)|.$

3. $\int\limits_0^\infty e^{-sx} x^{\frac{p}{2}} J_p(\alpha\sqrt{x})\,dx = \frac{\alpha^p}{2^p s^{p+1}} e^{-\frac{\alpha^2}{4s}}, \qquad s > 0, \qquad p > -1.$

4. $\int\limits_0^\infty e^{-sx} J_p(\alpha x)\,dx = \dfrac{[\sqrt{\alpha^2+s^2}-s]^p}{\alpha^p\sqrt{\alpha^2+s^2}}, \qquad p > -1, \qquad s > 0.$

5. $\int\limits_0^\infty e^{-sx} J_p(\alpha x)\,\dfrac{dx}{x} = \dfrac{[\sqrt{\alpha^2+s^2}-s]^p}{p\alpha^p}, \qquad p > 0, \qquad s > 0.$

6. $\int\limits_0^\infty e^{-sx} x^p J_p(\alpha x)\,dx = \dfrac{\Gamma\left(p+\frac{1}{2}\right)(2\alpha)^p}{\sqrt{\pi}\,(\alpha^2+s^2)^{p+\frac{1}{2}}}, \qquad p > -\frac{1}{2}, \qquad s > 0.$

7. $\int\limits_0^\infty e^{-sx} x^{p+1} J_p(\alpha x)\,dx = \dfrac{2\Gamma\left(p+\frac{3}{2}\right)(2\alpha)^p s}{\sqrt{\pi}\,(\alpha^2+s^2)^{p+3/2}}, \qquad p > -1, \qquad s > 0.$

8. $\int\limits_0^\infty e^{-sx} x J_0(\alpha x)\,dx = \dfrac{s}{(\alpha^2+s^2)^{3/2}}, \quad s > 0.$

9. $\int\limits_0^\infty e^{-ax} x^{\mu-1} J_p(bx)\,dx = \dfrac{b^p\Gamma(\mu+p)}{2^p a^{\mu+p}\Gamma(p+1)} F\left(\dfrac{\mu+p}{2}, \dfrac{\mu+p+1}{2}, p+1; -\dfrac{b^2}{a^2}\right),$

$\mathrm{Re}(\mu+p) > 0, \quad \mathrm{Re}(a) > |\mathrm{Re}(ib)|, \quad |a| > |b|,$

$= \dfrac{b^p\Gamma(\mu+p)}{2^p(a^2+b^2)^{(\mu+p)/2}\Gamma(p+1)} F\left(\dfrac{\mu+p}{2}, \dfrac{1-\mu+p}{2}, p+1; \dfrac{b^2}{a^2+b^2}\right),$

$\mathrm{Re}(\mu+p) > 0, \qquad \mathrm{Re}(a) > |\mathrm{Re}(ib)|, \qquad |a^2+b^2| > |b^2|.$

(Hypergeometrische Funktion F vgl. 9.1.5.2).

10. $\int\limits_0^\infty e^{-a^2x^2} J_p(bx)\,x^{\nu-1}\,dx = \dfrac{\left(\frac{b}{2a}\right)^p \Gamma\left(\frac{p+\nu}{2}\right)}{2a^\nu\,\Gamma(p+1)}\,{}_1F_1\left(\dfrac{p+\nu}{2}, p+1; -\dfrac{b^2}{4a^2}\right), \quad a \text{ reell}, \quad \mathrm{Re}(p+\nu) > 0.$

(Konfluente Hypergeometrische Funktion ${}_1F_1$ vgl. 9.1.5.8).

11. $\int\limits_0^\infty J_p(x)\,\dfrac{dx}{x^\varkappa} = \dfrac{\Gamma\left(\frac{p-\varkappa+1}{2}\right)}{2^\varkappa\,\Gamma\left(\frac{p+\varkappa+1}{2}\right)}, \quad -\dfrac{1}{2} < \mathrm{Re}(\varkappa) < \mathrm{Re}(p)+1.$

12. $\int\limits_0^\infty \dfrac{J_p(ax)}{\sqrt{x^2+k^2}}\,dx = J_{p/2}\left(\dfrac{ak}{2}\right) K_{p/2}\left(\dfrac{ak}{2}\right); \quad a > 0, \quad k > 0, \quad \mathrm{Re}(p) > -1.$

13. $\int\limits_0^\infty \dfrac{J_p(x)\,J_q(x)}{x}\,dx = \begin{cases} \dfrac{2}{\pi(p^2-q^2)}\sin\left(\dfrac{p-q}{2}\pi\right) & \text{für } p \neq q, \\ \dfrac{1}{2p} & \text{für } p = q. \end{cases} \qquad \mathrm{Re}(p+q) > 0.$

14. Sind p und q ganz und entweder beide gerade oder beide ungerade, so gilt:

$$\int\limits_0^\infty \frac{J_p(x)\,J_q(x)}{x}\,dx = \begin{cases} 0 & \text{für } p \neq q, \\ \dfrac{1}{2p} & \text{für } p = q. \end{cases}$$

15. $\int\limits_0^\infty J_p(ax)\,J_q(bx)\,\dfrac{dx}{x^\alpha} =$

$$= \frac{b^q\Gamma\left(\frac{p+q-\alpha+1}{2}\right) F\left(\frac{p+q-\alpha+1}{2}, \frac{q-p-\alpha+1}{2}, q+1; \frac{b^2}{a^2}\right)}{2^\alpha a^{q-\alpha+1}\Gamma(q+1)\,\Gamma\left(\frac{\alpha+p-q+1}{2}\right)},$$

$0 < b < a, \ \mathrm{Re}(p+q-\alpha) > -1, \ \mathrm{Re}(\alpha) > -1.$

16. $\int\limits_0^\infty J_p(ax)\sin bx\,\mathrm{d}x = \begin{cases} \dfrac{\sin\left(p\arcsin\dfrac{b}{a}\right)}{\sqrt{a^2-b^2}}, & 0<b<a \\ & \mathrm{Re}(p)>-2 \\ \dfrac{a^p\cos\dfrac{p\pi}{2}}{\sqrt{b^2-a^2}\left(b+\sqrt{b^2-a^2}\right)^p}, & 0<a<b. \end{cases}$

17. $\int\limits_0^\infty J_p(ax)\cos bx\,\mathrm{d}x = \begin{cases} \dfrac{\cos\left(p\arccos\dfrac{b}{a}\right)}{\sqrt{a^2-b^2}}, & 0<b<a \\ & \mathrm{Re}(p)>-1 \\ \dfrac{-a^p\sin\dfrac{p\pi}{2}}{\sqrt{b^2-a^2}\left(b+\sqrt{b^2-a^2}\right)^p}, & 0<a<b. \end{cases}$

18. $\int\limits_0^\infty J_p(ax)\sin bx\,\dfrac{\mathrm{d}x}{x} = \begin{cases} \dfrac{1}{p}\sin\left(p\arcsin\dfrac{b}{a}\right), & 0<b\leqq a \\ & \mathrm{Re}(p)>-1 \\ \dfrac{a^p\sin\dfrac{p\pi}{2}}{p\left(b+\sqrt{b^2-a^2}\right)^p}, & 0<a\leqq b. \end{cases}$

19. $\int\limits_0^\infty J_p(ax)\cos bx\,\dfrac{\mathrm{d}x}{x} = \begin{cases} \dfrac{1}{p}\cos\left(p\arcsin\dfrac{b}{a}\right), & 0<b\leqq a \\ & \mathrm{Re}(p)>0 \\ \dfrac{a^p\cos\dfrac{p\pi}{2}}{p\left(b+\sqrt{b^2-a^2}\right)^p}, & 0<a\leqq b. \end{cases}$

20. $\int\limits_0^{\pi/2} J_p(z\sin x)\sin^{p+1}x\cos^{2\mu+1}x\,\mathrm{d}x = \dfrac{2^\mu\Gamma(\mu+1)}{z^{\mu+1}}\,J_{\mu+p+1}(z),\quad \mathrm{Re}(\mu)>-1,\ \mathrm{Re}(p)>-1.$

21. $\displaystyle\int\limits_0^\infty \mathrm{e}^{-2ax}\,J_q(bx)\,J_p(bx)\,x^{q+p}\,\mathrm{d}x =$

$$= \pi^{-3/2}b^{q+p}\Gamma\left(q+p+\frac{1}{2}\right)\int\limits_0^{\pi/2}\frac{\cos^{q+p}\varphi\cos(q-p)\varphi}{(a^2+b^2\cos^2\varphi)^{q+p+1/2}}\,\mathrm{d}\varphi,\quad \mathrm{Re}(q+p)>-1/2,\ \mathrm{Re}(a)>|\mathrm{Re}(ib)|.$$

9.1.5.9.7 Asymptotische Näherungen.

$$J_p(x) = \sqrt{\frac{2}{\pi x}}\sin\left(x-\frac{2p-1}{4}\pi\right)[1+\varepsilon_x],$$

$$N_p(x) = -\sqrt{\frac{2}{\pi x}}\cos\left(x-\frac{2p-1}{4}\pi\right)[1+\varepsilon_x],$$

$$H_p^{(1)}(x) = -\mathrm{i}\sqrt{\frac{2}{\pi x}}\,\mathrm{e}^{+\mathrm{i}\left(x-\frac{2p-1}{4}\pi\right)}\left\{\sum_{j=0}^{n}\frac{(1-4p^2)(9-4p^2)\cdots[(2j-1)^2-4p^2]}{(8\mathrm{i}x)^j j!}+\frac{\delta_x}{x^{n+1}}\right\},$$

$$H_p^{(2)}(x) = \mathrm{i}\sqrt{\frac{2}{\pi x}}\,\mathrm{e}^{-\mathrm{i}\left(x-\frac{2p-1}{4}\pi\right)}\left\{\sum_{j=0}^{n}\frac{(4p^2-1)(4p^2-9)\cdots[4p^2-(2j-1)^2]}{(8\mathrm{i}x)^j j!}+\frac{\delta_x}{x^{n+1}}\right\}.$$

Dabei ist $\lim\limits_{x\to\infty}\varepsilon_x = 0$ und $|\delta_x| < K$ unabhängig von x, so daß ε_x und $\dfrac{\delta_x}{x^{n+1}}$ für große, positive reelle x bei der Berechnung weggelassen werden können, insbesondere von da ab, wo die Glieder wieder zu wachsen anfangen (s. 4.1.4).

9.1.5.9.8 Von den Besselfunktionen abgeleitete Funktionen (vgl. Tabelle 1–24).

Differentialgleichungen der Form

$$y'' + \frac{1-2\alpha}{x}y' + \left[(\beta\gamma x^{\gamma-1})^2 + \frac{\alpha^2-p^2\gamma^2}{x^2}\right]y = 0$$

sind durch die sog. *Lommel*-Transformation

$$\xi = \beta x^{\gamma}, \quad u(\xi) = y(x)\, x^{-\alpha}$$

auf die folgende Besselsche Differentialgleichung zurückführbar:

$$u'' + \frac{1}{\xi} u' + \left(1 - \frac{p^2}{\xi^2}\right) u = 0.$$

So bilden für

$$y'' + \frac{1}{x} y' - \left(\alpha^2 + \frac{p^2}{x^2}\right) y = 0; \quad \alpha^2 = \text{const}$$

die für reelles α und x ebenfalls reellen *modifizierten Besselschen Funktionen* (für $\alpha = 1$, Bild 9–9)

$$I_p(\alpha x) = \mathrm{i}^{-p} J_p(\mathrm{i}\alpha x); \qquad K_p(\alpha x) = \frac{\pi}{2}\, \mathrm{i}^{p+1} H_p^{(1)}(\mathrm{i}\alpha x)$$

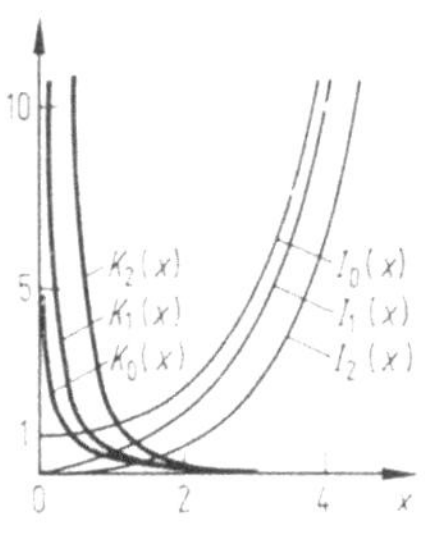

Bild 9–9. Modifizierte Besselsche Funktionen.

ein Fundamentalsystem. Dementsprechend haben wir für die Differentialgleichung

$$y'' + \frac{1}{x} y' \pm \mathrm{i} a^2 y = 0, \qquad a^2 > 0,$$

$$y_1 = J_0\left(ax\sqrt{\pm \mathrm{i}}\right) = I_0\left(ax\sqrt{\mp \mathrm{i}}\right) = \operatorname{ber}(ax) \mp \mathrm{i} \operatorname{bei}(ax),$$

$$y_2 = \frac{\mathrm{i}\pi}{2} H_0^{(1)}\left(ax\sqrt{\pm \mathrm{i}}\right) = K_0\left(ax\sqrt{\mp \mathrm{i}}\right) = \ker(ax) \mp \mathrm{i} \operatorname{kei}(ax).$$

Hierbei sind:

$$\operatorname{ber}(x) = 1 - \frac{\left(\frac{x}{2}\right)^4}{(2!)^2} + \frac{\left(\frac{x}{2}\right)^8}{(4!)^2} - + \cdots; \qquad \operatorname{bei}(x) = \frac{\left(\frac{x}{2}\right)^2}{(1!)^2} - \frac{\left(\frac{x}{2}\right)^6}{(3!)^2} + \cdot - \cdots$$

$$\ker(x) = -\operatorname{ber}(x) \cdot \ln \frac{\gamma x}{2} + \frac{\pi}{4} \operatorname{bei}(x) - \frac{\left(\frac{x}{2}\right)^4}{(2!)^2}\left(1 + \frac{1}{2}\right) + \frac{\left(\frac{x}{2}\right)^8}{(4!)^2}\left(1 + \frac{1}{2} + \frac{1}{3} + \frac{1}{4}\right) - \cdot + \cdots$$

$$\operatorname{kei}(x) = -\operatorname{bei}(x) \cdot \ln \frac{\gamma x}{2} - \frac{\pi}{4} \operatorname{ber}(x) + \frac{\left(\frac{x}{2}\right)^2}{(1!)^2} - \frac{\left(\frac{x}{2}\right)^6}{(3!)^2}\left(1 + \frac{1}{2} + \frac{1}{3}\right) + \cdot - \cdots$$

mit $\ln \gamma = C$ (Eulersche Konstante, vgl. 4.1.4). Die Funktionsbezeichnung „ber" rührt von Bessel-Realteil her. Entsprechend sind „bei", „ker" und „kei" zu verstehen.

Die für die Anwendungen wichtige Differentialgleichung 4. Ordnung für $w = w(z)$

$$w'''' + \frac{2}{z} w''' - \frac{2p^2 + 1}{z^2} w'' + \frac{2p^2 + 1}{z^3} w' + \left[\frac{p^2(p^2 - 4)}{z^4} - 1\right] w = 0$$

läßt sich folgendermaßen schreiben:

$$\left[\frac{\mathrm{d}^2}{\mathrm{d}z^2} + \frac{1}{z}\frac{\mathrm{d}}{\mathrm{d}z} + \left(1 - \frac{p^2}{z^2}\right)\right]\left[\frac{\mathrm{d}^2}{\mathrm{d}z^2} + \frac{1}{z}\frac{\mathrm{d}}{\mathrm{d}z} - \left(1 + \frac{p^2}{z^2}\right)\right] w = 0$$

oder

$$\left[\frac{\mathrm{d}^2}{\mathrm{d}z^2} + \frac{1}{z}\frac{\mathrm{d}}{\mathrm{d}z} - \left(1 + \frac{p^2}{z^2}\right)\right]\left[\frac{\mathrm{d}^2}{\mathrm{d}z^2} + \frac{1}{z}\frac{\mathrm{d}}{\mathrm{d}z} + \left(1 - \frac{p^2}{z^2}\right)\right] w = 0$$

und hat daher die linear unabhängigen Lösungen

$$w_1 = J_p(z), \quad w_2 = N_p(z), \quad w_3 = I_p(z), \quad w_4 = K_p(z).$$

Es gelten:

$$I_{p-1}(z) - I_{p+1}(z) = \frac{2p}{z} I_p(z), \quad 2I'_p(z) = I_{p-1}(z) + I_{p+1}(z);$$

$$K_{p-1}(z) - K_{p+1}(z) = -\frac{2p}{z} K_p(z), \quad -2K'_p(z) = K_{p-1}(z) + K_{p+1}(z).$$

Die Differentialgleichung

$$w'''' + \frac{2}{z} w''' - \frac{1}{z^2} w'' + \frac{1}{z^3} w' + a^4 w = 0$$

läßt sich ähnlich wie die vorangehende schreiben. Sie hat die Lösungen

$$w_1 = I_0(az\sqrt{-i}), \quad w_2 = K_0(az\sqrt{-i}), \quad w_3 = I_0(az\sqrt{i}), \quad w_4 = K_0(az\sqrt{i}).$$

Die inhomogene *Bessel*sche Differentialgleichung

$$w'' + \frac{1}{z} w' + \left(1 - \frac{p^2}{z^2}\right) w = z^{\mu-1}$$

hat die Lösung

$$s_{p,\mu} = \frac{z^{\mu+1}}{(\mu - p + 1)(\mu + p + 1)} \, {}_1F_2\left(1, \frac{\mu - p + 3}{2}, \frac{\mu + p + 3}{2}; -\frac{1}{4} z^2\right).$$

Hierbei ist

$${}_1F_2(\alpha, \beta, \gamma; x) = \sum_{j=0}^{\infty} \frac{\alpha(\alpha + 1) \cdots (\alpha + j - 1)}{\beta(\beta + 1) \cdots (\beta + j - 1) \gamma(\gamma + 1) \cdots (\gamma + j - 1)} \frac{x^j}{j!}.$$

9.1.5.9.9. Weitere asymptotische Näherungen

Für große positive x gelten asymptotisch:

$$I_n(x) \sim \frac{e^x}{\sqrt{2\pi x}}; \qquad K_n(x) \sim \sqrt{\frac{\pi}{2x}}\, e^{-x};$$

$$\operatorname{ber}(x) \sim \frac{e^{\frac{x}{\sqrt{2}}}}{\sqrt{2\pi x}} \cos\left(\frac{x}{\sqrt{2}} - \frac{\pi}{8}\right); \qquad \operatorname{bei}(x) \sim \frac{e^{\frac{x}{\sqrt{2}}}}{\sqrt{2\pi x}} \sin\left(\frac{x}{\sqrt{2}} - \frac{\pi}{8}\right);$$

$$\operatorname{ker}(x) \sim \sqrt{\frac{\pi}{2x}}\, e^{-\frac{x}{\sqrt{2}}} \cos\left(\frac{x}{\sqrt{2}} + \frac{\pi}{8}\right); \qquad \operatorname{kei}(x) \sim -\sqrt{\frac{\pi}{2x}}\, e^{-\frac{x}{\sqrt{2}}} \sin\left(\frac{x}{\sqrt{2}} + \frac{\pi}{8}\right).$$

9.1.5.10 Mathieusche Differentialgleichung [33, 66, 72, 86]

(*M*) $$y'' + (\lambda - 2h \cos 2x)\, y = 0.$$

Es gibt immer Lösungen von (*M*), für die gilt:

$$y(x + \pi) = e^{\mu\pi} y(x)$$

mit einem passenden sogenannten *charakteristischen Exponenten* μ (Satz von *Floquet*). Ist $y_1(x)$ die Lösung von (*M*), die den Anfangsbedingungen $y_1(0) = 1$, $y_1'(0) = 0$ genügt, so berechnet man μ aus $\cosh(\mu\pi) = y_1(\pi)$.

Für kleine h gilt folgende Näherungsformel:

$$y_1(\pi) \approx \cos \pi\sqrt{\lambda} + h^2 \frac{\pi\sqrt{\lambda} \sin \pi\sqrt{\lambda}}{4\lambda(\lambda - 1)} +$$

$$+ h^4 \frac{(15\lambda^2 - 35\lambda + 8)\, \pi\sqrt{\lambda} \sin \pi\sqrt{\lambda} - 2\lambda(\lambda - 1)(\lambda - 4)\, \pi^2 \cos \pi\sqrt{\lambda}}{64\lambda^2(\lambda - 1)^3(\lambda - 4)}.$$

Falls $y_1(\pi) \neq \pm 1$, d.h. $\mu \neq in$ ($n = 0, \pm 1, \pm 2, \ldots$) ist, hat die allgemeine Lösung von (*M*) die Gestalt

$$y = C_1 e^{\mu x} p(x) + C_2 e^{-\mu x} p(-x),$$

wo $p(x)$ eine periodische Funktion mit der Periode π ist. Ihre Fourier-Koeffizienten können aus der Differentialgleichung ermittelt werden. Ist $y_1(\pi) = \pm 1$ und $h \neq 0$, so hat die allgemeine Lösung die Gestalt

$$y = C_1 p_1(x) + C_2(x p_1(x) + p_2(x)),$$

wo $p_1(x)$ und $p_2(x)$ periodisch mit der Periode π $(y_1(\pi) = +1)$ oder 2π $(y_1(\pi) = -1)$ sind. Insbesondere gilt in diesen Fällen: Ist $y_1(\pi) = +1$, so existiert eine (und nur eine) Lösung mit der Periode π; ist $y_1(\pi) = -1$, so existiert eine (und nur eine) Lösung mit der „Halbperiode" π, d. h. $y(x + \pi) = -y(x)$.

Diese periodischen Lösungen heißen *Mathieusche Funktionen* (Beispiele für deren Verlauf in Bild 9–10). Sie sind gerade, wenn $y_1'(\pi) = 0$, sonst ungerade. Für $y_1^2(\pi) \neq 0$ existieren keine Lösungen mit den Perioden π oder 2π (falls man von dem trivialen Fall $h = 0$ absieht).

Eine Lösung $y(x)$ heißt *stabil*, wenn $y(x)$ für $x \to \infty$ beschränkt bleibt, sonst *instabil*. Für $|y_1(\pi)| < 1$ ist die allgemeine Lösung stabil, für $|y_1(\pi)| \geqq 1$ gibt es instabile partikuläre Lösungen.

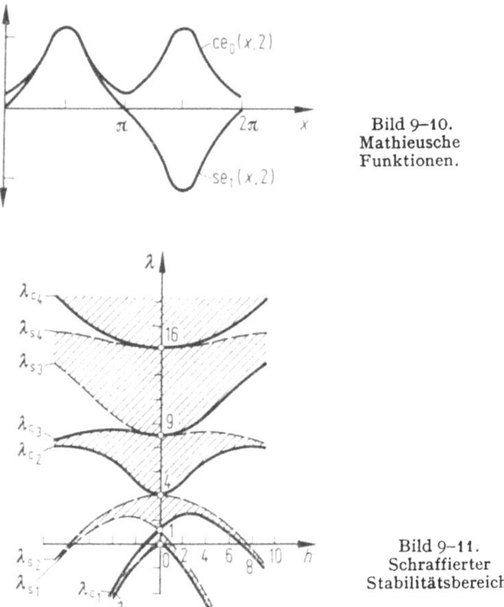

Bild 9–10. Mathieusche Funktionen.

Bild 9–11. Schraffierter Stabilitätsbereich.

Da $y_1(\pi) = y_1(\pi; \lambda, h)$ eine Funktion der Parameter λ und h ist, kann man die Punkte, für die die allgemeine Lösung stabil ist, in einer λ, h-Ebene einzeichnen. Die so gegebene Einteilung der Ebene in Stabilitäts- und Instabilitätsbereiche heißt *Struttsche Karte*. In Bild 9–11 ist der Stabilitätsbereich schraffiert. Die Begrenzungskurven sind die Kurven $|y_1(\pi; \lambda, h)| = 1$; je zwei gehen durch die Punkte $(n^2, 0)$, $n = 1, 2, \ldots$

Längs der Kurven $\lambda = \lambda_{Cn}(h)$ hat die Differentialgleichung gerade, längs $\lambda = \lambda_{Sn}(h)$ ungerade Mathieusche Funktionen als Lösung. Für gerades n haben sie die Periode π, für ungerades n die Halbperiode π.

Reihenentwicklungen einiger Grenzkurven und der zugehörigen Mathieuschen Funktionen $\mathrm{ce}_n(x; h)$ (gerade Mathieusche Funktion zum Parameterpaar λ_n, h) und $\mathrm{se}_n(x; h)$ (ungerade Mathieusche Funktion zum Paar λ_n, h); dabei ist ce_n durch $\mathrm{ce}_n(0; h) = 1$ normiert.

$$\lambda_{C_0} = -\frac{1}{2} h^2 + \frac{7}{128} h^4 - \frac{29}{2304} h^6 + \cdots$$

$$\lambda_{C_1} = 1 + h - \frac{1}{8} h^2 - \frac{1}{64} h^3 - \frac{1}{1536} h^4 + \frac{11}{36864} h^5 + \cdots$$

$$\lambda_{C_2} = 4 + \frac{5}{12} h^2 - \frac{763}{13824} h^4 + \frac{1002401}{79626240} h^6 + \cdots$$

$$\lambda_{C_3} = 9 + \frac{1}{16}h^2 + \frac{1}{64}h^3 + \frac{13}{20480}h^4 - \frac{5}{16384}h^5 + \cdots$$

$$\lambda_{C_4} = 16 + \frac{1}{30}h^2 + \frac{433}{864000}h^4 - \frac{5701}{2721600000}h^6 + \cdots$$

$$\lambda_{S_1} = 1 - h - \frac{1}{8}h^2 + \frac{1}{64}h^3 - \frac{1}{1536}h^4 - \frac{11}{36864}h^5 + \cdots$$

$$\lambda_{S_2} = 4 - \frac{1}{12}h^2 + \frac{5}{13824}h^4 - \frac{289}{79626240}h^6 + \cdots$$

$$\lambda_{S_3} = 9 + \frac{1}{16}h^2 - \frac{1}{64}h^3 + \frac{13}{20480}h^4 + \frac{5}{16384}h^5 + \cdots$$

$$\lambda_{S_4} = 16 + \frac{1}{30}h^2 - \frac{317}{864000}h^4 + \frac{10049}{2721600000}h^6 + \cdots$$

$$\mathrm{ce}_0(x;h) = 1 - \frac{1}{2}h\cos 2x + \frac{1}{32}h^2\cos 4x - \frac{1}{128}h^3\left(\frac{1}{9}\cos 6x - 7\cos 2x\right) + \cdots$$

$$\mathrm{ce}_1(x;h) = \cos x - \frac{1}{8}h\cos 3x + \frac{1}{64}h^2\left(-\cos 3x + \frac{1}{3}\cos 5x\right) - \cdots$$

$$\mathrm{ce}_2(x;h) = \cos 2x - \frac{1}{4}h\left(\frac{1}{3}\cos 4x - 1\right) + \frac{1}{384}h^2\cos 6x - \cdots$$

$$\mathrm{ce}_3(x;h) = \cos 3x + \frac{h}{8}\left(\cos x - \frac{1}{2}\cos 5x\right) + \frac{h^2}{64}\left(\cos x + \frac{1}{10}\cos 7x\right) + \cdots$$

$$\mathrm{se}_1(x;h) = \sin x - \frac{1}{8}h\sin 3x + \frac{1}{64}h^2\left(\sin 3x + \frac{1}{3}\sin 5x\right) - \cdots$$

$$\mathrm{se}_2(x;h) = \sin 2x - \frac{1}{12}h\sin 4x + \frac{1}{384}h^2\sin 6x - \cdots$$

$$\mathrm{se}_3(x;h) = \sin 3x + \frac{h}{8}\left(\sin x - \frac{1}{2}\sin 5x\right) + \cdots$$

Die Funktionen $\lambda = \lambda_{S_n}(h)$, n gerade, sind Lösungen der Gleichung:

$$\Delta(\lambda, h) = \lim_{k\to\infty} \begin{vmatrix} 1 & \frac{h}{2^2-\lambda} & 0 & \cdots & 0 & 0 \\ \frac{h}{4^2-\lambda} & 1 & \frac{h}{4^2-\lambda} & \cdots & 0 & 0 \\ 0 & \frac{h}{6^2-\lambda} & 1 & \cdots & 0 & 0 \\ \cdots & \cdots & \cdots & \cdots & \cdots & \cdots \\ 0 & 0 & 0 & \cdots & \frac{h}{(2k)^2-\lambda} & 1 \end{vmatrix} = 0$$

oder

$$\lambda = K(\lambda, h) = 4 + \cfrac{h^2}{\lambda - 4^2 - \cfrac{h^2}{\lambda - 6^2 - \cfrac{h^2}{\lambda - 8^2 - \ddots}}}$$

Orthogonalitätsrelationen:

$$\int_0^{2\pi} \mathrm{ce}_n(x;h)\,\mathrm{ce}_m(x;h)\,\mathrm{d}x = 0 \qquad n \neq m,$$

$$\int_0^{2\pi} \mathrm{se}_n(x;h)\,\mathrm{se}_m(x;h)\,\mathrm{d}x = 0 \qquad n \neq m,$$

$$\int_0^{2\pi} \mathrm{ce}_n(x;h)\,\mathrm{se}_m(x;h)\,\mathrm{d}x = 0.$$

Die beiden ersten Relationen gelten auch, wenn die obere Grenze am Integral π ist.

Beispiele:

1. *Elektrischer Stromkreis mit periodisch veränderlichen Leitungsgrößen.* Ein aus Induktivität L, Kapazität C und Widerstand R in Reihenschaltung bestehender Kreis wird an die veränderliche Spannung $E(t)$ angeschlossen (Bild 9–12). Bedeutet $I = I(t)$ (t = Zeit) den elektrischen Strom, so liefert das Kirchhoffsche Gesetz, wenn man vorerst alle Leitungsgrößen als zeitabhängig ansieht, die Differentialgleichung

$$\frac{\mathrm{d}}{\mathrm{d}t}\,[I(t)\,L(t)] + I(t)\,R(t) + \frac{1}{C(t)}\int I(t)\,\mathrm{d}t = E(t).$$

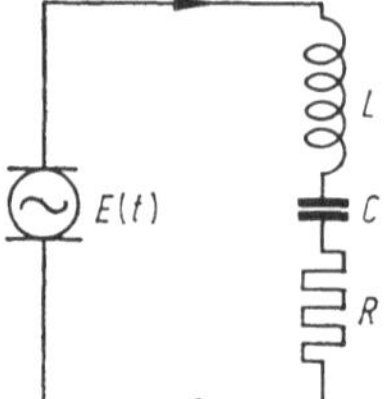

Bild 9–12.
Elektrischer
Schwingungskreis.

In den praktisch wichtigen Fällen ist es nun gewöhnlich so, daß eine der Leitungsgrößen zeitveränderlich ist, während die beiden anderen konstant sind.

Es sei $C = C(t)$ und R und L konstant. Führt man

$$\int I(t)\,\mathrm{d}t = y(t), \quad \text{d.h.} \quad I(t) = \frac{\mathrm{d}y(t)}{\mathrm{d}t}$$

ein, so folgt aus der Differentialgleichung nach Division durch L die Differentialgleichung

$$\frac{\mathrm{d}^2y(t)}{\mathrm{d}t^2} + \frac{\mathrm{d}}{\mathrm{d}t}\left[\frac{R}{L}\,y(t)\right] + \frac{y(t)}{LC(t)} = \frac{1}{L}\,E(t).$$

2. *Knickung eines an beiden Enden gelenkig gestützten Stabes,* dessen Biegesteifigkeit B sich nach dem Gesetz $B = B_0\Big/\left(2 + \cos\frac{\pi\xi}{l}\right)$, $B > 0$ ändert. Die Differentialgleichung der (flachen) elastischen Linie lautet $By''(\xi) = -Py(\xi)$, d.h.

$$y''(\xi) + \frac{P}{B_0}\left(2 + \cos\frac{\pi\xi}{l}\right)y(\xi) = 0,$$

und das ist eine Mathieusche Differentialgleichung; sie muß mit den Randbedingungen (an den unverschiebbaren Stützen) $y(0) = y(l) = 0$ integriert werden. Die Transformation $\pi\xi/l = 2x$ führt die Differentialgleichung in

$$y''(x) + \left(\lambda + \frac{\lambda}{2}\cos 2x\right)y(x) = 0, \quad \lambda = \frac{8Pl^2}{B_0\pi^2},$$

die Randbedingungen in $y(0) = y\left(\frac{\pi}{2}\right) = 0$ über. Diesen Forderungen genügen, wie man sofort erkennt, die ungeraden, ganzperiodischen Mathieuschen Funktionen. Man kann nun zeigen, daß es keine weiteren, der Bedingung $y(0) = y\left(\frac{\pi}{2}\right) = 0$ genügenden Lösungen der Mathieuschen Differentialgleichung gibt. Unser Problem ist also nur für solche λ-Werte lösbar, für die die Gleichung für λ mit $h = -\lambda/4$ erfüllt ist:

$$\lambda = 4 + \cfrac{\left(\frac{\lambda}{4}\right)^2}{4 - 16 - \cfrac{\left(\frac{\lambda}{4}\right)^2}{\lambda - 36 - \cdots}}.$$

Die Näherung $\lambda_1^{(0)} = 0$ liefert $\lambda_1^{(1)} = 4$, womit sich die zweite Näherung zu

$$\lambda_1^{(2)} = 4 + \cfrac{1}{4 - 16 - \cfrac{1}{4 - 36 - \cdots}} \approx 3{,}92$$

ergibt. Die niedrigste Knicklast beträgt also (in zweiter Näherung)

$$P_1^{(2)} \approx 0{,}49\,\pi^2 B_0/l^2.$$

9.2 Partielle Differentialgleichungen

[17, 23, 25, 33, 34, 40, 57, 58, 60, 78, 79, 84]

9.2.1 Allgemeine Sätze

9.2.1.1 Begriff der partiellen Differentialgleichung. Eine Beziehung

$$F(x_1, x_2, \ldots, x_n; u; u_1, u_2, \ldots, u_n; u_{11}, u_{12}, \ldots, u_{nn}; u_{123}, \ldots) = 0$$

zwischen n unabhängigen Variablen $x_1, x_2, \ldots, x_n$ einer unbekannten Funktion $u = u(x_1, x_2, \ldots, x_n)$ und ihren partiellen Ableitungen $u_i = \frac{\partial u}{\partial x_i}$, $u_{ik} = \frac{\partial^2 u}{\partial x_i \, \partial x_k}$ usw. heißt *partielle Differentialgleichung*. Die Gesamtheit der Lösungen heißt allgemeines Integral, eine spezielle Lösung *partikuläres Integral*.

9.2.1.2 Partielle Differentialgleichung m-ter Ordnung. Hat die höchste in F vorkommende partielle Ableitung die Ordnung m, so spricht man von einer *partiellen Differentialgleichung* m-ter Ordnung. Das allgemeine Integral enthält dann m willkürliche Funktionen von $n - 1$ Argumenten.

9.2.1.3 Besondere Formen der partiellen Differentialgleichungen. Die partielle Differentialgleichung heißt *linear*, wenn F in u und allen Ableitungen von u linear ist. Ist F nur in den höchsten Ableitungen von u linear, so heißt sie *quasilinear*.

9.2.2 Partielle Differentialgleichungen erster Ordnung

Bei Beschränkung auf den Fall $n = 2$ gilt:

$$u = u(x, y), \quad u_1 = u_x = p, \quad u_2 = u_y = q.$$

Für $n > 2$ ist alles entsprechend.

9.2.2.1 Quasilineare Gleichungen.

$$P(x, y, u)\, p + Q(x, y, u)\, q = R(x, y, u).$$

Zur Lösung bestimme man von dem System von gewöhnlichen Differentialgleichungen

$$\mathrm{d}x : \mathrm{d}y : \mathrm{d}u = P : Q : R$$

die allgemeine Lösung

$$f(x, y, u) = C_1, \quad g(x, y, u) = C_2.$$

Setzt man dann in eine willkürliche Funktion $\Phi(\xi, \eta)$ $\xi = f(x, y, u)$ und $\eta = g(x, y, u)$ ein, so erhält man das allgemeine Integral in impliziter Form:

$$\Phi(f(x, y, u), g(x, y, u)) = 0.$$

Beispiel: $xp + yq = u$, $\mathrm{d}x : \mathrm{d}y : \mathrm{d}u = x : y : u$ hat die Lösungen $y/x = C_1$; $u/x = C_2$. Allgemeines Integral $\Phi(y/x, u/x) = 0$. Nach u aufgelöst (φ willkürliche Funktion): $u = x\varphi(y/x)$.

9.2.2.2 Allgemeine Gleichung $F(x, y, u, p, q) = 0$.

Unter einem *vollständigen Integral* versteht man eine Lösung, die von zwei willkürlichen Konstanten a, b abhängt, in impliziter Form also

$$V(x, y, u, a, b) = 0.$$

Sie soll so beschaffen sein, daß die Elimination von a und b aus $V = 0$, $V_x + V_u p = 0$, $V_y + V_u q = 0$ wieder $F = 0$ ergibt. Es ist oft möglich, solch ein vollständiges Integral zu finden. Um dann das allgemeine Integral zu bestimmen, setzt man $b = w(a)$ mit einer willkürlichen Funktion w und eliminiert a aus

$$V(x, y, u, a, w(a)) = 0$$

und

$$V_a(x, y, u, a, w(a)) + w'(a)\, V_b(x, y, u, a, w(a)) = 0.$$

Beispiel: $F = u - xp - yq - \psi(p, q) = 0$ (ψ beliebige Funktion von p und q). Ein vollständiges Integral ist

$$V = u - ax - by - \psi(a, b) = 0.$$

Mit $b = w(a)$ ergibt sich die allgemeine Lösung aus

$$x + \psi_p(a, w(a)) + w'(a)\,[y + \psi_q(a, w(a))] = 0$$

und

$$u = ax + w(a)\, y + \psi(a, w(a))$$

durch Elimination von a.

9.2.2.3 Anfangswertproblem. Um durch eine vorgegebene „Anfangskurve" $x = x_0(s)$, $y = y_0(s)$, $z = z_0(s)$ eine „Integralfläche" $u = u(x, y)$ zu legen, wie folgt vorgehen: Man ergänzt die Kurve zu einem „Streifen", indem man aus

$$F(x_0(s), y_0(s), u_0(s), p, q) = 0$$

und

$$du_0/ds = p\, dx_0/ds + q\, dy_0/ds, \quad p = p_0(s) \quad \text{und} \quad q = q_0(s)$$

ausrechnet. Dann löst man das System von gewöhnlichen Differentialgleichungen (charakteristisches System):

$$dx/dt = F_p, \quad dy/dt = F_q, \quad du/dt = pF_p + qF_q,$$

$$dp/dt = -(F_x + pF_u), \qquad dq/dt = -(F_y + qF_u)$$

mit den folgenden Anfangsbedingungen: Für $t = 0$ soll

$$x = x_0(s), \quad y = y_0(s), \quad u = u_0(s), \quad p = p_0(s), \quad q = q_0(s)$$

sein. Die Lösung möge dann lauten:

$$x = x(t, s), \quad y = y(t, s), \quad u = u(t, s), \quad p = p(t, s), \quad q = q(t, s).$$

Durch die ersten drei Gleichungen hiervon ist dann im allgemeinen die gesuchte Integralfläche in Parameterform (s. 7.7.1.1) gegeben.

Beispiel: $F = pq - 1 = 0, \quad x_0 = s, \quad y_0 = s^3, \quad u_0 = 2s^2.$

Aus $du/ds = 4s = p\, dx/ds + q\, dy/ds = p + 3s^2 q$ und $pq = 1$ folgt $p_0 = s$, $q_0 = 1/s$ ($s > 0$). Das charakteristische System ist

$$dx/dt = q, \quad dy/dt = p, \quad du/dt = 2pq, \quad dp/dt = dq/dt = 0.$$

Als Integralfläche ergibt sich

$$x = t/s + s, \quad y = st + s^3, \quad u = 2t + 2s^2, \quad \text{d.h.} \quad u = 2\sqrt{xy}.$$

9.2.3 Partielle Differentialgleichungen

9.2.3.1 Normalformen. Für die Anwendungen am wichtigsten sind die Differentialgleichungen zweiter Ordnung der Form:

$$A(x, y)\, u_{xx} + 2B(x, y)\, u_{xy} + C(x, y)\, u_{yy} = G(x, y, u, u_x, u_y).$$

Wesentlich für den Charakter dieser Gleichung sind die Lösungen der folgenden gewöhnlichen Differentialgleichung:

$$A(dy/dx)^2 - 2B(dy/dx) + C = 0.$$

Dies ist eine quadratische Gleichung in dy/dx, und man erhält daher als Lösungen zwei Kurvenscharen

$$\varphi(x, y) = \text{const},$$

$$\psi(x, y) = \text{const}.$$

Man nennt sie die *Charakteristiken* der gegebenen Gleichung. Je nachdem, ob

$$\Delta = \begin{vmatrix} A & B \\ B & C \end{vmatrix} = AC - B^2 > 0, \quad = 0 \quad \text{oder} \quad < 0$$

ist, heißt die gegebene Gleichung [in dem betreffenden Punkt $P = (x, y)$] vom *elliptischen, parabolischen* oder *hyperbolischen Typ*.

Im *elliptischen Fall* ($\Delta > 0$) sind die Charakteristiken imaginär. Die Substitution

$$\varphi(x, y) = \xi + i\eta, \quad \psi(x, y) = \xi - i\eta$$

führt dann auf die reelle Normalform

$$u_{\xi\xi} + u_{\eta\eta} = F(\xi, \eta, u, u_\xi, u_\eta).$$

Im *hyperbolischen Fall* ($\Delta < 0$) sind die Charakteristiken reell. Die Substitution

$$\varphi(x, y) = \xi, \quad \psi(x, y) = \eta$$

führt dann auf die reelle Normalform

$$u_{\xi\eta} = F(\xi, \eta, u, u_\xi, u_\eta).$$

Man kann auch

$$\varphi(x, y) = \xi + \eta, \quad \psi(x, y) = \xi - \eta$$

substituieren und erhält dann die andere reelle Normalform

$$u_{\xi\xi} - u_{\eta\eta} = F(\xi, \eta, u, u_\xi, u_\eta).$$

Im *parabolischen Fall* ($\Delta = 0$) fallen die beiden Charakteristiken-Scharen zusammen. Die Substitution

$$\xi = \varphi(x, y) = \psi(x, y), \quad \eta = \eta(x, y) \quad \text{(beliebig)}$$

führt dann auf die Normalform

$$u_{\xi\xi} = F(\xi, \eta, u, u_\xi, u_\eta).$$

9.2.3.2 Verfahren der Trennung der Variablen. Bei linearen homogenen partiellen Differentialgleichungen für die unbekannte Funktion $u = u(x_1, x_2, \ldots, x_n)$ gelingt es oft, durch den Produktansatz

$$u = X_1(x_1)\, X_2(x_2) \cdots X_n(x_n)$$

partikuläre Lösungen zu finden. Das Verfahren führt zum Ziel, wenn man nach Einsetzen von $u = X_1 X_2 \cdots X_n$ und Division durch $u = X_1 X_2 \cdots X_n$ einen Ausdruck der Gestalt

$$\Phi_1(x_1, X_1, X_1', \ldots, X_1^{(k)}) + \Phi_2 = 0$$

erhält, wo Φ_2 nur noch von $x_2, x_3, \ldots, x_n, X_2, X_3, \ldots, X_n$ und deren Ableitungen abhängt. Da x_1 in Φ_2 nicht mehr vorkommt, muß $\Phi_1 = k_1 = -\Phi_2 = \text{const}$ sein. $\Phi_1 = k_1$ ist aber eine gewöhnliche Differentialgleichung für $X_1 = X_1(x_1)$. Für $n = 2$ ist $\Phi_2 = -k_1$ eine gewöhnliche Differentialgleichung für $X_2 = X_2(x_2)$, für $n > 2$ muß man Φ_2 auf die gleiche Weise weiter zu zerlegen versuchen. Man erhält dann eine Lösung, die $n - 1$ willkürliche sogenannte *Separationskonstanten* $k_1, k_2, \ldots, k_{n-1}$ enthält. In manchen Fällen ist es nötig, vorher neue Veränderliche $\xi_i = \xi_i(x_1, \ldots, x_n)$ einzuführen.

Beispiel:

$$u_t = u_{xx}, \quad (u = u(t, x)).$$

Der Ansatz $u = T(t)\, X(x)$ führt zu

$$\dot{T}/T = X''/X = -\lambda^2 = \text{const}.$$

Daraus ergibt sich

$$T = e^{-\lambda^2 t}, \quad X = A \cos \lambda x + B \sin \lambda x,$$

also

$$u = e^{-\lambda^2 t}(A \cos \lambda x + B \sin \lambda x).$$

9.2.3.3 Anfangs- und Randbedingungen. In den Anwendungen treten oft Probleme folgender Art auf: Eine unbekannte Funktion u der Zeit t und des Ortes ist zu bestimmen Dabei soll u einer linearen partiellen Differentialgleichung genügen. Ferner soll u und eventuell ihre zeitliche Ableitung u_t zur Zeit $t = 0$ gleich einer gegebenen Ortsfunktion sein (*Anfangsbedingung*), und außerdem soll u und eventuell ihre örtlichen Ableitungen an den Rändern eines gewissen Gebietes vorgeschriebene Werte haben (*Randbedingungen*).

Zur Lösung wie folgt vorgehen: Solche Koordinaten (evtl. krummlinig) einführen, daß die Ränder des betrachteten Gebietes Teile von Koordinatenflächen sind. Dann Differentialgleichung durch Produktansatz lösen (vgl. 9.2.3.2). Durch Bildung von Linearkombinationen neue Lösungen bilden (man beachte, daß wegen der Linearität mit u_1 und u_2 auch $c_1 u_1 + c_2 u_2$ Lösung ist). Die in der Lösung vorkommenden willkürlichen Größen den Anfangs- und Randbedingungen anpassen.

Bei Schwingungsaufgaben und Instabilitätsproblemen (z. B. Knickung von Stäben) führen die Randbedingungen zu Eigenwertproblemen (vgl. 9.3.1.4), deren Lösung die Eigenfrequenzen und kritischen Lasten liefert; anschließend werden einige solcher Probleme behandelt.

9.2.3.4 Besondere partielle Differentialgleichungen.

9.2.3.4.1 Potentialgleichung in der Ebene

$$\Delta u = 0.$$

a) In rechtwinkligen Koordinaten x, y:

$$\Delta u = u_{xx} + u_{yy} = 0.$$

Lösungen: α) $u = w_1(x + iy) + w_2(x - iy)$, wobei w_1 und w_2 willkürliche Funktionen;
β) Real- und Imaginärteil jeder analytischen Funktion (vgl. 8.2.1.1)

$$f(x + iy) = u(x, y) + iv(x, y);$$

γ) $u = e^{\pm\lambda(x+iy)}$, $\lambda = \text{const.}$

b) In Polarkoordinaten r, φ:

$$\Delta u = u_{rr} + \frac{1}{r} u_r + \frac{1}{r^2} u_{\varphi\varphi} = 0.$$

Lösungen: α) $u = r^{\pm\nu} e^{i\nu\varphi}$; β) $u = A + B \ln r$, ν, A, B beliebige Konstanten.

9.2.3.4.2 Potentialgleichung im Raume

$$\Delta u = 0.$$

a) In rechtwinkligen Koordinaten x, y, z:

$$\Delta u = u_{xx} + u_{yy} + u_{zz} = 0.$$

Lösungen: α) $u = \dfrac{1}{\sqrt{x^2 + y^2 + z^2}}$ bzw. (mit den Parametern ξ, η, ζ):

$$u = \frac{1}{\sqrt{(x - \xi)^2 + (y - \eta)^2 + (z - \zeta)^2}}.$$

β) $u = e^{(\lambda x + \mu y + \nu z)}$, $\lambda^2 + \mu^2 + \nu^2 = 0$.

γ) $u = A + Bx + Cy + Dz$, A, B, C, D beliebige Konstanten.

b) In Zylinderkoordinaten r, φ, z:

$$\Delta u = u_{rr} + \frac{1}{r} u_r + \frac{1}{r^2} u_{\varphi\varphi} + u_{zz} = 0.$$

Lösungen: α) $u = e^{\pm i(\mu z + \nu\varphi)} Z_\nu(i\mu r)$; β) $u = (Az + B) r^\nu e^{\pm i\nu\varphi}$;

γ) $u = e^{\pm i\mu z(C\varphi + D)} Z_0(i\mu r)$;

δ) $u = (Az + B)(C\varphi + D)(E + F \ln r)$, wobei $\mu, \nu, A, B, C, D, E, F$ beliebige Konstanten und Z_ν und Z_0 Zylinderfunktionen sind. Für ν wird man gewöhnlich $\nu = 1, 2, 3, \ldots$ zu wählen haben, und insbesondere ist für $u = u(r, z)$, also bei Unabhängigkeit von φ, $\nu = 0$ zu setzen.

9.2.3.4.3

$$\Delta u + \varkappa^2 u = 0, \quad \varkappa^2 = \text{const} > 0.$$

a) In rechtwinkligen Koordinaten x, y, z:

$$\Delta u + \varkappa^2 u = u_{xx} + u_{yy} + u_{zz} + \varkappa^2 u = 0.$$

Lösungen: α) $u = (A\cos\lambda x + B\sin\lambda x)\,(C\cos\mu y + D\sin\mu y)\,(E\cos\nu z + F\sin\nu z)$, wobei $\lambda^2 + \mu^2 + \nu^2 = \varkappa^2$ und $\lambda, \mu, \nu, A, \ldots, F$ Konstanten sind;

β) $u = \mathrm{e}^{\mathrm{i}(\lambda x + \mu y + \nu z)}$. Im ebenen Fall x, y ist $\nu = 0$ und $E = 1$ zu setzen!

b) In Zylinderkoordinaten r, φ, z:

$$\Delta u + \varkappa^2 u = u_{rr} + \frac{1}{r}u_r + \frac{1}{r^2}u_{\varphi\varphi} + u_{zz} + \varkappa^2 u = 0.$$

Lösungen: $u = [A J_\nu(\mu r) + B N_\nu(\mu r)]\,[C\cos\nu\varphi + D\sin\nu\varphi]\,[E\cos\lambda z + F\sin\lambda z]$, wobei $\lambda^2 + \mu^2 = \varkappa^2$ und $\nu_1, A, \ldots, F$ beliebige Konstanten und J_ν und N_ν Besselsche bzw. Neumannsche Funktionen (vgl. 9.1.5.9.1) sind. In Polarkoordinaten r, φ ist $\lambda = 0$ (also $\mu = \varkappa$) und $E = 0$, während man bei Unabhängigkeit von φ für $\nu = 0$ zu setzen hat. Für $\mu = 0$ $(\lambda^2 = \varkappa^2)$ hat man für $\nu = 0$ bzw. $\nu \neq 0$ $A + B\ln r$ bzw. $Ar^\nu + Br^{-\nu}$ als von r abhängige Lösungsanteile zu verwenden.

9.2.3.4.4

$\Delta u - \varkappa^2 u = 0$, $\varkappa^2 > 0$. Man hat jetzt in den vorangehenden Formeln $\varkappa$ durch $\mathrm{i}\varkappa$ zu ersetzen, also statt der Kreisfunktionen die hyperbolischen und statt der Besselschen die modifizierten Besselschen Funktionen (vgl. 9.1.5.9.8) zu setzen.

9.2.3.4.5 Allgemeine Wellengleichung:

$\Delta u = a u_{tt} + 2b u_t$, wobei $a > 0$ und $b > 0$, also positve Konstanten sind. Der Produktansatz

$$u = U(x, y, z)\; T(t)$$

führt auf

$$\frac{1}{T}(a\ddot{T} + 2b\dot{T}) = \frac{\Delta U}{U} = -\lambda^2$$

woraus

$$T = \begin{cases} \mathrm{e}^{-\frac{b}{a}x}(A\cos\omega t + B\sin\omega t) & \text{mit } \omega^2 = \dfrac{\lambda^2}{a} - \left(\dfrac{b}{a}\right)^2 \neq 0 \\ A\cos\dfrac{\lambda}{\sqrt{a}}t + B\sin\dfrac{\lambda}{\sqrt{a}}t & \text{für } b^2 = 0 \\ A\mathrm{e}^{-\frac{\lambda^2}{b}t} & \text{für } a = 0 \end{cases}$$

und

$$\Delta U + \lambda^2 U = 0$$

also für U ein unter 9.2.3.4.3 behandelter Fall hervorgeht.

9.2.3.4.6 Spezialfälle der allgemeinen Wellengleichung:

9.2.3.4.6.1 Mit $b = 0$, also $\Delta u = a u_{tt}$, erfaßt man alle (durch Linearisierung erfaßbaren) ungedämpften Wellen und Schwingungen der Physik. Einige Sonderfälle:

a) $u_{xx} = u_{tt}/c^2$ beschreibt für $c^2 = S/m$ die *Schwingung einer Saite* mit der Auslenkung $u = u(x, t)$, der Vorspannkraft S und der Masse m pro Längeneinheit. Mit den willkürlichen Funktionen w_1 und w_2 lautet die allgemeine (sog. D'Alembertsche) Lösung

$$u = w_1(x - ct) + w_2(x + ct),$$

während der Produktansatz $u = X(x)\;T(t)$ zu der (speziellen) Lösung

$$u = (A\cos\omega t + B\sin\omega t)\left(C\cos\frac{\omega}{c}x + D\sin\frac{\omega}{c}x\right)$$

führt. Die *Randbedingungen* $u(0, t) = u(l, t) = 0$, daß also die Saite an ihren Enden ($x = 0$ und $x = l$) festgeklemmt ist, ergeben $C = 0$ und die *Eigenwerte* (d.h. die *Eigen(kreis)frequenzen*) $\omega = \omega_j = cj\pi/l$ ($j = 1, 2, 3, \ldots$) und die *Eigenfunktionen* $U_j(x) = \sin(j\pi x/l)$ und damit nach Superposition (man setze $D_j = 1$)

$$u = \sum_{j=1}^{\infty} \left(A_j \cos\frac{j\pi c}{l} t + B_j \sin\frac{j\pi c}{l} t\right) \sin\frac{j\pi x}{l}.$$

Die *Anfangsbedingungen* $u(x, 0) = f(x)$ und $(\partial u/\partial t) = g(x)$ ermöglichen die Bestimmung der Fourierkoeffizienten (vgl. 4.5.3):

$$A_j = \frac{2}{l} \int_0^l f(x) \sin\frac{j\pi x}{l}\, dx; \qquad B_j = \frac{2}{j\pi c} \int_0^l g(x) \sin\frac{j\pi x}{l}\, dx.$$

b) $u_{xx} + u_{yy} = u_{tt}/c^2$ ist die *Differentialgleichung der Membranschwingung* ($c^2 = S/m$, S = Membranspannkraft pro Längeneinheit und m = Membranmasse pro Flächeneinheit). Für eine Rechteckmembran (mit den Seitenlängen a und b) liefern die Randbedingungen $u(0, y, t) = u(a, y, t) = u(x, 0, t) = u(x, b, t) = 0$ (aus der unter 9.2.3.4.3a angegebenen Lösung) die Eigenfunktionen $U_{jk}(x, y) = \sin\frac{j\pi x}{a} \sin\frac{k\pi y}{b}$. Die Ermittlung der Fourierkoeffizienten wie bei der Saite.

Für die *kreisförmige Membran* (Radius r_0) gilt in Polarkoordinaten für die Auslenkung $u = u(r, \varphi)$

$$u_{tt} = c^2\left(u_{rr} + \frac{1}{r} u_r + \frac{1}{r^2} u_{\varphi\varphi}\right).$$

Aus der Randbedingung $u(r_0, \varphi) = 0$ und für eine volle Membran (wodurch von den Besselfunktionen nur die für $r = 0$ reguläre J_n in Betracht kommt) erhält man die Produktlösung

$$u = \sum_{n=0}^{\infty} \sum_{j=1}^{\infty} J_n\left(\frac{x_{nj}}{r_0} r\right) \left[A_{nj} \cos\left(\frac{x_{nj} c}{r_0} t\right) + B_{nj} \sin\left(\frac{x_{nj} c}{r_0} t\right)\right] [C_{nj} \cos n\varphi + D_{nj} \sin n\varphi],$$

wobei x_{nj} die j-te Nullstelle von $J_n(x)$ (vgl. Tabelle 1–23) und $A_{nj}, \ldots, D_{nj}$ die aus den Anfangsbedingungen zu bestimmenden Konstanten sind. Bei zentralsymmetrisch schwingender Membran, d.h. u ist von φ unabhängig, tritt nur $n = 0$ auf, und die Eigenfrequenzen sind

$$\omega_j = \frac{x_{0j} c}{r_0} \quad \text{mit (Tabelle 1–23):}$$

$$x_{01} = 2{,}4048, \quad x_{02} = 5{,}5201, \quad x_{03} = 8{,}6537, \ldots$$

c) *Differentialgleichung der räumlichen* (ungedämpften) *Wellen* $u_{tt} = c^2 \Delta u$. Die Konstante c^2 hat je nach der physikalischen Natur des Vorganges verschiedene Bedeutung (z.B. bei Schallwellen ist c die Schallgeschwindigkeit). Spezielle Lösungen in Produktform lassen sich mit $u = U(x, y, z)\, e^{i\omega t}$ auf die in 9.2.3.4.3 beschriebenen Fälle zurückführen. Für *Kugelwellen* $u = u(R, t)$, wobei $R = \sqrt{x^2 + y^2 + z^2}$ ist, lautet die Wellengleichung

$$u_{tt} = c^2\left(u_{RR} + \frac{2}{R} u_R\right)$$

und mit den willkürlichen Funktionen w_1 und w_2 die allgemeine Lösung

$$u = \frac{w_1(R - ct)}{R} + \frac{w_2(R + ct)}{R}.$$

9.2.3.4.6.2 Für $a = 0$ erhalten wir aus der allgemeinen Wellengleichung die *Differentialgleichung der Wärmeleitung:* $\Delta u = 2bu_t$, u Temperatur, $2b = \frac{c\varrho}{k} = \frac{1}{\alpha^2}$, c spez. Wärmekapazität, ϱ Dichte, k Wärmeleitzahl. Die Behandlung von räumlichen Lösungen in rechtwinkligen und Zylinderkoordinaten ist aus 9.2.3.4.5 für $a = 0$ ersichtlich. Weitere spezielle Lösungen im eindimensionalen Falle sind:

$$u = A + Bx;$$

$$u = \frac{1}{2\alpha\sqrt{\pi t}} \int\limits_{-\infty}^{+\infty} f(\xi)\, e^{-\frac{(\xi - x)^2}{4\alpha^2 t}}\, d\xi, \quad \text{wobei } f(x) = u(x, 0) \text{ ist.}$$

$$u = \frac{2}{\sqrt{\pi}} \int\limits_{0}^{\frac{x}{2\alpha\sqrt{t}}} e^{-\xi^2}\, d\xi.$$

Die letzteren beiden lassen sich vornehmlich für unendlich ausgedehnte Körper (z.B. Halbraum) verwenden.

Diese Differentialgleichung beschreibt auch den Stromablauf in einem Kabel mit Widerstand und Kapazität (Thomson-Kabel).

9.2.3.4.6.3 Telegraphengleichung:

$$u_{xx} = au_{tt} + 2bu_t + cu.$$

u Spannung oder Stromstärke in einem linearen Leiter an der Stelle x zur Zeit t. Durch die Substitution ($d^2 = b^2 - ac$)

$$v = e^{\frac{b}{a}t}\, u, \quad \xi = \frac{d}{\sqrt{a}}\, x, \quad \tau = \frac{d}{a}\, t$$

erhält man

$$v_{\xi\xi} - v_{\tau\tau} = 0.$$

Mit den Anfangsbedingungen $v(\xi, 0) = f(\xi)$, $(\partial v/\partial \tau)_{\tau=0} = g(\xi)$ hat man die Lösung:

$$v = (1/2)\,[f(\xi + \tau) + f(\xi - \tau)] + (1/2) \int\limits_{\xi-\tau}^{\xi+\tau} [J_0(w)\, g(\zeta) - (1/w)\, \tau J_0'(w)\, f(\zeta)]\, d\zeta,$$

wobei $w = \sqrt{(\zeta - \xi)^2 - \tau^2}$ gesetzt ist. (J_0 Besselsche Funktion, vgl. 9.1.5.9.1).

9.2.3.4.6.4 Differentialgleichung der *Wärmeleitung* eines Stabes mit Wärmeabführung auf der Mantelfläche:

$$u_t = a^2 u_{xx} - b^2 u + c^2.$$

u Übertemperatur an der Stelle x zur Zeit t, $(0 \leqq x \leqq l)$. Die Substitution

$$u = \frac{c^2}{b^2} + e^{-b^2 t}\, v$$

führt zu

$$v_t = a^2 v_{xx}.$$

Mit der Anfangsbedingung $v(0, x) = f(x)$ und den Randbedingungen $v(t, 0) = v(t, l) = 0$ hat man die Lösung

$$v = \sum_{j=1}^{\infty} A_j\, e^{-j^2\pi^2 \frac{a^2}{l^2} t} \sin(j\pi x/l),$$

wobei

$$A_j = (2/l) \int_0^l f(x) \sin(j\pi x/l)\, dx.$$

9.2.3.4.7 Inhomogene partielle Differentialgleichungen.

9.2.3.4.7.1 $\alpha^2 \Delta u = u_{tt} + p(x, t)$ beschreibt die unter der Einwirkung einer örtlichen (x) und zeitlichen (t) Kraft $p(x, t)$ erfolgte Bewegung $u = u(x, t)$. Für $\alpha^2 = S/m$ (S Spannkraft, m spezifische Masse) ist u die transversale Auslenkung einer Saite und für $\alpha^2 = E/\varrho$ (E Elastizitätsmodul, ϱ Dichte) bedeutet u die longitudinale Bewegung eines Stabes konstanten Querschnittes.

Bei diesem und ähnlichen (z. B. Membran- und Platten-) Problemen geht man grundsätzlich folgendermaßen vor: Man löst das zu $\alpha^2 \Delta u = u_{tt}$ gehörige Rand- und Anfangswertproblem (vgl. 9.2.3.4.6.1a) und setzt dann mit den Eigenfunktionen $U_j(x)$ und den noch unbekannten Zeitfunktionen $T_j^*(t)$ als Lösung der inhomogenen Differentialgleichung

$$u = \sum_{j=1}^{\infty} U_j(x)\ T_j^*(t)$$

an, womit aus der inhomogenen Gleichung wegen $\omega_j^2 U_j(x) = -\alpha^2 U_j''(x)$ (ω_j Eigenfrequenz der freien Schwingung, s. 9.2.3.4.6.1)

$$\sum_{j=1}^{\infty} [\ddot{T}_j^*(t) + \omega_j^2 T_j^*(t)]\ U_j(x) = p(x, t)$$

hervorgeht. Wegen der Orthogonalität der Eigenfunktionen erhält man hieraus eine schon bekannte Differentialgleichung für $T^*(t)$:

$$\ddot{T}_j^*(t) + \omega_j^2 T_j^*(t) = \frac{2}{l} \int_0^l p(x, t)\ U_j(x)\, dx = f_j(t).$$

9.2.3.4.7.2 $\alpha^2 \Delta u = u_t + f(x, y, z, t)$ beschreibt z. B. *das Temperaturfeld* $u = u(x, y, z, t)$ mit zeitlich und örtlich veränderlichen Wärmequellen $f(x, y, z, t)$. Auch hier gilt das unter 9.2.3.4.7.1 Gesagte.

Im Falle $f = f(x, y, z)$ löst man erst das stationäre ($u_t = 0$) Randwertproblem und das instationäre homogene ($\alpha^2 \Delta u = u_t$) Randwertproblem (Eigenfunktionen!); durch Superposition der beiden Lösungen kann dann die Anfangsbedingung erfüllt werden.

9.2.3.4.7.3 Poissonsche Differentialgleichung $\Delta u = f(x, y, z)$. Auf diese Differentialgleichung führt z. B. die Ermittlung des Potentials in einem von Massen oder Ladungen erfüllten Raum; die Funktion

$$u = u(x, y, z) = \iiint \frac{f(\xi, \eta, \zeta)\, d\xi\, d\eta\, d\zeta}{\sqrt{(x - \xi)^2 + (y - \eta)^2 + (z - \zeta)^2}}$$

genügt der Poissonschen Differentialgleichung und eignet sich z. B. für die Berechnung des Potentials mit konstanter Massen- bzw. Ladungsdichte belegten Körper (wie Geraden, Kreise, Kugel und Zylindern).

9.2.3.4.8 Bipotentialgleichung in der Ebene

(Differentialgleichung der *Airyschen Spannungsfunktion*):

$$\Delta\Delta u = 0.$$

In *kartesischen Koordinaten* x, y:

$$\Delta\Delta u = u_{xxxx} + 2u_{xxyy} + u_{yyyy} = 0.$$

Lösungen: $u = x, x^2, x^3, xy, x^2y, x^3y, \cos\lambda x \cosh\lambda y, x\cos\lambda x\cosh\lambda y,$

$u = x^2 - y^2, x^4 - y^4$ usw. (λ beliebige Konstante).

Sind φ und ψ Potentialfunktionen ($\Delta\varphi = 0$, $\Delta\psi = 0$), so sind

$$u = \varphi + x\psi, \quad \varphi + y\psi, \quad \varphi + (x^2 + y^2)\psi$$

Bipotentialfunktionen (d.h. Lösungen der Bipotentialgleichung). Jede Bipotentialfunktion läßt sich auch auf die obige Weise darstellen.

In *Polarkoordinaten* r, φ:

$$\Delta\Delta u = \left(\frac{\partial^2}{\partial r^2} + \frac{1}{r}\frac{\partial}{\partial r} + \frac{1}{r^2}\frac{\partial^2}{\partial\varphi^2}\right)\left(u_{rr} + \frac{1}{r}u_r + \frac{1}{r^2}u_{\varphi\varphi}\right) = 0.$$

Lösungen:

$$u = r^2, \ln r, r^2\ln r, \varphi, r^2\varphi, \varphi\ln r, r^2\varphi\ln r,$$

$$u = r\ln r\cos\varphi, r\varphi\cos\varphi, r^\lambda\cos\lambda\varphi, \cos(\lambda\ln r)\cosh\lambda\varphi,$$

$u = r^2\cos(\lambda\ln r)\cosh\lambda\varphi$ usw. (λ beliebige Konstante).

9.2.3.4.9 Bipotentialgleichung im Raum:

$$\Delta\Delta u = 0.$$

In *kartesischen Koordinaten* x, y, z:

$$\Delta\Delta u = \left(\frac{\partial^2}{\partial x^2} + \frac{\partial^2}{\partial y^2} + \frac{\partial^2}{\partial z^2}\right)(u_{xx} + u_{yy} + u_{zz}) = 0.$$

In *Zylinderkoordinaten* r, φ, z bei Rotationssymmetrie (d.h. $u_\varphi \equiv 0$):

$$\Delta\Delta u = \left(\frac{\partial^2}{\partial r^2} + \frac{1}{r}\frac{\partial}{\partial r} + \frac{\partial^2}{\partial z^2}\right)\left(u_{rr} + \frac{1}{r}u_r + u_{zz}\right) = 0.$$

Lösungen:

$$u = r^2, \ln r, r^2\ln r, z, z^2, z^3, r^2z, z\ln r, z^2\ln r, z^3\ln r, zr^2\ln r,$$

$$u = Z_0(\lambda r)\cosh\lambda z, rZ_1(\lambda r)\cosh\lambda z, zZ_0(\lambda r)\cosh\lambda z,$$

$$u = R, 1/R, 1/R^2, zR^2, z/R, z/R^3, \ln\frac{R+z}{R-z},$$

$$u = \frac{1}{R}\ln\frac{R+z}{R-z}, \quad z\ln(R+z) \text{ usw.}$$

($R = \sqrt{r^2 + z^2}$, λ beliebige Konstante).

9.2.3.4.10 Gleichung der Plattenschwingung:

$$\Delta\Delta u + k^4 u_{tt} = 0.$$

Lösung in *Polarkoordinaten* r, φ:

$$u = \cos(n\varphi - \alpha)\cos(\lambda t - \beta)\,[C_1 Z_n(k\sqrt{\lambda}\,r) + C_2 Z_n(ik\sqrt{\lambda}\,r)].$$

(n ganz, beliebig, $\alpha, \beta, \lambda, C_1, C_2$ beliebige Konstanten).

9.2.3.5 Operatorenrechnung und Laplace-Transformation [101, 102, 103, 105]. Bei Einschaltvorgängen in der Elektrotechnik bewährt sich die *Laplace-Transformation*

$$\mathfrak{L}\{f\} = \int_0^\infty e^{-st} f(t)\, dt = F(s),$$

durch die, wenn das Integral existiert, jeder „Originalfunktion" $f(t)$ eine „Bildfunktion" $F(s)$ zugeordnet wird. Die Transformation reduziert die Lösung einer linearen Differentialgleichung mit konstanten Koeffizienten für $f(t)$ unter beliebigen Anfangsbedingungen auf die Lösung einer algebraischen Gleichung für $F(s)$. Für die Rücktransformation, d.h. für das Aufsuchen des zu dem gefundenen $F(s)$ gehörigen $f(t)$ gibt es ausführliche Tabellen [29, 102, 103].

Die Laplace-Transformation hat durch die Arbeiten von *G. Doetsch* die formal ihr ähnelnde ältere *Operatorenrechnung* abgelöst, die auf heuristischen Gedankengängen beruhte und erst durch die Laplace-Transformation eine exakte mathematische Grundlage erhielt. Für die Laplace-Transformation gelten:

1. *Der Differentiationssatz:*

$$\mathfrak{L}\{f'\} = \int_0^\infty e^{-st} f'(t)\,dt = s\mathfrak{L}\{f\} - f(0) = sF(s) - f(0).$$

2. *Der Faltungssatz:*

$$\mathfrak{L}\{f_1\} \cdot \mathfrak{L}\{f_2\} = \mathfrak{L}\{f_1 * f_2\} = F_1(s) \cdot F_2(s)$$

$$\text{bzw.} \quad \mathfrak{L}\left\{\int_0^t f_1(\tau)\, f_2(t-\tau)\,d\tau\right\} = F_1(s) \cdot F_2(s).$$

3. *Der Verschiebungssatz:*

$$\mathfrak{L}\{f(t-T)\} = e^{-sT} F(s),$$

wenn $f(t)$ für negatives t (Zeit) Null ist.

Die Integration, insbesondere von linearen Differentialgleichungen der Anlaufvorgänge läuft auf das Auffinden von $f(t)$ bei gegebenem $F(s)$ hinaus, wobei die eben ausgeführten Sätze eine wesentliche Rolle spielen.

Ein *Beispiel* soll die wesentlichen Gedanken andeuten. Gegeben sei die lineare inhomogene Differentialgleichung erster Ordnung

$$y'(t) + ay(t) = f(t),$$

wobei a eine Konstante ist. Wir wenden auf sie die Laplace-Transformation an und beachten den Differentiatonssatz und erhalten mit $\mathfrak{L}\{y\} = Y(s)$:

$$\mathfrak{L}\{y' + ay\} = sY(s) - y(0) + af(s) = \mathfrak{L}\{f\} = F(s).$$

Die formale Auflösung dieser sog. *Bildgleichung* ist:

$$Y(s) = \frac{1}{s+a} F(s) + \frac{1}{s+a} y(0).$$

Nun ist zu dieser sog. *Bildfunktion* die sog. *Originalfunktion* y gemäß $\mathfrak{L}\{y\} = Y(s)$ zu finden. Wegen

$$\int_0^\infty e^{-(s+a)t}\,dt = \frac{1}{s+a}, \quad \text{Re}\,(s+a) > 0$$

gehört zu $\frac{1}{s+a}$ die Originalfunktion e^{-at}, während man für $\frac{1}{s+a} F(s)$ als Produkt von zwei Bildfunktionen gemäß des Faltungssatzes als Originalfunktion $f(t) * e^{-at}$ erhält. Demnach ergibt sich

$$y(t) = f(t) * e^{-at} + y(0)\, e^{-at} = e^{-at} \int_0^t e^{a\tau} f(\tau)\,d\tau + y(0)\, e^{-at}.$$

Die in diesem Beispiel unternommenen Schritte lassen sich auch auf andere Differentialgleichungen übertragen und folgendermaßen schematisieren:

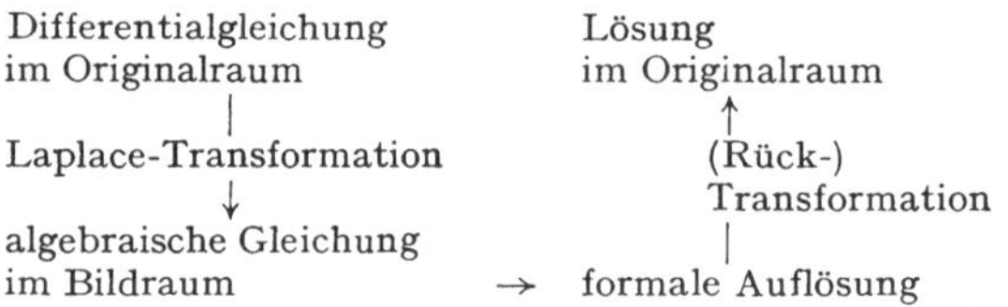

Für die Rücktransformation stehen die schon angeführten und reichhaltigen Tabellen zur Verfügung. Besonders einfach gestalten sich die Verhältnisse für $y(0) = 0$ bzw. $y(0) = 0$ und $y'(0) = 0$, also bei Einschaltvorgängen aus der Ruhe heraus.

Eine kleine Auswahl enthält Tabelle 9–1.

Tabelle 9-1

$F(s)$	$f(t)$	$F(s)$	$f(t)$
1	$\delta(t)$	dabei sind: $P_m(s) = a_0 + \cdots + a_m s^m$, $P_n(s) = b_0 + \cdots + b_n s^n$, $m, n = 1, 2, 3, \ldots$, $n > m$	s_j die einfachen Nullstellen von $P_n(s) = 0$
$\frac{1}{s}$	1	$\frac{1}{s\sqrt{s}}$	$2\sqrt{\frac{t}{\pi}}$
$\frac{1}{s+a}$	e^{at}	$\frac{1}{\sqrt{s+a}}$	$\frac{e^{-at}}{\sqrt{\pi t}}$
$\frac{1}{(s+a)(s+b)}$	$\frac{e^{bt} - e^{at}}{b-a}$	$\frac{(\sqrt{s^2+1} - s)^p}{\sqrt{s^2+1}}$	$J_p(t)$, $\operatorname{Re} p > -1$
$\frac{1}{s^2}$	t	$\frac{(2a)^p \Gamma\left(p + \frac{1}{2}\right)}{\sqrt{\pi}\,(s^2+a^2)^{p+1/2}}$	$t^p J_p(at)$, $\operatorname{Re} p > -\frac{1}{2}$
$\frac{a}{s^2-a^2}$	$\sinh at$	$\frac{1}{s^p}$	$\frac{t^{p-1}}{\Gamma(p)}$, $\operatorname{Re} p > 0$
$\frac{a}{s^2+a^2}$	$\sin at$	$\frac{1}{(s+a)^p}$	$\frac{t^{p-1}}{\Gamma(p)}\, e^{-at}$
$\frac{s}{s^2-a^2}$	$\cosh at$	$\frac{e^{-a^2/4s}}{s}$	$J_0(a\sqrt{t})$
$\frac{s}{s^2+a^2}$	$\cos at$	$\frac{a^p}{2^p s^{p+1}}\, e^{-a^2/4s}$	$t^{p/2} J_p(a\sqrt{t})$, $\operatorname{Re} p > -1$
$\frac{1}{s(s-a)}$	$e^{at} - 1$	$e^{-a\sqrt{s}}$	$\frac{a}{2\sqrt{\pi}\, t^{3/2}}\, e^{-a^2/4t}$
$\frac{1}{(s-a)^k}$	$\frac{t^{k-1}}{(k-1)!}\, e^{at}$	$\frac{e^{-a\sqrt{s}}}{s}$	$\frac{2}{\sqrt{\pi}} \int_{\frac{a}{2\sqrt{t}}}^{\infty} e^{-\xi^2}\, d\xi$
$\frac{s}{(s-a)(s-b)}$	$\frac{be^{bt} - ae^{at}}{b-a}$	$\frac{e^{-a\sqrt{s}}}{\sqrt{s}}$	$\frac{1}{\sqrt{\pi t}}\, e^{-a^2/4t}$
$\frac{1}{\sqrt{s}}$	$\frac{1}{\sqrt{\pi t}}$		
$s^{1/(n+1/2)}$	$\frac{t^{n-1/2}\, 2^{2n}\, n!}{(2n)!\,\sqrt{\pi}}$		
$\frac{e^{-as}}{s}$	$\begin{cases} 0 \text{ für } t < a \\ 1 \text{ für } t > a \end{cases}$		
$\frac{P_m(s)}{P_n(s)}$	$\sum_{j=1}^{n} \frac{P_m(s_j)}{P_n'(s_j)}\, e^{s_j t}$		

Mit Hilfe dieser Tabelle wäre z.B. die Differentialgleichung der eindimensionalen erzwungenen Schwingung

$$y''(t) + \alpha^2 y(t) = a \cos \omega t + b \sin \omega t$$

wie folgt zu behandeln:

1. Laplace-Transformation unter Benutzung der Tabelle liefert mit $\mathfrak{L}\{y\} = Y(s)$

$$(s^2 + \alpha^2)\, Y(s) - sy(0) - y'(0) = \frac{as + b\omega}{s^2 + \omega^2}$$

2. Formale Auflösung für den Fall $y(0) = y'(0) = 0$:

$$Y(s) = \frac{as + b\omega}{(s^2 + \omega^2)(s^2 + \alpha^2)} =$$

$$= -\frac{a}{\omega^2 - \alpha^2} \cdot \frac{s}{s^2 + \omega^2} - \frac{b\omega}{\omega^2 - \alpha^2} \cdot \frac{1}{s^2 + \omega^2} + \frac{a}{\omega^2 - \alpha^2} \cdot \frac{s}{s^2 + \alpha^2} + \frac{b\omega}{\omega^2 - \alpha^2} \cdot \frac{1}{s^2 + \alpha^2}.$$

3. Rücktransformation $\mathfrak{L}(y) = y(t)$ gemäß Tabelle:

$$y(t) = \frac{a}{\omega^2 - \alpha^2} (\cos \alpha t - \cos \omega t) + \frac{b}{\omega^2 - \alpha^2} \left(\frac{\omega}{\alpha} \sin \alpha t - \sin \omega t\right).$$

Für $a \to \alpha$ (Resonanz!) erhält man, indem man den Grenzübergang etwa nach der L'Hospitalschen Regel (vgl. 4.3.8) vollzieht,

$$y(t) = \frac{1}{2\omega^2} [a\omega t \sin \alpha t + b(\sin \omega t - \omega \cos \omega t)].$$

9.3 Randwertprobleme, Variationsrechnung

[23, 25, 34]

9.3.1 Rand- und Eigenwertprobleme

[48, 82, 107]

9.3.1.1 Grundlagen. Es sei

$$L[y] = p_n y^{(n)} + p_{n-1} y^{(n-1)} + \cdots + p_1 y' + p_0 y$$

eine Linearkombination einer Funktion $y = y(x)$ und ihrer Ableitungen mit Koeffizienten $p_\nu = p_\nu(x)$ $(\nu = 0, 1, \ldots, n)$. $L[y] = q(x)$ ist dann eine lineare Differentialgleichung für y (vgl. 9.1.3.1). Man spricht von einem *Randwertproblem*, wenn man ein Intervall $a \leq x \leq b$ betrachtet und für y außerdem am Rand, d.h. bei a und b, gewisse Randbedingungen der Form

$$f_j = c_j \qquad (j = 1, 2, \ldots, n)$$

vorschreibt. Die f_j sind dabei Linearkombinationen von

$$y(a), \quad y(b), \quad y^{(\nu)}(a), \quad y^{(\nu)}(b) \qquad (\nu = 1, 2, \ldots, n-1),$$

die c_j Konstanten.

Man spricht von *Randwertproblemen erster, zweiter oder dritter Art*, je nachdem, ob in f_j nur die Randwerte der Funktion, nur die Randwerte ihrer Ableitungen oder beide in linearer Kombination enthalten sind.

9.3.1.2 Homogene und inhomogene Randwertprobleme. Das Randwertproblem heißt *homogen*, wenn mit $y(x)$ auch alle Vielfachen $cy(x)$ Lösungen sind. Das ist der Fall, wenn $q(x) = 0$ ist und die Randbedingungen die Form $f_j = 0$ haben. Andernfalls heißt das Problem *inhomogen*. Zu jedem inhomogenen Problem gehört ein homogenes, das man erhält, indem man $q(x) = 0$ und $c_j = 0$ setzt.

9.3.1.3 Alternativsatz. Ein inhomogenes Problem besitzt genau dann eine eindeutig bestimmte Lösung, wenn das zugehörige homogene Problem nur die „triviale" Lösung $y(x) = 0$ hat. Hat das homogene Problem nichttriviale Lösungen $y(x) \neq 0$, so ist das zugehörige inhomogene Problem nur unter gewissen Bedingungen lösbar, und die Lösung ist dann nicht eindeutig bestimmt.

Sind z.B. die Randbedingungen noch homogen $(c_j = 0)$, aber die Differentialgleichung inhomogen $(q(x) \neq 0)$, so lauten diese Bedingungen: Es muß

$$\int_a^b y_h(x)\, q(x)\, dx = 0$$

sein für alle Lösungen $y_h(x)$ des homogenen Problems.

9.3.1.4 Eigenwertprobleme und Eigenfunktionen. Ein Eigenwertproblem liegt vor, wenn ein homogenes Randwertproblem noch einen Parameter λ enthält und die Werte von λ gesucht sind, für die das Problem nichttriviale Lösungen hat. Diese Werte heißen *Eigenwerte*, die zugehörigen Lösungen *Eigenfunktionen*. Eigenwertprobleme sind für die Technik besonders wichtig; solche Probleme sind uns schon begegnet, insbesondere sei auf das (klassische) Beispiel der schwingenden Saite hingewiesen (s. 9.2.3.4.6a): die dort gewonnenen Ergebnisse (unendlich viele und monoton wachsende Eigenwerte und Orthogonalität der Eigenfunktionen) sind weitgehend bei allen Randwertproblemen anzutreffen (s. a. Beispiel 3).

Beispiel 1: Bei der Knickung eines einseitig eingespannten Stabes wird man auf das Eigenwertproblem

$$y'' + \lambda^2 y = 0, \quad y(0) = 0, \quad y'(l) = 0$$

geführt (Koordinatenursprung im freien Ende des ausgelenkten Balkens). Die Lösung der Differentialgleichung ist

$$y = A \cos \lambda x + B \sin \lambda x.$$

Aus $y(0) = 0$ folgt $A = 0$, aus $y'(l) = 0$ folgt $\lambda B \cos \lambda l = 0$. Soll $y \neq 0$ sein, so folgt entweder $\lambda = 0$ oder

$$\lambda = \frac{2j+1}{2l}\,\pi = \lambda_j \qquad (j = 0, \pm 1, \pm 2, \ldots).$$

Der kleinste positive Eigenwert $\lambda_0 = \dfrac{\pi}{2l}$ bestimmt die sog. *Knicklast.*

Beispiel 2: Bei der Bestimmung der Eigenfrequenz der Transversalschwingung eines einseitig eingespannten Stabes wird man auf folgende Differentialgleichung geführt:

$$\frac{\partial^4 w}{\partial x^4} + c^2 \frac{\partial^2 w}{\partial t^2} = 0, \quad w(0) = w'(0) = w''(l) = w'''(l) = 0.$$

Der Ansatz $w(x, t) = y(x) \sin(\omega t + \alpha)$ liefert

$$y^{(4)} - \lambda^4 y = 0 \qquad (\lambda^4 = c^2\omega^2)$$

mit der Lösung

$$y(x) = C_1 \cos \lambda x + C_2 \sin \lambda x + C_3 \cosh \lambda x + C_4 \sinh \lambda x.$$

Berücksichtigung der Randbedingungen $y(0) = y'(0) = y''(l) = y'''(l) = 0$ führt zunächst auf $C_1 + C_3 = 0$ und $C_2 + C_4 = 0$ und damit auf

$$C_1(\cos \lambda l + \cosh \lambda l) + C_2(\sin \lambda l + \sinh \lambda l) = 0,$$

$$C_1(-\sin \lambda l + \sinh \lambda l) + C_2(\cos \lambda l + \cosh \lambda l) = 0.$$

Soll $y \neq 0$, d.h. $(C_1; C_2) \neq (0; 0)$ sein, so folgt, daß die Determinante dieses Systems

$$\cosh \lambda l \cos \lambda l + 1 = 0$$

sein muß. Die kleinste positive Lösung dieser Gleichung (Tabelle 1–22) ist $\lambda l = 1{,}875$ und bestimmt die erste Eigenfrequenz.

Beispiel 3: Wärmeleitung in einem langen Kreiszylinder (Radius r_0). Differentialgleichung für die Temperatur

$$\alpha^2 \Delta u = \alpha^2 \left(u_{rr} + \frac{1}{r} u_r\right) = u_t.$$

Produktansatz liefert (s. 9.2.3.2) $u = A e^{-\alpha^2\lambda^2 t} J_0(\lambda r)$, wobei J_0 die Besselfunktion und A und λ beliebige Konstanten sind. Wird der Zylindermantel auf konstanter Temperatur ($u = 0$) gehalten, so lautet die Randbedingung

$$u(r_0, t) = 0 \quad \text{d.h.} \quad J_0(\lambda r_0) = 0.$$

Die Eigenwerte sind $\lambda_j = x_j / r_0$, wobei x_j aus der Tabelle 1–23 entnommen werden kann. Man hat dann

$$u = \sum_{j=0}^{\infty} A_j e^{-\alpha^2\lambda_j^2 t} J_0(\lambda_j r) = u(r, t).$$

Anfangsbedingung: $u(r, 0) = f(r) = \sum\limits_{j=0}^{\infty} A_j J_0\left(\dfrac{x_j}{r_0} r\right)$.

Nun ist die Besselfunktion $J_0\left(\dfrac{x_j}{r_0} r\right)$ mit der *Belegungsfunktion* r orthogonal:

$$\int_{r=0}^{r_0} r J_0\left(\frac{x_j}{r_0} r\right) J_0\left(\frac{x_k}{r_0} r\right) dr = \begin{cases} 0 & \text{für } j \neq k \\ \dfrac{r_0^2}{2} J_1^2(x_j) & \text{für } j = k. \end{cases}$$

Man hat also

$$A_j = \frac{2}{r_0^2 J_1^2(x_j)} \int_{r=0}^{r_0} f(r)\, r J_0\left(\frac{x_j}{r_0} r\right) dr,$$

womit auch $u(r, t)$ ermittelt ist.

9.3.1.5 Das Sturm-Liouvillesche Randwertproblem und die Greensche Funktion. Das Problem besteht darin, für die Sturm-Liouvillesche (sog. selbstadjungierte und inhomogene) Differentialgleichung

$$\frac{\mathrm{d}}{\mathrm{d}x}\left[p(x)\,\frac{\mathrm{d}y}{\mathrm{d}x}\right] + q(x)\,y = s(x), \quad p(x) > 0$$

den homogenen Randbedingungen

$$A[y(a)] = \alpha_1 y(a) + \alpha_2 y'(a) = 0, \qquad B[y(b)] = \beta_1 y(b) + \beta_2 y'(b) = 0$$

genügende Lösung $y = y(x)$ zu finden. Man erhält

$$y(x) = \int\limits_a^b G(x,\xi)\,s(\xi)\,\mathrm{d}\xi.$$

Hierbei ist $G(x, \xi) = G(\xi, x)$ die sog. *Greensche- oder Einflußfunktion*, die folgende Eigenschaften hat: 1. Sie genügt (für festes $\xi \neq x$ als Funktion von x) der homogenen ($s(x) = 0$) Sturm-Liouvilleschen Differentialgleichung; 2. sie erfüllt die (homogenen) Randbedingungen; 3. ihre Ableitung nach x macht bei $x = \xi$ einen Sprung:

$$\left(\frac{\partial G}{\partial x}\right)_{x=\xi+0} - \left(\frac{\partial G}{\partial x}\right)_{x=\xi-0} = \frac{1}{p(\xi)}.$$

Sind $y_1(x)$ und $y_2(x)$ linear unabhängige und den Randbedingungen $A[y_1(a)] = 0$ und $B[y_2(b)] = 0$ genügende Lösungen der homogenen Differentialgleichung, so ist

$$G(x,\xi) = \begin{cases} y_2(x)\,y_1(\xi)\,p(\xi) & \text{für } a \leq \xi \leq x \leq b\,, \\ y_1(x)\,y_2(\xi)\,p(\xi) & \text{für } a \leq x \leq \xi \leq b\,. \end{cases}$$

Solche Funktionen $y_1(x)$ und $y_2(x)$ findet man (durch geeignete Wahl der Konstanten) in den Linearkombinationen

$$y_1(x) = a_1 f_1(x) + a_2 f_2(x); \quad y_2(x) = b_1 f_1(x) + b_2 f_2(x)$$

aus dem Fundamentalsystem $f_1(x)$ und $f_2(x)$ der homogenen Differentialgleichung. Nach diesen Ausführungen ist es ersichtlich, daß die aus dem Fundamentalsystem der homogenen Differentialgleichung „konstruierbare" Greensche Funktion das (homogene) Randwertproblem der inhomogenen Differentialgleichung „löst".

Beispiel: $y'' = x^2$; Randbedingungen $y(0) = 0$, $y(l) = 0$. Hier ist $f_1(x) = 1$ und $f_2(x) = x$ das Fundamentalsystem von $y'' = 0$, und damit ergeben sich $y_1(x) = x$ und $y_2(x) = (x - l)/l$ und dementsprechend

$$G(x,\xi) = \begin{cases} \left(\frac{x}{l} - 1\right)\xi & \text{für } 0 \leq \xi \leq x \leq l \\ x\left(\frac{\xi}{l} - 1\right) & \text{für } 0 \leq x \leq \xi \leq l. \end{cases}$$

Die gesuchte Lösung ist:

$$y(x) = (x^3 - l^3)\,\frac{x}{12}.$$

Bemerkung: In ähnlicher Form lassen sich Greensche Funktionen sowohl für gewöhnliche Differentialgleichungen höherer Ordnung wie auch für spezielle Differentialgleichungen angeben.

In vielen und gerade für die Anwendungen interessanten Fällen, wie z.B. Instabilitäts- und Eigenschwingungsprobleme (s. die Beispiele in 9.1.3.4), hat das Sturm-Liouvillesche Problem nur dann eine Lösung, wenn in der Differentialgleichung

$$\frac{\mathrm{d}}{\mathrm{d}x}\left[p(x)\,\frac{\mathrm{d}y}{\mathrm{d}x}\right] + [q(x) + \lambda r(x)]\,y = 0$$

der Parameter λ bestimmte, die schon erwähnten *Eigenwerte* annimmt. Über den ***Zusammenhang der Randwertprobleme mit den Integralgleichungen*** s. 9.4.1.4.

9.3.2 Variationsrechnung

[23, 25, 44, 52, 61, 91]

9.3.2.1 Grundaufgabe. Es sei

$$F(x, y_1, y_2, \ldots, y_n, y_1', \ldots, y_n', y_1'', \ldots, y_n'', y_1''', \ldots)$$

eine Funktion von einer unabhängigen Variablen x und n gesuchten Funktionen $y_1, y_2, \ldots, y_n$ und ihren Ableitungen[1]). Die $y_i = y_i(x)$ $(i = 1, 2, \ldots, n)$ sind so zu bestimmen, daß

$$J = \int_a^b F \, dx$$

ein Extremum wird (d.h. einen möglichst kleinen oder möglichst großen Wert annimmt). Außerdem können noch zusätzliche Bedingungen, insbesondere Randbedingungen bei a und b, für die y_i verlangt werden. Extremalaufgaben dieser Art ergeben sich bei verschiedenen Problemen der Mathematik und Physik; in der Mechanik z.B. aus der Forderung, daß das sogenannte elastische Potential $\Pi = W - A$ (W Formänderungsarbeit, A Arbeit der äußeren eingeprägten Kräfte) ein Extremum sein muß.

Beispiel 1: Gelenkig gelagerter Biegestab unter einer Streckenlast $p(x)$.

$$W = \frac{E}{2} \int_0^l I_y(x) \, [w''(x)]^2 \, dx, \quad A = \int_0^l p(x) \, w(x) \, dx,$$

$$\Pi = \frac{E}{2} \int_0^l I_y(w''^2 \, dx - \int_0^l pw \, dx = \text{Extremum}$$

unter den Randbedingungen $w(0) = w(l) = w''(0) = w''(l) = 0$ ($I_y(x)$ Flächenträgheitsmoment, $w(x)$ Biegelinie).

Beispiel 2: Am Rand eingespannte Rechteckplatte (F) mit einer Einzelkraft P in der Mitte belastet.

$$\Pi = W - A = \frac{1}{2} \iint N \left\{ (\Delta w)^2 - 2(1 - \nu) \left[\frac{\partial^2 w}{\partial x^2} \frac{\partial^2 w}{\partial y^2} - \left(\frac{\partial^2 w}{\partial x \, \partial y} \right)^2 \right] \right\} dx \, dy - Pw(0, 0) = \text{Extremum}$$

(N Plattensteifigkeit) unter den Randbedingungen $w = 0$ sowie $\frac{\partial w}{\partial x} = 0$ oder $\frac{\partial w}{\partial y} = 0$ an den Rändern $x = \text{const}$ und $y = \text{const}$. Hier ist $w(x, y)$ die gesuchte Funktion, x und y sind die unabhängigen Veränderlichen.

Das erste klassische Problem dieser Art ist das der Brachistochrone (Kurve kürzester Fallzeit): Die Kurve zwischen zwei (nicht übereinanderliegenden) Punkten zu bestimmen, längs der ein Massenpunkt in kürzester Zeit fällt (s. folgendes Beispiel 2).

9.3.2.2 Eulersche Differentialgleichung. Die Lösung $y(x)$ des Variationsproblems

$$J = \int_a^b F(x, y, y') \, dx = \text{Extremum}$$

muß der sogenannten Eulerschen Differentialgleichung[2])

$$(E) \qquad F_y - (d/dx) \, F_{y'} = 0$$

genügen. Außerdem muß sie die Randbedingungen, etwa $y(a) = y_a$, $y(b) = y_b$ erfüllen. Sind von vornherein keine Randbedingungen gegeben (freies Extremum), so muß die Lösung $y(x)$ außer (E) noch sogenannte *natürliche Randbedingungen* erfüllen. Sie lauten:

$$F_{y'} |_{x=a} = 0, \quad F_{y'} |_{x=b} = 0.$$

(E) ist eine Differentialgleichung zweiter Ordnung. Ist umgekehrt eine Differentialgleichung zweiter Ordnung gegeben, so kann man unter gewissen, in den Anwendungen meist

[1]) Im allgemeinsten Fall hat man mehrere unabhängige Variable und partielle Ableitungen. Außerdem können zu dem Integral noch Ausdrücke hinzutreten, die die Werte der Funktionen und ihrer Ableitungen in irgendwelchen Punkten enthalten (vgl. Beispiel 2).

[2]) Dieser Begriff hat mit der Eulerschen Differentialgleichung in 9.1.3.7 nichts zu tun.

erfüllten Voraussetzungen ein zugehöriges Variationsproblem angeben. So gehört zu der selbstadjungierten (vgl. 9.3.2.7) Differentialgleichung

$$\frac{\mathrm{d}}{\mathrm{d}x}\left[p(x)\frac{\mathrm{d}y}{\mathrm{d}x}\right] + \lambda\varrho(x)\,y = 0$$

das Variationsproblem

$$\frac{1}{2}\int_a^b [p(x)\,y'^2 - \lambda\varrho(x)\,y^2]\,\mathrm{d}x = \text{Extremum}$$

(vgl. auch 9.3.2.7).

Fehlt in F die Variable x, so kann man die Eulersche Differentialgleichung einmal integrieren und erhält:

$$F - y'F_{y'} = C = \text{const}.$$

Beispiel 1: Das Problem, eine Kurve zu finden, die eine Drehfläche möglichst kleiner Oberfläche erzeugt, führt auf

$$J = \int_{x_0}^{x_1} y\sqrt{1 + y'^2}\,\mathrm{d}x = \text{Minimum}$$

mit

$$y(x_0) = y_0, \quad y(x_1) = y_1.$$

Einmal integrierte Eulersche Differentialgleichung:

$$y = C^2(1 + y'^2).$$

Lösung:

$$y = c_1 \cosh\frac{x + c_1}{c_2} \quad \text{(Kettenlinie)}.$$

Die Konstanten c_1 und c_2 bestimmt man aus

$$y_0 = c_1 \cosh\frac{x_0 + c_1}{c_2} \quad \text{und} \quad y_1 = c_1 \cosh\frac{x_1 + c_1}{c_2}.$$

Beispiel 2: Die *Brachistochrone* (s. a. 7.5.2.2)

$$T = \frac{1}{\sqrt{2g}}\int_0^a \sqrt{\frac{1 + y'^2}{h - y}}\,\mathrm{d}x, \qquad \begin{array}{ll} y(a) = h = & \text{Fallhöhe,} \\ g,\ a & \text{Konstanten.} \end{array}$$

F bzw. T ist von x unabhängig, so daß aus $F - y'F_{y'} = C$

$$\int \mathrm{d}x = x - A = \int \sqrt{\frac{C^2(h - y)}{1 - C^2(h - y)}}\,\mathrm{d}y$$

folgt, woraus man mit $C^2(h - y) = \sin^2\frac{\varphi}{2}$, $c = \frac{1}{2C^2}$ und aus den Randbedingungen $y(0) = 0$, $y(a) = h$ die Zykloide gewinnt:

$$x = h - c(1 - \cos\varphi), \quad y = a - c(\varphi - \sin\varphi).$$

Für c gilt:

$$\arccos\left(1 - \frac{h}{c}\right) - \sqrt{\frac{a}{c}\left(2 - \frac{h}{c}\right)} = \frac{a}{c}.$$

9.3.2.3 Legendresche Bedingung. Die Tatsache, daß $y = y(x)$ den Randbedingungen und (E) genügt, ist noch nicht hinreichend dafür, daß J wirklich ein Extremum wird. Praktisch ergibt sich dies meist aus der Stellung des Problems. Eine weitere notwendige Bedingung ist die sogenannte Legendresche Bedingung: Es muß $F_{y'y'} \gtrless 0$ sein für $a \leq x \leq b$.

9.3.2.4 Nebenbedingungen. Ist z. B. die Funktion $y = y(x)$ gesucht, für die

$$J = \int_a^b F(x, y, y')\,\mathrm{d}x$$

ein Extremum wird unter der Nebenbedingung, daß

$$\int_a^b G(x, y, y')\,\mathrm{d}x = C = \text{const}$$

sein soll, so hat man in der Eulerschen Differentialgleichung (vgl. 9.3.2.2) F durch $F - \lambda G$ mit einem Parameter λ zu ersetzen.

Beispiel. Das Problem, die Form eines Kurvenstückes gegebener Länge zu finden, das mit der x-Achse einen möglichst großen Flächeninhalt einschließt, führt auf

$$\int_a^b y\,\mathrm{d}x = \text{Maximum}, \quad y(a) = y(b) = 0,$$

unter der Nebenbedingung

$$\int_a^b \sqrt{1 + y'^2}\,\mathrm{d}x = L.$$

Die einmal integrierte Eulersche Differentialgleichung lautet:

$$(y - c)\sqrt{1 + y'^2} + \lambda = 0.$$

Lösung:

$$(x - c_1)^2 + (y - c_2)^2 = \lambda^2 \quad \text{(Kreis)}.$$

c_1 und c_2 ergeben sich aus

$$(a - c_1)^2 + c_2^2 = (b - c_1)^2 + c_2^2 = \lambda^2, \qquad \int_a^b \sqrt{1 + y'^2}\,\mathrm{d}x = L.$$

9.3.2.5 Allgemeine Eulersche Differentialgleichung. Zu

$$J = \int_a^b F(x, y, y', y'', \ldots, y^{(n)})\,\mathrm{d}x = \text{Extremum}$$

gehört die Eulersche Differentialgleichung

$$F_y - (\mathrm{d}/\mathrm{d}x)\,F_{y'} + (\mathrm{d}^2/\mathrm{d}x^2)\,F_{y''} - \cdot + \cdots + (-1)^n\,(\mathrm{d}^n/\mathrm{d}x^n)\,F_{y^{(n)}} = 0.$$

So gehört zu

$$J = \frac{1}{2}\int_a^b [p(x)\,y''^2(x) - q(x)\,y'^2(x) + r(x)\,y^2(x)]\,\mathrm{d}x = \text{Extremum}$$

die Differentialgleichung

$$\frac{\mathrm{d}^2}{\mathrm{d}x^2}[p(x)\,y''(x)] + \frac{\mathrm{d}}{\mathrm{d}x}[q(x)\,y'(x)] + r(x)\,y(x) = 0.$$

Zu

$$J = \iint F(x, y, u, u_x, u_y)\,\mathrm{d}x\,\mathrm{d}y = \text{Extremum}$$

gehört

$$\frac{\partial F}{\partial u} - \frac{\partial}{\partial x}\left[\frac{\partial F}{\partial u_x}\right] - \frac{\partial}{\partial y}\left[\frac{\partial F}{\partial u_y}\right] = 0.$$

Zu

$$\iint\left[\left(\frac{\partial z}{\partial x}\right)^2 + \left(\frac{\partial z}{\partial y}\right)^2\right]\mathrm{d}x\,\mathrm{d}y = \text{Extremum}$$

gehört $\Delta z = 0$, die Laplacesche Potentialgleichung.

9.3.2.6 Ritzsches Verfahren [48, 107]. Näherungslösungen für Variationsaufgaben sind oft folgendermaßen zu gewinnen: Man wählt eine von n Parametern $c_1, \ldots, c_n$ abhängige Funktion $f(x; c_1, \ldots, c_n)$ und setzt $y = f$ in J ein. Nun Parameter so bestimmen, daß J ein Maximum (Minimum) wird. Dies geschieht, indem man aus den n Gleichungen

$$\partial J/\partial c_1 = 0, \quad \partial J/\partial c_2 = 0, \ldots, \partial J/\partial c_n = 0$$

die n Unbekannten $c_1, \ldots, c_n$ ausrechnet. Erfolg des Verfahrens hängt von der geschickten Wahl von $f(x; c_1, \ldots, c_n)$ ab.

Das Ritzsche Verfahren wird mit Erfolg zur Ermittlung von Eigenwerten verwendet.

Beispiel: Nach 9.3.2.5 gehört zu der Differentialgleichung von Beispiel 2 in 9.3.1.4 das Variationsintegral

$$J = \frac{1}{2} \int_0^l (y''^2 - \lambda^4 y^2) \, dx.$$

Mit dem Ansatz $y = f(x; c_1, \ldots, c_n) = c_1 y_1(x) + \cdots + c_n y_n(x)$ ergeben sich die Gleichungen zur Bestimmung der c_i zu

$$\sum_{k=1}^{n} (\alpha_{jk} - \lambda^4 \beta_{jk}) c_k = 0, \quad j = 1, \ldots, n$$

mit

$$\alpha_{jk} = \int_0^l y_j'' y_k'' \, dx, \qquad \beta_{jk} = \int_0^l y_j y_k \, dx.$$

Wegen $y \neq 0$, d.h. $(c_1; \ldots; c_n) \neq (0; \ldots; 0)$ ergibt sich folgende Gleichung (sog. Säkulargleichung) zur Bestimmung von λ:

$$\begin{vmatrix} \alpha_{11} - \lambda^4 \beta_{11} \cdots \alpha_{1n} - \lambda^4 \beta_{1n} \\ \vdots \quad \cdots\cdots\cdots\cdots\cdots\cdots \\ \alpha_{n1} - \lambda^4 \beta_{n1} \cdots \alpha_{nn} - \lambda^4 \beta_{nn} \end{vmatrix} = 0.$$

Im einfachsten Fall eines eingliedrigen Ansatzes $y = c_1 y_1$ wird

$$\lambda^4 = \frac{\alpha_{11}}{\beta_{11}} = \frac{\int_0^l y_1''^2 \, dx}{\int_0^l y_1^2 \, dx}.$$

Mit der die Randbedingungen $y(0) = 0$, $y'(0) = 0$ erfüllenden Funktion $y_1(x) = x^4 - 4lx^3 + 6l^2x^2$ wird

$$\lambda l = \sqrt[4]{12{,}46} = 1{,}88.$$

Der exakte Wert ist $\lambda l = 1{,}875$ (vgl. 9.3.1.4, Beispiel 2).

9.3.2.7 Zurückführung von Eigenwertproblemen auf Variationsprobleme [107]. Ein Eigenwertproblem ist folgendermaßen gegeben (vgl. 9.3.1):

$$L[y] - \lambda N[y] = 0 \text{ und Randbedingungen bei } x = a \text{ und } x = b,$$

die λ nicht mehr enthalten. Dann ist der kleinste positive Eigenwert λ_1 unter gewissen Bedingungen gleich dem Minimum des sogenannten *Rayleighschen Quotienten:*

$$\lambda_1 = \text{Min}\, R[y], \quad R[y] = \frac{\int_a^b y L[y] \, dx}{\int_a^b y N[y] \, dx}.$$

Dabei muß vorausgesetzt werden, daß $L[y]$ und $N[y]$ „*selbstadjungierte*" Differentialausdrücke sind. Dies bedeutet, daß für zwei beliebige „Vergleichsfunktionen" $y(x)$ und $z(x)$, d.h. genügend oft differenzierbare Funktionen, die die Randbedingungen erfüllen, die folgenden *Integralrelationen* gelten:

$$\int_a^b (yL[z] - zL[y]) \, dx = 0,$$

$$\int_a^b (yN[z] - zN[y]) \, dx = 0.$$

Dies läßt sich in jedem Falle leicht durch partielle Integration feststellen.

Oft ist es schwer, über die Differentialgleichung direkt den Eigenwert λ_1 zu bestimmen. Dann löst man das Variationsproblem mit Nebenbedingung

$$\int_a^b y L[y] \, dx = \text{Minimum}, \quad \int_a^b y N[y] \, dx = 1$$

näherungsweise etwa nach dem Ritzschen Verfahren. Das auf diese Weise bestimmte Minimum ist nach obigem ein Näherungswert für λ_1.

Beispiel: Das Eigenwertproblem (vgl. 9.3.1.4)

$$-y'' = \lambda^2 y, \quad y(0) = 0, \quad y'(l) = 0$$

ist selbstadjungiert. Als Näherungsfunktion nehmen wir z. B. ein Polynom zweiten Grades, das die Randbedingungen erfüllt, nämlich

$$y = Ax(x - 2l).$$

Aus

$$\int_a^b yN[y]\,dx = \int_0^l y^2\,dx = A^2 \int_0^l x^2(x - 2l)^2\,dx = \frac{8}{15} A^2 l^5 = 1$$

folgt

$$A^2 = \frac{15}{8l^5}.$$

Somit wird

$$\int_a^b yL[y]\,dx = \int_0^l y(-y'')\,dx = -2A^2 \int_0^l x(x - 2l)\,dx = \frac{4}{3} A^2 l^3 = 2{,}5\,\frac{1}{l^2}.$$

Dies ist ein Näherungswert für λ_1^2. Der genaue Wert ist $\frac{\pi^2}{4l^2} = 2{,}4674\,\frac{1}{l^2}$. Der Fehler beträgt weniger als 2%.

9.4 Integralgleichungen

[23, 25, 34, 54, 80, 106]

9.4.1 Allgemeine Sätze

9.4.1.1 Grundlagen. Eine Gleichung zur Bestimmung einer unbekannten Funktion $y(s)$ heißt Integralgleichung, wenn y unter einem Integralzeichen vorkommt.

9.4.1.2 Einfache Arten. *Lineare Integralgleichungen 1. Art:*

$$\int_a^b K(s, t)\, y(t)\,dt = f(s).$$

Lineare Integralgleichungen 2. Art:

$$\int_a^b K(s, t)\, y(t)\,dt + y(s) = f(s).$$

$K(s, t)$ und $f(s)$ sind dabei gegebene Funktionen. $K(s, t)$ heißt Kern der Integralgleichung.

Sind die Integrationsgrenzen fest, so spricht man von einer *Fredholmschen Integralgleichung.*

Eine *Integralgleichung* mit variabler oberer Grenze, z. B.

$$\int_a^s K(s, t)\, y(t)\,dt = f(s),$$

heißt *vom Volterraschen Typ.*

9.4.1.3 Auflösung und Alternativsatz Fredholmscher Integralgleichungen. Mit dem Parameter λ pflegt man die Fredholmsche Integralgleichung in folgender Form zu schreiben:

$$y(s) - \lambda \int_a^b K(s, t)\, y(t)\,dt = f(s).$$

Den Kern wollen wir symmetrisch voraussetzen: In die Problematik der Auflösung dieser Integralgleichung bekommt man einen Einblick auf folgende Weise: Wir teilen das Integrationsintervall in n gleiche Teile der Länge $\frac{b-a}{n} = \frac{l}{n}$ und ersetzen näherungsweise das Integral durch die zu den Teilungspunkten gehörigen Summen, wodurch man zu folgendem linearen Gleichungssystem für die (unbekannten) $y\left(j\frac{l}{n}\right)$ kommt:

$$y\left(j\frac{l}{n}\right) - \lambda \sum_{k=1}^{n} K\left(j\frac{l}{n}, k\frac{l}{n}\right) y\left(k\frac{l}{n}\right) \frac{l}{n} = f\left(j\frac{l}{n}\right).$$

Damit hätte man schon eine praktische Möglichkeit, die vorgelegte Integralgleichung zu lösen, d.h. die Werte der $y_j = y\left(j\frac{l}{n}\right)$ unbekannten Funktion an den Stellen $s_j = j\frac{l}{n}$ zu bestimmen.

Die Determinante D des Gleichungssystems ist ein Polynom n-ten Grades in λ. Das Gleichungssystem ist für $D \neq 0$ lösbar, während das zugehörige homogene System $\left(f\left(j\frac{l}{n}\right) = 0\right)$ von Null verschiedene (sog. nicht triviale Lösungen) nur für $D = 0$ besitzt. Durch Grenzübergang kommt man, wie Fredholm und Hilbert gezeigt haben, zu folgender *Auflösungsformel*:

$$y(s) = f(s) + \lambda \int_a^b R(s, t; \lambda) f(t) \, dt,$$

wobei

$$R(s, t; \lambda) = \frac{\sum (-1)^k d_k(s,t) \lambda^k}{\sum\limits_{k=0}^{\infty} (-1)^k \Delta_k \lambda^k}$$

die sog. *Resolvente* ist; weiterhin gelten mit $d_0(s, t) = K(s, t)$ und $\Delta_0 = 1$ die Rekursionsformeln

$$k\Delta_k = \int_a^b d_{k-1}(t, t) \, dt,$$

$$d_k(s, t) = K(s, t) \Delta_k - \int_a^b K(s, \tau) d_{k-1}(\tau, t) \, d\tau.$$

Demnach hat die inhomogene Integralgleichung ($f(s) = 0$) dann keine Lösung, wenn die Potenzreihe im Nenner Null wird; diese Werte von λ werden *Eigenwerte* der Integralgleichung genannt: Andererseits besitzt die homogene Integralgleichung gerade für die Eigenwerte (nichttriviale) Lösungen; sie werden *Eigenfunktionen* der Integralgleichung genannt: Im Sinne dieser Ausführungen besagt der *Fredholmsche Alternativsatz*: Entweder hat die inhomogene Integralgleichung eine Lösung $y(s)$ oder die homogene Integralgleichung eine Lösung $h(s)$, im letzteren Falle nur dann, wenn

$$\int_a^b f(s) \, h(s) \, ds = 0$$

ist.

Eine *weitere Auflösungsformel* stellt die sog. *Neumannsche Reihe* dar:

$$y(s, \lambda) = y_0(s) + y_1(s) \lambda + y_2(s) \lambda^2 + \cdots,$$

wobei

$$y_0(s) = f(s), \quad y_k(s) = \int_a^b K(s, t) \, y_{k-1}(t) \, dt$$

bedeutet.

9.4.1.4 Rand- und Eigenwertprobleme lassen sich sehr oft auf Integralgleichungen zurückführen. Ein Eigenwertproblem führt z.B. meist auf die Frage, für welche Werte von

λ (Eigenwerte) die Gleichung

$$y(s) - \lambda \int_a^b K(s, t)\, y(t)\, \mathrm{d}t = 0$$

nichttriviale Lösungen hat. So entspricht der (inhomogenen) Sturm-Liouvilleschen Differentialgleichung

$$\frac{\mathrm{d}}{\mathrm{d}x}\left[p(x)\frac{\mathrm{d}y}{\mathrm{d}x}\right] + [q(x) + \lambda r(x)]\, y = s(x)$$

mit der (zur homogenen Differentialgleichung gehörigen) Greenschen Funktion $G(x, \xi)$ die Fredholmsche Integralgleichung

$$y(x) = \int_a^b G(x, \xi)\, s(\xi)\, \mathrm{d}\xi - \lambda \int_a^b G(x, \xi)\, r(\xi)\, y(\xi)\, \mathrm{d}\xi$$

mit den gleichen (homogenen) Randbedingungen (s. a. 9.3.1.5).

Im allgemeinen erweist sich aber dieser Weg unter Vermeidung der Differentialgleichung des betreffenden Problems als sehr umständlich, was man z. B. an dem Problem der schwingenden Saite eklatant erkennt; s. S. 13—15 in [80].

9.4.2 Spezielle Fälle

(Genaueres über die Voraussetzungen im Schrifttum.)

9.4.2.1 Fouriersche Integralgleichung.

$$\frac{1}{\sqrt{2\pi}} \int_{-\infty}^{+\infty} e^{ist} y(t)\, \mathrm{d}t = f(s); \qquad y(t) = \frac{1}{\sqrt{2\pi}} \int_{-\infty}^{+\infty} e^{-ist} f(s)\, \mathrm{d}s,$$

$$\sqrt{\frac{2}{\pi}} \int_0^{\infty} \begin{Bmatrix}\cos st\\ \sin st\end{Bmatrix} y(t)\, \mathrm{d}t = f(s); \qquad y(t) = \sqrt{\frac{2}{\pi}} \int_0^{\infty} \begin{Bmatrix}\cos st\\ \sin st\end{Bmatrix} f(s)\, \mathrm{d}s.$$

$f(s)$ heißt *Fourier*-Transformierte von $y(t)$.

9.4.2.2 Laplacetransformation.

$$\int_0^{\infty} e^{-st} y(t)\, \mathrm{d}t = f(s);$$

Umkehrung (*Riemann-Mellin*):

$$y(t) = \frac{1}{2\pi i} \int_{\eta - i\infty}^{\eta + i\infty} e^{st} f(s)\, \mathrm{d}s.$$

η ist (falls möglich) so zu wählen, daß das rechtsstehende Integral konvergiert.

9.4.2.3 Hilberttransformation.

$$\frac{1}{\pi} \int_{-\infty}^{+\infty} \frac{y(t)}{s - t}\, \mathrm{d}t = f(s); \qquad y(t) = \frac{1}{\pi} \int_{-\infty}^{+\infty} \frac{f(s)}{s - t}\, \mathrm{d}s.$$

9.4.2.4 Abelsche Integralgleichung.

$$\int_0^s \frac{y(t)\, \mathrm{d}t}{(s - t)^{\alpha}} = f(s); \qquad y(t) = \frac{\sin \pi\alpha}{\pi} \frac{\mathrm{d}}{\mathrm{d}t}\left(\int_0^t f(s)\, (t - s)^{\alpha - 1}\, \mathrm{d}s\right); \qquad (0 < \alpha < 1).$$

9.4.2.5 Hankelsche Integralgleichung.

$$\int_0^{\infty} J_p(st)\, y(t)\, t\, \mathrm{d}t = f(s); \qquad y(t) = \int_0^{\infty} J_p(st)\, f(s)\, s\, \mathrm{d}s \qquad \left(J_p \text{ Besselsche Funktion, } p \geqq -\frac{1}{2},\ s > 0,\ t > 0\right).$$

9.4.2.6 Gaußtransformation.

$$\int_{-\infty}^{\infty} e^{-h^2(s-t)^2}\, y(t)\, dt = f(s);$$

$$y(t) = \frac{h\sqrt{2}}{2\pi} \int_{-\infty}^{\infty} e^{-iut}\, e^{\frac{u^2}{4h^2}} f^*(u)\, du, \quad \text{wobei } f^*(u) = \frac{1}{\sqrt{2\pi}} \int_{-\infty}^{\infty} e^{ius} f(s)\, ds.$$

9.4.2.7 *N*-Transformation.

$$\frac{1}{\sqrt{2\pi}} \int_{-\infty}^{\infty} t^{-\frac{1}{2}+is}\, y(t)\, dt = f(s); \qquad y(t) = \frac{1}{\sqrt{2\pi}} \int_{-\infty}^{\infty} t^{-\frac{1}{2}-is} f(s)\, ds.$$

9.4.2.8 $\int_0^{\infty} \frac{y(t)}{s+t}\, dt = f(s); \quad y(t) = \frac{1}{2\pi} \int_{-\infty}^{\infty} \frac{F^*(u) \cosh u\pi}{\pi}\, e^{-iut} du, \quad \text{wobei } F^*_{(u)} = \frac{1}{\sqrt{2\pi}} \int_0^{\infty} s^{-\frac{1}{2}+iu} f(s)\, ds.$

9.4.2.9 $\int_0^{s} (s^p - t^p)^{\alpha}\, y(t)\, dt = f(s), \quad (-1 < \alpha < 0,\ p \neq 0);$

$$y(t) = \frac{-p \sin \pi\alpha}{\pi}\, t^{p-1} \left[f(0) + \int_0^{t} (t^p - s^p)^{-1-\alpha} f'(s)\, ds \right].$$

9.4.2.10 $\int_0^{s} \frac{y(t)\, dt}{\sqrt{1 - \frac{t^2}{s^2}}} = f(s);$

$$y(t) = \frac{2}{\pi} \left[\left(\frac{f(s)}{s}\right)_0 + t \int_0^{t} \frac{d}{ds} \left[\frac{f(s)}{s}\right] \frac{ds}{\sqrt{t^2 - s^2}} \right].$$

9.4.2.11 $\frac{\lambda}{\Gamma(\alpha)} \int_s^{\infty} (s-t)^{\alpha-1}\, y(t)\, dt = y(s), \quad (s > 0, \lambda > 0, 0 < \alpha < 1); \quad y(t) = Ce^{-at},\ a = \lambda^{\frac{1}{\alpha}}$

9.4.2.12 $\frac{1}{\pi} \int_0^{\pi} \frac{\sin t}{\cos t - \cos s}\, y(t)\, dt = f(s);$

$$y(t) = \frac{1}{\pi} \int_0^{\pi} \frac{\sin t}{\cos t - \cos s} f(s)\, ds, \qquad \int_0^{\pi} f(s)\, ds = 0.$$

9.4.2.13 $\frac{1}{\pi} \int_0^{\pi} \frac{\sin s}{\cos t - \cos s}\, y(t)\, dt = f(s);$

$$y(t) = \frac{1}{\pi} \int_0^{\pi} y(t)\, dt - \frac{1}{\pi} \int_0^{\pi} \frac{\sin s}{\cos s - \cos t} f(s)\, ds, \qquad \int_0^{\pi} y(t)\, dt \text{ willkürlich.}$$

9.4.2.14 $\frac{1}{2\pi} \int_{-a}^{a} \frac{y(t)\, dt}{s-t} = f(s);$

$$y(t) = \frac{\Gamma}{\pi\sqrt{a^2 - t^2}} - \frac{1}{\pi\sqrt{a^2 - t^2}} \int_{-a}^{a} \frac{f(s)\sqrt{a^2 - s^2}}{t - s}\, ds, \quad \Gamma \text{ beliebig.}$$

9.4.2.15 $\frac{1}{\pi}\int\limits_0^\pi \ln|\cos s - \cos t|\, y(t)\, dt = f(s);$

$$y(t) = -\frac{1}{\pi \sin t}\int\limits_0^\pi \frac{\sin s\, f'(s)}{\cos s - \cos t}\, ds - \frac{1}{\pi \ln 2}\int\limits_0^\pi f(s)\, ds.$$

9.4.2.16 $\frac{1}{\pi}\int\limits_0^\infty \frac{y(t)}{s-t}\, dt = f(s);$

$$y(t) = \frac{1}{\sqrt{2t}}\left[\frac{1}{\pi}\int\limits_0^\infty \frac{y(s)}{s+\frac{1}{2}}\, ds - \frac{1}{\pi}\int\limits_0^\infty \frac{\left(t+\frac{1}{2}\right)\sqrt{2s}\, f(s)}{\left(s+\frac{1}{2}\right)(t-s)}\, ds\right].$$

9.4.2.17 $\frac{1}{2\pi}\int\limits_{-\pi}^\pi \left(1 + \cot\frac{s-t}{2}\right) y(t)\, dt = f(s);\qquad y(t) = \frac{1}{2\pi}\int\limits_{-\pi}^\pi \left(1+\cot\frac{s-t}{2}\right) f(s)\, ds.$

10. Praktische Mathematik

[13, 106, 107, 109–119]

10.1 Zahlenrechnen

10.1.1 Allgemeine Regeln zur Ausführung längerer Berechnungen. Rechenschema oder -formular anlegen, damit die Rechnung übersichtlich wird. Kariertes Papier benutzen, einzelne Bogen nehmen, einseitig beschreiben, Nebenrechnungen am Rande, nicht auf einzelnen Zetteln, damit Nachprüfung möglich ist. Oft zu addierende oder zu subtrahierende Zahlen auf einen „Schiebezettel" schreiben. Rechenproben nach Überschlagsrechnungen einschalten. Nicht hastig rechnen.

10.1.2 Rechenhilfsmittel. Rechenschieber, Rechenmaschine, Rechentabellen, Multiplikationstabellen, Divisionstabellen.

10.1.3 Multiplikation und Division. Zur Multiplikation lassen sich auch Quadrattabellen benutzen nach der Formel

$$ab = \left(\frac{a+b}{2}\right)^2 - \left(\frac{a-b}{2}\right)^2.$$

Zurückführen der Division auf die Multiplikation und umgekehrt mittels Tabelle der reziproken Werte (vgl. Tabelle 1–2)

$$a/b = a\,\frac{1}{b}, \qquad ab = a\Big/\frac{1}{b}$$

erleichtert manche Rechnung.

10.1.4 Quadratwurzeln. Ist x ein Näherungswert von $\sqrt{a}$, so ist $x + (a - x^2)/2x$ ein besserer Näherungswert. Oder auch: Ist $a = b^2 + \varepsilon$, wo ε klein gegen b ist, so wird

$$\sqrt{a} = \sqrt{b^2 + \varepsilon} \approx b + \frac{1}{2}\,\frac{\varepsilon}{b}.$$

10.1.5 n-te Wurzeln; $\sqrt[n]{a}$. Ist x ein Näherungswert von $\sqrt[n]{a}$, so ist $x + \dfrac{a - x^n}{n x^{n-1}}$ ein besserer Näherungswert. Ist $a = b^n + \varepsilon$, wo ε klein gegen b^n, so wird

$$\sqrt[n]{a} = \sqrt[n]{b^n + \varepsilon} \approx b + \frac{1}{n}\,\frac{\varepsilon}{b^{n-1}}.$$

10.1.6 Näherungsformeln in Tabelle 1–1.

10.1.7 Fehlerrechnung. Sind $\Delta x, \Delta y, \ldots$ kleine Fehler von $x, y, \ldots$, so ist der entsprechende kleine Fehler von $f(x, y, \ldots)$ zu berechnen aus

$$\Delta f \approx \left|\frac{\partial f}{\partial x}\right| \Delta x + \left|\frac{\partial f}{\partial y}\right| \Delta y + \cdots.$$

Die Fehler sind darin sämtlich als absolute Werte zu betrachten.

$$\Delta f/|f| \text{ heißt der } \textit{relative Fehler} \text{ von } f,$$

$$100\,\Delta f/|f| \text{ der Fehler vH (\%) usw.}$$

$$\Delta(x + y + \cdots) = \Delta x + \Delta y + \cdots,$$

$$\frac{\Delta(xyz\cdots)}{|xyz\cdots|} = \frac{\Delta x}{|x|} + \frac{\Delta y}{|y|} + \frac{\Delta z}{|z|} + \cdots,$$

$$\Delta\left(\frac{x}{y}\right) = \frac{|y|\,\Delta x + |x|\,\Delta y}{y^2}.$$

10.2 Nomographie

[109, 114, 115]

10.2.1 Aufgabe der Nomographie ist das Herstellen zeichnerischer und auch mechanischer Vorrichtungen, insbesondere von *Rechenblättern* (Nomogrammen) zum Auswerten funktionaler Beziehungen zwischen zwei oder mehreren Veränderlichen, $F(\alpha, \beta, \gamma, \ldots) = 0$; zu gegebenen Werten der übrigen Veränderlichen soll der Wert der einen von ihnen aus der Rechenvorrichtung abgelesen werden.

Eine Funktion einer Veränderlichen läßt sich durch eine *Skala* (Funktionsleiter) darstellen; eine (geradlinige) Skala von $z = lf(\alpha)$ z.B. so, daß man auf einen Träger (gerade Linie oder Kurve) von einem Anfangspunkte 0 aus für genügend viele passende Werte von α Strecken $lf(\alpha) = z$ abträgt, an die freien Endpunkte aber die Zahlenwerte α anschreibt. Die an sich willkürliche Strecke l ist die Maßstabeinheit, häufig einfach gleich 1 gesetzt.

Eine *Doppelskala* entsteht, wenn zwei Skalen, für $z = f(\alpha)$ und $z = g(\beta)$, auf demselben Träger angebracht werden; sie stellt dann die Beziehung $f(\alpha) = g(\beta)$ dar. Ein einfaches Beispiel ist die Celsius- und die Reaumur-Teilung auf demselben Thermometer ($5°\,\mathrm{C} = 4°\,\mathrm{R}$).

Einige **wichtige Funktionsskalen** sind:

Gleichmäßige Skala $z = a\alpha + b$; zu $z = b$ gehört der Skalenwert $\alpha = 0$, zu $z = a + b$ gehört $\alpha = 1$.

Logarithmische Skala $z = l \lg \alpha$, auf Logarithmenpapier und auf Rechenschiebern, hier meist mit $l = 12{,}5$ cm, 25 cm, 88,3 cm. Der relative Fehler der Ablesung hat längs der Skala einen festen Wert.

Projektive Skala

$$z = \frac{a\alpha + b}{c\alpha + d} \quad \text{mit} \quad ad - bc \neq 0.$$

Sind $\alpha_1, \alpha_2, \alpha_3, \alpha_4$ vier Werte von α und z_1, z_2, z_3, z_4 die vier zugehörigen Werte von z, so ist das Doppelverhältnis

$$(\alpha_1, \alpha_2, \alpha_3, \alpha_4) = \frac{\alpha_1 - \alpha_3}{\alpha_1 - \alpha_4} \Big/ \frac{\alpha_2 - \alpha_3}{\alpha_2 - \alpha_4}$$

gleich dem Doppelverhältnis (z_1, z_2, z_3, z_4). Da z drei wesentliche Parameter $a:b:c:d$ enthält, ist die Skala durch Zuordnung von drei Wertepaaren (α, z) bestimmt. Man kann sie durch eine geeignete Zentralprojektion einer gleichmäßigen Skala erhalten.

Potenzskala $z = \alpha^n$. Wegen $\lg z = n \lg \alpha$ kann man den Zusammenhang zwischen α und z auch durch eine Doppelskala darstellen, die aus zwei logarithmischen Skalen auf demselben Träger besteht; deren Maßstabeinheiten haben das Verhältnis $1/n$.

Eine beliebige, auch empirische Funktion $y = f(x)$, die zeichnerisch durch eine Kurve in rechtwinkligen kartesischen Koordinaten gegeben ist, kann man stets nach Bild 10–1 durch eine Skala darstellen, deren Träger die y-Achse ist.

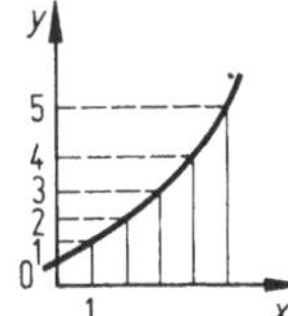

Bild 10–1. Darstellung einer beliebigen Funktion.

10.2.2 Funktionsnetze. Wird in einem kartesischen Koordinatensystem auf der x-Achse die Skala der Funktion $x = f(\alpha)$, auf der y-Achse die Skala $y = g(\beta)$ aufgetragen, und werden durch die Teilpunkte Parallelen zu den Achsen gezogen, so entsteht ein Funktionsnetz (verzerrtes Koordinatennetz) (α, β).

Sehr gebräuchlich sind die Logarithmennetze (als einfach- und doppeltgeteiltes Logarithmenpapier im Handel zu haben).

Man wählt solche Netze, daß eine gegebene Kurve $F(x, y) = 0$ in dem Netz (α, β) möglichst als Gerade erscheint.

Beispiele: $x^p y^q = C$ ergibt $p \lg x + q \lg y = \lg C$, also mit $\xi = \lg x$, $\eta = \lg y$, $\gamma = \lg C$ eine Gerade im doppeltlogarithmischen Netz (ξ, η).

Die Ellipse $x^2/a^2 + y^2/b^2 = 1$ wird mit $x = \pm\sqrt{\xi}$, $y = \pm\sqrt{\eta}$, $a = \sqrt{\alpha}$, $b = \sqrt{\beta}$ eine Raute $\pm\xi/\alpha \pm \eta/\beta = 1$ in einem Netze mit doppelter Quadratwurzelteilung.

$y = ab^x$ stellt mit $\lg y = \eta$, $x = \xi$, $\eta = \lg a + \xi \lg b$ auf einfach geteiltem Logarithmenpapier eine Gerade dar.
Jede Funktion $y = f(x)$ kann mit $\xi = f(x)$, $\eta = y$ in einfach nach der Skala $\xi = f(x)$ geteiltem Netz durch die Winkelhalbierende $\eta = \xi$ dargestellt werden.

10.2.3 Netztafeln. Eine Gleichung $F(\alpha, \beta, \gamma) = 0$ mit drei Veränderlichen läßt sich auf mehrfache Weise durch drei Beziehungen

$$\varphi(x, y, \alpha) = 0, \quad \psi(x, y, \beta) = 0, \quad \chi(x, y, \gamma) = 0$$

ersetzen dergestalt, daß, wenn man daraus x und y eliminiert, wieder $F(\alpha, \beta, \gamma) = 0$ entsteht. Jede dieser drei Gleichungen stellt eine Kurvenschar dar; α, β, γ sind die Parameter der drei Scharen. Wenn sie gezeichnet und mit den zugehörigen Parameterwerten beziffert sind, kann man dieses Rechenblatt benutzen, um zu zwei gegebenen Werten α_0, β_0 einen dritten γ_0 zu ermitteln, so daß $F(\alpha_0, \beta_0, \gamma_0) = 0$ ist. Man bestimme den Schnittpunkt der Kurve α_0 aus der ersten Schar mit β_0 aus der zweiten und ermittle den Parameterwert γ_0 der Kurve der dritten Schar, die durch denselben Schnittpunkt hindurchgeht.

Am einfachsten benutzt man Scharen von Geraden oder von Kreisen. Die Netztafel besteht aus drei Geradenscharen

$$\lambda_1(\alpha)\, x + \mu_1(\alpha)\, y + \nu_1(\alpha) = 0,$$
$$\lambda_2(\beta)\, x + \mu_2(\beta)\, y + \nu_2(\beta) = 0,$$
$$\lambda_3(\gamma)\, x + \mu_3(\gamma)\, y + \nu_3(\gamma) = 0,$$

wenn die Determinante

$$\begin{vmatrix} \lambda_1(\alpha) & \mu_1(\alpha) & \nu_1(\alpha) \\ \lambda_2(\beta) & \mu_2(\beta) & \nu_2(\beta) \\ \lambda_3(\gamma) & \mu_3(\gamma) & \nu_3(\gamma) \end{vmatrix} = 0.$$

Beispiel: Brechungsgesetz $\sin\alpha/\sin\beta = n$. Man setze $x = \sin\alpha$, $y = \sin\beta$, also $x = ny$. Das ergibt eine Geradenschar α senkrecht zur x-Achse, eine zweite β senkrecht zur y-Achse, eine dritte Schar n von Geraden durch den Nullpunkt.

10.2.4 Fluchtlinientafeln. Die drei Gleichungspaare (Bild 10–2)

$$x_1 = \varphi_1(u), \quad y_1 = \psi_1(u),$$
$$x_2 = \varphi_2(v), \quad y_2 = \psi_2(v),$$
$$x_3 = \varphi_3(w), \quad y_3 = \psi_3(w)$$

stellen drei krummlinige Skalen (u), (v), (w) dar. Die Bedingung dafür, daß die drei Punkte u, v, w auf den Skalen fluchtrecht, d.h. auf derselben Geraden liegen, ist

$$\begin{vmatrix} \varphi_1(u) & \psi_1(u) & 1 \\ \varphi_2(v) & \psi_2(v) & 1 \\ \varphi_3(w) & \psi_3(w) & 1 \end{vmatrix} = 0.$$

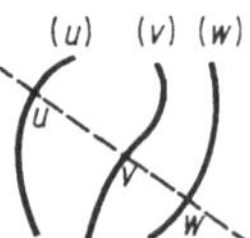

Bild 10–2.
Drei krummlinie
Skalen.

Da man die erste Zeile mit einem beliebigen Proportionalitätsfaktor $\chi_1(u)$, die zweite mit $\chi_2(v)$, die dritte mit $\chi_3(w)$ multiplizieren kann, ohne daß die linke Seite aufhört, den Wert 0 zu behalten, ist diese Determinante von derselben Form wie die obige, bei den Netztafeln dreier Geradenscharen auftretende. Die Fluchtlinientafeln sind zu solchen Netztafeln dual. Eine Gleichung $F(u, v, w) = 0$ von der Form

$$\begin{vmatrix} \varphi_1(u) & \psi_1(u) & \chi_1(u) \\ \varphi_2(v) & \psi_2(v) & \chi_2(v) \\ \varphi_3(w) & \psi_3(w) & \chi_3(w) \end{vmatrix} = 0$$

kann also durch eine Fluchtlinientafel nomographisch gelöst werden.

Ist

$$F(u, v, w) = \psi_1(u)(c_2 - c_3) + \psi_2(v)(c_3 - c_1) + \psi_3(w)(c_1 - c_2) = 0 \tag{1}$$

die vorgelegte Gleichung, so enthält die Fluchtlinientafel drei parallele geradlinige Skalen, die eine dazu senkrechte x-Achse in den Abszissen c_1, c_2, c_3 schneiden.

Ist

$$F(u, v, w) = \frac{c_2 - c_3}{\varphi_1(u)} + \frac{c_3 - c_1}{\varphi_2(v)} + \frac{c_1 - c_2}{\varphi_3(w)} = 0, \tag{2}$$

so besteht die Fluchtlinientafel aus drei durch einen festen Punkt gehenden geradlinigen Skalen.

Beispiel: Trägheitsmoment eines Rechtecks mit den Seiten a, b in bezug auf eine durch seinen Schwerpunkt S gehende, zur Rechteckseite a parallele Achse: $J = (1/12)\,ab^3$. Logarithmiert man, so erhält man

$$\lg J + \lg 12 - \lg a - 3 \lg b = 0.$$

Das ist eine Gleichung zwischen den Veränderlichen J, a, b von der Form (1) mit $\lg a = \psi_1(u)$, $\lg J + \lg 12 = 4\psi_2(v)$, $\lg b = \psi_3(w)$. Das Fluchtliniennomogramm läßt sich danach auf Logarithmenpapier leicht herstellen.

Linsenformel: $\dfrac{1}{a} + \dfrac{1}{b} = \dfrac{1}{f}$ ist eine Gleichung von der Form (2).

Fluchtlinientafeln mit Zapfenlinien. Wenn man zwei Fluchtlinientafeln $F(u, v, w) = 0$ und $F_1(u_1, v_1, w_1) = 0$ so auf einem Blatt zeichnen kann, daß sie eine Skala (w) gemeinsam haben, so können sie zur Auswertung einer funktionalen Beziehung $\Phi(u, v, u_1, v_1) = 0$ benutzt werden, die vier Veränderliche enthält und durch Wegschaffen von w aus $F = 0$ und $F_1 = 0$ entstanden ist. Da es auf die Werte von w nicht ankommt, genügt es hier, den Träger der Skala (ohne diese selbst) zu zeichnen (Zapfenlinie).

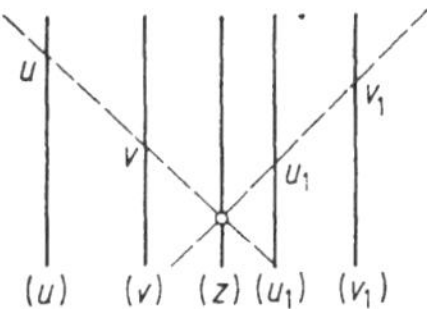

Bild 10–3. Darstellung einer Zapfenlinie.

Beispiel: Wenn (Bild 10–3)

$$\Phi(u, v, u_1, v_1) = A\varphi(u) + B\psi(v) + C\varphi_1(u_1) + D\psi_1(v_1) = 0$$

mit festen Werten A, B, C, D und $A + B + C + D = 0$, so kann die Beziehung zwischen den vier Veränderlichen u, v, u_1, v_1 durch vier geradlinige parallele Skalen und eine ebenfalls dazu parallele Zapfengerade (z) dargestellt werden.

Durch Benutzen von mehreren Zapfengeraden kann man auch gewisse Gleichungen zwischen 6, 8 usw. Veränderlichen durch Fluchtlinientafeln darstellen.

10.3 Interpolations- und Differenzenrechnung, analytische Darstellung tabellarischer Funktionen

(Bild 10–4)

10.3.1 Lagrangesche Interpolationsformel. Eine Tabelle von $n + 1$ Wertepaaren

$$\begin{array}{|cccc} x_0 & x_1 & x_2 \cdots & x_n \\ \hline y_0 & y_1 & y_2 \cdots & y_n \end{array},$$

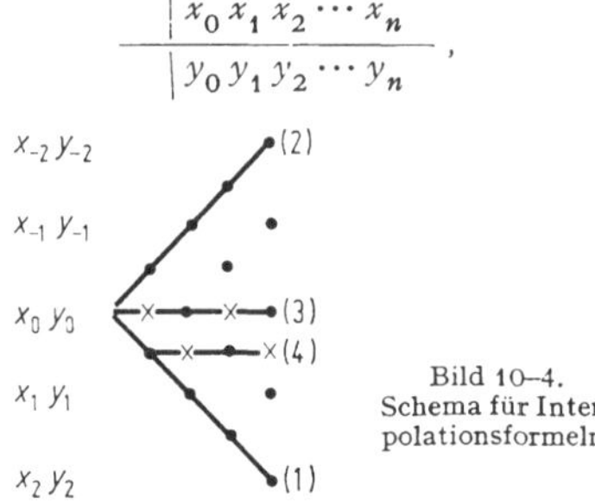

Bild 10–4. Schema für Interpolationsformeln.

deren Abszissen $x_\varkappa$ sämtlich voneinander verschieden sind, kann durch eine bestimmte ganze rationale Funktion $y = f(x)$ höchstens n-ten Grades interpoliert werden, die für $x = x_0, x_1, \ldots, x_n$ die Werte $y_0, y_1, \ldots, y_n$ annimmt:

$$y = f(x) = y_0 \frac{(x - x_1)(x - x_2) \cdots (x - x_n)}{(x_0 - x_1)(x_0 - x_2) \cdots (x_0 - x_n)} + y_1 \frac{(x - x_0)(x - x_2) \cdots (x - x_n)}{(x_1 - x_0)(x_1 - x_2) \cdots (x_1 - x_n)} + \cdots + y_n \frac{(x - x_0)(x - x_1) \cdots (x - x_{n-1})}{(x_n - x_0)(x_n - x_1) \cdots (x_n - x_{n-1})}.$$

10.3.2 Newtonsche Interpolationsformel leistet dasselbe:

$$g(x) = g(x_0) + (x - x_0)\, g_1(x_1) + (x - x_0)(x - x_1)\, g_2(x_2) + \cdots + (x - x_0)(x - x_1) \cdots (x - x_{n-1})\, g_n(x_n),$$

worin die Hilfsfunktionen $g_\nu(x)$ folgende Bedeutungen haben:

$$g_1(x) = \frac{g(x) - g(x_0)}{x - x_0}, \qquad g_2(x) = \frac{g_1(x) - g_1(x_1)}{x - x_1}, \ldots$$

Zur zahlenmäßigen Berechnung benutzt man nachstehende Anordnung:

x_0	y_0	*6*	*225*				
x_1	$y_1\; g_1(x_1)$	*8*	*400*	87,5			
x_2	$y_2\; g_1(x_2)\; g_2(x_2)$	*16*	*1600*	137,5	6,25		
x_3	$y_3\; g_1(x_3)\; g_2(x_3)\; g_3(x_3)$	*20*	*2500*	162,5	6,25	0	
.	....	30	5600	223,96	6,205	−0,0032	−0,00034

In jeder Spalte steht die Differenz des entsprechenden Gliedes der links danebenstehenden Spalte gegen ihr erstes Glied, dividiert durch die zugehörige Abszissendifferenz.

Das Zahlenbeispiel ergibt für eine quadratische Funktion: $g(x) = 225 + 87{,}5(x - 6) + 6{,}25\,(x - 6)\,(x - 8) = 6{,}25x^2$, falls man nur die vier ersten (kursiven) Wertepaare benutzt. Nimmt man noch das fünfte hinzu, so hat man einfach das nächste Glied der Formel hinzuzufügen; es entsteht

$$G(x) = 6{,}25x^2 - 0{,}00034(x - 6)(x - 8)(x - 16)(x - 20);$$

hierin besteht ein Vorzug der Newtonschen Formel gegenüber der Lagrangeschen.

10.3.3 Differenzenschema. *Bei gleichen Abständen der Argumentwerte:* $x_1 - x_0 = x_2 - x_1 = \cdots = x_n - x_{n-1} = h = \Delta x$ benutzt man folgende Differenzenanordnung; Zahlenbeispiel ist danebengesetzt:

$$
\begin{array}{c|ccccc}
x_0 & y_0\,. & & & & \\
 & & \Delta y_0 & & & \\
x_1 & y_1 & & \Delta^2 y_0 & & \\
 & & \Delta y_1 & & \Delta^3 y_0 & \\
x_2 & y_2 & & \Delta^2 y_1 & & \\
 & & \Delta y_2 & & \Delta^3 y_1 & \\
x_3 & y_3 & & \Delta^2 y_2 & & \\
 & & \Delta y_3 & & . & \\
x_4 & y_4 & & . & & \\
 & & . & & & \\
. & . & & & &
\end{array}
\qquad
\begin{array}{r|rrrrr}
-4 & 205 & & & & \\
 & & -194 & & & \\
-2 & 11 & & +184 & & \\
 & & -10 & & -144 & \\
0 & 1 & & +40 & & +384 \\
 & & +30 & & +240 & \\
+2 & 31 & & +280 & & +384 \\
 & & +310 & & +624 & \\
+4 & 341 & & +904 & & \\
 & & +1214 & & & \\
+6 & 1555 & & & &
\end{array}
$$

Hierin ist $\Delta y_\nu = y_{\nu+1} - y_\nu$, $\Delta^2 y_\nu = \Delta y_{\nu+1} - \Delta y_\nu$, $\Delta^3 y_\nu = \Delta^2 y_{\nu+1} - \Delta^2 y_\nu$ usw. Man hat

$$\Delta^\nu y_0 = y_\nu - \binom{\nu}{1} y_{\nu-1} + \binom{\nu}{2} y_{\nu-2} - + \cdots + (-1)^\nu y_0,$$

$$y_\nu = y_0 + \binom{\nu}{1} \Delta y_0 + \binom{\nu}{2} \Delta^2 y_0 + \cdots + \Delta^\nu y_0.$$

10.3.4 Newtonsche Formel bei gleichen Argumentabständen:

$$y = g(x) = y_0 + \frac{\Delta y_0}{h} \frac{x - x_0}{1!} + \frac{\Delta^2 y_0}{h^2} \frac{(x - x_0)(x - x_1)}{2!} + \cdots$$
$$+ \frac{\Delta^n y_0}{h^n} \frac{(x - x_0)(x - x_1) \cdots (x - x_{n-1})}{n!}.$$

Im Zahlenbeispiel ist $h = 2$, $n = 5$, $g(x) = 1 + x + x^2 + x^3 + x^4$. Andere Form: Man setze $(x - x_0)/h = u$ so wird

$$y = y_0 + \binom{u}{1} \Delta y_0 + \binom{u}{2} \Delta^2 y_0 + \cdots + \binom{u}{n} \Delta^n y_0. \tag{1}$$

10.3.5 Newtonsche Formel bei aufsteigenden Differenzen und andere Formeln. Diese Formeln gelten nur für ganze Funktionen genau, d.h. entsprechend für Tabellen, bei denen in irgendeiner Differenzenspalte überall der Wert Null auftritt. Wenn die Werte einer Spalte klein sind, gelten die Formeln mit genügend vielen Gliedern angenähert. Dies betrifft auch die folgenden Formeln, bei denen die Differenzen aus dem nebenstehenden Schema (Bild 10–4) dem angegebenen Weg entsprechend entnommen werden (× bedeutet das arithmetische Mittel zwischen der darüber- und der darunterstehenden Differenz); der Weg für die obige Newtonsche Formel (1) ist mit (*1*) bezeichnet (Bild 10–4); entsprechend für die folgenden Formeln.

$$y = y_0 + \binom{u}{1} \Delta y_{-1} + \binom{u+1}{2} \Delta^2 y_{-2} + \binom{u+2}{3} \Delta^3 y_{-3} + \cdots. \tag{2}$$

Stirlingsche Formel:

$$\left. \begin{aligned} y = y_0 + u \frac{\Delta y_0 + \Delta y_{-1}}{2} + \frac{u^2}{2} \Delta^2 y_{-1} + \\ + \frac{u(u-1)(u+1)}{6} \frac{\Delta^3 y_{-1} + \Delta^3 y_{-2}}{2} + \cdots. \end{aligned} \right\} \tag{3}$$

Besselsche Formel:

$$\left. \begin{aligned} y = y_0 + u \, \Delta y_0 + \frac{u(u-1)}{2} \frac{\Delta^2 y_0 + \Delta^2 y_{-1}}{2} + \\ + \frac{u(u-1)(u-0{,}5)}{6} \Delta^3 y_{-1} + \cdots. \end{aligned} \right\} \tag{4}$$

Anwendungsgebiet: Zur Zwischenberechnung (Interpolation) einer Tabelle in der Umgebung eines Wertepaares x_0, y_0 ist die Stirlingsche Interpolationsformel (3) $(-0{,}5 \leqq u \leqq +0{,}5)$ brauchbarer; in der Nähe einer Intervallmitte $(0 \leqq u \leqq 1)$ dagegen die Besselsche (4); an den Tabellenenden die beiden Newtonschen (1) und (2).

10.3.6 Spline-Interpolation [35a, 111c]. Während die obigen Interpolationsformeln Kurven repräsentieren, die stark zum Oszillieren neigen, falls eine ungünstige oder mit Fehlern behaftete Ordinatenverteilung vorliegt, besitzt die hier aus dem Verhalten von Straklatten abgeleitete Splinefunktion $\tilde{y}$ u. a. den Vorteil geringer Welligkeit, hoher Glätte. Zur Erledigung des rechnerischen Aufwands ist allerdings, da ein größeres, lineares Gleichungssystem zu lösen ist, die Benutzung einer digitalen Rechenanlage notwendig.

Die Splinefunktion $\tilde{y}$ ist intervallweise durch kubische Parabeln definiert:

$$\tilde{y} = p_i(x), \quad x_i \leq x \leq x_{i+1}, \qquad i = 0, 1, \ldots, n-1,$$

$$p_i(x) = a_i + b_i(x - x_i) + c_i(x - x_i)^2 + d_i(x - x_i)^3$$

mit den Eigenschaften

$$p_i(x_i) = p_{i-1}(x_i) = y_i, \quad p_i'(x_i) = p_{i-1}'(x_i), \quad p_i''(x_i) = p_{i-1}''(x_i),$$

$$\int\limits_{x_0}^{x_n} [\tilde{y}''(x)]^2 \, dx = \sum_{i=0}^{n-1} \int\limits_{x_i}^{x_{i+1}} [p_i''(x)]^2 \, dx = \text{Minimum (der „Gesamtkrümmung“)}.$$

Mit $\Delta x_i = x_{i+1} - x_i$ lautet dann das Gleichungssystem für die unbekannten a_i, b_i, c_i, d_i

$$a_i = y_i,$$

$$\Delta x_{i-1} c_{i-1} + 2(\Delta x_{i-1} + \Delta x_i)\, c_i + \Delta x_i c_{i+1} = 3\left(\frac{a_{i+1} - a_i}{\Delta x_i} - \frac{a_i - a_{i-1}}{\Delta x_{i-1}}\right), \quad c_0 = c_n = 0,$$

$$b_i = \frac{a_{i+1} - a_i}{\Delta x_i} - \frac{2c_i + c_{i+1}}{3} \Delta x_i, \quad d_i = \frac{c_{i-1} - c_i}{3\Delta x_i}, \qquad i = 0, 1, \ldots, n-1.$$

ALGOL-Programme zur Koeffizientenbestimmung und zur Interpolation wurden [35a] III H § 4 entnommen und finden sich in Kap. 13. Weitere Ausführungen für Fälle mit nicht monoton fallenden bzw. steigenden Abszissenwerten x_i bzw. bei zusätzlicher Glättung (Ausgleich) finden sich in [35a].

10.3.7 Glätten einer Beobachtungsreihe bei gleichen Argumentunterschieden. Man nimmt jedesmal statt y_ν das arithmetische Mittel

$$(1/3)\,(y_{\nu-1} + y_\nu + y_{\nu+1})$$

dreier aufeinanderfolgender Werte. Genauer ist es, an y_λ die Verbesserung

$$-(3/35)\,\Delta^4 y_{\nu-2}$$

anzubringen; in der 4. Differenzspalte steht $\Delta^4 y_{\nu-2}$ auf derselben Zeile wie y_ν. Dieses Glätten empfiehlt sich besonders vor Eintragen in Gitterpapier und Zeichnen einer Kurve, ferner vor einer rechnerischen oder zeichnerischen Differentiation.

10.3.8 Tabellarische Differentiation und Integration.

Stirlingsche Formel gibt für den *Differentialquotienten* bei $x = x_0$ (oder $u = 0$)

$$hf'(x_0) = \frac{\Delta y_0 + \Delta y_{-1}}{2} - \frac{\Delta^3 y_{-1} + \Delta^3 y_{-2}}{2}\, 0{,}1666 + \frac{\Delta^5 y_{-2} + \Delta^5 y_{-3}}{2}\, 0{,}0333 - \cdots.$$

Besselsche Formel gibt (x_0 am Anfang des Integrationsbereiches)

$$\int\limits_{x_0}^{x_0+\xi} f(x)\, dx = \xi \left\{ y_0 + \frac{1}{2}\Delta y_0 - \frac{1}{12}\, \frac{\Delta^2 y_0 + \Delta^2 y_{-1}}{2} + \frac{11}{720}\, \frac{\Delta^4 y_{-1} + \Delta^4 y_{-2}}{2} - \cdots \right\}.$$

Stirlingsche Formel gibt (x_0 in der Mitte des Integrationsbereiches)

$$\int_{x_0-\xi}^{x_0+\xi} f(x)\,dx = 2\xi\left\{y_0 + \frac{1}{6}\Delta^2 y_{-1} - \frac{1}{180}\Delta^4 y_{-2} + \cdots\right\}.$$

10.3.9 Berechnung des Wertes eines Polynoms $g(x) = a_n x^n + a_{n-1}x^{n-1} + \cdots + a_1 x + a_0$ für einen gegebenen Abszissenwert $x = \xi$. Diese Aufgabe kommt oft vor bei der zahlenmäßigen Auswertung von Potenzreihenentwicklungen. Man rechnet nach der *Hornerschen Anordnung*:

	a_n	a_{n-1} $+a_n\xi$	a_{n-2} $+b_{n-1}\xi$	a_{n-3} $+b_{n-2}\xi$	... ...	a_2 $+b_3\xi$	a_1 $+b_2\xi$	a_0 $+b_1\xi$
Summe:	a_n	b_{n-1}	b_{n-2}	b_{n-3}	...	b_2	b_1	$\boldsymbol{b_0 = g(\xi)}$

Hierin ist $b_\varkappa = a\varkappa + b_{\varkappa+1}\xi$. Wenn man ξ auf dem Rechenschieber einstellt, kann man die zweite Zeile ohne Ändern der Einstellung ablesen.

Beispiel: $\cos x \approx 1 - \frac{x^2}{2!} + \frac{x^4}{4!} = 1 - 0{,}5x^2 + 0{,}04167x^4$ (Anfang der Reihenentwicklung) $\xi = \pi/4 = 0{,}785$.

0,04167	0 +0,0327	−0,5 +0,0257	0 −0,372	1 −0,2922
0,04167	+0,0327	−0,4743	−0,372	**+0,7078**

Aus den Tabellen entnimmt man $\cos \pi/4 = 0{,}7071$.

10.4 Rechnerische, zeichnerische und instrumentelle Verfahren der praktischen Analysis

10.4.1 Zeichnerische und instrumentelle Verfahren

10.4.1.1 Konstruktion des Wertes eines Polynoms.

$$g(x) = a_n x^n + a_{n-1}x^{n-1} + \cdots + a_1 x + a_0$$

an einer Stelle $x = \xi$.

Man zieht die Geraden $x = 1$ und $x = \xi$ und trägt ferner unter Berücksichtigung des Vorzeichens die Koeffizienten als Strecken auf der y-Achse auf (Bild 10–5): $OA_0 = a_0$, $A_0A_1 = a_1$, $A_1A_2 = a_2, \ldots, A_{n-1}A_n = a_n$. Sodann zieht man der Reihe nach $A_nE_n \| x$, E_nA_{n-1}, $P_nE_{n-1} \| x$, $E_{n-1}A_{n-2}$, $P_{n-1}E_{n-2} \| x, \ldots, E_2A_1$, $P_2E_1 \| x$, E_1A_0, wodurch schließlich P_1 mit der Ordinate $g(\xi)$ bestimmt ist.

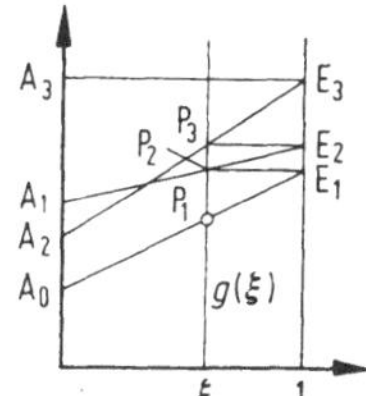

Bild 10–5. Konstruktion des Wertes eines Polynoms.

Dieses Verfahren beruht auf der wiederholten Anwendung der *Segnerschen Transformation*, aus der Kurve $y_1 = f(x)$ die Kurve $y_2 = xf(x)$ oder aus $y_2 = \varphi(x)$ die Kurve $y_1 = \varphi(x)/x$ zu konstruieren (Bild 10–6).

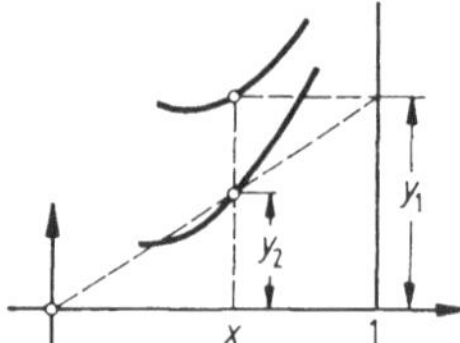

Bild 10–6. Konstruktion einer Kurve aus einer anderen.

10.4.1.2 Messungen und Konstruktionen an gezeichneten Kurven. Bogenlänge.

a) Man trägt eine genügend kleine Zirkelöffnung wiederholt als Sehne ein, so daß ein Sehnenpolygon entsteht, zählt die Anzahl der Sehnen (der letzte Bruchteil wird geschätzt) und trägt sodann das Ergebnis auf einer Geraden ab. Bei allzu kleinen Sehnen häufen sich die Fehler.

b) Mit dem Meßrädchen (Kurvimeter), das durch Abfahren an einer Strecke bekannter Länge zu eichen ist (freihändig abfahren, nicht am Lineal).

10.4.1.3 Flächeninhalt.

10.4.1.3.1 Wenn die Randkurve auf mm-Papier gezeichnet ist, *Auszählen* der mm^2, wobei die von der Kurve durchschnittenen geschätzt werden. Andernfalls Auflegen von mm-Pauspapier oder einer Glastafel mit quadratischer Teilung. Nötigenfalls auf Richtigkeit der mm-Teilung achten.

10.4.1.3.2 Ausschneiden und -wägen; ein Quadrat von bekannter Seitenlänge, aus demselben Papier ausgeschnitten, mitwägen.

10.4.1.3.3 Das Flächenstück durch parallele Geraden in Streifen zerlegen, die man nach dem Augenmaß *in Rechtecke verwandelt*; die durch Schraffur in Bild 10–7 gekennzeichneten dreieckigen Zipfel müssen dabei einander flächengleich werden, wofür das Auge sehr empfindlich ist.

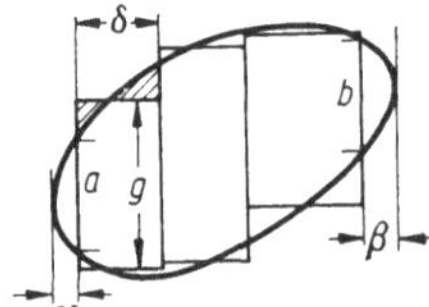

Bild 10–7. Verwandeln eines Flächenstückes in Rechtecke.

Die abgeschnittenen Kappen können oft mit genügender Annäherung als Parabelabschnitte aufgefaßt und ihre Flächen dann nach der ***Lambertschen Regel*** zu $(2/3)\,a\alpha$ und $(2/3)\,b\beta$ berechnet werden. Flächeninhalt wird

$$F \approx (2/3)\,(a\alpha + b\beta) + \Sigma\, g\, \delta.$$

10.4.1.3.4 Simpsonsche Regel. Wenn alle Streifen dieselbe Breite δ haben, ziehe zu den Sehnen s noch die Mittellinien m (Bild 10–8); dann ist

$$F \approx (1/3)\ \delta[(a+b)/2 + \sum s + 2\sum m].$$

Σs und Σm kann man durch angelegten Papierstreifen messen, auf dem man die einzelnen Sehnen durch Aneinanderfügen schon beim Anlegen summiert, oder mit dem Kurvimeter oder auch mit der mm-Teilung eines (nicht zu kurzen) Rechenschiebers, nachdem man an dem Glasläufer einen kleinen, über der mm-Teilung schleifenden Papierzeiger befestigt hat. Über die *Simpsonsche Regel* vgl. 10.4.3.3; es ist $h = (1/2)\,\delta$, $y_0 = a$, $y_n = b$, $y_2 + y_4 + y_6 + \cdots = \Sigma s$, $y_1 + y_3 + y_5 + \cdots = \Sigma m$.

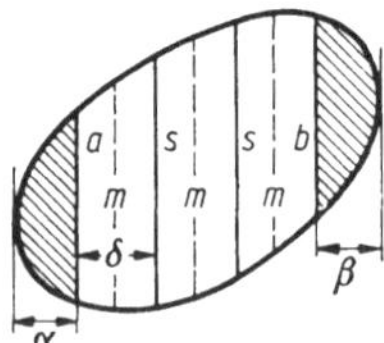

Bild 10–8. Simpsonsche Regel.

10.4.1.3.5 Tschebyscheffsche Formeln. Der Flächeninhalt wird hinreichend genau durch den eines Rechtecks dargestellt, dessen Grundlinie gleich der größten Breite der Fläche ist und dessen Höhe der Mittelwert geeignet gewählter Ordinaten ist:

$$(y_1 + y_2 + \cdots + y_n)/n.$$

Rechnet man die Abszissen von der Mitte des Bereiches aus, der die Breite $2c$ haben mag, so hat man, wenn $x_\nu c$ die zu y_ν gehörige Abszisse bedeutet, die Werte von x_ν aus der nachstehenden Tabelle zu entnehmen. (Bild 10–9 zeigt den Fall $n = 4$, $c = 1$.)

$$n = 2 \quad x_1 = -0{,}57735 = -x_2,$$

$$n = 3 \quad x_1 = -0{,}70711 = -x_3, \quad x_2 = 0,$$

$$n = 4 \quad x_1 = -0{,}79465 = -x_4, \quad x_2 = -0{,}18759 = -x_3,$$

$$n = 5 \quad x_1 = -0{,}83250 = -x_5, \quad x_2 = -0{,}37454 = -x_4, \quad x_3 = 0.$$

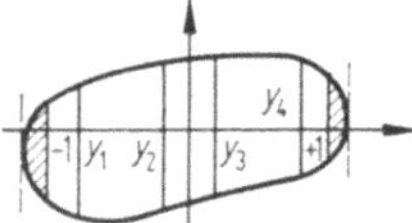

Bild 10–9. Verwandlung einer Fläche in ein flächengleiches Rechteck.

10.4.1.3.6 Planimeter. Am gebräuchlichsten ist das Polarplanimeter. Ist l Länge des Fahrarmes, R abgerollter Weg der Meßrolle, r Länge des „Polararmes", p Entfernung der Ebene der Meßrolle vom Fahrstift F, so ist die umfahrene Fläche $F = lR$ bei „Pol außen" (Bild 10–10), $F = lR + \pi(r^2 + 2pl - l^2)$ bei „Pol innen" (Bild 10–11).

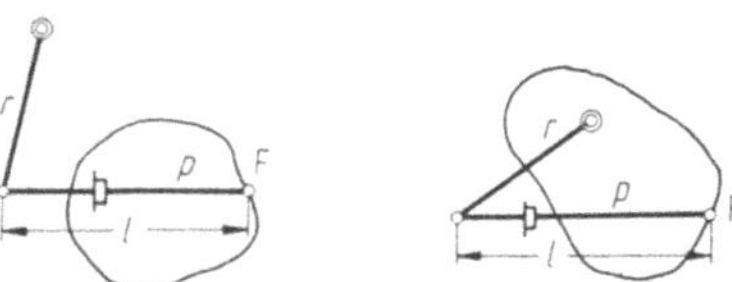

Bild 10–10 u. 10–11. Anwendung des Planimeters.

Dabei ist zu beachten, daß das Planimeter nicht den absoluten Wert des Flächeninhalts der durchlaufenen Randkurve angibt, sondern unter Berücksichtigung des Vorzeichens, je nachdem die umfahrene Fläche zur Linken oder zur Rechten der durchlaufenen Randlinie gelegen ist. Planimeter durch Umfahren eines Quadrats oder eines Kreises von bekanntem Flächeninhalt eichen; dabei Meßrolle auf demselben Papier und in demselben Umfahrungssinn bewegen.

10.4.1.4 Andere Maßbestimmungen durch bestimmte Integrale. Die eben angegebenen Verfahren zur Flächeninhaltsbestimmung können allgemeiner dazu benutzt werden, den Wert eines bestimmten Integrals

$$\int_a^b f(x)\,\mathrm{d}x$$

zu ermitteln, indem man dieses als die Maßzahl der zwischen der Kurve $y = f(x)$ und den Geraden $x = a$, $x = b$, $y = 0$ gelegenen, aber mit Vorzeichen versehenen Fläche (Bild 10–12) auffaßt.

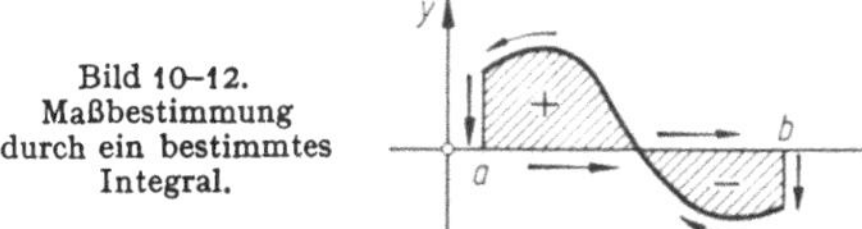

Bild 10–12. Maßbestimmung durch ein bestimmtes Integral.

Beispiele: Volumen eines beliebigen Körpers, dessen Abmessungen durch Querschnitte senkrecht zu einer z-Achse bestimmt sind. Man ermittle die Flächeninhalte der Querschnitte $q(z)$ zu genügend vielen Werten z, wie vorher angegeben, trage auf mm-Papier die gefundenen Maßzahlen als Ordinaten zu den Abszissen z auf, verbinde die Endpunkte durch eine glatte Kurve und bestimme das gesuchte Volumen $V = \int_a^b q(z)\,dz$ ebenfalls nach einem der vorhergehenden Verfahren.

Drehkörper. Volumen V, statisches Moment S bezüglich der zur Drehachse (x) senkrechten Ebene durch den Nullpunkt, Trägheitsmoment J bezüglich der Drehachse;

$$V = \pi \int_a^b y^2\,dx, \quad S = \pi \int_a^b xy^2\,dx, \quad J = (1/2)\,\pi \int_a^b y^4\,dx.$$

Trage zu den Abszissen x der Meridiankurve $y = y(x)$ die Werte y^2 und y^4 auf; Planimetrieren der entstehenden Kurven liefert V/π und $2J/\pi$. Trage zu den Abszissen x^2 (quadratische Funktionsskala auf der x-Achse) die Ordinaten y^2 auf; Planimetrieren der entstehenden Kurve liefert $2S/\pi$.

Mantel einer Drehfläche: $M = 2\pi \int_{x=a}^{b} y\,ds = 2\pi \int_a^b N\,dx$, wo N Länge der Normalen bedeutet. Zeichne (mit einem *Spiegellineal*, vgl. 10.4.1.6.2) zu genügend vielen Punkten der Meridiankurve die Normalen bis zur x-Achse und trage ihre Längen zu den zugehörigen Abszissen als Ordinaten auf. Die gesuchte Maßzahl der Mantelfläche ist das 2π-fache der Maßzahl des Flächeninhalts unter der entstehenden Kurve der Normalenlängen.

Doppelintegral $\iint \varphi(x)\,\psi(y)\,dx\,dy$, erstreckt über einen ebenen Bereich. Zeichne den Rand des Bereiches um in ein Koordinatensystem $\xi = \int \varphi(x)\,dx$, $\eta = \int \psi(y)\,dy$, so wird das Doppelintegral gleich $\iint d\xi\,d\eta$, erstreckt über den umgezeichneten Bereich, d.h. gleich dessen Fläche. Zum Beispiel ist das polare Trägheitsmoment eines ebenen Bereiches in bezug auf die durch den Ursprung O gehende, auf der Ebene des Bereiches senkrechte Achse in Polarkoordinaten $J = \iint \varrho^3\,d\varrho\,d\varphi = (1/4) \int r^4\,d\varphi$, wo r den Radiusvektor nach dem in der Richtung φ gelegenen Punkt der Randlinie des Bereiches bedeutet. Man setze $r^2 = R$ und zeichne die Randlinie um in das Polarkoordinatennetz (R, φ); dann wird $J = (1/4) \int R^2\,d\varphi$, d.i. die Hälfte der Fläche des umgezeichneten Bereiches.

Zum Bestimmen von statischen Zentrifugal- und Trägheitsmomenten können auch besondere *Momentenplanimeter* dienen.

10.4.1.5 Zeichnerische Integration.

Um zu einer gegebenen Kurve $y = f(x)$ die Integralkurve

$$Y = F(x) = \int_a^x f(x)\,dx$$

zu konstruieren, zunächst (Bild 10–13) die zu integrierende Kurve $y = f(x)$ durch eine Treppe mit x-parallelen Stufen derart ersetzen, daß an den beliebig zu wählenden Punkten $p_1, p_2, p_3, \ldots$, wo Kurve und Treppe dieselbe Ordinate zur selben Abszisse haben, sie auch denselben, von $x = a$ an zu messenden Flächeninhalt begrenzen.

Dazu die y-parallelen Absätze der Stufen so ziehen, daß die schraffierten Zipfel rechts und links von ihnen flächengleich werden; abgleichen nach dem Augenmaß oder, wenn die Zeichnung auf mm-Papier angefertigt ist (stets zu empfehlen), durch Auszählen der eingeschlossenen mm²; bei Parabeln schneidet die abgleichende Gerade die Waagerechte durch die Sehnenmitte in $^2/_3$ des Abstandes bis zur parallelen Tangente. „Integrationspol" Π im Abstand $O\Pi = 1$ auf der negativen x-Achse nehmen. Die x-parallelen Stufen durch $p_1, p_2, p_3, \ldots$ werden bis zum Schnitt mit der y-Achse in den gleichbezifferten Punkten verlängert, die Strahlen $\Pi 1$, $\Pi 2$, $\Pi 3, \ldots$ und danach, bei A $(OA = a)$ beginnend, der Polygonzug $AB \parallel \Pi 1$, $BC \parallel \Pi 2$, $CD \parallel \Pi 3, \ldots$ gezogen, für jede Stufe eine Seite. Dieser ist ein Tangentenpolygon der gesuchten Integralkurve mit den Berührungspunkten $P_1 = A, P_2, P_3, \ldots$, die abszissengleich mit $p_1, p_2, p_3, \ldots$ liegen. Integralkurve mit dem Kurvenlineal, nötigenfalls mit parabolischer Interpolation nach Bild 7–20, einzeichnen.

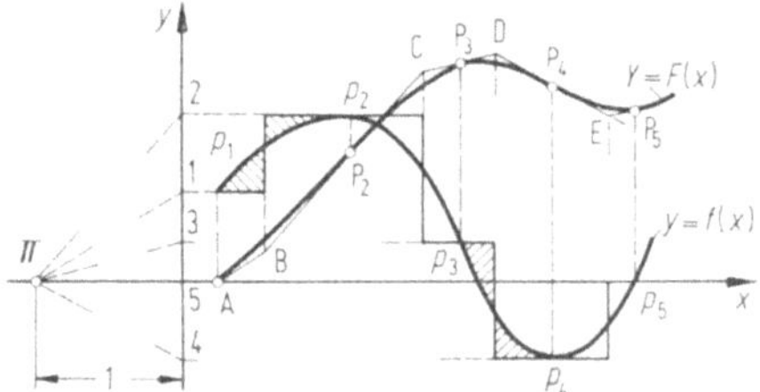

Bild 10–13. Zeichnerische Integration.

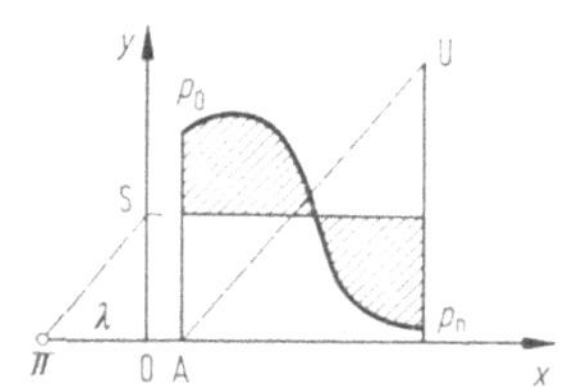

Bild 10–14. Lage des höchsten Punktes der Integralkurve.

Ist Polabstand $O\Pi$ nicht 1, sondern λ, so ergibt sich als Integralkurve $F(x)/\lambda$. Probe: Die Maßzahl irgendeiner Ordinate der Integralkurve muß (mit λ multipliziert) den Flächeninhalt unter der gegebenen Kurve $y = f(x)$ bis zu dieser Ordinate ergeben, der planimetrisch bestimmt werden kann. Bei passender Wahl des Polabstandes λ kann der letzte (oder der höchste) Punkt der Integralkurve noch auf das Zeichenblatt fallen. Im voraus Stelle U wählen, wohin er ungefähr kommen soll (Bild 10–14); schätzungsweise die x-parallele Stufe für den ganzen gegebenen Kurvenbogen $p_0 p_n$ und $S\Pi \parallel AU$ ziehen, wodurch Π bestimmt ist.

10.4.1.6 Zeichnerische Differentiation.

10.4.1.6.1 Tangente bei gegebener Richtung. Mehrere parallele Sehnen in der gegebenen Richtung ziehen, ihre Mitten durch eine Hilfskurve (Bild 10–15) verbinden, die die Kurve im Berührungspunkt P der Tangente trifft.

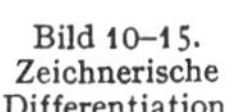
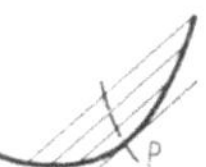

Bild 10–15. Zeichnerische Differentiation.

10.4.1.6.2 Tangente im gegebenen Berührungspunkt. Ein Kantel (Prisma mit rechteckigem Querschnitt) mit einer zur Zeichenebene senkrechten spiegelnden Seitenfläche (*Spiegellineal*) wird so gedreht, daß das Spiegelbild der Kurve im Punkt P ohne merklichen Knick aus der gezeichneten Kurve hervorzugehen scheint; Schnittgerade der Spiegel- und der Zeichenebene ist dann *Normale* der Kurve, ihr Lot im Berührungspunkt also Tangente. Metallspiegel oder *schwarz* hinterlegter Spiegelglasstreifen: oft genügt Stück Stanniol, das auf die nicht abgeschrägte Zentimeterteilung eines Rechenschiebers geklebt, geglättet und mit dem Ballen der Hand poliert ist.

10.4.1.6.3 Differentialkurve. Gegebene Kurve $Y = F(x)$ durch ein umschriebenes Tangentenpolygon $P_1, P_2, P_3, \ldots$ ersetzen, indem man gleich die parallelen Strahlen $\Pi 1$, $\Pi 2$, $\Pi 3, \ldots$ durch einen Pol Π zieht (Bild 10–13). Die x-parallelen Geraden $1p_1$, $2p_2$, $3p_3, \ldots$ bestimmen eine Treppe, auf deren Stufen, abszissengleich mit $P_1, P_2, P_3, \ldots$, die Punkte $p_1, p_2, p_3, \ldots$ der Differentialkurve $Y' = F'(x) = f(x)$ liegen. Diese so ziehen, daß die beiderseits der Stufenabsätze gelegenen dreieckigen Zipfel flächengleich werden (Umkehrung der zeichnerischen Integration).

10.4.1.7 Zweite Integralkurve $S(x) = \int_a^x F(x)\,dx = \int_a^x \int_a^x f(x)\,dx\,dx$, durch zweimalige zeichnerische Integration nach dem Verfahren in 10.4.1.5, zu konstruieren, hat als Ordinate $S(x)$ die Maßzahl des *statischen Moments* der Fläche unter der Kurve $y = f(x)$ in bezug auf die durch x hindurchgehende, die Ordinate enthaltende Achse. Die (sich bei der Konstruktion mit ergebende) Tangente an die Kurve $S(x)$ im Berührungspunkt mit der Abszisse x hat als irgendeine Ordinate η die Maßzahl des statischen Moments der Fläche unter der Kurve $y = f(x)$ in bezug auf die diese Ordinate η enthaltende Achse. Diese Tangente schneidet die x-Achse in der Abszisse des Schwerpunktes jener Fläche.

10.4.1.8 Verfahren der zweifachen Integration unter Benutzung von Schwerpunkten. Gegeben $y = f(x)$, gesucht

$$y_2 = f_2(x) = \int_0^x f_1(x)\,dx + c_2 = \int_0^x \int_0^x f(x)\,dx\,dx + c_1 x + c_2$$

bei beliebig gegebenen Konstanten c_1, c_2 (Bild 10–16).

Fläche unter $y = f(x)$, von $x = 0$ beginnend, in Streifen gleicher Breite 1 teilen, deren Flächenschwerpunkte $S_1, S_2, \ldots$ bestimmen (s.u.) und durch Ziehen waagerechter abgleichender Stufen die flächengleichen Rechtecke mit den Höhen $1R_1$, $2R_2, \ldots$ bestimmen (die oberhalb und unterhalb der Stufe liegenden dreieckigen Zipfel müssen flächengleich sein). Durch den Pol Π ($O\Pi = 1$) die Strahlen $\Pi 0'$, $\Pi 1'$, $\Pi 2', \ldots$ ziehen, nachdem man $OO' = c_1$, $0'1' = 1R_1$, $1'2' = 2R_2$, $2'3' = 3R_3, \ldots$ unter Beachtung des Vorzeichens gemacht hat und danach, bei $A(y = c_2)$ beginnend, den Polygonzug $A\,\Sigma_1 \parallel \Pi 0'$, $\Sigma_1\Sigma_2 \parallel \Pi 1'$, $\Sigma_2\Sigma_3 \parallel \Pi 2', \ldots$, wobei die Ecken $\Sigma_1, \Sigma_2, \ldots$ abszissengleich mit den Schwerpunkten $S_1, S_2, \ldots$ gelegen sind. Dieser Polygonzug ist ein Tangentenpolygon der gesuchten zweiten Integralkurve mit den Berührungspunkten $B_1, B_2, \ldots$, die abszissengleich mit $R_1, R_2, \ldots$ liegen.

Zum Bestimmen der Schwerpunkte kann man bei flachen Kurven die Flächenstreifen als Trapeze auffassen und nach 10.4.1.6.3 verfahren. Bei parabelähnlichen Stücken parallel zur Sehne in $^2/_3$ des Abstandes bis zur parallelen Tangente eine Gerade ziehen und den Schwerpunkt des durch sie begrenzten Trapezes bestimmen.

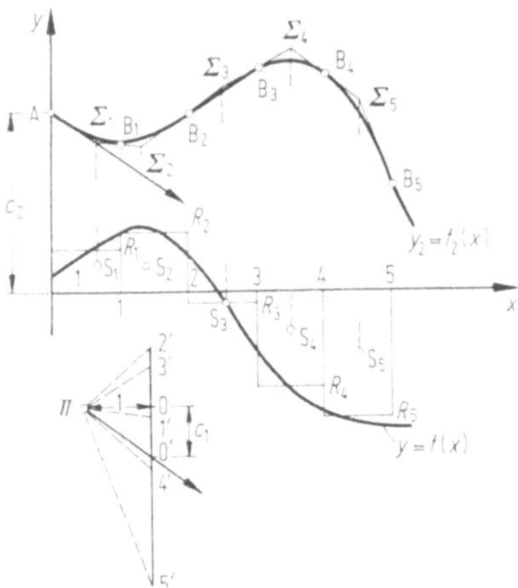

Bild 10–16. Zweifache Integration unter Benutzung von Schwerpunkten.

10.4.1.9 Zeichnerische Integration von Differentialgleichungen (DG) 1. Ordnung:

$$y' = f(x, y).$$

Hierbei geht man von einer Näherungslösung $y = y_1(x)$ der DG aus, die man auch nur in der Nähe des gegebenen Punktes (x_0, y_0) zu kennen braucht. Diese wird schrittweise verbessert und läßt sich der gesuchten wahren Lösung innerhalb der Zeichengenauigkeit annähern.

10.4.1.9.1 Verfahren der Neigungslinien (Isoklinen). Zuerst eine Anzahl genügend dicht gelegener Kurven $f(x, y) = c$ für verschiedene Werte von $c = c_0, c_1, c_2, \ldots$ (Neigungslinien) in der Nähe des Wertes $f(x_0, y_0) = c_0$ (Bild 10–17) zeichnen, sowie ein zugehöriges Strahlenbüschel mit beliebigem Mittelpunkt W, dessen Strahlen $S_0, S_1, S_2, \ldots$ die Anstiege $c_0, c_1, c_2, \ldots$ haben (auf $WQ \parallel x$, $WQ = 1$, trägt man in Q senkrecht $c_0, c_1, c_2, \ldots$ unter Beachtung des Vorzeichens ab). Durch $A_0(x_0, y_0)$ die Parallele A_0M_1 zum Strahl S_0 ziehen, wobei M_1 etwa mitten zwischen den Isoklinen c_0 und c_1 gelegen ist, dann $M_1M_2 \parallel S_1$, $M_2M_3 \parallel S_2$ usw. Der so entstehende Polygonzug ist ein *Tangentenpolygon* für die gesuchte erste Näherung der Integralkurve der DG; die Berührungspunkte sind die Schnittpunkte $A_0, \ldots$ mit den Isoklinen. Dieses Verfahren nur bei einfach zu zeichnenden Isoklinen empfehlenswert.

10.4.1.9.2 Ein genügend kleines Stück A_0A_1 der Anfangstangente (Bild 10–18) zeichnen (Anstieg $c_0 = f(x_0, y_0)$), $f(x_1, y_1) = C_1$ berechnen, wo x_1, y_1 (die Koordinaten von A_1) aus der Zeichnung zu entnehmen sind, aber die Gerade mit dem Anstieg C_1 nicht in A_1, sondern in der Mitte N_1 zwischen A_0 und A_1 ansetzen.

Nun mit dieser Geraden N_1A_2 (A_2 beliebig, jedoch genügend nahe an N_1) genauso verfahren wie vorher mit A_0A_1. Der entstehende Polygonzug $A_0N_1N_2 \ldots$ ist ein *Tangentenpolygon* für die gesuchte erste Näherung der Integralkurve der DG; Berührungspunkte $B_1, B_2, \ldots$ liegen lotrecht über $A_1, A_2, \ldots$

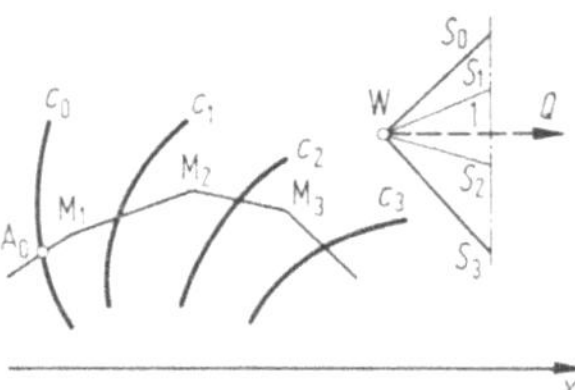

Bild 10–17. Zeichnerische Integration von Differentialgleichungen durch Isoklinen.

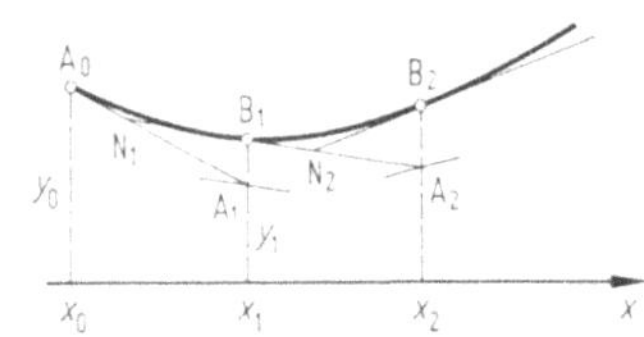

Bild 10–18. Zeichnerische Integration von Differentialgleichungen.

10.4.1.9.3 Aus der ersten Näherungskurve $y = y_1(x)$ erhält man eine bessere durch die gewöhnliche Integration (Quadratur)

$$y_2(x) = \int_{x_0}^{x} f(x, y_1(x))\, dx + y_0$$

und mit Fortsetzung des Verfahrens

$$y_3(x) = \int_{x_0}^{x} f(x, y_2(x))\,\mathrm{d}x + y_0$$

usw. Unter bestimmten, praktisch meist erfüllten Bedingungen konvergiert $y_n(x)$ für $n \to \infty$ nach der gesuchten Lösung $y(x)$.

Um aus $y_1(x)$ die folgende Näherung $y_2(x)$ zu konstruieren, zu dem gefundenen Tangentenpolygon das vom Integrationspol Π (links von O, $O\Pi = 1$) ausgehende Strahlenbüschel ($O0 = c_0$, $O1 = c_1$, $O2 = c_2, \ldots$) ziehen. Die x-Parallelen durch 0, 1, 2, ... treffen die y-Parallelen durch A_0, B_1, B_2, ... in den Punkten $p_0, p_1, p_2, \ldots$ (Bild 10–19), die durch eine glatte Kurve zu verbinden sind; diese Kurve stellt $f(x, y_1(x))$ dar und ist nach 10.4.1.5 zeichnerisch zu integrieren, um $y_2(x)$ zu erhalten.

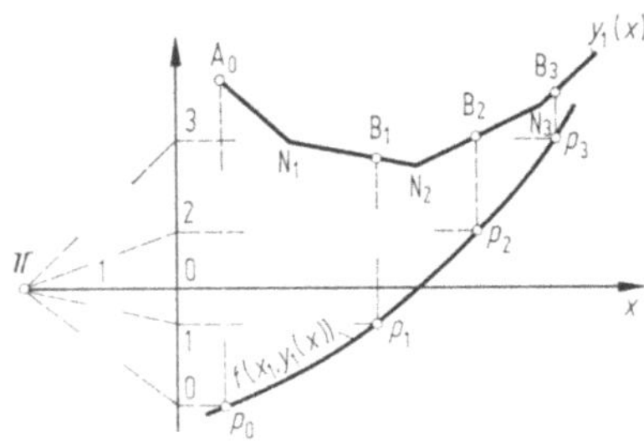

Bild 10–19. Weiteres Verfahren der zeichnerischen Integration von Differentialgleichungen.

Verfahren so lange wiederholen, bis eine folgende Näherungskurve $y_{n+1}(x)$ sich von der vorhergehenden $y_n(x)$ innerhalb der Zeichengenauigkeit nicht merklich unterscheidet.

Es empfiehlt sich, nur den Anfang der ersten Näherungskurve zu konstruieren und ihn sogleich durch wiederholte Integration bis zur Grenze der Zeichengenauigkeit zu verbessern. Eine Verlängerung des so erhaltenen Anfangsstückes der Integralkurve der DG mit dem Kurvenlineal nach dem Augenmaß liefert meist eine brauchbare erste Näherung für die Fortsetzung der Konstruktion.

10.4.1.10 Gekoppelte Differentialgleichungen 1. Ordnung. Einfachster Fall:

$$\frac{\mathrm{d}y}{\mathrm{d}x} = f(x, y, z), \qquad \frac{\mathrm{d}z}{\mathrm{d}x} = g(x, y, z).$$

Nach den vorstehend angegebenen Verfahren in zwei Koordinatenebenen (xy) und (xz) die ersten Näherungskurven $y_1(x)$, $z_1(x)$ (Bild 10–20) konstruieren und sie beide schrittweise durch Quadraturen verbessern:

$$y_n(x) = \int_{x_0}^{x} f(x, y_{n-1}(x), z_{n-1}(x))\,\mathrm{d}x + y_0,$$

$$z_n(x) = \int_{x_0}^{x} g(x, y_{n-1}(x), z_{n-1}(x))\,\mathrm{d}x + z_0.$$

Zwei Anfangspunkte (x_0, y_0) und (x_0, z_0) für die Integralkurven müssen gegeben sein.

10.4.1.11 Differentialgleichungen 2. Ordnung. $y'' = f(x, y, y')$.

10.4.1.11.1 Auf das gekoppelte System

$$\frac{\mathrm{d}y}{\mathrm{d}x} = z, \qquad \frac{\mathrm{d}z}{\mathrm{d}x} = f(x, y, z)$$

zurückführen und nach 10.4.1.10 verfahren, wie bei gekoppelten DG 1. Ordnung. Anfangspunkt (x_0, y_0) und Anfangsrichtung $y_0' = z_0$ sind beliebig gegeben.

10.4.1.11.2 Integration durch Krümmungsradien. Führt man $\vartheta = \arctan y'$, $\varrho = \mathrm{d}s/\mathrm{d}\vartheta = 1/(\cos^3\vartheta \cdot y'')$ in die DG ein, so erhält sie die Form

$$1/\varrho = \cos^3\vartheta \cdot f(x, y, \tan\vartheta).$$

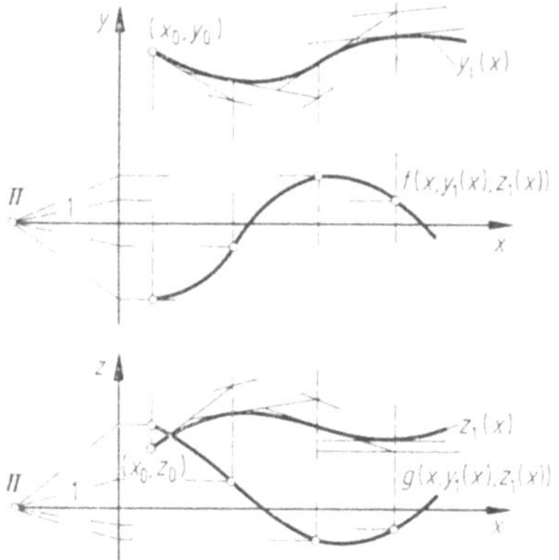

Bild 10–20. Zeichnerische Integration gekoppelter Differentialgleichungen.

Zur Konstruktion der ersten Näherungskurve Lineal aus durchsichtigem Stoff (Bild 10–21) mit einem Loch bei P für den Zeichenstift und zwei zueinander senkrechten Geraden PM und T_1PT_2 benutzen. Die beiden Marken T_1, T_2 haben den Abstand 1 von P und dienen zur Bestimmung der Werte von y'; auf $PM = \varrho$ wird der Mittelpunkt M des jeweiligen Krümmungskreises durch eine Nadelspitze festgehalten. Die erste Näherungskurve kann so aus kleinen Bogen von Krümmungskreisen unmittelbar gezeichnet werden. Aus den jeweiligen Ablesungen berechnet man $y'' = \varrho/\cos^3\vartheta$; eine zweimalige Integration der zugehörigen Kurve gibt eine neue, bessere Annäherung der Lösungskurve der DG.

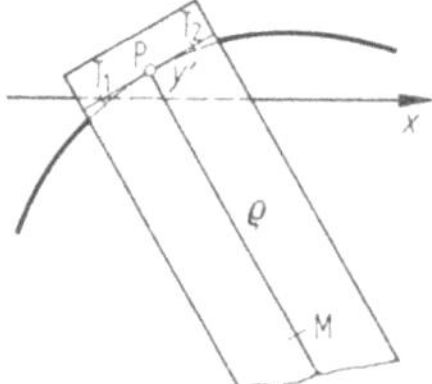

Bild 10–21. Lineal aus durchsichtigem Stoff zur zeichnerischen Integration.

10.4.2 Auflösung von Gleichungen

[13, 112, 116]

10.4.2.1 Lösung durch Näherungswert. Zunächst einen Näherungswert für die Lösung der vorgelegten Gleichung $f(x) = 0$ suchen und dann nach einem der folgenden unter 10.4.2.3 bis 5 genannten Verfahren verbessern. Zum Auffinden des Näherungswertes dient folgender Satz: Ist $f(x)$ in der Umgebung der zu bestimmenden Lösung stetig und $f(a)$ positiv, $f(b)$ negativ, so liegt zwischen a und b eine ungerade Anzahl von Wurzeln der Gleichung $f(x) = 0$, mindestens eine.

10.4.2.2 Zeichnerische Auflösung. Kurve mit der Gleichung $y = f(x)$ zeichnen. Die Abszissen ihrer Schnittpunkte mit der x-Achse sind die Wurzeln der Gleichung.

Oft ist es besser, der aufzulösenden Gleichung die Form $f_1(x) = f_2(x)$ zu geben und die beiden Kurven

$$y = f_1(x), \quad y = f_2(x)$$

zu zeichnen, deren gegenseitige Schnittpunkte durch ihre Abszissen die gesuchten Wurzeln liefern.

10.4.2.3 Verbesserung durch Interpolation (*Regula falsi*).

Ist a ein Näherungswert einer Wurzel von $f(x) = 0$, so berechnet man die Verbesserung δ von a aus

$$\delta = -f(a)\,\frac{a_1 - a}{f(a_1) - f(a)},$$

wo a_1 einen von a wenig verschiedenen Wert bezeichnet.

10.4.2.4 Newtonsches Näherungsverfahren. Die Verbesserung von a ist hier $\delta = -\dfrac{f(a)}{f'(a)}$, wo $f'(a)$ erste Ableitung von $f(x)$ für $x = a$. (Auch für komplexe Wurzeln anwendbar.)

Der gewonnene Wert $a + \delta$ ist mit einem Fehler $\varepsilon = a - \delta - x$ gegenüber dem wahren Wert x behaftet. Es gilt mit

$$\psi = \operatorname{Max}\left|\frac{f(\xi)\,f''(\xi)}{f'^2(\xi)}\right|, \qquad x \leq \xi \leq a$$

($\psi < 1$ für Konvergenz!) für den Fehler

$$|\varepsilon| \leq \frac{\psi}{1-\psi}\,|\delta|.$$

10.4.2.5 Verfahren des wiederholten Einsetzens (*Iterationsverfahren*). Die Gleichung auf die Form $x = \varphi(x)$ bringen, so daß $|\varphi'(x)| < 1$ ist. Andernfalls erst noch die Gleichung $x = \varphi(x)$ nach dem rechts stehenden x auflösen. (*Beispiel:* Bei $x = \tan x$ ist $(\tan x)' = 1/\cos^2 x > 1$, also erst $x = \arctan x$ schreiben, wo jetzt $|\arctan x|' = 1/(1 + x^2) < 1$ ist.) Ist x_1 ein z.B. nach 10.4.1.1 bzw. 2 bestimmter Näherungswert, so ist $x_2 = \varphi(x_1)$ ein besserer. Durch Fortsetzung des Verfahrens kommt man der Lösung beliebig nahe.

10.4.2.6 Verfahren von Graeffe. Die algebraische Gleichung mit der Unbekannten x

$$f_0(x) = a_n x^n + a_{n-1}x^{n-1} + \cdots + a_1 x + a_0 = 0$$

habe die Wurzeln $x_1, x_2, \ldots, x_n$. Zur folgenden Gleichung mit der Unbekannten $z = x^2$ übergehen:

$$(-1)^n f_0(x)\,f_0(-x) = f_1(x^2) = f_1(z) = 0.$$

Sie hat die Wurzeln $x_1^2, x_2^2, \ldots, x_n^2$. Durch Wiederholen des Verfahrens kommt man schließlich zu einer Gleichung

$$f_k(z) = b_n z^n + b_{n-1}z^{n-1} + \cdots + b_1 z + b_0 = 0$$

mit den Wurzeln $x_1^{2^k}, x_2^{2^k}, \ldots, x_n^{2^k}$.

Sind die Beträge $|x_1|, |x_2|, \ldots, |x_n|$ alle voneinander verschieden, so werden sie durch dieses Verfahren „auseinandergezogen", d.h. nach genügend vielen Schritten ist

$$|x_1|^{2^k} \ll |x_2|^{2^k} \ll \cdots \ll |x_n|^{2^k}.$$

Die $x_i^{2^k}$ $(i = 1, 2, \ldots, n)$ können dann aus den linearen Gleichungen

$$b_n z + b_{n-1} = 0, \quad b_{n-1}z + b_{n-2} = 0, \ldots, b_1 z + b_0 = 0$$

näherungsweise berechnet werden.

Sind unter den $|x_i|$ mehrere untereinander gleich, was insbesondere bei konjugiert komplexen Wurzeln der Fall ist, so zerfällt die Gleichung nach genügend vielen Schritten in verschiedene Gleichungen, die nur Wurzeln mit demselben Betrag haben. Ist z.B. $x_2 = x_1$ und $|x_i| \neq |x_1| = |x_2|$ für $i = 3, 4, \ldots, n$, so erhält man eine quadratische Gleichung, mit deren Hilfe man x_1 näherungsweise berechnen kann.

Maßgebend hierfür ist, ob der Einfluß der bei dem Übergang von f zu f_{i+1} auftretenden „gemischten" Glieder verschwindet. Näheres vgl. etwa [13], S. 54ff. sowie [112], S. 164ff. oder [120], S. 81ff. So ermittelt man Näherungswerte auch für komplexe Wurzeln, die auf andere Weise schwer zu finden sind. Gegebenenfalls dann noch nach *Newton* verbessern (vgl. 10.4.2.4).

Beispiel 1:

$$3x^3 - 16{,}5x^2 + 24{,}75x - 13{,}125 = 0.$$

Rechenschema:

$f_0(x)$	3	$-1{,}65 \cdot 10$	$+2{,}475 \cdot 10$	$-1{,}3125 \cdot 10$
$-f_0(-x)$	3	$+1{,}65 \cdot 10$	$+2{,}475 \cdot 10$	$+1{,}3125 \cdot 10$
	9	$-2{,}7225 \cdot 10^2$	$+6{,}1256 \cdot 10^2$	$-1{,}7227 \cdot 10^2$
		$+1{,}4850 \cdot 10^2$	$-4{,}3313 \cdot 10^2$	
$f_1(z)$	9	$-1{,}2375 \cdot 10^2$	$+1{,}7943 \cdot 10^2$	$-1{,}7227 \cdot 10^2$
$-f_1(-z)$	9	$+1{,}2375 \cdot 10^2$	$+1{,}7943 \cdot 10^2$	$+1{,}7227 \cdot 10^2$
	81	$-1{,}5314 \cdot 10^4$	$+3{,}2195 \cdot 10^4$	$-2{,}9677 \cdot 10^4$
		$+0{,}3230 \cdot 10^4$	$-4{,}2637 \cdot 10^4$	
$f_2(z)$	81	$-1{,}2084 \cdot 10^4$	$-1{,}0442 \cdot 10^4$	$-2{,}9677 \cdot 10^4$
$-f_2(-z)$	81	$+1{,}2084 \cdot 10^4$	$-1{,}0442 \cdot 10^4$	$+2{,}9677 \cdot 10^4$
	$0{,}6561 \cdot 10^4$	$-1{,}4602 \cdot 10^8$	$+1{,}0904 \cdot 10^8$	$-8{,}8072 \cdot 10^8$
		$-0{,}0169 \cdot 10^8$	$-7{,}1723 \cdot 10^8$	
$f_3(z)$	$0{,}6561 \cdot 10^4$	$-1{,}4771 \cdot 10^8$	$-6{,}0819 \cdot 10^8$	$-8{,}8072 \cdot 10^8$
$-f_3(-z)$	$0{,}6561 \cdot 10^4$	$+1{,}4771 \cdot 10^8$	$-6{,}0819 \cdot 10^8$	$+8{,}8072 \cdot 10^8$
	$4{,}3047 \cdot 10^7$	$-2{,}1818 \cdot 10^{16}$	$+3{,}6990 \cdot 10^{17}$	$-7{,}7567 \cdot 10^{17}$
		$-0{,}0008 \cdot 10^{16}$	$-2{,}6018 \cdot 10^{17}$	
$f_4(z)$	$4{,}3047 \cdot 10^7$	$-2{,}1826 \cdot 10^{16}$	$+1{,}0972 \cdot 10^{17}$	$-7{,}7567 \cdot 10^{17}$

Da offenbar der Einfluß des ersten gemischten Gliedes verschwunden ist, kann man eine (nämlich die größte) Wurzel aus

$$4{,}3047 \cdot 10^7 z - 2{,}1826 \cdot 10^{16} = 0,$$

d.h.

$$z_1 = \frac{2{,}1826}{4{,}3047} \cdot 10^9 = x_1^{2^4} = x_1^{16}$$

berechnen, woraus (am besten durch logarithmische Rechnung) $x_1 = 3{,}49997$ folgt. Einsetzen in f_0 zeigt, daß das „+"-Zeichen gelten muß.

Da der Einfluß des zweiten gemischten Gliedes nicht verschwindet, müssen die beiden restlichen Wurzeln x_2 und x_3 (nahezu) gleichen Absolutbetrag haben. Zur Bestimmung von $z_{2,3} = x^{16}$, dient die Gleichung

$$-2{,}1826 \cdot 10^{16} z^2 + 1{,}0972 \cdot 10^{17} z - 7{,}7567 \cdot 10^{17} = 0.$$

Da deren Lösungen konjugiert komplex sind, d.h. $z_3 = \overline{z_2}$, ist

$$z_2\overline{z_2} = |z_2|^2 = |x_2|^{2 \cdot 16} = \frac{-7{,}7567 \cdot 10^{17}}{-2{,}1826 \cdot 10^{16}},$$

(vgl. 2.4.4), woraus $|x_2| = 1{,}118 = |x_3|$. Da auch $f_0(x)$ reelle Koeffizienten hat, müssen die komplexen Wurzeln $x_2 = \sqrt[16]{z_2}$ und $x_1 = \sqrt[16]{z_3}$ ebenfalls zueinander konjugiert sein, d.h. von der Form $x_2 = \alpha + i\beta$, $x_3 = \alpha - i\beta$. Daher ist

$$x_1 + x_2 + x_3 = 3{,}500 + 2\alpha = -\frac{-16{,}5}{3} = 5{,}5,$$

somit $\alpha = 1{,}000$. Schließlich ist

$$\alpha^2 + \beta^2 = 1 + \beta^2 = |x_2|^2 = (1{,}118)^2 = 1{,}25, \text{ somit } \beta = 0{,}5.$$

Daher sind die Lösungen:

$$x_1 = 3{,}5; \quad x_2 = 1 + 0{,}5\mathrm{i}; \quad x_3 = 1 - 0{,}5\mathrm{i}.$$

Beispiel 2: Mit $R_1 = 1\Omega$, $R_2 = 2\Omega$, $C_1 = 10^{-8}$ F, $C_2 = 10^{-8}$ F, $L_1 = 10^{-5}$ H, $L_2 = 10^{-4}$ H, $M = 10^{-5}$ H erhält man aus dem Beispiel in 9.1.4.3, wenn man noch $r = x \cdot \omega_0$ $\left(\text{mit } \omega_0 = \frac{1}{\text{s}}\right)$ einführt:

$$x^4 + 1{,}3333 \cdot 10^5 x^3 + 1{,}2224 \cdot 10^{12} x^2 + 3{,}3333 \cdot 10^{17} x + 1{,}1111 \cdot 10^{25} = 0.$$

Rechenschema:

$f_0(x)$	1	$+1{,}3333 \cdot 10^{5}$	$+1{,}2224 \cdot 10^{13}$	$+3{,}3333 \cdot 10^{17}$	$+1{,}1111 \cdot 10^{25}$
$f_0(-x)$	1	$-1{,}3333 \cdot 10^{5}$	$+1{,}2224 \cdot 10^{13}$	$-3{,}3333 \cdot 10^{17}$	$+1{,}1111 \cdot 10^{25}$
	1	$-0{,}0018 \cdot 10^{13}$	$+1{,}4943 \cdot 10^{26}$	$-0{,}0011 \cdot 10^{38}$	$+1{,}2345 \cdot 10^{50}$
		$2{,}4448 \cdot 10^{13}$	$-0{,}0009 \cdot 10^{26}$	$+2{,}7164 \cdot 10^{38}$	
			$+0{,}2222 \cdot 10^{26}$		
$f_1(z)$	1	$+2{,}4430 \cdot 10^{13}$	$+1{,}7156 \cdot 10^{26}$	$+2{,}7153 \cdot 10^{38}$	$+1{,}2345 \cdot 10^{50}$
$f_1(-z)$	1	$-2{,}4430 \cdot 10^{13}$	$+1{,}7156 \cdot 10^{26}$	$-2{,}7153 \cdot 10^{38}$	$+1{,}2345 \cdot 10^{50}$
	1	$-5{,}9682 \cdot 10^{26}$	$+2{,}9433 \cdot 10^{52}$	$-7{,}3728 \cdot 10^{76}$	$+1{,}5240 \cdot 10^{50}$
		$+3{,}4312 \cdot 10^{26}$	$-1{,}3267 \cdot 10^{52}$	$+4{,}2358 \cdot 10^{76}$	
			$+0{,}0247 \cdot 10^{52}$		
$f_2(z)$	1	$-2{,}5370 \cdot 10^{26}$	$+1{,}6413 \cdot 10^{52}$	$-3{,}1370 \cdot 10^{76}$	$+1{,}5240 \cdot 10^{100}$
$f_2(-z)$	1	$+2{,}5370 \cdot 10^{26}$	$+1{,}6413 \cdot 10^{52}$	$+3{,}1370 \cdot 10^{76}$	$+1{,}5240 \cdot 10^{100}$
	1	$-6{,}4364 \cdot 10^{52}$	$+2{,}6939 \cdot 10^{104}$	$-9{,}8408 \cdot 10^{152}$	$+2{,}3226 \cdot 10^{200}$
		$+3{,}2826 \cdot 10^{52}$	$-0{,}1592 \cdot 10^{104}$	$+5{,}0027 \cdot 10^{152}$	
			$+0{,}0003 \cdot 10^{104}$		
$f_3(z)$	1	$-3{,}1538 \cdot 10^{52}$	$+2{,}5350 \cdot 10^{104}$	$-4{,}8381 \cdot 10^{152}$	$+2{,}3226 \cdot 10^{200}$
$f_3(-z)$	1	$+3{,}1538 \cdot 10^{52}$	$+2{,}5350 \cdot 10^{104}$	$+4{,}8381 \cdot 10^{152}$	$+2{,}3226 \cdot 10^{200}$
	1	$-9{,}9464 \cdot 10^{104}$	$+6{,}4262 \cdot 10^{208}$	$-2{,}3407 \cdot 10^{305}$	$+5{,}3945 \cdot 10^{400}$
		$+5{,}0700 \cdot 10^{104}$	$-0{,}0030 \cdot 10^{208}$	$+1{,}1776 \cdot 10^{305}$	
			$+0{,}0000 \cdot 10^{208}$		
$f_4(z)$	1	$-4{,}8764 \cdot 10^{104}$	$+6{,}4232 \cdot 10^{208}$	$-1{,}1631 \cdot 10^{305}$	$+5{,}3945 \cdot 10^{400}$

Da der Einfluß der gemischten Glieder nur in der Mitte verschwindet, schließt man auf das Vorhandensein zweier Lösungspaare mit jeweils annähernd gleichem Absolutbetrag: $|z_1| \approx |z_2|$ und $|z_3| \approx |z_4|$. Wegen $|z_{1,2}| \gg |z_{3,4}|$ erhält man die Lösungen aus zwei quadratischen Gleichungen:

$$z_{1,2}^2 - 4{,}8764 \cdot 10^{104} z_{1,2} + 6{,}4232 \cdot 10^{208} = 0$$

und

$$z_{3,4}^2 - \frac{1{,}1631 \cdot 10^{305}}{6{,}4232 \cdot 10^{208}} z_{3,4} + \frac{5{,}3945 \cdot 10^{400}}{6{,}4232 \cdot 10^{208}} = 0.$$

Die Lösungen beider Gleichungen sind konjugiert komplex. Man gewinnt die Beträge der komplexen Lösungen wie in Beispiel 1 aus

$$z_1 \cdot z_2 = z_1 \cdot \overline{z_1} = |z_1|^2 = |x_1|^{2 \cdot 16} = |x_2|^{2 \cdot 16} = 6{,}4232 \cdot 10^{208}$$

$$z_3 \cdot z_4 = z_3 \cdot \overline{z_3} = |z_3|^2 = |x_3|^{2 \cdot 16} = |x_4|^{2 \cdot 16} = \frac{5{,}3945 \cdot 10^{400}}{6{,}4232 \cdot 10^{208}} = 8{,}3985 \cdot 10^{191}$$

zu

$$|x_1| = |x_2| = 3{,}35152 \cdot 10^{6}$$

und

$$|x_3| = |x_4| = 0{,}99456 \cdot 10^{6}.$$

Mit

$$x_1 = \alpha_1 + i\beta_1, \quad x_2 = \alpha_1 - i\beta_1$$

und

$$x_3 = \alpha_3 + i\beta_3, \quad x_4 = \alpha_3 - i\beta_3$$

gilt

$$x_1 + x_2 + x_3 + x_4 = 2\alpha_1 + 2\alpha_3 = -1{,}3333 \cdot 10^{5};$$

dividiert man

$$x_1x_2x_3 + x_1x_2x_4 + x_1x_3x_4 + x_2x_3x_4 = -3{,}3333 \cdot 10^{17}$$

durch

$$x_1x_2x_3x_4 = +1{,}1111 \cdot 10^{25},$$

so ergibt sich

$$\frac{1}{x_4} + \frac{1}{x_3} + \frac{1}{x_2} + \frac{1}{x_1} = \frac{2\alpha_1}{|x_1|^2} + \frac{2\alpha_3}{|x_3|^2} = -\frac{3{,}3333 \cdot 10^{17}}{1{,}1111 \cdot 10^{25}} = -3{,}0 \cdot 10^{-8}.$$

Damit bekommt man zwei Gleichungen für α_1 und α_3

$$\alpha_1 + \alpha_3 = -0{,}66667 \cdot 10^{5},$$

$$\alpha_1 + 11{,}35591\alpha_3 = -1{,}68490 \cdot 10^{5},$$

und deren Lösungen

$$\alpha_1 = -5{,}6835 \cdot 10^{4} \quad \text{und} \quad \alpha_3 = -9{,}8324 \cdot 10^{3}.$$

Weiter gilt

$$\alpha_1^2 + \beta_1^2 = |x_1|^2 = 1{,}12327 \cdot 10^{13},$$

$$\alpha_3^2 + \beta_3^2 = |x_3|^2 = 9{,}89150 \cdot 10^{11},$$

woraus man

$$\beta_1 = 3{,}3511 \cdot 10^{6}, \quad \beta_2 = 0{,}99451 \cdot 10^{6}$$

und damit als erste Näherungswerte die Lösungen

$$x_1 = -5{,}6835 \cdot 10^{4} + i \cdot 3{,}3511 \cdot 10^{6},$$

$$x_2 = -5{,}6835 \cdot 10^{4} - i \cdot 3{,}3511 \cdot 10^{6},$$

$$x_3 = -9{,}8324 \cdot 10^{3} + i \cdot 0{,}99451 \cdot 10^{6},$$

$$x_4 = -9{,}8324 \cdot 10^{3} - i \cdot 0{,}99451 \cdot 10^{6}$$

erhält, die man noch mit dem Newtonschen Näherungsverfahren (10.4.2.4) verbessern kann.

10.4.2.7 Eliminationsverfahren bei Systemen von linearen Gleichungen (vgl. 5.4).

Eine und dieselbe Unbekannte aus den gegebenen n Gleichungen entfernen, indem man $(n-1)$mal je zwei der n Gleichungen vereinigt. Aus den so entstandenen $(n-1)$ neuen Gleichungen in gleicher Weise eine zweite Unbekannte usw. eliminieren, bis *eine* Gleichung mit *einer* (der n-ten) Unbekannten übrig bleibt, aus der sich diese n-te Unbekannte ergibt. Durch Einsetzen des gefundenen Wertes in eine der beiden Gleichungen mit zwei Unbekannten erhält man die $(n-1)$-te Unbekannte usw., so daß sich der Reihe nach auch die übrigen Unbekannten ergeben.

10.4.3 Angenäherte Berechnung bestimmter Integrale

Der Integrationsbereich $(a \cdots b)$ werde in n gleiche Teile von der Länge $(b-a)/n = h$ geteilt, $x_\nu = a + \nu h$, $(\nu = 0, 1, 2, \ldots, n)$, also $x_0 = a$, $x_n = b$, ferner $y_\nu = f(x_\nu)$ gesetzt. Wenn $f(x)$ $2r$-mal stetig differenzierbar ist, gilt die

10.4.3.1 Eulersche Summenformel.

$$\int_a^b f(x)\,\mathrm{d}x = h\left(\frac{1}{2}y_0 + y_1 + y_2 + \cdots + y_{n-1} + \frac{1}{2}y_n\right)$$
$$- B_2\frac{h^2}{2!}[f'(b) - f'(a)] - B_4\frac{h^4}{4!}[f'''(b) - f'''(a)] - \cdots$$
$$- B_{2r-2}\frac{h^{2r-2}}{(2r-2)!}[f^{(2r-3)}(b) - f^{(2r-3)}(a)] + R,$$

wo

$$R = -nB_{2r}\frac{h^{2r+1}}{(2r)!}f^{(2r)}(\xi), \quad \xi = a + \vartheta(b-a), \quad 0 < \vartheta < 1.$$

Hierin sind $B_1, B_2, B_3, \ldots$ die Bernoullischen Zahlen (vgl. 4.2.6.2).

Für $r = 2$ erhält man den

10.4.3.2 Spezialfall.

$$\int_a^b f(x)\,\mathrm{d}x = h\left[\left(\frac{1}{2}\right)y_0 + y_1 + y_2 + \cdots + y_{n-1} + \left(\frac{1}{2}\right)y_n\right]$$
$$-\frac{1}{12}h^2[f'(b) - f'(a)] + R, \quad R = \frac{1}{720}\frac{(b-a)^5}{n^4}f^{(4)}(\xi).$$

10.4.3.3 Simpsonsche Regel.

$$\int_a^b f(x)\,\mathrm{d}x = \frac{h}{3}(y_0 + 4y_1 + 2y_2 + 4y_3 + 2y_4 + \cdots + 4y_{n-1} + y_n) + R.$$
$$R = -\frac{1}{180}\frac{(b-a)^5}{n^4}f^{(4)}(\xi).$$

n muß hier eine gerade Zahl sein. Für $f(x) = \alpha + \beta x + \gamma x^2 + \delta x^3$ gilt wegen $f^{(4)}(x) = 0$ die Simpsonsche Regel ohne Restglied genau.

10.4.3.4 Gaußsche Quadraturformel. Aus Tabelle 10–1 für bestimmten Wert n die Werte $t_1, t_2, \ldots, t_n$ und $A_1, A_2, \ldots, A_n$ entnehmen, ferner die Funktionswerte $Y_\nu = f(a + (b-a)\,t_\nu)$, $(\nu = 1, 2, \ldots, n)$ berechnen; dann ist

$$\int_a^b f(x)\,\mathrm{d}x = (b-a)(A_1Y_1 + A_2Y_2 + \cdots + A_nY_n) + R,$$

wo

$$R = \frac{(b-a)^{2n+1}}{(2n+1)!}\left[\frac{n!}{(n+1)(n+2)\cdots(2n)}\right]^2 f^{(2n)}(\xi)$$

mit

$$\xi = a + \vartheta(b-a), \; 0 < \vartheta < 1.$$

Tabelle 10-1. Werte für die Gaußsche Quadraturformel

n	t	A	n	t	A
1	$t_1 = 0{,}5$	$A_1 = 1$	5	$t_1 = 0{,}04691$	$A_1 = 0{,}11846$
2	$t_1 = 0{,}21132$	$A_1 = 1/2$		$t_2 = 0{,}23077$	$A_2 = 0{,}23931$
	$t_2 = 0{,}78868$	$A_2 = 1/2$		$t_3 = 0{,}5$	$A_3 = 0{,}28444$
3	$t_1 = 0{,}11270$	$A_1 = 5/18$		$t_4 = 0{,}76923$	$A_4 = 0{,}23931$
	$t_2 = 0{,}5$	$A_2 = 4/9$		$t_5 = 0{,}95309$	$A_5 = 0{,}11846$
	$t_3 = 0{,}88730$	$A_3 = 5/18$	6	$t_1 = 0{,}03377$	$A_1 = 0{,}08566$
4	$t_1 = 0{,}06943$	$A_1 = 0{,}17393$		$t_2 = 0{,}16940$	$A_2 = 0{,}18038$
	$t_2 = 0{,}33001$	$A_2 = 0{,}32607$		$t_3 = 0{,}38069$	$A_3 = 0{,}23396$
	$t_3 = 0{,}66999$	$A_3 = 0{,}32607$		$t_4 = 0{,}61931$	$A_4 = 0{,}23396$
	$t_4 = 0{,}93057$	$A_4 = 0{,}17393$		$t_5 = 0{,}83060$	$A_5 = 0{,}18038$
				$t_6 = 0{,}96623$	$A_6 = 0{,}08566$

Übrigens sind $t_1, t_2, \ldots, t_n$ die Wurzeln der Gleichung

$$(t^n(t-1)^n)^{(n)} = 0,$$

während

$$A_\nu = \int_0^1 \frac{(t-t_1)(t-t_2)\cdots(t-t_{\nu-1})(t-t_{\nu+1})\cdots(t-t_n)}{(t_\nu-t_1)(t_\nu-t_2)\cdots(t_\nu-t_{\nu-1})(t_\nu-t_{\nu+1})\cdots(t_\nu-t_n)}\,\mathrm{d}t$$

ist. Das Restglied dient in allen diesen Formeln zum Abschätzen des Fehlers, kommt aber praktisch kaum in Betracht.

10.4.3.5 Tschebyscheff-Integration über dem Intervall $[-1, 1]$.

$$\int_{-1}^{+1} f(x)\,\mathrm{d}x = \frac{2}{n}\sum_{i=1}^{n} f(x_i) + R,$$

wobei das gleiche Gewicht jeder Ordinate durch eine spezielle und von der Zahl n der Stützstellen abhängige Wahl der Abszissen erreicht wird:

Tabelle 10-2. Abszissen der Tschebyscheff-Integration

n	$\pm x_i$	n	$\pm x_i$	n	$\pm x_i$
2	0,5773502692	5	0,8324974870	7	0,8838617008
			0,3745414096		0,5296567753
			0,0000000000		0,3239118105
					0,0000000000
3	0,7071067812				
	0,0000000000				
				9	0,9115893077
					0,6010186554
		6	0,8662468181		0,5287617831
4	0,7946544723		0,4225186538		0,1679061842
	0,1875924741		0,2666354015		0,0000000000

Entsprechende Teilungen mit Stützstellenzahl $n = 8$, $n \geqq 10$ existieren nicht.

$$R = \int_{-1}^{+1} \frac{x^{n+1}}{(n+1)!} f^{(n+1)}(\xi)\,\mathrm{d}x - \frac{2}{n(n+1)!}\sum_{i=1}^{n} x_i^{n+1} f^{(n+1)}(\xi_i)$$

mit $\xi = \xi(x)$ bei $0 \leqq \xi \leqq x$ und $0 \leqq \xi_i \leqq x_i$, $i = 1, 2, \ldots, n$.

10.4.3.6 Romberg-Integration. Bei mehrfacher Wiederholung der Integration nach der Eulerschen Summenformel mit jeweils halbierter Schrittweite ist durch geeignete Linearkombination eine Elimination der jeweiligen führenden Fehlerterme und damit das Erreichen einer höheren Genauigkeit möglich. Das Verfahren beruht auf folgendem Algorithmus:

Es sei

$$S_j(f) := h_j\left(\frac{1}{2}y(a) + \sum_{\nu=1}^{n_j} y(a+\nu h_j) + \frac{1}{2}y(b)\right), \qquad h_j := \frac{h}{2^j}, \quad n_j := 2^j n.$$

Dann gilt bei den daraus abgeleiteten Summen

$$S_j^{(0)}(f) := S_j(f), \quad S_j^{(k+1)}(f) = \frac{1}{4^{k+1}-1}\{4^{k+1} S_{j+1}^{(k)}(f) - S_j^{(k)}(f)\},$$

die folgende Aussage über das Fehlerglied O der numerischen Integration

$$\int_a^b f(x)\,\mathrm{d}x = S_j^{(k)}(f) + O(h_j^{2(k+1)}), \quad k = 0, \ldots, n-1, \quad j = 0, 1, 2, \ldots$$

Ein entsprechendes FORTRAN-Programm findet sich unter 13.5.2.

10.4.4 Numerische Integration von Differentialgleichungen

[107]

10.4.4.1 Verfahren von Runge-Kutta. Die gegebene DG sei, nach y' aufgelöst, $y' = f(x, y)$; gesucht wird die Lösung $y = y(x)$, die für $x = x_0$ den Wert $y_0 = y(x_0)$ annimmt, wo x_0, y_0 beliebig gegebene Werte sind. Werte y berechnen, die zu den Argumenten $x_0, x_0 + h, x_0 + 2h, \ldots$ gehören, wo h genügend klein ist. Gehört ein Wert y zu einem dieser x, so gehört zu $x + h$ der Wert $y + k$, wo k in folgender Weise bestimmt wird: Man berechne

$$k_1 = f(x, y)\,h, \qquad k_2 = f(x + h/2, y + k_1/2)\,h,$$

$$k_3 = f(x + h/2, y + k_2/2)\,h, \quad k_4 = f(x + h, y + k_3)\,h,$$

so wird

$$k = \frac{1}{3}\left(\frac{k_1 + k_4}{2} + k_2 + k_3\right).$$

Für die DG $y' = f(x)$ geht das Verfahren in die *Simpsonsche Regel* über.

Beispiel:

$$y' = x^2 + y^2; \quad x_0 = 0, \quad y_0 = 0, \quad h = 0{,}2.$$

x	y	$f = x^2 + y^2$	$h \cdot f = h(x^2 + y^2) = k_i$; $i = 1, \ldots, 4$	i	
0	0	0	0	1	$k_1 + k_4 = 0{,}008001$
0,1	0,0	0,01	0,002	2	$2(k_2 + k_3) = 0{,}008000$
0,1	0,001	0,010001	0,002000	3	$6k = 0{,}016001$
0,2	0,002	0,040004	0,008001	4	$k = 0{,}002667$
0,2	0,002667	0,040007	0,008001	1	$k_1 + k_4 = 0{,}040087$
0,3	0,006668	0,090044	0,018000	2	$2(k_2 + k_3) = 0{,}072072$
0,3	0,011672	0,090136	0,018027	3	$6k = 0{,}112159$
0,4	0,020694	0,160428	0,032086	4	$k = 0{,}018693$
0,4	0,021360	0,160456	0,032091	1	$k_1 + k_4 = 0{,}105122$
0,5	0,037406	0,251399	0,050280	2	$2(k_2 + k_3) = 0{,}201424$
0,5	0,046500	0,252162	0,050432	3	$6k = 0{,}306546$
0,6	0,071792	0,365154	0,073031	4	$k = 0{,}051091$
0,6	0,072451				

10.4.4.2 Verfahren von Adams-Störmer. Von der Lösung der Differentialgleichung (DG) $y' = f(x, y)$ mit der Anfangsbedingung $y_0 = y(x_0)$ seien schon einige Näherungswerte bekannt $(x_\nu - x_{\nu-1} = h)$:

x_0	x_1	$\cdots$	x_n
y_0	y_1	$\cdots$	y_n

(etwa nach 10.4.4.1 berechnet). Um nun weitere Werte y_{n+1}, y_{n+2} usw. zu ermitteln, berechne man $f_i = f(x_i, y_i)$, $(i = 0, 1, \ldots, n)$ und die Differenzen $\Delta^k f_i$ nach dem Schema von 10.3.3. Dann ergibt sich ein Näherungswert $y_{n+1}^{(0)}$ aus

$$y_{n+1}^{(0)} = y_n + h\left\{f_n + \frac{1}{2}\Delta f_{n-1} + \frac{5}{12}\Delta^2 f_{n-2} + \frac{3}{8}\Delta^3 f_{n-3} + \frac{251}{720}\Delta^4 f_{n-4}\right\}.$$

Diesen Wert kann man durch wiederholte Anwendung der Formel

$$y_{n+1}^{(i)} = y_n + h\left\{f_{n+1}^{(i-1)} - \frac{1}{2}\Delta f_n^{(i-1)} - \frac{1}{12}\Delta^2 f_{n-1}^{(i-1)} - \frac{1}{24}\Delta^3 f_{n-2}^{(i-1)} - \frac{19}{720}\Delta^4 f_{n-3}^{(i-1)}\right\}$$

$(i = 1, 2, \ldots)$ verbessern, bis sich zwei Werte $y_{n+1}^{(i-1)}$ und $y_{n+1}^{(i)}$ im Rahmen der zugrunde gelegten Rechengenauigkeit nicht mehr unterscheiden. Aufbauend auf der durch $y_{n+1} = y_{n+1}^{(i)}$ ergänzten Reihe von Näherungswerten geht man dann zur Berechnung von y_{n+2} über.

Beispiel: $y' = x^2 + y^2$; als Ausgangswerte werden die nach 10.4.4.1 berechneten Näherungen in den Punkten $x_0 = x_1 = 0$; $x_2 = 0{,}2$; $x_3 = 0{,}4$; $x_4 = 0{,}6$ benutzt.

x	y	$f = x^2 + y^2$	$\Delta^1 f$	$\Delta^2 f$	$\Delta^3 f$	$\Delta^4 f$
0	0	0	0,040007	0,080442	0,003902	0,011745
0,2	0,002667	0,040007	0,120449	0,084344	0,015647	0,012030
0,4	0,021360	0,160456	0,204793	0,099991	0,015932	0,012037
0,6	0,072451	0,365249	0,304784	0,100276	0,015939	0,012037
0,8	0,173301	0,670033	0,305069	0,100283	0,015939	0,030251
0,8	0,174120	0,670318	0,305076	0,100283	0,046190	0,031140
0,8	0,174140	0,670325	0,305076	0,146473	0,047079	0,031183
0,8	0,174141	0,670325	0,451549	0,147362	0,047122	
1,0	0,349105	1,121874	0,452438	0,147405		
1,0	0,350375	1,122763	0,452481			
1,0	0,350437	1,122806				
1,0	0,350440					

10.4.4.3 Differenzenverfahren. Die in der Differentialgleichung

$$F(x, y, y', \ldots, y^{(n)}) = 0$$

auftretenden Differentialquotienten werden durch geeignete Differenzenquotienten (Tabelle 10-3) über einem Raster von Punkten $x_\mu = x_0 + \mu \cdot h$ ersetzt, wobei der Punkt x_0 und die Maschenweite h geeignet zu wählen sind. Die DG geht so in ein System von Gleichungen für die Werte $y_\mu = y(x_0 + \mu \cdot h)$ über. Verfahren ist um so genauer, je kleiner h ist.

Tabelle 10-3. Einige Differenzenquotienten

Ableitung	Differenzenquotient
y'_μ	$\frac{1}{h}(y_{\mu+1}-y_\mu)$; $\frac{1}{h}(y_\mu - y_{\mu-1})$; $\frac{1}{2h}(y_{\mu+1}-y_{\mu-1})$
y''_μ	$\frac{1}{h^2}(y_{\mu+1}-2y_\mu+y_{\mu-1})$
y'''_μ	$\frac{1}{2h^3}(y_{\mu+2}-2y_{\mu+1}+2y_{\mu-1}-y_{\mu-2})$
$y^{(4)}_\mu$	$\frac{1}{h^4}(y_{\mu+2}-4y_{\mu+1}+6y_\mu-4y_{\mu-1}+y_{\mu-2})$

Anwendung auf ein Eigenwertproblem: Beim Kippen eines einseitig eingespannten, am freien Ende durch eine Einzelkraft belasteten Trägers gilt folgende Differentialgleichung für den Torsionswinkel:

$$\vartheta''(x) + \lambda^2 x^2 \vartheta(x) = 0, \quad \vartheta'(0) = 0, \quad \vartheta(1) = 0.$$

$h = 1/3$, $x_0 = 0$. Differenzengleichungen in den Punkten $x_1 = 1/3$ und $x_2 = 2/3$:

$$\frac{\vartheta_2 - 2\vartheta_1 + \vartheta_0}{(1/3)^2} + \lambda^2\left(\frac{1}{3}\right)^2 \vartheta_1 = 0, \qquad \frac{\vartheta_3 - 2\vartheta_2 + \vartheta_1}{(1/3)^2} + \lambda^2\left(\frac{2}{3}\right)^2 \vartheta_2 = 0.$$

Die Randbedingungen liefern: $\vartheta_3 = 0$ und $\vartheta'_0 = \frac{\vartheta_1 - \vartheta_0}{h} = 0$, also $\vartheta_1 = \vartheta_0$. Damit folgt:

$$\left(\frac{1}{81}\lambda^2 - 1\right)\vartheta_1 + \vartheta_2 = 0,$$

$$\vartheta_1 + \left(\frac{4}{81}\lambda^2 - 2\right)\vartheta_2 = 0.$$

Wegen $\vartheta \not\equiv 0$ muß die Determinante des Systems verschwinden. Das ergibt für λ^2 die Gleichung

$4\left(\frac{\lambda^2}{81}\right)^2 - 6\frac{\lambda^2}{81} + 1 = 0$, deren kleinste Wurzel $\lambda^2 = 15{,}4$ ist. (Der exakte Eigenwert ist $\lambda^2 = 16{,}1$.)

Für den Fall *partieller Differentialgleichungen* sind entsprechende Ausdrücke zu verwenden. Die Ableitungen nach einer Variablen werden gebildet, indem man die übrigen Variablen festhält und die Formeln für gewöhnliche Differentialquotienten verwendet. Bei einer Funktion $f(x, y)$ zweier Veränderlicher x und y und der Maschenweite h in x-Richtung, k in y-Richtung ist z.B.

$$\left.\frac{\partial^2 f}{\partial x^2}\right|_{\substack{x=x_\mu\\ y=y_\nu}} \text{ zu ersetzen durch } \frac{f_{\mu+1,\nu} - 2f_{\mu,\nu} + f_{\mu-1,\nu}}{h^2}$$

$$(x_\mu = x_0 + \mu h, \quad y_\nu = y_0 + \nu k, \quad f_{\mu,\nu} = f(x_\mu, y_\nu)).$$

Gemischte Ableitungen:

$$\frac{\partial^2 f}{\partial x\,\partial y} : \frac{1}{4hk}\{f_{\mu+1,\nu+1} + f_{\mu-1,\nu-1} - f_{\mu+1,\nu-1} - f_{\mu-1,\nu+1}\},$$

$$\frac{\partial^4 f}{\partial x^2\,\partial y^2} : \frac{1}{h^2 k^2}\{4f_{\mu,\nu} - 2[f_{\mu+1,\nu} + f_{\mu-1,\nu} + f_{\mu,\nu+1} + f_{\mu,\nu-1}] + $$
$$+ [f_{\mu+1,\nu-1} + f_{\mu-1,\nu-1} + f_{\mu+1,\nu+1} + f_{\mu-1,\nu+1}]\}.$$

Beispiel: An den Rändern eingespannte quadratische Platte unter gleichförmiger Belastung p_0. Die Differentialgleichung für die Durchbiegung $w(x, y)$ lautet

$$\Delta\Delta w = \frac{\partial^4 w}{\partial x^4} + 2\frac{\partial^4 w}{\partial x^2\,\partial y^2} + \frac{\partial^4 w}{\partial y^4} = \frac{p_0}{N}$$

mit den Randbedingungen

$$w\left(x, \pm \frac{a}{2}\right) = w\left(\pm \frac{a}{2}, y\right) = \left.\frac{\partial w}{\partial x}\right|_{\pm \frac{a}{2}, y} = \left.\frac{\partial w}{\partial y}\right|_{x, \pm \frac{a}{2}} = 0$$

(N Plattensteifigkeit, a Seitenlänge).

Es sei $h = k = a/4$, $x_0 = y_0 = 0$. Aus Symmetriegründen ist $w_{1,0} = w_{-1,0} = w_{0,1} = w_{0,-1} = \beta$, $w_{1,1} = w_{1,-1} = w_{-1,-1} = w_{-1,1} = \gamma$. Ferner sei $\alpha = w_{0,0}$. Die Randbedingungen lauten $w_{-2,0} = 0$ und $w_x(x_{-2}, y_0) = 0$ usw. Das führt auf Beziehungen der Form $\frac{w_{-1,0} - w_{-2,0}}{h} = 0$, somit $w_{-1,0} = w_{-2,0} = 0$ usw. Besser ist es, den Differenzenquotienten der Form $\frac{w_{-1,0} - w_{-3,0}}{2h}$ (s. Tabelle 10–3) zu benutzen, woraus $w_{-3,0} = w_{-1,0} = \beta$ usw. folgt. So entsteht Bild 10–22 mit den eingezeichneten Funktionswerten. Damit lassen sich die Differenzenquotienten auch in den Punkten (x_{-1}, y_0) usw. berechnen, z. B.

$$\left.\frac{\partial^4 w}{\partial x^2\, \partial y^2}\right|_{x_{-1}, y_0} = \frac{1}{h^4}\,[4\beta - 2(\alpha + 0 + \gamma + \gamma) + (\beta + 0 + \beta + 0)] = \frac{1}{h^4}\,[-2\alpha + 6\beta - 4\gamma].$$

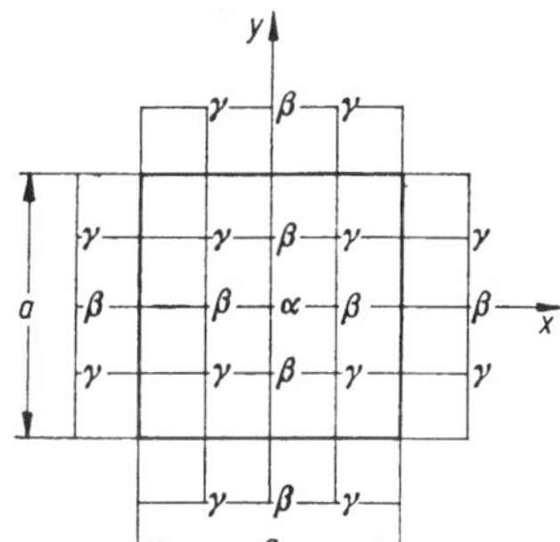

Bild 10–22. Eingezeichnete Funktionswerte.

Differenzengleichung im Punkt

$$(x_0, y_0): \quad 20\alpha - 32\beta + 8\gamma = \frac{p_0 h^4}{N},$$

$$(x_1, y_0): \quad -8\alpha + 26\beta - 16\gamma = \frac{p_0 h^4}{N},$$

$$(x_1, y_1): \quad 2\alpha - 16\beta + 24\gamma = \frac{p_0 h^4}{N}.$$

Daraus folgt

$$\alpha = w_{0,0} = 0{,}461\,\frac{p_0 h^4}{N} = 0{,}00180\,\frac{p_0 a^4}{N}.$$

Der genaue Wert ist $w_{0,0} = 0{,}00127\,\frac{p_0 a^4}{N}$.

Im allgemeinen läßt sich aber bei partiellen Differentialgleichungsproblemen nicht wie im obigen Beispiel erreichen, daß Gitterpunkte und Randpunkte des Bereichs zusammenfallen. Unter diesen Umständen ist neben der Umsetzung der Differentialgleichung in eine Differenzengleichung eine gesonderte Verknüpfung der Randwerte mit den Stützstellenwerten in benachbarten Gitterpunkten (z. B. durch Interpolationsformeln, s. 10.3) zu entwickeln ([107], [35a] II E).

Die o. a. einfachen Differenzenverfahren von geringstmöglicher Näherung (Fehlerglied der Taylorentwicklung von der Ordnung h bzw. bei symmetrischen Differenzen von der Ordnung h^2) lassen sich verbessern beim sog.

a) *Differenzenverfahren höherer Ordnung* durch Hinzunahme weiterer Stützstellen;

b) *Mehrstellenverfahren* durch Einschluß (z. B. aus der Differentialgleichung des Problems) bekannter Werte von Ableitungen an den Stützstellen.

Die entsprechenden Differenzenausdrücke werden dann so konstruiert, daß die verbleibenden (Taylorentwicklungs-) Restglieder von möglichst hoher Ordnung werden.

Verfahren zur Ableitung entsprechender Differenzenausdrücke s. [107], ihre explizite Form findet sich ebendort, wie auch in [35a] II E; eine Auswahl in den folgenden Tabellen. Die Ausdrücke sind jeweils für den Gitterpunkt $\mu = 0$ bzw. $\mu = \nu = 0$ angeschrieben, eine Translation zu anderen Gitterpunkten ist augenscheinlich, indem man i durch $\mu + i$ und j durch $\nu + j$ ersetzt.

Beispielsweise hat man die verkürzte Form der Eintragung in der 2. Zeile von y_i'' des Mehrstellenverfahrens wie folgt zu lesen:

$$2y_{-1}'' + 11y_0'' + 2y_1'' - \frac{3}{4h^2}(y_{-2} + 16y_{-1} - 34y_0 + 16y_1 + y_2) = O(h^6)$$

10.4.4.4 Systeme von Differentialgleichungen und Differentialgleichungen höherer Ordnung. Die Verfahren von *Runge-Kutta* und *Adams-Störmer* lassen sich auch auf *Systeme* von Differentialgleichungen erster Ordnung anwenden. *Differentialgleichungen höherer Ordnung* kann man lösen, indem man sie als Systeme von Differentialgleichungen erster Ordnung schreibt.

[weiter nächste Seite]

Tabelle 10-4. Differenzenverfahren höherer Ordnung bei gewöhnlichen Differentialgleichungen

Gemeinsamer Faktor	Koeffizienten der Funktionswerte y_i in den Stützstellen $i =$								Vektor der entspr. Funktionswerte	Ordnung des Fehlers
	−3	−2	−1	0	1	2	3	4		
$y_0' = \frac{1}{12h}$		1	−8	0	8	−1			$[y_i]$	$O(h^4)$
$\frac{1}{60h}$	−1	9	−45	0	45	−9	1			$O(h^6)$
$\frac{1}{2h}$				−3	4	−1				$O(h^2)$
$\frac{1}{12h}$			−3	−10	+18	−6	1			$O(h^4)$
$\frac{1}{60h}$		2	−24	−35	80	−30	8	−1		$O(h^6)$
$y_0'' = \frac{1}{12h^2}$		−1	16	−30	16	−1			$[y_i]$	$O(h^4)$
$\frac{1}{180h^2}$	2	−27	270	−490	270	−27	2			$O(h^6)$
$\frac{1}{h^2}$				2	−5	4	−1			$O(h^3)$
$\frac{1}{12h^2}$			11	−20	6	4	−1			$O(h^4)$
$\frac{1}{180h^2}$		−13	228	−420	200	15	−12	2		$O(h^5)$
$y_0''' = \frac{1}{8h^3}$	1	−8	13	0	−13	8	−1		$[y_i]$	$O(h^4)$
$\frac{1}{2h^3}$			−3	10	−12	6	−1			$O(h^2)$
$\frac{1}{8h^3}$		−1	−8	35	−48	29	−8	1		$O(h^4)$
$y_0^{(4)} = \frac{1}{6h^4}$	−1	12	−39	56	−39	12	−1		$[y_i]$	$O(h^4)$

So läßt sich z. B. die Differentialgleichung zweiter Ordnung $y'' = f(x, y, y')$ als folgendes System schreiben:

$$y' = z, \quad z' = f(x, y, z).$$

Ähnlich setzt man für $y^{(n)} = \varphi(x, y, y', \ldots, y^{(n-1)})$,

$$z_1 = y, \quad z_1' = z_2 = y', \quad z_2' = z_3 = y'', \ldots, z_n' = \varphi(x, z_1, z_2, \ldots, z_{n-1}).$$

Für das System

$$y' = f(x, y, z), \quad z' = g(x, y, z)$$

berechnet man bei dem *Runge-Kutta*-Verfahren die zu dem Argument $x = x_0 + h$ gehörigen Änderungen

$$k = y(x_0 + h) - y(x_0) \quad \text{bzw.} \quad l = z(x_0 + h) - z(x_0)$$

nach den Gleichungen

$$k = \frac{1}{6}[k_1 + 2(k_2 + k_3) + k_4] \quad \text{bzw.} \quad l = \frac{1}{6}[l_1 + 2(l_2 + l_3) + l_4]$$

(wobei diese Werte bis einschließlich der Glieder vierten Grades in h mit den Taylorentwicklungen der wirklichen Änderungen übereinstimmen). [weiter S. 295]

Tabelle 10-5. Mehrstellenverfahren

Koeffizienten der Ableitungen $y_i^{(k)}$ in den Stützstellen $i =$					Vektor der entsprechenden Ableitung $y_i^{(\nu)}$	Gemeinsamer Faktor der folgenden Koeffizienten	Koeffizienten der Funktionswerte y_i in den Stützstellen $i =$					Vektor des entsprechenden Funktionswertes	Ordnung des Fehlers
−2	−1	0	1	2			−2	−1	0	1	2		
	1	4	1		$[y_i']$	$+\frac{3}{h}$		1	0	−1		$[y_i]$	$0(h^4)$
	1	3	1			$+\frac{1}{12h}$	1	28	0	−28	−1		$0(h^6)$
1	16	36	16	1		$+\frac{5}{6h}$	5	32	0	−32	−5		$0(h^8)$
7	32	12	32	7		$+\frac{45}{2h}$	1	0	0	0	−1		$0(h^6)$
1	4	0	4	1		$+\frac{1}{6h}$	19	−8	0	8	−19		$0(h^6)$
		1	1			$+\frac{2}{h}$			1	−1			$0(h^2)$
	1	9	9	1		$+\frac{1}{3h}$		11	27	−27	−11		$0(h^6)$
	1	10	1		$[y_i'']$	$-\frac{12}{h^2}$		1	−2	1		$[y_i]$	$0(h^4)$
	2	11	2			$-\frac{3}{4h^2}$	1	16	−34	16	1		$0(h^6)$
23	688	2358	688	23		$-\frac{15}{h^2}$	31	128	−318	128	31		$0(h^8)$
	1	2	1		$[y_i''']$	$-\frac{8}{h^3}$	1	−2	0	2	−1	$[y_i]$	$0(h^4)$
1	56	126	56	1		$+\frac{120}{h^3}$	1	−2	0	2	−1		$0(h^6)$
	1	4	1		$[y_i^{(4)}]$	$-\frac{6}{h^4}$	1	−4	6	−4	1	$[y_i]$	$0(h^4)$
1	−124	−474	−124	1		$+\frac{720}{h^4}$	1	−4	6	−4	1		$0(h^6)$

Tabelle 10-6. Differenzensterne des Laplaceschen und biharmonischen Operators im ebenen Falle
(Der Zentralpunkt $i = j = 0$ ist jeweils fett umrahmt)

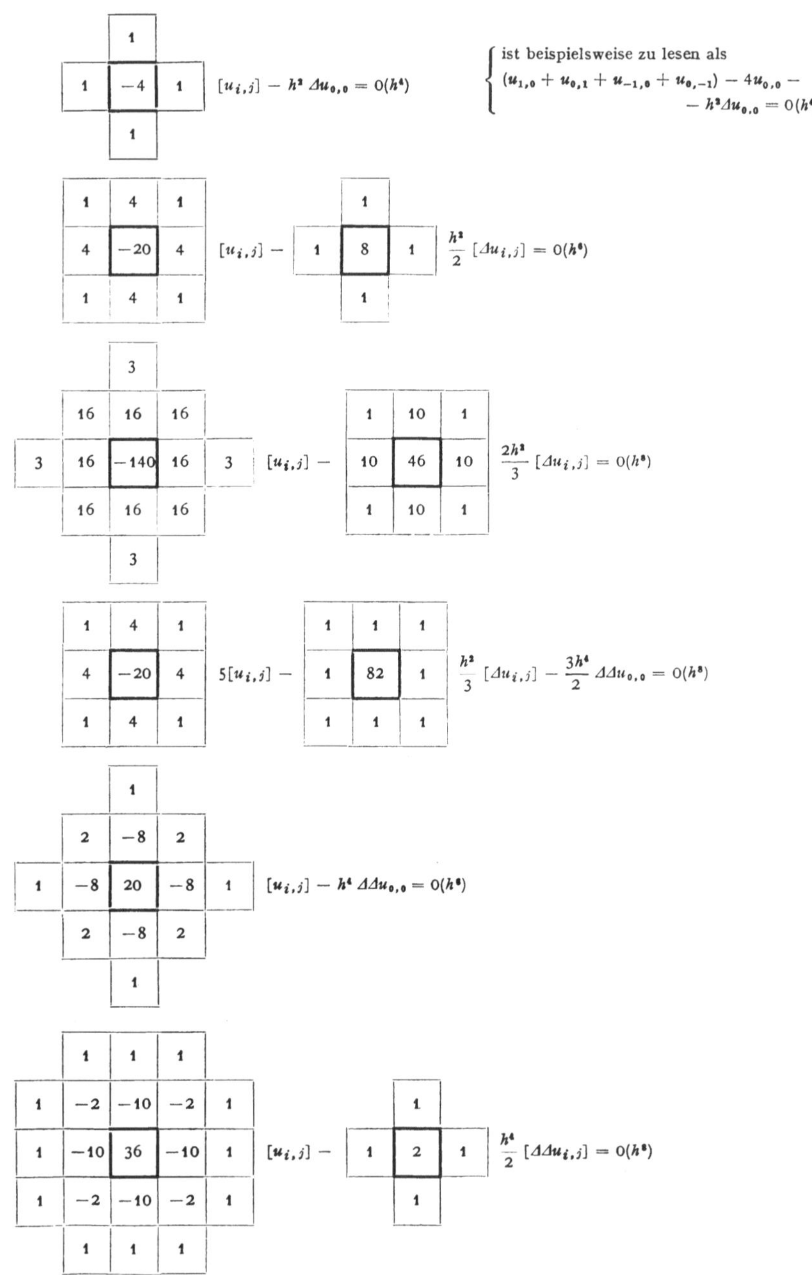

Dabei sind:

$$k_1 = h\cdot f(x_0, y_0, z_0); \qquad l_1 = h\cdot g(x_0, y_0, z_0),$$

$$k_2 = h\cdot f\left(x_0 + \frac{h}{2}, y_0 + \frac{k_1}{2}, z_0 + \frac{l_1}{2}\right); \quad l_2 = h\cdot g\left(x_0 + \frac{h}{2}, y_0 + \frac{k_1}{2}, z_0 + \frac{l_1}{2}\right),$$

$$k_3 = h\cdot f\left(x_0 + \frac{h}{2}, y_0 + \frac{k_2}{2}, z_0 + \frac{l_2}{2}\right); \quad l_3 = h\cdot g\left(x_0 + \frac{h}{2}, y_0 + \frac{k_2}{2}, z_0 + \frac{l_2}{2}\right),$$

$$k_4 = h\cdot f(x_0 + h, y_0 + k_3, z_0 + l_3); \qquad l_4 = h\cdot g(x_0 + h, y_0 + k_3, z_0 + l_3).$$

Demgemäß benötigt man bei dem *Runge-Kutta*-Verfahren für ein System von zwei Differentialgleichungen erster Ordnung 2 *Rechenschemata*; (für ein System von n Gleichungen braucht man n Schemata, s.u.)[1]):

j	x	y	$f(x, y, z)$	$k_j = hf_j$	
1	x_0	y_0	$f(x_0, y_0, z_0)$	k_1	
2	$x_0 + \frac{h}{2}$	$y_0 + \frac{k_1}{2}$	$f\left(x_0 + \frac{h}{2}, y_0 + \frac{k_1}{2}, z_0 + \frac{l_1}{2}\right)$	k_2	$k_1 + k_4 =$
3	$x_0 + \frac{h}{2}$	$y_0 + \frac{k_2}{2}$	$f\left(x_0 + \frac{h}{2}, y_0 + \frac{k_2}{2}, z_0 + \frac{l_2}{2}\right)$	k_3	$2(k_2 + k_3) =$
4	$x_0 + h$	$y_0 + k_3$	$f(x_0 + h, y_0 + k_3, z_0 + l_3)$	k_4	$6k =$
1	$x_1 = x_0 + h$	$y_1 = y_0 + k$	usw.		

j	z	$g(x, y, z)$	$l_j = hg_j$	
1	z_0	$g(x_0, y_0, z_0)$	l_1	
2	$z_0 + \frac{l_1}{2}$	$g\left(x_0 + \frac{h}{2}, y_0 + \frac{k_1}{2}, z_0 + \frac{l_1}{2}\right)$	l_2	$l_1 + l_4 =$
3	$z_0 + \frac{l_2}{2}$	$g\left(x_0 + \frac{h}{2}, y_0 + \frac{k_2}{2}, z_0 + \frac{l_2}{2}\right)$	l_3	$2(l_2 + l_3) =$
4	$z_0 + l_3$	$g(x_0 + h, y_0 + k_3, z_0 + l_3)$	l_4	$6l =$
1	$z_1 = z_0 + k$	usw.		

Bemerkung: Falls während der Rechnung die Ausdrücke für $f(x, y, z)$ bzw. $g(x, y, z)$ zu groß werden, so geht man zu den Differentialgleichungen $\frac{1}{y'} = \frac{dx}{dy} = \frac{1}{f(x, y, z)} = \varphi(x, y, z)$ bzw. $\frac{1}{z'} = \frac{dx}{dz} = \frac{1}{g(x, y, z)} = \psi(x, y, z)$ über.

Ebenso läßt sich das Verfahren von *Adams-Störmer* auf Systeme von Differentialgleichungen übertragen: Für das eben behandelte System ergeben sich, wenn die zu den

$$x_1, x_2, \ldots, x_n = x_1 + (n-1)\,h$$

gehörigen Funktionswerte $\qquad y_1, y_2, \ldots, y_n, \qquad z_1, z_2, \ldots, z_n$

bereits aus einer Anlaufrechnung bekannt sind, wie früher die Näherungswerte (zwei Differenzenschemata):

$$y_{n+1} = y_n + h\left\{f_n + \frac{1}{2}\Delta f_{n-1} + \frac{5}{12}\Delta^2 f_{n-2} + \frac{3}{8}\Delta^3 f_{n-3} + \cdots\right\},$$

$$z_{n+1} = z_n + h\left\{g_n + \frac{1}{2}\Delta g_{n-1} + \frac{5}{12}\Delta^2 g_{n-2} + \frac{3}{8}\Delta^3 g_{n-3} + \cdots\right\},$$

[1]) Ein entsprechendes Programm s. 13.5.7

die man wieder durch mehrfache Anwendung der Formeln

$$y_{n+1}^{(j)} = y_n + h\left\{f_{n+1}^{(j-1)} - \frac{1}{2}\Delta f_n^{(j-1)} - \frac{1}{12}\Delta^2 f_{n-1}^{(j-1)} - \frac{1}{24}\Delta^3 f_{n-2}^{(j-1)} - \cdots\right\},$$

$$z_{n+1}^{(j)} = z_n + h\left\{g_{n+1}^{(j-1)} - \frac{1}{2}\Delta g_n^{(j-1)} - \frac{1}{12}\Delta^2 g_{n-1}^{(j-1)} - \frac{1}{24}\Delta^3 g_{n-2}^{(j-1)} - \cdots\right\}$$

verbessern kann.

Beide Verfahren sind in verallgemeinerter Form auch direkt auf Differentialgleichungen höherer Ordnung anwendbar. Das Verfahren von *Runge-Kutta* wurde erweitert für Differentialgleichungen n-ter Ordnung ([107]):

$$y^{(n)} = \varphi(x, y, y', y'', \ldots, y^{(n-1)}).$$

Die Anfangswerte $y(x_0) = y_0, y'(x_0) = y_0', y''(x_0) = y_0'', y^{(n-1)}(x_0) = y_0^{(n-1)}$ sind vorgegeben. Mit

$$v_\nu = y^{(\nu)} \cdot \frac{h^\nu}{\nu!} \qquad (\nu = 1, 2, \ldots, n-1)$$

und

$$k_j = \varphi(x_j, y_j, y_j', y_j'', \ldots, y_j^{(n-1)}) \cdot \frac{h^n}{n!}$$

$$= \varphi\left(x_j, y_j, v_{1j}\frac{1!}{h}, v_{2j}\frac{2!}{h^2}, \ldots, v_{n-1,j}\frac{(n-1)!}{h^{n-1}}\right)\frac{h^n}{n!}$$

$$= f(x_j, y_j, v_{1j}, v_{2j}, \ldots, v_{n-1,j})\frac{h^n}{n!} = f_j \cdot \frac{h^n}{n!} \qquad (j = 1, 2, 3, 4),$$

sowie den Taylorentwicklungen für die Größen v_ν mit der Schrittweite $h/2$ bzw. h

$$T_\nu\left(\frac{1}{2}, k_j\right) = v_{\nu,0} + \frac{1}{2}\binom{\nu+1}{\nu}v_{\nu+1,0} + \frac{1}{2^2}\binom{\nu+2}{\nu}v_{\nu+2,0} + \cdots$$

$$\cdots + \frac{1}{2^\lambda}\binom{\nu+\lambda}{\nu}v_{\nu+\lambda,0} + \cdots + \frac{1}{2^{n-\nu-1}}\binom{n-1}{\nu}v_{\nu-1,0} + \frac{1}{2^{n-\nu}}\binom{n}{\nu}k_j$$

bzw.

$$T_\nu(1, k_j) = v_{\nu,0} + \binom{\nu+1}{\nu}v_{\nu+1,0} + \binom{\nu+2}{\nu}v_{\nu+2,0} + \cdots$$

$$\cdots + \binom{\nu+\lambda}{\nu}v_{\nu+\lambda,0} + \cdots + \binom{n-1}{\nu}v_{n-1,0} + \binom{n}{\nu}k_j$$

ergibt sich das verallgemeinerte Runge-Kutta-Verfahren für Differentialgleichungen n-ter Ordnung zu:

j	x	y	v_1	…	v_{n-2}	v_{n-1}	k_j
1	x_0	y_0	$v_{1,0}$	…	$v_{n-2,0}$	$v_{n-1,0}$	$k_1 = f_1\frac{h^n}{n!}$
2	$x_0 + \frac{h}{2}$	$T_0\left(\frac{1}{2}, k_1\right)$	$T_1\left(\frac{1}{2}, k_1\right)$	…	$T_{n-2}\left(\frac{1}{2}, k_1\right)$	$T_{n-1}\left(\frac{1}{2}, k_1\right)$	$k_2 = f_2\frac{h^n}{n!}$
3	$x_0 + \frac{h}{2}$	$T_0\left(\frac{1}{2}, k_2\right)$	$T_1\left(\frac{1}{2}, k_2\right)$	…	$T_{n-2}\left(\frac{1}{2}, k_2\right)$	$T_{n-1}\left(\frac{1}{2}, k_2\right)$	$k_3 = f_3\frac{h^n}{n!}$
4	$x_0 + h$	$T_0(1, k_3)$	$T_1(1, k_3)$	…	$T_{n-2}(1, k_3)$	$T_{n-1}(1, k_3)$	$k_4 = f_4\frac{h^n}{n!}$
Mittelwerte		k	k'	…	$k^{(n-2)}$	$k^{(n-1)}$	
	x_1	y_1	$v_{1,1}$	…	$v_{n-2,1}$	$v_{n-1,1}$	

Die Mittelwerte $k^{(\nu)}$ werden aus den vier Werten k_j nach der Vorschrift

$$k^{(n-\varrho)} = \binom{n}{\varrho} \frac{1}{(\varrho+1)(\varrho+2)} [\varrho^2 k_1 + 2\varrho(k_2 + k_3) + (2-\varrho) k_4]$$

und die Funktionswerte y_1, $v_{\nu,1}$ an der Stelle $x_0 + h = x_1$ aus

$$y_1 = T_0(1, k_j = 0) + k,$$

$$v_{\nu,1} = T_\nu(1, k_j = 0) + k^{(\nu)}$$

bestimmt.[1])

Beispiel: $y^{(4)} = y$, Schrittweite $h = 0{,}2$; $n = 4$. Anfangswerte: $y(0) = 0$, $y'(0) = 1$, $y''(0) = 0$, $y'''(0) = -1$ (Exakte Lösung $y = \sin x$ bekannt)

$$v_1 = \frac{h}{1!} y' = hy', \qquad v_1(0) = h = 0{,}2$$

$$v_2 = \frac{h^2}{2!} y'' = \frac{h^2}{2} y'', \qquad v_2(0) = 0$$

$$v_3 = \frac{h^3}{3!} y''' = \frac{h^3}{6} y''', \qquad v_3(0) = -\frac{h^3}{6} \cdot 1 = -0{,}001333335\ldots$$

$$k_j = y_j \cdot \frac{h^4}{4!} = y_j \cdot 0{,}666667 \cdot 10^{-4}$$

$$T_0\left(\frac{1}{2}, k_j\right) = y_0 + \frac{1}{2} v_{1,0} + \frac{1}{4} v_{2,0} + \frac{1}{8} v_{3,0} + \frac{1}{16} k_j$$

$$T_0(1, k_j) = y_0 + v_{1,0} + v_{2,0} + v_{3,0} + k_j$$

$$T_1\left(\frac{1}{2}, k_j\right) = v_{1,0} + v_{2,0} + \frac{3}{4} v_{3,0} + \frac{1}{2} k_j$$

$$T_1(1, k_j) = v_{1,0} + 2v_{2,0} + 3v_{3,0} + 4k_j$$

$$T_2\left(\frac{1}{2}, k_j\right) = v_{2,0} + \frac{3}{2} v_{3,0} + \frac{3}{2} k_j$$

$$T_2(1, k_j) = v_{2,0} + 3v_{3,0} + 6k_j$$

$$T_3\left(\frac{1}{2}, k_j\right) = v_{3,0} + 2k_j$$

$$T_3(1, k_j) = v_{3,0} + 4k_j$$

Mittelwerte $k^{(\nu)} = k^{(n-\varrho)}$

$$k = \frac{1}{30} [16k_1 + 8(k_2 + k_3) - 2k_4] \qquad (\varrho = 4)$$

$$k' = \frac{1}{5} [9k_1 + 6(k_2 + k_3) - k_4] \qquad (\varrho = 3)$$

$$k'' = 2(k_1 + k_2 + k_3) \qquad (\varrho = 2)$$

$$k''' = \frac{1}{3} [2k_1 + 4\ (k_2 + k_3) + 2k_4] \qquad (\varrho = 1)$$

[1]) Ein entsprechendes Programm s. 13.5.7

Tabelle 10-7. Rechenschema für Differentialgleichungen 4. Ordnung

j	x	y	v_1	v_2	v_3	k_j
1	x_0	y_0	$v_{1,0}$	$v_{2,0}$	$v_{3,0}$	$k_1 = y_1 \frac{h^4}{24}$
2	$x_0 + \frac{h}{2}$	$y_0 + \frac{1}{2} v_{1,0} + \frac{1}{4} v_{2,0} + \frac{1}{8} v_{3,0} + \frac{1}{16} k_1$	$v_{1,0} + v_{2,0} + \frac{3}{4} v_{3,0} + \frac{1}{2} k_1$	$v_{2,0} + \frac{3}{2} v_{3,0} + \frac{3}{2} k_1$	$v_{3,0} + 2k_1$	$k_2 = y_2 \frac{h^4}{24}$
3	$x_0 + \frac{h}{2}$	— ‖ —	— ‖ —	— ‖ —	$v_{3,0} + 2k_2$	$k_3 = y_3 \frac{h^4}{24}$
4	$x_0 + h$	$T_0(1, k_3) = y_0 + v_{1,0} + v_{2,0} + v_{3,0} + k_3$	$T_1(1, k_3) = v_{1,0} + 2v_{2,0} + 3v_{3,0} + 4k_3$	$T_2(1, k_3) = v_{2,0} + 3v_{3,0} + 6k_3$	$T_3(1, k_3) = v_{3,0} + 4k_3$	$k_4 = y_4 \frac{h^4}{24}$
	$T_\nu(1, k_j = 0)$	$T_0(1, 0) = y_0 + v_{1,0} + v_{2,0} + v_{3,0}$	$T_1(1, 0) = v_{1,0} + 2v_{2,0} + 3v_{3,0}$	$T_2(1, 0) = v_{2,0} + 3v_{3,0}$	$T_3(1, 0) = v_{3,0}$	
	$k^{(\nu)}$	$k = \frac{1}{30} [16k_1 + 8(k_2 + k_3) - 2k_4]$	$k' = \frac{1}{5} [9k_1 + 6(k_2 + k_3) - k_4]$	$k'' = 2(k_1 + k_2 + k_3)$	$k''' = \frac{1}{3} [2k_1 + 4(k_2 + k_3) + 2k_4]$	
1	$x_1 = x_0 + h$	$y_1 = T_0(1, 0) + k$	$v_{1,1} = T_1(1, 0) + k'$	$v_{2,1} = T_2(1, 0) + k''$	$v_{3,1} = T_3(1, 0) + k'''$	

$$y^{(\nu)} = v_\nu \frac{\nu!}{h^\nu}$$

j	x	y	v_1	v_2	v_3	k_j
1	0	0	0,2	0	−0,001333333	0
2	0,1	0,099833333	(0,199000000	−0,002000000	−0,001333333)	$0{,}665556 \cdot 10^{-5}$
3	0,1	0,099833333	(0,199000000	−0,002000000	−0,001320021)	$0{,}665556 \cdot 10^{-5}$
4	0,2	0,198673323	(0,196026625	−0,003960063	−0,001306709)	$1{,}324489 \cdot 10^{-5}$
	$T_\nu(1, 0) =$	0,198666667	0,196000001	−0,004000000	−0,001333333	
	$k^{(\nu)} =$	0,000002667	0,000013324	−0,000026622	0,000026578	
1. 1	0,2	0,198669334	0,196013325	−0,003973378	−0,001306755	$1{,}324462 \cdot 10^{-5}$
2	0,3	0,295520135	(0,191066503	−0,005913643	−0,001280265)	$1{,}970134 \cdot 10^{-5}$
3	0,3	0,295520135	(0,191066503	−0,005913643	−0,001267353)	$1{,}970134 \cdot 10^{-5}$
4	0,4	0,389422227	(0,184225108	−0,007775437	−0,001227951)	$2{,}596148 \cdot 10^{-5}$
	$T_\nu(1, 0) =$	0,389402526	0,184146304	−0,007893643	−0,001306755	
	$k^{(\nu)} =$	0,000015840	0,000065931	+0,000105295	0,000078674	
2.	0,4	0,389418366	0,184212235	−0,007788348	−0,001228081	
gerechnet	$\bar{y}_1^{(\nu)}$	0,198669334	0,980066625	−0,198668900	−0,980066250	
	$\bar{y}_2^{(\nu)}$	0,389418366	0,921061175	−0,389417400	−0,921060750	
exakt	$y_1^{(\nu)}$	0,198669331	0,980066578	−0,198669331	−0,980066578	
	$y_2^{(\nu)}$	0,389418342	0,921060994	−0,389418341	−0,921060994	

Anmerkung: Bei diesem speziellen Beispiel brauchten die Zahlenwerte in ( ) eigentlich nicht ausgerechnet zu werden, da sie wegen $y^{(4)} = \varphi(y) = y$ nicht zur Rechnung benötigt werden.

Das Verfahren von *Adams-Störmer* läßt sich in ähnlicher Weise auf Differentialgleichungen n-ter Ordnung erweitern.

Die Genauigkeit ist bei der direkten Behandlung der Differentialgleichung n-ter Ordnung wesentlich größer als beim Aufspalten in ein System von n Gleichungen erster Ordnung.

Näheres siehe [13, 32, 107, 112, 116].

10.4.5 Approximation von analytisch bestimmten Funktionen

10.4.5.1 Grundproblem: Eine gegebene Funktion $g(x)$ ist in einem Intervall $a \leq x \leq b$ „möglichst gut" durch eine geeignete Wahl der Parameter $c_1, \ldots, c_n$ in $f = f(x; c_1, c_2, \ldots, c_n)$ anzunähern, wobei f ein Ausdruck bekannter funktioneller Form ist. Dabei ist

$$\varepsilon = \varepsilon(x; c_1, \ldots, c_n) = g(x) - f(x; c_1, \ldots, c_2)$$

die entsprechende Fehlerfunktion, die „möglichst gut" zum Verschwinden zu bringen ist.

Fordert man hier das Verschwinden von ε an n vorgegebenen Stellen: $\varepsilon = \varepsilon(x_j; c_1, \ldots, c_n) = 0$, $j = 1, 2, \ldots, n$, so liegt eine Interpolationsaufgabe vor (s. 10.3).

Es existieren verschiedene Fehlermaße F, die zur Erzielung einer möglichst guten Approximation minimiert werden. Zum Beispiel bei der *Approximation im quadratischen Mittel* nach *Gauß*

$$F = F(c_1, \ldots, c_n) = \int_a^b \varepsilon^2(x; c_1, \ldots, c_n)\, dx \stackrel{!}{=} \text{Min}$$

bzw. *Methode der kleinsten Quadrate* bei Approximation in einzelnen Punkten (Meßergebnisse!)

$$F = \sum_{j=1}^{m} \varepsilon^2(x_j; c_1, \ldots, c_n) \overset{!}{=} \text{Min}, \quad m \leq n.$$

Hingegen wird bei der *Tschebyscheffschen Approximation*

$$F = \text{Max}\,(|\varepsilon(x; c_1, \ldots, c_n)|) = \text{Min}$$

(*Minimaxprinzip*) verlangt.

Im Prinzip lassen sich dann die Konstanten $c_1, \ldots, c_n$ aus $\partial F/\partial c_i = 0$, $i = 1, 2, \ldots, n$ berechnen, und man erwartet, daß bei einer Steigerung von n die Güte der Näherung verbessert wird.

Bei der *Approximation im quadratischen Mittel* wird dabei $g(x)$ im Intervall $I = [a, b]$ mit Ausnahme einer (beliebig) kleinen Punktmenge $\bar{I}^* = \bigcup_k \bar{I}_k^*$ mit einem Fehler $|\varepsilon| \leq \bar{\varepsilon}$ angenähert, s. Bild 10–23, was sich bei der Verarbeitung von Beobachtungsergebnissen („Ausreißern") als günstig erweist. Die Abweichung in einzelnen Punkten kann dabei beträchtlich sein. Als Beispiel denke man an das *Gibbssche Phänomen*, d.h. an das Verhalten

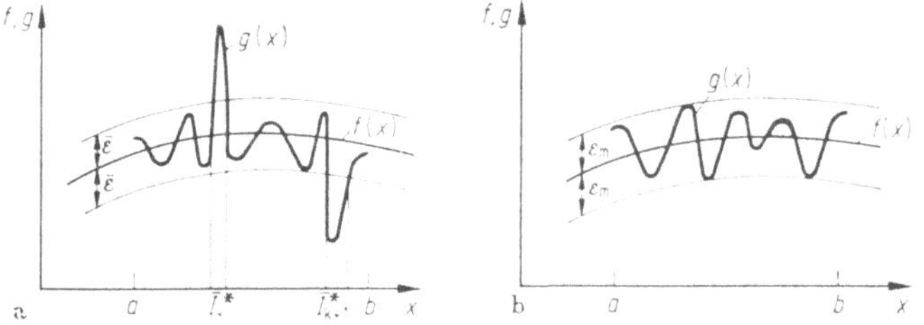

Bild 10–23. Zur a) Approximation im quadratischen Mittel bzw. b) Tschebyscheffschen Approximation.

an den Sprungstellen bei der Darstellung periodischer Funktionen durch trigonometrische Summen bzw. Reihen. Bei der *Tschebyscheffschen Approximation* hingegen wird von vornherein gesichert, daß die absolute Abweichung $|\varepsilon|$ im *gesamten* Intervall I durch eine Schranke ε_m begrenzt ist, die entweder minimiert oder auch fest vorgegeben wird, s. 10.4.5.2.

Die Aufgabe $g(x)$ zu nähern, kann darauf zurückgeführt werden, die Fehlerfunktion ε selbst (zu Null) zu approximieren. Verwendet man beispielsweise als Approximationsfunktion das Polynom

$$\Pi_n(x) = x^n + c_1 x^{n-1} + \cdots + c_n$$

und bezieht sich auf das (mittels einer Transformation $\bar{x} = [a + b + (b - a)\,x]/2$ immer erreichbare) Intervall $-1 \leq x \leq 1$, so liefert die Forderung

$$\int_{-1}^{+1} [\Pi_n(x)]^2 \,\mathrm{d}x = \text{Min}$$

die *Legendreschen Polynome* (vgl. 9.1.5.3),

$$\Pi_n(x) = \frac{n!}{(2n)!} \frac{\mathrm{d}^n}{\mathrm{d}x^n} [(x^2 - 1)^n] = \frac{2^n (n!)^2}{(2n)!} P_n(x)$$

bzw. die Forderung

$$\text{Max}\,|\Pi_n(x)| = \text{Min}$$

die *Tschebyscheffschen Polynome* (vgl. 9.1.5.5),

$$\Pi_n(x) = \frac{1}{2^n}\left[\left(x + \mathrm{i}\sqrt{1-x^2}\right)^n + \left(x - \mathrm{i}\sqrt{1-x^2}\right)^n\right] =$$

$$= \frac{1}{2^{n-1}} \cos(n \arccos x) = \frac{1}{2^{n-1}} T_n(x)$$

als jeweils beste Approximation von Null.

10.4.5.2 Approximation kleinsten Aufwandes. Bei der praktischen Berechnung von Funktionswerten aus Reihenentwicklungen entsteht, insbesondere beim Einsatz elektronischer Rechenanlagen, das Problem, *bei vorgegebener Genauigkeit* ε_m mit geringstmöglichem Aufwand, d.h. mit einer minimalen Zahl von Reihengliedern auszukommen.

$$|\varepsilon(x; c_1, c_2, \ldots, c_n)| \leqq \varepsilon_m \qquad n = \text{Min}.$$

Während die Koeffizienten einer Taylor-Entwicklung häufig nur langsam abnehmen und zudem mit zunehmender Entfernung $x - x_0$ vom Entwicklungspunkt die Näherung durch ein Taylor-Polynom immer schlechter wird, bringt eine entsprechende Entwicklung nach Tschebyscheff-Polynomen im allgemeinen ein rasches Abnehmen der entsprechenden Koeffizienten und eine gleichmäßigere Approximation, da diese Polynome „gleichmäßig über das Intervall verteilt" zwischen -1 und $+1$ oszillieren, s.a. 9.1.5.5. Ist

$$f(x) = \frac{1}{2} c_0 + \sum_{\nu=1}^{n} c_\nu T_\nu(x), \qquad -1 \leqq x \leqq 1$$

diese Entwicklung, so ist demnach der Fehler abschätzbar durch

$$|\varepsilon| = |g(x) - f(x)| \leqq |c_{n+1}| + |c_{n+2}| + \cdots,$$

und falls die c_ν entsprechend schnell abnehmen, gilt

$$\max_{-1 \leqq x \leqq 1} |g(x) - f(x)| \approx |c_{n+1}|,$$

d.h. der Fehler ist durch den Koeffizienten des ersten vernachlässigten Gliedes bestimmt.

10.4.5.3 Allgemeinere Probleme. Auch in Fällen, in denen kein expliziter Ausdruck für die gesuchte Funktion g bekannt ist, sondern diese implizit etwa durch eine Differentialgleichung, Integralgleichung usw. bestimmt ist, lassen sich analog zu 10.4.5.1 Approximationsverfahren konstruieren.

Beispielsweise sei eine (partielle) Differentialgleichung D einer Funktion $u = u(x_j)$ der n Veränderlichen x_j, $n = 2$ oder 3

$$D(\ldots, x_j, \ldots; \langle u \rangle) = 0, \qquad x_j \in \mathscr{B}$$

auf dem Bereich $\mathscr{B}$ sowie eine genügende Zahl von Randbedingungen

$$V_{\lambda\mu}(\ldots, x_j, \ldots; \langle u \rangle) = 0, \qquad x_j \in \partial\mathscr{B}_\mu$$

für Punkte der Berandung $\partial\mathscr{B}_\mu$ vorgelegt. Macht man für u einen Näherungsansatz

$$u \approx w(\ldots, x_j, \ldots; c_1, c_2, \ldots, c_n),$$

und zwar so, daß w für beliebiges c_i entweder bereits die Differentialgleichung D oder aber die Randbedingungen $V_{\lambda\mu}$ erfüllt. Im ersteren Falle kommt man durch eine passende Wahl der c_i zu einer „möglichst guten" Näherung der Randwerte — Randproblem —, im letzteren zu einer „möglichst guten" Näherung an die Differentialgleichung — Gebietsproblem —. Im Prinzip geht man in beiden Fällen völlig analog vor, so daß nur zum Gebietsproblem weiter auszuführen ist.

Nach Einsetzen des Näherungsansatzes w für u in D bleibt eine Fehlerfunktion

$$\varepsilon = \varepsilon(\ldots, x_j, \ldots; c_1, c_2, \ldots, c_n),$$

die speziell noch von den c_i abhängt und die man als Defekt der Differentialgleichung bezeichnet. Von diesem Defekt verlangt man nun, um zu n Gleichungen für die Unbekannten c_i zu kommen, bei der sog.

a) *Kollokation:* ε verschwinde in n Punkten $P_k = P(\ldots, x_{kj}, \ldots)$, $x_{kj} \in \mathcal{B}$, und es folgen Gleichungen der Form

$$\varepsilon(\ldots, x_{kj}, \ldots; c_1, c_2, \ldots, c_n) = 0 \qquad k = 1, 2, \ldots, n;$$

b) *Fehlerquadratmethode:* Das mittlere Fehlerquadrat über $\mathcal{B}$ werde möglichst klein — $d\tau$ sei Gebietsdifferential —

$$F = F(c_1, \ldots, c_n) = \int_{\mathcal{B}} \varepsilon^2 \, d\tau = \text{Min}$$

mit den daraus folgenden n notwendigen Bedingungen

$$\frac{\partial F}{\partial c_i} = 0 = 2 \int_{\mathcal{B}} \varepsilon \frac{\partial \varepsilon}{\partial c_i} \, d\tau, \qquad i = 1, 2, \ldots, n;$$

c) *Fehlerorthogonalitätsmethode:* ε sei zu n linear unabhängigen Funktionen $f_k(\ldots, x_j, \ldots)$ in $\mathcal{B}$ orthogonal; das ergibt die n Bestimmungsgleichungen

$$\int_{\mathcal{B}} \varepsilon f_k \, d\tau = 0, \qquad k = 1, 2, \ldots, n.$$

Dabei wählt man möglichst für die f_k die ersten n Funktionen eines sog. in $\mathcal{B}$ vollständigen Funktionensystems;

d) *Tschebyscheff-Approximation:* Der in $\mathcal{B}$ auftretende größte absolute Fehler $|\varepsilon|$ sei möglichst klein

$$F = F(c_1, c_2, \ldots, c_n) = \text{Max}\,(|\varepsilon(\ldots, x_j, \ldots; c_1, \ldots, c_n)|) = \text{Min}, \qquad x_j \in \mathcal{B}.$$

Diese Methode ist bei mehrdimensionalen Gebieten $\mathcal{B}$ wegen entsprechender Auswertungsschwierigkeiten bisher kaum untersucht und verwendet worden.

Das auf diese Weise konstruierte Gleichungssystem für die c_i ist in Abhängigkeit von der Form von D bzw. der $V_{\lambda\mu}$ (auch bei linearen Ansätzen für w) nichtlinear und damit begleitet von entsprechenden Lösungsschwierigkeiten.

Eine wesentliche Vereinfachung tritt allerdings ein, falls sowohl die Differentialgleichung D wie auch die Randbedingungen $V_{\lambda\mu}$ linear in u sind, und dann die Näherung w linear in der Form

$$w = v_0(\ldots, x_j, \ldots) + \sum_{i=1}^{n} c_i v_i(\ldots, x_j, \ldots)$$

angesetzt wird, in der v_0 alle Randbedingungen und die v_i deren homogenen Teil befriedigt. In diesen Fällen werden die entsprechend a)—c) gewonnenen Gleichungssysteme für die c_i linear.

Werden in c) für die Funktionen f_k die eben eingeführten Ansatzfunktionen v_i verwendet, also Orthogonalität des Fehlers zu den Ansatzfunktionen selbst gefordert, so spricht man vom *Galerkinschen Verfahren.*

Die Güte der auf diesen Wegen erreichten Näherung hängt ganz wesentlich von einer geschickten Wahl der Ansatzfunktion(en) w bzw. v_i ab. Im allgemeinen ist auch jeweils eine Untersuchung über den mit einer gewählten Klasse von Ansatzfunktionen abdeckbaren Problembereich und die damit verbundene Konvergenz des Verfahrens erforderlich.

10.4.6 Harmonische Analyse

10.4.6.1 Allgemeines. Die Entwicklung einer periodischen Funktion in eine trigonometrische Reihe (vgl. 4.5.1) oder ihre angenäherte Darstellung durch eine trigonometrische Summe heißt ihre harmonische Analyse.

Wenn $f(x)$ nicht analytisch, sondern zeichnerisch, etwa durch ein Oszillogramm gegeben ist, kann man die Koeffizienten a_0, a_ν, b_ν sehr bequem und genau durch *harmonische Analysatoren* bestimmen. Ein einfacher Analysator ist der von *O. Mader.* Andere Analysatoren: *Henrici, Yule, Michelson* und *Stratton* u.a.

10.4.6.2 Besselsche Formeln. Wenn die Periode 2π in r gleiche Teile mit den Abszissen $x_0 = 0, x_1, x_2, \ldots, x_r = 2\pi$ geteilt ist ($x_\alpha = 2\pi\alpha/r$ für $\alpha = 0, 1, 2, \ldots, r$), und wenn die zugehörigen Funktionswerte $f(x_\alpha) = y_\alpha$ gegeben oder aus der Kurve durch Messung entnommen sind, die Integrale besser durch Summen ersetzen. Wenn

$$f_n(x) = a_0 + a_1 \cos x + a_2 \cos 2x + \cdots + a_{n-1} \cos (n-1)\,x + a_n \cos nx$$
$$+ b_1 \sin x + b_2 \sin 2x + \cdots + b_{n-1} \sin (n-1)\,x$$

$2n$ Koeffizienten hat und $r = 2n$ ist, gelten die Formeln ($\alpha = 1, 2, \ldots, r$)

$$\left.\begin{aligned} r a_0 &= \sum_\alpha y_\alpha, & r a_n &= \sum_\alpha (-1)^\alpha y_\alpha, \\ r a_\beta &= 2 \sum_\alpha y_\alpha \cos \beta x_\alpha & &(\beta = 1, 2, \ldots, n-1), \\ r b_\beta &= 2 \sum_\alpha y_\alpha \sin \beta x_\alpha & &(\beta = 1, 2, \ldots, n-1). \end{aligned}\right\} \qquad \text{(I)}$$

Wenn dagegen $r > 2n$ ist, also mehr Meßergebnisse als Koeffizienten vorhanden sind, gelten die Formeln

$$\left.\begin{aligned} &r a_0 = \sum_\alpha y_\alpha, \quad r a_\beta = 2 \sum_\alpha y_\alpha \cos \beta x_\alpha, \quad r b_\beta = 2 \sum_\alpha y_\alpha \sin \beta x_\alpha, \\ &\alpha = 1, 2, \ldots, r, \quad \beta = 1, 2, \ldots, n; \quad r > 2n. \end{aligned}\right\} \qquad \text{(II)}$$

Sie liefern zugleich die „beste“ Annäherung im Sinne der Methode der kleinsten Quadrate.

10.4.6.3 Verfahren von Runge. Am vorteilhaftesten ist es, die Formeln (I) in dem Fall anzuwenden, wo die Anzahl r der Ordinaten ein Vielfaches von 4 ist: $r = 4p$. Dann kann man durch „Falten“ der Periode die Rechnung vereinfachen. Für $r = 12$, ($p = 3$) gilt folgendes Schema:

									Summen				Differenzen		
Ordinaten		y_1	y_2	y_3	y_4	y_5	y_6		s_0	s_1	s_2	s_3	d_1	d_2	d_3
	y_{12}	y_{11}	y_{10}	y_9	y_8	y_7			s_6	s_5	s_4		d_5	d_4	
Summe	s_0	s_1	s_2	s_3	s_4	s_5	s_6	Summe	$\mathfrak{s}_0$	$\mathfrak{s}_1$	$\mathfrak{s}_2$	$\mathfrak{s}_3$	σ_1	σ_2	σ_3
Differenz		d_1	d_2	d_3	d_4	d_5		Differenz	$\mathfrak{d}_0$	$\mathfrak{d}_1$	$\mathfrak{d}_2$		δ_1	δ_2	

Berechnung der Koeffizienten der cos-Glieder

sin 30° = 1/2 sin 60° = 1 − 0,1340 sin 90° = 1	$\mathfrak{s}_0$ $\mathfrak{s}_2$	$\mathfrak{s}_1$ $\mathfrak{s}_3$	$\mathfrak{d}_2$ $\mathfrak{d}_0$	$\mathfrak{d}_1$	$-\mathfrak{s}_2$ $\mathfrak{s}_0$	$\mathfrak{s}_1$ $-\mathfrak{s}_3$	$\mathfrak{d}_0$	$\mathfrak{d}_2$
Summe	I	II	I	II	I	II	I	II
Summe I + II Differenz I − II	$12a_0$ $12a_6$		$6a_1$ $6a_5$		$6a_2$ $6a_4$		— $6a_3$	

Berechnung der Vorzahlen der sin-Glieder

sin 30° = 1/2 sin 60° = 1 − 0,1340 sin 90° = 1	σ_1 σ_3	σ_2	δ_1	δ_2	σ_1	σ_3
Summe	I	II	I	II	I	II
Summe I + II Differenz I − II	$6b_1$ $6b_5$		$6b_2$ $6b_4$		— $6b_3$	

In jeder Zeile Werte mit den links davorstehenden Sinuswerten multiplizieren. Die Multiplikation mit 0,134 ist auf dem Rechenschieber genauer als mit 1 − 0,134 = 0,866.

Für $r = 12$ und $r = 24$ gibt es einen Rechenvordruck von *Runge* und *Emde*, Rechenformular zum Zerlegen einer empirisch gegebenen periodischen Funktion in Sinuswellen, Braunschweig 1913, Vieweg.

Schablonenartige Vorrichtungen (*Hermann, Zipperer, Terebesi*) sind brauchbar. Schablonen für 12, 24, 36 oder 72 Ordinaten gibt *Hußmann*.

10.4.6.4 Zeichnerisches Verfahren. Setzt man in den Formeln (I) $a_\beta + ib_\beta = c_\beta$, so wird

$$r c_\beta = 2 \sum_\alpha y_\alpha e^{i\beta x_\alpha}.$$

Man füge die Vektoren $y_\alpha e^{i\beta x_\alpha}$ von der Länge $|y_\alpha|$ und der Abweichung βx_α geometrisch aneinander. Für $r = 8$ oder $r = 12$ kann man dazu eine auf Pauspapier gezeichnete Windrose benutzen.

10.4.6.5 Verfahren von Eagle. Wenn $f(x)$ oder die Ableitungen $f^{(k)}(x)$ Sprünge haben, folgende Formeln verwenden:

$$\pi a_n = -\frac{1}{n}\sum s_i^{(0)} \sin n x_i^{(0)} - \frac{1}{n^2}\sum s_i^{(1)} \cos n x_i^{(1)} + \frac{1}{n^3}\sum s_i^{(2)} \sin n x_i^{(2)}$$

$$+\frac{1}{n^4}\sum s_i^{(3)} \cos n x_i^{(3)}$$

$$- - + + \cdots \pm \frac{1}{n^{k+1}} \sum s_i^{(k)} \begin{matrix}\sin\\ \cos\end{matrix}\, n x_i^{(k)} \pm \frac{1}{n^{k+1}} \int_0^{2\pi} f^{(k+1)}(x) \begin{matrix}\sin\\ \cos\end{matrix}\, n x \, dx,$$

$$\pi b_n = \frac{1}{n}\sum s_i^{(0)} \cos n x_i^{(0)} - \frac{1}{n^2}\sum s_i^{(1)} \sin n x_i^{(1)} - \frac{1}{n^3}\sum s_i^{(2)} \cos n x_i^{(2)}$$

$$+\frac{1}{n^4}\sum s_i^{(3)} \sin n x_i^{(3)}$$

$$+ - - + \cdots \pm \frac{1}{n^{k+1}} \sum s_i^{(k)} \begin{matrix}\cos\\ \sin\end{matrix}\, n x_i^{(k)} \pm \frac{1}{n^{k+1}} \int_0^{2\pi} f^{(k+1)}(x) \begin{matrix}\cos\\ \sin\end{matrix}\, n x \, dx.$$

Dabei bedeuten $x_i^{(k)}$ $(i = 1, 2, \ldots)$ diejenigen Stellen im Intervall $0 \leq x < 2\pi$, an denen $f^{(k)}(x)$ einen Sprung der Größe $s_i^{(k)}$ macht. Jeweils über alle diese Stellen summieren. $s_i^{(k)}$ positiv oder negativ rechnen, je nachdem, ob $f^{(k)}(x)$ bei wachsendem x bei $x_i^{(k)}$ nach oben oder unten springt.

Beispiel: Sägekurve

$$f(x) = \begin{cases} x/\pi & \text{für} \quad 0 \leq x \leq \pi, \\ (x - 2\pi)/\pi & \text{für} \quad \pi < x \leq 2\pi. \end{cases}$$

$f(x)$ hat bei $x_1^{(0)} = \pi$ den Sprung $s_1^{(0)} = -2$. $f'(x)$ hat keine Sprünge, $f''(x)$ ist überall Null. Also:

$$\pi a_n = -\frac{1}{n}(-2)\sin n\pi = 0,$$

$$\pi b_n = \frac{1}{n}(-2)\cos n\pi = -2\,\frac{(-1)^n}{n}.$$

10.5 Parallelprojektion

Um einen körperlichen Gegenstand durch eine Zeichnung darzustellen, die einen möglichst vollständigen Einblick in die Gestalt und den Zusammenhang seiner Teile gewährt, bedient man sich mit Vorteil der Parallelprojektion, die zwar weniger naturgetreue, aber leichter herstellbare Bilder liefert als die Zentralprojektion, am besten nach dem sogenannten *axonometrischen Verfahren*. Drei zueinander rechtwinklige Achsen nehmen, auf die man den Körper bezieht, und in jeder einen Maßstab annehmen, Achsen samt den Maßstäben projizieren und alle Strecken, die im Körper einer Achse parallel sind, in der Zeichnung parallel der Projektion jener Achse nach dem zugehörigen Maßstab auftragen. Die z-Achse wird lotrecht genommen.

Bei *schiefer Projektion* können die Achsenrichtungen und die Längeneinheiten der Maßstäbe beliebig angenommen werden, vorausgesetzt, daß höchstens zwei Achsenrichtungen gleich sind und die Längeneinheit höchstens eines Achsenmaßstabes Null ist (*Satz von Pohlke*).

Einfache Fälle (Bezeichnungen Bild 10–24):

1. $e_x = e_z = 1$; $e_y = 1/2$; $\varphi = 90°$; $\psi = 45°$ (*Kavalierperspektive*).
2. $e_x = e_y = e_z = 1$; $\varphi + \psi = 90°$ (*Militärperspektive*).

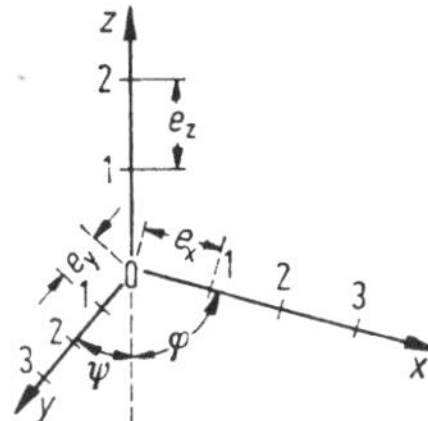

Bild 10–24. Achsenrichtungen bei schiefer Projektion.

Treten an dem Körper nicht bloß gerade Linien und ebene Flächen auf, sondern Kreise in verschiedenen Stellungen, Kreiszylinder-, Kreiskegel-, Kugel- und beliebige Drehflächen, so ist *rechtwinklige Projektion* vorzuziehen. Bei dieser sind die Verhältnisse der Längeneinheiten der Achsenmaßstäbe durch die Achsenrichtungen und umgekehrt jene durch diese bestimmt. Unten sind für die gebräuchlichsten Verhältnisse die nötigen Angaben zusammengestellt.

Für gewöhnliche Fälle empfiehlt sich die Projektion $1:1/2:1$, die einfachste nächst der isometrischen Projektion, die meist unschöne Bilder liefert. Parallelen zu den Achsen mittels eines besonderen, hierneben in den drei zu benutzenden Stellungen abgebildeten Schiebevierecks (Bild 10–25) zeichnen; hierdurch Zeitersparnis.

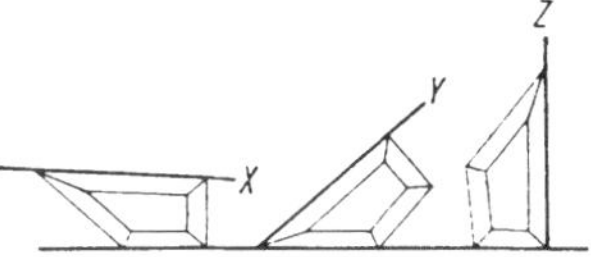

Bild 10–25. Schiebevierecke zu den Achsenrichtungen.

Bezeichnungen:

e die Längeneinheit des wahren Maßstabes der Zeichnung,
e_x, e_y, e_z die Längeneinheiten der Achsenmaßstäbe,
φ und ψ die spitzen Winkel zwischen der x- und y-Achse und der z-Achse.

Rechtwinklige Projektionen

Projektion	$e_x:e_y:e_z$	$e_x:e$	cot φ (angenähert)	cot ψ (angenähert)
Isometrische Projektion	1:1:1	0,8165	$\varphi = \psi$	$= 60°$
Dimetrische Projektionen	$1:1/2:1$	0,9428	1/8	7/8
	$1:1/3:1$	0,9733	1/18	17/18
	$1:1/4:1$	0,9847	1/32	31/32
Trimetrische Projektionen	$5/6:2/3:1$	0,9670	1/5	1/3
	$9/10:1/2:1$	0,9853	1/11	1/3

Die letzte Spalte dient zur Konstruktion der Achsenrichtungen.

Man bezeichne mit r_x, r_y, r_z die Strecken, die, mit dem x-, y-, z-Maßstabe gemessen, die gleiche Längenzahl r ergeben [so daß also $r_z = r(e_x/e)$ usw.]. Ohne Benutzen der Achsenmaßstäbe können diese Strecken auch durch nebenstehende Verkleinerungsvorrichtung (Bild 10–26) gefunden werden, in der die Strahlen C_x, C_y, C_z gegen A unter solchen Winkeln gezogen sind, daß ihre Sinusse die Werte e_x/e, e_y/e, e_z/e haben.

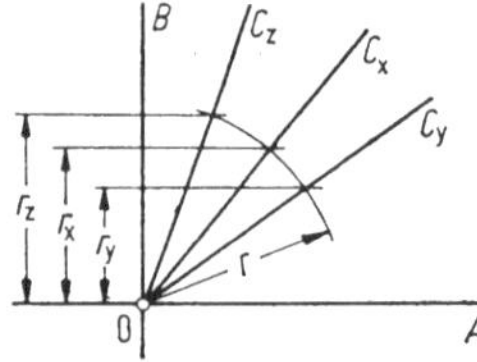

Bild 10–26. Verkleinerungsvorrichtung.

11. Inhalte von Flächen und Körpern

11.1 Flächeninhalte F ebener Gebilde

11.1.1 Dreieck (vgl. 3.2)

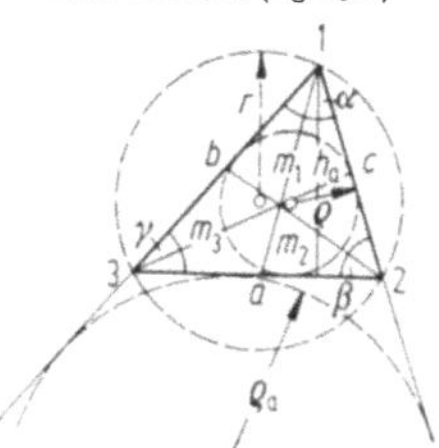

Bild 11-1. Fläche eines Dreiecks.

h_a Höhe senkrecht zur Seite a

$s = (1/2)(a + b + c)$

m_1, m_2, m_3 Mittellinien

$s_0 = (1/2)(m_1 + m_2 + m_3)$

$\varrho = 1 \Big/ \left(\frac{1}{h_a} + \frac{1}{h_b} + \frac{1}{h_c}\right)$

= Radius des Inkreises

$\varrho_a = 1 \Big/ \left(-\frac{1}{h_a} + \frac{1}{h_b} + \frac{1}{h_c}\right)$,

entsprechend ϱ_b und ϱ_c,

= Radien der Ankreise.

(x_1, y_1), (x_2, y_2), (x_3, y_3) Koordinaten der Ecken in bezug auf ein beliebiges rechtwinkliges Koordinatensystem

Der Koordinaten-Anfangspunkt liegt in der Ecke 3: $x_3 = 0$, $y_3 = 0$

$$
\begin{aligned}
F &= (1/2)\, a h_a \\
&= \sqrt{s(s-a)(s-b)(s-c)} \quad \text{(Heronsche Formel)} \\
&= (1/2)\, ab \sin\gamma \\
&= (1/2)\, a^2 \sin\beta \sin\gamma / \sin\alpha \\
&= 2r^2 \sin\alpha \sin\beta \sin\gamma \\
&= \varrho^2 \cot(\alpha/2) \cot(\beta/2) \cot(\gamma/2) \\
&= \varrho s = (abc/4r) \\
&= (4/3) \sqrt{s_0(s_0 - m_1)(s_0 - m_2)(s_0 - m_3)} \\
&= \sqrt{\varrho\, \varrho_a\, \varrho_b\, \varrho_c} \\
&= (1/2) \begin{vmatrix} x_1 & y_1 & 1 \\ x_2 & y_2 & 1 \\ x_3 & y_3 & 1 \end{vmatrix}^{1)} = (1/2) \left\{ \begin{array}{l} x_1 y_2 - x_2 y_1 \\ + x_2 y_3 - x_3 y_2 \\ + x_3 y_1 - x_1 y_3 \end{array} \right\}
\end{aligned}
$$

$$F = (1/2) \begin{vmatrix} x_1 & y_1 \\ x_2 & y_2 \end{vmatrix} = (1/2)(x_1 y_2 - x_2 y_1)$$

Rechtwinkliges Dreieck (vgl. 3.2.2)

a, b Katheten
c Hypotenuse
α der a gegenüberliegende Winkel

$$
\begin{aligned}
F &= (1/2)\, ab \\
&= (1/2)\, a^2 \cot\alpha \\
&= (1/2)\, b^2 \tan\alpha \\
&= (1/4)\, c^2 \sin 2\alpha
\end{aligned}
$$

$$a^2 + b^2 = c^2$$

11.1.2 Viereck

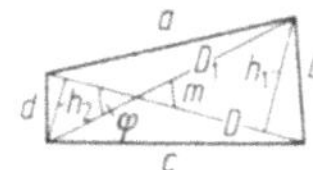

Bild 11-2. Fläche eines Vierecks.

(D und D_1 Diagonalen, φ Winkel zwischen den Diagonalen)
m Verbindungslinie der Mitten der Diagonalen, α und γ zwei gegenüberliegende Winkel

$$F = (1/2)(h_1 + h_2) D = (1/2) D D_1 \sin\varphi$$

$$a^2 + b^2 + c^2 + d^2 = D^2 + D_1^2 + 4m^2$$

$$F^2 = (s-a)(s-b)(s-c)(s-d) - abcd \cos^2 \frac{\alpha + \gamma}{2}$$

$$s = (a + b + c + d)/2$$

---

1) Inhalt positiv oder negativ, je nachdem beim Umlaufen des Dreiecks in der Reihenfolge $P_1 P_2 P_3$ die Fläche zur Linken (Linksumlauf) oder zur Rechten liegt (Rechtsumlauf). Bild 11-1 zeigt Rechtsumlauf (negativer Umlaufsinn).

Kreisviereck a, b, c, d die vier Seiten $s = (1/2)(a + b + c + d)$	$F = \sqrt{(s-a)(s-b)(s-c)(s-d)}$ $DD_1 = ac + bd$
Trapez a, b parallele Seiten h Höhe	$F = \frac{a+b}{2} h = \frac{DD_1 \sin\varphi}{2}$
Parallelogramm a, b Seiten h Abstand der Seiten b γ Winkel	$F = bh = ab \sin\gamma$ $= (1/2)\, DD_1 \sin\varphi$ $2(a^2 + b^2) = D^2 + D_1^2$
Rechteck a, b Seiten	$F = ab = (1/2)\, D^2 \sin\varphi$
Rhombus a Seite, γ Winkel	$F = a^2 \sin\gamma = (1/2)\, DD_1$
11.1.3 Vieleck $(x_1, y_1), (x_2, y_2), \ldots, (x_n, y_n)$ Koordinaten der n Ecken in bezug auf ein beliebiges rechtwinkliges Achsenkreuz. [Die Summe der inneren Winkel beträgt $(n-2)\,180°$] $a_1, a_2, \ldots, a_n$ Seiten des n-Ecks (a_μ, a_ν) der von a_μ und a_ν gebildete Winkel	$F = \pm (1/2)\,\{(x_2 y_1 - x_1 y_2) + (x_3 y_2 - x_2 y_3)$ $+ (x_4 y_3 - x_3 y_4) + \cdots$ $+ (x_n y_{n-1} - x_{n-1} y_n)$ $+ (x_1 y_n - x_n y_1)\}$ $F = (1/2) \sum_\mu \sum_\nu a_\mu a_\nu \sin(a_\mu, a_\nu)$ $(\mu, \nu = 1, 2, \ldots, n-1)$ F kann auch bestimmt werden durch Zerlegen des Vielecks in Dreiecke mittels Diagonalen
Regelmäßiges Vieleck (vgl. Tabelle 11–1) R Radius des umgeschriebenen, r der des eingeschriebenen Kreises $a = 2\sqrt{R^2 - r^2}$ Seite n Anzahl der Seiten $\varphi° = 180°/n$ U Umfang	$F = (1/4)\, na^2 \cot\varphi$ $= (1/2)\, nR^2 \sin 2\varphi$ $= nr^2 \tan\varphi$ $U = na = 2nR \sin\varphi$ $= 2nr \tan\varphi$ Der Eckwinkel des Vielecks ist $180° - 2\varphi°$
11.1.4 Kreis (Für F und U Tabelle 1–2) r Radius d Durchmesser U Umfang	$F = \pi r^2 = (1/4)\, \pi d^2 = (1/4)\, U d$ $= 0{,}7853981634\, d^2$ $U = \pi d$
Kreisring R äußerer, r innerer Radius D äußerer, d innerer Durchmesser ϱ mittlerer Radius δ Ringbreite	$F = \pi(R^2 - r^2)$ $= (1/4)\, \pi(D^2 - d^2)$ $= 2\pi\varrho\delta$
Kreisabschnitt (Tabelle 1–8) r Radius $\varphi°$ Zentriwinkel in Graden l Bogenlänge s Sehnenlänge h Bogenhöhe	$F = (1/2)\, r^2 \left(\frac{\varphi° \pi}{180°} - \sin\varphi\right)$ $= \frac{r(l - s) + sh}{2}$

Kreisausschnitt

(Für F vgl. Tabelle 1–2)

r Radius
l Bogenlänge
φ° der zum Bogen b gehörende Zentriwinkel in Graden
φ der dem Radius 1 entsprechende Bogen

$$F = (1/2)\, lr = \frac{\varphi^\circ}{360^\circ}\, \pi r^2 = (1/2)\, \varphi r^2$$

$$\varphi = \frac{\pi \varphi^\circ}{180^\circ}, \quad l = \frac{\pi \varphi^\circ}{180^\circ}\, r$$

Kreisringstück

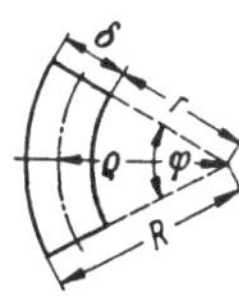

Bild 11-3. Fläche eines Kreisringstückes.

φ° Zentriwinkel in Graden
φ Zentriwinkel im Bogenmaß

$$F = \frac{\varphi^\circ \pi}{360^\circ}\,(R^2 - r^2) = \frac{\varphi^\circ \pi}{180^\circ}\, \varrho\delta = \varphi\varrho\delta$$

Kreissichelstück

$$F = r^2(\pi + \sin\varphi - \varphi^\circ\, \pi/180^\circ) = r^2\eta$$

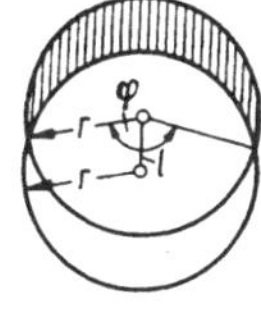

Bild 11-4. Fläche eines Kreissichelstückes.

l	$d/10$	$2d/10$	$3d/10$	$4d/10$	$5d/10$	$6d/10$	$7d/10$	$8d/10$	$9d/10$
η	0,40	0,79	1,18	1,56	1,91	2,25	2,55	2,81	3,02

Tabelle 11-1. Werte der regelmäßigen Vielecke

n	F/a^2	F/R^2	F/r^2	R/a	R/r	a/R	a/r	r/R	r/a
3	0,4330	1,2990	5,1962	0,5774	2,0000	1,7321	3,4641	0,5000	0,2887
4	1,0000	2,0000	4,0000	0,7071	1,4142	1,4142	2,0000	0,7071	0,5000
5	1,7205	2,3776	3,6327	0,8507	1,2361	1,1756	1,4531	0,8090	0,6882
6	2,5981	2,5981	3,4641	1,0000	1,1547	1,0000	1,1547	0,8660	0,8660
7	3,6339	2,7364	3,3710	1,1524	1,1099	0,8678	0,9631	0,9010	1,0383
8	4,8284	2,8284	3,3137	1,3066	1,0824	0,7654	0,8284	0,9239	1,2071
9	6,1818	2,8925	3,2757	1,4619	1,0642	0,6840	0,7279	0,9397	1,3737
10	7,6942	2,9389	3,2492	1,6180	1,0515	0,6180	0,6498	0,9511	1,5388
12	11,196	3,0000	3,2154	1,9319	1,0353	0,5176	0,5359	0,9659	1,8660
15	17,642	3,0505	3,1883	2,4049	1,0223	0,4158	0,4251	0,9781	2,3523
16	20,109	3,0615	3,1826	2,5629	1,0196	0,3902	0,3978	0,9808	2,5137
20	31,569	3,0902	3,1677	3,1962	1,0125	0,3129	0,3168	0,9877	3,1569
24	45,575	3,1058	3,1597	3,8306	1,0086	0,2611	0,2633	0,9914	3,7979
32	81,225	3,1214	3,1517	5,1011	1,0048	0,1960	0,1970	0,9952	5,0766
48	183,08	3,1326	3,1461	7,6449	1,0021	0,1308	0,1311	0,9979	7,6285
64	325,69	3,1365	3,1441	10,190	1,0012	0,0981	0,0983	0,9988	10,178

11.1.5 Ellipse und Ellipsenabschnitt; Hyperbel und Hyperbelabschnitt (vgl. 7.3.2.2), Parabelabschnitt (vgl. 7.3.2.3)

Flächen anderer Kurven vgl. 7.5.2. Über Flächenbestimmung vgl. 10.4.1.3.

11.2 Inhalte und Oberflächen von Körpern

V Inhalt, O Oberfläche, M Mantelfläche

11.2.1 Prisma F Grundfläche, h Höhe	$V = Fh$
Würfel a Kante, d Diagonale	$V = a^3, \quad O = 6a^2$ $d^2 = 3a^2$
Schief abgeschnittenes dreiseitiges Prisma a, b, c Längen der drei parallelen Kanten Q Querschnitt, senkrecht zu den Kanten	$V = (1/3)(a + b + c)\,Q$
Schief abgeschnittenes n-seitiges Prisma (und schief abgeschnittener Zylinder)	Ist l die Verbindungslinie der Schwerpunkte der Grundflächen, Q der zu l senkrechte Querschnitt, so ist $V = Ql$
Rechtwinkliges Parallelepipedon (Rechtkant, Quader) a, b, c Längen der drei Kanten einer Ecke d Diagonale	$V = abc$ $d^2 = a^2 + b^2 + c^2$ $O = 2(ab + ac + bc)$
11.2.2 Pyramide F Grundfläche, h Höhe	$V = (1/3)\,Fh$
Dreiseitige Pyramide (x_1, y_1, z_1), (x_2, y_2, z_2), (x_3, y_3, z_3) Koordinaten von drei Eckpunkten; Anfangspunkt liegt in der vierten Ecke	$V = 1/6 \begin{vmatrix} x_1 & y_1 & z_1 \\ x_2 & y_2 & z_2 \\ x_3 & y_3 & z_3 \end{vmatrix}$ [1]
Abgestumpfte Pyramide F, f parallele Endflächen, h ihr Abstand A und a zwei entsprechende Seiten zu F und f	$V = (1/3)\,h(F + f + \sqrt{Ff})$ $= (1/3)\,hF\left[1 + \frac{a}{A} + \left(\frac{a}{A}\right)^2\right]$
11.2.3 Obelisk Bild 11–5. Inhalt eines Obelisken.	$V = (1/6)\,h[(2a + a_1)\,b + (2a_1 + a)\,b_1]$ $= (1/6)\,h[ab + (a + a_1)(b + b_1) + a_1b_1]$
11.2.4 Keil Bild 11–6. Inhalt eines Keilstückes.	$V = (1/6)(2a + a_1)\,bh$

[1] Inhalt positiv oder negativ, je nachdem beim Umlaufen des *äußeren* Dreiecks P_1, P_2, P_3 die Fläche zur Linken oder zur Rechten liegt.

V Inhalt, O Oberfläche, M Mantelfläche

11.2.5 Zylinder F Grundfläche, h Höhe	$V = Fh$
Kreiszylinder r Radius der Grundfläche h Höhe	$V = \pi r^2 h$ $M = 2\pi r h$ $O = 2\pi r(r + h)$
Schief abgeschnittener gerader Kreiszylinder h_1 kürzeste Zylinderseite h_2 längste Zylinderseite r Radius der Grundfläche	$V = \pi r^2 \frac{h_1 + h_2}{2}$ $M = \pi r(h_1 + h_2)$
Zylinderhuf[1] Bild 11-7. Zylinderhuf.	$V = (^2/_3)\, r^2 h$ $M = 2rh$ Schnitt geht durch den Mittelpunkt der Grundfläche; Grundriß ist also ein Halbkreis, d. h. $a = b = r$ (vgl. Fußnote)
Zylinderdurchdringung r Zylinderradius h Höhe α Schnittwinkel der sich schneidenden Zylinderachsen	$V = 2\pi r^2 h - \frac{16}{3} \frac{r^3}{\sin \alpha}$ $M = 4\pi r h - 16 r^2/\sin \alpha$
Hohlzylinder (Rohr) R äußerer Radius r innerer Radius h Höhe $s = R - r$ Dicke $\varrho = (^1/_2)\,(R + r)$ mittlerer Radius	$V = \pi h(R^2 - r^2)$ $= \pi h s(2R - s)$ $= \pi h s(2r + s)$ $= 2\pi h s \varrho$
11.2.6 Kreiskegel r Radius der Grundfläche h Höhe s Seite	$V = (^1/_3)\, \pi r^2 h$ $M = \pi r \sqrt{r^2 + h^2} = \pi r s$ $s = \sqrt{r^2 + h^2}$
Abgestumpfter Kreiskegel Wie vorstehend; ferner R Radius der anderen Grundfläche $\sigma = R + r;\ \delta = R - r$ $s = \sqrt{\delta^2 + h^2}$	$V = (^1/_3)\, \pi h(R^2 + Rr + r^2)$ $= \frac{h}{4}\,[\pi \sigma^2 + (^1/_3)\, \pi \delta^2]$ $M = \pi s \sigma$

[1]) Ist Hufgrundriß größer oder kleiner als ein Halbkreis, $2a$ seine gerade Seite (Hufkante), b Länge des Lotes vom Fußpunkt von h auf $2a$, $2\varphi°$ der Zentriwinkel des Hufgrundrisses in Graden, so ist

$$V = [a(3r^2 - a^2) + 3r^2(b - r)\, \varphi°\, \pi/180°]\, h/3b; \quad M = [(b - r)\, \varphi°\, \pi/180° + a]\, 2rh/b.$$

V Inhalt, O Oberfläche, M Mantelfläche

11.2.7 Kugel Für V Tabelle 1–7, für O Tabelle 1–2 benutzen r Radius, und zwar $r = \sqrt{3V/4\pi} = 0{,}620351 \sqrt[3]{V}$ $d = 2r$ Durchmesser	$V = (^4/_3)\,\pi r^3 = 4{,}188790205\,r^3$ $= (^1/_6)\,\pi d^3 = 0{,}523598776\,d^3$ $O = 4\pi r^2 = \pi d^2$ $= 4 \times$ Inhalt des größten Kreises
Hohlkugel (Tabelle 1–7) R äußerer, r innerer Radius D äußerer, d innerer Durchmesser	$V = (^4/_3)\,\pi(R^3 - r^3)$ $= (^1/_6)\,\pi(D^3 - d^3)$
Kugelabschnitt (Kugelkalotte) h Höhe des Abschnitts r Radius der Kugel, $D = 2r$ a Radius der Grundfläche, $d = 2a$	$V = (^1/_6)\,\pi h(3a^2 + h^2)$ $= (^1/_3)\,\pi h^2(3r - h)$ $M = 2\pi rh = \pi(a^2 + h^2) = (^1/_2)\,\pi D(D - \sqrt{D^2 - d^2})$ $a^2 = h(2r - h);\ h = r - \sqrt{r^2 - a^2}$ $\qquad = \pi Dh$
Kugelzone h Höhe der Zone r Radius der Kugel a, b Radien der Endflächen ($a > b$)	$V = (^1/_6)\,\pi h(3a^2 + 3b^2 + h^2)$ $M = 2\pi rh$ $r^2 = a^2 + \left(\frac{a^2 - b^2 - h^2}{2h}\right)^2$
Kugelausschnitt Bild 11–8. Kugelausschnitt.	$V = (^2/_3)\,\pi r^2 h$ $= 2{,}0943951024\,r^2 h$ $O = \pi r(2h + a)$
Kugelzweieck φ° Winkel, den die begrenzenden größten Kugelkreise einschließen	$M = \frac{\varphi^\circ}{90^\circ}\,\pi r^2$ $= 0{,}0349066\,\varphi^\circ r^2$
Kugeldreieck ε° sphärischer Exzeß, d.h. Überschuß der Winkelsumme über 180°	$M = \frac{\varepsilon^\circ}{180^\circ}\,\pi r^2$ $= 0{,}0174533\,\varepsilon^\circ r^2$
11.2.8 Ellipsoid a, b, c Halbachsen	$V = (^4/_3)\,\pi abc$
Umdrehungsellipsoid 1. wenn $2a$ die Drehachse: 2. wenn $2b$ die Drehachse:	 $V = (^4/_3)\,\pi ab^2$ $V = (^4/_3)\,\pi a^2 b$
11.2.9 Umdrehungs-Paraboloid r Radius der Grundfläche h Höhe	$V = (^1/_2)\,\pi r^2 h = 1{,}570796\,r^2 h$ = Hälfte des Kreiszylinders für r und h
Abgestumpftes Paraboloid R, r Radien der parallelen Endflächen h Höhe	$V = (^1/_2)\,\pi(R^2 + r^2)\,h$ = Mittelfläche × Höhe

V Inhalt, O Oberfläche, M Mantelfläche

11.2.10 Zylindrischer Ring  Bild 11–9. Zylinderring.	$V = 2\pi^2 Rr^2 = 19{,}739 Rr^2$ $= (1/4)\, \pi^2 Dd^2 = 2{,}4674 Dd^2$ $O = 4\pi^2 Rr = 39{,}478 Rr$ $= \pi^2 Dd = 9{,}8696 Dd$
11.2.11 Kübel Endflächen beliebige Ellipsen mit den Halbachsen a, b und a_1, b_1	$V = (1/6)\, \pi h[2(ab + a_1 b_1) + ab_1 + a_1 b]$
11.2.12 Faß D Durchmesser am Spund d Bodendurchmesser h Höhe	$V \approx (1/12)\, \pi h(2D^2 + d^2)$ angenähert für kreisförmige Dauben $V = (1/15)\, \pi h(2D^2 + Dd + (3/4)\, d^2)$ genau für parabolische Dauben
11.2.13 Kappengewölbe (preußisches) s halbe Spannweite r innerer Gewölberadius δ Gewölbedicke h Pfeilhöhe l Länge des Gewölbes	$V = \frac{\pi\varphi^\circ}{360^\circ}(2r\delta + \delta^2)\, l,$ wenn $\tan\frac{\varphi}{2} = \frac{s}{r-h}$
11.2.14 Kreuzgewölbe über dem Rechteck $2S \times 2s$ s, r, δ, h, $2S$ (statt l), φ Bezeichnungen unter 11.2.13 für die eine Kappe, S, R, Δ, h, $2s$, ψ dieselben Abmessungen für die andere Kappe	$V = \frac{\pi\varphi^\circ}{360^\circ}(2r\delta + \delta^2)\, S + \frac{\pi\psi^\circ}{360^\circ}(2R\Delta - \Delta^2)\, s;$ $\left(\tan\frac{\varphi}{2} = \frac{s}{r-h}; \quad \tan\frac{\psi}{2} = \frac{S}{R-h}\right)$

11.2.15 Kugelring. Wird von der Kugelzone (vgl. 11.2.7) der abgestumpfte Kegel mit den Radien a und b der Endflächen und der Höhe h fortgenommen, so ist, wenn s die Kegelseite, der Inhalt des übrigbleibenden Ringes: $V = (1/6)\, \pi h s^2$.

11.2.16 Prismatoide. Das sind Körper, begrenzt von zwei parallelen Grundflächen F_0 und F_{2n} und beliebig vielen ebenen Seitenflächen (Dreiecken, Trapezen, Parallelogrammen oder windschiefen Flächen), werden nach der *Simpsonschen Regel* (vgl. 10.4.3.3) berechnet; $V = (1/6)\, H(F_0 + 4F_m + F_{2n})$, H Höhe, F_m Mittelfläche.

Beispiele: Sind bei einem *Obelisken* von der Höhe h (11.2.3) die Grundflächen Trapeze mit den Mittelparallelen m und m_1 und Höhen c und c_1, so ist

$$V = \left(\frac{1}{6}\right) h[(2m + m_1)\, c + (2m_1 + m)\, c_1] = \left(\frac{1}{6}\right) h[mc + (m + m_1)(c + c_1) + m_1 c_1].$$

Wegrampe. Sind h Höhe des Hauptdammes, b Wegbreite der Rampe, $1/n$ Steigungsverhältnis der Rampe, $1/m$ Böschungsverhältnis des Hauptdammes und der Rampe, so ist $V = \left(\frac{1}{6}\right) h^2(n - m)\, [3b + 2hm(1 - m/n)]$, z. B. ist für $n = 45$ und $m = 1{,}5$:

$$V = 21{,}75 h^2(b + 0{,}9667 h).$$

11.2.17 **Regelmäßige Polyeder** (Vielflache).

Polyeder	Art der Begrenzungsfläche	Anzahl der Flächen F	Anzahl der Ecken E	Anzahl der Kanten K
Tetraeder (Bild 11–10)	Dreieck	4	4	6
Hexaeder (Würfel)	Quadrat	6	8	12
Oktaeder (Bild 11–11)	Dreieck	8	6	12
Pentagondodekaeder (Bild 11–12)	Fünfeck	12	20	30
Ikosaeder (Bild 11–13)	Dreieck	20	12	30

Nach *Euler* gilt die Beziehung $F + E = K + 2$.

Bild 11–10. Tetraeder.

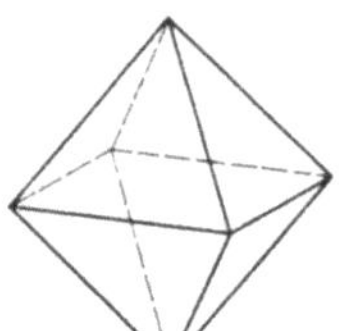

Bild 11–11. Oktaeder.

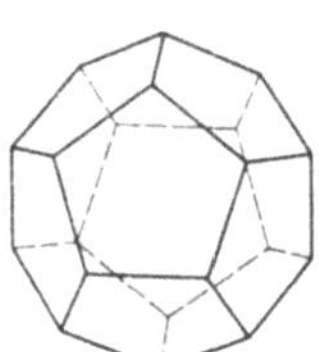

Bild 11–12. Pentagondodekaeder.

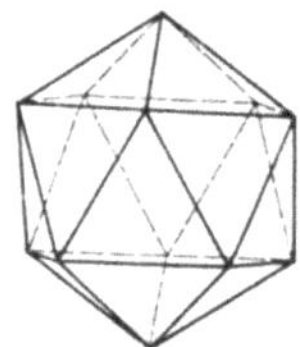

Bild 11–13. Ikosaeder.

Polyeder	$\frac{r}{a}$	$\frac{\varrho}{a}$	$\frac{O}{a^2}$	$\frac{V}{a^3}$
Tetraeder	$\frac{1}{4}\sqrt{6}$	$\frac{1}{12}\sqrt{6}$	$\sqrt{3}$	$\frac{1}{12}\sqrt{2}$
Hexaeder (Würfel)	$\frac{1}{2}\sqrt{3}$	$\frac{1}{2}$	6	1
Oktaeder	$\frac{1}{2}\sqrt{2}$	$\frac{1}{6}\sqrt{6}$	$2\sqrt{3}$	$\frac{1}{3}\sqrt{2}$
Pentagondodekaeder	$\frac{1}{4}\sqrt{6(3+\sqrt{5})}$	$\frac{1}{2}\sqrt{\frac{5}{2}+\frac{11}{10}\sqrt{5}}$	$15\sqrt{1+\frac{2}{5}\sqrt{5}}$	$\frac{1}{4}(15+7\sqrt{5})$
Ikosaeder	$\frac{1}{4}\sqrt{10+2\sqrt{5}}$	$\frac{1}{4}\cdot\frac{3+\sqrt{5}}{\sqrt{3}}$	$5\sqrt{3}$	$\frac{5}{12}(3+\sqrt{5})$

r Radius der umbeschriebenen Kugel; a Kantenlänge; ϱ Radius der einbeschriebenen Kugel; O Oberfläche; V Volumen.

11.2.18 **Guldinsche (Pappussche) Regeln. Umdrehungskörper.**

Bezeichnen

s Länge einer Kurve, die sich um eine in ihrer Ebene liegende, sie nicht schneidende Achse dreht,
x_0 Abstand des Schwerpunktes des Kurvenbogens von der Umdrehungsachse,

dann ist der Flächeninhalt der erzeugten *Umdrehungsfläche*

$$M = 2\pi x_0 s = \text{Weg des Schwerpunktes der Kurve} \times \text{Länge der Kurve}.$$

Bezeichnen

F Inhalt einer ebenen Fläche, die sich um eine in ihrer Ebene liegende, sie nicht schneidende Achse dreht,
x_0 Abstand des Schwerpunktes der Fläche von der Achse,

dann ist der Inhalt des erzeugten *Drehkörpers*

$$V = 2\pi x_0 F = \text{Weg des Schwerpunktes der Fläche} \times \text{Inhalt der Fläche}.$$

Für zwei parallele Umdrehungsachsen im Abstand a ist allgemein, wenn sich M_1 und V_1 auf die eine, M_2 und V_2 auf die andere Achse beziehen, $M_1 = 2\pi as \pm M_2$ und $V_1 = 2\pi aF \pm V_2$. Hierbei gilt $-$, wenn s oder F zwischen den parallelen Achsen liegt; im anderen Falle gilt $+$.

Ist allgemein $y = f(x)$ die Gleichung der Meridianlinie in bezug auf die Umdrehungsachse als x-Achse, und sind M und V von zwei in den Abständen x_1 und x_2 vom Anfangspunkte der Koordinaten zur x-Achse winkelrecht gelegten Ebenen begrenzt, so ist

$$M = 2\pi \int_{x_1}^{x_2} y \,\mathrm{d}s \quad \text{und} \quad V = \pi \int_{x_1}^{x_2} y^2 \,\mathrm{d}x.$$

$\mathrm{d}s = \sqrt{\mathrm{d}x^2 + \mathrm{d}y^2}$ ist das Bogenelement der Meridianlinie.

Stellen sich s oder F als algebraische Summen von Kurvenlängen $s_1, s_2, s_3, \ldots$ oder von Flächeninhalten $F_1, F_2, F_3, \ldots$ dar, deren Schwerpunktabstände $x_1, x_2, x_3, \ldots$ von der Drehachse bekannt sind, so sind

$$M = 2\pi(s_1 x_1 + s_2 x_2 + s_3 x_3 + \cdots),$$
$$V = 2\pi(F_1 x_1 + F_2 x_2 + F_3 x_3 + \cdots).$$

Für Teile der *Kreisdrehung* sind die Werte von M und V mit $\varphi°/360°$ zu multiplizieren, wenn $\varphi°$ der Zentriwinkel der Drehung in Graden ist (vgl. z.B. 11.2.13).

Die vorstehenden Regeln sind für jede beliebige Bewegung des Schwerpunktes sinngemäß anwendbar, wenn die Ebene der sich bewegenden Fläche stets zur Richtung der Bewegung senkrecht bleibt.

12. Wahrscheinlichkeitsrechnung und Statistik

Die Wahrscheinlichkeitsrechnung bezieht sich auf einen Versuch und die Bedingungen, unter denen er abläuft (*Wahrscheinlichkeit a priori*) oder auf die Ergebnisse einer möglichst langen Versuchsreihe (*Wahrscheinlichkeit a posteriori*). Man nennt jeden Versuch ein „*Ereignis*" und bezeichnet es mit $\mathfrak{E}$. Betrachtet man eine Versuchsreihe, so spricht man von einer „*Ereignisfolge*"

$$\mathfrak{E}:\quad \mathfrak{E}_1;\, \mathfrak{E}_2;\, \mathfrak{E}_3;\, \mathfrak{E}_4;\, \mathfrak{E}_5;\, \ldots$$

Die verschiedenen möglichen Ergebnisse eines Versuchs nennt man „*Merkmale*" $\mathfrak{M}$. Bei jedem einzelnen Ereignis $\mathfrak{E}_i$ muß eindeutig feststellbar sein, ob ein bestimmtes Merkmal $\mathfrak{M}$ darauf zutrifft oder nicht.

Die Voraussage, ob auf ein bestimmtes Ereignis $\mathfrak{E}_i$ ein Merkmal zutreffen wird oder nicht, fällt nicht in den Aufgabenbereich der Wahrscheinlichkeitsrechnung. Das Operieren mit mathematischen Wahrscheinlichkeiten bedeutet *nie und unter keinen Umständen* eine Voraussage über das Auftreten eines bestimmten Merkmals auf ein einzelnes Ereignis $\mathfrak{E}_i$.

12.1 Definitionen der mathematischen Wahrscheinlichkeit

12.1.1 Folgen der absoluten und relativen Häufigkeiten

Die absolute Häufigkeit $H_n(\mathfrak{E};\mathfrak{M})$ ist die Anzahl derjenigen unter den ersten n Gliedern einer Ereignisfolge

$$\mathfrak{E}:\quad \mathfrak{E}_1;\, \mathfrak{E}_2;\, \mathfrak{E}_3;\, \mathfrak{E}_4;\, \mathfrak{E}_5;\, \ldots,$$

auf die das Merkmal $\mathfrak{M}$ zutrifft. Die $H_n(\mathfrak{E};\mathfrak{M})$ bilden demnach eine Folge natürlicher Zahlen mit der Bedingung

$$0 \leq H_n(\mathfrak{E};\mathfrak{M}) \leq n.$$

Die relative Häufigkeit definieren wir

$$h_n(\mathfrak{E};\mathfrak{M}) = \frac{H_n(\mathfrak{E};\mathfrak{M})}{n}.$$

Damit bilden die $h_n(\mathfrak{E};\mathfrak{M})$ eine beschränkte Folge rationaler Zahlen mit der Bedingung

$$0 \leq h_n(\mathfrak{E};\mathfrak{M}) \leq 1.$$

Beispiele:

a) Serie von Würfen mit einem Würfel

$\mathfrak{E}$:	5	3	2	2	4	5	1	2	3	6	5	6	3	1	2	1	6	4	4	4	1	2	3	1	4	6	6	3	5	6
$H_n(\mathfrak{E};3)$:	0	1	1	1	1	1	1	1	2	2	2	2	3	3	3	3	3	3	3	3	3	3	4	4	4	4	4	5	5	5
$h_n(\mathfrak{E};3)$:	0	$\frac{1}{2}$	$\frac{1}{3}$	$\frac{1}{4}$	$\frac{1}{5}$	$\frac{1}{6}$	$\frac{1}{7}$	$\frac{1}{8}$	$\frac{2}{9}$	$\frac{1}{5}$	$\frac{2}{11}$	$\frac{1}{6}$	$\frac{3}{13}$	$\frac{3}{14}$	$\frac{1}{5}$	$\frac{3}{16}$	$\frac{3}{17}$	$\frac{1}{6}$	$\frac{3}{19}$	$\frac{3}{20}$	$\frac{1}{7}$	$\frac{3}{22}$	$\frac{4}{23}$	$\frac{1}{6}$	$\frac{4}{25}$	$\frac{2}{13}$	$\frac{4}{27}$	$\frac{5}{28}$	$\frac{5}{29}$	$\frac{1}{6}$

b) Periodische Folge der Elemente *a b c d e*

$\mathfrak{E}$:	*a*	*b*	*c*	*d*	*e*	*a*	*b*	*c*	*d*	*e*	*a*	*b*	*c*	*d*	*e*	*a*	*b*	*c*	*d*	*e*	*a*	*b* …
$H_n(\mathfrak{E};b)$:	0	1	1	1	1	1	2	2	2	2	2	3	3	3	3	3	4	4	4	4	4	5 …
$h_n(\mathfrak{E};b)$:	0	$\frac{1}{2}$	$\frac{1}{3}$	$\frac{1}{4}$	$\frac{1}{5}$	$\frac{1}{6}$	$\frac{2}{7}$	$\frac{1}{4}$	$\frac{2}{9}$	$\frac{1}{5}$	$\frac{2}{11}$	$\frac{1}{4}$	$\frac{3}{13}$	$\frac{3}{14}$	$\frac{1}{5}$	$\frac{3}{16}$	$\frac{4}{17}$	$\frac{2}{9}$	$\frac{4}{19}$	$\frac{1}{5}$	$\frac{4}{21}$	$\frac{5}{22}$ …

12.1.2 Wahrscheinlichkeit „a posteriori“ (nach E. Kamke)

Wenn der Grenzwert der Folge der relativen Häufigkeiten $h_n(\mathfrak{E}; \mathfrak{M})$ für über alle Grenzen wachsendes n existiert, so nennt man die Ereignisfolge ($\mathfrak{E}$-Folge) eine *Wahrscheinlichkeitsfolge* ($\mathfrak{W}$-Folge) und den Grenzwert

$$w(\mathfrak{E}; \mathfrak{M}) = \lim_{n\to\infty} h_n(\mathfrak{E}; \mathfrak{M})$$

die mathematische Wahrscheinlichkeit für das Auftreten des Merkmals $\mathfrak{M}$ in der Ereignisfolge $\mathfrak{E}$.

Anmerkung: Bei dem Beispiel 12.1.1 a) kann man nur vermuten, daß dieser Grenzwert existiert und damit die Augenzahl 3 (wie auch jede andere Augenzahl) mit der Wahrscheinlichkeit 1/6 auftritt. Beim Beispiel 12.1.1 b) läßt sich dagegen mathematisch beweisen, daß dieser Grenzwert existiert. Es ist

$$w(\mathfrak{E}; b) = \frac{1}{5}.$$

12.1.3 Unabhängigkeitsdefinition (nach E. Kamke)

Die Folgen

$$\mathfrak{E}': \quad \mathfrak{E}_1'; \mathfrak{E}_2'; \mathfrak{E}_3'; \mathfrak{E}_4'; \mathfrak{E}_5'; \ldots$$

und

$$\mathfrak{E}'': \quad \mathfrak{E}_1''; \mathfrak{E}_2''; \mathfrak{E}_3''; \mathfrak{E}_4''; \mathfrak{E}_5''; \ldots$$

seien in bezug auf die Merkmale $\mathfrak{M}'$ bzw. $\mathfrak{M}''$ Wahrscheinlichkeitsfolgen mit den Wahrscheinlichkeiten w' und w''. Wählt man mit Rücksicht auf das Vorkommen von $\mathfrak{M}'$ in $\mathfrak{E}'$ aus $\mathfrak{E}''$ eine Teilfolge $\mathfrak{E}^*$ aus, das heißt, streicht man aus $\mathfrak{E}''$ jedesmal dann ein Glied $\mathfrak{E}_i''$, wenn auf das entsprechende $\mathfrak{E}_i'$ das Merkmal $\mathfrak{M}'$ nicht zutrifft, und ist die übrigbleibende Folge $\mathfrak{E}^*$ in bezug auf $\mathfrak{M}''$ wieder eine Wahrscheinlichkeitsfolge mit der gleichen Wahrscheinlichkeit w'', so sind das Auftreten des Merkmals $\mathfrak{M}''$ in der Folge $\mathfrak{E}''$ und *seine Wahrscheinlichkeit w'' von dem Auftreten des Merkmals $\mathfrak{M}'$ in $\mathfrak{E}'$ unabhängig.*

Beispiele:

a) $\mathfrak{E}'$: 1 0 1 0 1 0 1 0 1 0 1 0 … $\mathfrak{M}'$: 1 $w' = \frac{1}{2}$

$\mathfrak{E}''$: 0 1 0 0 1 0 0 1 0 0 1 0 … $\mathfrak{M}''$: 1 $w'' = \frac{1}{3}$

Beide Folgen sind in bezug auf beide Merkmale (1 und 0) voneinander unabhängig.

b) $\mathfrak{E}'$: 0 1 0 0 1 0 0 1 0 0 1 0 0 1 0 0 1 0 0 1 0 …

$\mathfrak{E}''$: 1 1 1 1 0 1 1 1 1 1 0 1 1 1 1 1 0 1 1 1 1 1 0 1 …

Die Folgen sind nicht voneinander unabhängig.

12.1.4 Zulässige Stellenauswahl (nach R. v. Mises)

Eine Stellenauswahl (Streichung eines Teiles der Elemente einer Ereignisfolge) ist zulässig, wenn sie nach einem der folgenden drei Gesichtspunkte vorgenommen wird.

a) Die Indizes der ausgewählten, die neue Folge bildenden Elemente werden durch eine arithmetische Vorschrift bestimmt.

Beispielsweise wählt man diejenigen Elemente aus,

α) deren Index durch 3 teilbar ist, oder

β) deren Index halb so groß wie eine gerade Quadratzahl ist, oder

γ) deren Index um 5 größer ist als eine Primzahl.

b) Durch Zuordnung der in einer anderen Versuchsserie vorkommenden Merkmale wird eine Zahlenfolge festgelegt; diese Zahlenfolge bestimmt die Indizes der auszuwählenden Elemente.

Beispielsweise wählt man alle Elemente $\mathfrak{E}_i$ aus, wenn

α) bei dem Element $\mathfrak{F}_i$ einer ganz anderen Versuchsserie ein bestimmtes Merkmal $\mathfrak{X}$ auftritt, oder

β) bei dem Element $\mathfrak{G}_i$ einer wiederum anderen Versuchsserie ein bestimmtes Merkmal $\mathfrak{Y}$ nicht auftritt.

c) Durch Zuordnung der Merkmale der betrachteten oder einer anderen Versuchsserie in Verbindung mit einer arithmetischen Vorschrift werden die Indizes der auszuwählenden Elemente bestimmt.

Beispielsweise

α) wählt man alle mit einer geraden Zahl als Index versehenen Elemente $\mathfrak{E}_{2i}$ dann aus, wenn $\mathfrak{E}_i$ das Merkmal $\mathfrak{M}$ aufweist, oder

β) man streicht alle Elemente $\mathfrak{E}_{r+1}$ weg, die auf ein mit dem Merkmal $\mathfrak{M}$ behaftetes Element $\mathfrak{E}_r$ folgen, oder

γ) man wählt alle Elemente $\mathfrak{E}_{3\varrho}$ aus, deren Index den dreifachen Wert desjenigen eines Elementes $\mathfrak{F}_\varrho$ einer anderen Versuchsserie besitzt, auf das ein bestimmtes Merkmal $\mathfrak{Z}$ zutrifft.

Allgemeiner kann man sagen: *Eine Stellenauswahl ist zulässig*, wenn sie nach einer bestimmten Vorschrift erfolgt, die *entweder* von dem Auftreten des Merkmals $\mathfrak{M}$ überhaupt unabhängig ist *oder* doch die Entscheidung darüber, ob ein bestimmtes Glied der Versuchsserie ausscheiden soll oder nicht, nicht von dem Auftreten des Merkmals $\mathfrak{M}$ in *demselben* Glied abhängig gemacht wird.

12.1.5 Regellosigkeit und Kollektiv (nach R. v. Mises)

Existiert für eine Ereignisfolge $\mathfrak{E}$ in bezug auf ein Merkmal $\mathfrak{M}$ der Grenzwert der relativen Häufigkeiten (gemäß 12.1.2)

$$w = \lim_{n\to\infty} h_n(\mathfrak{E};\mathfrak{M}),$$

existiert ferner der Grenzwert der relativen Häufigkeiten auch für jede durch eine gemäß 12.1.4 zulässige Stellenauswahl zustande gekommene Teilserie und hat dieser in bezug auf das gleiche Merkmal $\mathfrak{M}$ in jeder dieser Teilserien den gleichen Wert, so ist die Ereignisfolge „regellos" und wird seit v. Mises ein Kollektiv genannt. *Nach v. Mises wird die mathematische Wahrscheinlichkeit nur für regellose Ereignisfolgen definiert*, und zwar als Grenzwert der relativen Häufigkeiten (wie in 12.1.2).

Anmerkung: Die Forderung der Regellosigkeit bedeutet, daß jede Wahrscheinlichkeit in irgendeinem Kollektiv von dem Auftreten jedes Merkmals in irgendeinem beliebigen anderen Kollektiv unabhängig ist. Der Existenzbeweis für regellose Folgen kann jedoch grundsätzlich nicht geführt werden.

12.1.6 Diskrete Wahrscheinlichkeit „a priori" (Klassische Definition)

Während die modernen Definitionen („a posteriori") voraussetzen, daß eine Versuchsserie ausgeführt oder zumindest gedacht worden ist, stützt sich die klassische Definition der mathematischen Wahrscheinlichkeit („a priori") nur auf die Bedingungen, unter denen ein einziger Versuch ausgeführt wird.

Die mathematische Wahrscheinlichkeit w für das Eintreffen des Merkmals $\mathfrak{M}$ im Ereignis $\mathfrak{E}$ ist dem Quotienten aus der Anzahl der für das Merkmal *„günstigen"* und der Anzahl der *überhaupt möglichen* Fälle gleich

$$w = \frac{g}{m}.$$

Es ist hinzuzufügen, daß die möglichen Fälle so ausgesucht werden müssen, daß sie in gleicher Weise möglich, *„gleichmöglich"* sind. Es darf kein Grund dafür erkennbar sein, daß einer der Fälle häufiger auftritt als ein anderer. Zum Beispiel ist bei den Würfen eines gewöhnlichen Würfels die Aufteilung in die beiden möglichen Fälle „Auftreten der 6" und „Nichtauftreten der 6" unzulässig. Vielmehr sind hier die Fälle „Auftreten der 1", „Auftreten der 2", ..., „Auftreten der 6" als gleichmöglich anzusehen.

Anmerkung: Bei näherem Zusehen ergibt sich, daß „gleichmöglich" nichts anderes als „gleichwahrscheinlich" bedeutet. Insofern beruht die klassische Wahrscheinlichkeitsdefinition auf einem Zirkelschluß, es sei denn, es wäre bekannt, daß im betrachteten Fall eine sog. „Gleichverteilung" vorliegt (vgl. 12.2.8 **A.**).

Beispiele: a) Wahrscheinlichkeit dafür, daß beim Werfen einer Münze die Zahl oben liegt:

$$m = 2, \quad g = 1, \quad w = \frac{1}{2}.$$

b) Wahrscheinlichkeit für das Würfeln einer 1:

$$m = 6, \quad g = 1, \quad w = \frac{1}{6}.$$

c) Wahrscheinlichkeit dafür, daß bei zweimaligem Werfen einer Münze mindestens einmal die Rückseite oben liegt.

Fälle: ZZ ZR RZ RR $\quad m = 4, \quad g = 3, \quad w = \frac{3}{4}.$

d) Wahrscheinlichkeit dafür, daß von n Elementen, die durcheinandergewürfelt werden, keines auf seinem ursprünglichen Platz landet (vgl. „absolute Permutationen" in Abschnitt 2.3 über Kombinatorik):

$$w = \frac{1}{2!} - \frac{1}{3!} + \frac{1}{4!} - \cdots + (-1)^n \frac{1}{n!}.$$

12.1.7 Vergleich der Wahrscheinlichkeit „a priori" mit der Wahrscheinlichkeit „a posteriori"

(vgl. 12.1.6 und 12.1.2)

a) Die Wahrscheinlichkeit „a priori" besitzt stets einen rationalen Wert (Ausnahme: kontinuierliche Wahrscheinlichkeit, vgl. 12.1.8). Die Wahrscheinlichkeit „a posteriori" ist zwar Grenzwert einer Folge rationaler Zahlen, kann selbst aber irrational sein.

b) In der klassischen Theorie läßt sich von $w = 0$ auf Unmöglichkeit, von $w = 1$ auf Sicherheit des Auftretens eines Merkmals schließen. Bei der modernen Definition kann das Merkmal auch bei $w = 0$ vorkommen, sogar unendlich oft; bei $w = 1$ braucht es nicht mit Sicherheit aufzutreten.

12.1.8 Kontinuierliche Wahrscheinlichkeit „a priori"

Läßt ein Ereignis die Erfüllung eines Bereiches $a \leq x \leq b$ mit dem Gewicht $f_m(x)$ zu, und ist für das Auftreten eines Merkmals der innerhalb des ersten liegende nicht größere Bereich $x_1 \leq x \leq x_2$ mit dem Gewicht $f_g(x)$ günstig, wobei in dem Bereich $x_1 \leq x \leq x_2$ überall $f_g(x) \leq f_m(x)$ gilt, so ist die Wahrscheinlichkeit w für das Auftreten dieses Merkmals

$$w = \frac{\int\limits_{x_1}^{x_2} f_g(x)\,\mathrm{d}x}{\int\limits_{a}^{b} f_m(x)\,\mathrm{d}x}.$$

Die Randpunkte eines kontinuierlichen Bereichs fallen ebenso wie die Umrandungen einer Fläche gegenüber dem Bereich nicht ins Gewicht. Sie können daher unberücksichtigt bleiben.

Beispiel: Das Nadelproblem von Buffon. Eine Nadel (Bild 12–1) der Länge c wird auf eine Ebene geworfen, die durch parallele Linien in Streifen der Breite $a > c$ geteilt ist. Wie groß ist die Wahrscheinlichkeit dafür, daß die Nadel eine der Parallelen schneidet?

Lösung: Man darf ohne Beschränkung der Allgemeinheit annehmen, daß der Mittelpunkt der Nadel in die untere Hälfte eines Parallelenstreifens fällt. Der variable Abstand der Nadelmitte von der nächsten Parallelen sei x. Dann ist $0 \leqq x \leqq \frac{a}{2}$. In jeder Lage des Mittelpunktes kann die Nadel sich um den Winkel π drehen. Für den genannten Bereich von x ist deshalb $f_m(x) = \pi$.

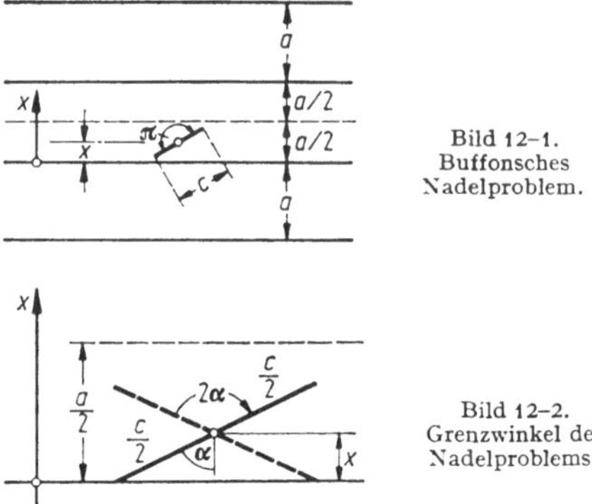

Bild 12–1. Buffonsches Nadelproblem.

Bild 12–2. Grenzwinkel des Nadelproblems.

Der günstige Bereich für die Lage des Mittelpunktes ist $0 \leqq x \leqq \frac{c}{2}$. Denn für $x > \frac{c}{2}$ wird die Parallele nicht mehr erreicht. Die Nadel darf aber nicht in dem gesamten günstigen Bereich eine Umdrehung um den Winkel π machen, wenn mindestens ihre Spitze die Parallele noch erreichen soll. Für den Grenzwinkel gilt vielmehr (Bild 12-2)

$$\cos\alpha = \frac{x}{c/2} \quad \text{oder} \quad \alpha = \arccos\frac{2x}{c}.$$

Die Gesamtheit der günstigen Lagen wird erfaßt, wenn die Nadel in jeder günstigen Lage ihres Mittelpunktes eine Drehung um den Winkel 2α ausführt. Man erhält deshalb

$$f_g(x) = 2\arccos\frac{2x}{c} \text{ für den Bereich } 0 \leqq x \leqq \frac{c}{2}.$$

Somit:

$$w = \frac{\int_0^{\frac{c}{2}} 2\cdot\arccos\frac{2x}{c}\,dx}{\int_0^{\frac{a}{2}} \pi\,dx} = \frac{2c}{\pi a}$$

12.2 Grundgesetze der Wahrscheinlichkeitsrechnung

Die drei Grundgesetze der Wahrscheinlichkeitsrechnung – *Additionsgesetz, Multiplikationsgesetz und Divisionsgesetz* – erhalten verschiedene Formulierungen, je nachdem man den Begriff der „Wahrscheinlichkeit a posteriori" (12.1.2) oder den der „Wahrscheinlichkeit a priori" (12.1.6) zugrunde legt. Beide Formulierungen sind im folgenden als ***A*** und ***B*** angegeben.

12.2.1 Alternativwahrscheinlichkeit

Ist für das Auftreten eines Merkmals $\mathfrak{M}$ der Wahrscheinlichkeitswert w festgestellt, so ist die Wahrscheinlichkeit für das Nichtauftreten dieses Merkmals – auch Alternativwahrscheinlichkeit oder Wahrscheinlichkeit für das Auftreten des Alternativmerkmals $\overline{\mathfrak{M}}$ genannt – stets

$$\bar{w} = 1 - w.$$

Beispiele: Zu 12.1.6 a) Wahrscheinlichkeit dafür, daß die Rückseite oben liegt, ist ebenfalls $\bar{w} = \frac{1}{2}$.

Zu 12.1.6 b) Wahrscheinlichkeit dafür, daß keine 1 fällt, ist $\bar{w} = \frac{5}{6}$.

Zu 12.1.6 c) Wahrscheinlichkeit dafür, daß die Rückseite gar nicht oben liegt, ist $\bar{w} = \frac{1}{4}$.

Zu 12.1.1 b) Wahrscheinlichkeit für das Nichteintreffen des Elementes b ist $\bar{w} = \frac{4}{5}$.

12.2.2 Merkmalmischung

Durch Zusammenfassung der Merkmale $\mathfrak{M}_1, \mathfrak{M}_2, \mathfrak{M}_3, \ldots, \mathfrak{M}_k$ entsteht ein Merkmal

$$\mathfrak{M} = \mathfrak{M}_1 + \mathfrak{M}_2 + \mathfrak{M}_3 + \cdots + \mathfrak{M}_k,$$

das als Merkmalmischung bezeichnet wird. Das Auftreten der Merkmalmischung $\mathfrak{M}$ ist mit dem Auftreten eines der Merkmale $\mathfrak{M}_1, \mathfrak{M}_2, \mathfrak{M}_3, \ldots$ oder $\mathfrak{M}_k$ („*entweder — oder*") gleichbedeutend.

12.2.3 Additionsgesetz („Entweder — oder")

A. Ist eine $\mathfrak{E}$-Folge in bezug auf jedes der endlich vielen einander ausschließenden Merkmale $\mathfrak{M}_1, \mathfrak{M}_2, \ldots, \mathfrak{M}_k$ eine $\mathfrak{W}$-Folge mit den Wahrscheinlichkeiten $w_1, w_2, w_3, \ldots, w_k$, so ist die gegebene $\mathfrak{E}$-Folge auch in bezug auf die Merkmalmischung $\mathfrak{M} = \mathfrak{M}_1 + \mathfrak{M}_2 + \cdots$ $\cdots + \mathfrak{M}_k$ eine $\mathfrak{W}$-Folge, und die zugehörige Wahrscheinlichkeit ist

$$w(\mathfrak{E}; \mathfrak{M}) = w_1 + w_2 + w_3 + \cdots + w_k.$$

B. Treten r verschiedene, einander ausschließende Merkmale mit den Wahrscheinlichkeiten $w_1, w_2, w_3, \ldots, w_k$ auf, so ist die Wahrscheinlichkeit w dafür, daß eines der Merkmale eintritt,

$$w = \sum_{i=1}^{k} w_i.$$

Anmerkung: Das Additionsgesetz setzt nicht die Unabhängigkeit der Folgen bzw. Merkmale (12.1.3) voraus. Eine wesentliche Voraussetzung für die Gültigkeit des Additionsgesetzes ist jedoch die Beschränkung auf endlich viele Merkmale. In der Folge der natürlichen Zahlen tritt zum Beispiel jede einzelne Zahl mit der Wahrscheinlichkeit $w = 0$ auf. Mische ich die unendlich vielen Merkmale zu einem einzigen („beliebige natürliche Zahl"), so tritt das durch Mischung entstandene Merkmal offenbar mit der Wahrscheinlichkeit $w = 1$ auf.

Beispiele: a) Die Wahrscheinlichkeit, eine „3" oder eine „4" zu würfeln, ist $w = 1/3$.
b) Die Wahrscheinlichkeit, eine Augensumme 5 oder 6 mit zwei Würfeln zu werfen — jede Augenkombination besitzt die Wahrscheinlichkeit 1/36 —, ist $w = 1/4$.

c) Wahrscheinlichkeit w_g dafür, daß beim willkürlichen Herausgreifen einer beliebigen Zahl von n gleichartigen Kugeln aus einer Urne eine gerade Anzahl getroffen wird, und Wahrscheinlichkeit w_u dafür, daß eine ungerade Anzahl getroffen wird:

$$m = \binom{n}{1} + \binom{n}{2} + \binom{n}{3} + \cdots + \binom{n}{n},$$

$$g_g = \binom{n}{2} + \binom{n}{4} + \cdots, \quad g_u = \binom{n}{1} + \binom{n}{3} + \cdots.$$

Mit Hilfe von

$$2^n = 1 + \binom{n}{1} + \binom{n}{2} + \binom{n}{3} + \cdots + \binom{n}{n}$$

und

$$0 = 1 - \binom{n}{1} + \binom{n}{2} - \binom{n}{3} + \cdots + (-1)^n \cdot \binom{n}{n}$$

erhält man daraus

$$w_g = \frac{2^{n-1} - 1}{2^n - 1} \quad \text{und} \quad w_u = \frac{2^{n-1}}{2^n - 1} .$$

12.2.4 Folgenverbindung

Als Verbindung zweier $\mathfrak{E}$-Folgen

$$\mathfrak{E}': \ \mathfrak{E}_1', \mathfrak{E}_2', \mathfrak{E}_3', \ldots \quad \text{und} \quad \mathfrak{E}'': \ \mathfrak{E}_1'', \mathfrak{E}_2'', \mathfrak{E}_3'', \ldots$$

wird diejenige $\mathfrak{E}$-Folge

$$\mathfrak{E}'\mathfrak{E}'': \ \mathfrak{E}_1'\mathfrak{E}_1'', \mathfrak{E}_2'\mathfrak{E}_2'', \mathfrak{E}_3'\mathfrak{E}_3'', \ldots$$

bezeichnet, deren erstes Element aus dem ersten Element von $\mathfrak{E}'$ und dem ersten Element von $\mathfrak{E}''$ besteht, deren zweites Glied die Zusammenfassung des zweiten Gliedes von $\mathfrak{E}'$ mit dem zweiten Glied von $\mathfrak{E}''$ ist, und so fort.

12.2.5 Merkmalverbindung

Gehören zu zwei Folgen

$$\mathfrak{E}': \ \mathfrak{E}_1', \mathfrak{E}_2', \mathfrak{E}_3', \ldots \quad \text{und} \quad \mathfrak{E}'': \ \mathfrak{E}_1'', \mathfrak{E}_2'', \mathfrak{E}_3'', \ldots$$

beziehentlich die Merkmale $\mathfrak{M}'$ und $\mathfrak{M}''$, so sagt man, auf ein Glied $\mathfrak{E}_i'\mathfrak{E}_i''$ der Folgenverbindung $\mathfrak{E}'\mathfrak{E}''$ treffe die Merkmalverbindung $\mathfrak{M}'\mathfrak{M}''$ zu, wenn auf $\mathfrak{E}_i'$ das Merkmal $\mathfrak{M}'$ und auf $\mathfrak{E}_i''$ das Merkmal $\mathfrak{M}''$ zutrifft.

Beispiel:

$\mathfrak{E}'$:	1	2	2	3	1	1	1	3	2	3	3	3	3	2	2	1	3	3 ...
$\mathfrak{E}''$:	*b*	*b*	*c*	*b*	*d*	*a*	*a*	*d*	*b*	*c*	*b*	*b*	*d*	*c*	*a*	*a*	*a*	*a* ...
$\mathfrak{E}'\mathfrak{E}''$:	1*b*	2*b*	2*c*	3*b*	1*d*	1*a*	1*a*	3*d*	2*b*	3*c*	3*b*	3*b*	3*d*	2*c*	2*a*	1*a*	3*a*	3*a* ...

Hier trifft bei den ersten 18 Gliedern der Folgen in $\mathfrak{E}'$ das Merkmal 1 fünfmal, das Merkmal 2 fünfmal und das Merkmal 3 achtmal ein. In $\mathfrak{E}''$ erscheint *a* sechsmal, *b* sechsmal, *c* dreimal und *d* dreimal. In der Folgenverbindung $\mathfrak{E}'\mathfrak{E}''$ treten die Merkmalverbindungen wie folgt auf: 1*a* dreimal, 1*b* einmal, 1*c* überhaupt nicht, 1*d* einmal, 2*a* einmal, 2*b* und 2*c* je zweimal, 2*d* nicht, 3*a* zweimal, 3*b* dreimal, 3*c* einmal und 3*d* zweimal.

12.2.6 Multiplikationsgesetz („Sowohl — als auch")

A. Für zwei Folgen: Ist $\mathfrak{E}': \ \mathfrak{E}_1', \mathfrak{E}_2', \mathfrak{E}_3', \ldots$ eine Wahrscheinlichkeitsfolge in bezug auf das Merkmal $\mathfrak{M}'$ mit der Wahrscheinlichkeit w' und $\mathfrak{E}'': \ \mathfrak{E}_1'', \mathfrak{E}_2'', \mathfrak{E}_3'', \ldots$ eine Wahrscheinlichkeitsfolge in bezug auf das Merkmal $\mathfrak{M}''$ mit der Wahrscheinlichkeit w'', ist ferner w'' von dem Auftreten des Merkmals $\mathfrak{M}'$ in $\mathfrak{E}'$ unabhängig (vgl. 12.1.3), so ist die Folgenverbindung $\mathfrak{E}'\mathfrak{E}''$ in bezug auf die Merkmalverbindung $\mathfrak{M}'\mathfrak{M}''$ eine Wahrscheinlichkeitsfolge mit der Wahrscheinlichkeit $w = w' \cdot w''$.

Für mehr als zwei Folgen: Ist jede der $\mathfrak{E}$-Folgen

$$\mathfrak{E}^{(i)}: \ \mathfrak{E}_1^{(i)}, \mathfrak{E}_2^{(i)}, \mathfrak{E}_3^{(i)}, \ldots \quad (i = 1, 2, \ldots, k)$$

in bezug auf das Merkmal $\mathfrak{M}^{(i)}$ eine Wahrscheinlichkeitsfolge mit der Wahrscheinlichkeit $w_i = w(\mathfrak{E}^{(i)}; \mathfrak{M}^{(i)})$ und ist für jedes i $(2 \leq i \leq k)$ die Wahrscheinlichkeit w_i unabhängig von dem Auftreten der Merkmalverbindung $\mathfrak{M}'\mathfrak{M}'' \cdots \mathfrak{M}^{(i-1)}$ in der Folgenverbindung

$$\mathfrak{E}'\mathfrak{E}'' \cdots \mathfrak{E}^{(i-1)}, \text{ so}$$

ist die Folgenverbindung $\mathfrak{E}'\mathfrak{E}'' \cdots \mathfrak{E}^{(k)}$ in bezug auf die Merkmalverbindung $\mathfrak{M}'\mathfrak{M}'' \cdots \mathfrak{M}^{(k)}$ eine Wahrscheinlichkeitsfolge mit der Wahrscheinlichkeit

$$w(\mathfrak{E}'\mathfrak{E}'' \cdots \mathfrak{E}^{(k)}; \mathfrak{M}'\mathfrak{M}'' \cdots \mathfrak{M}^{(k)}) = \prod_{i=1}^{k} w_i .$$

B. Bedeutet w_i die Wahrscheinlichkeit für das Auftreten des Merkmals $\mathfrak{M}_i$ in dem Ereignis $\mathfrak{E}_i$, wobei i die Werte von 1 bis k annehmen kann, und tritt jedes Merkmal $\mathfrak{M}_i$ in dem Ereignis $\mathfrak{E}_i$ unabhängig von dem Erscheinen aller anderen Merkmale in den zu ihnen gehörigen Ereignissen auf, so ist die Wahrscheinlichkeit dafür, daß in jedem Ereignis $\mathfrak{E}_i$ das entsprechende Merkmal $\mathfrak{M}_i$ auftritt,

$$w = \prod_{i=1}^{k} w_i .$$

Beispiele: a) Die drei Folgen

$\mathfrak{E}_1$: *a a b b a a b b a a b b a a b b a a b b ...*

$\mathfrak{E}_2$: *a b a b a b a b a b a b a b a b a b a b ...*

$\mathfrak{E}_3$: *a b b a a b b a a b b a a b b a a b b a ...*

sind in bezug auf das Merkmal *a* sämtlich Wahrscheinlichkeitsfolgen mit $w = 1/2$. Je zwei von ihnen sind auch gegenseitig unabhängig, so daß nach dem Multiplikationsgesetz die Merkmalverbindung *aa* in der Verbindung je zweier Folgen mit der Wahrscheinlichkeit $w = 1/4$ auftritt. Auf die Verbindung aller drei Folgen miteinander läßt sich das Multiplikationsgesetz trotzdem nicht anwenden, weil das Auftreten von *a* in $\mathfrak{E}_3$ nicht unabhängig von dem Auftreten der Verbindung *aa* in der Verbindung $\mathfrak{E}_1\mathfrak{E}_2$ ist. So tritt denn auch *aaa* in $\mathfrak{E}_1\mathfrak{E}_2\mathfrak{E}_3$ nicht mit der Wahrscheinlichkeit 1/8, sondern mit 1/4 auf.

b) Wahrscheinlichkeit dafür, daß ein mit der Wahrscheinlichkeit w zu erwartendes Merkmal bei n-maliger Wiederholung des Versuchs mindestens einmal eintritt:

$$W_n = 1 - (1 - w)^n = 1 - (\overline{w})^n .$$

c) Wahrscheinlichkeit dafür, daß ein mit der Wahrscheinlichkeit w zu erwartendes Merkmal bei n-maliger Wiederholung des Versuchs genau λ-mal eintritt:

$$\textit{Newtonsche Formel} \quad W = \binom{n}{\lambda} w^n (\overline{w})^{n-\lambda} .$$

d) Wahrscheinlichkeit dafür, daß eine Versuchsreihe ein mit der Wahrscheinlichkeit w zu erwartendes Merkmal als Iteration (Wiederholung) der Länge k (nicht kürzer und nicht länger) enthält:

$$W_i = w^k (\overline{w})^2 .$$

e) Anzahl der notwendigen Versuche, damit das mindestens einmalige Auftreten des mit der Wahrscheinlichkeit w zu erwartenden Merkmals einen vorgeschriebenen Wahrscheinlichkeitswert W_n (speziell 1/2) erreicht:

$$n = \frac{\log(1 - W_n)}{\log(1 - w)} \qquad \text{speziell: } n = \frac{-\log 2}{\log(1 - w)} .$$

f) Wahrscheinlichkeit, mit zwei Würfeln in zwei Würfen wenigstens einmal die Augensumme 7 oder 8 zu werfen:

Wahrscheinlichkeit, die Summe 7 zu werfen: $w_7 = \frac{1}{6}$;

Wahrscheinlichkeit, die Summe 8 zu werfen: $w_8 = \frac{5}{36}$;

Wahrscheinlichkeit, 8 oder 7 zu werfen: $w_{7,8} = \frac{11}{36}$.

Gesuchte Wahrscheinlichkeit setzt sich zusammen aus der Wahrscheinlichkeit, im ersten Wurf 7 oder 8 werfen, oder – wenn das nicht der Fall war – dies im zweiten Wurf zu tun:

$$w = \frac{11}{36} + \left(1 - \frac{11}{36}\right) \cdot \frac{11}{36} = \frac{671}{1296} .$$

Einfacher gemäß Beispiel b):

$$w = 1 - \left(\frac{25}{36}\right)^2 = \frac{671}{1296} .$$

g) Wahrscheinlichkeit dafür, daß ein Schütze oder ein Apparat, der durchschnittlich in 5 von 6 Fällen einen Treffer erzielt, bei 10 aufeinanderfolgenden Versuchen trifft:

$$w = \left(\frac{5}{6}\right)^{10} = \frac{9765625}{60466176} .$$

12.2.7 Teilung einer Ereignisfolge an einem Merkmal und Relativwahrscheinlichkeit

Streicht man in einer Ereignisfolge alle die Glieder, auf die ein bestimmtes Merkmal $\mathfrak{M}$ nicht zutrifft, so sagt man von der übrig bleibenden Folge, sie sei durch Teilung der ursprünglichen Folge an dem Merkmal $\mathfrak{M}$ hervorgegangen.

Ist mit dem Auftreten eines Merkmals $\mathfrak{M}_2$ automatisch auch das Auftreten des Merkmals $\mathfrak{M}_1$ verbunden, so sagt man, das Merkmal $\mathfrak{M}_1$ umfasse das Merkmal $\mathfrak{M}_2$.

Unter der Relativwahrscheinlichkeit $w_{\mathfrak{M}_2}(\mathfrak{M}_1)$ für das Auftreten des Merkmals $\mathfrak{M}_2$ relativ zu dem Merkmal $\mathfrak{M}_1$ versteht man die Wahrscheinlichkeit dafür, daß das Merkmal $\mathfrak{M}_2$ auftritt, wobei das Erscheinen des Merkmals $\mathfrak{M}_1$ vorausgesetzt wird, d.h. alle Versuche ignoriert werden, bei denen das Merkmal $\mathfrak{M}_1$ nicht auftritt.

12.2.8 Divisionsgesetz (Bayessche Regel) und allgemeines Multiplikationsgesetz

A. Ist eine Ereignisfolge in bezug auf die beiden Merkmale $\mathfrak{M}_1$ und $\mathfrak{M}_2$ eine Wahrscheinlichkeitsfolge mit den Wahrscheinlichkeiten w_1 und w_2, wobei $\mathfrak{M}_1$ das Merkmal $\mathfrak{M}_2$ umfasse und $w_1 \neq 0$ vorausgesetzt sei, so ist die aus der Ereignisfolge durch Teilung an dem Merkmal $\mathfrak{M}_1$ hervorgegangene Folge in bezug auf das Merkmal $\mathfrak{M}_2$ eine Wahrscheinlichkeitsfolge mit der Wahrscheinlichkeit

$$w = \frac{w_2}{w_1}.$$

Gehören zu einer Wahrscheinlichkeitsfolge m Merkmale $\mathfrak{M}_1, \mathfrak{M}_2, \ldots, \mathfrak{M}_m$ mit den Wahrscheinlichkeiten $w_1, w_2, \ldots, w_m$, wobei $w_1 + w_2 + w_3 + \cdots + w_m = 1$ vorausgesetzt ist, so sagt man, die Wahrscheinlichkeitsfolge besitze in bezug auf die genannten Merkmale die Verteilung $w_1, w_2, \ldots, w_m$. Ist insbesondere $w_1 = w_2 = w_3 = \cdots = w_m$, so spricht man von einer Gleichverteilung. Bezüglich der Gleichverteilung erhält die oben stehende Form des Divisionsgesetzes dann die folgende Form, die als notwendige und hinreichende Bedingung für die Existenz des klassischen Wahrscheinlichkeitsbegriffes (Wahrscheinlichkeit a priori, 12.1.6) betrachtet werden kann: Besitzt eine Wahrscheinlichkeitsfolge in bezug auf m Merkmale eine Gleichverteilung, so ist die Wahrscheinlichkeit w für das Auftreten eines durch Mischung von g der m Merkmale entstandenen Merkmals

$$w = \frac{g}{m}.$$

B. Sind $\mathfrak{M}_1, \mathfrak{M}_2, \ldots, \mathfrak{M}_n$ sich gegenseitig ausschließende Merkmale eines Ereignisses mit den zugehörigen Wahrscheinlichkeiten $w_1, w_2, w_3, \ldots, w_n$ $(w_1 + w_2 + w_3 + \cdots + w_n \leq 1)$, so ist die Wahrscheinlichkeit für das Auftreten des Merkmals $\mathfrak{M}_1$ relativ zu dem Merkmal, das sich aus den Merkmalen $\mathfrak{M}_1, \mathfrak{M}_2, \ldots, \mathfrak{M}_n$ durch Mischung zusammensetzt,

$$w_{\mathfrak{M}_1}(\mathfrak{M}_1 + \mathfrak{M}_2 + \mathfrak{M}_3 + \cdots + \mathfrak{M}_n) = \frac{w_1}{w_1 + w_2 + w_3 + \cdots + w_n}.$$

Umkehrung der Bayesschen Regel und Verallgemeinerung auf mehr als zwei Wahrscheinlichkeiten führen zum allgemeinen Multiplikatonsgesetz, das auch dann anwendbar ist, wenn die Merkmale nicht voneinander unabhängig sind, und das für voneinander unabhängige Merkmale zu dem obigen Multiplikationsgesetz (12.2.6) wird: Die Wahrscheinlichkeit für das gemeinsame Auftreten der Merkmale $\mathfrak{M}_1, \mathfrak{M}_2, \ldots, \mathfrak{M}_n$ ist

$$w = w_{\mathfrak{M}_1} \cdot w_{\mathfrak{M}_2}(\mathfrak{M}_1) \cdot w_{\mathfrak{M}_3}(\mathfrak{M}_1, \mathfrak{M}_2) \cdots w_{\mathfrak{M}_n}(\mathfrak{M}_1, \ldots, \mathfrak{M}_{n-1}).$$

Hierin bedeutet $w_{\mathfrak{M}_1}$ die Wahrscheinlichkeit für das Auftreten des Merkmals $\mathfrak{M}_1$ und $w_{\mathfrak{M}_i}(\mathfrak{M}_1, \mathfrak{M}_2, \ldots, \mathfrak{M}_{i-1})$ jedesmal die Wahrscheinlichkeit, mit der das Merkmal $\mathfrak{M}_i$ relativ zu den vorhergehenden Merkmalen $\mathfrak{M}_1, \mathfrak{M}_2, \ldots, \mathfrak{M}_{i-1}$ auftritt.

12.3 Abgeleitete Sätze

12.3.1 Mathematische Hoffnung oder Mittelwert

Sind den mit den Wahrscheinlichkeiten $w_1, w_2, w_3, \ldots, w_n$ $(w_1 + w_2 + w_3 + \cdots + w_n = 1)$ zu erwartenden Merkmalen eines Ereignisses $\mathfrak{E}$ *die Gewinngrößen* $x_1, x_2, x_3, \ldots, x_n$ der angegebenen Reihenfolge nach zugeordnet, so versteht man unter der mathematischen Hoffnung (auch „Mittelwert" oder „mittlerer Gewinn" genannt) $M(\mathfrak{E}, x)$ den Ausdruck

$$M(\mathfrak{E}, x) = w_1x_1 + w_2x_2 + w_3x_3 + \cdots + w_nx_n$$

$$= \sum_{i=1}^{n} w_i x_i .$$

Ordnet man dem Zusammentreffen je eines Merkmals zweier beliebiger Ereignisse die Summe der den beiden einzelnen Ereignissen zugordneten Gewinngrößen zu, so erhält man als mathematische Hoffnung der gemeinsam betrachteten Ereignisse die Summe der mathematischen Hoffnungen der Einzelereignisse.

1. Ereignis $\mathfrak{E}$, Wahrscheinlichkeiten $w_1, w_2, \ldots, w_m$, Gewinngrößen $x_1, x_2, \ldots, x_m$.
2. Ereignis $\mathfrak{F}$, Wahrscheinlichkeiten $v_1, v_2, \ldots, v_n$, Gewinngrößen $y_1, y_2, \ldots, y_n$.

$$\sum_{i=1}^{m} \sum_{k=1}^{n} w_i v_k (x_i + y_k) = \sum_{i=1}^{m} w_i x_i \sum_{k=1}^{n} v_k + \sum_{i=1}^{m} w_i \sum_{k=1}^{n} v_k y_k$$

$$M(\mathfrak{E}\mathfrak{F}, x + y) = M(\mathfrak{E}, x) + M(\mathfrak{F}, y) .$$

Bekanntere, aber weniger exakte Formulierung derselben Aussage: *Der Mittelwert einer Summe ist der Summe der Mittelwerte gleich.*

Ordnet man dem Zusammentreffen je eines Merkmals zweier voneinander unabhängiger Ereignisse das Produkt der den beiden einzelnen Ereignissen zugeordneten Gewinngrößen zu, so erhält man als mathematische Hoffnung der gemeinsam betrachteten Ereignisse das Produkt der mathematischen Hoffnungen der Einzelereignisse:

$$\sum_{i=1}^{m} \sum_{k=1}^{n} w_i v_k x_i y_k = \sum_{i=1}^{m} w_i x_i \sum_{k=1}^{n} v_k y_k$$

$$M(\mathfrak{E}\mathfrak{F}, xy) = M(\mathfrak{E}, x)\, M(\mathfrak{F}, y) .$$

Bekanntere, aber weniger exakte Formulierung derselben Aussage: *Der Mittelwert für ein Produkt ist dem Produkt der Mittelwerte gleich.*

Anmerkungen: 1. Es sei besonders darauf hingewiesen, daß der Satz von der Addition der mathematischen Hoffnungen nicht die Unabhängigkeit der Ereignisse voraussetzt. Der Satz von der Multiplikation der mathematischen Hoffnungen gilt jedoch nur für voneinander unabhängige Ereignisse.

2. Beide Sätze lassen sich auf beliebig viele Ereignisse verallgemeinern.

Beispiele: a) Werden beim Werfen eines Würfels die Augenzahlen als Gewinngrößen eingesetzt, so erhält man

$$M(\mathfrak{W}, a) = \frac{1}{6} \cdot 1 + \frac{1}{6} \cdot 2 + \frac{1}{6} \cdot 3 + \frac{1}{6} \cdot 4 + \frac{1}{6} \cdot 5 + \frac{1}{6} \cdot 6 = \frac{7}{2}$$

b) Es werden zwei Würfel geworfen

α) Gewinngröße ist die Augensumme

$$M(\mathfrak{W}\,\mathfrak{W}, a + a) = \frac{1}{36}\cdot 2 + \frac{1}{18}\cdot 3 + \frac{1}{12}\cdot 4 + \frac{1}{9}\cdot 5 + \frac{5}{36}\cdot 6 + \frac{1}{6}\cdot 7 + \frac{5}{36}\cdot 8 + \frac{1}{9}\cdot 9 + \frac{1}{12}\cdot 10 + \frac{1}{18}\cdot 11 + \frac{1}{36}\cdot 12 = 7.$$

β) Gewinngröße ist das Produkt der Augenzahlen

$$M(\mathfrak{W}\,\mathfrak{W}, a \cdot a) = \frac{1}{36}\cdot 1 + \frac{1}{18}\cdot 2 + \frac{1}{18}\cdot 3 + \frac{1}{12}\cdot 4 + \frac{1}{18}\cdot 5 + \frac{1}{9}\cdot 6 + \frac{1}{18}\cdot 8 + \frac{1}{36}\cdot 9 + \frac{1}{18}\cdot 10 + \frac{1}{9}\cdot 12 + \frac{1}{18}\cdot 15 + \frac{1}{36}\cdot 16 + \frac{1}{18}\cdot 18 + \frac{1}{18}\cdot 20 + \frac{1}{18}\cdot 24 + \frac{1}{36}\cdot 25 + \frac{1}{18}\cdot 30 + \frac{1}{36}\cdot 36 = \frac{49}{4}.$$

c) Ein Würfel wird geworfen:

α) Gewinngröße ist dreifache Augenzahl

$$M(\mathfrak{W}, a + a + a) = \frac{21}{2}.$$

Diesen Fall kann man so betrachten, als ob der Würfel dreimal geworfen würde, er aber alle drei Male dieselbe Augenzahl zeigt. Trotz der dadurch gegebenen Abhängigkeit gilt der Satz von der Addition der Mittelwerte.

β) Gewinngröße ist das Quadrat der Augenzahl

$$M(\mathfrak{W}, aa) = \frac{91}{6}.$$

Nimmt man auch hier drei voneinander abhängige Würfe an, so gilt der Satz von der Multiplikation der Mittelwerte nicht; man erhält daher einen Wert, der verschieden von $\frac{49}{4}$ ist.

d) Spiele werden als gerechte oder billige Spiele bezeichnet, wenn die mathematische Hoffnung für jeden Teilnehmer den Wert 0 besitzt. Diese Bedingung kann dadurch erfüllt sein, daß die mathematische Hoffnung in bezug auf die von ihm zu erwartenden Gewinne ebenso groß ist wie die mathematische Hoffnung in bezug auf die von ihm zu zahlenden „Gewinne", dann sinngemäß „Verluste" genannt. Sie kann aber auch dadurch erreicht werden, daß der Spieler den Betrag der sich für ihn ergebenden mathematischen Hoffnung durch einen ebenso großen Einsatz ausgleicht.

Die gesetzlich genehmigten Glücksspiele, wie Lotterien, Zahlenlottos und Totos, sind niemals gerechte Spiele in dem angegebenen Sinn, da die mathematische Hoffnung für den einzelnen Spieler stets kleiner ist als sein Einsatz. Anderenfalls könnten die Unternehmen keinen Gewinn erbringen.

Bei einer *Lotterie* wird eine bestimmte Anzahl von numerierten Losen verkauft, von denen eine bestimmte Anzahl für die feststehenden Gewinne ausgelost wird. *Damit stehen die Wahrscheinlichkeiten* fest. Aus den Angaben des Gewinnplanes kann man deshalb bereits die mathematische Hoffnung berechnen, die als Maß für die Gewinnchancen angesehen werden kann.

Beim *Zahlenlotto* liegen die Verhältnisse anders. Hier sind Anzahl der Teilnehmer und die der Gewinner zunächst unbekannt. Fest stehen nur die Wahrscheinlichkeiten, in einem bestimmten Rang zu gewinnen. Sie können mit Hilfe der Angaben berechnet werden, die im Abschnitt Kombinatorik (vgl. 2.3.2) enthalten sind:

$$w_1 = \frac{1}{13983816}, \quad w_2 = \frac{1}{2330636},$$

$$w_3 = \frac{3}{166474}, \quad w_4 = \frac{645}{665896}, \quad w_5 = \frac{8815}{499422}. \text{ [1]}$$

Auf Grund der Ziehung und der sich daraus ergebenden Anzahl der Gewinner werden die *Gewinne* G_i dann so *festgesetzt*, daß die Hälfte der Gesamteinnahmen — gleichmäßig auf jeden der vier Ränge verteilt — ausgezahlt wird.

$$G_i = \frac{aN}{8N_i} \quad \text{für} \quad i = 1, 2, 3, 4.$$

Hierin bedeuten G_i den Gewinn im i-ten Rang, a den Einsatz eines Spielers, N_i die Zahl der Gewinner im i-ten Rang und N die Gesamtzahl der Teilnehmer.

Die mathematische Hoffnung hat den Wert

$$M(\mathfrak{Z}, G) = \sum_{i=1}^{4} w_i G_i.$$

Im Idealfall ist die Wahrscheinlichkeit, in einem Rang zu gewinnen, dem Verhältnis der Zahl der Gewinner in diesem Rang zu der Anzahl der Teilnehmer gleich:

$$w_i = \frac{N_i}{N} \quad \text{für jedes } i.$$

[1]) Näheres in [136 und 137].

Dann erhält die mathematische Hoffnung für jeden Spieler den halben Wert seines Einsatzes:

$$M(\mathfrak{Z}, G) = \frac{a}{2}.$$

Ist die Zahl der Gewinner eines Ranges größer als nach dem Wert der Wahrscheinlichkeit zu erwarten ist, so wird die mathematische Hoffnung kleiner und umgekehrt.

Beim Fußballtoto, das nicht mehr als reines Glücksspiel anzusehen ist, liegen die Verhältnisse ähnlich.

e) *Das Petersburger Problem.* Der Bankhalter Peter wirft eine Münze so lange, bis sie Wappen zeigt. Geschieht dies beim ersten Male, so hat Peter dem Spielpartner Paul einen Dukaten zu geben; geschieht es erst beim zweiten Wurf, so erhält Paul 2 Dukaten. Wird Wappen erst beim dritten Wurf erreicht, so zahlt Peter 4 Dukaten, bei jeder weiteren Verzögerung des Wappenwurfes das Doppelte, so daß man allgemein sagen kann: Fällt beim k-ten Wurf zum ersten Male Wappen, so hat Peter dem Paul 2^{k-1} Dukaten zu zahlen.

Für die mathematische Hoffnung ergibt sich

$$M(\mathfrak{P}, 2^n) = \frac{1}{2} \cdot 1 + \frac{1}{4} \cdot 2 + \frac{1}{8} \cdot 4 + \frac{1}{16} \cdot 8 + \cdots = \infty.$$

Dies bedeutet: Wie hoch auch der Einsatz ist, den Paul leistet, die Gewinnchancen sind für ihn stets günstiger als für Peter.

Daniel Bernoulli versucht, diesen scheinbaren Widerspruch durch Einführung der „moralischen Hoffnung", zu lösen. Er geht von der Annahme aus, daß ein gewisser Vermögenszuwachs einen „moralischen" Wert besitzt, der umgekehrt proportional dem Vermögen ist, und postuliert als moralischen Wert y der Vermögensänderung $x - a$ beim Anfangsvermögen a

$$y = k \int_a^x \frac{dx}{x} = k \ln \frac{x}{a}$$

und gelangt für das Petersburger Problem zu der „moralischen Hoffnung"

$$D(\mathfrak{P}, 2^n) = \prod_{i=1}^{\infty} (a + 2^{i-1})^{\left(\frac{1}{2}\right)^i} - a,$$

die im Gegensatz zu $M(\mathfrak{P}, 2^n)$ einen endlichen Wert besitzt.

12.3.2 Gesetz der großen Zahlen

Wir beziehen uns auf die Newtonsche Formel (Beispiel c) in 12.2.6) und interessieren uns für diejenige Zahl λ, für die die Wahrscheinlichkeit den größtmöglichen Wert annimmt. Bezeichnen wir diesen Wert von λ mit m, so gelangen wir zu dem von *Jakob Bernoulli* entdeckten, seit *Siméon Denis Poisson* so benannten Gesetz der großen Zahlen: Wiederholt sich ein Ereignis, bei dem das Auftreten eines Merkmals $\mathfrak{M}$ mit der Wahrscheinlichkeit w (Alternativwahrscheinlichkeit $\bar{w} = 1 - w$) zu erwarten ist, n-mal, so nimmt die Wahrscheinlichkeit dafür, daß gerade m dieser n Versuche das Merkmal $\mathfrak{M}$ aufweisen, für denjenigen Wert von m den größten Wert an, der der Bedingung

$$nw - \bar{w} \leq m < nw + w$$

genügt. Anders ausgedrückt: Für die größtmögliche Wahrscheinlichkeit liegt der Quotient $\frac{m}{n}$ sehr nahe bei w und strebt bei über alle Grenzen wachsendem n dem Grenzwert w zu.

12.3.3 Gaußsche Verteilung

Wir beziehen uns wieder auf die Newtonsche Formel (Beispiel c) in 12.2.6), interessieren uns aber jetzt nicht nur für die maximale Wahrscheinlichkeit, sondern auch dafür, wie sich die Wahrscheinlichkeitswerte auf die anderen Werte von λ verteilen.

$$\omega_\lambda(n) = \frac{1}{\sqrt{\pi \cdot c}}\, e^{-\frac{x^2}{c}} \quad \text{mit} \quad c = 2nw\bar{w}$$

ist die Gaußsche Verteilungsfunktion (auch vielfach Wahrscheinlichkeitsdichte genannt). Sie gibt für ganzzahlige Werte von $\lambda = m \pm x$ die Wahrscheinlichkeit dafür an, daß in einer Serie von n Versuchen die Häufigkeit des Auftretens eines mit der Wahrscheinlichkeit w zu erwartenden Merkmals um den Betrag x von dem nach dem Gesetz der großen

Zahlen mit maximaler Wahrscheinlichkeit zu erwartenden Wert m abweicht; für $x = 0$ liefert sie diesen maximalen Wert selbst. Kürzer gesagt, die Verteilungsfunktion liefert die Wahrscheinlichkeitswerte für einen Streuungsbereich, wobei x die Abweichung von dem wahrscheinlichsten Fall bedeutet.

Bild 12–3 zeigt die Gaußsche Verteilung für $w = \frac{1}{6}$ und $n = 720$, daher $c = 200$.

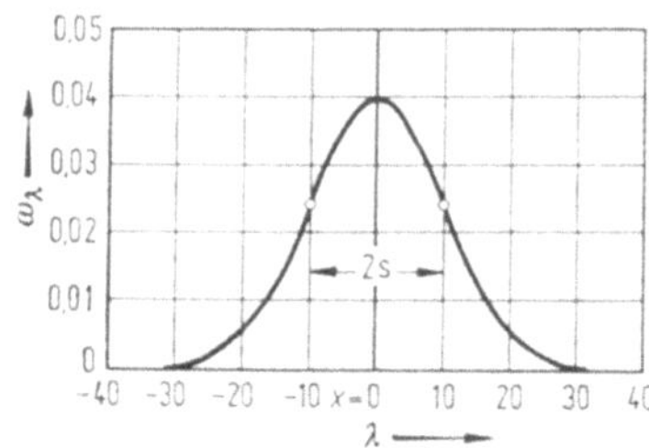

Bild 12–3. Gaußsche Verteilungsfunktion $\omega_\lambda(n)$ und Streuung s ($\lambda = m + x$).

Eigenschaften der Gaußschen Verteilungsfunktion.

1. Abhängigkeit von der Anzahl der Versuche. Für konstantes w erhält die Funktion ein um so schärfer ausgeprägtes Maximum, je kleiner n ist. Bild 12–4 zeigt drei Verteilungen für $w = \frac{1}{6}$ ($n = 144, n = 720, n = 3600$).

2. Abhängigkeit von der Wahrscheinlichkeit. Für konstantes n erhält die Funktion ein um so schärfer ausgeprägtes Maximum, je kleiner das Produkt $w\bar{w}$ ist (den größtmöglichen Wert besitzt dieses Produkt für $w = \frac{1}{2}$). Bild 12–5 zeigt drei Verteilungen für $n = 720$ ($w = \frac{1}{12}, w = \frac{1}{6}, w = \frac{1}{2}$).

3. Auf Grund der Abhängigkeiten von w und n definiert man die mittlere Streuung als den halben Abstand der Wendepunkte (Bild 12–3)

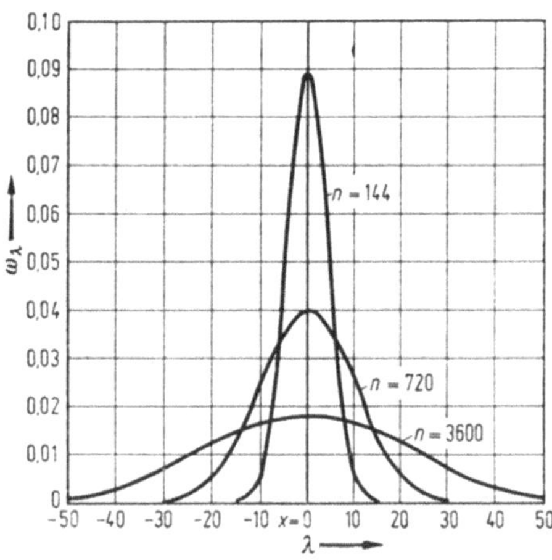

Bild 12–4. Gaußsche Verteilungsfunktion in Abhängigkeit von der Versuchsanzahl n.

4. Unter Verwendung des von Carl Friedrich Gauß eingeführten Begriffes „Maß der Genauigkeit"

$$h = \frac{1}{\sqrt{c}} = \frac{1}{\sqrt{2nw\overline{w}}}$$

stellt sich die Verteilungsfunktion dar:

$$\omega_\lambda(n) = \frac{h}{\sqrt{\pi}} e^{-h^2x^2}.$$

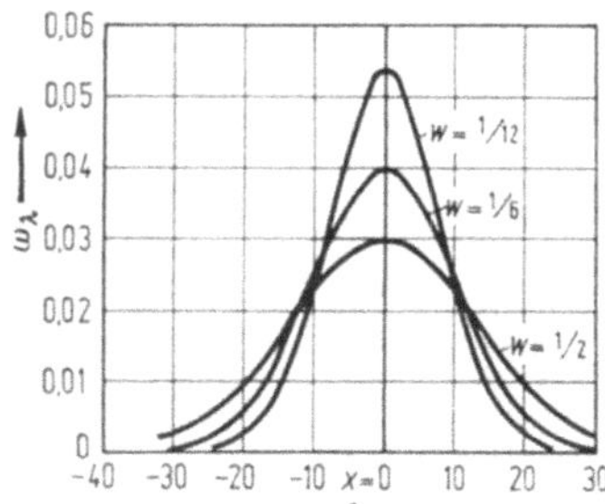

Bild 12-5. Gaußsche Verteilungsfunktion in Abhängigkeit von der Grundwahrscheinlichkeit w.

5. Für festes w und festes n sind auch λ und m konstante Werte, so daß die Gaußsche Verteilungsfunktion nur noch eine Funktion von x ist. Deshalb schreibt man sie im allgemeinen unter Verwendung des Genauigkeitsmaßes h

$$g(x) = \frac{h}{\sqrt{\pi}} e^{-h^2x^2}.$$

Bild 12-6 zeigt die Verteilung für $h = \frac{1}{6}\sqrt{3}$.

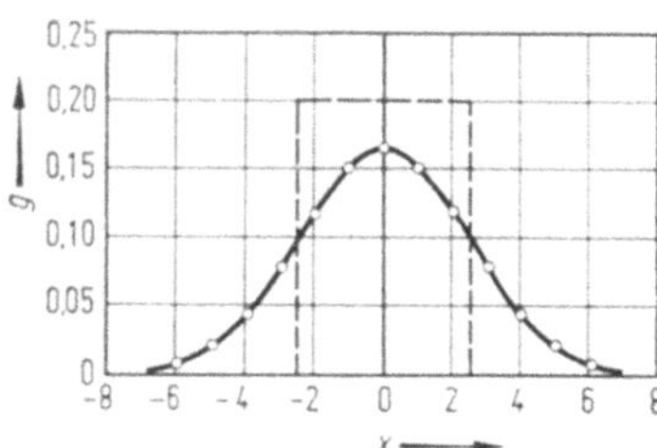

Bild 12-6. Gaußsche Verteilungsfunktion $g(x)$ mit Flächeneinheit.

Tabelle 12-1 enthält die Werte der Funktion $g(x)$ für $h = \frac{1}{2}\sqrt{2}$.

Anmerkung: Läßt man eine Kugel so gegen einen Stift rollen, daß sie mit gleicher Wahrscheinlichkeit nach rechts oder links ausweichen kann und wendet man das Verfahren wiederholt an, so ergibt sich das Prinzip des Galtonschen Brettes (nach Francis Galton, 1822 bis 1911, benannt). Mit seiner Hilfe ordnet sich eine größere Menge von Kugeln der Gaußschen Verteilung entsprechend an (Bild 12-7).

Tabelle 12-1. Gaußsche Verteilung $g(x)$ für $h = \frac{1}{2}\sqrt{2}$ (Wahrscheinlichkeitsdichte)

x	$g(x)$	x	$g(x)$	x	$g(x)$
0,0	0,398942	±2,0	0,053991	±4,0	0,00013383
±0,1	0,396953	±2,1	0,043984	±4,1	0,000089261
±0,2	0,391043	±2,2	0,035475	±4,2	0,000058943
±0,3	0,381388	±2,3	0,028327	±4,3	0,000038535
±0,4	0,368270	±2,4	0,022394	±4,4	0,000024942
±0,5	0,352065	±2,5	0,017528	±4,5	0,000015984
±0,6	0,333225	±2,6	0,013583	±4,6	0,000010141
±0,7	0,312254	±2,7	0,010421	±4,7	0,0000063698
±0,8	0,289692	±2,8	0,0079154	±4,8	0,0000039613
±0,9	0,266085	±2,9	0,0059525	±4,9	0,0000024390
±1,0	0,241971	±3,0	0,0044318	±5,0	0,0000014867
±1,1	0,217852	±3,1	0,0032668	±5,1	0,00000089724
±1,2	0,194186	±3,2	0,0023841	±5,2	0,00000053610
±1,3	0,171369	±3,3	0,0017226	±5,3	0,00000031713
±1,4	0,149727	±3,4	0,0012322	±5,4	0,00000018574
±1,5	0,129518	±3,5	0,00087268	±5,5	0,00000010770
±1,6	0,110921	±3,6	0,00061190	±5,6	0,000000061826
±1,7	0,094049	±3,7	0,00042478	±5,7	0,000000035140
±1,8	0,078950	±3,8	0,00029195	±5,8	0,000000019773
±1,9	0,065616	±3,9	0,00019866	±5,9	0,000000011016
±2,0	0,053991	±4,0	0,00013383	±6,0	0,0000000060759

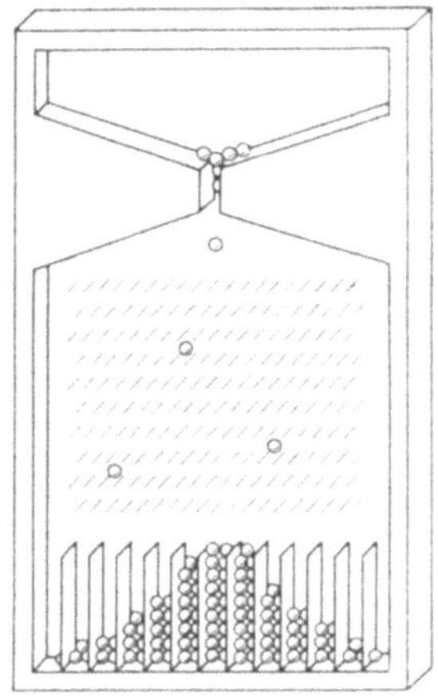

Bild 12–7. Galtonsches Brett.

12.3.4 Bernoullisches Theorem

Die *Gesamtwahrscheinlichkeit* im Bereich $-r \leq x \leq +r$ ergibt sich durch Integration der Verteilungsfunktion

$$W(r) = \frac{h}{\sqrt{\pi}} \int_{-r}^{+r} e^{-h^2x^2}\, dx.$$

Durch Einführung der Integrationsvariablen $t = hx$ erhält man sie in der Form des Gauß-Laplaceschen Integrals

$$W(r) = \frac{1}{\sqrt{\pi}} \int_{-\varrho}^{+\varrho} e^{-t^2}\, dt \quad \text{mit} \quad \varrho = hr.$$

Tabelle 12–2 enthält die Werte der Funktion $W(r)$ für $h = \frac{1}{2}\sqrt{2}$.

Tabelle 12-2. Werte der Gauß-Laplaceschen Integralformel für $h = \frac{1}{2}\sqrt{2}$ (Gesamtwahrscheinlichkeit)

r	$W(r)$	r	$W(r)$	r	$W(r)$	r	$W(r)$
0,0	0,0000	1,0	0,6827	2,0	0,9545	3,0	0,9973
0,1	0,0797	1,1	0,7287	2,1	0,9643	3,1	0,9981
0,2	0,1585	1,2	0,7699	2,2	0,9722	3,2	0,9986
0,3	0,2358	1,3	0,8064	2,3	0,9786	3,3	0,9990
0,4	0,3108	1,4	0,8385	2,4	0,9836	3,4	0,9993
0,5	0,3829	1,5	0,8664	2,5	0,9876	3,5	0,9995
0,6	0,4515	1,6	0,8904	2,6	0,9907	3,6	0,9997
0,7	0,5161	1,7	0,9109	2,7	0,9931	3,7	0,9998
0,8	0,5763	1,8	0,9281	2,8	0,9949	3,8	0,9999
0,9	0,6319	1,9	0,9426	2,9	0,9963	3,9	0,9999
1,0	0,6827	2,0	0,9545	3,0	0,9973	4,0	0,9999

Diskussion:

I. Für konstantes r wird $\lim_{n\to\infty} W(r) = 0$.

II. Wächst r proportional zu $\sqrt{n}$, so gilt

$$\lim_{n\to\infty} W(r) = k \quad \text{mit} \quad 0 < k < 1.$$

III. Wächst r stärker als $\sqrt{n}$ über alle Grenzen, so wird

$$\lim_{n\to\infty} W(r) = 1.$$

Der Fall III stellt den Inhalt des Bernoullischen Theorems dar und kann so formuliert werden: Die Wahrscheinlichkeit dafür, daß das Auftreten eines Merkmals in einer Versuchsserie innerhalb eines Streubereichs um den Normalfall bleibt, dessen Ausdehnung selbst über alle Grenzen wächst – und zwar stärker als proportional der Quadratwurzel aus der Anzahl der Versuche –, strebt bei wachsender Serienlänge dem Grenzwert 1 zu.

Zur Erläuterung ist zu bemerken, daß die Bedingung des Bernoullischen Theorems (Anwachsen des Streubereichs stärker als proportional der Quadratwurzel aus der Anzahl der Versuche) schon reichlich erfüllt ist, wenn man einen Streubereich zuläßt, der einen noch so kleinen Prozentsatz der Versuchszahl ausmacht. Praktisch bedeutet dies, daß die Wahrscheinlichkeit für das (nw)-malige Eintreffen eines Merkmals mit Einschluß einer gewissen, gegen 0 konvergierenden prozentualen Streuung dem Grenzwert 1 zustrebt, bei wachsendem n also der Sicherheit gleichzusetzen ist. Mit wachsendem n erhält unsere Wahrscheinlichkeit W denselben Wert, wie das von $-\infty$ bis $+\infty$ erstreckte Gauß-Laplacesche Integral, das dann auch Eulersches Integral heißt und selbstverständlich für jedes feste n den Wert 1 besitzt (vgl. Bild 12–6).

$$\frac{1}{\sqrt{\pi}} \int_{-\infty}^{+\infty} e^{-t^2} \, dt = 1 .$$

12.3.5 Markoffsches Lemma

Treten bei einem Ereignis n Merkmale mit den Wahrscheinlichkeiten $w_1, w_2, \ldots, w_n$ auf und bedeutet M die mathematische Hoffnung oder den Mittelwert dieses Ereignisses bezüglich der Gewinngrößen $x_1, x_2, \ldots, x_n$, ist mit t^2 ferner eine beliebige reelle Zahl bezeichnet, von der nur vorausgesetzt ist, daß sie größer ist als 1, so ist stets die Wahrscheinlichkeit dafür, daß eine der Gewinngrößen der Bedingung

$$x_i \leq Mt^2 \text{ genügt, größer als } 1 - \frac{1}{t^2} .$$

Das Markoffsche Lemma ist inhaltlich gleichbedeutend mit dem sog. *1. Satz von Tschebyscheff.*

12.3.6 Poissonsches Theorem

Ist ein Merkmal bei einer Serie von n Versuchen nacheinander mit der möglicherweise wechselnden Wahrscheinlichkeit $w_1, w_2, w_3, \ldots, w_n$ zu erwarten, bedeutet m die Anzahl der Versuche, bei denen das Merkmal tatsächlich aufgetreten ist, ist ferner η eine Zahl, die der Bedingung $0 < \eta < 1$ unterworfen ist, so darf mit einer Wahrscheinlichkeit, die größer ist als $1 - \eta$, erwartet werden, daß die Ungleichung

$$-\frac{1}{2\sqrt{\eta \cdot n}} \leq \left| \frac{m}{n} - \frac{\sum_{i=1}^{n} w_i}{n} \right| \leq +\frac{1}{2\sqrt{\eta \cdot n}}$$

erfüllt ist.

Das Poissonsche Theorem ist inhaltlich gleichbedeutend mit dem sog. *2. Satz von Tschebyscheff* und kann als Verallgemeinerung des Bernoullischen Theorems angesehen werden.

12.4 Statistik und Fehlerrechnung

12.4.1 Anwendung der Gesetze der Wahrscheinlichkeitsrechnung

Man kann Statistik mit „Großzahlforschung" oder „Häufigkeitslehre" übersetzen. Die letzte Bezeichnung knüpft unmittelbar an den Begriff an, aus dem die „Wahrscheinlichkeit a priori" entwickelt wird (vgl. 12.1.1). Er deutet zugleich an, daß man bei der Analyse von Versuchsreihen stets gezwungen ist, die *mathematische Wahrscheinlichkeit* durch die *relative Häufigkeit* an endlich vielen Versuchen zu ersetzen. Je größer die Zahl der verwendeten Beobachtungen ist, desto mehr kann man sich den theoretischen Werten nähern. Aufgabe der Statistik ist es, an Hand möglichst langer Versuchsreihen die Gesetze der Wahrscheinlichkeitsrechnung praktisch zu nutzen. Dabei werden die theoretisch definierten Begriffe der Wahrscheinlichkeitsrechnung (Wahrscheinlichkeit, Mittelwert, Streuung usw.) zu den entsprechenden, den Versuchsdaten entnommenen Werten in Beziehung gesetzt.

Beispiele: 1. 2000 gefertigte Stahlstifte werden darauf untersucht, wie weit sie die für Stärke und Länge festgesetzten Toleranzen erfüllen. Dabei finden sich

(1) 36 Stifte, die zu dick,
(2) 46 Stifte, die zu dünn,
(3) 50 Stifte, die zu lang und
(4) 42 Stifte, die zu kurz geraten sind.

Danach berechnen sich die „Wahrscheinlichkeiten"

$$w_1 = 0{,}018, \quad w_2 = 0{,}023, \quad w_3 = 0{,}025, \quad w_4 = 0{,}021$$

für die einzelnen Ausschußarten. Nach den Grundgesetzen der Wahrscheinlichkeitsrechnung (vgl. 12.2) erhält man als Wahrscheinlichkeiten für

zu dünne oder zu dicke Stifte	0,041,
zu lange oder zu kurze Stifte	0,046,
zu dicke und zu lange Stifte	0,00045,
zu dicke und zu kurze Stifte	0,000378,
zu dünne und zu lange Stifte	0,000575,
zu dünne und zu kurze Stifte	0,000483;

den Ausschuß der zu dicken oder zu langen Stifte

$$w_1 + w_3 - w_1 \cdot w_3 = 0{,}042550;$$

den Ausschuß der zu dicken oder zu kurzen Stifte	0,038622,
den Ausschuß der zu dünnen oder zu langen Stifte	0,047425,
den Ausschuß der zu dünnen oder zu kurzen Stifte	0,045515;

den gesamten Ausschuß $w_1 + w_2 + w_3 + w_4 - (w_1 + w_2) \cdot (w_3 + w_4) = 0{,}085114$.
Hierbei kann man in vielen Fällen die Produkte $w_i w_k$ vernachlässigen. Die errechneten Werte bedeuten, daß man von den einzelnen genannten Ausschußarten bei je 1000 Stiften 41, 46, 0 bis 1, 0 bis 1, 0 bis 1, 0 bis 1, 42 bis 43, 38 bis 39, 47 bis 48 und 45 bis 46 Stifte finden wird.

Bei diesen Berechnungen ist vorausgesetzt, daß bei der Fertigung die zu den Stärkeschwankungen führenden Einflüsse von denen unabhängig sind, die die Schwankungen der Länge verursachen.

Umgekehrt wird man schließen können: Werden die berechneten Häufigkeiten nicht annähernd gefunden, so muß ein ursächlicher Zusammenhang zwischen den Stärke- und Längenschwankungen vorliegen.

2. In dem Beispiel zu Abschnitt 12.1.8 hatten wir als Wahrscheinlichkeit dafür, daß eine Nadel der Länge c eine Parallele des Parallelenbrettes überschneidet,

$$w = \frac{2c}{\pi a}$$

gefunden, wobei a den Abstand der Parallelen bedeutet. Führt man diesen Versuch sehr oft aus und bestimmt man auf irgendeine Weise die relative Häufigkeit für das Eintreten des behandelten Falles, so kann man diese der Wahrscheinlichkeit gleichsetzen. Man erhält auf diese Weise eine Bestimmungsgleichung für π. Diese experimentelle Ermittlung der Zahl π ist häufig gemacht worden. So hat zum Beispiel *R. Wolf* für $c = 18$ mm und $a = 22{,}5$ mm bei 5000 Würfen die relative Häufigkeit

$$h_{5000} = \frac{2532}{5000}$$

gefunden, woraus man einen Wert von etwa 3,16 für π errechnet. Die Entwicklung der Technik gestattet es heute, ohne Schwierigkeit in kurzer Zeit weit mehr Versuche anzustellen und auszuwerten. Auf diese Weise läßt sich nicht nur die Zahl π genauer experimentell bestimmen, sondern es können auch andere statistische Untersuchungen angestellt werden. Diese Anordnung ist gut geeignet, die Newtonsche Formel und die Formel der Wahrscheinlichkeit für das Auftreten von Iterationen zu überprüfen (vgl. 12.2.6, Beispiele c) und d)).

12.4.2 Genauigkeit einer Messung

Die Anzahl der von 0 verschiedenen Ziffern ist ein ungefähres Maß für die Genauigkeit einer Messung; Nullen innerhalb der Ziffernfolge sind dabei mitzuzählen, ebenso die Nullen, die am Ende einer Dezimalzahl stehen und nicht als Füllnullen angesehen werden können. Die Stellung des Komma bzw. die Anzahl der hinter dem Komma stehenden Ziffern ist ohne Einfluß auf die Genauigkeit, sie hängt nur von der gewählten Einheit ab.

Zum Beispiel 65,205 cm ist mit größerer Genauigkeit gemessen als 65,2 cm, nicht aber genauer als 652,05 mm. Ein exaktes Maß für die Genauigkeit geben der relative und der prozentuale Fehler (vgl. 12.4.4). Bedenkt man, daß die Messung 65,2 cm besagt, daß die zu messende Größe zwischen 65,15 cm und 65,25 cm liegt, so ergibt sich daraus, daß der prozentuale Fehler einer mit 3 Ziffern angegebenen Messung je nach der Größe der ersten Ziffer zwischen 0,1% und 1% liegen muß, der prozentuale Fehler einer vierziffrigen Zahl zwischen 0,01% und 0,1%, der einer zweiziffrigen Zahl zwischen 1% und 10% und so weiter[1]).

12.4.3 Systematische und zufällige Fehler

Ein systematischer Fehler eines gemessenen Wertes liegt vor, wenn ein Instrument falsch geeicht ist oder wenn er durch physikalisch nicht einwandfreie Versuchsbedingungen

---

[1]) Näheres über diesen „unvermeidlichen" Fehler in [138].

entstanden ist. Systematische Fehler können durch Erhöhung der Häufigkeit der Messung nicht korrigiert werden und bleiben daher bei allen statistischen Überlegungen außer Betracht. Nach Ausschaltung systematischer Fehler oder Irrtümer wird jedoch jede Messung mehr oder weniger durch mannigfaltige Umstände, die grundsätzlich nicht überschaubar sind oder dem Zufall unterliegen, beeinträchtigt. Auf diese Weise zustande gekommene Fehler nennt man zufällige Fehler. Nur auf diese können sich statistische Überlegungen beziehen, denn nur darauf ist die Wahrscheinlichkeitsrechnung anwendbar.

Umgekehrt kann durch statistische und wahrscheinlichkeitstheoretische Überlegungen festgestellt werden, ob die Fehler tatsächlich nur durch zufällige Umstände zustande gekommen sind oder ob sie „gerichtet" sind, das heißt, ob sich hinter ihnen ein systematischer Fehler verbirgt.

12.4.4 Fehlerarten

Seien x der wahre Wert einer zu messenden Größe und $x_1, x_2, x_3, \ldots, x_n$ die gemessenen Werte dieser Größe, so unterscheidet man:

absolute Fehler $\quad \varepsilon_i = x_i - x \quad (i = 1, 2, \ldots, n)$,

relative Fehler $\quad \delta_i = \dfrac{x_i - x}{x}$,

prozentuale Fehler $\quad \delta_i' = 100\,\delta_i$.

12.4.5 Mittelwert und Standardabweichung

Unter dem Mittelwert M der n Messungen versteht man

$$M = \frac{\sum\limits_{i=1}^{n} x_i}{n}.$$

Die Abweichungen der einzelnen Messungen vom Mittelwert nennt man die scheinbaren Fehler

$$\Delta_i = x_i - M \quad (i = 1, 2, \ldots, n).$$

Selbstverständlich ist stets

$$\sum_{i=1}^{n} \Delta_i = 0;$$

dann ist für alle Messungen

$$x + \varepsilon_i = M + \Delta_i$$

oder

$$\varepsilon_i = (M - x) + \Delta_i.$$

Deshalb

$$\sum_{i=1}^{n} \varepsilon_i = n(M - x)$$

oder

$$M - x = \frac{\sum\limits_{i=1}^{n} \varepsilon_i}{n}.$$

Der Mittelwert der Quadrate der wahren Fehler oder *„die mittlere quadratische Abweichung“* ist

$$\sigma^2 = \frac{\sum_{i=1}^{n} \varepsilon_i^2}{n}.$$

Die Quadratwurzel daraus bezeichnet man als Standardabweichung oder auch als Streuung

$$\sigma = \sqrt{\frac{\sum_{i=1}^{n} \varepsilon_i^2}{n}}.$$

Diese läßt sich praktisch bestimmen, wenn sie durch die scheinbaren Fehler Δ_i ausgedrückt wird. Aus

$$\varepsilon_i = (M - x) + \Delta_i$$

folgt nämlich wegen $\sum_{i=1}^{n} \Delta_i = 0$

$$\sum_{i=1}^{n} \varepsilon_i^2 = n(M - x)^2 + \sum_{i=1}^{n} \Delta_i^2.$$

Setzt man den oben für $M - x$ gefundenen Wert ein, so erhält man

$$\sum_{i=1}^{n} \varepsilon_i^2 = \frac{\left(\sum_{i=1}^{n} \varepsilon_i\right)^2}{n} + \sum_{i=1}^{n} \Delta_i^2.$$

Der sich beim Quadrieren ergebende Summand $\sum_{i \neq k} \varepsilon_i \varepsilon_k$ kann vernachlässigt werden, weil die ε_i von annähernd gleicher Größe sind und wechselndes Vorzeichen besitzen. Deshalb darf man in erster Näherung

$$\sum_{i=1}^{n} \varepsilon_i^2 \quad \text{für} \quad \left(\sum_{i=1}^{n} \varepsilon_i\right)^2$$

setzen und erhält für die *mittlere quadratische Abweichung*

$$\frac{\sum_{i=1}^{n} \varepsilon_i^2}{n} = \frac{\sum_{i=1}^{n} \Delta_i^2}{n - 1} = \frac{Q}{n - 1},$$

wobei $Q = \sum_{i=1}^{n} \Delta_i^2$ die Summe der Quadrate der scheinbaren Fehler bedeutet. Für die Standardabweichung ergibt sich:

$$\sigma = \sqrt{\frac{\sum_{i=1}^{n} \Delta_i^2}{n - 1}} = \sqrt{\frac{Q}{n - 1}}.$$

Die Berechnung der Standardabweichung erfolgt heute vorwiegend mit Hilfe elektronischer Datenverarbeitungsanlagen. Die angegebene Formel

$$\sigma = \sqrt{\frac{Q}{n - 1}} \quad \text{mit} \quad Q = \sum_{i=1}^{n} \Delta_i^2$$

erweist sich dabei als unzweckmäßig, weil die Δ_i nur über den Mittelwert M der Meßwerte x_i errechnet werden können. Dieser kann aber erst nach Eingabe aller Meßwerte festgestellt werden. Alle Meßwerte x_i müßten daher zunächst einzeln gespeichert werden, damit sie nach Bestimmung von M zur Berechnung der $\Delta_i = x_i - M$ zur Verfügung stehen. Die hierzu notwendige, unangemessene hohe Speicherkapazität läßt sich vermeiden, wenn man der Quadratsumme Q der scheinbaren Fehlern eine andere Form gibt.

Es gilt nämlich

$$\sum_{i=1}^{n} \Delta_i^2 = \sum_{i=1}^{n} (x_i - M)^2 = \sum_{i=1}^{n} x_i^2 - 2 \cdot M \cdot \sum_{i=1}^{n} x_i + n \cdot M^2.$$

Nach Einsetzen von $M = \frac{\sum_{i=1}^{n} x_i}{n}$ erhalten wir:

$$\sum_{i=1}^{n} \Delta_i^2 = \sum_{i=1}^{n} x_i^2 - 2 \cdot \frac{\left(\sum_{i=1}^{n} x_i\right)^2}{n} + \frac{n \cdot \left(\sum_{i=1}^{n} x_i\right)^2}{n} = \sum_{i=1}^{n} x_i^2 - \frac{\left(\sum_{i=1}^{n} x_i\right)^2}{n}.$$

Für die Standardabweichung ergibt sich damit

$$\sigma = \sqrt{\frac{\sum_{i=1}^{n} x_i^2 - \frac{\left(\sum_{i=1}^{n} x_i\right)^2}{n}}{n-1}}.$$

Diese der oben angegebenen völlig gleichwertige Formel gestattet es, die Standardabweichung direkt aus den Meßdaten zu errechnen, die unmittelbar nach jeder Eingabe verarbeitet werden können. Dadurch steht nach Eingabe des letzten Meßwertes sofort das Ergebnis zur Verfügung, die erforderliche Speicherkapazität ist gering.

Sucht man die Zahl, von der man behaupten kann, der wirkliche Fehler sei mit gleicher Wahrscheinlichkeit größer oder kleiner als diese, so gelangt man zu dem sogenannten *wahrscheinlichen Fehler*

$$\sigma' = 0{,}67449 \cdot \sigma.$$

Der Faktor 0,67449 ergibt sich aus der Gaußschen Verteilung (vgl. 12.4.9).

Den *mittleren* und *wahrscheinlichen Fehler des Mittelwertes* erhält man aus σ und σ', indem man durch $\sqrt{n}$ dividiert

$$\sigma_0 = \frac{\sigma}{\sqrt{n}} = \sqrt{\frac{Q}{n(n-1)}}$$

$$\sigma_0' = 0{,}67449 \sqrt{\frac{Q}{n(n-1)}}.$$

Mit wachsendem n werden daher mittlerer und wahrscheinlicher Fehler des Mittelwertes kleiner; die daraus resultierende Zunahme der Zuverlässigkeit des gefundenen Mittelwertes verlangsamt sich jedoch, wenn n sehr groß wird.

Beispiel: Im Laufe einer quantitativen chemischen Analyse wird das Gewicht einer abgeschiedenen Kupfermenge bestimmt. Der Versuch wird achtmal durchgeführt; dabei werden folgende Werte gemessen: 0,149 p, 0,131 p, 0,146 p, 0,145 p, 0,136 p, 0,146 p, 0,151 p, 0,132 p. Die oben definierten Größen errechnen sich zu

$M = 0{,}142$ p $\quad Q = 0{,}000428$

$\sigma = 0{,}00782 \quad \sigma' = 0{,}00527$

$\sigma_0 = 0{,}00276 \quad \sigma_0' = 0{,}00186.$

12.4.6 Methode der kleinsten Quadrate

Es läßt sich leicht zeigen, daß der arithmetische Mittelwert einer gewissen Anzahl von Meßergebnissen derjenige ist, für den die Summe der Quadrate der Abweichungen sämtlicher Werte den kleinstmöglichen Wert annimmt. Eine Verallgemeinerung dieser Tatsache bildet den Kern der Gaußschen Methode der kleinsten Quadrate.

Liegt nämlich eine umfangreiche Meßreihe von Werten vor, die sich nicht auf eine konstante Größe beziehen, sondern auf mehrere Größen, die durch ein physikalisches Gesetz

$$y = f(x)$$

aneinander gekoppelt sind, und sollen diejenigen Größen $u, v, w, \ldots$ festgestellt werden, die in dem zugrunde liegenden physikalischen Gesetz als Konstanten enthalten sind, so sind die wahrscheinlichsten Werte dieser Konstanten diejenigen, für die die Summe der Quadrate der Abweichungen

$$Q = \sum_{i=1}^{n} (y_i - f(x_i))^2$$

ein Minimum wird. Hierin sind die x_i und die y_i die gemessenen, physikalisch voneinander abhängigen Größen. Die gesuchten Konstanten $u, v, w, \ldots$ werden bei der Gaußschen Methode nun dadurch bestimmt, daß man sie zunächst als variabel ansieht und sämtliche partiellen Ableitungen der damit zu einer Funktion gewordenen Größe Q nach $u, v, w, \ldots$ gleich Null setzt:

$$\frac{\partial Q(u, v, w, \ldots)}{\partial u} = 0; \quad \frac{\partial Q(u, v, w, \ldots)}{\partial v} = 0; \quad \frac{\partial Q(u, v, w, \ldots)}{\partial w} = 0; \ldots$$

Die Durchführung der Methode der kleinsten Quadrate ist schon bei verhältnismäßig einfachen Beispielen recht umfangreich, so daß hier auf Beispiele verzichtet und auf Spezialliteratur verwiesen werden muß.

12.4.7 Anwendungen

Die Anwendung der in 12.4.2 bis 12.4.6 angestellten Überlegungen ist nicht auf Reihen von Messungen beschränkt, sondern kann ebenso auf alle möglichen in großer Zahl vorliegenden Zahlenreihen ausgedehnt werden, wenn die zwischen ihnen bestehenden Abweichungen dem Zufall in dem in 12.4.3 angegebenen Sinne unterliegen. Von großer Bedeutung sind die Ergebnisse daher für alle Arten der Großzahlforschung, insbesondere für die technischen Daten großer Fertigungsserien.

Teilt man zum Beispiel die um einen gewissen Bereich herum streuenden Werte einer Fertigungsserie in möglichst kleine gleichmäßige Teilbereiche der Abweichung ein und bestimmt man für jeden Bereich die relativen Häufigkeiten, so werden diese bei reinen Zufallsergebnissen den Wahrscheinlichkeitswerten der Gaußschen Verteilungsfunktion entsprechen. Aus dem Wert der maximalen Wahrscheinlichkeit und der bekannten Versuchszahl n (Stückzahl der Fertigung) kann man auf Grund der Beziehung

$$g(0) = \frac{1}{\sqrt{2\pi n w \bar{w}}}$$

leicht den Wert der Grundwahrscheinlichkeit berechnen. Für die Praxis ist diese jedoch im allgemeinen uninteressant. Viel wichtiger ist der auf diese Weise ebenfalls zu ermittelnde Wert der Streuung

$$s = \sqrt{n w \bar{w}} = \frac{1}{g(0)\sqrt{2\pi}}.$$

Beispiele: 1. Eine Maschine stellt Kapseln her, deren lichte Weite Schwankungen um den Mittelwert aufweist. Bei einer Versuchsserie von 200 Stück wurden für die Abweichungen in Hundertstel Millimetern vom Mittelwert folgende Stückzahlen festgestellt:

Abw.	−10	−9	−8	−7	−6	−5	−4	−3	−2	−1	0	+1	+2	+3	+4	+5	+6	+7	+8	+9	+10
Anzahl	1	3	5	2	9	5	7	7	13	12	22	18	16	17	8	10	15	13	8	5	4

Man berechne die Grundwahrscheinlichkeit und die mittlere Streuung s.

Lösung: $w = 0{,}93$, $s = 3{,}61$.

2. Ein kluger Kunde stellt fest, daß die Brötchen, die er bei einem Bäcker bezieht, häufig das gesetzlich vorgeschriebene Mindestgewicht unterschreiten. Auf seine Beschwerde verspricht der Bäcker Abhilfe. Tatsächlich erhält unser Kunde von diesem Augenblick an keine Brötchen mit Untergewicht mehr. Trotzdem sagt er dem Bäcker auf den Kopf zu, daß er an seinem Herstellungsverfahren nicht das geringste geändert habe; vielmehr habe er für die Lieferung dieses kritischen Kunden nachträglich die Brötchen mit Untergewicht ausgeschieden, während er dem anderen Kundenkreis nach wie vor die zu beanstandenden Brötchen anbiete.

An vielen Einzelmessungen hat der Kunde festgestellt, daß die vorher vorhandene um den Mittelwert schwankende Verteilung nach der Beschwerde gestört war. Vorher fielen Mittelwert und maximale Häufigkeit annähernd zusammen. Nach der Beschwerde lag der Mittelwert höher, die Verteilung brach nach unten unnatürlich ab.

12.4.8 Die Lexissche Dispersionstheorie

Die mittlere quadratische Abweichung

$$\sigma^2 = \frac{\sum_{i=1}^{n} \Delta_i^2}{n-1}$$

wird mit dem Quadrat der Streuung

$$s^2 = n w \bar{w}$$

in Beziehung gesetzt, wobei auch der Wert von s^2 sich auf Grund der Beobachtungsreihe (12.4.7) errechnet. Man erhält die Lexissche Zahl

$$L = \frac{\sigma^2}{s^2} = \frac{\sum_{i=1}^{n} \Delta_i^2}{n(n-1)\, w\bar{w}}.$$

Sie ist ein Maß für das Verhältnis von tatsächlicher Streuung zu der Streuung bei normaler Verteilung. Deshalb spricht man bei

$L \approx 1$ von normaler, bei

$L \gg 1$ von übernormaler und bei

$L \ll 1$ von unternormaler Dispersion.

Beispiel: Die Lexissche Zahl für das obige Beispiel (12.4.7, Beispiel 1) ist

$$L = \frac{\sigma^2}{s^2} = \frac{22{,}89}{13{,}02} = 1{,}76.$$

12.4.9 Anwendung der Gauß-Laplaceschen Integralformel

Jede durch den Zufall bedingte Verteilung (Gaußsche Verteilung) kann auf eine bestimmte Verteilung (bestimmtes h) zurückgeführt werden, so daß man für Berechnungen nur eine einzige Wertetabelle benötigt. Gehen wir zum Beispiel von den Werten der Tabelle 12–2 aus, bei denen

$$h_0 = \frac{1}{2}\sqrt{2}$$

zugrunde gelegt ist, und bezeichnen wir diese Gesamtwahrscheinlichkeit einmal zur Abkürzung mit

$$W_0(r) = \frac{h_0}{\sqrt{\pi}} \int_{-r}^{+r} e^{-h_0^2 x^2}\, dx,$$

so gilt für ein beliebiges $h = \frac{1}{s\sqrt{2}} = \frac{1}{s} h_0$

$$W(r) = \frac{h}{\sqrt{\pi}} \int_{-r}^{+r} e^{-h^2x^2} dx$$

$$= \frac{h_0}{s\sqrt{\pi}} \int_{-r}^{+r} e^{-\frac{h_0^2}{s^2}x^2} dx$$

und nach der Substitution $z = \frac{x}{s}$

$$W(r) = \frac{h_0}{s \cdot \sqrt{\pi}} s \int_{-\frac{r}{s}}^{+\frac{r}{s}} e^{-h_0^2 z^2} dz$$

$$= \frac{h_0}{\sqrt{\pi}} \int_{-\frac{r}{s}}^{+\frac{r}{s}} e^{-h_0^2 x^2} dx.$$

Das heißt, es ist

$$W(r) = W_0\left(\frac{r}{s}\right) \quad \text{für jedes } h = \frac{h_0}{s}.$$

Der in 12.4.5 angegebene Faktor 6,67449, mit dem man die Standardabweichung multiplizieren muß, um den wahrscheinlichen Fehler zu erhalten, muß derjenige Wert r_0 sein, für den $W_0(r_0) = 0,5$ ist.

Beispiel: Eine Maschine stellt Bolzen her, deren Dicke laufend gemessen wurde. Dabei ergibt sich ein Mittelwert $M = 19,60$ mm und eine Standardabweichung $s = 0,25$ mm. Gesucht wird die Wahrscheinlichkeit dafür, daß die Dicke eines Teiles zwischen 19,20 mm und 20,00 mm liegt, daß seine Abweichung vom Mittelwert also nicht mehr als 0,40 mm beträgt.

In der Tabelle 12-2 ist $h_0 = \frac{1}{2}\sqrt{2}$ zugrunde gelegt. In unserem Beispiel ist $h = \frac{1}{s} h_0$. Die gesuchte Wahrscheinlichkeit finden wir deshalb als $W\left(\frac{0,40}{0,25}\right) = W(1,6) = 0,8904$. Unter 10000 Bolzen werden also etwa 8904 die Abweichung einhalten.

12.4.10 Kontrollen

Für die praktische Kontrolle der Fertigung sind zahlreiche Methoden entwickelt worden, bei denen die graphische Darstellung auf Spezialmillimeterpapier und vorgedruckte *Kontrollkarten* eine überragende Rolle spielen. Ein Beispiel zeigt Bild 12-8.

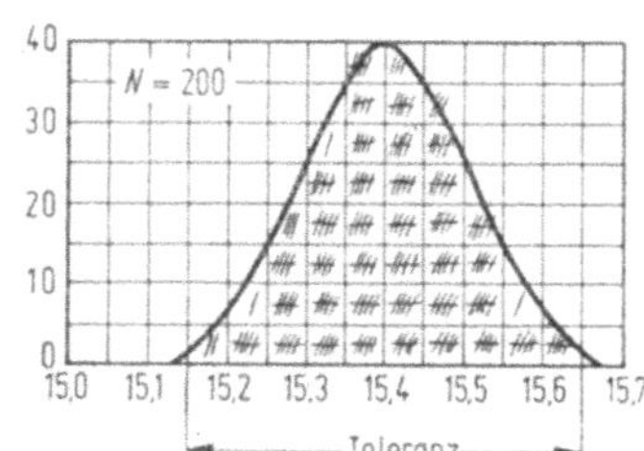

Bild 12-8. Kontrollkarte.

Von großer Wichtigkeit bei der Überprüfung von Häufigkeiten, mit denen gewisse Merkmale bei dem Zufall unterliegenden Ereignissen oder Industrieartikeln auftreten, ist die Größe χ^2. Man definiert

$$\chi^2 = \sum_{i=1}^{m} \frac{(H_i' - H_i)^2}{H_i}.$$

Hierin bedeuten H_i' die beobachteten, H_i die zu erwartenden absoluten Häufigkeiten, mit denen m Merkmale ($i = 1, 2, \ldots, m$) auftreten. Die so errechneten Werte für χ^2 werden zu der *Zahl f der Freiheitsgrade* in Beziehung gesetzt und mit einer Tabelle verglichen (Tabelle 12–3), in der die höchstzulässigen Werte von χ^2 angegeben sind, wobei in diesem Falle

Tabelle 12-3. Obere Grenzwerte für χ^2(3σ-Grenze)

(Nach *Leinweber*, Taschenbuch der Längenmeßtechnik; Springer 1954)

f	χ^2	f	χ^2	f	χ^2	f	χ^2	f	χ^2
–	–	10	26,90	20	42,08	30	56,06	40	69,40
1	9,00	11	28,51	21	43,52	31	57,41	41	70,70
2	11,83	12	30,10	22	44,95	32	58,75	42	72,00
3	14,16	13	31,66	23	46,37	33	60,09	43	73,30
4	16,25	14	33,19	24	47,77	34	61,44	44	74,60
5	18,20	15	34,71	25	49,17	35	62,79	45	75,89
6	20,06	16	36,22	26	50,56	36	64,13	46	77,19
7	21,85	17	37,71	27	51,95	37	65,46	47	78,47
8	23,58	18	39,18	28	53,33	38	66,78	48	79,76
9	25,26	19	40,64	29	54,70	39	68,09	49	81,05

als äußerste Zumutungsgrenze der dreifache Wert der Standardabweichung festgesetzt wurde. Im Falle einer einfachen Merkmalverteilung ist die Zahl der Freiheitsgrade um 1 kleiner als die Anzahl der das Ereignis völlig füllenden Merkmale, weil das Auftreten des letzten Merkmals bereits durch die anderen $m - 1$ Merkmale bestimmt ist. Die hier verwendete Zumutungsgrenze ist sehr großzügig gewählt und wird bei zufällig verlaufenden Vorgängen mit an Sicherheit grenzender Wahrscheinlichkeit eingehalten. Andererseits ist eine Überschreitung dieser Grenze ein deutliches Anzeichen für einen nicht im Zufallsbereich liegenden Einfluß.

Beispiel: Sechs mit gleicher Wahrscheinlichkeit und damit Häufigkeit zu erwartende Merkmale werden bei einer repräsentativen Kontrolle von 200 Proben mit den Häufigkeiten

$$H_1 = 30, \quad H_2 = 31, \quad H_3 = 40, \quad H_4 = 34, \quad H_5 = 26, \quad H_6 = 39$$

festgestellt. χ^2 berechnet sich zu $\frac{221}{50} = 4{,}42$ und hält sich damit deutlich weit unter dem für 5 Freiheitsgrade in der Tabelle 12–3 angegebenen Wert 18,20. Der Vorgang verläuft mit Sicherheit zufallsbedingt.

12.4.11 Weitere Hinweise

Führt man in der Gauß-Laplaceschen Integralformel an Stelle von $s = \frac{1}{h\sqrt{2}}$ die Standardabweichung σ ein, so erhält sie die Form

$$W(r) = \frac{1}{\sigma\sqrt{2\pi}} \int_{-r}^{+r} e^{-\frac{x^2}{2\sigma^2}} \, dx.$$

Dieses Integral ist Ausgangspunkt weiterer statistischer Untersuchungen von *Student*, *Pearson*, *Fisher* und anderen. Die Daten der nach ihnen benannten Verteilungen und Beziehungen sind weitgehend tabelliert und in der einschlägigen Spezialliteratur zugänglich.

13. Rechnen auf digitalen Rechenautomaten

Elektronische Rechenanlagen haben in den letzten Jahren entschieden das Gewicht numerischer Methoden in der Mathematik verstärkt, und zwar nicht so sehr dadurch, daß etwa die analytischen Methoden an Bedeutung verloren hätten, sondern dadurch, daß nur diese Rechenautomaten die bei numerischen Näherungsmethoden notwendigen Rechnungen in einem solchen Umfang ökonomisch durchführen können, daß die jeweils notwendige Genauigkeit meist erreicht wird. Dies gilt im allgemeinen für entsprechende Handrechnungen nicht. Es sollte an dieser Stelle jedoch betont werden, daß den analytischen Methoden soweit wie möglich der Vorzug zu geben ist und daß die Numerik erst dann einsetzen sollte, wenn man auf dem analytischen Wege nicht mehr weiterkommt. Gründe für diese Einschränkung sind u.a. darin zu sehen, daß numerische Untersuchungen jeweils für *einen* festen Parametersatz und unter zusätzlichen und teilweise schlecht abschätzbaren Fehlereinflüssen aus dem numerischen Verfahren samt denen aus der endlichen Stellenzahl der Rechnung behaftet sind, und sich deshalb manchmal nicht einmal beurteilen läßt, ob das Verfahren überhaupt auf die exakte Lösung des Problems konvergiert. So brauchen auch zwei Rechenvorschriften mit mathematisch identischen Resultaten aus den gleichen Gründen numerisch nicht gleichwertig zu sein und dieselben Werte zu liefern.

13.1 Algorithmus, Programm

Aufgabe einer numerischen Rechnung ist es, aus einem Satz vorgegebener Parameter, den *Eingabedaten*, durch Abarbeitung eines *Algorithmus*, d.h. eines Satzes von Rechenvorschriften unter Beachtung entsprechender Rechenregeln, zur Lösung einer bestimmten Aufgabe zu kommen; dieses Resultat ist dann wiederum durch einen Satz von Daten, den *Ausgabedaten*, beschrieben. Die Formulierung des betrachteten Algorithmus in irgendeiner natürlichen oder auch künstlichen Sprache nennt man *Programm*.

Die kurz wie folgt angedeuteten Verknüpfungen

$$\text{Eingabedaten} \xrightarrow{\text{Verarbeitung}} \text{Ausgabedaten}$$

sind nicht auf numerische Problemstellungen beschränkt, sondern fallen unter den allgemeinen Begriff *Informationsverarbeitung*. So lassen sich beispielsweise sprachliche Nachrichten durch ein Hintereinandersetzen von Schriftzeichen, die aus einer endlichen Menge von Zeichen ausgewählt werden, formulieren und dann nach gewissen Verarbeitungsvorschriften behandeln. Ein solcher Zeichenvorrat läßt sich, da er endlich ist, nach gewissen Regeln, dem *Code*, auf eine endliche Teilmenge der natürlichen Zahlen abbilden und umgekehrt. Somit kann man davon ausgehen, daß die erwähnten Nachrichten letzten Endes in sog. *digitaler Form*, d.h. durch eine Ziffernfolge dargestellt werden können, womit auch hier numerisch codierte Daten vorliegen.

13.2 Zahlensysteme

13.2.1 Darstellung von Zahlen

Die übliche (polyadische)[1]) Niederschrift von Zahlen als eine Folge von Ziffern z_i impliziert zu jeder Ziffernposition i einen Stellenwert, der sich aus einer entsprechenden Potenz der **Basis *B* der Zahlendarstellung** ermittelt:

a) $$Z = z_n z_{n-1} \dots z_0 = \sum_{i=0}^{n} z_i B^i .$$

---

[1]) Die Ziffernfolge definiert ein Polynom in B mit ganzzahligen Koeffizienten vom Wert der jeweiligen Ziffer z_i, s. (a) bzw. (b); nicht in dieser Form notiert wird beispielsweise das Datum, etwa der 13.10.1973.

Ein in dieser **Radixschreibweise** genannten Form eventuell auftretender (*Radix-*)*Punkt*[1]) trennt den ganzzahligen vom gebrochenen Teil der Zahl

b) $$Z' = z'_n z'_{n-1} \dots z'_0 \cdot z'_{-1} z'_{-2} \dots z'_{-m} = \sum_{i=0}^{n} z'_i B^i + \sum_{j=-1}^{-m} z'_j B^j = \sum_{i=-m}^{n} z_i B^i .$$

Von einer **halblogarithmischen Darstellung** spricht man bei einer Festlegung einer Zahl Z'' mittels eines Zahlenpaares x, y mit der Bedeutung

c) $$Z'' = [x, y] = x(B')^y,$$

worin man x Mantisse und y Exponent zur Basis B' dieser halblogarithmischen Notation nennt. Man wählt B' zwar stets ganzzahlig, aber nicht in jedem Fall[2]) gleich der jeweiligen Basis der Radixschreibweisen von x und von y. Diese Aufteilung entspricht also der Abspaltung eines (Maßstabs-)Faktors.

In diesem Zusammenhang interessierende Zahlensysteme sind:

	Basis B	Ziffernvorrat (= Zahlenwert)
Dezimalsystem	10	0, 1, ..., 9
Dualsystem	2	0, 1 bzw. [O = 0, L = 1]
Oktalsystem	8	0, 1, ..., 7
Hexadezimalsystem	16	0, 1, ..., 9, A = 10, B = 11, ..., F = 15

Kommen Zahlen notiert in verschiedenen Systemen nebeneinander vor, so wird die entsprechende Basis oft als Fußzeiger am Ende der Ziffernfolge notiert.

Beispiele

Dezimaldarstellung

(a) $7203 = 7 \cdot 10^3 + 2 \cdot 10^2 + 0 \cdot 10^1 + 3 \cdot 10^0$

(b) $-56.19 = -(5 \cdot 10^1 + 6 \cdot 10^0 + 1 \cdot 10^{-1} + 9 \cdot 10^{-2})$

(c) $= [-0.5619; 2] = -(5 \cdot 10^{-1} + 6 \cdot 10^{-2} + 1 \cdot 10^{-3} + 9 \cdot 10^{-4}) \cdot 10^2$

Dualdarstellung

(a) $7203 = 1110000100011_2 = 2^{12} + 2^{11} + 2^{10} + 2^5 + 2^1 + 2^0$

(c) $= [0.1110000100011,\ 1101]_2 \mathrel{\hat{=}} 0.8727246 \dots \cdot 2^{13}$

(c) $0.1 = 0.0\overline{0011} \dots_2$

(c) $= 0.00011001100110011 \dots_2$

Oktal- und Hexadezimaldarstellung

(a) $7203 = 16043_8 = 1 \cdot 8^4 + 6 \cdot 8^3 + 0 \cdot 8^2 + 4 \cdot 8^1 + 3 \cdot 8^0$

(a) $= 1C23_{16} = 1 \cdot 16^3 + 12 \cdot 16^2 + 2 \cdot 16^1 + 3 \cdot 16^0$

Entsprechend der polyadischen Darstellung der Niederschrift a) einer Zahl Z ist die Berechnung eines Zahlenwertes (notiert dann im konventionellen Dezimalsystem) wie auch die Zerlegung einer Zahl in die entsprechende Ziffernfolge durch einen Algorithmus be-

[1]) In der Datenverarbeitung wird der Punkt an Stelle des in Deutschland üblichen Kommas notiert.
[2]) In den folgenden Beispielen gilt aber stets $B' = B$ und y ganzzahlig.

schreibbar

$$\begin{array}{ccccc} z_n z_{n-1} \cdots z_{0B} & a_n & = & z_n & z_n z_{n-1} \cdots z_{0B} \\ \Big\downarrow & a_{n-1} & = & a_n B + z_{n+1} & \Big\uparrow \\ & \cdots & & & \\ & a_1 & = & a_2 B + z_1 & \\ Z = a_0 & a_0 & = & a_1 B + z_0 & a_0 = Z \end{array}.$$

Bei der Lösung der ersten Aufgabe ist es möglich, den Algorithmus in Form des Horner-Schemas zu führen, die zweite wird durch eine Folge von Divisionen mit ganzzahligem Quotienten und Rest gelöst.

Beispiel. Überführung von 7203 in die Oktaldarstellung

$$\begin{array}{rcrl} 7203:8 & = & 900 & \text{Rest } 3 \\ 900:8 & = & 112 & \text{Rest } 4 \\ 112:8 & = & 14 & \text{Rest } 0 \\ 14:8 & = & 1 & \text{Rest } 6 \\ 1:8 & = & 0 & \text{Rest } 1 \end{array} \qquad 7203 = 16043_8.$$

Erleichterungen jedes Rechnens in den verschiedenen Zahlensystemen rühren daher, daß jede Operation $\circ$ an zwei Zahlenoperanden a und b: $a \circ b$ in eine Reihe entsprechender Operationen zwischen den Zahlenwerten in jeweils zwei Ziffernpositionen zerlegt werden kann. Zur Durchführung solcher elementarerer Operationen genügt dann die Kenntnis einer sehr viel geringeren Zahl von Verknüpfungen $z_i \circ z_j$ (Verknüpfungstafel).

So reicht es im Dezimalsystem, die Summe zweier natürlicher Zahlen aus dem Wertebereich 0, 1, ..., 9 samt der Tatsache eines eventuellen Überlaufs in die nächsthöhere Stelle zu kennen; die Durchführung der Multiplikation erfordert nur die Kenntnis des kleinen Einmaleins.

Am einfachsten sehen die entsprechenden Verknüpfungstafeln für das Dualsystem aus (* Übertrag von 1 in die nächsthöhere Stelle):

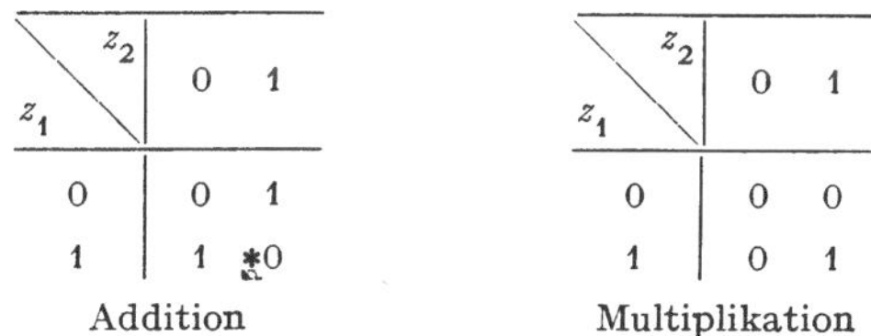

$z_1 \backslash z_2$	0	1
0	0	1
1	1	*0

Addition

$z_1 \backslash z_2$	0	1
0	0	0
1	0	1

Multiplikation

13.2.2 Spezielle Rechenoperationen

Für technisch wissenschaftliche Rechnungen hat die **halblogarithmische oder Gleitkommadarstellung einer Zahl** einmal Bedeutung, weil die Eingabedaten im allgemeinen nur mit einer begrenzten Genauigkeit vorliegen, und zum anderen, weil jeder Rechner sowieso nur mit einer beschränkten Stellenzahl arbeiten kann. Bei solcher Beschränkung in der Zahl gültiger Ziffern eröffnet nur die Gleitkommadarstellung die Möglichkeit, einen weiten Wertebereich zu überdecken.

Stehen beispielsweise bei einer Dezimaldarstellung 10 Positionen zur Verfügung, die für Ziffern, Radixpunkt und Vorzeichen benutzt werden können, so können hiermit in

Festkommanotation z.B. ganze Zahlen nur im Bereich $|z| < 10^9$ mit 9 gültigen Ziffern, in

Gleitkommanotation bei Abspaltung von 3 Positionen zur Aufnahme des Exponenten (und Verzicht auf explizite Angabe der Lage des Radixpunktes, hier zwischen Vorzeichen und 1. Ziffer impliziert):

−	5 6 1 9 0 0	+ 0 2

Zahlenwerte in den Grenzen $10^{-105} \leqq |Z| < 10^{99}$ mit 6 gültigen Ziffern dargestellt werden.

Rechenoperationen zwischen Zahlen mit *festem* Platz des Radixpunktes relativ zum Zahlenende nennt man **Festpunktrechnung**, solche zwischen Zahlen in halblogarithmischer Darstellung **Gleitkommarechnung.**

Die Gleitkommarechnung weicht in der Verarbeitung von der Festpunktrechnung dadurch ab, daß zusätzlich bei der Addition einer der Summanden im allgemeinen erst passend verschoben werden muß, damit in den Mantissen jeweils Ziffern gleichen Stellenwertes „übereinanderstehen" und bei der Multiplikation neben der Produktbildung aus den Mantissen noch die Exponenten addiert werden müssen. Im allgemeinen muß die Ergebnismantisse wieder auf eine feste Position der führenden Ziffer **normalisiert** werden.

Beispiele

Addition

$a = 96.72$ =	+9672 | 2	=		+9672		2
$b = 8.543$ =	+8543 | 1	=		+0854	3	2
			+ | 1	0526	3	2
$a + b = 105.3$ =		=		+1053 | 3		

Multiplikation

$c = 34.52$ =	+3452 | 2		
$d = 2.78$ =	+2780 | 1		
$c \times d$ =	+0959	6560	3
= 95.97 =	+9597 | 2		

Es ist nun technisch am einfachsten, durch Schaltelemente **zwei** Zustände zu realisieren, etwa Weg gesperrt oder Weg offen. Infolgedessen ist es in digitalen elektronischen Rechenautomaten üblich, alle Informationen binär darzustellen und (für technisch wissenschaftliche Probleme) im System der Dualzahlen zu rechnen. Die Umwandlung von Zahlen vom Dezimal- in das Dualsystem bei der Eingabe und umgekehrt bei der Ausgabe übernimmt der Rechner selbst.

13.3 Rechenprozeß und Rechenautomat

Algorithmen, auch solche zur Bearbeitung rein numerischer Probleme, bauen nicht allein auf arithmetischen Schritten auf. Vielmehr kann man (auch im Falle einer Handrechnung) grob folgende Arten von damit verbundenen Arbeitsprozessen unterscheiden:

1. arithmetische Operationen;
2. Ablagerung von Zwischenergebnissen (systematisch) und Wiedereinführung in die Rechnung;
3. Datenverkehr mit der Außenwelt durch Entgegennahme der Eingabedaten und Ausgabe der Resultate;
4. Steuerung des Ablaufs von 1. bis 3., speziell auch Unterbrechung der sequentiellen Folge und Verzweigung zu einer anderen Verarbeitungsvorschrift.

Ein universeller Rechenautomat löst erst dann eine spezielle Aufgabe, wenn ihm deren Bearbeitungsvorschriften übergeben, d.h. ein spezielles Programm eingegeben wurde. In der Maschine liegt dieses dann in Form eines Satzes von Maschineninstruktionen (Befehlen) in einem Speicher vor. Jeder Befehl definiert Operanden und eine Operation im Sinne eines Elementarschritts des Automaten. Da die Operanden im allgemeinen mittels ihrer (Daten)Speicherplätze identifiziert werden und auch die Operation mittels eines numerischen Schlüssels angesprochen wird, sind bis zur Durchführung eines solchen Befehls neben der Decodierung der Operation teilweise auch Adreßrechnungen zwecks Ansteuerung eines speziellen Operanden notwendig. Ein einfacher programmierbarer Rechenautomat hat etwa die in Bild 13–1 skizzierte Struktur.

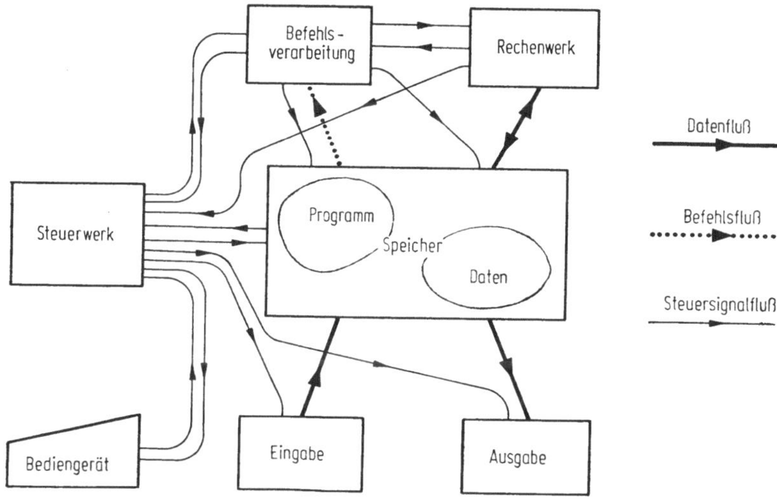

Bild 13–1

Die Analogie zur Struktur einer Handrechnung ist nicht zu übersehen: Der menschliche Rechner **steuert** den Rechnungsablauf an Hand eines notierten (**gespeicherten**) Programms. Dazu übernimmt er **Eingangsdaten** in seine Notizen (**Speicher**), wählt einen passenden Teilprozeß aus dem Programm aus und folgt dann „mechanisch" dieser **Bearbeitungs**vorschrift bei Ablegen und Zurückholen von Zwischenergebnissen in bzw. aus den Notizen (**Speicher**) unter Benutzung der Hand**rechenmaschine.** Ist der Teilprozeß beendet und hängt die weitere Bearbeitung von der numerischen Situation nach einem gewissen Rechenschritt ab, so ist ein weiterer passender Teilprozeß vom menschlichen Rechner anzu**steuern** (Verzweigung), usw. Nach Abschluß der Rechnung werden dann noch die Ergebnisse übermittelt (**Ausgabe**).

13.4 Programmierung

13.4.1 Programmablauf, Programmsprachen, Übersetzung

Ist die Lösung eines (numerischen) Problems *operativ* in einem geeigneten und vergleichsweise günstigen Algorithmus formuliert, dann beginnt die Phase der Übersetzung der Bearbeitungsvorschriften in ein der Rechenanlage verständliches Programm (**Programmierung**).

Abgesehen davon, daß die Entscheidung für einen gewissen Algorithmus u.a. von der begrenzten Stellenzahl der numerischen Rechnung beeinflußt wird, so steuert auch die Einschätzung des Programmieraufwandes dessen Auswahl. In dieser Hinsicht schneiden alle Algorithmen mit vorherrschend iterativer Bearbeitung besonders günstig ab, sie sind in verhältnismäßig kurzen Programmschleifen im Gegensatz zu eventuell rein linearen Programmabläufen zu organisieren.

Es ist selbstverständlich, daß bei der Aufstellung von Programmen, in welcher Programmierungssprache auch immer, mit einer Analyse des Rechenablaufes und seinen Verzweigungsmöglichkeiten begonnen werden muß. Dabei erfordern Sonderfälle der Rechnung z.B. das Auftreten negativer Radikanden, Möglichkeiten der Division durch Null u.a. verstärkte Aufmerksamkeit, da ja der Rechenautomat nicht die Anpassungsfähigkeit eines intelligenten menschlichen Rechners besitzt, sondern jener erst durch eine entsprechende Programmgestaltung auf die notwendige Flexibilitätsstufe gebracht werden muß (s. z.B. Bild 13-2).

Zur Erleichterung der Übersicht ist es immer hilfreich, Programmablaufpläne zu erstellen. Die dabei verwendeten Sinnbilder finden sich in Tabelle 13-1. An Hand eines solchen Ablaufschemas ist es dann insbesondere leichter, die Netzstruktur des jeweiligen Algorithmus mit seinen verschiedenen Zweigen in eine *lineare* Folge von Anweisungen umzusetzen, die allein Eingabeform in die elektronische Rechenanlage ist.

Tabelle 13-1. Sinnbilder für Programmablaufpläne (entsprechend DIN 66001)

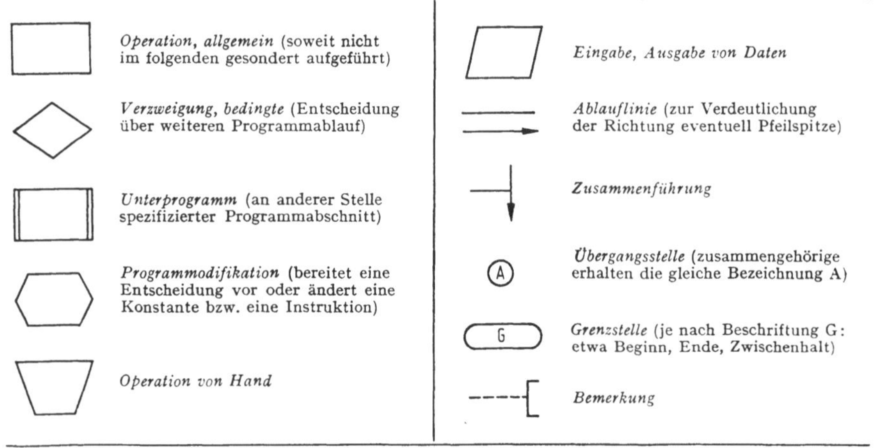

Beispiele für (sehr triviale) Ablaufschemen, die ohne Kommentar verständlich sind, geben die Bilder 13-2 und 13-3. Man beachte insbesondere die zahlreichen Fallunterscheidungen, die bei der Lösung einer quadratischen Gleichung auftreten können, Bild 13-2.

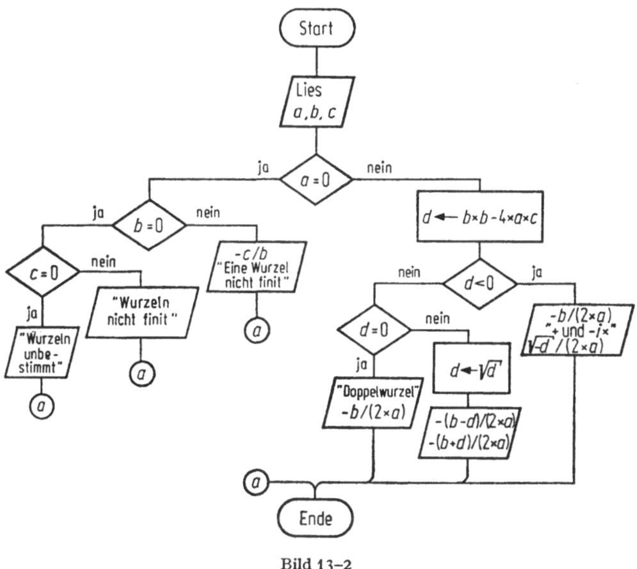

Bild 13-2

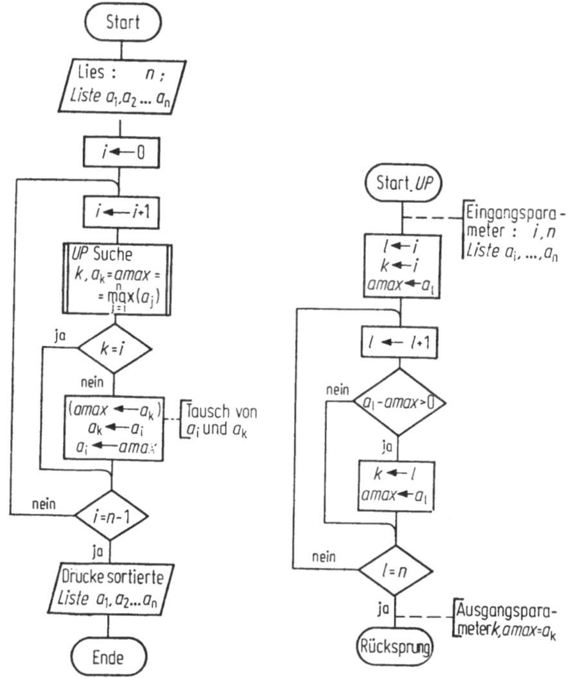

Bild 13-3

Bei komplexeren Problemen ist es unumgänglich, zunächst einmal eine Grobstruktur des Programmablaufs festzulegen und dann Teile in Einzelheiten zu strukturieren. Im gleichen Sinne ist es gute Programmiertechnik, das anstehende Rechenproblem in möglichst kleine Teilprobleme aufzuspalten, die wegen ihrer beschränkten Größe noch vollkommen übersehen werden können und somit unter allen denkbaren Möglichkeiten der Parameterkonstellationen, insbesondere auch ihrer Sonderfälle ausgetestet werden können. Solche Teilprobleme werden üblicherweise in Unterprogrammen (SUBROUTINE oder FUNCTION in FORTRAN bzw. **procedure** in ALGOL) organisiert, und aus diesen Blöcken das Gesamtprogramm dann zusammengestellt. Ein einfaches Problem mit (einem) Unterprogramm zeigt Bild 13–3.

Bei der Programmierung macht man mit Vorteil von einer sog. problemorientierten Programmiersprache Gebrauch. Zwar muß das Programm letzten Endes der Rechenanlage als eine Folge von Maschinenbefehlen im Speicher vorliegen, denen eine begrenzte Zahl sehr elementarer Maschinenoperationen entspricht, eine Programmierung in diesem *Interncode* jedoch ist nicht ratsam. Ein solches Programm wäre maschinenspezifisch, der Code schwer lernbar und lesbar (Operationscode entspricht Binärmustern bzw. oktalen oder hexadezimalen Zahlen), der Programmierer hätte außerdem die Speicherorganisation zu übernehmen. Speziell auch der letzte Punkt führt bei komplizierteren Aufgaben zu vielfachen Fehlern. Ein geringes bequemer sind *maschinenorientierte Sprachen* (*Assembler-Sprachen*), die immerhin eine mnemotechnische Codierung von Operationen [etwa ADD (addiere), SPE (speichere), SPR (springe), usw.] sowie eine symbolische (Namens-)Adressierung der Operanden erlauben. Ein solches Programm muß dann vor Ausführung in den Interncode (durch den sog. *Assembler*) übersetzt werden. Aber auch hier ist die Zahl der Programmanweisungen ziemlich genau gleich der der Internbefehle, die Programmierung also wiederum umständlich und langwierig, das Programm in jedem Falle maschinenspezifisch.

Die *problemorientierten Sprachen* erlauben es nun, Programme in einer wesentlich kleineren Zahl von Sätzen zu formulieren. Ihre Sprachelemente sind weitgehend denen der normalen Problembeschreibung angepaßt. Sie sind daher, obschon syntaktisch starr, leicht erlernbar, und ein in ihnen formuliertes Programm ist leicht lesbar. Da die Semantik einer akzeptierten formalisierten Sprache unabhängig vom Typ der Rechenanlage ist, können entsprechende Programme ausgetauscht werden. Die Umsetzung des Programms in den Interncode der jeweiligen Anlage bewirken *Compiler*. Zwar ist die syntaktische Starre der Programmiersprache ein Zugeständnis, um überhaupt einen effizienten Compiler aufbauen zu können, jedoch erlaubt dann dieser eine automatische syntaktische Prüfung des Programms, womit ein nennenswerter Teil der Fehlersuche erledigt werden kann.

Die wesentlichen Aspekte der verschiedenen Sprachen sind in folgender Übersicht zusammengefaßt:

	Niederschrift des Problems in		
	klass. mathem. Schreibweise	formaler algorithm. Sprache	Satz von Maschinenbefehlen (Interncode)
allgemeine Gültigkeit	ja	ja	nein
Verständlichkeit	ja	ja	kaum
detaill. Beschreibung der (numer.) Methode	nein	ja	ja
Steuerung der Rechenabläufe im Automaten	ungeeignet	nicht direkt, aber nach Übersetzung→ja	

13.4.2 Einiges zum Verständnis von ALGOL- und FORTRAN-Programmen

Zur Programmierung technisch-wissenschaftlicher Probleme kommen zumeist als problemorientierte Sprachen ALGOL, FORTRAN, PL/1 in Betracht. Eine präzise Einführung in die Grundlagen und die Sprachelemente findet sich u.a. in [111a–111c]. An dieser Stelle ist nicht Raum, diese Sprachen systematisch darzustellen. Es ist aber im Hinblick auf die Algorithmen in Ziffer 13.5 sinnvoll, einige (wenn auch unsystematische) Hinweise und Erläuterungen für das verständnisvolle Lesen dieser Prozeduren zu geben. Deshalb bleiben die Ausführungen auch auf

ALGOL | und | FORTRAN

beschränkt, wobei versucht wird, diese entsprechend der o.a. Seiten-Teilung parallel zu halten. Falls die Seite nicht geteilt ist, gilt der entsprechende Teil für beide Sprachen.

Der **Zeichenvorrat** beider Sprachen zum Aufbau der Sprachelemente besteht aus

Ziffern 0 | 1 | 2 | 3 | ··· | 9 [1])

Alphabet A | B | C | ··· | X | Y | Z [2])

einer Reihe von **Sonderzeichen**

ALGOL	FORTRAN
+ | − | × | / | . | , | := | ; | ₁₀ | (|) | [|] | '	+ | − | * | / | . | , | = | (|)

Da dieser Zeichenvorrat nicht ausreicht, alle algebraischen, algorithmischen wie auch programmtechnische Operationen zu symbolisieren, werden der englischen Sprache entnommene **Wortsymbole** oder **Schlüsselworte** mit offensichtlicher Bedeutung verwendet. Sie sind hier wie

ALGOL	FORTRAN
wortsymb[2])	.WORTSYMB. | SCHLUESSELW

notiert, Beispiele s.u.

Die **Werte** der Operanden werden festgelegt bei **ganzzahligen Operanden** z.B. wie

ALGOL	FORTRAN
3| −15	3| −15

Gleitkomma Operanden

ALGOL	FORTRAN
4.2| $-13.7_{10}-6$	2.| −1.0| −13.7 E−6

(in FORTRAN vertritt E die Zehnerpotenz, ein D an entsprechender Stelle ist zusätzlich eine Zahl höherer Genauigkeit (Stellenzahl))

Wahrheitswerten durch

ALGOL	FORTRAN
true| **false**	.TRUE.| .FALSE.

Namen dienen zur Identifizierung (zum Aufruf) von Operanden, Funktionen, Unterprogrammen. Sie bestehen aus einem Buchstaben, dem weitere Buchstaben oder Ziffern folgen können, z.B.

A\| EPS\| B3\| P6KRIT.

Marken als Ziele von Sprüngen werden durch

ALGOL	FORTRAN
Namen	vorzeichenlose ganze Zahlen

identifiziert.

---

[1]) Hier und im folgenden dient der „|" zur Trennung der Zeichen bzw. anderer Alternativen.

[2]) Die Unterscheidung von Groß- und Kleinbuchstaben ist für die numerische Datenverarbeitung ohne Relevanz.

Folgende **mathematische Operationen** sind direkt durch **Operatoren** notierbar:

	ALGOL	FORTRAN
Potenzierung	**power** | ↑	**
arithm. Grundoperationen	× | / | + | −	* | / | + | −
Vergleichsoperationen $<, >$ $\leq, \geq$ $=, \neq$	 **less** | **greater** **not greater** | **not less** **equal** | **not equal**	 .LT. | .GT. .LE. | .GE. .EQ. | .NE.
Logische Operationen $\neg$ $\wedge$ $\vee$ $\supset$ (Implikation) $\equiv$ (Äquivalenz)	 **not** **or** **and** **impl** **equiv**	 .NOT. .OR. .AND.

Die Anordnung in Zeilen entspricht der (üblichen) Priorität der entsprechenden Operationen, so ein Konflikt untereinander überhaupt möglich ist. Die Rangfolge der Abarbeitung kann in mathematisch üblicher Weise durch Einschließen in runden Klammern geändert werden.

Beispiel. Man vergleiche die Bedeutungen von

$$a + b \cdot x^n, \qquad (a + b) \cdot x^n, \qquad (a + b \cdot x)^n \qquad ((a + b) \cdot x)^n.$$

Da die Art der Auswertung eines beispielsweise arithmetischen Ausdrucks (mathematischen Formel) vom Typ der beteiligten Operanden abhängt, müssen zur richtigen Interpretation der Niederschrift die Typen der Operanden vorher vereinbart sein. Da der Rechner die Operanden mittels ihrer Adresse in dem Speicher identifiziert, kann aus einem entsprechenden Vereinbarungsteil das Operanden-Adreßbuch beim Kompilieren vorweg angelegt werden, was die Übersetzung erleichtert.

Beispiele von **Vereinbarungssymbolen**

	ALGOL	FORTRAN
Typ einer Variablen/Funktion		
ganzzahlig	**integer**	INTEGER
Gleitkomma	**real**	REAL DOUBLE PRECISION
logisch	**boolean**	LOGICAL
Struktur (ein-, mehrstufiges Feld)	**array**	DIMENSION
Marken	**label**	
Unterprogramme	**procedure**	FUNCTION SUBROUTINE

Unter **Feldern** versteht man, im Gegensatz zu den einfachen Variablen, die Verwaltung einer endlichen Zahl von Operanden unter einheitlichen Namen (Matrizenelemente, indizierte Variable). Die Ansteuerung eines einzelnen Elements geschieht durch die Angabe seiner (ganzzahligen) Indexwerte, beispielsweise

A[2]| M [−3, 5]	A(2)| PSTUFE (12, 1)

Der **Feldumfang** muß bei Feldvereinbarung festgelegt werden, und zwar ist dies

sogar *flexibel* (dynamisch) während des Programmablaufs bei freigewählter Untergrenze : Obergrenze	nur *starr* (statisch) zur Zeit der Kompilation bei auf 1 fixierter Untergrenze und Festlegung der Obergrenze

für jede Indexposition möglich. Beispiele entnehme man den Programmen unter 13.5.

Während in ALGOL *jede* in einer Anweisung vorkommende Größe (*außer Marken*) *vorher* vereinbart sein muß, sind in FORTRAN einige Vereinbarungen impliziert (falls nicht anders vereinbart, verweisen Namen mit I bis N beginnend auf ganzzahlige, die restlichen auf entsprechende Gleitkomma-Variable). Einem Anweisungsteil geht, grob gesprochen, sein entsprechender Vereinbarungsteil „geschlossen" voraus.

Die Niederschrift eines Programms geschieht in einer Reihe von Sätzen (Statements). Während der Beginn einer Anweisung nicht besonders spezifiziert ist,

	jedoch frühestens in Spalte 7 einer Lochkarte beginnt,

ist das Satzende

durch „;" oder ein anderes begrenzendes Wortsymbol angezeigt.	Spalte 72 einer Lochkarte, falls nicht durch Lochung in Spalte 6 der nächsten Karte der Satz verlängert wird.

In ALGOL können mehrere Anweisungen (spezielle Sätze, s.u.) durch Einschließen in **begin** und **end** zu einer zusammengesetzten Anweisung vereinigt werden (*syntaktische Klammern*). Nach außen erscheint die Anweisung dann wie eine einzige. FORTRAN kennt solche expliziten Klammerungsmittel nicht, der programmtechnische Effekt kann selbstverständlich in anderer Weise erreicht werden.

Jeder Anweisung kann als Kennzeichnung oder als Sprungziel eine **Marke** vorgesetzt werden (in ALGOL auch mehrere). Form:

Name_i: ... Name_2 : Name_1	vorzeichenlose ganze Zahl in Spalte 1−5 der Lochkarte.

Das Kernstück eines Programms sind **algebraische Ausdrücke**, deren Niederschrift völlig der mathematischen Schreibweise angeglichen ist.

Das Resultat der Auswertung eines solchen Ausdrucks, der ein **Ausdruck, arithmetischer, vergleichender** oder **logischer Art** sein kann, ist im ersten Falle ein Zahlenwert, in den weiteren Fällen ein logischer Wert (Wahrheitswert). Der jeweilige Wert kann erneut zu Vergleichszwecken benutzt werden oder durch eine **Wertzuweisung** an eine Variable als (Zwischen-)Ergebnis gesichert werden (in ALGOL spezielles Ergibt-Zeichen).

Beispiele für **arithmetische Anweisungen (Ausdrücke)** u.a. für $a_5 = 2\beta^5/z_3$

PI:=3.14159	G = 9.81E2
A[5]:=2×BETA↑5/Z3	A(5)=2*BETA**5/Z3
R:=SQRT(X×X+Y×Y)	R=SQRT(X*X+Y*Y)
PHI:=ARCTAN(Y/X)	PHI=ATAN(Y/X)

Für **vergleichende Ausdrücke** mit eventueller Wertzuweisung an logische Größen LG11, LG12, LG21, LG22, LG3

I **not equal** 5	I .NE. 5
LG3:=A[6] **less** PI	LG3=A(6) .LT. PI

sowie für entsprechende **logische Ausdrücke**

ALGOL	FORTRAN
LG3:=**false**	LG3= .FALSE.
LG21:=(LG11 **and not** LG12) **or** (**not** LG11 **and** LG12)	LG21=(LG11 .AND. .NOT. LG12).OR. (.NOT. LG11 .AND. LG12)
LG22:=LG11 **and** LG12	LG22=LG11 .AND. LG12

Die arithmetischen Ausdrücke können Aufrufe sogenannter **Standardfunktionen** mit festgelegtem Namen wie

(ALGOL): ABS| SQRT| SIN| COS| ARCTAN| EXP| LN ...

(FORTRAN): ABS| SQRT| SIN| COS| ATAN| EXP| ALOG ...

mit Bedeutung Absolutwert, Quadratwurzel, Sinus, usw., ... wie auch von selbstvereinbarten **Funktionen** (Funktions-Prozeduren bzw. FUNCTIONS) enthalten. Das dazugehörige Argument steht wie üblich in folgenden runden Klammern. (Beispiele s.o. unter arithmetische Anweisungen.)

Weitere **einfache Anweisungen** sind die

Sprunganweisung

ALGOL	FORTRAN
goto MARKE	GO TO m RETURN (in Unterprogrammen)

(Unterbrechung des linearen Ablaufs des Programms und Fortsetzung bei der aufgerufenen markierten Stelle, bzw. bei RETURN Rücksprung in das aufrufende (Ober-)Programm), die

Leeranweisung

ALGOL	FORTRAN
	CONTINUE

(nur in FORTRAN explizit) und der

Prozedur-(Unterprogramm-)aufruf

ALGOL	FORTRAN
PROZEDURNAME (P_1, P_2, ...);	CALL SUBROUTINENAME (p_1, p_2, ...)

mit entsprechenden Parametern P_i bzw. p_i. Beispiele für Parameterlisten siehe 13.5.

Die Abarbeitung von Listen bzw. Prozessen mit Zählern (Schleifen) geschieht unter **Laufanweisungen** der Formen

in ALGOL **for** V:=E_1 **step** E_2 **until** E_3 **do** S;
(V Variable, E arithmet. Ausdruck, S Anweisung);

in FORTRAN DO m i=i_A, i_E, i_S
(m numerische Marke, i ganzzahlige Variable, i_A Anfangswert, i_E Endwert, i_S Schrittweite, falls fehlend: $i_S = 1$).

Die Laufanweisung in ALGOL reicht über die einfache oder durch **begin** und **end** eingeschlossene zusammengesetzte Anweisung S; in FORTRAN bis einschließlich der durch die Marke spezifizierten Anweisung.

Bedingte Anweisungen haben die Struktur

ALGOL	FORTRAN
if B **then** S_1 **else** S_2; (*vollständige Alternative*) oder	IF (e) m_1, m_2, m_3 (*arithmetisches* IF) oder
if B **then** S_1; (*einseitige Alternative*).	IF (l) S_1 (*logisches* IF).

Hierin sind:

B ein logischer Ausdruck. S_1, S_2 sind (ggf. zusammengesetzte) Anweisungen.	e ein arithmetischer Wert (Ausdruck; verzweigt wird nach m_1, m_2 oder m_3 je nachdem, ob e < 0, $= 0$ oder > 0 ist; l ein logischer Wert, wo die Anweisung S_1 nur ausgeführt wird, wenn l wahr ist.

Beispiel

```
if RAD less 0                       IF (RAD) 201, 101, 101
   then goto KOMPLEX
   else WURZ:=SQRT (RAD);           101 WURZ=SQRT (RAD)
   ...                                  ...
KOMPLEX: ...                        201 ...
```

Weitere wichtige Teilaspekte der Programmiersprachen sind die Steuerung der Ein- und Ausgabe von Daten; die Blockstruktur eines ALGOL-Programms mittels **begin** und **end** bei jeweils blockintern gültigem neuen Vereinbarungsteil; die Teilung von FORTRAN-Programmen in ein Hauptprogramm (MAIN) und ggf. mehrere Unterprogramme (FUNCTIONs, SUBROUTINEs) und die erforderliche Datenübergabe; usw.

Alle diese Fragen können hier nicht einmal gestreift werden. Einiges über Strukturfragen kann man vielleicht noch interpretierend den (Unter-)Programmen in 13.5 entnehmen, da selbstverständlich dort nur zulässige Programmierelemente verwendet wurden. Die **Kommentare** (hinter **comment** in ALGOL, einem C in der 1. Kartenspalte in FORTRAN) geben auch Aufschluß über die Parameterversorgung.

13.5 Sammlung einiger Algorithmen

Im folgenden sind, einer bequemen Zugänglichkeit wegen, einige einfache und grundsätzliche Rechenprogramme in den Programmiersprachen ALGOL[1]) oder FORTRAN aufgeführt, die meist an die in Kapitel 10 dargelegten Verfahren anknüpfen. Sie sind sämtlich als Unterprogramme organisiert und ihre Funktion sowie ihre Parameterversorgung unter Kommentar erläutert. Für weitere Algorithmen sei auf die Veröffentlichungen [35a, 107b, 111c, 116b] speziell hingewiesen. Bei komplexeren Problemen, die sich beispielsweise aus der Verarbeitung sehr großer Datenmengen ergeben, ist man in jedem Falle auf die sich u.a. mit Fragen der Rechengenauigkeit und der Organisation von sekundären Datenspeichern befassende Spezialliteratur sowie eine größere eigene Erfahrung angewiesen.

13.5.1 ALGOL-Programm zur Berechnung eines Polynoms und seiner Ableitungen mittels des Horner-Schemas

(Algorithmus 337 der CACM von *W. Pankiewicz*)

procedure *horner* (*n*, *a*, *k*, *r*, *x*0, *b*);
value *n*, *k*, *x*0, *b*; **integer** *n*, *k*; **real** *x*0; **boolean** *b*; **array** *a*, *r*;
comment Falls *b* **true** ist, berechnet die Prozedur die Werte von

$$\frac{d^i}{dx^i}\left(\sum_{j=0}^{n} a[j]\times x\uparrow j\right)$$

an der Stelle $x = x0$ für $i = 0, 1, \ldots, k$ und speichert sie in $r[i]$ ab.

[1]) Ab hier werden auch die Namen in ALGOL-Programmen in Kleinschrift notiert.

Ist b **false**, speichert sie in dem array r die Werte der ersten $k + 1$ Koeffizienten der Polynomentwicklung um $x = x0$, d.h.

$$\sum_{j=0}^{n} a[j] \times x \uparrow j = \sum_{i=0}^{n} r[i] \times (x - x0) \uparrow i.$$

Dabei ist n der Grad des Polynoms, dessen Koeffizienten im array $a[0:n]$ stehen. Es wird angenommen, daß $0 \leq k \leq n$ gilt. Bei $k = 0$ wird nur der Wert des Polynoms berechnet. Für b = **false** ist die Vorgabe $k = n$ am nützlichsten;

```
begin
  integer i, j, l; real rr;
  rr := a[n];
  for i := 0 step 1 until k do
    r[i] := rr;
  for j := n - 1 step -1 until 0 do
    begin
      r[0] := r[0]×x0 + a[j];
      l := if j greater k then k else j;
      for i := 1 step 1 until l do
        r[i] := r[i]×x0 + r[i - 1]
    end;
  if b then
  begin
    l := 1;
    for i := 2 step 1 until k do
    begin
      l := l×i;
      r[i] := r[i]×l
    end
  end
end horner;
```

13.5.2 FORTRAN-Programm zur Romberg-Integration

```
C
C
      SUBROUTINE ROMBERG (JMAX, A, B, F, S, KMAX, NDIMS)
C
C
C     Dieses Unterprogramm nähert als erstes das Integral über
C     F(X) * DX im Intervall (A, B) durch die Trapezregel-Summen
C     S(J+1,1) mit J-fach wiederholter Intervallteilung,
C     J=0, JMAX. Schließlich werden die restlichen Elemente
C     des Romberg-Tableaus in die ersten KMAX Spalten der ersten
C     JMAX+1 Reihen der Matrix S eingetragen
C
C     Die Ergebnisse höchster Näherung sind dann die Elemente in
C     der Diagonalen S(JMAX-K+2,K), K=1, KMAX
C
      DIMENSION S(NDIMS, NDIMS)
C
C..   Berechne erste Integralnäherung
      H = B - A
      S(1,1) = (F(A) + F(B)) * H/2.
C..   Berechne S(J+1,1) durch wiederholte Intervallteilung
      DO 2 J=1, JMAX
      S(J+1,1) = 0.0
```

```
      HJ = H/2.0 ** J
      IMAX = 2.0 ** J-1
      DO 1  I = 1, IMAX, 2
    1 S(J+1,1) = S(J+1,1) + F(FLOAT(I) * HJ + A)
    2 S(J+1,1) = S(J,1)/2.0 + H * S(J+1,1)/2.0 ** J
C..   Berechne Romberg Tableau
      DO 3 K = 2, KMAX
      JMMKP2 = JMAX - K + 2
      VHKM1 = 4.0 ** (K-1)
      DO 3 J = 1, JMMKP2
    3 S(J,K) = (VHKM1 * S(J+1,K-1) - S(J,K-1))/(VHKM1 - 1.0)
C
      RETURN
C
      END
```

13.5.3 ALGOL-Programm zur Auflösung linearer Gleichungssysteme

(nach [111a])

```
procedure gauss (n, a, b, x, eps, alarm);
value n; integer n; real eps; array a, b, x; label alarm;
comment Die Prozedur löst ein lineares Gleichungssystem
```

$$\sum_{j=1}^{n} a[i,j] \times x[j] = b[i], \quad i = 1, 2, \ldots, n$$

```
        der Ordnung n nach dem Verfahren von Gauss-Banachiewicz, s. [120], und
        speichert den Lösungsvektor in das array x. Falls ein Pivotelement absolut
        kleiner eps wird, erfolgt ein Einsprung zu dem globalen label alarm;
begin
integer i, j, k; real h;
  for i := 1 step 1 until n do
    begin
      k := i;
      for j := i + 1 step 1 until n do
        if abs(a[j, i]) greater abs(a[k, i]) then k := j;
      if k greater i then
        begin for j := i step 1 until n do
          begin h := a[i, j]; a[i, j] := a[k,j];
            a[k, j] := h end;
          h := b[i]; b[i] := b[k]; b[k] := h
        end;
      if abs(a[i, i]) less eps then goto alarm;
      for k := i + 1 step 1 until n do
        a[i, k] := -a[i, k]/a[i, i];
      b[i] := -b[i]/a[i, i];
      for j := i + 1 step 1 until n do
        begin for k := i + 1 step 1 until n do
          a[j, k] := a[j, k] + a[i, k]×a[j, i];
        b[j] := b[j] + b[i]×a[j, i]
        end
    end;
  for i := n step -1 until 1 do
    begin x[i] := -b[i];
      for k := i + 1 step 1 until n do
        x[i] := x[i] + a[i, k]×x[k]
    end
end gauss;
```

13.5.4 ALGOL-Programm zur Matrizeninversion

(Algorithmus 120 der CACM von *Richard George*)

```
procedure matrixinv (n, a, epsilon, delta, alarm);
value n; integer n; real epsilon, delta; array a; label alarm;
comment Diese Prozedur invertiert eine Matrix a der Ordnung n, wobei die Inverse auf
        dem Platz von a abgespeichert wird. Falls sich während der Rechnung irgendein
        Pivotelement als absolut kleiner epsilon erweist, springt das Programm zur
        nichtlokalen Marke alarm. Die Variable delta enthält bei normalem Ausgang
        den Wert der Determinante, bei Ausgang über alarm Null oder eine kleine Zahl;
begin
  array b, c[1:n]; real w, y;
  integer array z[1:n]; integer i, j, k, l, p;
  delta := 1.0;
  for j := 1 step 1 until n do
    z[j] := j;
  for i := 1 step 1 until n do
    begin
      k := i;  y := a[i, i];  l := i - 1;  p := i + 1;
      for j := p step 1 until n do
        begin
          w := a[i, j];
          if abs(w) greater abs(y) then
            begin
              k := j;
              y := w
            end
        end;
      delta := delta×y;
      if abs(y) less epsilon then goto alarm;
      y := 1.0/y;
      for j := 1 step 1 until n do
        begin
          c[j] := a[j, k];
          a[j, k] := a[j, i];
          a[j, i] := -c[j]×y;
          b[j] := a[i, j] := a[i, j]×y
        end;
      a[i, i] := y;
      j := z[i];
      z[i] := z[k];
      z[k] := j;
      for k := 1 step 1 until l, p step 1 until n do
        for j := 1 step 1 until l, p step 1 until n do
          a[k, j] := a[k, j] - b[j]×c[k]
    end;
  for i := 1 step 1 until n do
    begin
      repeat: k := z[i];
        if k equal i then goto advance;
        for j := 1 step 1 until n do
          begin
            w := a[i, j];
            a[i, j] := a[k, j];
            a[k, j] := w
          end;
```

```
        p := z[i];
        z[i] := z[k];
        z[k] := p;
        delta := -delta;
        goto repeat;
      advance:
      end
end matrixinv;
```

13.5.5 ALGOL-Programm zum Jacobi-Verfahren

(Algorithmus 85 der CACM von *G. Evans*)

```
procedure jacobi (a, s, n, rho);

value n, rho; integer n; real rho; array a, s;

comment Diese Prozedur bestimmt alle Eigenwerte und alle Eigenvektoren einer gegebe-
        nen quadratischen, symmetrischen Matrix durch ein modifiziertes iteratives
        Jacobi-Verfahren (s. z.B. [111c]). Der Prozedur wird eine entspr. Matrix der
        Ordnung n im array a übergeben. Der anfängliche Inhalt des array s ist un-
        wesentlich. Bei Rückkehr in das aufrufende Programm enthält die k-te Spalte
        von s den k-ten der n Eigenvektoren der gegebenen Matrix, und das Diagonal-
        element a[k, k] des array a ist der dazugehörige k-te Eigenwert. Der Parameter
        rho dient der Genauigkeitssteuerung, s. obiges Zitat. Mittels rho wird die Itera-
        tion dann abgebrochen, wenn für jedes Element außerhalb der Diagonale
        a[i, j] abs(a[i, j]) < (rho/n)×norm1 gilt, wobei norm1 eine Funktion allein der
        Elemente außerhalb der Diagonale der ursprünglichen Matrix ist;

begin real norm1, norm2, thr, mu, omega, sint, cost, int1, v1, v2, v3;
  integer i, j, p, q, ind;
  comment Belege das array s mit der n×n Einheitsmatrix;
  for i := 1 step 1 until n do
  for j := 1 step 1 until i do
    if i equal j then s[i, j] := 1.0     else s[i, j] := s[j, i] := 0.0;

  comment Berechne die Anfangsnorm (norm1), Endnorm (norm2) und den Schwell-
          wert (thr);
  int1 := 0.0;
  for i := 2 step 1 until n do
    for j := 1 step 1 until i - 1 do
      int1 := int1 + 2.0×a[i, j] ↑ 2;
  norm1 := sqrt (int1); norm2 := (rho/n)×norm1;
  thr := norm1; ind := 0;
main1: thr := thr/n;

  comment Der Durchlauf durch die Elemente außerhalb der Diagonalen beginnt hier;
main2: for q := 2 step 1 until n do
          for p := 1 step 1 until q - 1 do
            if abs(a[p, q]) notless thr then
              begin ind := 1; v1 := a[p, p]; v2 := a[p, q];
                v3 := a[q, q]; mu := 0.5×(v1-v3);
                omega := (if mu equal 0.0 then 1 else sign (mu))×
                  (-v2)/sqrt(v2 ↑ 2 + mu ↑ 2);
                sint := omega/sqrt(2.0×(1.0 + sqrt(1.0 - omega ↑ 2)));
                cost := sqrt(1.0 - sint ↑ 2);
                for i := 1 step 1 until n do
```

```
            begin int1 := a[i, p] × cost − a[i, q] × sint;
              a[i, q] := a[i, p] × sint + a[i, q] × cost;
              a[i, p] := int1;
              int1 := s[i, p] × cost − s[i, q] × sint;
              s[i, q] := s[i, p] × sint + s[i, q] × cost;
              s[i, p] := int1
            end;
          for i := 1 step 1 until n do
            begin a[p, i] := a[i, p]; a[q, i] := a[i, q] end;
          a[p, p] := v1 × cost ↑ 2 + v3 × sint ↑ 2 − 2.0 × v2 × sint × cost;
          a[q, q] := v1 × sint ↑ 2 + v3 × cost ↑ 2 + 2.0 × v2 × sint × cost;
          a[p, q] := a[q, p] := (v1 − v3) × sint × cost + v2 × (cost ↑ 2 − sint ↑ 2)
        end;
  comment Test darauf, ob die momentane Toleranzgrenze überschritten wurde, und wenn
          nicht, darauf, ob die Endtoleranz erreicht wurde;
  if ind equal 1 then begin ind := 0; goto main2 end
  else if thr greater norm2 then goto main1
end jacobi;
```

13.5.6 FORTRAN-Programm zum Graeffe-Verfahren

(nach [106a], modifiziert)

```
C
C
      SUBROUTINE GRAEFFE (N, A, XROOT, POLVAL, ITMAX, TOP, B)
C
C
C     Dieses Unterprogramm ermittelt nach dem Verfahren von Graeffe
C     (s. 10.4.2.6) die verschiedenen und reellen Wurzeln eines Polynoms
C     vom Grade N, dessen Koeffizienten A(I), I=1, N+1,
C     nach fallenden Potenzen der Variablen geordnet sind.
C
C     Erreicht die Zahl der Iterationsschritte ITMAX oder einer
C     der iterierten Koeffizienten betragsmäßig TOP oder 1./TOP,
C     so wird versucht, die Wurzeln zu ermitteln.
C
C     Bei Rückkehr ins aufrufende Programm stehen in XROOT(I) die
C     errechneten Wurzeln, in POLVAL(I) die entsprechenden Werte
C     des normalisierten Polynoms, so daß vom aufrufenden Programm
C     eine Kontrolle möglich ist, ob überhaupt in XROOT(I) eine
C     Wurzel vorliegt und ob diese nötigenfalls iterativ zu ver-
C     bessern ist. Bei Rückkehr enthalten weiter die A(I) die auf
C     A(1)=1. normalisierten Koeffizienten des Polynoms, ITMAX
C     die Zahl der durchlaufenen Iterationsschritte und B(I) die
C     Koeffizienten des ITMAX-fach iterierten Polynoms.
C
      NP1 = N + 1
      CALL GRAEFF2 (N, A, XROOT, POLVAL, ITMAX, TOP, B, NP1)
      RETURN
      END
C
      SUBROUTINE GRAEFF2 (N, A, XROOT, POLVAL, ITMAX, TOP, B, NP1)
C
      DIMENSION A(NP1), XROOT(N), POLVAL(N), B(NP1), C(100)
C
      B(1) = 1.
      C(1) = 1.
```

```
C..     Normalisiere die Koeffizienten A(I), initiiere C(I)
        DO 2  I = 2, NP1
        A(I) = A(I)/A(1)
      2 C(I) = A(I)
        A(1) = 1.
C..     Beginn der Graeffe Iteration
        DO 10  ITER = 1, ITMAX
C..     Berechne Koeffizienten des ITER-fach iterierten Polynoms
        DO 4  I = 2, NP1
        B(I) = C(I) * C(I)
        IM1 = I-1
        DO 3  L = 1, IM1
        IPL = I+L
        IML = I-L
        IF (IPL.GT.NP1) GO TO 4
      3 B(I) = B(I) + (-1.) ** L * 2. * C(IPL) * C(IML)
      4 B(I) = (-1.) ** IM1 * B(I)
C..     Sind die iterierten Koeffizienten absolut größer TOP, usw.?
        DO 9  I = 2, NP1
      9 IF (ABS(B(I)).GT.TOP).OR. ABS(B(I)).LT.1./TOP.AND. B(I). NE. 0.)
       1GO TO 11
C..     Initiiere weitere Iteration
        DO 10  I = 2, NP1
     10 C(I) = B(I)
        GO TO 12
C..     Endaufrechnung
     11 ITMAX = ITER
     12 DO 20  I = 2, NP1
C..     Errechne Beträge möglicher Wurzeln
        ROOT = ABS(B(I)/B(I-1)) ** (1./2. ** ITER)
        PPLUS = 1.
        PMINUS = 1.
C..     Berechne Wert des normalisierten Polynoms bei positivem und
C       bei negativem Vorzeichen dieser Wurzeln
        DO 14  J = 2, NP1
        PPLUS = PPLUS * ROOT + A(J)
     14 PMINUS = PMINUS * (-ROOT) + A(J)
C..     Entscheide über Vorzeichen möglicher Wurzeln
        IF (ABS(PPLUS).GT.ABS(PMINUS)) GO TO 16
        POLVAL(I-1) = PPLUS
        XROOT(I-1) = ROOT
        GO TO 20
     16 POLVAL(I-1) = PMINUS
        XROOT(I-1) = -ROOT
     20 CONTINUE
        RETURN
C
        END
```

13.5.7 FORTRAN-Programm zum Verfahren von Runge-Kutta

(nach [106a], modifiziert)

```
        LOGICAL FUNCTION RUNKUT (N, Y, F, X, H)
C
C
C       Die LOGICAL-Funktion RUNKUT integriert ein System von N gewöhnli-
C       chen Differentialgleichungen 1. Ordnung F(J) = DY(J)/DX, J = 1, 2, ..., N
```

```
C       nach dem Verfahren von Runge-Kutta 4. Ordnung, s. 10.4.4.1 bzw. 4.
C       Dabei sind H die Schrittweite der unabhängigen Variablen X und
C       Y(J), J = 1, 2, ..., N die Anfangswerte. Die Funktion muß für jeden
C       Integrationsschritt 5mal aufgerufen werden (Durchgang 1, ...,
C       Durchgang 5), der Durchgangzähler ist M. Ist nach Rückkehr ins
C       Aufrufprogramm der Wert von RUNKUT .FASLSE., so ist F(J) für
C       J = 1, 2, ..., N als Funktion der Ausgangsparameter X und Y von RUNKUT
C       durch das Aufrufprogramm bereitzustellen, jeweils 4 mal pro
C       Schritt. Der Wert .TRUE. von RUNKUT zeigt an, daß der Integra-
C       tionsschritt abgeschlossen ist. Die Größen ZWIY(J) und PHI(J)
C       dienen als Zwischenspeicher für die Anfangswerte von Y bzw. die
C       Funktionszuwächse, die Ordnung N ist hier auf maximal 50 be-
C       schränkt.
C
        DIMENSION PHI(50), ZWIY(50), Y(N), F(N)
        DATA M/0/
C
        M = M + 1
        GO TO (1, 2, 3, 4, 5), M
C
C       ..... Durchgang 1 .....
    1   RUNKUT = .FALSE.
        RETURN
C
C       ..... Durchgang 2 .....
    2   DO 22 J = 1, N
        ZWIY(J) = Y(J)
        PHI(J) = F(J)
   22   Y(J) = ZWIY(J) + 0.5*H*F(J)
        X = X + 0.5*H
        RUNKUT = .FALSE.
        RETURN
C
C       ..... Durchgang 3 .....
    3   DO 33 J = 1, N
        PHI(J) = PHI(J) + 2.0*F(J)
   33   Y(J) = ZWIY(J) + 0.5*H*F(J)
        RUNKUT = .FALSE.
        RETURN
C
C       ..... Durchgang 4 .....
    4   DO 44 J = 1, N
        PHI(J) = PHI(J) + 2.0*F(J)
   44   Y(J) = ZWIY(J) + H*F(J)
        X = X + 0.5*H
        RUNKUT = .FALSE.
        RETURN
C
C       ..... Durchgang 5 .....
    5   DO 55 J = 1, N
   55   Y(J) = ZWIY(J) + (PHI(J) + F(J))* H/6.0
        RUNKUT = .TRUE.
        M = 0
        RETURN
C
        END
```

13.5.8 ALGOL-Programm zur Lagrangeschen Interpolation

(Algorithmus 210 der CACM von *George R. Schubert*)

```
real procedure lagran (u, n, x, y);
  value u, n; integer n; real u; array x, y;
comment Die real-Prozedur wertet die Lagrangesche Interpolationsformel (s. 10.3.1) vom
  Grade n für den Wert u aus, wenn die n + 1 Stützstellenwerte x der Abszissen und y der
  Ordinaten in Form von arrays der Feldlänge n + 1 bekannt sind;
begin integer i, j; real l, la;
  la := 0;
  for j := 1 step 1 until n + 1 do
    begin
      l := 1;
      for i := 1 step 1 until n + 1 do
        begin if i notequal j then l := l×(u − x[i])/(x[j] − x[i])
        end;
      la := la + l×y[j]
    end;
  lagran := la
end real procedure lagran;
```

Literaturverzeichnis

Tafeln und Formelsammlungen

H 12 HÜTTE, Hilfstafeln, 8. Aufl., Berlin, München: Ernst & Sohn 1965.

1 *Abramowitz, M., Stegun, I. A.*, ed.: Handbook of Mathematical Functions, 5th printing, New York: Dover 1968.
1a British Association Mathematical Tables, s. insbesondere Bd. VI u. X, *Bessel*-Functions, 1950/52.
2 *Byrd, Friedman:* Handbook of Elliptic Integrals for Engineers and Physicists, 2nd ed., Berlin/Heidelberg/New York: Springer 1971.
3 *Erdélyi, Magnus, Oberhettinger, Tricomi:* Tables of Integral Transforms, 2 Bde., New York: McGraw-Hill 1954.
4 *Gröbner, Hofreiter:* Integraltafeln, I. Bd.: Unbestimmte Integrale; II. Bd.: Bestimmte Integrale, 4. Aufl., Wien: Springer 1965/66.
5 *Hayashi:* Fünfstellige Tafeln der Kreis- und Hyperbelfunktionen sowie der Funktionen e^x und e^{-x}, Berlin: de Gruyter 1960.
Hayashi: Tafeln für die Differenzenrechnung sowie für die Hyperbel-, Besselschen, elliptischen und anderen Funktionen, Berlin: Springer 1933.
6 *Jahnke, Emde, Lösch:* Tafeln höherer Funktionen, 7. Aufl., Stuttgart: Teubner 1966.
7 *Lösch:* Siebenstellige Tafeln der elementaren transzendenten Funktionen, Berlin/Göttingen/Heidelberg: Springer 1954.
8 *Meyer zur Capellen:* Integraltafeln, Berlin/Göttingen/Heidelberg: Springer 1950.
9 *Milne, Thomson:* Die elliptischen Funktionen von Jacobi, Berlin: Springer 1931.
10 *Ryshik, Gradstein:* Summen-, Produkt- und Integraltafeln, 2. Aufl., Berlin: Dt. Verl. d. Wiss. 1963.
11 *Schütte:* Index mathematischer Tafelwerke und Tabellen, 2. Aufl., München: Oldenbourg 1966.
12 *Schuler, Gebelein:* Fünfstellige Tabellen zu den elliptischen Funktionen; Acht- und neunstellige Tabellen zu den elliptischen Funktionen, Berlin/Göttingen/Heidelberg: Springer 1955.
13 *Schulz:* Formelsammlung zur praktischen Mathematik, Sammlung Göschen Bd. 1110, Berlin: 1945.
14 *Schwarz, H. A.:* Formeln und Lehrsätze zum Gebrauch der elliptischen Funktionen, Berlin: Springer 1893, Nachdruck Würzburg: Physica V. 1962.
14a *Selfridge, Maxfield:* A table of the incomplete elliptical integral of the third kind, New York, London: Dover Publ. 1958.
15 Tafeln des National Bureau of Standards (NBS), New York.
16 *Tölke:* Praktische Funktionenlehre, I. Bd.: Elementare Funktionen, Berlin/Göttingen/Heidelberg: Springer 1950.

Zusammenfassende Darstellungen

17 *Bateman:* Partial Differential Equations of Mathematical Physics, Cambridge: Univ. Pr. 1932, reprint 1964.
18 *Baule:* Die Mathematik des Naturforschers und Ingenieurs, Bd. 1 bis 8, Leipzig: Hirzel 1966/70.
19 *Bieberbach:* Differential- und Integralrechnung, Bd. 1 u. 2, Leipzig: Teubner 1942.
20 *Bowman:* Introduction to Elliptic Functions with Applications, London: 1953.
21 *Collatz:* Differentialgleichungen für Ingenieure, Stuttgart: Teubner 1960.
22 *Courant:* Vorlesungen über Differential- und Integralrechnung, 2 Bde, 3. Aufl., Berlin/Göttingen/Heidelberg/New York: Springer 1969/63.
23 *Courant, Hilbert:* Methoden der mathematischen Physik, Bd. 1 u. 2, 3./2. Aufl., Berlin/Göttingen/Heidelberg/New York: Springer 1968.
Courant, Hilbert: Methods of Mathematical Physics, Bd. 1 u. 2, 7th/3rd pr., New York: Interscience Publ. 1966, Bd. 3 (1959 in Vorb.).
24 *Erdélyi, Magnus, Oberhettinger, Tricomi:* Higher Transcendental Functions (3 Bde), New York: 1953–1955.
25 *Frank, Mises:* Die Differential- und Integralgleichungen der Mechanik und Physik (2 Bde), Braunschweig: 1961.
26 *Jeffreys:* Methods of Mathematical Physics, 3. Aufl., Cambridge: 1956.
27 *Kratzer, Franz:* Transzendente Funktionen, 2. Aufl., Leipzig: Geest u. Portig 1963.
28 *Madelung:* Die mathematischen Hilfsmittel des Physikers, 7. Aufl., Berlin/Göttingen/Heidelberg: Springer 1964.
29 *Magnus, Oberhettinger:* Formeln und Sätze für die speziellen Funktionen der mathematischen Physik. Berlin/Göttingen/Heidelberg: Springer 1948.
30 *Ostrowski:* Vorlesungen über Differential- und Integralrechnung, (3 Bde), 2. Aufl., Basel/Stuttgart: Birkhäuser 1961–1967.
31 *Pipes:* Applied Mathematics for Engineers and Physicists, 2nd ed., New York/London: McGraw-Hill 1958.
32 *Rothe:* Höhere Mathematik, Teil I bis V, div. Aufl., Stuttgart: Teubner 1962–1967.
33 *Rothe, Szabó:* Höhere Mathematik, Teil VI., 3. Aufl., Stuttgart: Teubner 1965.
34 *Rothe, Schmeidler:* Höhere Mathematik, Teil VII, Stuttgart: Teubner 1960.
35 *Sauer:* Ingenieurmathematik (2 Bde), 4./3. Aufl., Berlin/Heidelberg/New York: Springer 1969/68.

35a *Sauer, Szabó,* Hrg.: Mathematische Hilfsmittel des Ingenieurs, Teile I–IV, Berlin/Heidelberg/New York: Springer 1968–1970.
36 *Smirnow:* Lehrgang der höheren Mathematik, 5 Teile, div. Aufl., Berlin: Dt. Verl. d. Wiss. 1967–1970.
37 *Stiefel:* Vorlesung über angewandte Mathematik, Differential- und Integralrechnung, Zürich: Akad. Maschinen-Ing.-Verein a. d. ETH 1955.
38 *Whittaker, Watson:* A Course of Modern Analysis, 4th ed., Cambridge: Univ. Press 1962.

Spezielle Darstellungen

39 *Betz:* Konforme Abbildung, 2. Aufl., Berlin/Göttingen/Heidelberg: Springer 1964.
40 *Bieberbach:* Theorie der Differentialgleichungen, Berlin: Springer 1930.
Bieberbach: Theorie der gewöhnlichen Differentialgleichungen auf funktionentheoretischer Grundlage, Berlin/Göttingen/Heidelberg: Springer 1953.
Bieberbach: Einführung in die Theorie der Differentialgleichungen im reellen Gebiet, Berlin/Göttingen/Heidelberg: Springer 1956.
41 *Bieberbach:* Einführung in die Funktionentheorie, 4. Aufl., Stuttgart: Teubner 1966.
Bieberbach: Einführung in die konforme Abbildung, 6. Aufl., Berlin: Sammlung Göschen Nr. 768/768a, 1967.
Bieberbach: Lehrbuch der Funktionentheorie, 2 Bde, Leipzig: Teubner 1934 u. 1931.
42 *Blaschke, Reichardt:* Vorlesungen über Differentialgeometrie, 4. Aufl., T. 1, Elementare Differentialgeometie, Berlin: Springer 1945. Reprint New York: Chelsea Publ. 1967.
43 *Blaschke, Reichardt:* Einführung in die Differentialgeometrie, 2. Aufl., Berlin/Göttingen/Heidelberg: Springer 1960.
44 *Bolsa:* Vorlesungen über Variationsrechnung, Leipzig: Köhler 1909, Reprint New York: Chelsea Publ. 1963.
45 *Buchholz:* Die konfluente hypergeometrische Funktion, Berlin/Göttingen/Heidelberg: Springer 1953.
46 *Carathéodory:* Gesammelte mathematische Schriften, Bd. 2: Variationsrechnung, Thermodynamik, Geometrische Optik, Mechanik, München: Beck 1955.
47 *Chintschin:* Kettenbrüche, Mathem.-Naturwiss. Bibliothek 1956.
48 *Collatz:* Eigenwertaufgaben mit technischen Anwendungen, 3. Aufl., Leipzig: Geest u. Portig 1963.
49 *Duschek, Hochrainer:* Grundzüge der Tensorrechnung in analytischer Darstellung, 3 Teile, 5./3./2. Aufl., Wien: Springer 1968/1970/1965.
50 *Funk:* Variationsrechnung und ihre Anwendung in Physik und Technik, 2. Aufl., Berlin/Heidelberg/New York: Springer 1970.
51 *Gelfond:* Ganzzahlige Lösungen von Gleichungen, 3. Aufl., Berlin: Dtsch. Verl. d. Wiss. 1960.
52 *Grüss:* Variationsrechnung, Heidelberg: Quelle u. Meyer 1955.
53 *Haack:* Elementare Differentialgeometrie, Basel: Birkhäuser 1955.
54 *Hamel:* Integralgleichungen, 2. Aufl., Berlin/Göttingen/Heidelberg: Springer 1949.
55 *Hellwig:* Partielle Differentialgleichungen, Stuttgart: Teubner 1960.
56 *Hobson:* The Theory of spherical and ellipsoidal Harmonics, Cambridge: 1931. 2nd reprint New York: Chelsea Publ. 1965.
57 *Hoheisel:* Gewöhnliche und partielle Differentialgleichungen, Berlin: Sammlung Göschen, Bde. 920 u. 1003, 1965 (7. Aufl.) u. 1960 (4. Aufl.).
Hoheisel: Aufgabensammlung zu den gewöhnlichen und partiellen Differentialgleichungen, 4. Aufl., Berlin: Sammlung Göschen Bd. 1059, 1964.
58 *Hort-Thoma:* Die Differentialgleichungen der Technik und Physik, 7. Aufl., Leipzig: 1956.
59 *Ince:* Ordinary differential Equations, London: Longmains, Green u. Co. 1927. Reprint New York: Dover 1956.
60 *Kamke:* Differentialgleichungen, Lösungen und Lösungsmethoden, I. Bd., 8. Aufl., II. Bd., 5. Aufl., Leipzig: Geest & Portig 1967/1965.
61 *Kimball:* Calculus of Variations, London: Butterworth 1952.
62 *Knochendöppel:* Von den Kettenbrüchen und den diophantischen Gleichungen, Berlin: Volk u. Wissen: Math. Lehrhefte 1948.
63 *Knopp:* Theorie und Anwendungen der unendlichen Reihen, 5. Aufl., Berlin/Göttingen/Heidelberg: Springer 1964.
64 *Knopp:* Funktionentheorie (5 Bde.), Berlin: Sammlung Göschen Bde. 668, 703, 877, 878, 1109. 1955/1959.
65 *McLachlan:* Bessel functions, Oxford: Univ. Press 1955.
66 *McLachlan:* Theory and Applications of Mathieu Functions, Oxford: 1947. Reprint New York: Dover Publ. 1964.
67 *Lagally, Franz:* Vorlesungen über Vektorrechnung, 7. Aufl., Leipzig: Geest u. Portig 1964.
68 *Lense:* Kugelfunktionen, 2. Aufl., Leipzig: Geest u. Portig 1954.
69 *Lense:* Reihenentwicklungen in der mathematischen Physik, 3. Aufl., Berlin: de Gruyter 1953.
70 *Lichnerowicz:* Éléments de Calcul tensoriel, 2. ed., Paris: Armand Colin 1951, Deutsch: Einführung in die Tensoranalysis, Mannheim: Bibl. Inst. 1966.
Lichnerowicz: Lineare Algebra und lineare Analysis, Berlin: Deutscher Verlag der Wissenschaften (Übers.) 1956.
71 *Lohr:* Vektor- und Dyadenrechnung für Physiker und Techniker, 2. Aufl., Berlin: de Gruyter 1950.
72 *Meixner, Schäfke:* Mathieusche Funktionen und Sphäroidfunktionen, Berlin/Göttingen/Heidelberg: Springer 1954.
73 *Michlin:* Variationsmethoden der mathematischen Physik, Berlin: Akademie-Verlag 1962.
74 *Miller, Max:* Variatonsrechnung, Leipzig: Teubner 1959.
75 *Oberheltinger, Magnus:* Anwendungen der elliptischen Funktionen in Physik und Technik, Berlin/Göttingen/Heidelberg: Springer 1949.
76 *Relton:* Applied Bessel Functions, London: Blackie & Son 1946.
77 *Rogosinski:* Fouriersche Reihen, Berlin-Leipzig: Sammlung Göschen Bd. 1022. 1930.
78 *Sauer:* Anfangswertprobleme bei partiellen Differentialgleichungen, 2. Aufl., Berlin/Göttingen/Heidelberg: Springer 1958.

79 *Sauter:* Differentialgleichungen der Physik, 4. Aufl., Berlin: Sammlung Göschen Bd. 1070. 1966.
80 *Schmeidler:* Lineare Integralgleichungen, 2. Aufl., Leipzig: Akad. Ver.-Ges. 1955.
81 *Schmeidler:* Vorträge über Determinanten und Matrizen mit Anwendungen in Physik und Technik, Berlin: Akadem. Ver.-Ges. 1949.
82 *Schwank:* Randwertprobleme, Leipzig: Teubner 1951.
83 *Sneddon:* Fourier Transforms, New York, Toronto, London: McGraw-Hill 1951.
84 *Sommerfeld:* Partielle Differentialgleichungen der Physik, 6. Aufl., Leipzig: Geest & Portig 1966.
85 *Strubecker:* Differentialgeometrie, 2. Aufl., Berlin: 3 Bde. Sammlung Göschen, Bde. 1113/1113a, 1179/1179a, 1180/1180a. 1964, 1969, 1969.
86 *Strutt:* Lamésche, Mathieusche und verwandte Funktionen in Physik und Technik, Berlin: Springer 1932.
87 *Toeplitz:* Die Entwicklung der Infinitesimalrechnung, Berlin/Göttingen/Heidelberg: Springer 1949.
88 *Tricomi-Krafft:* Elliptische Funktionen, Leipzig: Geest & Portig 1948.
89 *Truesdell:* A Unified Theory of Special Functions, Princeton: 1948. Reprint New York: Kraus Repr. C. 1965
90 *Watson:* A Treatise on the Theory of Bessel Functions, 2nd ed., Cambridge: 1966.
91 *Weinstock:* Calculus of Variations, New York: McGraw-Hill 1952.
92 *Weyrich:* Zylinderfunktionen und ihre Anwendungen, Leipzig: Teubner 1937.
93 *Zurmühl:* Matrizen, 4. Aufl., Berlin/Göttingen/Heidelberg: Springer 1964.

Geometrie

94 *Bieberbach:* Differentialgeometrie, Leipzig/Berlin: Teubner 1932.
95 *Bieberbach:* Einführung in die analytische Geometrie, 6. Aufl., Stuttgart: Teubner 1962.
96 *Bieberbach:* Theorie der geometrischen Konstruktionen, Basel: Birkhäuser 1952.
97 *Blaschke:* Analytische Geometrie, 2. Aufl., Basel: Birkhäuser 1954.
98 *Grotemeyer:* Analytische Geometrie, 4. Aufl., Berlin: Sammlung Göschen Bd. 65/65a. 1969.
99 *Haack:* Differentialgeometrie, Bd. 1 u. 2, Wolfenbüttel: 1948/1949.
100 *Haack:* Elementare Differentialgeometrie, Basel: Birkhäuser 1955.
100a *Haack:* Neuere Methoden der Differentialgeometrie, Stuttgart: Birkhäuser 1960.
100b *Kommerell:* Vorlesungen über analytische Geometrie des Raumes, 3. Aufl., Leipzig: Koehler 1953.

Laplace-Transformation und Operatorenrechnung

101 *Churchill:* Modern Operational Mathematics in Engineering, New York/London: McGraw-Hill 1944.
102 *Doetsch:* Anleitung zum praktischen Gebrauch der Laplace-Transformation, 3. Aufl., München: Oldenbourg 1967.
103 *Doetsch:* Tabellen zur Laplace-Transformation, Berlin/Göttingen/Heidelberg: Springer 1947.
104 *Funk, Sagan, Selig:* Die Laplace-Transformation und ihre Anwendung, Wien: Denticke 1953.
105 *Wagner:* Operatorenrechnung und Laplace-Transformation nebst Anwendungen in Physik und Technik, 3. Aufl., Leipzig: Barth 1962.

Angewandte und praktische Mathematik

105a *Bauer, Heinhold, Samelson, Sauer:* Moderne Rechenanlagen, Stuttgart: Teubner 1965.
106 *Bückner:* Die praktische Behandlung von Integralgleichungen, Berlin/Göttingen/Heidelberg: Springer 1952.
106a *Carnahan, B., Luther, H. A., Wilkes, J. O.:* Applied numerical methods, New York: Wiley 1969.
107 *Collatz:* Numerische Behandlung von Differentialgleichungen, 2. Auflage, Berlin/Göttingen/Heidelberg: Springer: 1955.
—: The numerical treatment of differential equations, 3rd ed., 2nd printing, ibid. 1966.
107a Collected Algorithms from CACM, Association of the Association for Computing Machinery, New York, seit 1960.
107b *Demidowitsch, B. P., Maron, I. A., Schuwalowa, E. S.:* Numerische Methoden der Analysis, Berlin: Dt. Verl. d. Wiss. 1968.
107c *Fox, L., Parker, I. B.:* Chebyshev polynomials in numerical analysis, London: Oxford Univ. Press 1968.
107d *Hastings, C.:* Approximations for digital computers, Princeton: Princeton Univ. Press 1955.
108 *Kantorowitsch, Krylow:* Näherungsmethoden der höheren Analysis, Berlin: Dt. Verl. d. Wiss. 1956.
109 *Kiessler:* Angewandte Nomographie, 2. Aufl., Essen: Girardet 1964.
109a *Krausz, F.*, Programmiertechnik kurz und bündig, Würzburg: Vogel 1971.
110 *Meyer zur Capellen:* Mathematische Instrumente, Leipzig: Geest & Portig 1949.
111 *Meyer zur Capellen:* Leitfaden der Nomographie, Berlin/Göttingen/Heidelberg: Springer 1953.
111a *Müller, D.:* Programmierung elektronischer Rechenanlagen, 3. Aufl., Mannheim-Wien-Zürich: Bibl. Inst. 1969.
111b *Müller, K. H., Streker, I.:* FORTRAN IV, Mannheim-Zürich: 1967.
111c *Ralston, A., Wilf, H. S.:* Mathematische Methoden für Digitalrechner, München-Wien: Oldenbourg Teil I, 1967, Teil II, 1969.
112 *Runge, König:* Vorlesungen über numerisches Rechnen, 2. Aufl., Berlin/Göttingen/Heidelberg: Springer 1959.
113 *v. Sanden:* Praktische Mathematik, 6. Aufl., Stuttgart: Teubner 1961.
114 *Schroeder:* Praktische Einführung in die Nomographie, München: Hauser 1951.
115 *Schwerdt:* Lehrbuch der Nomographie, Berlin: Springer 1924.
116 *Stiefel, E.:* Einführung in die Numerische Mathematik, 4. Aufl., Stuttgart: Teubner 1968.
116a *Stummel, F., Hainer, K.:* Praktische Mathematik, Stuttgart: Teubner 1971.
116b *Wilkinson, J. H., Reinsch, C.:* Linear Algebra, Handbook for Automatic Computation Vol. II, Berlin/Heidelberg/New York: Springer 1971.

117 *Willers:* Methoden der praktischen Analysis, 3. Aufl., Berlin: de Gruyter 1957.
118 *Willers:* Mathematische Maschinen und Instrumente, 2. Aufl., Berlin: Akademie-Verlag 1959.
119 *Zühlke,* (Hrsg. AWF): Wirtschaftlich Rechnen, Nomographie, Rechentafeln und Sonderrechenstäbe, 3. Aufl., Braunschweig: Westermann 1952.
120 *Zurmühl:* Praktische Mathematik für Ingenieure und Physiker, 5. Aufl., Berlin/Heidelberg/New York: Springer 1965.

Wahrscheinlichkeitsrechnung und Statistik

121 *Ackermann:* Einführung in die Wahrscheinlichkeitsrechnung, Leipzig: Hirzel 1955.
122 *Cramér:* Mathematical Methods of Statistics, 12th pr., Princeton: Univ. Pr. 1971.
123 *Cramér:* The Elements of Probability Theory and some of its Applications, Stockholm: Almquist 1954; New York: Wiley 1955.
124 *Feller:* An Introduction to Probability Theory and its Applications, 2 vols., 3rd/2nd ed., New York: Wiley 1968/1971.
125 *Gnedenko:* Lehrbuch der Wahrscheinlichkeitsrechnung, 6. Aufl., Berlin: Akademie-Verlag 1970.
126 *Gnedenko, Chintschin:* Elementare Einführung in die Wahrscheinlichkeitsrechnung, 7. Aufl., Berlin: Dt. Verl. d. Wiss. 1967.
127 *Graf, Henning:* Formeln und Tabellen der mathematischen Statistik, 2. Aufl., Berlin/Heidelberg/New York: Springer 1966.
128 *Linder:* Statistische Methoden für Naturwissenschaftler, Mediziner und Ingenieure, 4. Aufl., Basel: Birkhäuser 1964.
129 *Loève:* Probability Theory, 3rd ed., New York: van Nostrand 1963.
130 *v. Mises:* Vorlesungen aus dem Gebiet der angewandten Mathematik. I. Wahrscheinlichkeitsrechnung und ihre Anwendungen in der Statistik und Physik, Leipzig: Hirzel 1931. Reprint New York: Rosenberg 1945.
131 *Mood:* Introduction to the Theory of Statistics. 2nd ed., New York: McGraw-Hill 1963.
132 *Richter:* Einführung in die Wahrscheinlichkeitstheorie, 2. Aufl., Berlin/Heidelberg/New York: Springer 1966.
133 *Schmetterer:* Einführung in die mathematische Statistik, 2. Aufl., Wien: Springer 1966.
134 *Wald:* Sequential Analysis, 8th pr., New York: Wiley 1966.
135 *Weitbrecht:* Ausgleichrechnung, Bd. I u. II, 2. Aufl., Berlin: Sammlung Göschen. 1943.
136 *Wellnitz:* Kombinatorik, 6. Aufl., Braunschweig: Vieweg 1971.
137 *Wellnitz:* Klassische Wahrscheinlichkeitsrechnung, 6. Aufl., Braunschweig: Vieweg 1971.
138 *Wellnitz:* Moderne Wahrscheinlichkeitsrechnung, 3. Aufl., Braunschweig: Vieweg 1971.

Sachverzeichnis

Die Umlaute ä, ö, ü werden wie a, o, u behandelt